Mit diesem Zeichen in der Randspalte sind zusätzliche **Informationen** gekennzeichnet, blaue Textteile markieren Registerbegriffe.

Halbfett gesetzte Texte sind im **Register** zu finden.

Inhaltsverzeichnis

Praktische Informatik in der Schule:
Notwendige Kenntnisse zur Nutzung von Betriebssystemen und dialogorientierter grafischer Benutzerobeflächen und des damit im Zusammenhang stehenden „Dateihandlings" werden in der informationstechnischen Grundbildung angeeignet.
Das Suchen von algorithmischen Lösungen für Probleme und die Formulierung der Lösungen als Programm, Kenntnisse zu genutzten Programmiersprachen und Programmiermethoden stehen meist im Mittelpunkt des Informatikunterrichts.

Teilgebiete der technischen Informatik: Rechnerarchitektur, Datenfernübertragung, Netze, Prozessdatenverarbeitung, VLSI-Entwurf (Entwurf hochintegrierter Schaltkreise), …

Technische Informatik:
In der technischen Informatik befasst man sich mit dem funktionellen Aufbau der Hardware des Computers (Speicher, Zentraleinheit usw.) und den zugehörigen Ein- und Ausgabegeräten, also dem logischen Entwurf von Rechentechnik, Geräten und Schaltungen.
Dabei sind Kenntnisse zu technischen Grundlagen der Informatik (Nachrichtentechnik, Informationstheorie, Mikroelektronik, Sensortechnik, Optoelektronik, Bildschirmtechnik, Lichtleiter- und Satellitentechnik) unerlässlich.

Technische Informatik in der Schule:
Um den Computer effektiv nutzen zu können, sind Kenntnisse über Hardwarebestandteile und ihre Kenngrößen sowie Fertigkeiten im Umgang mit peripheren Geräten wie Tastatur, Maus usw. erforderlich. Auch die Arbeit im Netz spielt eine immer größere Rolle. Dies wird schon in der informationstechnischen Grundbildung vermittelt.
Da die informationstechnische Grundbildung sehr oft an den Unterricht in Technik oder Arbeitslehre gebunden ist, wird manchmal auch auf Prozessautomatisierung und Schaltalgebra eingegangen, was neben der Rechnerarchitektur eigentlich dem Informatikunterricht vorbehalten ist.

Teilgebiete der angewandten Informatik: Betriebsinformatik, Rechtsinformatik, Mensch-Maschine-Kommunikation, Ergonomie, …

Angewandte Informatik:
Die angewandte Informatik beschäftigt sich mit Anwendungen von Methoden der Kerninformatik in anderen Wissenschaften und Gesellschaftsbereichen. Sie untersucht Abläufe (z. B. in der Wirtschaft, bei der Herstellung von Büchern, in der Medizin usw.) auf ihre Automatisierbarkeit durch Computer, erstellt anwendungsbezogene Analysen und hilft bei der Entwicklung von Programmsystemen, die bestimmte Anwendungsfälle abdecken sollen. Durch den Einsatz von informationsverarbeitender Technik ändern sich die Arbeitsbedingungen und Organisationsformen in vielen gesellschaftlichen Bereichen und anderen Wissenschaften gravierend. Es werden also Kenntnisse über die jeweiligen Anwendungsgebiete vorausgesetzt bzw. es muss sehr eng mit den entsprechenden Fachleuten zusammengearbeitet werden.

Angewandte Informatik in der Schule:
Schon in der informationstechnischen Grundbildung geht es hier vor allem um grundlegende Kenntnisse, Fähigkeiten und Fertigkeiten im Umgang mit wichtigen Anwendungssystemen (Textverarbeitungs-, Tabel-

Inhaltsverzeichnis

GRUNDBEGRIFFE 1

1.1 Die Informatik als junge Wissenschaft

Nicht zum Gegenstand der Informatik gehören natürlich entstandene Informationssysteme und -prozesse (z. B. Informationsaufnahme und -verarbeitung über Nervenzellen und Gehirn des Menschen), vorhandene Kenntnisse über deren inneren Aufbau und Funktionsweise werden jedoch ausgenutzt.

Die **Informatik** ist die *Wissenschaft von der automatischen Informationsverarbeitung.* Die Informatik befasst sich mit den Gesetzmäßigkeiten und Prinzipien informationsverarbeitender Prozesse und ihrer algorithmischen Realisierung mithilfe rechentechnischer Mittel sowie mit der Entwicklung und Nutzung automatisierter Informationsverarbeitungssysteme. Dabei müssen informationsverarbeitende Prozesse in „computerverständlicher" Form beschrieben und entsprechende Mittel entworfen werden, damit solche „Programme" abgearbeitet werden können.

1.1.1 Grundlagen und Gegenstandsbereiche der Informatik

Ursachen, die zur Herausbildung der Wissenschaft Informatik führten

- Mit dem Beginn der wissenschaftlich-technischen Revolution in der Mitte unseres Jahrhunderts ist ein stürmisches Anwachsen von Informationen („Informationsexplosion") zu verzeichnen. Es entstand das dringende gesellschaftliche Bedürfnis, diese Informationsflut zu beherrschen.
- Innerhalb anderer Wissenschaften (insbesondere der Mathematik) waren verschiedene Grundlagen geschaffen worden, diese Informationslawine theoretisch zu bewältigen:
  - Algorithmusbegriff und Automatentheorie (TURING, 1938),
  - Theorie der rekursiven Funktionen (GÖDEL, 1930),
  - Informationstheorie (SHANNON, 1949),
  - Theorie der formalen Sprachen (CHOMSKY, GINSBURG, 1955).
- Durch die Entwicklung der Mikroelektronik waren die praktischen Voraussetzungen dafür gegeben, dass leistungsfähige Rechentechnik preiswert produziert und massenhaft in allen Bereichen des gesellschaftlichen Lebens eingesetzt werden konnte.

- Die Vielfalt der Anwendungsmöglichkeiten informationsverarbeitender Technik und die ökonomische Notwendigkeit, die Potenzen dieser Technik zum Tragen kommen zu lassen, machten es erforderlich, geeignete Methoden zum Entwurf von Programmen und informationsverarbeitender Technik sowie sinnvolle, problemnahe Sprachen zur Kommunikation mit der Technik zu entwickeln.

Grundlagen der Informatik

theoretische Grundlagen	Algorithmentheorie, Theorie der formalen Sprachen, Automatentheorie, Informationstheorie, Logik, Berechenbarkeitstheorie, Komplexitätstheorie
technische Grundlagen	herkömmliche Rechentechnik, Nachrichtentechnik, Mikroelektronik, Sensortechnik, Optoelektronik, Telekommunikation (Bildschirmtechnik, Lichtleiter- und Satellitentechnik)

Gegenstandsbereiche der Informatik

Im Allgemeinen werden vier Gegenstandsbereiche der Wissenschaft Informatik unterschieden – die theoretische, die praktische, die technische und die angewandte Informatik. Theoretische, praktische und technische Informatik zählen zur **Kerninformatik.**
Dabei gibt es viele Überschneidungen, so dass sich diese Gegenstandsbereiche auf manchen Gebieten nur schwer voneinander abgrenzen lassen.

Theoretische Informatik:
Ein wichtiger Grundbegriff der Informatik ist der Begriff des Algorithmus. Die theoretische Informatik beschäftigt sich vor allem mit der Fundierung des Algorithmusbegriffs, untersucht die Leistungsfähigkeit von Algorithmen und erforscht die prinzipiellen Grenzen des Computers beim Lösen von Problemen.

Teilgebiete der theoretischen Informatik: Theorie der formalen Sprachen, Automatentheorie, Algorithmentheorie, Berechenbarkeitstheorie, Komplexitätstheorie, ...

Sowohl für die Konstruktion von Algorithmen als auch für die Konstruktion von Computern spielen Methoden und Modelle aus der Mathematik eine wichtige Rolle. In der Mathematik werden aber überwiegend statische Strukturen betrachtet, in der Informatik dynamische (Prozesse).

Theoretische Informatik in der Schule:
Weil der Algorithmusbegriff in der Informatik eine tragende Rolle spielt, wird bereits in der informationstechnischen Grundbildung ein anschaulicher, „naiver" Algorithmusbegriff vermittelt. Im Informatikunterricht erfolgen dann mathematisch exakte Definitionen für diesen Begriff. Auch Einblicke in die anderen Teilgebiete der theoretischen Informatik werden erst im Informatikunterricht höherer Klassen gegeben.

Praktische Informatik:
Die praktische Informatik beschäftigt sich vor allem mit der Formulierung von Algorithmen als Programme in Abhängigkeit von den rechentechnischen Möglichkeiten. Meist sind die Programme recht umfangreich und kaum überschaubar, es ist also auch eine Programmiermethodik (die Erarbeitung und Nutzung von Programmierverfahren) und die Entwicklung von Programmierumgebungen notwendig, so dass Programmierfehler reduziert werden.

Auch müssen die Programme, die in der Erstfassung in einer höheren, dem Menschen verständlicheren Form vorliegen, in eine für den Rechner ausführbare Form übertragen werden, es müssen also spezielle Übersetzungsprogramme erarbeitet werden.

Die Entwicklung von Betriebssystemen für Computer (Überwachung der Ausführung von Programmen und Übernahme der Steuerung der Ein- und Ausgabe) gehört ebenfalls zu den Aufgaben der praktischen Informatik.

Teilgebiete der praktischen Informatik: Programmiermethodik (Software-Engineering), Programmiersprachen, Übersetzerbau, Betriebssysteme, Dialogsysteme, Fragen der künstlichen Intelligenz und der Konstruktion von Expertensystemen, ...

Für die Entwicklung und Nutzung von Betriebssystemen oder für die anderen genannten Aufgaben benötigt der Informatiker Kenntnisse aus der Elektrotechnik (Speicherorganisation, technische Umsetzung logischer Verknüpfungen usw.), um die Möglichkeiten und Grenzen technischer Realisierungen auf einer konkreten Gerätetechnik abschätzen zu können.

Praktische Informatik in der Schule:
Notwendige Kenntnisse zur Nutzung von Betriebssystemen und dialogorientierter grafischer Benutzerobeflächen und des damit im Zusammenhang stehenden „Dateihandlings" werden in der informationstechnischen Grundbildung angeeignet.
Das Suchen von algorithmischen Lösungen für Probleme und die Formulierung der Lösungen als Programm, Kenntnisse zu genutzten Programmiersprachen und Programmiermethoden stehen meist im Mittelpunkt des Informatikunterrichts.

Teilgebiete der technischen Informatik: Rechnerarchitektur, Datenfernübertragung, Netze, Prozessdatenverarbeitung, VLSI-Entwurf (Entwurf hochintegrierter Schaltkreise), ...

Technische Informatik:
In der technischen Informatik befasst man sich mit dem funktionellen Aufbau der Hardware des Computers (Speicher, Zentraleinheit usw.) und den zugehörigen Ein- und Ausgabegeräten, also dem logischen Entwurf von Rechentechnik, Geräten und Schaltungen.
Dabei sind Kenntnisse zu technischen Grundlagen der Informatik (Nachrichtentechnik, Informationstheorie, Mikroelektronik, Sensortechnik, Optoelektronik, Bildschirmtechnik, Lichtleiter- und Satellitentechnik) unerlässlich.

Technische Informatik in der Schule:
Um den Computer effektiv nutzen zu können, sind Kenntnisse über Hardwarebestandteile und ihre Kenngrößen sowie Fertigkeiten im Umgang mit peripheren Geräten wie Tastatur, Maus usw. erforderlich. Auch die Arbeit im Netz spielt eine immer größere Rolle. Dies wird schon in der informationstechnischen Grundbildung vermittelt.
Da die informationstechnische Grundbildung sehr oft an den Unterricht in Technik oder Arbeitslehre gebunden ist, wird manchmal auch auf Prozessautomatisierung und Schaltalgebra eingegangen, was neben der Rechnerarchitektur eigentlich dem Informatikunterricht vorbehalten ist.

Teilgebiete der angewandten Informatik: Betriebsinformatik, Rechtsinformatik, Mensch-Maschine-Kommunikation, Ergonomie, ...

Angewandte Informatik:
Die angewandte Informatik beschäftigt sich mit Anwendungen von Methoden der Kerninformatik in anderen Wissenschaften und Gesellschaftsbereichen. Sie untersucht Abläufe (z. B. in der Wirtschaft, bei der Herstellung von Büchern, in der Medizin usw.) auf ihre Automatisierbarkeit durch Computer, erstellt anwendungsbezogene Analysen und hilft bei der Entwicklung von Programmsystemen, die bestimmte Anwendungsfälle abdecken sollen. Durch den Einsatz von informationsverarbeitender Technik ändern sich die Arbeitsbedingungen und Organisationsformen in vielen gesellschaftlichen Bereichen und anderen Wissenschaften gravierend. Es werden also Kenntnisse über die jeweiligen Anwendungsgebiete vorausgesetzt bzw. es muss sehr eng mit den entsprechenden Fachleuten zusammengearbeitet werden.

Angewandte Informatik in der Schule:
Schon in der informationstechnischen Grundbildung geht es hier vor allem um grundlegende Kenntnisse, Fähigkeiten und Fertigkeiten im Umgang mit wichtigen Anwendungssystemen (Textverarbeitungs-, Tabel-

lenkalkulations-, Datenbank- sowie Grafikprogramme) und mit dem Internet sowie um Auswirkungen der Datenverarbeitung auf die Gesellschaft (einschließlich der Datenschutzproblematik).

Übersicht zu grundlegenden Inhalten und Bereichen der Wissenschaft Informatik

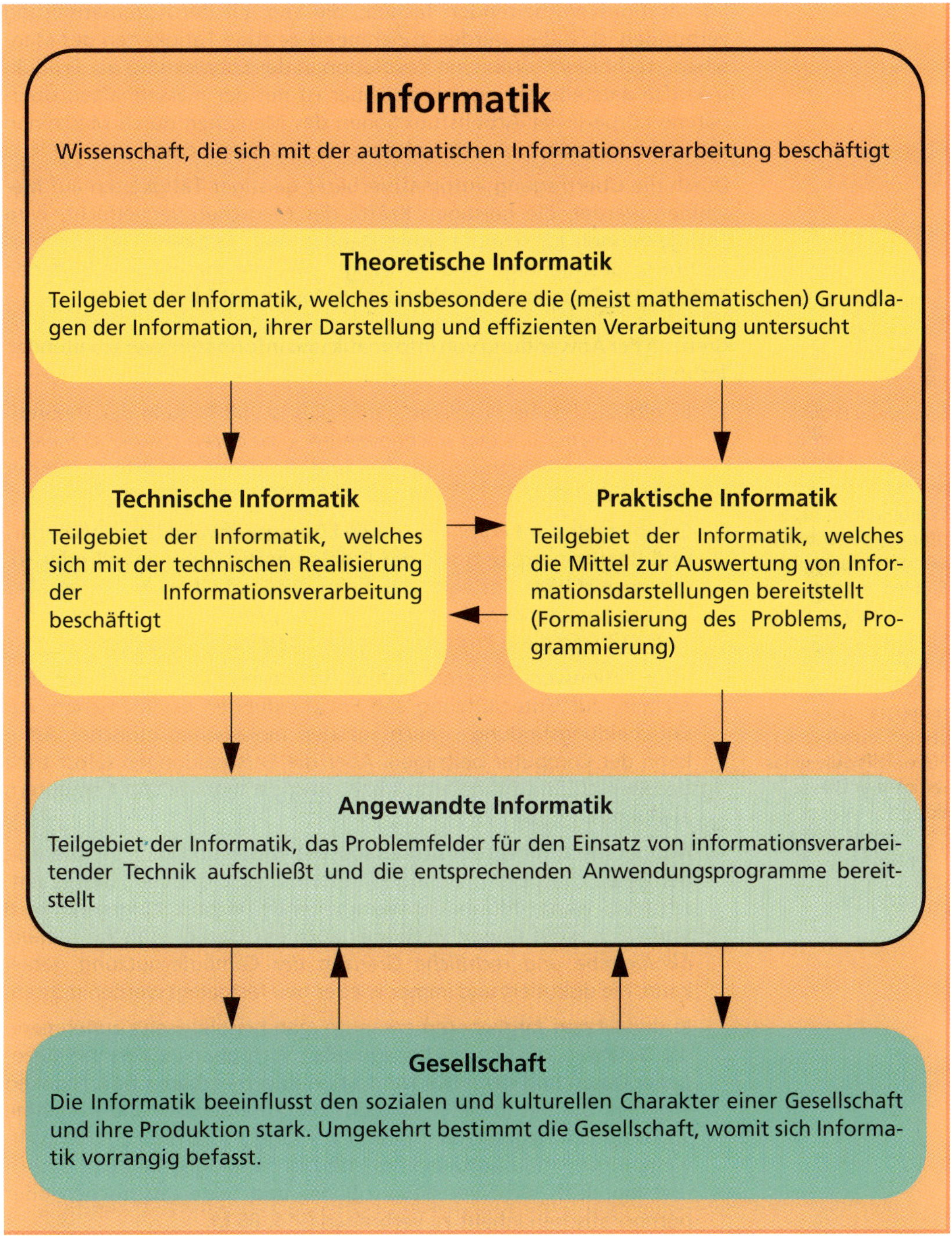

1.1.2 Anwendungsbereiche der Informatik und gesellschaftliche Auswirkungen

Bedeutung der Informatik

Der Kernprozess der wissenschaftlich-technischen Revolution ist die (vor allem durch die Wissenschaft Informatik mitbestimmte) Umwälzung der informationsverarbeitenden Technik, die eng mit der Automatisierung verbunden ist. Dabei werden zunehmend geistige Tätigkeiten des Menschen „technisiert", was eine Revolution in der Entwicklung der Produktivkräfte darstellt, die nur vergleichbar ist mit der massenhaften Übernahme körperlicher Arbeitsfunktionen des Menschen durch Maschinen während der industriellen Revolution im 19. Jahrhundert.

Durch die Übertragung automatisierbarer geistiger Tätigkeiten auf Maschinen werden die geistigen Kräfte des Menschen vervielfacht, wird Zeit gewonnen für schöpferisches Denken und Handeln. Außerdem erleichtert, beschleunigt und verbilligt die informationsverarbeitende Technik den Zugang zum vorhandenen Wissen der Menschheit.

Grenzen der Anwendung von Informatik und informationsverarbeitender Technik

Hinweis zu Problemen, die sich nicht algorithmisch lösen lassen (1.):
Es gibt keinen Algorithmus, der entscheidet, ob ein beliebiges Problem algorithmisch lösbar ist oder nicht, d. h., ob die Antwort auf eine gewisse Entscheidungsfrage „Ja" oder „Nein" lauten wird. Für viele Problemklassen gelingt dies jedoch.

1. Es gibt zahlreiche *Probleme* – und dies ist mit Mitteln der theoretischen Informatik exakt nachgewiesen –, *zu deren Lösung sich keine Algorithmen konstruieren lassen* und die damit mit dem Computer nicht lösbar sind.
2. Es gibt zahlreiche *Probleme,* deren Lösungsaufwand (Speicherbedarf und Bearbeitungszeit) mit der Problemgröße exponentiell oder sogar noch stärker ansteigt (z. B. beim systematischen Probieren aller infrage kommenden Varianten), *die* also *praktisch nicht exakt lösbar sind.* Oft sind diese Probleme aus dem Bereich der Ökonomie.
3. Informationsverarbeitende Technik ist Hilfsmittel zum Lösen von Problemen, zur Unterstützung von Entscheidungen des Menschen. Zur Entscheidungsfindung – auch sozialer, moralischer, ethischer Art – kann der Computer beitragen. Aber die Entscheidungen selbst trifft der Mensch und führt sie aus bzw. lässt sie mithilfe von Computern ausführen.

   Nur der Mensch begreift sich als soziales Wesen und kann im Interesse der Gesellschaft Entscheidungen treffen. Dies schließt ein, dass er entscheidet, wann informationsverarbeitende Technik eingesetzt wird und wann nicht. Dies schließt aber auch ein, dass es *ethische, soziale, ökologische und rechtliche Grenzen der Computernutzung* geben kann, die diskutiert und immer wieder neu festgelegt werden müssen.

   In den letzten Jahrzehnten erkannte man beispielsweise zunehmend die Gefahren, die sich aus der schnellen Verfügbarkeit personenbezogener Daten und deren Konzentration in vernetzbaren Datenbanken ergeben. Das hat in vielen Ländern zur Ausarbeitung und Annahme von Datenschutzgesetzen geführt (↗ S. 73 ff.). Auch schließt der weltweite Informationsaustausch im Internet die Möglichkeit ein, ethisch und moralisch nicht vertretbare Bilder und Texte rassistischen oder pornografischen Inhalts zu verbreiten (↗ S. 86 f.).

Gesellschaftliche Auswirkungen

Die Auswirkungen der Informatik und des Einsatzes von Computertechnik umfassen im Wesentlichen zwei Bereiche: Beruf und Alltag.

Ähnlich wie bei der Entwicklung mechanischer Maschinen während der industriellen Revolution im 19. Jahrhundert wird auch der Computer als Instrument der Rationalisierung eingesetzt, woraus sich für die Betroffenen – durch den Wandel von Arbeitsplätzen und beruflichen Anforderungen – oft schwerwiegende soziale Folgen ergeben.
Andererseits erhöht sich der Lebensstandard durch den Einsatz von Computern (Kaufen durch Kassensysteme, vielfältige Informationsangebote durch neue Medien, Vereinfachung der Hausarbeit durch in die Haushaltstechnik integrierte Computer, Zahlungsverkehr, neue Freizeitmöglichkeiten usw.).

Die letzten Beispiele zeigen aber auch, dass die Computersysteme für die meisten Menschen undurchschaubar geworden sind, dass die Chancen und Risiken dieses Einsatzes schwer abschätzbar sind (vgl. Abschnitt 1.5).

Ausgewählte Anwendungsgebiete informationsverarbeitender Technik

Produktion:

Häufig ist der gesamte Produktionsprozess für bestimmte Produkte voll automatisiert.

- Das Produkt (z. B. ein Geräteteil, ein Werkzeug oder ein Mikroprozessor) wird schon mittels **CAD**-Systemen entworfen. Der Konstrukteur verwendet dabei Tastatur, Maus und Lichtgriffel, Grafik- und Rechenprogramme. Als Zeichenbrett dienen ihm Bildschirm und Plotter.
- Oft werden die Zeichnungen durch ein Computerprogramm sofort in Steuerungsinformationen für Werkzeugmaschinen umgesetzt. Man nennt dies auch computerunterstützte Arbeitsvorbereitung **(CAP).**
- Durch Prozessrechner gesteuerte Werkzeugmaschinen **(CNC-Maschinen)** fertigen das Produkt.
  Diese Fertigung nennt man **CAM** (computerunterstützte Fertigung).
- Selbst die Qualitätskontrolle des fertigen Produkts, z. B. der Vergleich von Soll- und Istmaßen, wird durch Computer durchgeführt **(CAQ).**

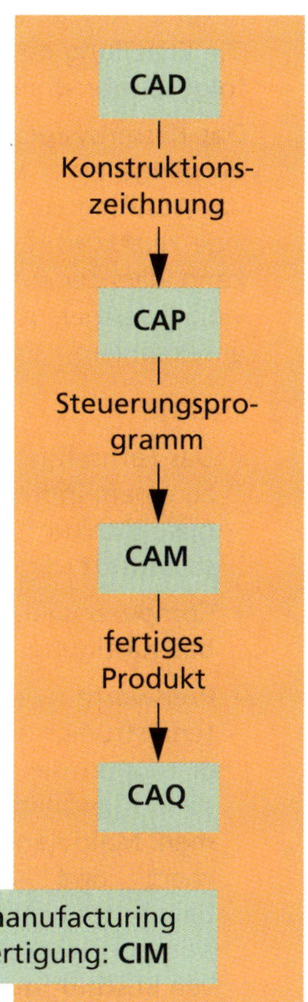

CAD steht für computer-aided design (computerunterstütztes Entwerfen).

CAP: computer-aided production planning

CNC: computerized numerical control
CAM: computer-aided manufacturing

CAQ: computer-aided quality control

POS:
Abkürzung für „point of sale" („Ort des Verkaufs").

EAN-Code:
Abkürzung für „Europäische Artikel-Nummerierung"

Handel:

Nach der vorausgehenden Einführung von informationsverarbeitender Technik im Rechnungswesen und in der Lagerhaltung wurden in den 80er-Jahren elektronische Erfassungssysteme direkt am Ort des Verkaufs – also an der Kasse – installiert. Diese verkaufsnahe Datenerfassung durch **Kassensysteme** führte nach der Einführung der Selbstbedienung zu einer „zweiten Revolution" im Handel. Man nennt diese Systeme auch **POS-Systeme.**

Auf den Waren sind Etiketten aufgeklebt, auf denen der so genannte **EAN-Code** aufgedruckt ist. Der EAN-Code erlaubt eine international einheitliche Warencodierung durch den Hersteller. Selbst dieses Buch ist auf der Rückseite mit einem EAN-Code versehen, in dem das Herstellungsland und die ISBN-Nummer des Titels verschlüsselt wurden, woraus das Kassensystem des Buchhändlers den Verlag und den konkreten Titel erkennen kann.

Der Kunde entnimmt die Ware dem Regal und bringt sie zur Kasse. Hier wird mit einem automatischen Lesegerät (**Barcode-Leser,** Strichcode-Leser) der EAN-Code erfasst und innerhalb kurzer Zeit vom Computer der betriebsinterne Preis der Ware abgerufen. Die Erstellung des Kassenbons erfolgt so sehr schnell.

Das Kassensystem erledigt aber auch alle anderen routinemäßigen Vorgänge eines Handelsbetriebes wie Bestandsveränderungen und das Auslösen von Bestellungen. Auch können Preise je nach Marktlage relativ schnell geändert werden, wobei der Kunde sicher sein kann, dass der aufgedruckte Preis mit dem durch den EAN-Code individuell festgelegten Preis der Ware übereinstimmt. Ansonsten kann er reklamieren: Es gilt immer der für den Kunden ersichtliche Preis.

Freizeit:

- Das Fernsehgerät wächst mittlerweile mit Telefon und Computer zu einem individuellen Wünschen gerecht werdenden Informations-, Auskunfts- und Kommunikationssystem zusammen (Bildschirmtext, digitales Fernsehen).
- Computerspiele sind eine immer beliebter werdende Freizeitbeschäftigung.
- Preiswerte elektronische Tasteninstrumente (Keyboards) er-zeugen die unterschiedlichsten Klangbilder und Rhythmen. Melodien können gespeichert und am Computer bearbeitet werden.
  Komponieren wird zur kreativen Beschäftigung für jeden.

Bank- und Versicherungswesen:

- Der Einsatz von Tabellenkalkulationsprogrammen hat schon die Kundenberatung vereinfacht. Geldanlagen und Versicherungen können den Kundenwünschen entsprechend kalkuliert und ausgewählt werden.
- Der gesamte Zahlungsverkehr wird mittlerweile elektronisch abgewickelt: Lohn- oder Gehaltsüberweisungen; Abbuchung fester monatlicher Zahlungen (Miete, Energiekosten, Telefongebühren, ...) auf Kundenwunsch; Geld abheben am Automaten; bargeldloser Einkauf mit Chipkarte.
- Das Führen der Bankgeschäfte von zu Hause aus **(Homebanking)** ist seit vielen Jahren die Hauptanwendung im Bildschirmtext (Btx) der Deutschen Bundespost.
  Durch Verbesserungen von Btx entwickelte sich T-Online. Seit dieses Online-System einen Internetzugang hat, ist Homebanking auch über Internet möglich.

Verlagswesen, Buch- und Zeitungsdruck:

Durch den Einsatz informationsverarbeitender Technik hat sich in den letzten Jahren eine ganze Branche strukturell gewandelt, was an der Produktion eines Buches gezeigt werden soll:

- Die Autoren liefern ihr Manuskript meist schon als Textdateien an den Verlag.
- Der Redakteur oder Lektor redigiert das Manuskript direkt am Computer und reicht es an die Layouter weiter.
- Die **Layouter** erstellen daraus mittels eines Desktop-Publishing- oder Textverarbeitungs-Programms durch Einfügen von Bildern und Grafiken und durch Gestaltung der Seiten eine veröffentlichungsreife Druckschrift am Bildschirm. Sie drucken die gestalteten Seiten in eine (Druck-)Datei und reichen diese Datei an das Satzstudio weiter.
- Im Satzstudio werden mittels der Druckdatei Filme hergestellt. Beispielsweise werden für die Herstellung eines mehrfarbigen Buches im Allgemeinen 4 Filme (die die Farben Cyan, Magenta, Gelb und Schwarz repräsentieren) benötigt. Meist ist heute das Satzstudio schon in den Verlag integriert und selbstverständlich arbeiten die genannten Bereiche eng zusammen.
  Der Beruf des Setzers, der früher aus beweglichen Lettern eine Druckvorlage herstellte, ist mittlerweile gänzlich verschwunden.
- Die Filme werden an eine Druckerei weitergeleitet. Hier werden sie auf eine Druckmaschine montiert. Der Druck kann beginnen.
- Viele Druckereien bieten schon an, den Weg über das Satzstudio zu umgehen und gleich die Druckdateien an die Druckerei zu liefern. Filme werden nicht mehr hergestellt, sondern es erfolgt ein so genannter **Digitaldruck** direkt aus den Druckdateien heraus.
  Damit wird es auch möglich, kleine, inhaltlich variable, bestimmten Kundenwünschen entsprechende Auflagen auf Anforderung des Verlages zu drucken **(book on demand).**

1.2 Daten, Datentypen und Datenstrukturen

1.2.1 Informationen und Daten

Allgemeiner Informationsbegriff

Information (umgangssprachlich: Unterrichtung, Mitteilung, Auskunft) ist eine allgemeine Eigenschaft der uns umgebenden Welt. Informationen werden sowohl in der belebten und unbelebten Natur als auch in der menschlichen Gesellschaft aufgenommen, gespeichert, verarbeitet und weitergegeben.

Philosophisch betrachtet ist jede Struktur, die als Struktur eines Systems Funktionen gegenüber den Elementen des Systems und umfassenderen Systemen erfüllt, **Information** (Beispiele: Kristallgitter, Samenzelle, Buch). Man kann also jede Wechselwirkung als Informationsverarbeitung auffassen. Die mit jeder Struktur gegebene Information dient auch dem Menschen zur Erkenntnisgewinnung über seine Umwelt.

Kristallgitter (Informationsverarbeitung in der unbelebten Natur)

Gesteine bestehen aus verschiedenen Mineralen, das fast überall zu findende Granit z. B. aus Quarz (SiO_2), Feldspat, Plagioklas und anderen chemischen Verbindungen. Die meisten Minerale kristallisieren in immer gleicher Form aus, die dann besonders schön zu erkennen ist, wenn ideale Kristallisationsbedingungen vorhanden waren. Die dargestellten Säulen mit zugespitzten Enden sind Bergkristall, eine Ausbildungsweise von Quarz. Die Atomanordnung von Quarz unterliegt bestimmten Gesetzmäßigkeiten. Bei der Anlagerung von weiteren Silizium- oder Sauerstoffatomen an den Kristall werden diese Informationen weitergegeben, die Struktur des Minerals entwickelt sich.

DNS (Informationsverarbeitung in der belebten Natur)

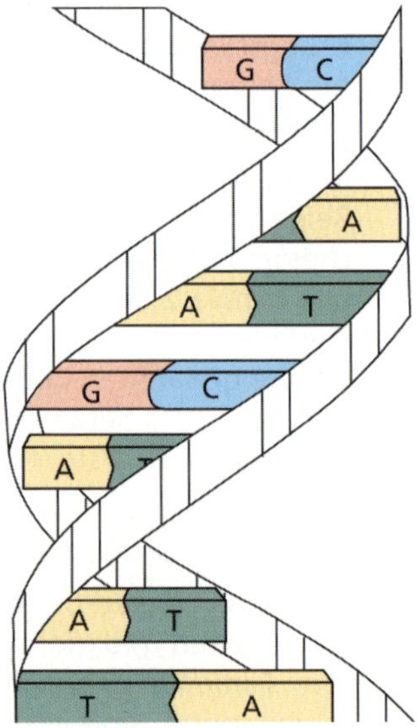

Wie entsteht aus einer Rose wieder eine Rose, aus einem Pferd wieder ein Pferd?
Jedes Lebewesen ist aus einzelnen Zellen mit Zellkernen aufgebaut. Die genetischen Informationen, die die Entwicklung des jeweiligen Lebewesens steuern, sind in jedem Zellkern in der DNS (Desoxyribonukleinsäure) gespeichert. Ein Modell der DNS ist hier abgebildet. Die Anordnung (der Code) der organischen Basen Adenin (A), Thymin (T), Guanin (G) und Cytosin (C) in einzelnen Abschnitten der DNS (Gene) entscheiden über die Merkmale des Lebewesens.
Die DNS kann sich in zwei Einzelstränge aufspalten, die Stränge werden mit komplementären Basen (z. B. A zu T) ergänzt. Es entstehen zwei identische „Tochterstränge“, die Information kann (bei Zellteilung) weitergegeben werden.

Buch (Informationsverarbeitung in der menschlichen Gesellschaft)

Der Mensch gibt Informationen insbesondere über die Sprache weiter. Mit Erfindung der Schrift konnten Informationen auf Tontafeln, Pergament- oder Lederrollen und in Büchern festgehalten werden. Durch die Erfindung des Buchdrucks mit beweglichen Lettern aus Metall durch JOHANN GUTENBERG – das erste 1455 gedruckte Buch war eine Bibel – wurde die massenhafte Informationsverbreitung möglich. Davor wurden Bücher durch Mönche in mühevoller Handarbeit kopiert.

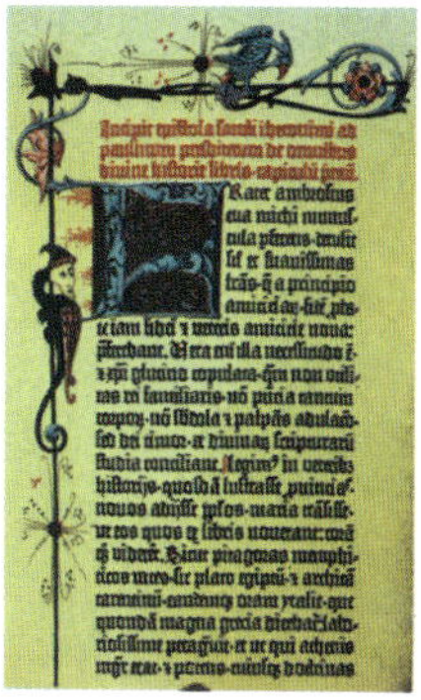

Anhand der Beispiele erkennt man Folgendes:

Eigenschaften von Information

- Information ist immer an einen stofflich(-energetischen) Träger gebunden. Kristallgitter (Atomgitter), DNS und Buch sind in den Beispielen die jeweiligen Informationsträger.
- Information bewirkt etwas. Dabei sind 3 Fälle zu unterscheiden:
  - Information strukturiert ein System (Kristallgitter; Schaffung von Hardware in der Technik; Entwicklung von der Eizelle bis zum Lebewesen, ...)
  - Information steuert das Verhalten eines Systems (Reizablauf im menschlichen Körper; Nachrichtenübertragung, ...)
  - Information steuert über ein System Information (Programme in einem Computer; biologische Programme in Form von Reflexen, Instinkten, Emotionen, ...)
- Information lässt sich beliebig vervielfältigen (das Vorhandensein von Informationsträgern vorausgesetzt).

Stoff (Materie, von engl. „matter"), Energie und Information sind die drei wichtigsten Grundbegriffe der Natur- und Ingenieurwissenschaften. Auch für die Informatik als Wissenschaft von der automatischen Verarbeitung von Informationen ist dieser Begriff von zentraler Bedeutung, obwohl er bisher kaum präzisiert worden ist, selbst obige philosophische Betrachtungen sind eine Theorie.

Um den Begriff „Information" für die Rechentechnik handhabbarer zu machen, ist es sinnvoll, den Begriff „Nachricht" einzuführen.

Nachrichten, Informationen, Daten

Informationen werden mithilfe von Zeichen oder Signalen übertragen.

Eine **Zeichenkette** ist eine Folge von Elementen (Buchstaben, Zahlen, Symbole) eines Alphabets.

Ein **Signal** ist eine durch Messgeräte erfassbare physikalische Veränderung (ein Ton, ein elektrischer Impuls, ein Lichtblitz, ...). Signale dienen zur Darstellung von Zeichen.

Eine **Nachricht** ist eine endliche Zeichenkette oder eine endliche Folge von Signalen, die von einem Sender (Quelle) über einen Kanal (der störanfällig sein kann) an einen Empfänger (Senke) übermittelt wird.

Bei der Informationsübertragung müssen meist feste Regeln eingehalten werden: Ein Satz in deutscher Sprache sollte z. B. syntaktisch korrekt sein; ein Brief sollte im Kopf die Adresse des Absenders enthalten usw.

Die Nachricht besitzt für den Empfänger zunächst keine Bedeutung, erst durch ihre Verarbeitung, Interpretation oder Bewertung erhält die Nachricht einen Sinn.

Interessant ist die Frage, wie man möglichst viel Information in möglichst kurzen Nachrichten übermitteln kann. Dieses Problem hat der amerikanische Mathematiker CLAUDE E. SHANNON 1948 in seiner Informationstheorie beschrieben und ein Maß für den mittleren Informationsgehalt einer Nachricht definiert.
Die Einheit lautet bit.
Die Einheit bit wird hier klein geschrieben, im Unterschied zu Bit (als kleinste Einheit der Datendarstellung).
Der Begriff Informationsgehalt ist in der Informatik dort von Interesse, wo Nachrichten komprimiert oder ver- und entschlüsselt werden.

Die Bedeutung einer Nachricht für den Empfänger (die einen Sachverhalt ausdrückt, einem Zweck dient oder eine Aktion auslöst) wird umgangssprachlich als **Information** bezeichnet.

Eine Nachricht wird also durch (menschliche) Interpretation oder durch die Art und Weise wie sie algorithmisch verarbeitet (entschlüsselt oder gespeichert) wird zur Information.

Auf der Datenbasis einer medizinischen Untersuchung (Blutbild, EKG, ...) kann ein Arzt (oder auch ein Expertensystem, ein Programm, welches medizinische Daten auswerten kann) möglicherweise eine Diagnose für einen Patienten stellen, eine Person ohne medizinische Bildung nicht.

Die Informatik beschäftigt sich ausschließlich mit Informationen, die so dargestellt sind, dass sie *maschinell* erfasst, aufbereitet, ausgewertet, übertragen, gespeichert und zur Nutzung weitergegeben werden können.

Automatisch bzw. elektronisch verarbeitbare Informationen fasst man mit dem Begriff **Daten** (Einzahl: **Datum**).
Daten umfassen eine Zeichenfolge (meist bezeichnet als „Nachricht") zusammen mit ihrer Bedeutung für den Empfänger. Die Zeichenfolge muss eindeutig über einem vorgegebenen Zeichenvorrat nach festgelegten Regeln aufgebaut sein. Für die Bearbeitung mit dem Computer werden die einzelnen Zeichen binär codiert, d. h. mittels zweier Ziffern verschlüsselt, die zwei Zustände (z. B. Strom fließt/fließt nicht) repräsentieren.

Dualsystem

Der Computer kann nur mit zwei möglichen Zuständen „rechnen" – Strom fließt nicht/Strom fließt; Relais nicht angezogen/Relais angezogen; Schalter geöffnet/Schalter geschlossen usw. –, wofür man die Ziffern 0/1 (seltener 0/L oder in der Technik L für low / H für high) verwendet. Durch Annahme dieser Zustände in technischen Schaltungen können Rechenoperationen realisiert werden.

Die kleinste Einheit der Datendarstellung, die zwei mögliche Werte (0/1) annehmen kann, nennt man **Bit.**

Mit einem Bit kann man 2 Zahlen zum Rechnen darstellen („Dualsystem"). Um mehr Zahlen darstellen zu können, schreibt man „Bitmuster" nieder, wobei die Position der einzelnen Ziffern – wie im Dezimalsystem – von entscheidender Bedeutung ist.

$$\begin{aligned}\texttt{10011} &= 1 \cdot 2^4 + 0 \cdot 2^3 + 0 \cdot 2^2 + 1 \cdot 2^1 + 1 \cdot 2^0\\ &= 1 \cdot 16 + 0 \cdot 8 + 0 \cdot 4 + 1 \cdot 2 + 1 \cdot 1 = 16 + 2 + 1\\ &= 19\end{aligned}$$

Also: `10011` im Dualsystem dargestellt bedeutet die Zahl 19 im Dezimalsystem, kurz $\texttt{10011}_{[2]} = 19_{[10]}$.

$$\begin{aligned}\texttt{1111}_{[2]} &= 1 \cdot 2^3 + 1 \cdot 2^2 + 1 \cdot 2^1 + 1 \cdot 2^0 = 2^3 + 2^2 + 2^1 + 2^0\\ &= 8 + 4 + 2 + 1 = 15\\ \texttt{10000}_{[2]} &= 1 \cdot 2^4 + 0 \cdot 2^3 + 0 \cdot 2^2 + 0 \cdot 2^1 + 0 \cdot 2^0 = 2^4 = 16\\ 6_{[10]} &= 4 + 2 = 1 \cdot 2^2 + 1 \cdot 2^1 + 0 \cdot 2^0 = \texttt{110}_{[2]}\\ 31_{[10]} &= 16 + 8 + 4 + 2 + 1 = 1 \cdot 2^4 + 1 \cdot 2^3 + 1 \cdot 2^2 + 1 \cdot 2^1 + 1 \cdot 2^0\\ &= \texttt{11111}_{[2]}\\ 32_{[10]} &= 1 \cdot 2^5 + 0 \cdot 2^4 + 0 \cdot 2^3 + 0 \cdot 2^2 + 0 \cdot 2^1 + 0 \cdot 2^0\\ &= \texttt{100000}_{[2]}\end{aligned}$$

Zusammenfassend sei folgende Übersicht zum Dualsystem gegeben:

Dualsystem

Grundziffern:	`0, 1`
Stellenwert:	Potenzen der Zahl 2
Darstellungsform:	$b_m b_{m-1} \ldots b_0, b_{-1} b_{-2} \ldots b_{-n}$ (b steht für die Grundziffern, m und n sind natürliche Zahlen)

Oft spricht man im Zusammenhang mit dem Dualsystem von Binärcodierung. **Binärcodierung** heißt aber nur, dass zwei Zeichen zur Verschlüsselung genutzt werden, über deren Position in einer Zeichen- oder Signalkette wird nichts ausgesagt. Im Dualsystem werden ebenfalls zwei Zeichen zur Codierung genutzt, entscheidend ist aber hier deren Position, deren Stellung in einer Zeichenkette.

Im Dualsystem kann man Addieren und Multiplizieren wie im Dezimalsystem. Grundaufgaben der Addition sind:
`0 + 0 = 0,  0 + 1 = 1 + 0 = 1,  1 + 1 = 10.`
Das Rechnen ist einfacher, man muss sich für die Multiplikation beispielsweise nur 4 Grundaufgaben merken (statt 100 wie im Dezimalsystem), die Zahlen werden aber länger.

Zum Rechnen mit dem Computer müsste man nur die Ziffern 0 bis 9 des Dezimalsystems sowie einige Operationszeichen wie „+“ oder „–“ als Bitmuster darstellen. Aber man will mit dem Computer auch schreiben. Insbesondere benötigt man dazu Buchstaben (groß/klein ≈ 60 Zeichen), (Ziffern = 10 Zeichen), Sonderzeichen (Operations-, Relations-, Satz-, Steuerzeichen ≈ 40 Zeichen; auf der Tastatur erkennbar), Grafikzeichen (⌠, ⌡, …) und Schriftzeichen aus anderen Sprachen (ë, É, …)
Man kommt mit $256 = 2^8$ Bitmustern aus. Die Bitmusterreihen haben die Länge 8.

Die Zusammenfassung von 8 Bit zu einem Zeichen nennt man **Byte.** Dies ist die kleinste vom Computer akzeptierte Dateneinheit.
Mit einem Byte können $2^8 = 256$ verschiedene Zeichen dargestellt werden.

K steht für „Kilo“, M für „Mega“, G für „Giga“ und T für „Tera“.

„Mega“ ist hier nicht exakt 1 Million. Aber die Abweichungen sind so gering, dass man überschlagsmäßig damit arbeiten kann.

Byte ist auch die Maßeinheit für die Kapazität von Speichermedien wie Disketten oder Festplatten.

1 **KByte** (Abk. **KB**) $= 2^{10}$ Byte = 1024 Byte (Zeichen)
$\approx$ 1000 Byte

1 **MByte** (Abk. **MB**) $= 2^{20}$ Byte = 1048576 Byte (Zeichen)
$\approx$ 1 Million Byte

1 **GByte** (Abk. **GB**) $= 2^{30}$ Byte = 1073741824 Byte (Zeichen)
$\approx$ 1 Milliarde Byte

1 **TByte** (Abk. **TB**) $= 2^{40}$ Byte = 1099511627776 Byte (Zeichen)
$\approx$ 1 Billion Byte

Mit **Word** bezeichnet man eine Bitfolge der Länge 16. Hiermit können 16-stellige Dualzahlen codiert werden, nämlich die Zahlen von
$0_{[10]} = 0000000000000000_{[2]}$ bis
$65535_{[10]} = 1111111111111111_{[2]}$.

Hexadezimalsystem

Die Bitmuster sind nicht sonderlich gedächtnisfreundlich und nehmen außerdem relativ viel Platz in Anspruch. Deshalb werden die Bytes (Zeichen, Bitmuster der Länge 8) oft durch eine Kurzschreibweise angegeben, die auf einem anderen Positionssystem, dem Hexadezimalsystem basiert.

Hexadezimalsystem

Grundziffern: 0, 1, 2, 3, 4, 5, 6, 7, 8, 9, A, B, C, D, E, F

Stellenwert: Potenzen der Zahl 16

Darstellungsform: $h_m h_{m-1} \ldots h_0, h_{-1} h_{-2} \ldots h_{-n}$
(h steht für die Grundziffern, m und n sind natürliche Zahlen)

$$53E_{[16]} = 5 \cdot 16^2 + 3 \cdot 16^1 + 14 \cdot 16^0$$
$$= 5 \cdot 256 + 3 \cdot 16 + 14 \cdot 1$$
$$= 1280 + 48 + 14 = 1342_{[10]}$$

Also: 53E im Hexadezimalsystem dargestellt bedeutet die Zahl 1342 im Dezimalsystem, kurz $53E_{[16]} = 1342_{[10]}$.

Ein Byte wird in zwei Tetraden (Halbbytes) zu je 4 Bits unterteilt. Diese Tetraden können wiederum jeweils durch genau eine Hexadezimalziffer (0, 1, 2, 3, 4, 5, 6, 7, 8, 9, A, B, C, D, E, F) codiert werden, was die Umwandlung von einem Positionssystem in das andere vereinfacht.

$26_{[10]} = 0001\ 1010_{[2]} = 1A_{[16]}$
$98_{[10]} = 0110\ 0010_{[2]} = 62_{[16]}$
$129_{[10]} = 1000\ 0001_{[2]} = 81_{[16]}$

Im Folgenden wird ein (unvollständiger) Überblick über die Dezimalzahlen (dez), Dualzahlen (Bitmuster, b) und Hexadezimalzahlen (**HEX-Code,** h) von 0 bis 255 gegeben:

dez	b	h	dez	b	h	dez	b	h
0	0000 0000	00	16	0001 0000	10	32	0010 0000	20
1	0000 0001	01	17	0001 0001	11	33	0010 0001	21
2	0000 0010	02	18	0001 0010	12	34	0010 0010	22
3	0000 0011	03	19	0001 0011	13	55	0011 0111	37
4	0000 0100	04	20	0001 0100	14	56	0011 1000	38
5	0000 0101	05	21	0001 0101	15	99	0110 0011	63
6	0000 0110	06	22	0001 0110	16	100	0110 0100	64
7	0000 0111	07	23	0001 0111	17	101	0110 0101	65
8	00001000	08	24	00011000	18	126	01111110	7E
9	0000 1001	09	25	0001 1001	19	127	0111 1111	7F
10	0000 1010	0A	26	0001 1010	1A	128	1000 0000	80
11	0000 1011	0B	27	0001 1011	1B	251	1111 1011	FB
12	0000 1100	0C	28	0001 1100	1C	252	1111 1100	FC
13	0000 1101	0D	29	0001 1101	1D	253	1111 1101	FD
14	0000 1110	0E	30	0001 1110	1E	254	1111 1110	FE
15	0000 1111	0F	31	0001 1111	1F	255	1111 1111	FF

ASCII-Zeichensatz

Mit einem Byte sind also genau 256 Zeichen darstellbar. Zur Zuordnung der 256 Bitmuster (Bytes) zu jeweils genau einem Zeichen nutzt man heute meist den amerikanischen Standard-Code für den Informationsaustausch, den **ASCII.**

ASCII (gesprochen: aski) ist die Abkürzung für **A**merican **S**tandard **C**ode for **I**nformation **I**nterchange.

Dem Byte 01000001 entspricht der Großbuchstabe A,

dem Byte 01000011 entspricht der Großbuchstabe C.

Ursprünglich war der ASCII-Zeichensatz ein 7-Bit-Code, es konnten also nur 128 Zeichen dargestellt werden, das achte Bit diente als Prüfbit. Dieser „einfache" ASCII-Zeichensatz ist auf allen Computern, in allen Ländern und in allen Programmen gleich.

Außer den ersten 32 und dem letzten Zeichen, die für Steuerungsaufgaben reserviert sind, sind alle Zeichen auf der Tastatur dargestellt. Darüber hinaus kann man die Zeichen unter MS-DOS, in Programmierumgebungen und in Anwendungsprogrammen folgendermaßen abrufen:

Man gibt den Dezimalwert (dez) auf dem Ziffernblock der Tastatur bei gedrückter <Alt>-Taste ein und erhält jeweils das ASCII-Zeichen (asc), welches in der folgenden Tabelle dargestellt ist:

dez	asc	dez	asc	dez	asc	dez	asc	dez	asc	dez	asc	dez	asc	dez	asc
0	nul	16	dle	32		48	0	64	@	80	P	96	‘	112	p
1	soh	17	dc1	33	!	49	1	65	A	81	Q	97	a	113	q
2	stx	18	dc2	34	„	50	2	66	B	82	R	98	b	114	r
3	etx	19	dc3	35	#	51	3	67	C	83	S	99	c	115	s
4	eot	20	dc4	36	$	52	4	68	D	84	T	100	d	116	t
5	enq	21	nak	37	%	53	5	69	E	85	U	101	e	117	u
6	ack	22	syn	38	&	54	6	70	F	86	V	102	f	118	v
7	bel	23	etb	39	'	55	7	71	G	87	W	103	g	119	w
8	bs	24	can	40	(	56	8	72	H	88	X	104	h	120	x
9	ht	25	em	41	)	57	9	73	I	89	Y	105	i	121	y
10	lf	26	sub	42	*	58	:	74	J	90	Z	106	j	122	z
11	vt	27	esc	43	+	59	;	75	K	91	[	107	k	123	{
12	ff	28	fs	44	,	60	<	76	L	92	\	108	l	124	|
13	cr	29	gs	45	-	61	=	77	M	93	]	109	m	125	}
14	so	30	rs	46	.	62	>	78	N	94	^	110	n	126	~
15	si	31	us	47	/	63	?	79	O	95	_	111	o	127	del

Das Zeichen 32 ist das Leerzeichen (Wortabstand), nicht zu verwechseln mit dem Steuerzeichen nul, welches das „leere Zeichen“ (Speicherplatz für „nichts“) ist.

Die Steuerzeichen bedeuten Folgendes:

dez	asc	Bedeutung der Abkürzung	Übersetzung, Bedeutung
0	nul	null character	leeres Zeichen, Nil, Null
1	soh	start of heading	Anfang des Kopfes
2	stx	start of text	Anfang des Textes
3	etx	end of text	Ende des Textes
4	eot	end of transmission	Ende der Übertragung
5	enq	enquiry	Stationsaufforderung
6	ack	acknowledge	positive Rückmeldung
7	bel	bell	Klingel
8	bs	backspace	Rückwärtsschritt
9	ht	horizontal tabulation	Horizontal-Tabulator
10	lf	line feed	Zeilenvorschub
11	vt	vertical tabulation	Vertikal-Tabulator
12	ff	form feed	Formularvorschub
13	cr	carriage return	Wagenrücklauf
14	so	shift-out	Dauerumschaltung
15	si	shift-in	Rückschaltung
16	dle	data link escape	Datenübertragungsumschaltung

dez	asc	Bedeutung der Abkürzung	Übersetzung, Bedeutung
17	dc1	device control 1	Gerätesteuerung 1
18	dc2	device control 2	Gerätesteuerung 2
19	dc3	device control 3	Gerätesteuerung 3
20	dc4	device control 4	Gerätesteuerung 4
21	nak	negative acknowledge	negative Rückmeldung
22	syn	synchronous idle	Synchronisierung
23	etb	end of transmission block	Ende des Datenübertragungsblocks
24	can	cancel	ungültig, Abbruch
25	em	end of medium	Ende der Aufzeichnung
26	sub	substitute character	Substitution (Austausch eines Zeichens)
27	esc	escape	Umschaltung
28	fs	file separator	Hauptgruppen-Trennung
29	gs	group separator	Gruppen-Trennung
30	rs	record separator	Untergruppen-Trennung
31	us	unit separator	Teilgruppen-Trennung
127	del	delete	Löschen

Der ASCII-Zeichensatz wurde vom American National Standards Institute (ANSI), dem nationalen Normenausschuss der USA – vergleichbar mit dem Deutschen Institut für Normierung (DIN) – festgelegt.
Auch den **erweiterten ASCII-Zeichensatz** – also zusätzlich die Zeichen für die Plätze von 128 bis 255 – hat dieses Institut festgelegt, man nennt ihn deshalb oft **ANSI-Zeichensatz.**

Der erweiterte ASCII-Zeichensatz weicht in den verschiedenen Ländern voneinander ab. Dies hängt damit zusammen, dass die verschiedenen Sprachen auch unterschiedliche zusätzliche Schriftzeichen haben. Deshalb gibt es vom ANSI normierte Code-Tabellen für die einzelnen Länder. In Deutschland sind 2 Tabellen gebräuchlich: Code-Tabelle 437 und der internationale Standard, die Code-Tabelle 850.

Die Zeichen 128 bis 255 sind im Allgemeinen nicht auf der Tastatur dargestellt. Man kann sie aber unter DOS, in Programmierumgebungen und in Anwendungsprogrammen (im Allgemeinen auch unter der Benutzeroberfläche Windows) ebenfalls dadurch erhalten, dass man den Dezimalwert (dez) auf dem Ziffernblock der Tastatur bei gedrückter <Alt>-Taste eingibt und dann die <Alt>-Taste loslässt.
Windows hat zusätzlich eine eigene Code-Tabelle. Die entsprechenden Zeichen erhält man dadurch, dass man vor dem Dezimalwert außerdem eine 0 eingibt.

Die folgende Übersicht zeigt für die Zeichen 128 bis 255 (dez) die Code-Tabelle 850 und die Codierung unter Windows (win).
Freie Stellen bedeuten hier meist Steuerzeichen.

dez	850	win
128	Ç	
129	ü	
130	é	‚
131	â	ƒ
132	ä	„
133	à	…
134	å	†
135	ç	‡
136	ê	ˆ
137	ë	‰
138	è	Š
139	ï	‹
140	î	Œ
141	ì	•
142	Ä	Ž
143	Å	
144	É	
145	æ	‘
146	Æ	’
147	ô	“
148	ö	”
149	ò	•

dez	850	win
150	û	–
151	ù	—
152	ÿ	˜
153	Ö	™
154	Ü	š
155	ø	›
156	£	œ
157	Ø	″
158	×	ž
159	ƒ	Ÿ
160	á	
161	í	¡
162	ó	¢
163	ú	£
164	ñ	¤
165	Ñ	¥
166	ª	¦
167	º	§
168	¿	¨
169	®	©
170	¬	ª
171	½	«
172	¼	¬
173	¡	-
174	«	®
175	»	¯
176	░	°
177	▒	±
178	▓	²
179	│	³

dez	850	win
180	┤	´
181	Á	µ
182	Â	¶
183	À	·
184	©	¸
185	╣	¹
186	║	º
187	╗	»
188	╝	¼
189	¢	½
190	¥	¾
191	┐	¿
192	└	À
193	┴	Á
194	┬	Â
195	├	Ã
196	─	Ä
197	┼	Å
198	ã	Æ
199	Ã	Ç
200	╚	È
201	╔	É
202	╩	Ê
203	╦	Ë
204	╠	Ì
205	═	Í
206	╬	Î
207	¤	Ï
208	ð	Ð
209	Ð	Ñ

dez	850	win
210	Ê	Ò
211	Ë	Ó
212	È	Ô
213	ı	Õ
214	Í	Ö
215	Î	×
216	Ï	Ø
217	┘	Ù
218	┌	Ú
219	█	Û
220	▄	Ü
221	¦	Ý
222	Ì	Þ
223	▀	ß
224	Ó	à
225	ß	á
226	Ô	â
227	Ò	ã
228	õ	ä
229	Õ	å
230	µ	æ
231	þ	ç
232	Þ	è
233	Ú	é
234	Û	ê
235	Ù	ë
236	ý	ì
237	Ý	í
238	¯	î
239	´	ï

dez	850	win
240	-	ð
241	±	ñ
242	‗	ò
243	¾	ó
244	¶	ô
245	§	õ
246	÷	ö
247	¸	÷
248	°	ø
249	¨	ù
250	·	ú
251	¹	û
252	³	ü
253	²	ý
254	■	þ
255		ÿ

Damit nicht genug – wem diese Zeichen nicht ausreichen, der hat außerdem die Möglichkeit, in Anwendungsprogrammen, insbesondere in Textverarbeitungssystemen mit Schriftfonts zu arbeiten, die spezielle Bedürfnisse befriedigen (Schaltzeichen, kartografische Symbole, mathematische Zeichen usw.). Dabei muss man die entsprechenden Zeichen durch Zuweisung der Schriftart formatieren.

Schriftart „Symbol" (Ausgabe nach Schriftartzuweisung):

Eingabe: d	Dezimalwert: 100	Ausgabe: δ
Eingabe: D	Dezimalwert: 68	Ausgabe: Δ
	Dezimalwert: 0222	Ausgabe: ⇒
	Dezimalwert: 0180	Ausgabe: ×

1.2.2 Datentypen

Sowohl für das Programmieren als auch für die Arbeit mit Anwendungsprogrammen ist es von Bedeutung, welcher Art die Daten sind, die verarbeitet werden sollen. Soll mit ihnen gerechnet werden, sollen Texte bearbeitet werden, sollen logische Operationen vorgenommen werden? Hierzu werden jeweils unterschiedliche Datentypen genutzt – auch um den Speicherbedarf möglichst gering zu halten.

Der Begriff **Datentyp** beschreibt den Wertebereich von Daten, in dem ganz bestimmte Operationen gelten, die man auf alle Daten dieses Typs anwenden kann.

Datentyp (Name)	**Bedeutung**	**Beispiele für mögliche Operationen, Relationen und Funktionen**
integer	– ganze Zahlen; im Allgemeinen von -2^{15} bis $2^{15}-1$, also von –32768 bis 32767 –101; 0; 5; 3000	+ Addition - Subtraktion × Multiplikation div ganzzahlige Division mod Rest bei der ganzzahligen Division abs Absolutbetrag Vergleichsrelationen wie <, >, =, <> (≠)
long-integer	– ganze Zahlen; i. Allg. von -2^{30} bis $2^{30}-1$, also von –1073741824 bis 1073741823	Operationen, Relationen und Funktionen wie bei integer
real	– rationale Näherungswerte für reelle Zahlen (vgl. auch den Text am Ende der Tabelle) –101.0; 0.0; 5.0; 3000.0; –26.53; 0.01; 102.5; 22.5E20 ($22{,}5 \cdot 10^{20}$)	+ Addition - Subtraktion × Multiplikation / Division Vergleichsrelationen verschiedene mathematische Funktionen (z. B. Logarithmus, Sinus)
boolean (logical)	– logische Werte falsch (false), wahr (true) Es gibt nur diese beiden logischen Werte.	NOT nicht AND und OR oder

Beim Programmieren, aber auch bei der Arbeit mit Anwendungssystemen wie Tabellenkalkulations- oder Datenbankprogrammen sollte man immer zuerst überlegen, welche Datentypen man am sinnvollsten einsetzt, überprüfen, ob in der gewählten Programmiersprache oder im genutzten Anwendungsprogramm die entsprechenden Datentypen auch vorhanden sind und – wenn nicht – gegebenenfalls eine andere Programmiersprache oder ein anderes Anwendungsprogramm wählen.

Datentyp (Name)	Bedeutung	Beispiele für mögliche Operationen, Relationen und Funktionen
char (character)	– Zeichen (Ziffern, Buchstaben, Sonderzeichen, Grafiksymbole) 5, 8, B, a, Y, l, –, °, é, Æ, ⇐ – Oft rechnet man auch Zeichenketten **(strings)** zu den Datentypen. Hier liegt eigentlich eine *Datenstruktur* vor. OTTO, A1, Otto, bb, 4321+, 12623 Berlin	ord ordnet dem Zeichenwert die entsprechende ASCII-Codezahl zu chr ordnet der ASCII-Codezahl das entsprechende Zeichen zu verschiedene Funktionen zur Aneinanderreihung, Wiederholung, Aussonderung, Suche und Längenbestimmung sowie Vergleichsrelationen bei strings

Da der Computer nur endlich lange Zeichenfolgen verarbeiten kann, müssen reelle Zahlen (Typ real) als rationale Näherungswerte dargestellt werden.

Erfolgt die Zahlendarstellung im Dezimalsystem z. B. auf 6 Dezimalen genau, so liegen im Intervall $0 \leq x < 1$ eine Million Zahlen, im Intervall $999998 \leq x < 999999$ nur eine Zahl, nämlich 999998.

Die Zahlen sind also recht unterschiedlich verteilt und es gelten in der Menge der Computerzahlen nicht die üblichen Rechengesetze (Assoziativgesetz, Distributivgesetz). Dies kann in Einzelfällen zu großen Rechenungenauigkeiten oder falschen Ergebnissen führen.

1.2.3 Datenstrukturen

In imperativen Programmiersprachen wird für „Datenstruktur" auch „Datentyp" genutzt.

Der Begriff **Datenstruktur** beschreibt die Zusammenfassung gleicher oder unterschiedlicher Datentypen nach bestimmten Konstruktionsprinzipien.

Datenstruktur	Bedeutung	Beispiele
Feld (array)	– Zusammenfassung von Daten gleichen Typs • in einer Reihe (eindimensionales Feld) • in Reihen und Spalten (zweidim. Feld) – Die einzelnen Daten werden als **„Feldelemente"** bezeichnet. Jedes Feldelement ist durch Ordnungszahlen **(Indizes)** eindeutig festgelegt. Bei zweidimensionalen Feldern besitzt jedes Element zwei Indizes, bei dreidimensionalen Felder drei usw.	– Namensliste, Folge von Zahlen – Koeffizienten eines Gleichungssystems (als Matrix dargestellt) – Stichprobe

<table>
<tr><th>Daten-struktur</th><th>Bedeutung</th><th>Beispiele</th></tr>
<tr><td>Verbund (record)</td><td>– Zusammenstellung von Daten unterschiedlichen Typs
– Bei dieser Datenstruktur spricht man auch von einem Datensatz (z. B. Angaben zu einer Person), der aus einzelnen Datenfeldern (z.B. Name, Straße, PLZ, Wohnort) besteht.</td><td>– Zusammenfassung von Warenbezeichnungen und Zahlen zu einer Preisliste
– Personalien (Name, Adresse)</td></tr>
<tr><td>File</td><td>– Zusammenfassung von Daten gleicher Struktur. Man kann in einem File jede in der Programmiersprache vereinbarte Datenstruktur speichern, nur Files selbst nicht.
– Für nicht zu große Files werden die Daten sequenziell (aufeinanderfolgend) abgelegt, für große Files sind andere Organisationsformen effektiver.
– Ein File kann ständig erweitert werden (dynamische Datenstruktur) und wird unter einem Namen auf Datenträgern gespeichert.</td><td>– Namensliste
– Zahlenfolge
– Messreihe</td></tr>
<tr><td>Baum</td><td>– Die betrachteten Daten stehen nicht auf gleichem Niveau, d. h., es gibt über- und untergeordnete Daten. Jedes Datum auf einem gegebenen Niveau ist genau einem Datum von unmittelbar höherem Niveau unterstellt. Jedes Datum kann auf mehrere Daten des nächstniedrigeren Niveaus Bezug nehmen. Es gibt genau ein Datum, dass keinen Vorgänger hat.
– Die einzelnen Daten werden hier auch als Knoten betrachtet, von denen verschiedene Verzweigungen (Kanten) zu den anderen Daten bestehen.
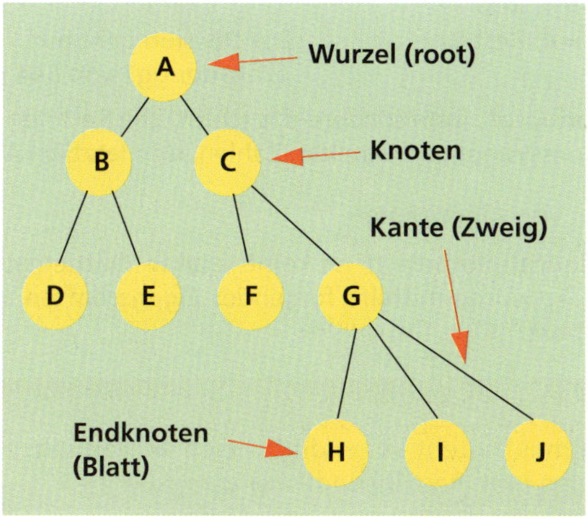
</td><td>– Generationsfolge einer Familie
– baumartige Einteilung der Tierwelt (Stamm – verschiedene Arten – Unterarten)
– Notation von aufeinanderfolgenden möglichen Antworten zum Lösen eines Problems, die nur „ja“ oder „nein“ lauten können (binärer Baum)</td></tr>
</table>

1.3 Algorithmen und Programme

1.3.1 Algorithmen

Grundlage für die Entwicklung und Nutzung informationsverarbeitender Technik sind Algorithmen.

Algorithmusbegriff

Der Name Algorithmus geht auf den Namen des arabischen Mathematikers MUHAMMAD IBN MUSA AL-CHWARIZMI (787 – um 850) zurück, der in seinem Werk „Hisab al'schabr wal mukábala" („Das Buch vom Hinüberschaffen und vom Zusammenfassen") viele Rechenverfahren beschrieben hat.

Ein **Algorithmus** ist eine Verarbeitungsvorschrift, die aus einer endlichen Folge von eindeutig ausführbaren Anweisungen besteht, mit der man eine Vielzahl gleichartiger Aufgaben lösen kann.
Ein Algorithmus gibt an, wie Eingabegrößen schrittweise in Ausgabegrößen umgewandelt werden.

Gebrauchsanweisungen, Bastelanleitungen, Spielregeln, Gewinnstrategien, mathematische Lösungsverfahren, ...

Die Schrittfolgen beim Arbeiten mit einem Taschenrechner sind auch Algorithmen. Man gibt diese Schritt- oder Tastenfolgen durch so genannte **Rechenablaufpläne** an.

Ein bekanntes Beispiel für einen „mathematischen" Algorithmus ist der **euklidische Algorithmus** zur Ermittlung des größten gemeinsamen Teilers (ggT) zweier Zahlen:

- Man teilt die größere durch die kleinere Zahl.
- Geht die Division auf, ist der Divisor der ggT.
- Geht die Division nicht auf, bleibt ein Rest. Dieser ist der neue Divisor, der alte wird zum Dividenden. Nun setzt man das Verfahren fort. Nach endlich vielen Schritten erhält man den ggT. Ist der letzte Rest 1, dann sind die Ausgangszahlen teilerfremd.

Es ist der ggT von 544 und 391 gesucht.
544: 391 = 1; Rest 153
391: 153 = 2; Rest 85
153: 85 = 1; Rest 68
85: 68 = 1; Rest 17
68: 17 = 4; Rest 0 — Die Division geht auf, 17 ist der ggT von 544 und 391.

Alle Rechenverfahren, insbesondere das schriftliche Rechnen mit im dekadischen Positionssystem dargestellten Zahlen, sind letztlich Algorithmen.

Eigenschaften von Algorithmen

Der obige Algorithmusbegriff ist keine exakte mathematische Definition, sondern er wurde mithilfe folgender **Eigenschaften von Algorithmen** beschrieben:

Endlichkeit:
Ein Algorithmus besteht aus endlich vielen Anweisungen (Verarbeitungsbefehlen bzw. Regeln) endlicher Länge.

Eindeutigkeit:
Mit jeder Anwendung ist auch die nächstfolgende festgelegt, d. h., die Reihenfolge der Abarbeitung der Anweisungen unterliegt nicht der Willkür des Ausführenden.
(Man sagt auch: Algorithmen sind **deterministisch**).
Das heißt, dass bei gleichen Bedingungen gleiche Eingabegrößen bei wiederholter Abarbeitung eines Algorithmus auf dieselben Ausgabegrößen abgebildet werden.
(Man sagt auch: Algorithmen sind **determiniert**).

Ausführbarkeit:
Jede einzelne Anweisung muss für den Ausführenden des Algorithmus (den „Prozessor“) verständlich und ausführbar sein. Ein Algorithmus ist also immer nur ein Algorithmus bezüglich eines Prozessors.

Eine Beschreibung zum Lösen linearer Gleichungssysteme mithilfe des Einsetzungsverfahrens ist für viele Menschen ein Algorithmus, für einen Computer nur dann, wenn entsprechende Programme zur Formelmanipulation existieren. Für den Prozessor Computer wird man deshalb im Allgemeinen ein numerisches Verfahren benutzen und das Vorgehen nach dieser Lösung auch noch in einer ganz konkreten Programmiersprache formulieren müssen.

Allgemeingültigkeit:
Ein Algorithmus muss auf alle Aufgaben gleichen Typs (Aufgabenklasse) anwendbar sein und (bei richtiger Anwendung) stets zum gesuchten Resultat (zur Lösung bzw. zur Einsicht, dass die Aufgabe nicht lösbar ist) führen.

Es gibt auch **Eigenschaften, die für den Prozess gelten, den ein Algorithmus beschreibt:**

- Endlichkeit der Beschreibung bedeutet noch nicht, dass auch der beschriebene Prozess endlich sein muss (z. B. kommen verschiedene Verfahren zur Berechnung von Quadratwurzeln durch schrittweise Näherung für gewisse Eingabegrößen nie zum Ende). In der Praxis ist dies aber nicht sinnvoll und man fordert daher, dass der beschriebene *Prozess nach endlich vielen Schritten* (deren Anzahl nicht bekannt sein muss) *abbricht*, d. h. nach einer endlichen Zeitspanne zum Ende kommt **(terminiert).** Für das Beispiel (Berechnung von Quadratwurzeln) würde dies bedeuten, dass man die Genauigkeit festlegt, mit der evtl. auftretende irrationale Ausgabegrößen angenähert werden sollen.
- Oft gibt es mehrere **äquivalente Algorithmen** (Algorithmen, die das Gleiche leisten – wenn auch auf unterschiedlichem Wege) zum Lösen ein und desselben Problems.
  Ein Algorithmus heißt **effizient,** wenn er ein vorgegebenes Problem in möglichst kurzer Laufzeit und/oder mit möglichst geringem Aufwand für den Prozessor löst.

Hat ein Algorithmus an gewissen Stellen mehrere Möglichkeiten der Fortsetzung, von denen der Prozessor nach Belieben eine auswählen kann, so heißt er **nichtdeterministisch**. Nichtdeterministische Algorithmen können durchaus determiniert sein.

(Nichtdeterministische) Algorithmen, die bei gleichen Eingabegrößen und Startbedingungen unterschiedliche Ausgabegrößen liefern, heißen **nichtdeterminiert**. Man verlangt aber, dass solcherart Algorithmen mit sehr hoher Wahrscheinlichkeit das richtige Ergebnis liefern. Nichtdeterminierte Algorithmen gewinnen vor allem dort an Bedeutung, wo exakte (determinierte) Algorithmen zu aufwändig sind.

Praktisch bedeutsam werden auch immer mehr so genannte **nichtsequenzielle** Algorithmen, d. h. Algorithmen, bei denen einzelne Teile parallel bearbeitet werden (z. B. Auto fahren, Bereitstellung von Werten für Unteralgorithmen).

1.3.2 Algorithmenstrukturen und Darstellungsformen

Algorithmenstrukturen sind Bausteine, aus denen sich jeder Algorithmus zusammensetzen lässt. Man unterscheidet drei grundlegende Strukturen:

- **Folge** von zwei oder mehreren Anweisungen, die hintereinander ausgeführt werden (auch **Sequenz** genannt)

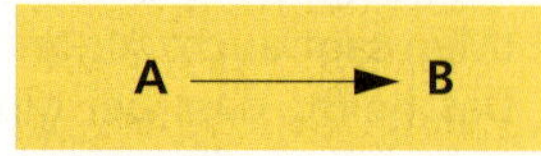

Auf Anweisung A folgt Anweisung B.

- **Auswahl** von genau einer Anweisung oder Folge aus mehreren Anweisungen oder Folgen in Abhängigkeit von einer Bedingung (auch **Verzweigung** genannt)

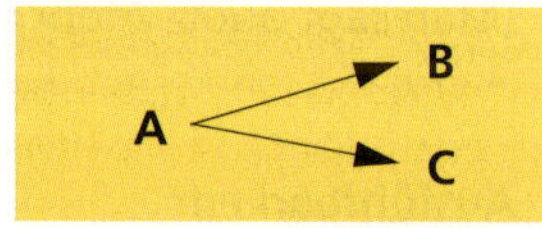

Auf Anweisung A folgt in Abhängigkeit von einer Bedingung entweder Anweisung B oder Anweisung C.

- **Wiederholung** (auch **Zyklus** oder **Schleifenstruktur**) einer Anweisung oder Folge in Abhängigkeit von einer Bedingung

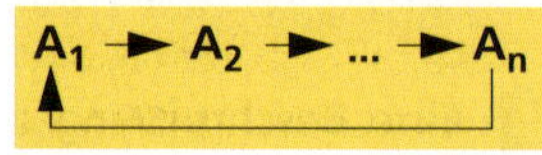

Nach einer Reihe von Anweisungen folgt wieder die Anweisung A_1.

Als spezielle Algorithmenstruktur kann man den **Unteralgorithmus** (die **Prozedur**) betrachten, der sich aus den anderen Strukturen zusammensetzt.

Algorithmen sollten möglichst knapp, aber präzise, für den Nutzer (den Ausführenden, den Prozessor) aufgeschrieben werden. Es existieren verschiedene **Algorithmen-Notationsformen** (Darstellungsformen):

a) *Beschreibung mithilfe der Umgangssprache:*
Ein Beispiel für die umgangssprachliche Beschreibung eines Algorithmus findet man auf S. 28 (euklidischer Algorithmus). Eine solche Darstellung ist wenig sinnvoll, wenn man an die Umsetzung in eine Programmiersprache und an den Prozessor Computer denkt.

b) *Verbale, aber formalisierte Beschreibung:*
Bestimmte, oft wiederkehrende Strukturelemente eines Algorithmus werden immer mit den gleichen Worten beschrieben.

c) *Programmablaufplan:*
Ein **Programmablaufplan (Flussdiagramm)** ist eine normierte grafische Darstellung von Algorithmen. Eingaben, Aktionen, Verzweigungen, Anfang und Ende des Algorithmus werden durch grafische Symbole dargestellt, die durch Pfeile verbunden sind.
Für die Notation größerer Algorithmen sind Programmablaufpläne ungeeignet, da Darstellungsmittel für Datenbereiche und Schleifenstrukturen fehlen. Außerdem verführen Programmablaufpläne durch leichtes Einzeichnen unbedingter Sprünge (Verzweigungen) zu unübersichtlicher, schwer nachvollziehbarer, unstrukturierter Programmierung („Spaghettiprogrammierung“).

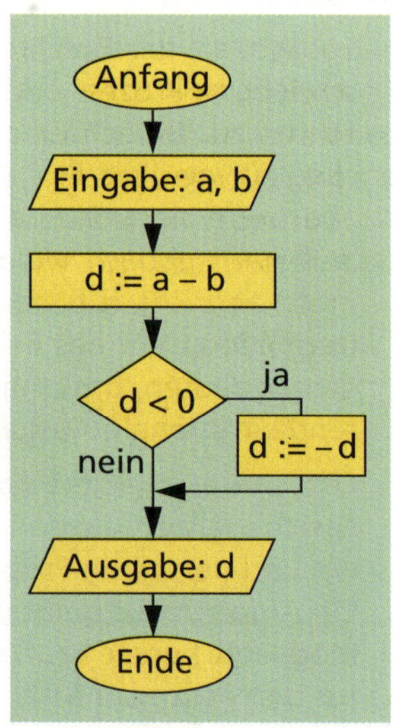

d) *Struktogramm:*
Ein grafisches Darstellungsmittel für Algorithmen ist auch das **Struktogramm (Nassi-Shneiderman-Diagramm).**
Jede Aktion (jedes Strukturelement) eines Algorithmus wird durch einen Block dargestellt. Die Blöcke werden aneinandergereiht oder können ineinander geschachtelt werden. Unbedingte Sprünge sind nicht möglich. Hierdurch wird der Programmierer gezwungen, seine Gedanken systematisch, für andere nachvollziehbar zu notieren.

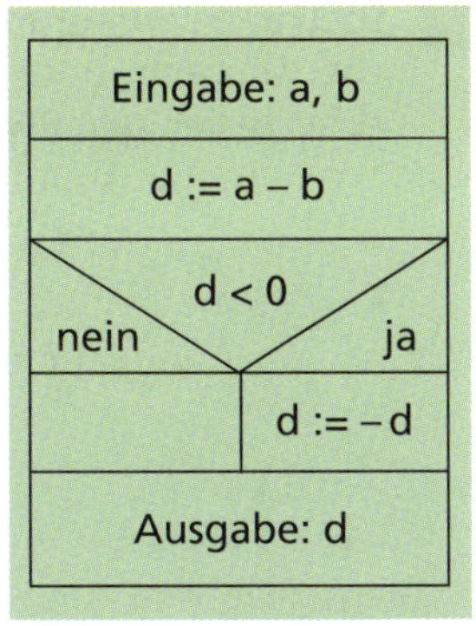

e) *Programm:*
Auch ein Programm ist letztlich eine Darstellungsform für einen Algorithmus. Höhere Programmiersprachen besitzen sprachliche Mittel für die Strukturelemente von Algorithmen, die der verbal-formalisierten Beschreibung recht nahe kommen, für den Menschen also leicht verständlich sind. Ein in der imperativen (befehlsorientierten) Programmiersprache Turbo Pascal notierter Algorithmus ist durch die Strukturierungsmöglichkeiten (beispielsweise Einrückungen von Programmzeilen, Auslagerung von Unterprogrammen usw.) oft genauso anschaulich wie ein Struktogramm und kann zur Dokumentation des erarbeiteten Algorithmus (Programms) genutzt werden.

Die Notation von Algorithmen ist eine Stufe auf dem Weg zum fertigen Programm und dient gleichzeitig zur Dokumentation von Programmen, was eine mögliche Fehlersuche vereinfacht. Es hat sich gezeigt, dass es oft günstig ist, verschiedene Notationsformen (z. B. Struktogramm, Programm) parallel bzw. nacheinander zu nutzen.

Im Folgenden werden die grundlegenden Strukturen von Algorithmen beschrieben und dabei beispielhaft verschiedene Notationsformen dieser Strukturen aufgezeigt.

Folge

Man spricht von der Algorithmenstruktur **Anweisungsfolge (Sequenz),** wenn in einem Algorithmus keine Anweisungen (Aktionen) auftreten, die mehrmals durchlaufen werden müssen, und die Reihenfolge, in der die einzelnen Anweisungen abgearbeitet werden, mit ihrer Anordnung im Algorithmus übereinstimmt. Ein solcher Algorithmus heißt auch **linearer Algorithmus,** ein entsprechendes Programm **Geradeausprogramm.**

Beispiele für Notationsformen		
verbal formalisiert	**grafisch (Struktogramm)**	**Programm (Turbo Pascal)**
Anweisung 1 Anweisung 2 Anweisung 3 ... Anweisung n	Anweisung 1 Anweisung 2 ... Anweisung n	BEGIN Anweisung 1; Anweisung 2; ... END.

Struktogramm zur Berechnung von Umfang und Flächeninhalt eines beliebigen Rechtecks:

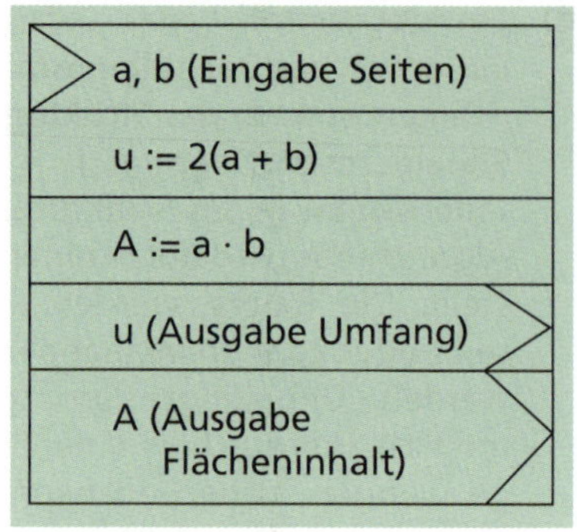

Auch **Rechenablaufpläne** für Taschenrechner sind Beispiele für lineare Algorithmen.

Zum Lösen einer quadratischen Gleichung der Form $x^2 + px + q = 0$ kann aus der Lösungsformel $x_{1,2} = -\frac{p}{2} \pm \sqrt{\left(\frac{p}{2}\right)^2 - q}$ folgender Rechenablaufplan entwickelt werden:

[p] [÷] [2] [=] [x^2] [–] [q] [=] [√‾] [X→M] [+] [p] [+/–] [÷] [2] [=] [MR] [+/–] [+] [p] [+/–] [÷] [2] [=]

Ablesen: x_1 ↑ Ablesen: x_2 ↑

Struktogramm zur Berechnung von x_1 und x_2:

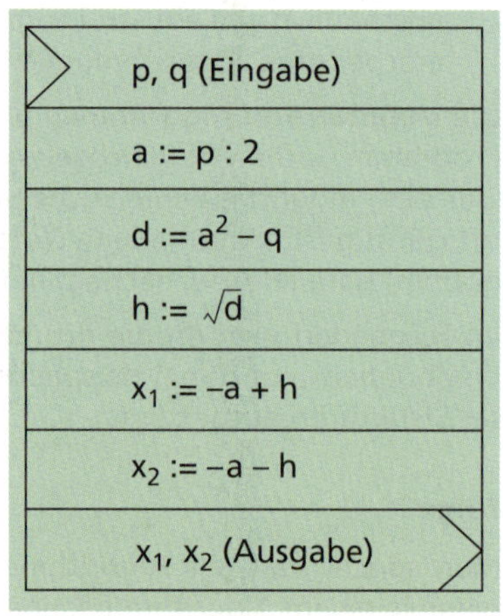

Man erkennt hier, dass es sinnvoll ist, den Wert von mehrmals zu berechnenden Termen (hier $\frac{p}{2}$, die Diskriminante d und $\sqrt{d}$) einer Variablen zuzuweisen und immer wieder zu benutzen. Dies gilt übrigens nicht nur für das Lösen von Problemen mit Blick auf den Computer, sondern dient allgemein der Effektivierung der Rechenarbeit

Einseitige Auswahl

Wenn in Abhängigkeit von einer Bedingung entweder zusätzliche Aktionen ausgelöst werden, oder der Algorithmus einfach fortgesetzt wird, spricht man von der Algorithmenstruktur **einseitige Auswahl.**

Beispiele für Notationsformen		
verbal formalisiert	**grafisch (Struktogramm)**	**Programm (Turbo Pascal)**
WENN Bedingung, DANN Anweisung	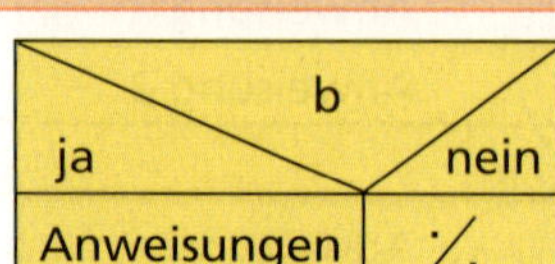	IF Bedingung THEN Anweisung;

Der Algorithmus zur Berechnung des Abstandes zweier Zahlen auf der Zahlengeraden (Programmablaufplan S. 30 und Struktogramm S. 31) beinhaltet die Algorithmenstruktur „einseitige Auswahl". Nebenstehend ist ein BASIC-Programm hierfür angegeben.

```
10 INPUT "ZAHL A="; A
20 INPUT "ZAHL B="; B
30 D=A-B
40 IF D<0 THEN D=-D
50 PRINT D
60 END
```

Zweiseitige Auswahl

Eine **zweiseitige Auswahl (Alternative)** in einem Algorithmus liegt dann vor, wenn in Abhängigkeit von einer Bedingung entweder eine Anweisung(sfolge) 1 oder eine Anweisung(sfolge) 2 ausgeführt wird.

Beispiele für Notationsformen		
verbal formalisiert	**grafisch (Struktogramm)**	**Programm (Turbo Pascal)**
WENN Bedingung, DANN Anweisung 1 SONST Anweisung 2	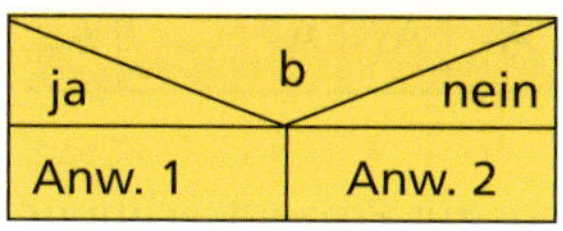	IF Bedingung THEN Anweisung 1 ELSE Anweisung 2;

Quadratische Gleichungen sind nicht lösbar, wenn die Diskrimante (der Term, der unter der Wurzel steht) kleiner als null ist (vgl. Beispiel S. 32). Im Folgenden wird das Struktogramm und ein Turbo Pascal-Programm für den vervollständigten Algorithmus angegeben:

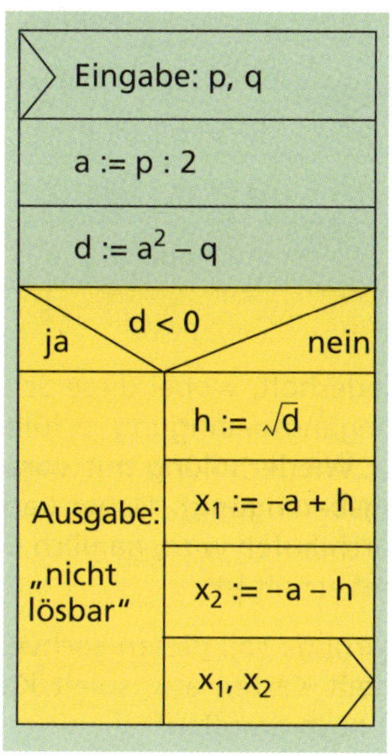


```
program
Quadratische_Gleichungen;
var p,q,a,d,h,x1,x2:REAL;
begin
  WRITE('p='); READLN(p);
  WRITE('q='); READLN(q);
  a:=p/2; d:=a*a-q;
  if d<0
    then WRITELN('nicht loesbar')
    else begin
           h:=sqrt(d);
           x1:=-a+h; x2:=-a-h;
           WRITELN('x1=',x1);
           WRITELN('x2=',x2)
         end
end.
```

Am Programmbeispiel wird auch deutlich, dass zu einem Algorithmus mehr gehört als die Algorithmenstrukturen. Wichtig ist beispielsweise auch die Definition der Datentypen (in der dritten Programmzeile, ↗ auch Abschnitt 1.2.2, S. 25).

Mehrseitige Auswahl

Man spricht von **mehrseitiger Auswahl (Mehrfachverzweigung, Fallunterscheidung),** wenn in Abhängigkeit vom Wert eines Ausdrucks (eines Selektors) mehr als 2 Anweisungsfolgen abgearbeitet werden können.

Eigentlich müsste es heißen: Wenn-Dann-Funktion bzw. Wenn-Dann-Sonst-Funktion.

Während einseitige und zweiseitige Auswahl (als Wenn- oder Wenn-Dann-Funktion) auch in Tabellenkalkulations-, Datenbank- und sogar in Textverarbeitungsprogrammen benutzt werden können, steht die mehrseitige Auswahl nur in höheren Programmiersprachen zur Verfügung. Man kann eine mehrseitige Auswahl allerdings durch ineinander geschachtelte Alternativen simulieren.

Beispiele für Notationsformen		
verbal formalisiert	**grafisch (Struktogramm)**	**Programm (Turbo Pascal)**
FALLS Selektor= 1: Anweisung 1 … n: Anweisung n ENDE	Falls s = 1 | 2 | 3 | … | n A_1 | A_2 | A_3 | … | A_n	CASE Selektor OF 1: Anweisung 1; … n: Anweisung n; END;

Struktogramm eines Algorithmus zur Prozentrechnung:

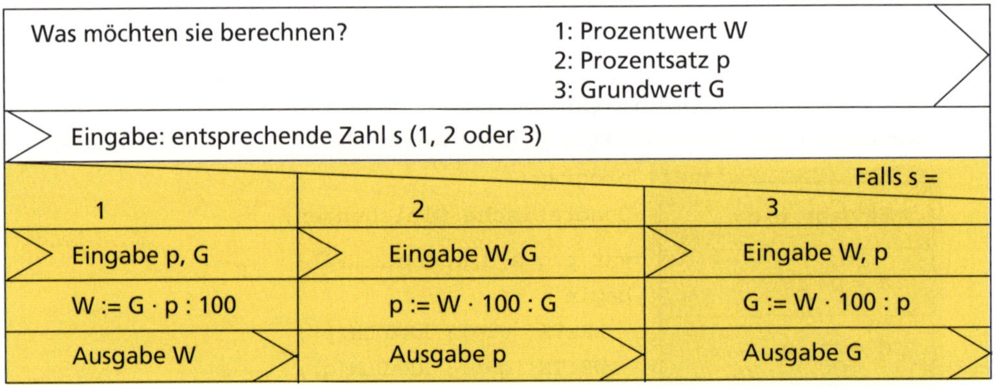

Wiederholung mit vorangestelltem Test

Wird eine Anweisungsfolge mehrfach wiederholt, wobei diese Schleife solange durchlaufen wird, wie eine Eingangsbedingung erfüllt ist, spricht man von der Algorithmenstruktur **Wiederholung mit vorangestelltem Test (Wiederholung mit Eingangsbedingung).** Dabei kann es vorkommen, dass die Schleife gar nicht durchlaufen wird, nämlich dann, wenn die Bedingung gleich zu Beginn nicht erfüllt ist.

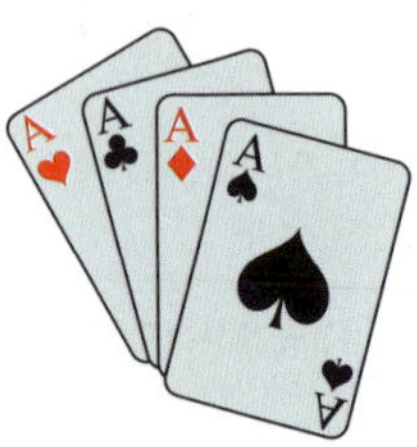

Folgende Anweisung an eine Kindergruppe soll diesen Sachverhalt verdeutlichen: „Solange es regnet, teilt Karten aus, spielt Karten und zählt die Punkte, ansonsten geht nach draußen!"
Die Kinder schauen aus dem Fenster. Wenn die Bedingung „Es regnet." erfüllt ist, werden Karten ausgeteilt, ein Spiel gespielt und erreichte Punkte notiert. Nach jedem Spiel wird die Eingangsbedingung überprüft. Wenn es aufgehört hat zu regnen, gehen die Kinder nach draußen, was auch schon zu Beginn passieren kann.

	Beispiele für Notationsformen	
verbal formalisiert	**grafisch (Struktogramm)**	**Programm (Turbo Pascal)**
SOLANGE b, FÜHRE Anweisungen AUS	Solange b tue | Anweisungen	WHILE Bedingung DO Anweisung;

Wiederholung mit nachgestelltem Test

Wird eine Anweisungsfolge wiederholt bis eine Endbedingung erfüllt ist, spricht man von der Algorithmenstruktur **Wiederholung mit nachgestelltem Test (Wiederholung mit Endbedingung).**
Im Unterschied zur Wiederholung mit vorangestelltem Test wird die Schleife immer mindestens einmal durchlaufen.

Auch hier soll wieder eine Alltags-Anweisung diese Algorithmenstruktur verdeutlichen:
„Wirf mit dem Pfeil auf die Darts-Scheibe. Wenn du das Bullenauge in der Mitte der Scheibe getroffen hast, höre auf!"
Der Spieler muss hier mindestens einmal werfen, um die Bedingung „Bullenauge getroffen" überprüfen zu können. Wie oft er werfen muss, ist unbekannt. Es ist zu hoffen, dass er irgendwann einmal trifft.

	Beispiele für Notationsformen	
verbal formalisiert	**grafisch (Struktogramm)**	**Programm (Turbo Pascal)**
WIEDERHOLE Anweisungen BIS b	Wiederhole | Anweisungen bis b	REPEAT Anweisungen UNTIL b;

Gezählte Wiederholung

Wenn die Anzahl der Wiederholungen einer Folge von Anweisungen von vornherein bekannt ist, nutzt man die Algorithmenstruktur **gezählte Wiederholung (Zählschleife).**
Bei der Zählschleife kann man den Anfangswert und den Endwert des Schleifendurchlaufs sowie die (immer konstante) Schrittweite festlegen. Es ist möglich, aufwärts und abwärts zu zählen.

	Beispiele für Notationsformen	
verbal formalisiert	**grafisch (Struktogramm)**	**Programm (Turbo Pascal)**
FÜR i: = anfw BIS endw (und SCHRITTWEITE s) FÜHRE Anw. AUS	Für i = anfw bis endw tue | Anweisungen	FOR i := anfw TO endw DO Anweisung; (für TO auch DOWNTO)

Insbesondere Wertetabellen lassen sich einfach mit Zählschleifen erstellen:

Struktogramm

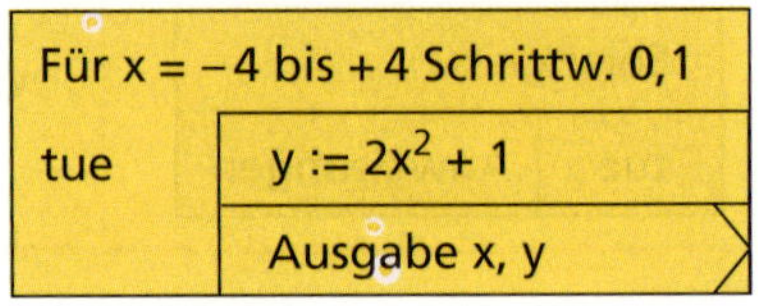

BASIC-Programm

```
10 FOR X=-4 TO 4 STEP .1
20   Y=2*X*X+1
30   PRINT,X,Y
40 NEXT X
50 END
```

Unteralgorithmus

Treten Teile eines umfangreichen Algorithmus mehrmals auf, ist es sinnvoll, diese gleichen Teile als **Unteralgorithmus (Prozedur)** auszugliedern.

Bei der Bruchrechnung benötigt man sehr oft den größten gemeinsamen Teiler zweier Zahlen (ggT). Man kann z. B. den euklidischen Algorithmus (vgl. S. 28) hierfür nutzen, ihn als Prozedur an das Ende eines Trainings-Algorithmus zur Bruchrechnung stellen und immer dann aufrufen, wenn man ihn benötigt.

Beispiele für Notationsformen		
verbal formalisiert	**grafisch (Struktogramm)**	**Programm (Turbo Pascal)**

(UNTERALGORITHMUS Name)
(Vereinbarungen zu Daten)
BEGINN
Anweisungen
ENDE
RUFE Unteralgorithmus (Name)
	(UA-Name)
	(Vereinbarungen)
	Beginn
	Anweisungen
	Ende
	
	Rufe UA-Name
		PROCEDURE Bezeichner (Parameterliste);
		Deklarationsteil;
		BEGIN
		Anweisungen
		END;
		Prozedurbezeichner (Parameterliste)

1.3.3 Programme und Programmiersprachen

Programme

Manchmal kann es sinnvoll sein, dass ein Programm keine Abbruchbedingung besitzt. So lässt sich das Betriebssystem MS-DOS nur unterbrechen, indem man den Computer ausschaltet.

Als **Programm** bezeichnet man im Allgemeinen einen Algorithmus (einschließlich der zugehörigen Datentypen, Datenstrukturen und Variablen), der in einer dem Computer verständlichen Sprache (Programmiersprache) formuliert ist und von diesem ausgeführt werden kann.

Ein Programm in einer imperativen (befehlsorientierten) Programmiersprache besteht aus Vereinbarungen und Anweisungen.

Vereinbarung (Deklaration) heißt: Festlegung des Namens und der Bedeutung der im Programm genutzten Konstanten, Variablen, Unterprogramme (Prozeduren, Funktionen) und Datentypen.

Einfache **Anweisungen** (Bearbeitungsvorschriften) sind:
- die **Zuweisung** eines Wertes zu einer Variablen **(Ergibtanweisung),**
- Aufrufe von Unteralgorithmen, insbesondere die **Aus- und Eingabeanweisungen,**
- die **Sprunganweisung,** die die Abarbeitung des Programms in der notierten Reihenfolge unterbricht und an einer besonders markierten Stelle fortsetzt.

Weitere Anweisungen sind die programmiersprachlichen Entsprechungen der Algorithmenstrukturen wie Auswahl- und Schleifenstrukturen.

Algorithmenstrukturen in Programmiersprachen: Anweisungsfolge, ein- und zweiseitige Auswahl, Fallunterscheidung, Wiederholung mit vorangestelltem und mit nachgestelltem Test, Zählschleife, Prozedur.

Programmbeispiel (Bestimmung des größten gemeinsamen Teilers zweier natürlicher Zahlen nach dem euklidischen Algorithmus in der Programmiersprache Turbo Pascal; ↗ auch S. 28):

`program ggt;`	
`var a, b, r, h:integer;`	Vereinbarungen
`  begin`	
`  write(´1. Wert eingeben´:);`	
`  readln(a);`	Eingabe: a ($\in \mathbb{N}$)
`  write(´2. Wert eingeben:´);`	
`  readln(b);`	Eingabe: b ($\in \mathbb{N}$)
`  if b>a then begin`	Wenn b > a, dann führe
`              h:=a;a:=b;b:=h`	h := a, a := b, b := h
`            end;`	aus
`  {Umspeichern kann entfallen}`	
`  repeat`	Wiederhole
`    r:=a mod b;`	r := Rest bei Division a/b
`    a:=b;`	a := b
`    b:=r;`	b := r
`  until r=0;`	bis r = 0
`  writeln (´ggt(a,b)=´,a);`	Ausgabe: a (ggT(a,b))
`end.`	Ende

Gemeint ist hier die ganzzahlige Division.

Programmiersprachen

Eine **Programmiersprache** ist eine Sprache zur Formulierung von Algorithmen und Datenstrukturen für die Abarbeitung auf einem Computer. Im Gegensatz zu natürlichen Sprachen, wo ein Wort mehrere Bedeutungen besitzen kann, ist in einer Programmiersprache eindeutig festgelegt, welche Zeichenfolgen als Programm zugelassen sind **(Syntax)** und was diese Zeichenfolgen bewirken **(Semantik).**

Auf Basis der Definition einer Programmiersprache kann man auch sagen: Ein **Programm** ist ein in einer Programmiersprache formulierter Satz. (Vergleiche auch S. 36, S. 159 und S. 426.)

Je nach dem Grad, mit der die Hardware bei der Programmierung beachtet werden muss, kann man Programmiersprachen in Maschinensprachen, Assemblersprachen und höhere Programmiersprachen untergliedern.

Maschinensprache:
Sprache, deren Alphabet nur aus Gruppen fester Länge der Zeichen `0` und `1` besteht und vom Computer direkt verarbeitet werden kann.

Assemblersprache:
Maschinenorientierte Programmiersprache, mit der ein Programm durch die Benutzung symbolischer Namen für Operanden (Werte, die verarbeitet werden sollen) und Operationen sowie durch die Möglichkeit, vordefinierte Folgen von Anweisungen in das Programm einzuführen, übersichtlicher wird.

Die Zeichenfolge `1011 1000 0000 1001` = $B809_{[16]}$ einer Maschinensprache könnte in der Assemblersprache `add A,0` heißen und die Addition zweier ganzer Zahlen bedeuten.

Problemorientierte Sprachen sind **höhere Programmiersprachen,** die weitgehend von der Hardware unabhängig und der natürlichen Sprache etwas näher sind.

Einteilung der höheren Programmiersprachen

imperative (befehlsorientierte)		**deklarative**	
Ein Programm besteht aus einer Folge von Befehlen (Anweisungen) an den Computer. Das Programm beschreibt den Lösungsweg für ein Problem.		Ein Programm beschreibt die allgemeinen Eigenschaften von Objekten und ihre Beziehungen untereinander. Das Programm beschreibt zunächst nur das Wissen zur Lösung eines Problems.	
unstrukturierte	**strukturierte**	**funktionale (applikative)**	**logische (prädikative)**
Ein Programm besteht vorwiegend aus Zuweisungen, bedingten und unbedingten Sprüngen sowie meist noch aus der Zählschleife. Ein solches Programm ist weitgehend an die Arbeitsweise eines Computers angelehnt.	Ein Programm ist vorwiegend eine Zusammensetzung aus einzelnen Algorithmenstrukturen, die jeweils genau einen definierten Ein- und Ausgang besitzen. Die Datentypen werden zu Beginn jedes Programms vereinbart. Umfangreiche Programme können aus einzelnen Teilen (Moduln) zusammengesetzt werden, die für sich austestbar sind.	Ein Programm wird als eindeutige Abbildung (Funktion) aus der Menge der Eingabedaten auf die Menge der Ausgabedaten betrachtet und stellt sich als Zusammensetzung aufeinander bezogener, einfacherer Funktionen dar. Es besteht die Möglichkeit, dass sich ein Programm selbst aufrufen kann.	Ein Programm ist die Niederschrift von Fakten („Prädikaten", Definitionen) und Regeln, womit der Computer neue Fakten gewinnt und das Problem gelöst wird.
Vertreter: BASIC, FORTRAN	Vertreter: PASCAL, C, C++	Vertreter: LISP, LOGO	Vertreter: PROLOG

1.4 Informationsverarbeitende Technik

1.4.1 Zur Geschichte der Rechentechnik

Altertum

Als eines der ältesten Rechenhilfsmittel bezeichnet man den **Abakus.** Der Abakus ist ein **digitales** (auf einem Zählvorgang beruhendes) Rechengerät.

Das Prinzip besteht darin, dass Kugeln auf Stangen oder Schnüren verschoben werden können, wobei Werte durch die Position der Kugeln dargestellt werden. Der Abakus bedeutet gegenüber früheren Hilfsmitteln (Zählstäbchen, Zählsteine usw.) einen Fortschritt, weil damit einfache Rechenoperationen schneller ausführbar waren.

Der Abakus war seit etwa 1000 v. u. Z. in Ostasien bekannt, auch im Römischen Reich wurde er benutzt (das Wort „Abakus" ist römischen Ursprungs).

Mittelalter

Um 967 konstruierte Papst SYLVESTER II ein abakusähnliches Rechengerät, das für Unterweisungen verwendet wurde. Aus dem Abakus entwickelte sich der Rechenrahmen mit verschiebbaren Kugeln, der noch heute ein verbreitetes Rechenhilfsmittel ist („Soroban" in Japan, „Stchoty" in Russland).

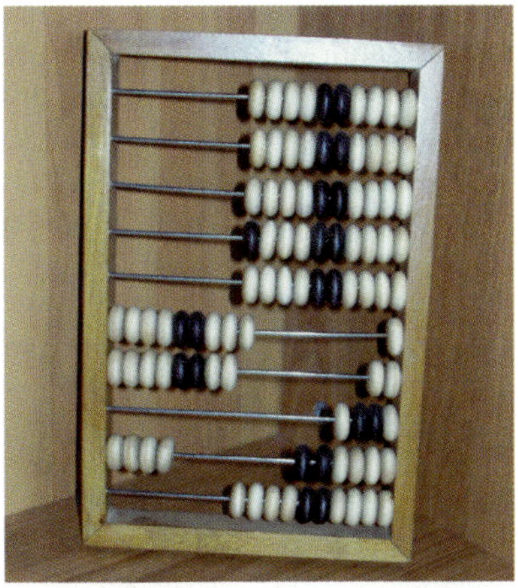

Der arabische Mathematiker MUHAMMAD IBN MUSA AL-CHWARIZMI beschreibt in seinem Werk „Hisab al'schabr wal mukábala", welches um 820 erscheint, auch Rechenverfahren (Algorithmen). Der für die Informatik so wichtige Begriff des Algorithmus geht auf seinen Namen zurück.

Die Weiterentwicklung von Instrumenten für das mechanische Rechnen setzt erst ein, als die von den Indern entwickelte Ziffernschreibweise und das Dezimalsystem nach dem Sieg über die Araber in Europa bekannt wurden und sich in der Zeit von etwa 1150 bis 1500 durchsetzten. Die römische Zahlenschreibweise war für die Entwicklung von Rechengeräten ungeeignet.

1614 Der Erfinder der Logarithmen, JOHN NAPIER, gibt die erste Logarithmentafel heraus und entwirft ein System von Stäben für das Durchführen von Multiplikationen.

1622 WILLIAM OUGHTRED entwickelt den **Rechenstab,** ein **analoges** (auf einem Messvorgang beruhendes) Rechengerät. Den Rechenstab in der noch bis ins 20. Jahrhundert bekannten Form mit verschiebbarer Zunge schufen 1657 WINGATE und PARTRIDGE. Mit der industriellen Fertigung von Rechenstäben ab 1880 wurden diese zum verbreitetsten Rechenhilfsmittel.

1623 WILHELM SCHICKHARDT entwirft einen **Ziffernrechner** für die vier Grundrechenarten, der auf Grundlage verschiebbarer Rechenstäbe arbeiten sollte.

Die Beschreibung dieses Gerätes (Rechenuhr) liegt in Form eines Briefes aus dem Jahre 1623 an JOHANNES KEPLER vor (der Brief wurde erst 1957 in KEPLERS Nachlass gefunden). Der Ziffernrechner wurde vor seiner vollständigen technischen Ausführung durch ein Feuer zerstört. Es sind keine weiteren Versuche bekannt, die das Ziel hatten, ein zweites Gerät zu bauen. So blieb SCHICKHARDTS Arbeit ohne Einfluss auf die weitere Entwicklung.

1642 BLAISE PASCAL lässt einen **Zweispeziesrechner** (Addition und Subtraktion mittels Zahnräder) patentieren. Das Gerät fand weite Verbreitung und soll zu Beunruhigungen wegen Arbeitsstellenverlust geführt haben.

1671 GOTTFRIED WILHELM LEIBNIZ entwickelt eine Rechenmaschine mit Staffelwalzen, mit der alle vier Grundrechenarten **(Vierspeziesrechner)** ausführbar waren. In diesem Zusammenhang befasst er sich mit der binären Darstellung von Zahlen und schlägt vor, das Dualsystem für einen mechanisch arbeitenden Rechner zu benutzen.

1822–1832 CHARLES BABBAGE entwirft den ersten digitalen programmgesteuerten Rechenautomaten **(Analytical Engine).** Gesteuert werden sollte die Maschine über Lochkarten, wie sie bereits in einem von dem französischen Seidenweber JOSEPH MARIE JACQUARD entworfenen Webstuhl Anwendung gefunden hatten. Der Grundaufbau dieses Automaten mutet sehr modern an (Datenein- und -ausgabegeräte, Programm- und Datenspeicher, Steuereinheit, Rechenwerk). Der Entwurf war revolutionär. Die rein mechanische Arbeitsweise verhinderte aber ein einwandfreies Funktionieren, auch bestand für seinen Einsatz kaum Bedarf.

Der erste mechanische **Tischrechner** wird von dem Schweden WILLGODT T. ODHNER vorgestellt. Das Gerät arbeitete mit einer Stiftwelle und wurde das erste mechanische Rechenhilfsmittel, dass in großem Umfang produziert und bis ins 20. Jahrhundert hinein benutzt wurde. 1874

In einer vorwiegend auf kaufmännische Belange ausgerichteten Form wurde dieser Tischrechner die Grundlage der von der Firma W. S. Burroughs entwickelten und vertriebenen Rechenmaschinen mit 9 Dezimalstellen.

HERMANN HOLLERITH baut die erste elektrisch arbeitende **Lochkartenmaschine,** die bei statistischen Auswertungen (z. B. bei Volkszählungen in den USA), aber auch für einfache Rechnungen Anwendung fand. 1886

KONRAD ZUSE baut die ersten funktionsfähigen programmgesteuerten elektromechanischen Rechenanlagen **(Z1, Z2** und **Z3).** Sie arbeiteten auf Grundlage der Relaistechnik. In diesem Zusammenhang – Relais können nur 2 Zustände (angezogen bzw. nicht angezogen) annehmen – führte ZUSE das Dualsystem in die Rechentechnik ein. Im Jahre 1945 veröffentlichte er die erste Programmiersprache der Welt („Plankalkül"). 1934–1941

Der britische Mathematiker ALAN MATHISON TURING schlägt ein universelles Automatenmodell **(Turingmaschine)** vor, durch das der Algorithmusbegriff mathematisch exakt gefasst werden kann. 1936

Unter TURINGS Leitung wird auch 1943 in Großbritannien der erste elektronische Digitalcomputer – **Colossus** – entwickelt und erfolgreich genutzt, um im 2. Weltkrieg verschlüsselte deutsche Funksprüche zu decodieren. 1943

HOWARD H. AIKEN entwickelt zusammen mit der Harvard Universität und der Firma IBM die teilweise programmgesteuerte Rechenanlage **MARK I.** 1944

JOHN PRESPER ECKERT und JOHN WILLIAM MAUCHLY konstruieren **ENIAC (E**lectrical **N**umerical **I**ntegrator **a**nd **C**alculator), den ersten vollelektronischen Rechner (18000 Elektronenröhren). 1946

JOHN VON NEUMANN entwickelt die Idee, dass auch das Programm selbst im Rechner gespeichert werden soll. Das Programm macht den Rechner erst arbeitsfähig. Durch bedingte und unbedingte Sprungbefehle in Programmen kann die Reihenfolge der Arbeitsschritte geändert und können Entscheidungen gefällt werden, die von Eingabedaten, Zwischen- und Endergebnissen abhängen. Fast alle heutigen Computer arbeiten nach dem Konzept JOHN V. NEUMANNS **(Von-Neumann-Rechner).** 1946–1952

HEINZ RUTISHAUSER (Zürich) veröffentlicht eine Untersuchung über die Frage, ob es digitalen Rechnern prinzipiell möglich ist, in üblicher mathematischer Schreibweise dargestellte Formeln automatisch auszuwerten. Das bahnbrechende an seinem Vorschlag war, Rechenautomaten selbst zur Übersetzung zu verwenden. Die Arbeit von RUTISHAUSER bereitete die Compilertechnik vor. Ihr folgten um 1960 Arbeiten zur sequenziellen Formelübersetzung (F. L. BAUER und K. SAMELSON) und zur Struktur von Formelübersetzern (R. LUCAS). Danach wurden von Anlagenherstellern auch Formelübersetzer bereitgestellt (FORTRAN ist die Abkürzung von **for**mula **tran**slation). 1952

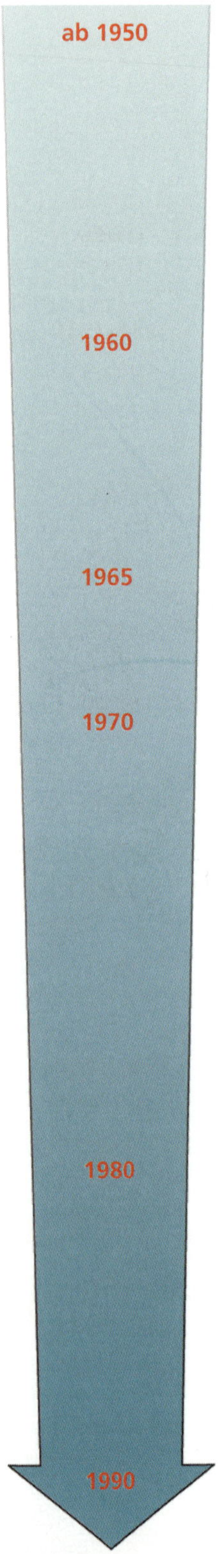

Industrielle Rechnerentwicklung und -produktion, wobei vor allem auf Grundlage der verwendeten Schaltkreistechnologie **Computergenerationen** unterschieden werden:

Generation	Bauelementebasis	Geschwindigkeit	Programmierung	Rechnerstruktur/ Einsatzgebiete
1.	Elektronenröhren als Schaltelemente	1000 Additionen pro Sekunde	Maschinensprache	Einzelrechner für wissenschaftlich-technische Berechnungen
2.	Halbleiterschaltkreise (Transistoren, Dioden)	10000 Additionen pro Sekunde	Assembler; erste höhere Programmiersprachen (FORTRAN, ALGOL 60, COBOL)	Einzelrechner, erste Mehrprogrammsysteme
3.	teilweise integrierte Schaltkreise	500000 Additionen pro Sekunde	Betriebssysteme mit Dialogbetrieb (BASIC)	Rechnerfamilien, universell einsetzbar
4.	überwiegend hochintegrierte Schaltkreise (Mikroprozessoren)	10 Millionen Additionen pro Sekunde	strukturierte Programmierung (PASCAL), verschiedenartigste Programmiersprachen, Betriebssysteme mit vielfältigen Programmierhilfen (Übersetzungsprogramme, Dialogbetrieb)	dezentralisierte arbeitsplatzbezogene Rechentechnik, die weitgehend vernetzt ist; komplexe Informations- und Kommunikationssysteme
5.	höchstinte grierte Schaltkreise (Mikroprozessoren)		zusätzlich zu den schon vorhandenen imperativen und funktionalen Programmiersprachen sind auch logische Programmiersprachen verbreitet	weltumspannende Rechnernetze, Datenbanken, Parallelverarbeitung, Bildverarbeitung, Sprach- und Handschriftenerkennung, Animation

1.4.2 Der Computer und sein Betriebssystem

Der Computer als Einheit von Hardware und Software

Ein **Computer** (auch **Datenverarbeitungsanlage** oder **Rechner** genannt) ist ein elektronisches System zur automatischen Verarbeitung von Informationen. Der Computer ist als Einheit von Gerätetechnik (Hardware) und Betriebssystem (Systemsoftware) zu betrachten.

Computer kommt vom engl. „to compute", was „berechnen" bedeutet.

Ein Computer verarbeitet Eingabedaten in Ausgabedaten, ein grundsätzliches Prinzip – das **EVA-Prinzip** –, welches auch für alle Software gilt.

Eingabe → **V**erarbeitung → **A**usgabe

Als **Hardware** bezeichnet man die technischen Geräte, die physischen Bestandteile des Computers

Hardware ist also alles, was man anfassen kann. Die Vorsilbe „hard" (dt. hart) soll verdeutlichen, dass es sich bei der Hardware um unveränderbare Komponenten eines Computers handelt.
Zur Hardware gehören insbesondere das Grundgerät, in dem meist auf einer Platine, dem **Motherboard,** der Prozessor (das Kernstück des Computers), Speicherbausteine und weitere notwendige Funktionselemente (z.B. Grafikkarte) aufgesteckt sind. Im Grundgerät sind auch weitere Speichergeräte wie Festplatten-, CD-ROM- oder Diskettenlaufwerke eingebaut.
Auch alle Ein- und Ausgabegeräte gehören zur Hardware. Manchmal bezeichnet man diese Geräte als **periphere Geräte.**

Die Gesamtheit der Programme, die zur Steuerung der Hardware eines Computers und zum Lösen vielfältiger Aufgaben und Probleme notwendig sind, nennt man **Software.**

Die Vorsilbe „soft" (dt. weich) soll veranschaulichen, dass es sich bei der Software um leicht veränderbare Komponenten eines Computers handelt.

Man kann Software grob in 2 Kategorien unterteilen:

- **Systemsoftware (Betriebssystem):**
  Das sind die Programme, die zur Steuerung der Hardware notwendig sind (↗ S. 47). Ferner gehört dazu sämtliche Software, die die Programmerstellung unterstützt (Programmierumgebungen).
- **Anwendersoftware:**
  Hierzu gehören *anwendungsneutrale* Programme, z.B. zur Textbearbeitung oder Dateiarbeit. Dies ist also Software, die in ganz unterschiedlichen Bereichen der Arbeitswelt oder auch in der Freizeit einsetzbar ist.
  Zur Anwendersoftware gehören auch *anwendungsspezifische* Programme, z.B. zur Steuerung einer Werkzeugmaschine oder für spezielle Berechnungen. Auch Computerspiele kann man zu den anwendungsspezifischen Programmen rechnen, da sie spezielle Bedürfnisse befriedigen.

Funktionseinheiten eines Computers

Im Folgenden ist eine Übersicht über die wesentlichen physischen Bestandteile eines Computers einschließlich seiner peripheren Geräte dargestellt:

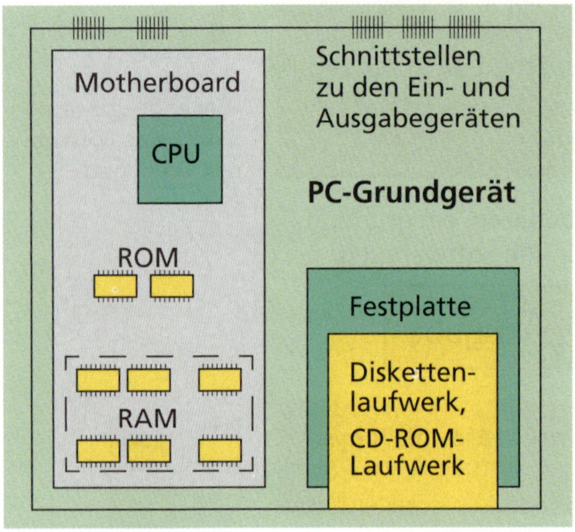

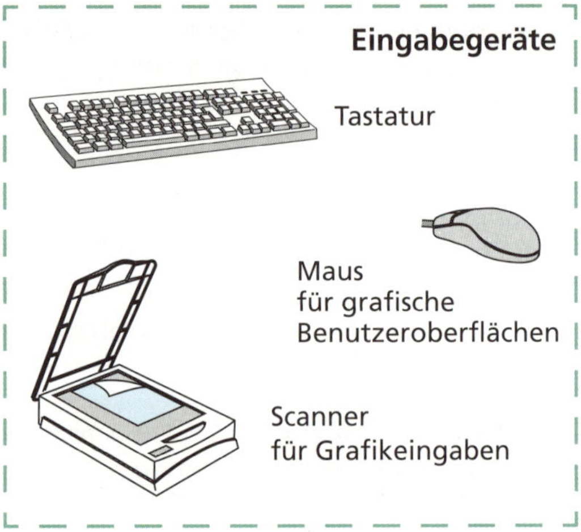

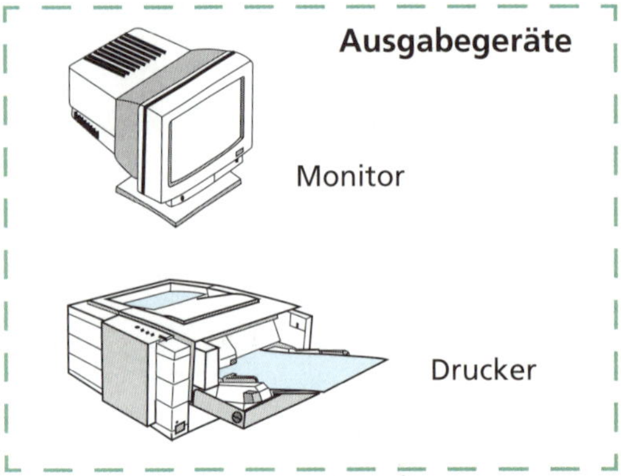

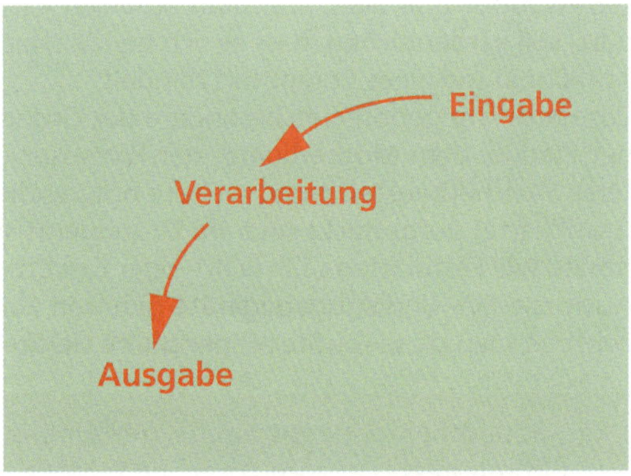

Die Funktionseinheiten, die im Grundgerät des Computers vereint und über ein so genanntes Bus-System untereinander verbunden sind, werden in diesem Abschnitt beschrieben. Die Ein- und Ausgabegeräte werden in den Kapiteln 1.4.3 und 1.4.4 gesondert behandelt.

CPU ist die Abkürzung für **C**entral **P**rocessing **U**nit (deutsch: Zentrale Verarbeitungseinheit).

Das Herzstück des Computers ist der **Mikroprozessor (CPU)**, der auf einem sehr komplex aufgebauten Mikrochip untergebracht ist (manchmal sind es auch mehrere Chips). Auf einem Chip können mehrere Millionen Transistoren vereint sein.
Der Mikroprozessor besteht aus folgenden Komponenten:

- arithmetisch-logische Einheit **(ALU)** zum Rechnen,
- Register (Zwischenspeicher),
- Steuerwerk.

CPU von oben und von unten

Kühler für CPU

Die Schnelligkeit eines Computers hängt entscheidend von der Verarbeitungsgeschwindigkeit **(Taktfrequenz)** der CPU ab, daher steht diese Kenngröße in Verkaufsprospekten von Computern oft an erster Stelle. Die Taktfrequenz bestimmt (ähnlich wie bei einer Digitaluhr) ein kleiner Schwingquarz. Die Frequenz wird in Megahertz **(MHz)** angegeben:

„250 MHz" bedeutet, dass der Prozessor pro Sekunde 250 Millionen Arbeitsschritte (Ja-Nein-Informationen) ausführt.

International durchgesetzt haben sich vor allem zwei Linien:

- Mikroprozessoren der Firma Intel (8086, 80286, 80386, 80486, Pentium), insbesondere dadurch, dass der Prozessor vom Typ 8086 ab 1978 in Personalcomputer (PCs) der Firma IBM eingebaut wurde;
- Mikroprozessoren der Firma Motorola (6502, 68000, 68040), die insbesondere für Macintosh-Computer der Firma Apple entwickelt wurden (und in Europa kaum eine Rolle spielen).

Mikroprozessoren, die ursprünglich für die Computertechnik entwickelt wurden, findet man heute in ganz alltäglichen Dingen, in Haushaltsgeräten wie Waschmaschine und Mikrowelle, in Nachrichtengeräten wie Telefon und Fax, in Geld- und Parkhausautomaten oder in Kraftfahrzeugen (Antiblockiersystem, Kraftstoffeinspritzung).

Eine weitere Funktionseinheit, welche sich meist auf dem Motherboard befindet, sind die ROM-Bausteine. Mit **ROM** (**r**ead **o**nly **m**emory, Nur-Lese-Speicher) fasst man Festwertspeicher, also Speicher, deren Inhalt bereits bei der Herstellung festgelegt wird und nicht mehr verändert werden kann.

Einer der ROMs ist das **ROM-BIOS** (**B**asic-**I**nput-**O**utput-**S**ystem), das bei jedem Start des Computers sämtliche Hardwarekomponenten testet, den Rechner in Gang bringt und das Betriebssystem sucht.

Auf dem Bild ist rechts neben dem BIOS der **CMOS** (RAM zum Eintragen der Uhrzeit) zu sehen, daneben die (hier runde) Batterie, die den CMOS mit Strom versorgt.

CMOS ↗ auch S. 283

Wichtig für eine schnelle Arbeit am Computer sind die RAM-Module. In den **RAMs** (**r**andom **a**ccess **m**emory, Speicher mit wahlfreiem Zugriff, **Arbeitsspeicher**) werden alle Programme geladen, mit denen während einer Sitzung am Computer gearbeitet wird.

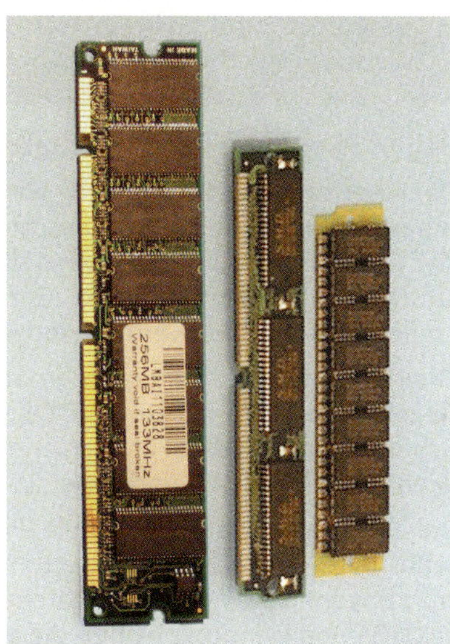

Für speicherintensive Benutzeroberflächen wie Windows oder Anwendungsprogramme wie MS Office ist es sinnvoll, die Kenngröße „RAM-Umfang" relativ hoch zu wählen. Mit einem 128-MByte-RAM lässt sich unter Windows und im Internet recht gut arbeiten, mittlerweile sind aber auch schon 512-MB-RAMs Standard.

Ohne Leitungen zur Datenübertragung zwischen den verschiedenen Funktionseinheiten eines Computers wäre der Computer taub und blind. Den elektronischen Miniaturleitungsweg zur Weiterleitung von Informationen zwischen den Computerbestandteilen nennt man **Bus.** Es gibt Datenbusse, Adressbusse und Steuerbusse, wobei die entsprechenden Leitungen auch gleichzeitig auftreten können, z. B. zwischen CPU und RAM.

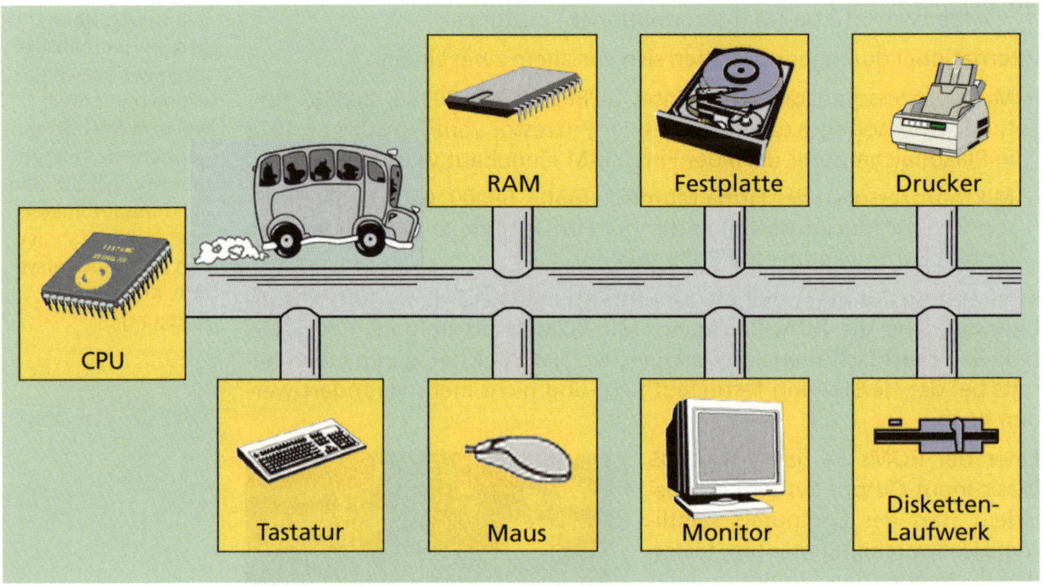

Schnittstellen

Alle peripheren Geräte (z. B. Ein- und Ausgabegeräte, externe Speicher) benötigen Anschlüsse an das Bus-System, so genannte Schnittstellen.

Eine **Schnittstelle (Interface)** ist eine Verbindungsstelle zwischen Computern oder zwischen einzelnen Geräten des Computers zum Zweck des Informationsaustauschs.

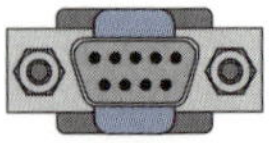
9 Pins

25 Pins

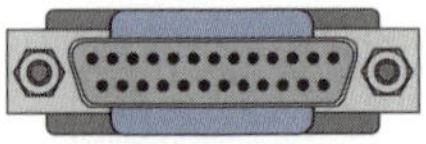
Rechnerseite

Druckerseite

Es gibt zwei Arten von Schnittstellen – serielle und parallele:

Bei einer **seriellen Schnittstelle** wird jedes einzelne Byte bitweise (nacheinander) über die Leitung geschickt. Sie ist die unkomplizierteste Art der Datenübertragung und wird dann genutzt, wenn es nicht auf hohe Geschwindigkeiten ankommt. Geräte, die oft an eine serielle Schnittstelle angeschlossen werden, sind Maus und Modem.

Die serielle Schnittstelle ist international genormt und hat in Europa die Bezeichnung **„V.24“.** Unter DOS und Windows heißen die seriellen Schnittstellen **„COM“.** Für den seriellen Anschluss gibt es 2 genormte Stecker, einen 9-poligen und einen 25-poligen.

Bei einer **parallelen Schnittstelle (Parallelport, Druckerschnittstelle)** wird jedes Byte über 8 parallele Leitungen transportiert. Sie wird dann genutzt, wenn es um schnelle Datenübertragung geht (z. B. Drucker). Unter DOS und Windows heißen die parallelen Schnittstellen **„LPT“.**

Eine heute sehr oft für professionelle Zwecke genutzte parallele Schnittstelle ist die **SCSI-Schnittstelle,** die eine Verbindung zwischen dem Grundgerät und sieben anderen Geräten erlaubt. Die Geräte werden kettenartig miteinander verbunden.

Eine sehr schnelle, universelle Schnittstelle ist der **USB,** die als Bus ausgelegt ist: Es können beliebig viele Geräte angehängt werden, ohne dass diese sich gegenseitig stören.

SCSI ist die Abkürzung für **s**mall **c**omputer **s**ystems **i**nterface und wird „skasi" gesprochen.
USB ist die Abkürzung für **u**niversal **s**erial **b**us.

Betriebssysteme

Ein wichtiger Software-Bestandteil des Computers ist das Betriebssystem. Es wird vom Computerhersteller im Allgemeinen mitgeliefert und besteht aus Steuer-, Datenverwaltungs-, Fehlerbehandlungs- und Dienstprogrammen sowie Programmierhilfen.

Mit dem Begriff **Betriebssystem (Systemsoftware)** fasst man die Gesamtheit der Programme, die es gestatten, den Computer in Betrieb zu setzen, und die der Ausführung von Anwendungsprogrammen dienen, dabei eine effektive Auslastung des Computers gewährleisten und teilweise in der Hardware (im ROM) fest eingespeichert sind. Im Einzelnen gehören dazu:

- Organisationsprogramme (z. B. zur Ein-, Ausgabesteuerung und Speicherverwaltung oder zur Laufzeitorganisation),
- Übersetzungsprogramme (für Programme höherer Programmiersprachen in Assembler- bzw. Maschinenprogramme),
- Dienstprogramme (z. B. zum Initialisieren von Datenträgern, zur Dateiverwaltung; Editoren zur Programmkorrektur im Dialogbetrieb).

Bis 1980 war das Betriebssystem im Computer (meist einem Großrechner, an dem mehrere Terminals – Arbeitsplätze mit Monitor und Tastatur – hingen) „fest verdrahtet". Dies hat aber etliche Nachteile:

- Sind viele Terminals an einem Großrechner angeschlossen, verlängern sich die Wartezeiten der einzelnen Nutzer unerträglich, da der Rechner den Nutzern nur bestimmte Zeittakte für ihre Arbeit freigeben kann.
- Bei einer Weiterentwicklung des Betriebssystems mussten Teile des Computers gegen neue ausgetauscht werden.
- Die vorliegenden Anwendungsprogramme waren meist nicht auf andere Computer mit anderen Betriebssystemen übertragbar.

Die Idee, dass jeder seinen persönlichen Computer (Personal Computer, PC) haben sollte, war deshalb revolutionierend. Das ab 1980 von der Firma Microsoft entwickelte Betriebssystem **MS-DOS** (**M**icro**s**oft **D**isk **O**perating **S**ystem) ist – wie der Name ausdrückt – durch ein externes Speichermedium (Diskette) installierbar und kann auch von der Diskette aus gestartet werden. Es wurde aus den Betriebssystemen CP/M und UNIX entwickelt.

Das auf Personalcomputern am meisten genutzte Betriebssystem ist MS-DOS, in bestimmtem Anwendungsbereichen auch Mac OS.

Auf Großrechnern und in vernetzten Systemen ist das Betriebssystem UNIX (insbesondere die Varianten Linux und FreeBSD) verbreitet.

Seit Anfang der 90er Jahre übernehmen Benutzeroberflächen (↗ Abschnitt 1.4.6) bestimmte Aufgaben des Betriebssystems, vor allem die Aufgaben der Dienstprogramme. So fasst man heute die Benutzeroberfläche Windows der Firma Microsoft auch als Betriebssystem (mit einem DOS-Kern) auf.

In den Schulen werden wie in fast allen anderen Bereichen vorrangig MS-DOS und MS Windows genutzt. Beispiele zur Arbeit mit Dateien und Anwendungsprogrammen in diesem Buch beziehen sich deshalb oft auf dieses Betriebssystem bzw. diese Benutzeroberfläche.

Aufgaben eines Betriebssystems

1. Ermöglichung der Kommunikation zwischen Nutzer und Rechner einschließlich des Ladens und Startens von Anwendungsprogrammen

   Hierfür sind z. B. unter MS-DOS zwei Dateien (`COMMAND.COM` und `IO.SYS`) verantwortlich, die nach dem Start sofort in den Arbeitsspeicher geladen werden, und hier auch während der Arbeit am Computer bleiben (**residenter Bestandteil** des Betriebssystems).

2. Datenorganisation auf Festplatten und Disketten (Vorbereitung der Datenträger; Verzeichnisse erstellen; Dateien kopieren, löschen, umbenennen, ...)

   Die elementaren Befehle hierfür sind Bestandteil der Dateien, die im Arbeitsspeicher resident sind. Die meisten Befehle befinden sich in eigenständigen Dateien, die auf der Festplatte (oder Diskette) in einem gesonderten Verzeichnis gespeichert sind, und nur in den Arbeitsspeicher geladen werden, wenn es notwendig ist (**transienter Bestandteil** des Betriebssystems).

3. Anpassung der Systemumgebung an Nutzerbedürfnisse (z. B. Programmabläufe effizienter gestalten, Speicherausnutzung optimieren)

   Hierfür sind beispielsweise unter MS-DOS zwei Dateien verantwortlich (`CONFIG.SYS` und `AUTOEXEC.BAT`), die früher vom Nutzer selbst zu erstellen und zu verändern waren, heute zum Lieferumfang von MS-DOS gehören und bei der Installation von Anwendungsprogrammen durch diese Anwendungsprogramme selbst geändert werden. Beide Dateien sind ebenfalls im Arbeitsspeicher resident.

1.4.3 Eingabegeräte

Joystick

Zu den Eingabegeräten zählt man Tastatur, Maus, **Scanner** (Gerät zur punktweisen Eingabe von Bildern) und **Joystick** (Steuerknüppel; Gerät, das insbesondere bei Computerspielen zur waagerechten, senkrechten und diagonalen Bewegung von Bildschirmelementen benutzt wird). Die wichtigsten Eingabegeräte sind Tastatur und Maus (↗ folgende Abschnitte).

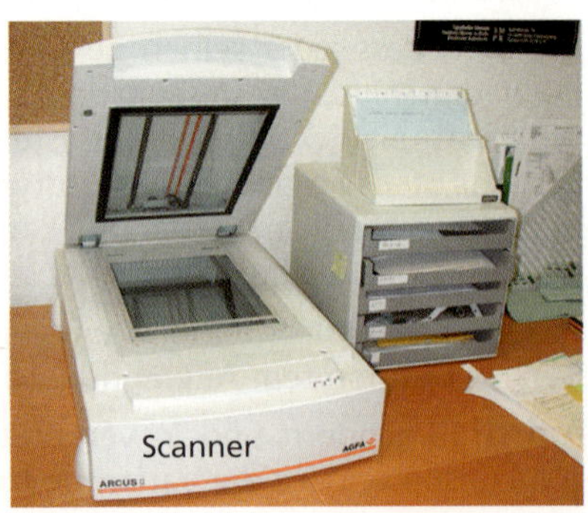

Tastatur

Die **Tastatur** dient zur Eingabe von Zeichen (auch Steuerzeichen) und ist i. Allg. mit einem Monitor gekoppelt. Die Tastatur ist in 4 Blöcke aufgeteilt:

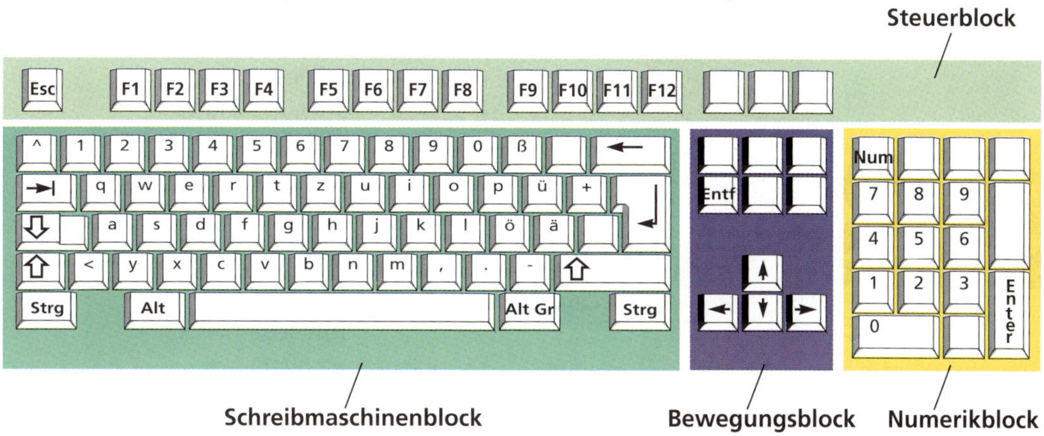

In den einzelnen Blöcken findet man **Sondertasten,** die oft übergreifende Wirkung besitzen. Sie sind in die folgende Tabelle eingeordnet.

Block	**Funktion**
Schreibmaschinenblock	Er dient zur Text- und Zahleneingabe. Die Tasten sind mehrfach belegt: – Im einfachen Modus erhält man Kleinbuchstaben und Ziffern. – In Verbindung mit der Shift-Taste <⇧> ruft man Großbuchstaben und bestimmte Sonderzeichen (!, ?, §, $, % usw.) ab. Sollen z. B. nur Großbuchstaben geschrieben werden, kann man diesen Modus durchgängig erreichen, wenn die Shift-Lock-Taste <⇩> einmal gedrückt wird. Auf der Tastatur rechts oben (in der Mitte) leuchtet dann eine Diode auf, woran man den Modus der Zweitbelegung erkennen kann. Ein einmaliges Drücken von <⇧> schaltet die Zweitbelegung wieder aus. – Manche Zeichen (eckige und geschweifte Klammern, @ usw.) gehören zu einer Drittbelegung (mit der gedrückten <Alt Gr>-Taste abrufbar). Tasten, wie <Alt Gr>, <Shift>, <Shift Lock> (und <Alt>, <Strg>) gelten nur in Verbindung mit anderen Tasten (werden immer zuerst gedrückt und festgehalten) und heißen deshalb auch **Stummtasten.** Folgende Sondertasten sind von Bedeutung: • <tab> oder <⇥> Tabulatorsprung • <Enter> oder <Return> Eingabebestätigung • <←> Löschtaste (Zeichen vor dem Cursor)

Block	Funktion
Bewegungsblock	Mit den Cursor-Tasten (<↑>, <←>, <↓>, <→>) erreicht man eine entsprechende Bewegung des Cursors (der Eingabemarke) auf dem Bildschirm. Über dem Cursor-Block findet man folgende Sondertasten: • <Entf> oder <Del> – Entfernen-Taste (Zeichen nach dem Cursor) • <Einfg> oder <Ins> – Einfügemodus (DOS-Ebene) • <Pos1> oder <Home> – Bildlauf zum Zeilenanfang • <Ende> oder <End> – Bildlauf zum Zeilenende • <Bild↑> oder <PgUp> – Bildlauf nach oben (oft seitenweise) • <Bild↓> oder <PgDn> – Bildlauf nach unten (oft seitenweise)
Numerikblock	Er dient insbesondere der Eingabe von Zahlen und Rechenzeichen. Mit <Num⇩> wird der Block ein- bzw. ausgeschaltet. Den aktivierten Modus erkennt man an der Leuchtdiode auf der Tastatur rechts oben (links). Gibt man den Dezimalwert für ASCII-Zeichen (↗ S. 21 ff.) auf dem Ziffernblock der Tastatur bei gedrückter <Alt>-Taste ein, erhält man das gewünschte ASCII-Zeichen.
Steuerblock	Er besteht im Wesentlichen aus Funktionstasten (<F1>, <F2>, …, <F12>), die dem Aufruf von Befehlen dienen. Die Tasten sind in den verschiedenen Programmen unterschiedlich belegt, <F1> ruft meist eine Hilfe auf. Zum Steuerblock gehören auch folgende Sondertasten: • <Esc> – Escape, Fluchttaste (Abbruch eines Kommandos) • <Druck> – Bildschirmausdruck (DOS-Ebene)

Maus

Die **Maus** (mouse) ist ein meist auf Rollen gleitendes Eingabegerät, welches für menügesteuerte Programme und grafische Benutzeroberflächen entwickelt wurde. Sie ersetzt nicht die Tastatur, sondern erfüllt vor allem Funktionen des Bewegungsblocks der Tastatur.

Die Maus wird auf einer festen Unterlage **(Mousepad)** hin und her bewegt, um den Cursor oder ein anderes Markierungssymbol auf dem Bildschirm zu steuern.

Die Maus besteht insbesondere aus zwei Wellen und einer Kugel, womit waagerechte, senkrechte und in der Summe diagonale Bewegungen aufgenommen werden können.
Die mechanischen Bewegungen werden in elektrische Signale gewandelt und an den Computer übertragen.

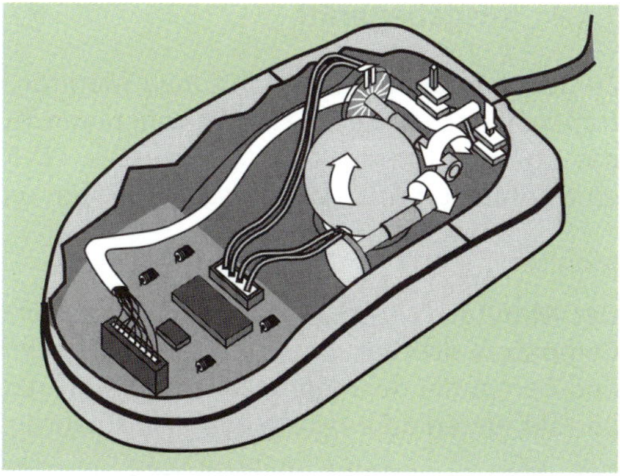

Die Maus ist standardmäßig für Rechtshänder gedacht, man kann sie aber auf einen Modus für Linkshänder umstellen.
In Windows 95 oder Windows 98 geht man dabei folgendermaßen vor:

- **M** Start (Task-Leiste)
  M Einstellungen
  M Systemsteuerung
  B Maus
- Die Option „Rechtshändig“ wird auf „Linkshändig“ gestellt und der Schalter „OK“ angeklickt.

Durch das Bewegen der Maus auf dem Schreibtisch oder einer Unterlage wird schnell Staub und Schmutz aufgenommen.
Die Wellen verkleben und die Bewegungsübertragung ist nicht mehr gewährleistet. Bleibt der Mauszeiger also auf dem Bildschirm „hängen“, ist eine gründliche Reinigung der mechanischen Teile angesagt. Hierzu schraubt man eine kleine Platte an der Unterseite der Maus auf, entfernt die Kugel und reinigt die Kugel und insbesondere die Wellen mit Alkohol und einem Pinsel, zur Not auch mit den Fingern.

Für die Mausführung sind einige Regeln zu beachten:

- Es sollte eine saubere, glatte, nicht zu harte, ausreichend große, nicht rutschende Mausunterlage gewählt werden. Das kann auch ein Platzdeckchen aus Weichplastik sein.
- Beim Bewegen der Maus sollte der Handballen auf der Tischoberfläche mitrutschen.
- Die Maus sollte mit der ganzen Hand in ihrer Position festgehalten werden, auch dann, wenn z. B. mit dem Zeigefinger die linke Maustaste gedrückt werden muss.

Für die Arbeit mit der Maus sind folgende Begriffe wichtig:

Techniken der Arbeit mit der Maus	
Zeigen	Mauszeiger auf ein Objekt auf dem Bildschirm bewegen
Klicken	kurzes Drücken der Maustaste
Doppelklicken	zweifaches Drücken der Maustaste in kurzer Folge
Anfassen	auf ein Objekt zeigen, Maustaste drücken und gedrückt halten
Ziehen	Maustaste gedrückt halten, während die Maus bewegt wird

Bei geringem Schreibtischplatz kann man statt einer Maus auch einen **Trackball** benutzen. Er sieht aus wie eine auf den Rücken gefallene Maus. Die Kugel wird mit dem Finger gerollt. Die Tasten befinden sich links und rechts der Kugel.

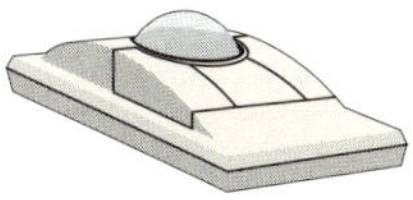

1.4.4 Ausgabegeräte

Zu den Ausgabegeräten zählt man Monitor, Drucker und **Plotter** (elektromechanisches Gerät zum Zeichnen von Kurven). Man kann auch an das Computergrundgerät oder an das CD-ROM-Laufwerk angeschlossene Lautsprecher zu den Ausgabegeräten rechnen.

Monitor

Der **Monitor (Bildschirm)** macht den Zustand bzw. die Ausgabe eines Computers sichtbar. Er ist die wichtigste Verbindung zwischen Mensch und Computer, denn ohne ihn weiß der Nutzer nicht, ob seine Eingaben korrekt waren oder richtig ausgeführt wurden.

Die Anzeige erfolgt elektronisch durch eine Kathodenstrahlröhre (Bildröhre, ähnlich wie beim Fernsehgerät) oder durch eine Flüssigkristallanzeige **(LCD-Anzeige).**
Die LCD-Anzeige wird meist bei kleinen, transportablen Computern (**Laptops, Notebooks,** ↗ nebenstehendes Foto) verwendet, da die Monitore sehr flach sind und der Stromverbrauch gering ist.

Da der Monitor das wichtigste Ausgabegerät ist, sollten unter ergonomischen und Arbeitsschutz-Gesichtspunkten die im Folgenden dargestellten Kenngrößen für Monitore beachtet werden:

1 Zoll = 1" = 2,54 cm

Kenngröße	Bedeutung
Bildschirm-diagonale	Die Bildschirmdiagonale gibt die Größe des sichtbaren Bildschirms in Zoll an. Für normales Arbeiten (auch in der Schule) reichen 15"- oder 17"-Monitore, für professionelle Layout- und Grafikarbeiten werden besser 21"-Monitore verwendet. Transportable Notebooks besitzen meist einen 11"-Monitor. 

Kenngröße	Bedeutung
Auflösung	Mit „Auflösung“ fasst man die Anzahl der Bildpunkte, die horizontal und vertikal dargestellt werden können. Je höher die Auflösung ist, desto feiner ist das Bild, umso kleiner sind aber auch Menüs, Symbole und Schrift unter grafischen Benutzeroberflächen. Typische Werte sind: • 640 × 480 (Pixel) – nicht für grafische Oberflächen geeignet • 800 × 600; 1024 × 768 – für normale Arbeiten (auch in der Schule) • 1280 × 1024; 1600 × 1200 – für professionelle Zwecke, 21"-Monitore
Bildwiederholfrequenz und **Zeilenfrequenz**	Die Bildwiederholfrequenz gibt an, wie oft das Monitor-Bild in einer Sekunde aufgebaut werden kann. Sie wird in Hertz (Hz) angegeben. Je höher die Frequenz, desto flimmerfreier und ruhiger ist das Bild. Selbst bei einer Auflösung von 1024×768 sollten mindestens 70 Hz bis 100 Hz gewährleistet sein. Als Kenngröße für Monitore wird oft noch die Zeilenfrequenz angegeben: Zeilenfr. = Zeilenanzahl · Bildwiederholfrequenz · 1,05 Zeilenfrequenz = 768 (Zeilen) · 80 Hz · 1,05 = 64512 Hz ≈ 64,5 kHz Dies ist schon eine annehmbare Zeilenfrequenz.

$1\ \text{Hz} = 1\frac{1}{\text{s}}$

Der Monitor wird von einer **Grafikkarte** gesteuert, die sich auf einem genormten Steckplatz **(Slot)** innerhalb des Computergehäuses befindet (↗ Bild). Oft sind Grafikkarten auch schon in das Motherboard integriert *(on board).*
Grafikkarten besitzen meist einen eigenen RAM und einen Prozessor. Von der Grafikkarte hängt stark ab, ob die Kenngrößen eines Monitors voll „ausgereizt“ werden können. Andererseits hilft eine gute Grafikkarte keinem schlechten Monitor.

RAM (random access memory): Speicher mit wahlfreiem Zugriff, ↗ S. 45

Kenngröße	Bedeutung
RAM-Größe	Der RAM-Baustein der Grafikkarte sollte für fotorealistische Bildschirmdarstellungen mindestens 2 MB Speicherkapazität besitzen.

Kenngröße	Bedeutung
Bildwiederholfrequenz und **Videobandbreite**	Die Grafikkarte sollte die gleiche Bildwiederholfrequenz wie der Monitor besitzen. Als Kenngröße für Grafikkarten wird oft die Videobandbreite (auch „Bildwiederholrate" genannt) angegeben: Videobandbr. = Pixelanzahl · Bildwiederholfrequenz · 1,3 Videobandbr. = $1024 \cdot 768 \cdot 100$ Hz $\cdot$ 1,3 $\approx$ 100 MHz

Drucker

Neben dem Monitor ist der Drucker das am meisten genutzte Ausgabegerät. Im Laufe der Entwicklung wurden Drucker mit unterschiedlichen Funktionsprinzipien hergestellt:

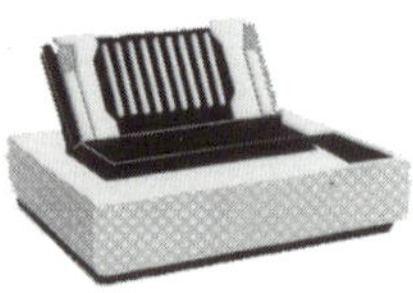

Matrixdrucker

Typendrucker: Für jedes druckbare Zeichen ist – ähnlich wie bei einer Schreibmaschine – ein Typenträger vorgesehen. Der Wechsel des Zeichensatzes kann nur durch Austausch der Typenträger erfolgen.

Nadeldrucker: Jedes Zeichen wird aus einzelnen Punkten einer Matrix zusammengesetzt (5×7 oder 7×9 Punkte). Man spricht auch von einem **Matrixdrucker.** Die Zeichen werden durch Nadeln erzeugt, die durch die Matrix hindurchschnellen und das Farbband auf das Papier drücken.

Thermodrucker: Durch gezielte Wärmeeinwirkung, durch die temperaturempfindliches Papier seine Farbe ändert, werden die zu druckenden Zeichen dargestellt.

Durchgesetzt haben sich vor allem folgende Druckertypen:

Tintenstrahldrucker: Diesen Druckertyp kann man zu den Matrixdruckern rechnen. Das Farbband entfällt und die Nadeln sind als feine Röhrchen ausgebildet, durch die Tinte auf das Papier gespritzt wird. Durch die großen Variationsmöglichkeiten des Punktrasters können sehr viele Schriftarten und Symbole dargestellt werden.

Laserdrucker: Die Zeichen werden durch einen Laserstrahl erzeugt und elektrofotografisch auf das Papier aufgebracht. Die Druckqualität ist sehr gut, die Druckgeschwindigkeit sehr hoch (bis zu 200000 Zeichen pro Minute).

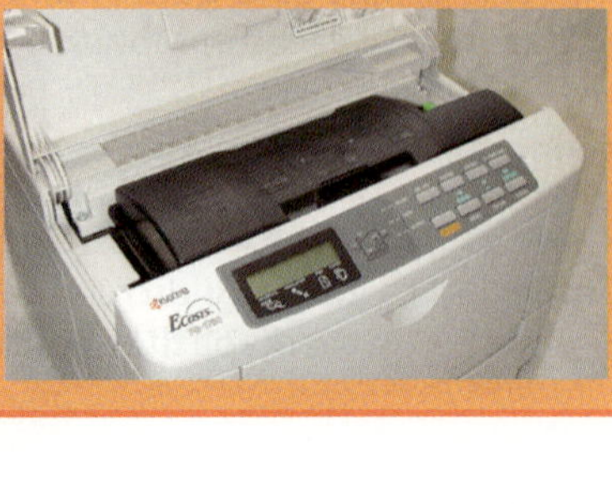

Im Zusammenhang mit Druckern sind drei Begriffe wichtig:

Bei Matrix- und Laserdruckern ist **dpi** ein Maß für die Druckqualität: Anzahl der Punkte, die ein Drucker pro Inch (2,54 cm) erzeugen kann.

dpi ist die Abkürzung für **d**ots **p**er **i**nch

Drucker mit 2400 dpi haben eine sehr hohe Druckqualität, die im Verlagswesen zur Herausgabe von Vierfarbbüchern genutzt wird. Für Schwarz-Weiß-Drucke oder Farbdrucke ohne Fotos reichen auch schon 1200 dpi aus.

Eine Druckqualität von 300 bis 600 dpi ist für nichtprofessionelle Zwecke völlig ausreichend.

Ein **Druckertreiber** ist ein Programm, welches auf Betriebssystem- oder Benutzeroberflächenebene den Drucker steuert.

Jeder Drucker hat einen eigenen Druckertreiber, der im Allgemeinen beim Kauf mitgeliefert wird. Man kann mit Druckertreibern auch ohne Druckeranschluss arbeiten.

Viele Desktop-Publishing-Programme steuern auch die Monitorausgabe über Druckertreiber, man kann also schon am Bildschirm die Druckausgabe kontrollieren.

PostScript ist eine imperative Programmiersprache für die geräteunabhängige Beschreibung von Druckseiten.

↗ auch S. 322 f.

PostScript ist ein von der Firma Adobe entwickelter standardisierter Befehlssatz für Drucker, die in Belichtungsstudios zum Einsatz kommen. Man setzt am Computer ein Buch, speichert es mithilfe eines PostScript-Druckertreibers als Druckdatei ab und übergibt diese an das Belichtungsstudio, wo damit Filme für die Druckerei hergestellt werden (↗ S. 15). Viele Matrix- und Laserdrucker besitzen eine solche PostScript-Option, sind dadurch aber recht teuer. Der Vorteil ist: Man hat als Grafiker oder Setzer eine genaue Kontrolle über das tatsächliche Druckergebnis.

1.4.5 Externe Speicher

Neben den RAMs im Mikroprozessor oder z. B. auf der Grafikkarte, die für die interne Befehlsausführung notwendig sind, gibt es eine Reihe externer Speicher, die insbesondere für die Datensicherung wichtig sind.

Typische Speichermedien waren bisher Disketten und Festplatten. Dabei ist die Festplatte nicht nur zur Datensicherung von Bedeutung, sondern ohne große Festplatte ist die Arbeit mit speicherintensiven Benutzeroberflächen und Anwendungsprogrammen nicht möglich, denn diese werden dort abgelegt.

Es gibt etliche Gemeinsamkeiten von **Disketten** und **Festplatten.**

<table>
<tr><th></th><th>3,5"-Diskette</th><th>Festplatte</th></tr>
<tr><td></td><td></td><td>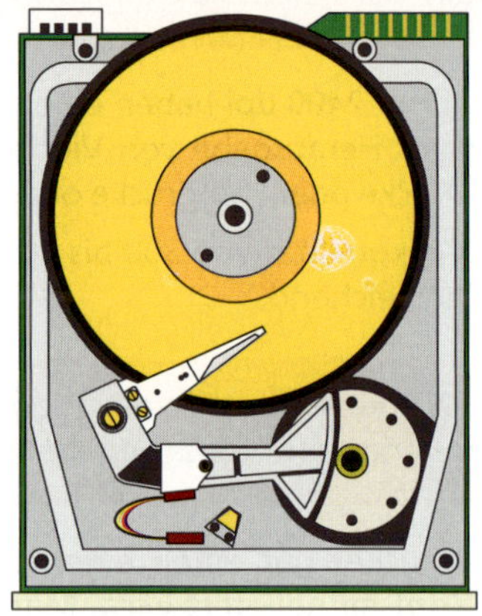</td></tr>
<tr><td>Gemeinsamkeiten</td><td colspan="2">
– Speichermedien; sich drehende, magnetisierbare Scheiben
– Der Schreib-/Lesekopf des Disketten- bzw. Festplattenlaufwerks liegt auf der Diskette bzw. bewegt sich ganz dicht ober- und unterhalb der Festplattenscheiben (1,2 μm – zum Vergleich: ein Fingerabdruck ist 5 μm stark). Dabei werden die magnetisierten Oxidteilchen erkannt, im Disketten-Steuerbaustein decodiert und über den Datenbus an den Rechner übermittelt.
– Bevor man auf dem Datenträger Dateien speichern kann, muss die magnetisierbare Schicht formatiert, d. h. in Spuren und Sektoren eingeteilt, werden.
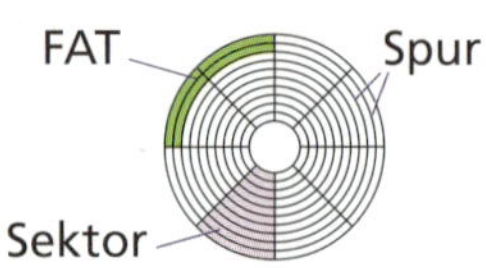

Die Formatierung geschieht mit dem DOS-Befehl FORMAT. Mit diesem Befehl wird z.B. eine normale 3,5"-Diskette in 80 Spuren und 18 Sektoren pro Seite unterteilt, wobei die entstehenden Einheiten 512 Byte fassen. Sie hat damit eine Speicherkapazität von
$2 \times 80 \times 18 \times 512$ Byte = 1474560 Byte = 1440 KByte.
– Die äußere Spur bleibt dabei der FAT (File Allocation Table) vorbehalten, der „Dateizuweisungstabelle“, die zum Auffinden von Dateien und Zuweisen von Speicherplatz dient.
Durch das Formatieren gehen alle Informationen, die ursprünglich vorhanden waren, verloren, sind aber mit bestimmten Befehlen neuerer DOS-Versionen unter Umständen wiederherstellbar.
</td></tr>
<tr><td>Anzahl der Scheiben</td><td>1 Scheibe</td><td>mehrere, übereinander liegende Scheiben</td></tr>
<tr><td>Speicherkapazität</td><td>1,44 MB</td><td>bis zu 100 GB (und mehr)</td></tr>
<tr><td>Laufwerksgeschwindigkeit</td><td>360 Umdrehungen/Minute (Die Diskette dreht sich nur bei Zugriff.)</td><td>5400 oder 7200 Umdrehungen/min (Der Datenträger dreht sich ständig.)</td></tr>
</table>

3,5"-Disketten werden heute oft durch **ZIP-Disketten** abgelöst, da diese bei ungefähr der gleichen Größe wie normale Disketten eine Speicherkapazität von 100 MB besitzen. Sie benötigen ein eigenes, meist externes Laufwerk **(ZIP-Drive),** welches weitaus schneller ist als das normale Diskettenlaufwerk.

Eine Kompaktdiskette ist die **CD-ROM.** Mit ca. 650 MB Speicherkapazität (neuerdings auch 700 MB oder 800 MB) wird sie vor allem von Softwareproduzenten zur Bereitstellung von umfangreichen Programmen und Grafiken verwendet, um die Festplatte nicht „vollzustopfen". Das CD-Laufwerk ist zumeist im Computergrundgerät eingebaut. Mit ihm lassen sich im Allgemeinen auch Musik-CDs abhören.

CD-ROM ist die Abkürzung für **c**ompact **d**isk **r**ead-**o**nly-**m**emory.

Es gibt spezielle Laufwerke, mit denen man nicht nur CD-ROMs lesen, sondern auch **CD-Rs** „brennen" kann. Der **CD-Brenner** sollte über eine SCSI-Schnittstelle betrieben werden, um die Brennzeiten zu verkürzen.

Das R bei CD-R steht für **r**ecordable.

Weitere Speichermedien werden nur in bestimmten Anwendungsbereichen stärker genutzt:

- **Wechselfestplatten** und **magneto-optische Laufwerke** zur täglichen Datensicherung;
- **Bandkassetten** für die preisgünstige Archivierung, das Bandlaufwerk **(Streamer)** funktioniert wie ein Kassettenrekorder.

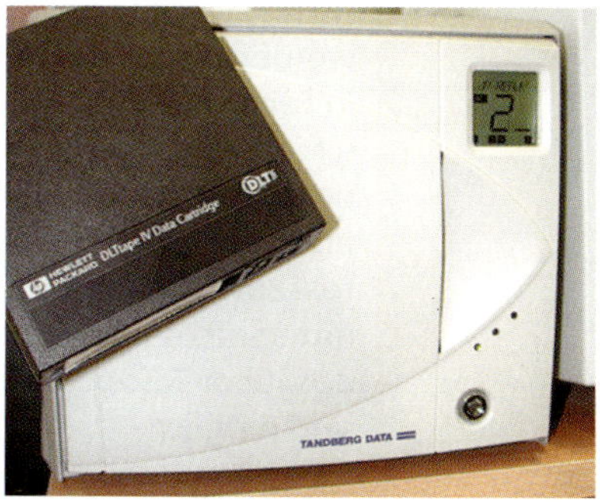

Zukünftig werden **DVDs** eine große Rolle spielen, da man auf ihnen sogar Spielfilme speichern kann. DVDs haben die gleichen Abmessungen wie CDs, können aber eine vielfache Datenmenge (bis zu 16 GB) aufnehmen.

DVD ist die Abkürzung für **d**igital **v**ersatile **d**isk (digitale vielseitige Diskette).

1.4.6 Benutzeroberflächen

Arten von Benutzeroberflächen

Die Programme, mit denen man arbeitet, sollten so beschaffen sein, dass ihre Bedienung einfach ist, dass sie auf falsche Eingaben robust reagieren, dass sie sich nach den Denk- und Arbeitsweisen der Benutzer richten – eben dass sie benutzerfreundlich sind.

Das Erscheinungsbild des Dialogs mit dem Computer und der Anwendungsprogramme auf dem Monitor nennt man **Benutzeroberfläche.**

In Abhängigkeit von Speicherkapazitäten und der immer stärkeren Verbreitung informationsverarbeitender Technik wurden im Laufe der Zeit verschiedene Arten von Benutzeroberflächen entwickelt:

Art	Beschreibung	Beispiele
kommandogesteuert	Der Benutzer gibt über die Tastatur Kommandos ein. Die Kommandos müssen syntaktisch korrekt sein, sonst erfolgt im Allgemeinen eine Fehlermeldung auf dem Monitor.	Betriebssystem **MS-DOS** (vgl. Beispiele im Abschnitt 1.4.7)
menügesteuert	Auf dem Bildschirm werden Listen von Kommandos angezeigt, die in der aktuellen Situation erlaubt sind. Der Nutzer wählt ein Kommando aus und legt damit Aktionen des Computers fest. Oft kann dabei die Maus eingesetzt werden.	**Norton Commander** (auf DOS aufgesetzte Benutzeroberfläche, die die Arbeit mit dem Betriebssystem erleichtert)
grafisch	Die Benutzeroberfläche erinnert an einen Schreibtisch, auf dem Programme zum Lösen von Arbeitsaufgaben abgelegt sind, die durch grafische Symbole (Icons) verdeutlicht werden. Die Anwendungen werden in Fenstern ausgeführt, die man verschieben, vergrößern oder verkleinern kann. Umfangreiche, aber übersichtliche Menüfolgen mit Klartext sowie Werkzeug-Symbolleisten unterstützen die Arbeit. Kommandos (über Tastenkombinationen) sind möglich.	**Windows** (vgl. die folgenden Seiten) **X11** (grafische Benutzeroberfläche unter UNIX/Linux zur Arbeit mit Fenstern; mit den auf X11 aufgesetzten Desktops **KDE** und **GNOME** sind auch Befehle grafisch zugänglich)

Durchgesetzt haben sich die grafischen Benutzeroberflächen, da die Darstellung der Daten und Programme in grafischer Form, in Fenstern und bewegten Bildern, die leichte Interaktion und die vielen Kontrollmöglichkeiten bei der Ausführung von Dialogbefehlen den menschlichen Denk- und Arbeitsweisen sehr nahe kommen. Die Entwicklung und Nutzung von solchen Benutzeroberflächen wurde allerdings erst durch leistungsfähige Mikroprozessoren (ab Intel 486 bzw. Pentium) und große Speicher (Arbeitsspeicher ab 8 MB, Festplatte ab 200 MB) möglich.

Grafische Benutzeroberflächen

Als Quasi-Standard für grafische Benutzeroberflächen hat sich Microsoft Windows durchgesetzt. Trotz vieler öffentlicher Kritik an Windows sowie der marktbeherrschenden Position der Firma Microsoft und ihres Gründers Bill Gates hat diese Standardisierung auch ihre positiven Seiten:

- Es werden für den Nutzer wenig Vorkenntnisse im Umgang mit dem Computer vorausgesetzt. Elementare hardwarebezogene Aufgaben des Betriebssystems werden versteckt und spielen sich im Verborgenen ab.
- Die meisten Anwendungsprogramme sind Windows-Applikationen, d. h., dass Menü-, Dialog- und Fenstertechnik in diesen Anwendungsprogrammen ähnlich sind, ganz gleich, ob man mit einem Datenbank-, Textverarbeitungs-, Tabellenkalkulations- oder Grafikprogramm arbeitet.

Im Folgenden werden daher wesentliche Elemente grafischer Benutzeroberflächen am Beispiel von Windows 95/98 beschrieben.

Wichtigstes Eingabegerät hierbei ist die Maus. Techniken der Arbeit mit der Maus sollten daher beherrscht werden (↗ S. 51).

Auf dem Monitor erscheinen die Programme oder Programmgruppen als **Icons** (anschauliche, grafische Symbole). Den Start eines gewünschten Programms oder das Öffnen eines Fensters erreicht man dadurch, dass man das Icon markiert (anklickt) und danach die <Enter>-Taste drückt oder einen Doppelklick mit der Maus auf das Icon ausführt. Die Icons können durch Ziehen mit der Maus an eine gewünschte Stelle verschoben werden. Der Nutzer richtet sich seinen „Schreibtisch" entsprechend seinen Wünschen ein.

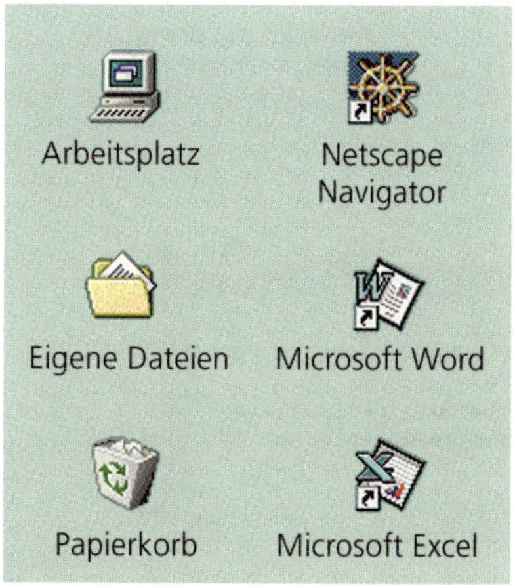

Ein Icon, der **Papierkorb,** soll etwas näher betrachtet werden: Alle Dateien oder Verzeichnisse (Ordner), die gelöscht werden, landen im Papierkorb und man kann das Löschen leicht rückgängig machen. Versehentlich gelöschte Dateien sind also schnell wiederherstellbar.

Löschen kann man Dateien unter Windows, indem man in Fenstern, in denen Dateien angezeigt werden, die entsprechenden Dateien markiert, den **M**enüpunkt „Datei" auswählt und danach den **B**efehl „Löschen" anklickt. Mit der <Entf>-Taste erreicht man das Gleiche.

Nur Festplattenlaufwerke besitzen einen Papierkorb, Diskettenlaufwerke nicht, gelöschte Dateien sind also nicht mehr auf der Diskette vorhanden.

Sollen Dateien tatsächlich gelöscht, also nicht erst in den Papierkorb geworfen, sondern gleich „verbrannt" werden, dann ist dies dadurch erreichbar, dass man die Shift-Taste <⇧> beim Löschen gedrückt hält.

Am unteren Ende des Bildschirms findet man die **Task-Leiste.** Hier werden alle geöffneten Fenster durch Schaltflächen angezeigt. Die Task-Leiste ist auch dann zu sehen, wenn man das Fenster eines Anwendungsprogramms maximiert hat. Ein Wechsel zwischen den verschiedenen Programmen wird durch Anklicken der entsprechenden Schaltfläche erreicht.

Die **Direkt-Hilfe von Windows** lässt sich nicht nur über die Task-Leiste aufrufen, sondern auch mit der Funktionstaste <F1> oder dem Hilfe-Menü „?“ in den Arbeitsplatz- oder Explorerfenstern.

Ganz links ist die Schaltfläche „Start“ zu sehen. Bei Anklicken erscheint ein Menü mit wichtigen Befehlen (z. B. Aufruf von installierten Programmen, Änderungen von Einstellungen des Betriebssystems, Suchen von Dateien, **Hilfe-Funktion,** Beenden der Arbeit am Computer).

Ein typisches Merkmal für die Arbeit mit grafischen Benutzeroberflächen ist die Arbeit in **Fenstern.** Mehrere Programmgruppen oder Anwendungsprogramme können gleichzeitig in verschiedenen Fenstern geöffnet werden, man kann bei der Arbeit zwischen den Fenstern hin- und herspringen. Die Fenster können durch Anklicken und Ziehen der Randleisten in die gewünschte Größe oder Form und durch Klicken auf die Leiste mit dem Namen des Fensters und Ziehen in die gewünschte Position auf dem Bildschirm gebracht werden.

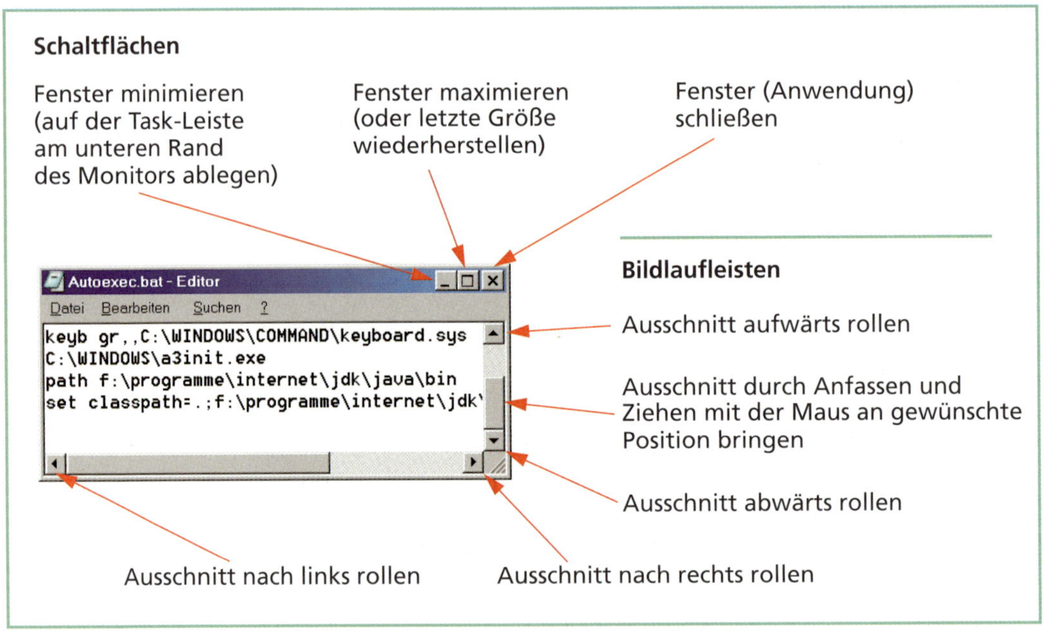

In fast alle Fenster ist die **Menütechnik** integriert.
Ein **Menü** ist eine Liste von Befehlen, die in der aktuellen Situation am Bildschirm erlaubt bzw. möglich sind.
Im obigen Bild werden in der Menüleiste beispielsweise die Menüs „Datei“, „Bearbeiten“, „Suchen“ und „?“ **(Hilfe)** angezeigt. Durch Anklicken des Menüs Datei erscheint das gesamte Untermenü wie ein Rollladen. Es heißt deshalb auch **Pull-down-Menü.** Selbst die Anordnung, die Bezeichnung und der Inhalt der Pull-down-Menüs ist in den Fenstern und Programmen unter Windows einheitlich.

Ganz links ist immer das Menü „Datei" zu finden mit solchen Untermenüs wie „Neu", „Öffnen", „Speichern", „Speichern unter...", „Drucken" oder (Programm) „Beenden".
Das Menü „Bearbeiten" steht an zweiter Stelle mit Punkten wie „Ausschneiden", „Kopieren", „Einfügen" usw.

Befehle, die man in bestimmten Situationen nicht ausführen kann, sind grau gekennzeichnet. Befehle, die nicht direkt ausgeführt werden können, wo weitere Eingaben notwendig sind, sind mit drei Pünktchen (Öffnen eines Dialogfeldes) markiert.
Manchmal reichen die Untermenüs eines Pull-down-Menüs nicht aus, es sind Unter-Unter-Menüs erforderlich. Diese werden dann direkt neben den Untermenüs angezeigt. Man spricht von einem **Pop-up-Menü.**

Um das in Windows 95/98 integrierte kleine, aber durchaus leistungsfähige Textverarbeitungsprogramm WordPad aufzurufen, geht man wie folgt vor:
Menü „Start" (Schalter in der Task-Leiste) **M** Programme **M** Zubehör **B**efehl „WordPad".

Menüs haben den Vorteil, dass man keine Kommandosprache beherrschen muss, um am Computer zu arbeiten. Allerdings kann man keinen Befehl überspringen, um zu einem bestimmten Menüpunkt zu gelangen und eine Aktion auszulösen.

Fortgeschrittenen Nutzern helfen daher oft **Tastenkombinationen** (**Hotkeys,** „heiße Tasten") für bestimmte Befehle, die ebenfalls bei der Arbeit mit grafischen Benutzeroberflächen möglich sind. Die Tastenkombinationen zum Auslösen von Aktionen stehen oft in den Untermenüs hinter den Befehlen. Einige sollte sich auch der Anfänger merken:

Hotkey	Wirkung
<Strg> + s	Die aktuell bearbeitete Datei wird gespeichert.
<Strg> + p	Das Druck-Dialogfeld wird aufgerufen.
<Strg> + c <Strg> + v	– Kopieren – Einfügen an eine zuvor markierte Stelle Diese beiden Tastenkombinationen sind deshalb interessant, weil sie vielseitig anwendbar sind (auf markierte Dateien und Verzeichnisse, Grafiken, Textteile und Zeichen). Mit <Strg> + c werden markierte Daten in die **Zwischenablage** von Windows kopiert, mit <Strg> + v aus diesem Speicher herauskopiert. Die Daten bleiben bis zum Ausschalten des Computers dort bzw. werden beim nächsten Kopiervorgang überschrieben. Die kopierten Daten kann man sich in der Zwischenablage ansehen, die etwas versteckt liegt (**M** Start **M** Programme **M** Zubehör **M** Systemprogramme **B** Zwischenablage).
<Strg> + x	– Löschen markierter Objekte und Verschieben in die Zwischenablage

Immer im Kopf:
<Strg> + c
und
<Strg> + v.

1.4.7 Arbeit mit Dateien (Dateihandling)

Hinsichtlich des Dateihandlings unter Linux sei auf den Abschnitt 4.1.4, insbesondere auf S. 288 ff., verwiesen.

Bezogen wird sich im Folgenden auf das Betriebssystem **MS-DOS** und seine aufgesetzte Benutzeroberfläche **Windows**, da dies die verbreitetste Software ist. Vieles ist auch auf andere Betriebssysteme und Benutzeroberflächen übertragbar.

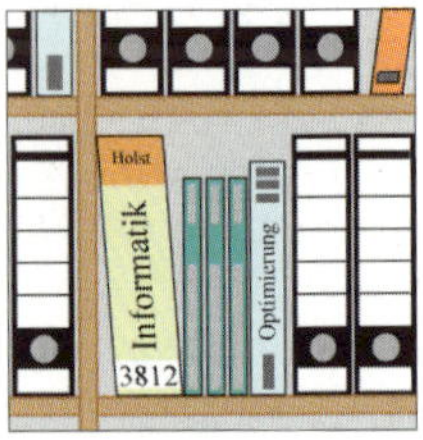

Dateiverwaltung

Für das Betriebssystem besteht der Computer nur aus

- **Datenträgern** (Disketten, Festplatten, CD-ROMs), vergleichbar mit Aktenschränken, die Aktenordner enthalten,
- **Verzeichnissen,** vergleichbar mit Aktenordnern, die weiter geordnet sind und Akten enthalten,
- **Dateien,** vergleichbar mit Akten (Texte, Bilder, ...).

Alle diese Objekte haben bestimmte Bezeichnungen, die man nach festgelegten Regeln bilden muss, damit sie das Betriebssystem erkennen und unterscheiden kann.

Objektbezeichnungen

Objekte	Vereinbarungen für die jeweilige Bezeichnung	
Datenträger	`A: B:` `C: D: E: ... Z:`	Diskettenlaufwerke Festplatten oder Teile von Festplatten **(Partitionen),** CD-ROM-Laufwerke, ZIP-Laufwerke, virtuelle Speicher

Verzeichnisse	– Der Name besteht aus maximal 8 Zeichen. Man sollte möglichst nur Buchstaben oder Ziffern verwenden.
	Ab Windows 95 und unter Mac OS sind, um die Aussagekraft solcher Bezeichnungen zu erhöhen, auch mehr Zeichen zugelassen. Um die Kompatibilität (die Austauschbarkeit) zwischen verschiedenen Betriebssystemen und Datenträger-Standards zu gewährleisten, ist man aber gut beraten, bei der Vergabe von Verzeichnisnamen nicht mehr als 8 Zeichen zu verwenden.
	– Das höchste Verzeichnis (der Hauptaktenordner) heißt **Hauptverzeichnis (Wurzelverzeichnis, root)** und hat den Namen „\" **(„Backslash").**
	– Um ein ganz bestimmtes Unterverzeichnis zu kennzeichnen, muss der gesamte „Pfad", der durchlaufen werden muss, um zu ihm zu gelangen, angegeben werden.
	`A:\DOS`
	`C:\WORKS\TEXTE\NUTZER1`	

Der Backslash ist mit <Alt Gr> + <ß> oder <Alt> + <92> über die Tastatur abrufbar.

Unter Linux hat das Wurzelverzeichnis den Namen „/" („**Slash**").

Dateien	– Die Bezeichnung wird folgendermaßen gebildet: `dateiname.erweiterung` – Der Dateiname besteht aus maximal 8 Zeichen und wird vom Nutzer festgelegt. Nicht zugelassen sind Leerzeichen und Sonderzeichen wie `: . * ^ @ \ / < > ;` Der Unterstrich (_) ist erlaubt. Es sollten keine Umlaute benutzt werden. Auch dürfen folgende Namen nicht verwandt werden, da sie Schnittstellen (Gerätetreiber) bedeuten: `CON AUX COM1 COM2 PRN LPT1 LPT2 LPT3 NUL` – Die Erweiterung besteht aus maximal 3 Zeichen und gibt den Typ der Datei an. Die Erweiterung wird i. Allg. durch das genutzte Anwendungsprogramm selbst festgelegt. `BRIEF_1.DOC` könnte ein Brief an einen Verwandten sein. Den Dateinamen `BRIEF_1` hat der „Schreiber" festgelegt, die Endung `DOC` wurde durch das genutzte Programm (z. B. Word) erstellt.

Hier gilt wieder, dass ab Windows 95 und unter UNIX / Linux längere Dateinamen zugelassen sind. Auch kann man in bestimmten Betriebssystemen durchaus Umlaute oder sogar Leerzeichen benutzen. Man sollte sich trotzdem an die hier aufgeführten Standards halten.

Achtung! **Linux** unterscheidet zwischen Groß- und Kleinschreibung bei Dateibezeichnungen.

Verwaltung von Datenträgern

Datenträger formatieren	
Hinweise	– Datenträger müssen formatiert (in Spuren und Sektoren eingeteilt) sein, bevor sie Daten aufnehmen können. (vgl. auch Abschnitt 1.4.5, S. 56) – Alle Daten, die sich vor diesem Vorgang auf dem Datenträger befinden, werden gelöscht. Das Formatieren der Festplatte sollte dem Systembetreuer überlassen bleiben! Es ist sinnvoll, immer eine Startdiskette mit dem residenten Teil des Betriebssystems in der Nähe zu haben (s. Informationstext). – Disketten und ZIP-Disketten, die man kauft, sind heute meist schon formatiert. Trotzdem ist es unter Umständen notwendig, einen Datenträger neu zu formatieren, z. B. dann, wenn man sicher sein will, dass alle Daten (beispielsweise Viren) auch wirklich gelöscht sind.
DOS	– Befehl: `FORMAT laufwerksbez. (Zusätze)` `FORMAT A:` (formatiert Diskette im Laufwerk `A:`)
Windows 95/98	– Diskette in das Diskettenlaufwerk einlegen – Doppelklicken auf das Symbol Arbeitsplatz und dann Klicken auf das Symbol für den Datenträger, der formatiert werden soll – **M**enü Datei **B**efehl Formatieren

Eine Startdiskette für DOS legt man so an: Mit dem Befehl `FORMAT A: /s` wird eine sich im Laufwerk `A:` befindliche Diskette formatiert, und es werden anschließend die Dateien `COMMAND.COM` und `IO.SYS` auf die Diskette kopiert. Mit den Befehlen `COPY AUTOEXEC.BAT A:` und `COPY CONFIG.SYS A:` werden die außerdem notwendigen Dateien kopiert.

Nicht auf das Symbol für den Datenträger doppelklicken, da ein Datenträger nicht formatiert werden kann, wenn er im Arbeitsplatz oder im Windows-Explorer geöffnet ist!

Es ist immer dann sinnvoll, Namen für Datenträger zu vergeben, wenn sehr viele Datenträger vorhanden sind und man bestimmte Dateien einfach finden möchte.

CHKDSK ist die Abkürzung für „**Check Disk**" („Prüfe Diskette").

Datenträger benennen/Namen eines Datenträgers erfragen	
DOS	– Befehl: `LABEL laufwerksbezeichnung` (benennt Datenträger) (DOS verlangt die Eingabe eines Namens, der bis zu 11 Zeichen lang sein kann, und in dem Leerzeichen erlaubt sind. Der Name kann durch eine erneute Eingabe des Befehls wieder gelöscht werden.) – Befehl: `VOL laufwerksbezeichnung` (zeigt Namen des Datenträgers an) `VOL A:`
Windows 95/98	– Doppelklicken auf das Symbol Arbeitsplatz und dann Klicken auf das Laufwerk, in dem die Diskette liegt – **M**enü Datei **B**efehl Eigenschaften – im Feld „Bezeichnung" einen Namen eingeben oder ablesen (Der Name kann bis zu 11 Zeichen lang sein. Er kann wie unter DOS durch Eingabe eines neuen Namens geändert werden.)
aktuellen Datenträger festlegen (auswählen)	
DOS	– Befehl: `laufwerksbezeichnung` `A:` (Wechsel zum Laufwerk A:)
Windows 95/98	– Doppelklicken auf das Symbol Arbeitsplatz und dann Doppelklicken auf das Symbol für den Datenträger (Man kann auch eine Verknüpfung mit dem Datenträger auf den Desktop legen und einen Doppelklick auf das Icon ausführen.)
Datenträger prüfen	

DOS	– Befehl: `CHKDSK laufwerksbez. (Zusätze)`
	`CHKDSK A: /v`
	(prüft Diskette im Laufwerk `A:` und gibt alle Dateien und Verzeichnisse zur Fehlerfeststellung aus)
	`CHKDSK C: /F`
	(Fehlerkorrektur auf `C:`, wenn nötig und möglich)

Windows 95/98	– **M** Start (Task-Leiste) **M** Programme **M** Zubehör **M** Systemprogramme **B** ScanDisk – zu prüfendes Laufwerk auswählen – **O**ption Intensiv (zeigt auch Fehler der Datenträgeroberfläche an) – **S**chalter Starten

Datenträger (Diskette) kopieren	
DOS	– Befehl: `DISKCOPY quelllaufwerk ziellaufw.` `DISKCOPY A: A:` – Quell- und Zieldiskette sind nach dem Kopiervorgang völlig identisch.
Windows 95/98	– im Arbeitsplatz auf das Symbol der Diskette klicken, die kopiert werden soll – **M**enü Datei **B**efehl Diskette kopieren – auf das Laufwerk, von dem, und dann auf das Laufwerk, auf das kopiert werden soll, klicken – **S**chalter Starten

Dieser Befehl gilt nur für Datenträger mit gleichem Format. Man kann für beide Disketten dasselbe Laufwerk verwenden. Die Quelldiskette sollte mit einem **Schreibschutz** versehen werden, damit sie nicht durch versehentliches Einlegen als Zieldiskette überschrieben wird.

Arbeit mit Verzeichnissen

Durch Verzeichnisse kann die Ablage von Dateien auf einem Datenträger sinnvoll organisiert werden. Auf einer Festplatte können mehrere Tausend Dateien gespeichert sein. Sind diese nicht geordnet abgelegt, können einzelne Dateien schwer wiedergefunden werden.
Auch Disketten sollten durch Verzeichnisse mit ausdrucksstarken Bezeichnungen zur Dateiaufnahme vorbereitet werden. Ein solcher „Verzeichnisbaum“ kann beispielsweise folgendermaßen aussehen:

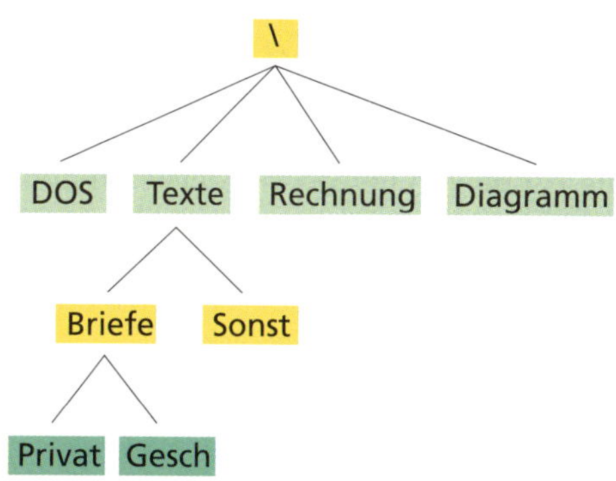

Verzeichnisse (Ordner) wechseln	

DOS	– Befehl: `CD verzeichnis`
	`CD SPIELE` Wechsel zum Unterordner `SPIELE`
	`CD\` Wechsel ins Wurzelverzeichnis
	`CD\SPIELE` Wechsel von einem beliebigen Verzeichnis über das Wurzelverzeichnis ins Verzeichnis `SPIELE`
	`CD..` Wechsel ins nächsthöhere Verzeichnis
	– Das aktuelle Verzeichnis ist erkenntlich am **Prompt-Zeichen** (Eingabeaufforderung vor jeder Befehlszeile).

`CD` ist das Kürzel für „**c**hange **d**irectory“ („wechsle Verzeichnis“).

Standard-Prompt-Zeichen unter DOS: `pfad>`

Windows 95/98	– Doppelklicken auf das Symbol Arbeitsplatz oder Windows-Explorer – Doppelklicken auf das Symbol für das entsprechende Laufwerk (Windows zeigt die Dateien und Verzeichnisse auf dem Laufwerk an. Verzeichnisse können Dateien und auch weitere Verzeichnisse – die unter Windows „Ordner" heißen – enthalten.) – Man kann einen Ordner öffnen, indem man darauf doppelklickt. (Man kann zum vorhergehenden Ordner wechseln, indem man auf [Symbol] in der Symbolleiste klickt oder die Rücktaste <←> drückt.)
Anzeigen aller Verzeichnisse (Ordner) auf einem Datenträger	
DOS	– Befehl: `TREE (Zusätze)` `TREE` zeigt alle Verzeichnisse auf aktuellem Datenträger an `TREE B:` zeigt alle Verzeichnisse im Laufwerk `B:` `TREE C: /F` zeigt alle Verzeichnisse und zusätzlich alle Dateien auf der Festplatte an; mit <Pause> unterbrechbar
Windows 95/98	Die Hierarchie aller Verzeichnisse wird nur im **Windows-Explorer** angezeigt: – **M**enü Start **M** Programme **B**efehl Windows-Explorer – auf ein Verzeichnis auf der linken Seite des Fensters klicken, um dessen Inhalt auf der rechten Seite anzuzeigen (Man kann die Größe von beiden Fensterseiten ändern, indem man die Trennleiste entsprechend zieht. Man kann ein Verzeichnis schnell öffnen und dessen Unterverzeichnisse anzeigen, indem man auf das Verzeichnis auf der linken Seite des Fensters doppelklickt.) – auf das Pluszeichen (+) klicken, um Unterverzeichnisse anzuzeigen
Verzeichnis (Ordner) anlegen	
DOS	– Befehl: `MD verzeichnis` `MD TEXTE` (ein Verzeichnis „Texte" wird angelegt)
Windows 95/98	– im Arbeitsplatz oder Windows-Explorer den Datenträger oder das Verzeichnis öffnen, in dem ein neues Verzeichnis erstellt werden soll – **M** Datei **M** Neu **B** Ordner (Das neue Verzeichnis erscheint mit einem temporären Namen.) – Namen für das neue Verzeichnis eingeben; <Enter>

`TREE` („Baum") ist ein externer (transienter) Befehl (es gibt eine gesonderte Datei `TREE.COM` im DOS-Verzeichnis), während alle anderen Befehle zur Verzeichnisarbeit resident sind.

Unter Linux lässt sich der Dateibaum nicht anzeigen.

`MD` ist das Kürzel für „**m**ake **d**irectory" („erstelle ein Verzeichnis").

Verzeichnis (Ordner) umbenennen	
DOS	Dies ist unter älteren DOS-Versionen eigentlich nur möglich, indem man ein neues Verzeichnis anlegt, alle Unterverzeichnisse und Dateien des alten Verzeichnisses hineinkopiert und das alte Verzeichnis dann löscht.
Windows 95/98	– im Arbeitsplatz oder Windows-Explorer das Verzeichnis anklicken, welches umbenannt werden soll – Klicken auf das Verzeichnis; Namen ändern (Es ist also ein *zweimaliges Klicken* – kein Doppelklick – notwendig.)
Verzeichnis (Ordner) löschen	
DOS	– Befehl: `RD verzeichnis` `RD TEXTE` (das Verzeichnis „Texte“ wird gelöscht) – Ein Verzeichnis kann nur vom übergeordneten Verzeichnis aus gelöscht werden. Es muss leer sein, darf also selbst keine Verzeichnisse oder Dateien enthalten (es sei denn, der Befehl `DELTREE` steht zur Verfügung).
Windows 95/98	– im Arbeitsplatz oder Windows-Explorer Verzeichnis auswählen, das gelöscht werden soll – <Entf> oder **M**enü Datei **B**efehl Löschen

`RD` ist das Kürzel für „**r**emove **d**irectory“ („beseitige Verzeichnis“).

Joker

Wichtig für die Arbeit mit Dateien sind **Jokerzeichen.** Mit ihnen können gezielt bestimmte Gruppen von Dateien und Verzeichnissen „herausgefiltert“ werden. Auch für die Suche im Internet sind sie von Interesse. Dort nennt man sie aber im Allgemeinen **Wildcards.** Joker sind **Platzhalter** für ein oder mehrere Zeichen in Dateibezeichnungen bzw. Verzeichnisnamen. Der Joker „?“ steht für *ein* beliebiges Zeichen, der Joker „*“ für mehrere Zeichen.

`do?ument.doc`	Es wird nach einer Datei gesucht, die sowohl `dokument.doc` als auch `document.doc` heißen könnte bzw. in der ein beliebiger Buchstabe an der 3. Position vorkommen kann.
`*.txt`	Es wird nach allen Dateien gesucht, die die Endung `txt` besitzen.
`tmp*.*`	Es wird nach allen Dateien gesucht, die mit `tmp` beginnen.
`a*`	Es wird nach allen Dateien und Verzeichnissen gesucht, die mit `a` beginnen.
`do?ument.*`	Es wird nach allen Dateien gesucht, deren Name z. B. `dokument` oder `document` oder ähnlich sein könnte. Die Endung ist beliebig.

Arbeit mit Dateien

Dateien können auf verschiedene Art und Weise erzeugt werden:

- Mit den Befehlen `COPY CON`, `EDIT` und `EDLIN` stellt DOS Editoren („Texterzeuger") bereit, mit denen man kleine ausführbare Dateien (z. B. Programme mit der Endung „`.BAT`") selbst herstellen kann.
- Mit Programmierumgebungen kann man Dateien (Programme) erzeugen (Endungen: „`.BAS`" für BASIC-Programme, „`.PAS`" für Turbo-Pascal-Programme).
- Anwendungsprogramme erzeugen Dateien.
  Zum Beispiel erzeugt Works für Windows Textdateien (Endung „`.WPS`"), Kalkulationstabellen und Diagramme (Endung „`.WKS`"), Datenbank-Dateien (Endung „`.WDB`") und Datenfernübertragungs-Dateien (Endung „`.WCM`").

Endungen kann der Nutzer auch selbst vergeben. Sie müssen aber vom Programm erkannt werden können.

Natürlich können auch fertige Dateien in die angelegten Verzeichnisse kopiert werden.

`DIR` ist das Kürzel für „**dir**ectory" (Verzeichnis).

„¦" ist das **Pipe-Symbol**, mit <AltGr> + < abrufbar

Dateien in einem Verzeichnis (Ordner) anzeigen	
DOS	– Befehl: `DIR Pfadname (Zusätze)` `DIR` — zeigt den Inhalt des aktuellen Verzeichnisses an `DIR C:\DOS` — zeigt den Inhalt des DOS-Verzeichnisses der Festplatte an `DIR *.COM` — zeigt alle Dateien im aktuellen Verzeichnis mit der Endung `COM` an `DIR /w` — Anzeige in 5 Spalten; Angaben zur Größe usw. entfallen `DIR /p` — seitenweise Auflistung der Dateien im aktuellen Verzeichnis `DIR ¦ more` — wie `DIR /p`
Windows 95/98	– Doppelklicken auf das Symbol Arbeitsplatz oder auf das Symbol für den Windows-Explorer – Doppelklicken auf das Symbol für das entsprechende Laufwerk (Windows zeigt die Dateien und Verzeichnisse auf dem Laufwerk an.)
Dateien kopieren	

DOS	– Die allgemeine Syntax lautet:
	`COPY lw:\pfad\quelldatei lw:\pfad\zield.`
	`COPY C:\TEXTE\BRIEF.DOC A:\BRIEF1.DOC`
	– Befindet man sich gerade im Quellverzeichnis, kann dieses weggelassen werden. Befindet man sich im Zielverzeichnis kann der gesamte „Zielblock" wegfallen.

Windows 95/98

- im Arbeitsplatz oder Windows-Explorer auf die Datei klicken, die kopiert werden soll
- **M**enü Bearbeiten **B**efehl Kopieren.
- Ordner oder Laufwerk öffnen, wo Kopie abgelegt werden soll
- **M** Bearbeiten **B** Einfügen.

Man kann mehrere Dateien und Ordner zum Kopieren auswählen, indem man bei gedrückter <Strg>-Taste alle gewünschten Elemente anklickt.

Dateien löschen

DOS

- Befehl: `DEL dateibezeichnung`

`DEL OTTO.TXT`	löscht Datei `OTTO.TXT` im aktuellen Verzeichnis
`DEL *.SIK`	löscht alle Dateien mit der Endung `.SIK`
`DEL *.*`	löscht alle Dateien im aktuellen Verzeichnis; Sicherheitsabfrage ist mit „J" zu beantworten

Windows 95/98

- im Arbeitsplatz oder Windows-Explorer Dateien auswählen, die gelöscht werden sollen
- <Entf> oder **M** Datei **B** Löschen

Man kann mehrere Dateien und Ordner zum Löschen auswählen, indem man bei gedrückter <Strg>-Taste alle gewünschten Elemente anklickt.
Dateien, die *hintereinander* aufgelistet sind, kann man markieren und auswählen, indem man die <⇧>-Taste gedrückt hält.

Die ausgewählten Dateien werden standardmäßig nicht gelöscht, sondern im Papierkorb abgelegt. Endgültiges Löschen kann man dadurch erzwingen, dass beim Löschen die <⇧>-Taste gedrückt gehalten wird.

Dateien umbenennen

Hinweise

- Mit Umbenennungen sollte man vorsichtig sein. Oft sind Dateien miteinander verknüpft und mit der Bezeichnungsänderung gehen meist auch die Verknüpfungen verloren.
- Bei Dateibezeichnungen sollte man nicht die Endung umbenennen, damit das Programm, mit dem die Datei erstellt wurde, sie wieder erkennt. Durch Umbenennung der Endung erreicht man auch keine Änderung des Dateiformats, dies können nur spezielle Konvertierungsprogramme.

Kopieren von Dateien mit der Maus:
Man kann Dateien mit der Maus aus einem Verzeichnis in ein anderes Verzeichnis ziehen. Dazu müssen Quell- und Zielverzeichnis in geöffneten Fenstern sichtbar sein. Befinden sich Quell- und Zielverzeichnis auf demselben Laufwerk, wird die Datei verschoben; befinden sich Quell- und Zielverzeichnis auf verschiedenen Laufwerken, wird die Datei kopiert. Man kann Windows zum Kopieren – auch auf dem gleichen Laufwerk – zwingen, indem man die <Strg>-Taste gedrückt hält.

Dateien aus dem Papierkorb zurückholen:
M Datei
B Wiederherstellen.

REN ist das Kürzel für „**ren**ame“ (umbenennen).

DOS	– Befehl: `REN (lw:pfad)alteDateibezeichnung neueDateibezeichnung` `REN UMSATZ2.WKS VERLUST.WKS` (Umbenennung im aktuellen Verzeichnis)
Windows 95/98	– im Arbeitsplatz oder Windows-Explorer die Datei anklicken, welche umbenannt werden soll – Klicken auf die Dateibezeichnung; Bezeichnung ändern Es ist also ein *zweimaliges* Klicken – kein Doppelklick – notwendig.
Datei-Inhalt auf dem Monitor anschauen	

DOS	– Befehl: `TYPE dateibezeichnung`
	`TYPE CONFIG.SYS`
	(zeigt Inhalt der Datei `CONFIG.SYS` des aktuellen Verzeichnisses an)
	`TYPE C:\TEXTE\BRIEF.WPS`
	(zeigt Inhalt der Datei `BRIEF.WPS` aus `C:\TEXTE` an)
	– Längere Dateien können mit <Pause> „stückchenweise“ angezeigt werden. Es besteht auch die Möglichkeit, den Befehl durch `¦more` zu ergänzen.

Windows 98	– im Arbeitsplatz oder Windows-Explorer die Datei anklicken, deren Voransicht angezeigt werden soll – **M**enü Datei **B**efehl Schnellansicht (Wenn der Befehl „Schnellansicht“ nicht im Menü „Datei“ angezeigt wird, gibt es für den Dateityp keinen Datei-Viewer oder die Schnellansicht ist nicht installiert.) Das Arbeitsplatzfenster von Windows 98 hält in der rechten Spalte einen besonderen Service für Bild-Dateien bereit: Wenn Windows das Dateiformat erkennt, wird automatisch eine Bild-Vorschau gegeben.

Dateien, die mit Anwendungsprogrammen erstellt wurden, sollte man sich im entsprechenden Programm anzeigen lassen (wenn man es zur Verfügung hat), da unter MS-DOS und auch in Windows-Viewern oder -Editoren die Dateien durch Formatierungs- und Steuerzeichen unleserlich werden können.

1.4.8 Arbeitsschutz

Im Zusammenhang mit der Arbeit am Computer fällt oft der Begriff „Ergonomie“, der aber eine umfassendere Bedeutung besitzt:

Ergonomie: Wissenschaftliche Disziplin, die sich mit der Anpassung von Arbeitsmitteln und Arbeitsumgebungen an Eigenschaften und Bedürfnisse der Menschen beschäftigt, um deren Gesundheit zu schützen und ihre Leistungsfähigkeit zu erhöhen.

In der Informatik unterscheidet man oft zwischen Software- und Hardware-Ergonomie.

Die **Software-Ergonomie** befasst sich mit der Gestaltung dialogorientierter Programmsysteme und Benutzeroberflächen, die den geistigen, körperlichen und sozialen Bedürfnissen der Menschen entgegenkommen.

So fordert man heute auch in Bewertungskriterien für den Einsatz des Computers in der Schule leistungsstarke Benutzeroberflächen, die die Schüler mit möglichst wenig Details des Betriebssystems und der Hardware konfrontieren, damit sie sich in der informationstechnischen Grundbildung und bei der Verwendung des Computers in anderen Unterrichtsfächern auf wesentlichere Inhalte konzentrieren können.

Die **Hardware-Ergonomie** beschäftigt sich mit der Anpassung der Arbeitsgeräte (Monitor, Tastatur, Maus, ...) und der Arbeitsumgebung (Stuhl, Tisch, Beleuchtung, ...) an die körperlichen und psychologischen Eigenschaften der am Computer arbeitenden Menschen.

Es geht letztlich um die Gesundheit: Schlechtes Licht kann zu Kopfschmerzen und Augenbeschwerden führen; ein zu hoher Bildschirm oder Tisch begünstigt einen gekrümmten Rücken, einen verspannten Nacken oder ebenfalls Kopfschmerzen und Augenprobleme.

Auch für die *Schule* gelten Vorschriften und technische Regelwerke hinsichtlich ergonomischer Anforderungen, die einzuhalten sind. Dazu gehören:

- staatliche Regelungen wie die Bildschirmarbeitsverordnung (BildSchArbV) als Umsetzung der EU-Richtlinie 90/270EWG vom 29.5.1990 sowie das Gesetz über technische Arbeitsmittel;
- Regelungen von Unfallversicherungsträgern wie GUV 17.7 (Sicherheitsregeln für Büroarbeitsplätze von 1979), GUV 17.8 und 23.3 sowie 50.12 (Sicherheitsregeln für Bildschirmarbeitsplätze im Bürobereich von 1980, 1994 bzw. 1997);
- unzählige Normen des Deutschen Instituts für Normung e. V. (DIN), die ca. alle 5 Jahre überarbeitet werden, sowie europäische und internationale Normen (ISO).

Im Folgenden sind **ergonomische Anforderungen an Computerarbeitsplätze** aufgeführt, die bei der Einrichtung von Computerkabinetten und bei der Arbeit am Computer zu beachten sind:

- Gesundheitliche Probleme können vor allem durch die Arbeit am Monitor auftreten.
  - Die auf dem Bildschirm dargestellten Zeichen müssen scharf, deutlich und ausreichend groß sein sowie einen angemessenen Zeichen- und Zeilenabstand haben.
  - Das Bild muss stabil und frei von Flimmern sein und darf keine Verzerrungen aufweisen. Der Monitor sollte strahlungsarm sein.
  - Die Helligkeit der Bildschirmanzeige und der Kontrast müssen einfach einstellbar sein und den Verhältnissen der Arbeitsumgebung angepasst werden können.

↗ auch Kenngrößen von Monitoren, S. 53

  - Bei längerer Arbeit am Computer sollten grelle Farben bei den Bildschirmeinstellungen vermieden werden, Schwarz-Weiß-Einstellungen sind für die Augen gut.
  - Der Bildschirm muss frei von Reflexionen und Blendungen sein. Es ist also immer auf den Einfallswinkel von Sonnenstrahlen oder elektrischer Beleuchtung zu achten.
  - Der Bildschirm sollte immer sauber sein. Man sollte ihn nicht berühren bzw. z. B. Fingerabdrücke entfernen.
  - Der Monitor muss frei drehbar und neigbar sein.
- Die Tastatur muss vom Monitor getrennt und neigbar sein. Sie muss eine reflexionsarme Oberfläche besitzen. Die Beschriftung der Tasten muss bei normaler Arbeitshaltung gut lesbar sein. Die Arbeitsfläche vor der Tastatur muss ein Auflegen der Handballen ermöglichen.
- Alle Eingabegeräte (Tastatur, Maus) müssen auf dem Arbeitstisch variabel angeordnet werden können.
  Der Arbeitstisch muss eine ausreichend große und reflexionsarme Oberfläche besitzen.
  Der Arbeitsstuhl muss ergonomisch gestaltet und standsicher sein. Wenn eine ergonomisch günstige Arbeitshaltung ohne Fußstütze nicht erreicht werden kann, muss diese zur Verfügung gestellt werden.
  Ein Beispiel für eine günstige Anordnung von Arbeitsmitteln und ergonomische Sitzhaltung wird im folgenden Bild gegeben.

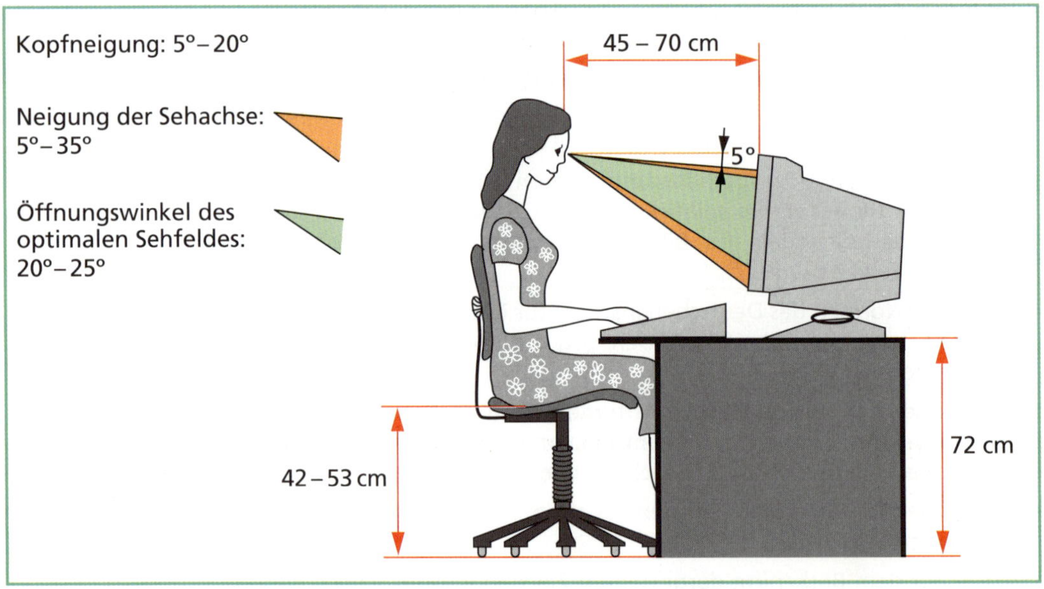

- Am Arbeitsplatz muss ausreichender Raum für wechselnde Arbeitshaltungen und -bewegungen vorhanden sein.
  Wenn eine Stunde am Computer gearbeitet wurde, sollte eine Pause von 10 Minuten eingelegt werden.
- Die Beleuchtung muss an das Sehvermögen des Benutzers angepasst sein. Dabei ist ein angemessener Kontrast zwischen Bildschirm und Arbeitsumgebung zu gewährleisten.

1.5 Datenschutz und Datensicherheit, Software-Rechte

Aus der schnellen Verfügbarkeit von Daten und deren Konzentration in vernetzbaren Datenbanken, durch die relativ einfachen Vervielfältigungsmöglichkeiten aber auch Zerstörungsmöglichkeiten von Daten und Programmen ergeben sich eine Reihe von Problemen, auf die sich die Begriffe „Datenschutz", „Datensicherheit" und „Software-Rechte" beziehen.

Datenschutz:
Schutz des Bürgers vor Beeinträchtigungen seiner Privatsphäre durch unbefugte Erhebung, Speicherung und Weitergabe von Daten, die seine Person betreffen.

Datensicherheit:
Vermeidung von Datenverlusten oder -verfälschungen, die durch unsachgemäße Ablage oder durch Zerstörung entstehen können.

Software-Rechte:
Gesamtheit der staatlich festgelegten oder allgemein anerkannten Normen des Umgangs mit fremden oder selbst erstellten Programmen, elektronischen Texten, Bildern oder sonstiger Software.

1.5.1 Datenschutz

Grundrecht auf Datenschutz

Als im Zusammenhang mit der Einführung eines maschinenlesbaren Personalausweises in der Bundesrepublik Deutschland 1983 eine Volkszählung durchgeführt werden sollte, weigerten sich viele Bürger, die entsprechenden, umfangreichen Formulare auszufüllen.
Gegen den Widerstand der Bundestagsmehrheit, der meisten Bundesländer und vieler Experten, gegen den Druck des Bundesinnenministeriums wurde das Problem des Datenmissbrauchs einer breiten Öffentlichkeit bekanntgemacht und ein richtungsweisendes gerichtliches Urteil (Urteil des Ersten Senats des Bundesverfassungsgerichts vom 15. Dezember 1983) erstritten. In diesem Urteil heißt es u. a.:

> „Wer damit rechnet, daß etwa die Teilnahme an einer Versammlung oder einer Bürgerinitiative behördlich registriert wird und daß ihm dadurch Risiken entstehen können, wird möglicherweise auf die Ausübung seiner entsprechenden Grundrechte verzichten. Dies würde nicht nur die individuellen Entfaltungschancen des einzelnen beeinträchtigen, sondern auch das Gemeinwohl, weil Selbstbestimmung eine elementare Funktionsbedingung eines auf Handlungs- und Mitwirkungsfähigkeit seiner Bürger begründeten freiheitlichen demokratischen Gemeinwesens ist."

Die geplante Volkszählung der Deutschen von 1983 wurde als teilweise verfassungswidrig erklärt. Weitaus wichtiger ist allerdings, dass das Bundesverfassungsgericht ein Grundrecht auf Datenschutz festgelegt hat. Dieses Grundrecht auf Datenschutz beinhaltet verschiedene Komponenten, die man mit den Begriffen **informationelles Selbstbestimmungsrecht, Zweckentfremdungsverbot** und **informationelle Gewaltenteilung** fassen kann. Diese Komponenten sind in der folgenden Tabelle dargestellt.

Komponenten des Grundrechts auf Datenschutz	
informationelles Selbstbestimmungsrecht	– Schutz des Einzelnen gegen unbegrenzte Erhebung, Speicherung, Verwendung und Weitergabe persönlicher Daten – Jeder Bürger kann grundsätzlich selbst über die Preisgabe und Verwendung seiner persönlichen Daten bestimmen. – Dieser Schutz basiert auf der Auslegung des Art. 2 Abs. 1 (freie Entfaltung der Persönlichkeit) in Verbindung mit Art. 1 Abs. 1 (Menschenwürde) der Verfassung.
Zweckentfremdungsverbot	– Werden personenbezogene Daten gesammelt, muss der Gesetzgeber den Verwendungszweck bereichsspezifisch und präzise bestimmen. Es ist außerdem ein Nachweis erforderlich, dass die gesammelten Daten für den verwendeten Zweck geeignet sind. – Die Sammlung personenbezogener Daten auf Vorrat ist unzulässig. – Vorkehrungen zur Durchsetzung des Zweckentfremdungsverbots: • Aufklärungs-, Auskunfts- und Löschungspflichten • Weitergabe- und Verwertungsgebote • Kontrolle durch „unabhängige Datenschutzbeauftragte"
informationelle Gewaltenteilung	– Innerhalb einer Verwaltung oder Behörde darf nicht jede Stelle im Interesse des Schutzes des Einzelnen und der gegenseitigen Machtkontrolle alles über jeden wissen.

Neben dem Grundgesetz (der Verfassung) der BRD regeln das **Bundesdatenschutzgesetz** (BDSG) vom 20.12.1990 und eine entsprechende **Europarichtlinie zum Datenschutz** vom 24.10.1995 den Umgang mit personenbezogenen Daten.

Datenschutz ist eine gesellschaftliche Aufgabe und muss mit rechtlichen Mitteln durchgesetzt werden.

Das Problem möglichen Datenmissbrauchs wurde seit Anfang der 80er Jahre insbesondere dadurch akut, dass umfangreiche Datenbanken in verschiedenen gesellschaftlichen Bereichen entstanden.
Im Folgenden sind sowohl für den staatlichen als auch für den privatwirtschaftlichen Bereich wichtige Datenbanken aufgeführt.

Datenbanken im staatlichen Bereich	
Sozialdatenbank	Datenbank mit Angaben zur sozialen Sicherung von Bürgern beim Bundesministerium für Arbeit und Sozialordnung
Ausländerregister	Datenbank mit Wohnsitzen und Personendaten in Deutschland lebender Ausländer
Verkehrszentralregister	Datenbank beim Kraftfahrtbundesamt mit Angaben über Fahrzeuge, Halter und Verkehrsverstöße
Datenbanken der Polizei	ZPI (Zentraler-Personen-Index) mit Angaben über Personalien sowie Fundstellen von Akten im Polizeibereich PIOS (Personen, Institutionen, Objekte, Sachen) mit Angaben zu Rauschgifthandel und Terrorismus SSD (Straftaten-/Staftäterdatei) mit Angaben über Staftaten, Tatumstände, Täter und Zeugen **SIS** (Schengener Informationssystem), länderübergreifendes computergestütztes Fahndungssystem mit Zentralcomputer in Strasbourg
Datenbanken im privatwirtschaftlichen Bereich	
Schufa	Datenbank der Schutzgemeinschaft zur allgemeinen Kreditsicherung In ihr sind Daten über alle Kontenbesitzer von Banken und Sparkassen gespeichert. Banken und Sparkassen erhalten von der Schufa Auskünfte über die Kreditwürdigkeit ihrer Kunden.
Reisebüro	In solchen Datenbanken sind alle Flüge mit zugehörigen Daten abgespeichert – einschließlich der Information, ob ein gewünschter Flug ausgebucht ist oder nicht.
Versicherungen	– Alle Kfz-Besitzer sind in einer zentralen Datenbank aller Kfz-Versicherer gespeichert. Allein das Kfz-Kennzeichen reicht aus, um die Besitzer von Kraftfahrzeugen, deren Versicherung und Versicherungsnummer zu ermitteln. – Seit 1984 existiert in der BRD auch eine Datenbank über Kfz-Besitzer, die in einen Schadensfall verwickelt sind.
Personalinformationssysteme	In einigen Großbetrieben der Bundesrepublik existieren Datenbanken, in denen umfangreiche Daten über alle Betriebsangehörigen gespeichert sind.

Das **Schengener Informationssystem** trat am 26.3.1995 in Kraft und ist das *erste* länderübergreifende computergestützte Fahndungssystem.

Es ist heute leicht möglich, Datenbanksysteme „zusammenzuschalten". Die Auswirkungen eines solchen Zusammenschlusses können sein:

- Durch die Verknüpfung verschiedener Datensammlungen entsteht ein Persönlichkeitsbild jedes Bürgers (der so genannte „gläserne Mensch"). Der Einzelne weiß dabei nicht, welche Informationen über seine Person wem zur Verfügung stehen.
- Völlig nebensächliche Daten können das Persönlichkeitsbild verfälschen.
- Die Informationen können von dem, der darüber verfügt, missbraucht werden.

Eine Versicherung ist zwar an Informationen über die Krankheitsanfälligkeit eines Kunden interessiert, diese Daten sollten aber verweigert werden.
Das Alter des Kunden muss ein Versandhaus nicht wissen.

Bei der Weitergabe von personenbezogenen Daten im privatwirtschaftlichen Bereich, z.B. an Versicherungen oder Versandhäuser, sollte Folgendes beachtet werden:

Jeder hat das Recht, solche Daten zurückzuhalten, die zum Missbrauch führen können oder die für den eigentlichen Zweck der Datenerhebung *nicht* notwendig sind.

Im **Bundesdatenschutzgesetz,** welches sowohl für private Unternehmen als auch für Bundesbehörden gilt, sind eine Reihe von weiteren Rechten der Bürger bezüglich ihrer Personen-Daten niedergelegt.
Die **Landesdatenschutzgesetze,** die für die entsprechenden Landesbehörden gelten, untermauern diese Rechte.

Rechte der Bürger nach den Datenschutzgesetzen

Jeder Bürger hat das Recht auf

- Auskunft darüber, *welche Daten* von ihm gespeichert sind, über den *Zweck der Speicherung* und über die *Herkunft der Daten;*
- Berichtigung falsch gespeicherter Daten;
- Löschung unzulässig gespeicherter Daten;
- Sperrung von Daten (wenn die Richtigkeit der Daten nicht feststellbar ist);
- Schadenersatz, wenn dem Betroffenen ein Schaden durch die unzulässige oder falsche Speicherung der Daten entstanden ist.

Internet und Datenschutz

Für eine Weitergabe personenbezogener oder personenbeziehbarer Daten ist nach dem Bundesdatenschutzgesetz und der Landesdatenschutzgesetze die schriftliche Einwilligung des Betroffenen erforderlich.
Gibt jemand solche Daten von sich selbst oder auch von anderen auf einer Web-Site oder in einer E-Mail weiter, muss ihm bewusst sein, dass die Datenweitergabe nicht auf einen klar abgegrenzten Personenkreis zielt, sondern sie macht die betreffenden Daten allen zugänglich, die einen Internetanschluss besitzen. Die maschinelle Verarbeitung und Speicherung dieser personenbezogenen Daten ist jedem sehr leicht möglich. Nach und nach kann auf diese Weise ein umfangreiches Dossier über jeden Bürger angelegt werden.

Diese Möglichkeiten werden heute auch schon für kommerzielle Zwecke benutzt. So gibt es (vor allem in den USA) Firmen, die Online-Bestellungen bzw. Einkäufe über das Internet von bestimmten Personen analysieren, Persönlichkeitsprofile zusammenstellen und die gesammelten Daten an Versandhäuser verkaufen, da diese dann ganz gezielt personenbezogene Werbung betreiben können.

Bei der Weitergabe von personenbezogenen Daten sollte man also auch im Internet das Folgende bedenken:

- Es ist zu entscheiden, ob die Daten für die betreffende Person mehr oder weniger sensibel sind. Daten, die man auch in einem Telefonbuch finden kann (z. B. Name, Vorname, evtl. Privatadresse) sind offensichtlich nicht geschützt. Handelt es sich um weitergehende Informationen (Bild, evtl. Telefonnummer, beruflicher Werdegang, Interessen), können diese durchaus zweckentfremdet verwendet werden.
- Einmal weitergegebene Daten kann man später nicht wieder zurücknehmen. Deshalb sollte man in Zweifelsfall möglichst wenige Daten auf einer Web-Site veröffentlichen oder zur Veröffentlichung freigeben.
- Bei einigen Internetdiensten wie Telnet (Zugriff auf fremde Computer) wird ganz bewusst die Festplatte des eigenen Computers für fremde Nutzer freigegeben. Hier kann Datenschutz nur durch klar festgelegte und eingegrenzte Zugriffsrechte und -möglichkeiten gewährleistet werden. Personenbezogene Daten sollte man möglichst überhaupt nicht auf der Festplatte seines Computers speichern, sondern auf externen Datenträgern.
- Insbesondere für E-Mails gilt, dass eine Information nur den Adressaten erreicht und sonst niemanden.
  Eine E-Mail findet ihr Ziel erst, nachdem sie über viele Rechner gelaufen ist. Der Versand gleicht somit dem Verschicken von Informationen per Postkarte. Auf jedem dieser Computer kann der Text vom Systemverwalter gelesen werden. Dieser hat bestimmt andere Sorgen, als alle E-Mails zu lesen. Trotzdem: Man sollte dort, wo es notwendig erscheint, im Internet Daten so versenden, dass die Inhalte von Dritten nicht mitgelesen werden können. Hierzu gibt es Verschlüsselungs- und Entschlüsselungsprogramme (z. B. „Pretty Good Privacy").

Pretty Good Privacy: ↗ S. 80

- Für das eigene E-Mail-Postfach sollten keine naheliegenden Passwörter und für verschiedene Zugänge verschiedene Passwörter verwendet werden (↗ folgenden Abschnitt „Datenverschlüsselung").

Datenverschlüsselung

Die meisten Anwendungsprogramme erlauben es, eine Datei mit einem **Passwort (Kennwort)** zur Überprüfung der Identität des berechtigten Nutzers zu versehen. Dabei kann der Zugriff oft auf eine Kombination von Lesen, Schreiben und Ausführen beschränkt werden.

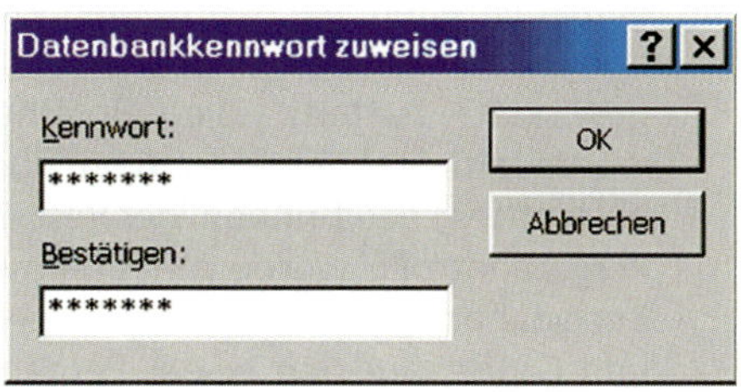

Bei der Vergabe von Passwörtern sollte man einige Regeln beachten:

- Keine Namen oder häufig vorkommende Begriffe verwenden!
  Wenn ein unberechtigter Nutzer beispielsweise die Vornamen aus der Familie des Anwenders kennt, kann er das Passwort recht schnell finden.
- Mindestanzahl von Zeichen verwenden!
  Hierdurch wird die Anzahl der Kombinationsmöglichkeiten größer.
- Einprägsame Passwörter verwenden!
  Leicht kann es passieren, dass man sein Passwort vergisst. Das Ausprobieren der häufigsten eigenen Passwörter bringt selten Erfolg, weil viele Softwaresysteme den Zugang nach mehrmaligem erfolglosen Zugriff sperren.
- Möglichst auch Ziffern und Sonderzeichen verwenden!
  Auch wenn sich solche Passwörter meist nicht gut merken lassen, für den unberechtigten Nutzer (den **Hacker**) wird es schwieriger, das Passwort zu „knacken".
- Niemandem das eigene Passwort verraten!

In den Jahren 1986 und 1987 sind deutsche Hacker in über 100 Computer der amerikanischen Raumfahrtbehörde NASA eingedrungen. Sie veränderten Betriebssysteme so, dass sie sich mit einem eigenen Passwort offiziell anmelden konnten.

Die Passwort-Methode hat jedoch einige Nachteile:

- Nicht in jedem Softwaresystem ist es möglich, Passwörter zu vergeben.
- Personen, die mit Computern vertraut sind (Wartungs- und Bedienungspersonal), können diesen Schutz leicht umgehen.
- Wurde das Passwort über das Betriebssystem des Computers vergeben, unterliegen extern (z. B. auf Disketten) gespeicherte Dateien nicht mehr der Zugriffskontrolle durch den Computer.

Sicherer für die Speicherung und Übertragung von Daten, die nur bestimmten Nutzern zugänglich sein sollen, ist die Methode der Verschlüsselung.

Bei der **Verschlüsselung (Chiffrierung)** werden im Allgemeinen Zeichen und Zeichengruppen durch andere Zeichen nach einem bestimmten **Schlüssel (Chiffre)** ersetzt. Sollen die Daten vom Empfänger gelesen werden, läuft der Vorgang umgekehrt ab **(Entschlüsselung, Dechiffrierung).**

Datenschutz ist eine Methode, die in der Geschichte der Menschheit schon immer eine Rolle gespielt hat. Oft mussten vertrauliche Botschaften zwischen Königen und Kriegsherren, Kaufleuten und anderen Personen übermittelt werden, wobei selbst der Bote, der Überbringer der Nachricht, deren Inhalt nicht kennen durfte.

Die Spartaner schrieben vor 2500 Jahren ihre Nachrichten auf schmale Pergamentstreifen, die sie in vielen Windungen um einen zylindrischen Stab gewickelt hatten. Die Botschaft wurde am Stab entlang (von oben nach unten) geschrieben, der Rest der Pergamentrolle wurde mit sinnlosen Buchstaben gefüllt. Der Empfänger besaß einen Stab gleicher Form und Größe, auf den er das Pergamentband aufwickelte und so die Botschaft entschlüsseln konnte. Der Schlüssel war hier also der Stab.

Der römische Kaiser JULIUS CÄSAR ersetzte für vertrauliche Nachrichten einfach jeden Buchstaben des Textes durch jenes Zeichen, dass im Alphabet 3 Plätze weiter steht. Heraus kam ein unleserlicher Text. Der Empfänger kannte den Schlüssel, er musste jeden Buchstaben jeweils durch den Buchstaben ersetzen, der im Alphabet 3 Plätze vorher steht.

Im Zweiten Weltkrieg benutzten die Deutschen zur Verschlüsselung von militärischen Botschaften eine mechanische Chiffriermaschine mit dem Namen „Enigma". Der englische Geheimdienst stellte zum Zwecke der Dechiffrierung eine große Gruppe von Spezialisten (unter ihnen ALAN MATHISON TURING, dem eine mathematisch exakte Definition des Begriffs „Algorithmus" gelang) zusammen. Schließlich gelang es, den Code zu entschlüsseln und den Kriegsverlauf zugunsten Englands erheblich zu beeinflussen.

Nach dem Zweiten Weltkrieg entwickelte sich eine eigenständige Disziplin der Mathematik, die **Kryptographie (Kryptologie),** die sich mit Verschlüsselungsverfahren beschäftigte. Ins Bewusstsein einer breiten Öffentlichkeit trat die Kryptographie allerdings erst im Zusammenhang mit dem Internet.

Es gibt unterschiedliche **Verschlüsselungsverfahren** für Daten, über die im Folgenden ein Überblick gegeben wird:

Anfang der 70er Jahre wurde **DES** von der Firma IBM entwickelt und 1974 von der US-Regierung veröffentlicht. DES wird oft heute noch benutzt. Es basiert auf dem System der Chiffriermaschine Enigma (s. 2. Beispiel auf dieser Seite) und vertauscht Zeichengruppen eines Textes und ersetzt sie dann durch andere Buchstaben.

DES ist die Abkürzung für **D**ata **E**ncryption **S**tandard.

Ab 1990 entwickelten XUEIJA LAI und JAMES MASSEY das weitaus sicherere Verfahren **IDEA.** IDEA verwendet einen 128 Bit langen Schlüssel, aus dem 52 Teilschlüssel erzeugt werden. Der Quelltext wird in Datenblöcke der Länge 64 Bit zerlegt, die Teilblöcke wiederum in vier 16 Bit lange Blöcke. Der IDEA-Algorithmus ersetzt nun in jedem Verschlüsselungsschritt jeden 16-Bit-Block durch ein vollkommen anderes Bitmuster gleicher Länge – und dies insgesamt achtmal. Zum Schluss wird aus den Teilblöcken wieder eine 64 Bit lange (nun verschlüsselte) Zeichenkette erzeugt.

IDEA ist die Abkürzung für **I**nternational **D**ata **E**ncryption **A**lgorithmus.

Sowohl DES als auch IDEA beruhen auf einem **symmetrischen Verschlüsselungsprinzip,** d.h., die Zeichenvertauschung wird vom Empfänger der verschlüsselten Nachricht Schritt für Schritt rückgängig gemacht, der Empfänger muss den Schlüssel kennen. Im Internet mit Millionen von Teilnehmern, die sich oft persönlich nicht kennen, ist es fast unmöglich, jedem berechtigten Nachrichtenempfänger den passenden Schlüssel zukommen zu lassen, ohne dass diese Schüssel gelegentlich in falsche Hände gelangen.

Whitfield Diffie und Martin Helman entwickelten bereits 1976 ein Chiffrierverfahren, welches man als **asymmetrisches Verschlüsselungsverfahren** bezeichnet: Es gibt zwei Schlüssel, den einen benutzt man zum Chiffrieren, den anderen zum Dechiffrieren. Einen der beiden Schlüssel kann man öffentlich zugänglich machen **(Public-Key-Verfahren).** Die Schlüssel entstehen durch Multiplikation zweier sehr großer Primzahlen. Große Zahlen kann man zurzeit (und wohl auch zukünftig) nur durch systematisches Probieren in Primfaktoren zerlegen. Dies ist auch mit Computern sehr zeitaufwändig und deshalb sind asymmetrische Verfahren außerordentlich sicher.

RSA steht für die Nachnamen der Entwickler Ron Rivest, Adi Shamir und Leonard Adleman.

Im Jahre 1977 wurde das asymmetrische Verschlüsselungsverfahren **RSA** vorgestellt. Das Verfahren ist sehr sicher, wird aber meist nur für kurze Nachrichten benutzt, da die Verschlüsselung ca. tausendmal länger als mit DES oder IDEA dauert.

Zur Verschlüsselung sensibler Daten für das Internet wird heute meist das von Philip Zimmermann entwickelte **Pretty Good Privacy** (PGP) benutzt. Dieses Programm kombiniert symmetrische und asymmetrische Verfahren: Die Nachricht wird mit IDEA verschlüsselt, es werden also Zeichengruppen vertauscht und durch andere Zeichen ersetzt. Für jede Nachricht gibt es einen eigenen IDEA-Schlüssel. Der für den Empfänger bestimmte öffentliche Schlüssel wird mit RSA erzeugt und mit der chiffrierten Nachricht versandt.

In der Bundesrepublik gibt es *keine* gesetzlichen Einschränkungen hinsichtlich der Nutzung von Verschlüsselungsverfahren, weil aus allen Teilen der Gesellschaft hiergegen protestiert wird. In den USA und in Frankreich ist die Verschlüsselung von Nachrichten nur erlaubt, wenn der Staat einen „Nachschlüssel" besitzt. Es wird befürchtet, dass Polizei und Geheimdienst ihre Aufgaben nicht wahrnehmen können. Die Europäische Union hat dazu in einer Mitteilung vom 8.10.1997 festgestellt:

> „Eine Einschränkung der Verwendung von Verschlüsselungstechnologien könnte gesetzestreue Unternehmen und Bürger daran hindern, sich selbst gegen kriminelle Angriffe zu schützen, aber sie würde nicht bewirken, Kriminelle von deren Verwendung abzuhalten."

1.5.2 Datensicherheit

Bei der Arbeit an informationsverarbeitender Technik, im Umgang mit Anwendungsprogrammen und insbesondere mit Datenbanksystemen hat *Datenschutz* auch eine technische Bedeutung im Sinne von *Datensicherheit*: Wie können gesammelte Daten vor Verlust oder unsachgemäßer Veränderung durch andere Nutzer geschützt werden? Wie sollten umfangreiche Datenmengen strukturiert und abgelegt werden, damit sie jederzeit leicht wiedergefunden werden können?

Datenverwaltung

Mit der Zeit sammelt sich bei der Arbeit am Computer ein riesiger Berg von Daten an. Ein Beispiel: Auf einer Festplatte, auf der 2 GByte Speicherplatz belegt waren, fanden sich 13000 Programmdateien und noch einmal so viel Textdateien, Grafik-Dateien usw.

Es ist unumgänglich, dass diese Daten geordnet werden, z.B. wie in einem Aktenschrank (Datenträger), indem in einzelnen Fächern (Partitionen) Aktenordner (Verzeichnisse) stehen, in denen gebündelt (Unterverzeichnisse) Schriftstücke (Dateien) abgelegt sind.
Durch eine sinnvoll strukturierte Datenablage auf den Speichermedien kann also die Wiederauffindbarkeit von Dateien und damit die Datensicherheit erhöht werden. Das bedeutet im Einzelnen:

- Benennung von Festplatten, Festplattenpartitionen, Disketten, CD-Rs und anderen Datenträgern (Label-Vergabe, ↗ S. 64);
- Anlegen von Verzeichnisbäumen mit ausdrucksstarken Bezeichnungen (↗ S. 65 ff.);
- Vergabe von Dateinamen in Anwendungsprogrammen, die auf den Inhalt schließen lassen.

Unter dem Betriebssystem MS-DOS kann man sich Verzeichnisbäume mit dem Befehl `TREE` anzeigen lassen, unter Windows hat man einen besonders guten Überblick über die Struktur der Dateiablage im Explorer (**M** Start **M** Programme **B** Windows-Explorer).

Datensicherung

Daten, die für den Nutzer wichtig sind, müssen gespeichert werden. Dies kann auf der Festplatte, aber auch auf externen Speichermedien geschehen. Dabei ist Folgendes zu beachten:

- Sobald man beispielsweise mit einem Anwendungsprogramm einen Brief begonnen oder eine Kalkulations-Datei eingerichtet hat, sollte man der Datei einen Namen geben und sie speichern. Stürzt der Computer ab, weil der Strom ausgefallen ist, sind alle nicht gespeicherten Daten unwiederbringlich verloren, die Arbeit war umsonst. Die Speicherung sollte in regelmäßigen Abständen erfolgen.
  Die meisten Anwendungsprogramme erlauben eine automatische Speicherung nach einem vom Nutzer einzustellenden Zeitrhythmus. Dies kann aber oft als störend empfunden werden, da man während der Speicherung größerer Dateien nicht an der Datei arbeiten kann.
- Fast alle Programmiersysteme und Anwendungsprogramme erlauben es, Sicherungskopien von Dateien anzulegen: Mit dem aktuellen Speichern wird gleichzeitig die zuletzt gespeicherte Version in eine Sicherungsdatei umgewandelt (oft an der Endung `.BAK`) zu erkennen. Stürzt das Programm durch einen Eingabefehler oder durch andere Probleme ab, wird manchmal auch die gerade geöffnete Datei zerstört. Die Sicherungskopie aber, mit der nicht gearbeitet wird, ist noch vorhanden und kann wieder in eine „normale" Datei umgewandelt werden.
- Jede wichtige Datei sollte neben der Speicherung auf der Festplatte auf externen Datenträgern (Disketten, ZIP-Disketten, ...) gespeichert werden. Solche „Backups" von Sicherungskopien sollten regelmäßig (z. B. am Ende eines Arbeitstages) vorgenommen werden.

- In regelmäßigen Abständen bzw. nach der Beendigung von größeren Projekten sollte die Festplatte von nicht mehr benötigten, aber schon auf externen Speichermedien gesicherten Dateien befreit werden. Dabei ist zu beachten, dass man nicht aus Versehen eine falsche Datei löscht (z. B. durch die Verwendung von Jokern).

Zum Umgang mit Disketten ↗ auch S. 56.

– Beim **Anlegen von Sicherungskopien auf Disketten** sind die Hinweise zum Umgang mit diesen Speichermedien zu beachten:
  - Disketten dürfen nicht in die Nähe von elektrischen Geräten, die Magnetfelder aufbauen (Monitor, Computergrundgerät), gebracht werden.
  - Disketten sind in staubfreier Umgebung stehend aufzubewahren. Die Öffnung für den Schreib-/Lesekopf darf nicht berührt werden.
  - Der hardwaremäßige Schreibschutz verhindert versehentliches Zerstören von Dateien und die Übertragung von Computerviren.
  - Der Schreib-/Lesekopf des Diskettenlaufwerks liegt beim Zugriff auf die Diskette auf ihrer Oberfläche. Insbesondere an der FAT, wo das Verzeichnis aufgetragen ist, führt die Reibung zur Minderung der Magnetisierung. Nach einiger Zeit wird die Diskette unbrauchbar. Eine Sicherungskopie der Sicherungskopie wird unvermeidlich.

Erschreckend ist das Phänomen, dass mit jeder Höherentwicklung der Speichertechnik auch Information massenhaft verlorengeht, weil die Träger der Information einem größeren Verschleiß unterliegen und auch die Speicherungstechnik schneller veraltert:

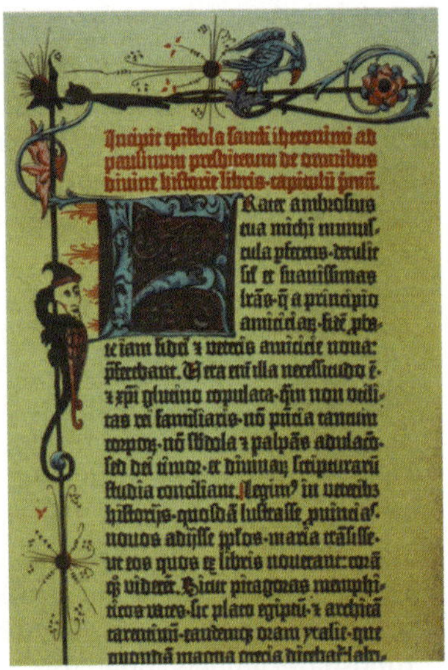
Incipit epistola sancti iheronimi ad paulinum presbiterum de omnibus divine historie libris-capitulu primu.
Rater ambrosius tua michi munuscula perferens-detulit sil et suavissimas lras-q a principio amicicias-fide pba te iam fidei et veteris amicicie nova: preferebant. Vera enim illa necessitudo e et xpi glutino copulata-qm non utilitas rei familiaris-no pncia tantum corporu-no subdola et palpas adulaco-sed dei timor-et divinaru scripturaru studia conciliant. Legim' in veterib3 historijs-quosda lustrasse pvincias novos adisse pplos-maria transisse-ut eos quos ex libris noverant: cora q viderent. Sicut pitagoras memphiticos vates-sic plato egiptu-et archita tarentinu-eandemq oram ytalie-que quonda magna grecia dicebat-

Mehr als 3000 Jahre alte Tontafeln kann man heute noch entziffern, weil die Keilschrift „dechiffriert" ist. In einer von JOHANN GUTENBERG im 16. Jahrhundert gedruckten Bibel aus säurefreiem Papier kann man heute noch blättern und lesen.

Eine vor 70 Jahren gepresste Schelllack-Schallplatte kann man heute noch hören, wenn man einen entsprechenden Phonographen besitzt.
Zumindest ist dies in einigen Jahren genau so leicht oder schwierig, wie sich an einer vor 20 Jahren hergestellten Schallplatte zu erfreuen.

Die elektronisch gespeicherten Daten der US-Volkszählung von 1960 sind heute unlesbar.

Textdateien, mit *Wordstar* geschrieben und auf einer 5,25-Zoll-Diskette gespeichert, sind nicht mehr lesbar, weil man Wordstar evtl. nicht mehr besitzt, die Konvertierung in ein anderes Textverarbeitungsprogramm kaum möglich ist und 5,25-Zoll-Diskettenlaufwerke gar nicht mehr hergestellt werden.

Die Hersteller von CD-ROMs bescheinigen diesem Speichermedium bei entsprechend sorgsamem Umgang eine Nutzungsdauer von 100 Jahren.
Nur – gibt es in 100 Jahren CD-ROM-Laufwerke und die zur Speicherung genutzten Datei-Formate überhaupt noch?

Aus diesen Gründen sollte man beim Anlegen von Sicherungskopien außerdem bedenken:

- Sicherungskopien von Dateien sollten mit dem Fortschreiten der Speichertechnik auf die jeweils neuen Speichermedien übertragen werden.
- Es ist sinnvoll, wichtige Dateien zusätzlich in einem universellen Datenaustauschformat zu speichern (Textdateien beispielsweise im einfachen ASCII-Format `.TXT` oder im Rich-Text-Format `.RTF`).
- Ein Ausdruck auf Papier ist immer noch die sicherste Methode, dass wichtige Informationen auf Dauer nicht verlorengehen.

Zu universellen Datenaustauschformaten ↗ auch S. 136 ff.

Schutz vor Computer-Viren

Ein **Virus (Computervirus)** ist ein Programmteil, meist im Maschinencode, welches sich in andere Programme **(Wirtsprogramme)** hineinkopieren und somit vervielfachen und gleichzeitig meist schädliche Funktionen in einem Computersystem auslösen kann.

Fast alle Viren besitzen den gleichen Aufbau:

1. *Erkennungsteil:* Mit diesem Programmstück wird festgestellt, ob das Programm, welches infiziert werden soll, schon vom gleichen Virus befallen ist. Eine entsprechende Kennung ist oft im Programmkopf des Wirtsprogramms abgelegt.
2. *Infektionsteil:* Dieses Programmstück bewirkt das Einlesen des zu infizierenden Programms in den Arbeitsspeicher, das Hinzufügen des gesamten Virusprogramms und das Zurückschreiben des Wirtsprogramms auf das Speichermedium.
3. *Funktionsteil:* Mit diesem Programmstück löst der Virus gut- oder bösartige Funktionen im infizierten Programm bzw. im gesamten Computersystem aus.

Die Beschreibung lässt erahnen, dass der Vergleich mit „echten" Viren durchaus gerechtfertigt ist. Die unausgelasteten Programmierer, die Viren erzeugen, sind oft recht phantasiebegabt.

Der Virus „Herbstlaub" (BlackJack-Virus) lässt in Textverarbeitungsprogrammen die Zeichen von oben auf die letzte Zeile purzeln, wo sie liegen bleiben.

„Columbus" formatiert am oder nach dem 13. Oktober eines jeden Jahres die Festplatte und zerstört somit alle Daten (Christoph Columbus landete am 12. 10. 1492 in Amerika).

Man unterscheidet **Bootsektorviren,** die sich im Bootblock einer Diskette einnisten und beim Booten der Diskette in den Arbeitsspeicher des Computers gelangen, **File-Viren,** die in einem Wirtsprogramm eine Programmzeile einfügen, welche relativ leicht zu entfernen ist, und **Link-Viren,** welche sich an andere Programme anhängen.

Für grafische Benutzeroberflächen und WYSIWYG-Anwendungsprogramme wurden auch Macroviren entwickelt. **Macroviren** befallen Dokumente von MS Office (Access, Word, Excel, PowerPoint). Sie breiten sich über die entsprechenden Office-Dokumente aus. Für die Ausbreitung ist die Programmiersprache Visual Basic for Applications (VBA) notwendig, die von Microsoft für MS Office mitgeliefert wird.

Ein typischer Vertreter ist der im letzten Beispiel beschriebene Virus „Herbstlaub".

Besonders gefährlich sind **Trojanische Pferde.** Das sind Viren von mehreren Hunderttausend Zeilen Länge in oft käuflich erworbener umfangreicher Software oder im Betriebssystem eines Computers, wo sie schwer zu entdecken sind. Sie können über Jahre „schlafen" und stellen dem Nutzer aufgrund eines Passwortes Funktionen zur Verfügung, die meist katastrophale Auswirkungen haben.

Nicht unbedingt zu den Viren rechnet man **Würmer,** da sie kein Wirtsprogramm benötigen, sondern eigenständige Programme sind. Würmer wurden ursprünglich erstellt, um in Rechnernetzen Kontrollfunktionen zu übernehmen und die Funktionsfähigkeit einzelner Computer zu überprüfen. Die Würmer verteilen sich nun willkürlich über das Internet.

Nicht ganz so harmlos wie Happy99 ist der Nimda-Wurm, der im September 2001 das Internet durchraste. Auf einem Test-Server des Forschungszentrums McAffee AVERT des Softwareherstellers Network Associates (Virenscanner-Anbieter) wurden pro Stunde bis zu 170 Attacken des Wurms registriert. Auch private Nutzer können sich allein durch Surfen im Internet infizieren. Auf einen befallenen PC kann im Prinzip jeder von außen zugreifen und Daten manipulieren. Nimda kann sich sogar in lokalen Netzen verbreiten.

Ein typischer Vertreter ist der Happy99-Wurm. Erhält man (beispielsweise per E-Mail) die Datei HAPPY99.EXE und öffnet sie, erscheint auf dem Monitor ein Fenster, in dem ein Feuerwerk dargestellt ist. Mit dem Aufruf erzeugt das Programm im System-Verzeichnis von Windows 95/98 die Dateien SKA.DLL und SKA.EXE. SKA.EXE ist eine Kopie von HAPPY99.EXE. Der Wurm versendet eine Kopie von seinem Code als Attachment von E-Mails. Schadfunktionen – außer dass sich dieser Wurm schnell verteilt – sind nicht bekannt.

Die meisten Viren (mehr als 44000 Arten) sind bekannt. Mit dem Auftreten der ersten Viren wurden **Antivirenprogramme (Virenscanner,** Durchsuchungsprogramme) entwickelt, die Dateien, Bootsektoren und Arbeitsspeicher auf Virenkennungen (die Bytefolgen im Programmkopf des Wirts) hin durchsuchen. Bei Feststellung einer Infektion versucht der Virenscanner, die schädlichen Programmzeilen zu entfernen. Besser ist es, das gesamte Wirtsprogramm zu löschen.
Die meisten Virenscanner besitzen auch eine Immunisierungsfunktion: Alle Kennungen bekannter Viren werden in den Programmkopf des jeweiligen Programms geschrieben. Ein angreifender Virus „glaubt" nun, das immunisierte Programm wäre bereits von ihm infiziert worden.

Folgende **Maßnahmen** sollte man **als Schutz vor oder bei Befall von Viren** ergreifen:

- Es sollte immer nur Originalsoftware verwendet werden.
  Jede Originaldiskette sollte mit einem Schreibschutz versehen werden. Erst dann wird eine Arbeitskopie erstellt, die zur Installation des Programms genutzt wird.
- Alle Software, die aus unsicheren Quellen stammt, wird vor dem ersten Einsatz mit der neuesten Version eines Virenscanners geprüft.
- Virenscanner sollten regelmäßig zum Einsatz kommen. Der Scanner kann in das Betriebssystem eingebunden und beim Starten des Computers automatisch aktiviert werden.
- Stellt man Virenbefall fest, werden die entsprechenden Programme gelöscht und neu installiert. Disketten sind neu zu formatieren. Am besten sollte man dies auch mit der Festplatte tun.

1.5.3 Software-Rechte

Urheberrecht

Das **Urheberrecht,** also die Gesetze und Verordnungen zum Schutz geistigen Eigentums in den unterschiedlichen Gebieten des menschlichen Schaffens, gilt auch für Software.

Mit einem **Copyright,** einem urheberrechtlichen, gesetzlich verankerten Schutz von kreativer Arbeit, welches ursprünglich für Texte, Musik, Zeichnungen und Designs galt, können auch Computerprogramme geschützt werden.

©

Die unberechtigte Vervielfältigung und das unerlaubte Vertreiben von Kopien der geschützten Software kann mit hohen Strafen geahndet werden, selbst dann, wenn die Kopien der eigenen Nutzung dienen und man sich keine geschäftlichen Vorteile verschaffen wollte.

Während noch vor 25 Jahren die Hardwarekonstruktion die wichtigste Komponente war, die den Preis von informationsverarbeitender Technik bestimmte, ist es heute die Softwareentwicklung. An der Programmierung von Betriebssystemen, grafischen Benutzeroberflächen oder komplexen Anwendungsprogrammen sind oftmals mehrere hundert Personen über einen Zeitraum von Jahren beteiligt. Dies können sich nur große Softwareentwicklungsfirmen leisten, die dann auch die Rechte am fertigen Produkt besitzen.

Softwarenutzer und Softwarehersteller schließen einen **Lizenzvertrag** ab, worin Rechte des Benutzers genau festgelegt sind, der Nutzer der Software erhält eine **Lizenz** zur Nutzung. Meist gilt der Vertrag ab dem Moment der Öffnung des verschlossenen Softwarepaketes.
Es ist sinnvoll, dem Softwarehersteller die Vertragsannahme mitzuteilen. Dem Lizenznehmer werden dafür besondere Rechte zum Erwerb von verbesserten oder erweiterten Programmversionen eingeräumt, er kann preiswert ein **Update** erhalten.

Mit CD-ROMs in Computerzeitschriften oder in Büchern sowie aus dem Internet erhält man oft kleinere Programme kostenlos oder zu einem geringen Entgeld. Man fasst diese Programme auch unter dem Namen **Public Domain** zusammen. Die Rechtslage bei dieser Software wird mit bestimmten Begriffen gekennzeichnet:

Public Domain bedeutet „für den öffentlichen Gebrauch".

Public Domain-Software

Freeware: Diese Software ist urheberrechtlich geschützt, darf aber privat kopiert und weitergegeben werden.

Shareware: Dies sind zumeist „Schnupper"- oder Demo-Versionen von Programmen, die man beliebig austesten und auch weitergeben, aber nicht verändern kann. Gegen eine (meist geringe) Gebühr kann man sich beim Softwareentwickler registrieren lassen und erhält die Vollversion des entsprechenden Programms. Auch Shareware ist urheberrechtlich geschützt.

Internet und Recht

Im Internet kann man wie nie zuvor massenhaft Ideen, Bilder, Musik verbreiten. Solche Informationen werden mitunter recht bedenkenlos auf eigene Web-Sites übertragen oder in anderen Publikationen (z. B. Printmedien) veröffentlicht und somit gewollt oder unbewusst unter dem eigenen Namen weiterverbreitet.
Eigentlich ist aber jede Grafik, jedes Foto, jeder Text mit der Veröffentlichung auf einer Web-Site urheberrechtlich geschützt, meist sogar mit einem Copyright-Zeichen versehen.

Auch im Internet sollte man sorgsam mit dem geistigen Eigentum anderer umgehen. Selbst wenn es bezüglich Internet-Veröffentlichungen noch rechtliche Unsicherheiten gibt, die durch neue Gesetze beseitigt werden müssen, beschäftigen sich die Gerichte zunehmend mit Fällen von Verletzung des Urheberrechts.

Netiquette (↗ auch S. 144) ist abgeleitet aus „Netzetikette".

In gewisser Hinsicht legt die **Netiquette** schon Verhaltensregeln im Internet (Knigge im Netz) auch in Bezug auf Rechtsprobleme auf freiwilliger Basis fest. So verlangt die Netiquette die Quellenangabe für Inhalte, die nicht vom Ersteller einer Web-Site selbst kommen, und verbietet persönliche Beleidigungen, Verletzungen religiöser, ethischer und weltanschaulicher Empfindungen anderer Netzteilnehmer, rassistische oder faschistische Äußerungen und Aufforderungen zu Gewalttaten.

Solche Inhalte sind in frei zugänglichen Medien, wie z. B. auf einer Web-Site, nicht nur aus moralischen, sondern auch aus strafrechtlichen Gründen auszuschließen. Bei bestimmten extremen Inhalten ist sogar das Herunterladen oder der Besitz unter Strafe gestellt.
Streng genommen dürfte man noch nicht einmal zu Beweiszwecken entsprechende Web-Sites auf seine Festplatte laden. Die Landeskriminalämter verzichten aber auf eine Strafverfolgung, wenn der Datenträger mit z. B. rassistischen Inhalten innerhalb von 48 Stunden bei der Polizei abgegeben wird.
Es ist gegenwärtig nicht möglich, ohne einschneidende Eingriffe in die persönliche Freiheit des Einzelnen, verbotene Inhalte generell aus dem Internet zu entfernen – auch deshalb nicht, weil im Internet auf ausländische Angebote zugegriffen werden kann.
Auch ist es fraglich, wer für das gesamte Internet politische, moralische oder sexuelle Inhalte bewerten soll. Hier kommt den Providern (den Anbietern eines Internetzugangs) eine besondere Verantwortung zu.

Für die Schule regelt neben dem Strafgesetzbuch und dem Multimedia-Gesetz das Jugendschutzgesetz, welche Inhalte zugänglich sein dürfen – in keinem Fall rassistische, pornografische und gewaltverherrlichende Inhalte.

Aufgaben

1.1 Die Informatik als junge Wissenschaft

Aufgabe 1.1.1

Die amerikanische Bezeichnung der Wissenschaft Informatik ist „computer science". Diskutieren Sie diesen Begriff!

Aufgabe 1.1.2

Mit welchen der folgenden Aufgaben beschäftigt sich vorrangig welcher Bereich der Informatik?

a) Planung, Konfiguratuion und Installation eines Firmennetzes
b) Programmierung eines Datenbanksystems
c) Untersuchung der Effizienz eines Algorithmus
d) Entwicklung einer Maus unter Beachtung ergonomischer Anforderungen
e) Entwicklung einer neuen Programmiersprache
f) Entwicklung eines neuartigen Speicherbausteins
g) Untersuchungen zur Automatisierbarkeit betrieblicher Arbeitsabläufe
h) Compilerbau
i) Konstruktion eines Expertensystems für medizinische Untersuchungen
k) Herstellung eines hochintegrierten Schaltkreises für ein Spiel

Aufgabe 1.1.3

Diskutieren Sie

a) theoretische,
b) praktische,
c) ethisch-moralische und
d) rechtliche

Grenzen der Computernutzung!

Aufgabe 1.1.4

Informieren Sie sich im Internet über IuK-Berufe (informations- und kommunikationstechnische Berufe)!

a) Beschreiben Sie zu mindestens 3 Berufen Kern- und Fachqualifikationen!
b) Nennen Sie jeweils vorrangige Berufstätigkeiten!

Aufgabe 1.1.5

Nennen Sie Berufe, die mit Einführung informationsverarbeitender Technik verschwunden sind bzw. einer starken Wandlung unterworfen wurden!

1.2 Daten, Datentypen und Datenstrukturen

Aufgabe 1.2.1

Welche der folgenden Informationssysteme lassen sich *überwiegend* elektrotechnisch realisieren, also als *Daten* verarbeiten und speichern? Diskutieren Sie Sinn und Nutzen der technischen Abbildung des jeweiligen Informationssystems!

a) Buchhandel
b) Schreiben eines Romans und Kommunikation mit den Lesern
c) Fotografie
d) immunbiologisches System zur Abwehr von Krankheitserregern im menschlichen Körper
e) Weitergabe von Erbinformationen bei Lebewesen (Genetik der Zelle)
f) Theateraufführung
g) Produktion und Vertrieb einer Zeitschrift
h) Nervenzelle (Sinnesorgane) und Gehirn
i) Komponieren und Vertreiben von musikalischen Werken
k) Wahl einer neuen Regierung

Aufgabe 1.2.2

Im täglichen Leben wird im Allgemeinen mit Dezimalzahlen gerechnet, der Computer arbeitet im Dualsystem.

a) Geben Sie die folgenden Dezimalzahlen als Dualzahlen an!
5; 31; 32; 15; 131; 69; 512; 14
b) Geben Sie die folgenden Dualzahlen als Dezimalzahlen an!
1011; 11; 10001; 11111; 1101; 10000010; 1010100

Aufgabe 1.2.3

Rechnen Sie um!

a) $10111_{[2]} = x_{[10]}$
b) $101110_{[2]} = x_{[10]}$
c) $1111_{[10]} = x_{[2]}$
d) $1111_{[2]} = x_{[10]}$
e) $85_{[10]} = x_{[2]}$
f) $x_{[10]} = 100000000001_{[2]}$
g) $85_{[10]} = x_{[16]}$
h) $10101010101_{[2]} = x_{[16]}$

Aufgabe 1.2.4

Als Mittler zwischen den langen, schwer zu merkenden Dualzahlen und den Dezimalzahlen sind insbesondere Hexadezimalzahlen geeeignet.

a) Geben Sie folgende Dualzahlen als Hexadezimalzahlen an:
100; 1100 1111; 1000 1001; 1011; 1001 1011; 1 1110
b) Geben Sie folgende Dezimalzahlen als Hexadezimalzahlen an:
16; 17; 15; 144; 256; 512; 514; 4096; 4097; 69905; 139810
c) Geben Sie folgende Hexadezimalzahlen als Dezimalzahlen an:
32; 10; 35F; AAA; 6666; 3333; A2A; ABBA; ABC; BAD; EBBE

Aufgabe 1.2.5

Rechnen Sie um!

a) $10111_{[2]} = x_{[16]}$
b) $111110_{[2]} = x_{[10]}$
c) $1111_{[16]} = x_{[2]}$
d) $1111_{[16]} = x_{[10]}$
e) $221_{[10]} = x_{[16]}$
f) $2345_{[8]} = x_{[2]} = x_{[16]} = x_{[10]}$

Aufgabe 1.2.6

Ermitteln Sie die Tastenkombinationen zur Erzeugung folgender Zeichen:

Ÿ Ê á ¶ © ® ¥ æ £ ™

Aufgabe 1.2.7

Rechnen Sie um (vervollständigen Sie die Tabelle)!

Bit	Byte	KByte	MByte
25165824	3145728		
		2048	
			1,44
		5760	
	111111111111		
4194304			
		256	
3145728			

Aufgabe 1.2.8

Eine Programmiersprache biete folgende Datentypen an:
integer; longinteger; real; boolean; char.
Welchen Datentyp würden Sie jeweils den Variablen zur Speicherung und Verarbeitung folgender Objekte zuordnen? Begründen Sie!

a) Längen der Diagonalen eines Drachenvierecks
b) Geschlecht eines Schülers (männlich oder weiblich)
c) Ergebnis des Produktes zweier maximal 4-stelliger ganzer Zahlen
d) Variablen, die zur Ersetzung von Buchstaben bei der Entzifferung von Geheimschriften dienen sollen
e) Rest bei der ganzzahligen Division
f) Variablen, die zur Berechnung des kleinsten gemeinsamen Vielfachen zweier Zahlen genutzt werden sollen
g) Ergebnis des Produktes zweier maximal 2-stelliger ganzer Zahlen

Aufgabe 1.2.9

Gegeben ist folgender Abschnitt aus einem Turbo Pascal-Programm:

```
x:=4.8; y:=16;
a:=SQR(y);
b:=SQRT(y)+1;
c:=ROUND(x)DIV y;
d:=(y+1) MOD TRUNC(x);
e:=(3*x/y)*10;
```

Dabei bedeuten `SQR` Quadrat, `SQRT` Quadratwurzel, `ROUND` gerundeter Wert, `DIV` ganzzahlige Division, `MOD` Rest bei der ganzzahligen Division und `TRUNC` das Abschneiden der Nachkommastellen einer Dezimalzahl.

a) Von welchem Datentyp sind die einzelnen Variablen?

b) Welche Werte stehen für die Variablen a bis e im Speicher?

Aufgabe 1.2.10

Eine Programmiersprache biete folgende Datenstrukturen (Typen) an: array; record; file.
Welche Struktur würden Sie jeweils für die Speicherung und Verarbeitung folgender Objekte und Sachverhalte wählen? Begründen Sie!

a) 8×8-Feld eines Damespiels

b) 6000 Zufallszahlen

Fibonaccizahlen berechnen sich aus der Summe der jeweils letzten beiden Folgenglieder: Gilt $f_1 = 1$ und $f_2 = 1$, dann folgt $f_3 = f_2 + f_1 = 1 + 1 = 2$, $f_4 = f_3 + f_2 = 2 + 1 = 3$, $f_5 = f_4 + f_3 = 3 + 2 = 5$ usw.

c) Fibonaccizahlen

d) Spannungsmessreihe für ein physikalisches Experiment

e) Koeffizienten eines Gleichungssystems aus 4 Gleichungen mit 4 Unbekannten (als Matrix dargestellt)

f) Preisliste

g) Namensliste (Vor- und Nachname)

h) Personalien

i) Multiplikationstabelle für das große Einmaleins

Aufgabe 1.2.11

Geben Sie für folgende praktische Sachverhalte entsprechende Typen (Datenstrukturen) in Turbo Pascal an!

a) Adresse (Vorname, Name, Straße, PLZ, Ort)

b) Adressen-Verzeichnis mit 30 Adressen (Vorname, Name, Straße, PLZ, Ort)

c) Multiplikationstabelle für das kleine Einmaleins

d) Preisliste (Warennummer, Preis)

e) Belegen der Komponente „Cola" der Preisliste aus d)

f) Firmenmitarbeiter (Name, Vorname, Geburtsdatum, Geschlecht, Gehalt)

g) Eintragen des Geburtsjahres des Firmenmitarbeiters Wolkenstein aus Aufgabe f)

1.3 Algorithmen und Programme

Aufgabe 1.3.1

Welche der folgenden Prozesse kann nicht durch einen Algorithmus beschrieben werden? Begründen Sie jeweils!

Bei der Begründung, ob eine Prozessbeschreibung ein Algorithmus ist oder nicht, können die Algorithmuseigenschaften helfen.

a) Lösen einer quadratischen Gleichungssystems aus zwei Gleichungen mit zwei Unbekannten
b) Benoten eines Aufsatzes
c) Ordnen von 2000 vorgegebenen Zahlen nach ihrer Größe
d) Leiten einer Gesprächsrunde
e) Auswerten der Ergebnisse eines Wissenswettbewerbes
f) Auswerten der Ergebnisse eines Sportfestes
g) Ermitteln der Buchstabenhäufigkeit in einem Text
h) Ermitteln der k-ten Primzahl
i) Auflisten aller ungeraden natürlichen Zahlen
k) Schreiben einer Eins in der nächsten Physikarbeit
l) Wechseln eines Autoreifens
m) Schreiben eines Liebesbriefes
n) Stricken eines Pullovers
o) Konstruieren eines Kreises durch 3 nicht auf einer Geraden liegenden Punkte
p) Schießen eines Tores beim Fußball

Aufgabe 1.3.2

Ordnen Sie den folgenden „Algorithmen" die Begriffe „deterministisch", „determiniert", „nichtdeterministisch", „nichtdeterminiert" und „stochastisch" zu!

a) **Primzahltest** von R. SOLOVAY und V. STRASSEN: Eine Zahl wird eingegeben. Falls der Algorithmus die Ausgabe „nein" liefert, steht fest, dass die Eingabe n keine Primzahl ist. Wird die Ausgabe „ja" gegeben, so ist n mit mindestens der Wahrscheinlichkeit 0,5 eine Primzahl. Durch m-maliges Wiederholen kann man diese Wahrscheinlichkeit auf $1 - 0{,}5^m$ steigern.

Für m = 10 ist die Wahrscheinlichkeit, dass bei Ausgabe „ja" n eine Primzahl ist schon 0,9990234375, für m = 100 kann man von einem sicheren Ereignis sprechen.

b) **Quicksort:** Irgendein Element einer unsortierten Liste wird als Trennelement T genommen und alle anderen Elemente werden davor (wenn sie kleiner oder gleich T sind) bzw. dahinter (wenn sie größer als T sind) angeordnet. Mit den entstehenden Teilmengen wird ebenfalls so verfahren, bis alle Elemente an der richtigen Stelle stehen.

Quicksort ↗ auch S. 456

c) Mit einem Zufallsgenerator wird eine unsortierte Liste von Zahlen erzeugt und dann mit **Minimumsort** sortiert: Aus einer Liste wird das kleinste Element herausgesucht und an die erste Stelle einer neuen Liste gesetzt. Die Restliste wird wieder nach dem kleinsten Element durchsucht, welches an die zweite Stelle der neuen Liste gesetzt wird usw.

WRITELN steht für „write line" und beschreibt eine Ausgabezeile.
READLN bedeutet „Eingabe mit Zeilenvorschub".

Aufgabe 1.3.3

Gegeben sei folgendes Turbo Pascal-Programm „was_tue_ich":

```
PROGRAM was_tue_ich;
VAR i, n, ergebnis: integer;
BEGIN
  WRITELN ('Programm zur Berechnung von ? ? ?');
  WRITELN;
  WRITE ('Eingabe n (n>=0): '); READLN(n);
  IF n>0 THEN
           BEGIN
             ergebnis:=0;
             i:=0;
             REPEAT
               ergebnis:=ergebnis+n;
               i:=i+1;
             UNTIL i>=n;
             WRITELN ('Ergebnis: ', ergebnis);
           END
         ELSE WRITELN ('Eingabe unzulässig!');
  READLN
END.
```

a) Führen Sie einen Trockentest durch! Stellen Sie eine Wertebelegungstabelle (einschließlich der Anzahl der Schleifendurchläufe) für $n = 5$ auf! Beschreiben Sie, was das Programm leistet!

b) Ersetzen Sie die Wiederholung mit nachgestelltem Test durch eine gleichwertige Zählschleife!

Aufgabe 1.3.4

Gegeben ist das nachstehende Turbo Pascal-Programm:

```
PROGRAM was_wird_berechnet;
VAR a, b, p: integer;
BEGIN
  writeln('Programm zur Berechnung ??? zweier Zahlen');
  writeln;
  write('1. Zahl: '); readln(a);
  write('2. Zahl: '); readln(b);
  p := 0;
  while a > 0 do
         begin
           if a mod 2 <> 0 then p := p + b;
           a := a div 2;
           b := b * 2
         end;
  write(p);
  readln
END.
```

a) Führen Sie einen Trockentest durch und stellen Sie eine Wertebelegungstabelle für $a = 4$ und $b = 5$ sowie für $a = 9$ und $b = 6$ auf! Beschreiben Sie kurz, was dieses Programm leistet!

b) Ersetzen Sie die Wiederholung mit *voran*gestelltem Test durch eine gleichwertige Wiederholung mit *nach*gestelltem Test! Notieren Sie alle zu ändernden Zeilen!

1.4 Informationsverarbeitende Technik

Aufgabe 1.4.1

In der folgenden Tabelle sind Bestandteile des Computergrundgerätes aufgeführt.

a) Erläutern Sie die Aufgaben dieser Bestandteile!

b) Was bedeuten die jeweiligen Abkürzungen? Übersetzen Sie!

	Aufgaben	Bedeutung
CPU		
ROM		
ROM-BIOS		
RAM		
SIMM		

Aufgabe 1.4.2

Informationsverarbeitung kann man auch als Eingabe, Verarbeitung und Ausgabe von Daten betrachten (EVA-Prinzip). Welcher Art sind die Eingabe- bzw. Ausgabedaten der folgenden Prozesse?

	Eingabedaten	Ausgabedaten
a) Primzahltest	Zahl (integer)	logischer Wert
b) Hypotenuse nach Pythagoras	2 Zahlen	
c) Flächenberechnung		
d) Preisabfrage		
e) Zahlen raten		
f) Laufschrift		
g) Funktion $y = \ln x$ darstellen		
h) Wertetabelle für $y = 3\sin 2x$		
i) Berechnung der Fakultät		

Aufgabe 1.4.3

Halten Sie einen Vortrag zu einem selbstgewählten Beispiel für ein Informatiksystem (↗ Randspalte)! Beschreiben Sie insbesondere die Komponenten Dateneingabe, Datenausgabe, Datenspeicherung und die Kommunikation mit anderen Informatiksystemen über Netzwerke!

Unter einem **Informatiksystem** wird die Einheit von Hard- und Software und Netzen einschließlich aller durch sie angestrebten und verursachten Gestaltungs- und Qualifizierungsprozesse bezüglich Arbeit und Organisation verstanden. (Definition nach Gesellschaft für Informatik e. V.)

Terminals sind Arbeitsplätze mit Monitor und Tastatur.

Aufgabe 1.4.4

Bis 1980 war das Betriebssystem im Computer (meist einem Großrechner mit mehreren Terminals) „fest verdrahtet".
Diskutieren Sie Nachteile, die sich hieraus ergeben können!

Kurze Dateien lassen sich mit jedem Editor anzeigen.
Aber bitte nach Veränderungen nicht speichern!

Aufgabe 1.4.5

a) Suchen Sie die Datei `AUTOEXEC.BAT` auf Ihrem Computer und lassen Sie sie auf dem Bildschirm anzeigen!

b) Erklären Sie die einzelnen Befehlszeilen in dieser Datei!

c) Drucken Sie den Inhalt der Datei aus!

Es können natürlich auch andere Betriebssysteme oder Benutzeroberflächen gewählt werden.

Aufgabe 1.4.6

Geben Sie die Funktion der aufgeführten Tasten bzw. Tastenkombinationen an!

Tasten/Kombinationen	unter MS-DOS	unter Windows
<Strg> + p		
<Strg> + <Alt> + <Entf>		
<←> (Schreibmaschinenblock)		
<Alt> + 8		
<Entf> bzw. <Del>		
<Shift Lock> bzw. <⇩>		

Aufgabe 1.4.7

Welche Techniken der Arbeit mit der Maus kommen bei den folgenden Aktionen zur Anwendung?

a) Datei aus einem Ordner in einen anderen verschieben

b) Fenster markieren

c) Befehl aus einem Pull-down-Menü ausführen

d) Programm starten

e) den Namen des URL eines als Link gekennzeichneten Textes auf einer Web-Site ermitteln

f) Ellipse in einem Zeichenprogramm erzeugen

g) Alternativtext zu einer Grafik auf einer Web-Site lesen

Der exakte Name des URL wird in der Statuszeile des Browsers angezeigt.

Aufgabe 1.4.8

Die Speicherkapazität einer Diskette lässt sich mit folgender Formel berechnen: Seitenanzahl × Spurenanzahl × Sektorenanzahl × 512 Byte

Für eine $3\frac{1}{2}$-Zoll-HD-Diskette wird im Allgemeinen von den Herstellern eine Kapazität von 1,44 MB angegeben. Ist dies korrekt?

Eine $3\frac{1}{2}$-Zoll-HD-Diskette wird mit 80 Spuren und 18 Sektoren formatiert.

Aufgabe 1.4.9

Beschreiben Sie alle Möglichkeiten, mit denen man unter Windows Hilfe zur Benutzeroberfläche selbst oder zu einem Anwendungsprogramm erhalten kann!

Aufgabe 1.4.10

Welche der folgenden Datenträgerbezeichnungen sind falsch? Begründen Sie jeweils!

`C:`	`A`	`F:`	`Y:`
`Diskette`	`E:`	`B:`	`CD-ROM:`

Aufgabe 1.4.11

Erstellen Sie einen Verzeichnisbaum, der folgende Sachverhalte berücksichtigt:

a) Auf der Festplatte des Computers befindet sich ein Verzeichnis mit Bildern.

b) Es soll ein Textverarbeitungsprogramm und ein Tabellenkalkulationsprogramm installiert werden.

c) Alle persönlichen Daten sollen in einem gesonderten Verzeichnis abgelegt werden. Dabei soll zwischen Dokumenten und Tabellenkalkulationsdateien für die Schule (möglichst geordnet nach Fächern) und privaten Dokumenten unterschieden werden.

d) Auf dem Computer befinden sich auch Spiele.

Aufgabe 1.4.12

Welche Dateien werden hier gesucht und gefunden?

a) `TMP*.*`

b) `*.EXE`

c) `ARBEIT4.???`

d) `ARBEIT4.*`

e) `*.HTM`

f) `??????.DOC`

g) `BR_ME?ER.DOC`

i) `?ONF?G.S?S`

k) `A*.TXT`

l) `BRIEF*.*`

Ab *Windows 95/98* kann man folgendermaßen Dateien und Ordner suchen:
M Start (Task-Leiste)
M Suchen
B Dateien/Ordner...
Unter *DOS* ist der DIR-Befehl zur Suche geeignet.

Aufgabe 1.4.13

Notieren Sie ergonomische Anforderungen an Monitore!

Kenngröße	Anforderungen
Zeichengröße, Helligkeit, Kontrast, Farbdarstellung	
Reflexionen, Strahlung	
Bildschirmdiagonale und Auflösungsvermögen	
Bildwiederhol- und Zeilenfrequenz	
Abstand zu den Augen, Neigung des Monitors	

1.5 Datenschutz und Datensicherheit, Software-Rechte

Aufgabe 1.5.1

Es ist heute leicht möglich, Datenbanken im staatlichen und privatwirtschaftlichen Bereich „zusammenzuschalten".

a) Diskutieren Sie Auswirkungen eines solchen Zusammenschlusses!

b) Nennen Sie Gesetze, Rechte der Bürger und Komponenten des Grundrechts auf Datenschutz, die dies verhindern sollen!

Aufgabe 1.5.2

Diskutieren Sie die Weitergabe personenbezogener Daten im privatwirtschaftlichen Bereich, z. B. an Versicherungen oder Versandhäuser!

Aufgabe 1.5.3

Erkundigen Sie sich

a) beim Einwohnermeldeamt,

b) bei einer Polizeidienststelle in Ihrer Wohngegend,

welche Daten dort gespeichert sind und wozu sie verwendet werden!

Aufgabe 1.5.4

Notieren Sie Maßnahmen zur Durchsetzung derjenigen Komponenten der Datensicherheit, die in der folgenden Tabelle aufgeführt sind!

Komponente	Maßnahmen
leichte Wiederauffindbarkeit gespeicherter Daten	
Schutz vor Datenverlust durch Systemabstürze oder Technikausfall	
Vermeidung unbefugter Zugriffe (falsche Nutzung und Löschung von Daten)	
Schutz vor Computerviren	

Aufgabe 1.5.5

Handeln Sie in folgenden Situationen korrekt?

a) Sie beobachten einen Unfall mit Fahrerflucht. Das Kfz-Kennzeichen des Flüchtenden haben Sie notiert und Sie holen die entsprechende Auskunft bei der Kfz-Meldestelle ein.

b) Sie starten ein Spiel von einer selbst gebrannten CD-ROM. Ihr Virenscanner zeigt einen Virus an. Sie schließen das Programm, nehmen die CD-ROM aus dem Laufwerk und werfen sie in den Papierkorb.

c) Sie haben eine CD-ROM mit vielen Bitmap-Grafiken gekauft, wandeln diese Grafiken in das GIF-Format um und nutzen sie ohne Quellenangabe zum Gestalten Ihrer Homepage.

2 ANWENDUNGEN DER INFORMATIK

2.1 Textverarbeitung

Unter **Textverarbeitung** versteht man die computerunterstützte Erstellung, Bearbeitung und Speicherung von Texten.

Mit der Erhöhung der Speicherkapazität und der Entwicklung grafischer Benutzeroberflächen wurden zusätzliche Funktionen (z. B. Einbindung von Grafiken und weiterer multimedialer Objekte; Querverweise zwischen Textteilen eines Dokuments und zu anderen Dokumenten) in Textverarbeitungsprogramme integriert.

2.1.1 Aufbau und Funktion von Textverarbeitungsprogrammen

Stapel- und dialogorientierte Textverarbeitungsprogramme

	stapelorientierte Programme	**dialogorientierte Programme**
Beschreibung	Bei der Texterstellung werden mithilfe von Sonderzeichen Formatierungsbefehle eingegeben, die z. B. die Schriftgröße, den Schriftstil oder die Zeilenlänge festlegen. Das endgültige Aussehen des Dokuments kann man entweder am Ausdruck erkennen oder es wird ein Formatierungsprogramm aufgerufen, welches die Formatierungsbefehle interpretiert und den formatierten Text auf dem Monitor ausgibt.	Der Nutzer steht mit dem Programm in ständiger Verbindung. Texte werden im Dialog mit dem Computer eingegeben und korrigiert. Formatiert wird mithilfe der Maus über Menüs, Icons und Werkzeugleisten. Das Dokument, welches teilweise auf dem Bildschirm zu sehen ist, entspricht in seiner Form der gedruckten Version (WYSIWYG).
Vergleich (Vor- und Nachteile)	– geringer Speicherbedarf – nutzerunfreundlich (Formatierungsfehler werden nicht sofort erkannt; der Bearbeiter muss sich eine Unmenge von Tastenkombinationen zur Formatierung merken)	– hoher Speicherbedarf – nutzerfreundlich (alle Formatierungen sofort ersichtlich; Formatierungen über aussagekräftige Icons und Menüfolgen; Tastenkombinationen zur schnelleren Formatierung sind möglich)
Beispiele	HTML, Formatierungsprogramm ist der Browser LaTeX (an Hochschulen weit verbreitet)	*Microsoft Word 97* *WordPad* (Standard-Zubehör unter Microsoft Windows)

WYSIWYG ist die Abkürzung für „**w**hat **y**ou **s**ee **i**s **w**hat **y**ou **g**et" (Was du siehst, ist das, was du bekommen wirst.)

HTML ist die Abkürzung für „**h**yper**t**ext **m**arkup **l**anguage". HTML ist die Dokumentenbeschreibungssprache, die sich im Internet durchgesetzt hat.

Oberfläche dialogorientierter Textverarbeitungsprogramme

Nachdem man beispielsweise auf das Symbol des entsprechenden Textverarbeitungsprogramms einen Doppelklick ausgeführt hat, erscheint ein Fenster mit der Oberfläche des Programms. Meist wird auch sofort ein leeres Dokument, also eine Textdatei, in die noch nichts geschrieben wurde, geöffnet.
Im folgenden Bild ist die Oberfläche von *Word 97* dargestellt, wobei ein Dokument mit der Bezeichnung `2_2_1_4.DOC` geöffnet ist.

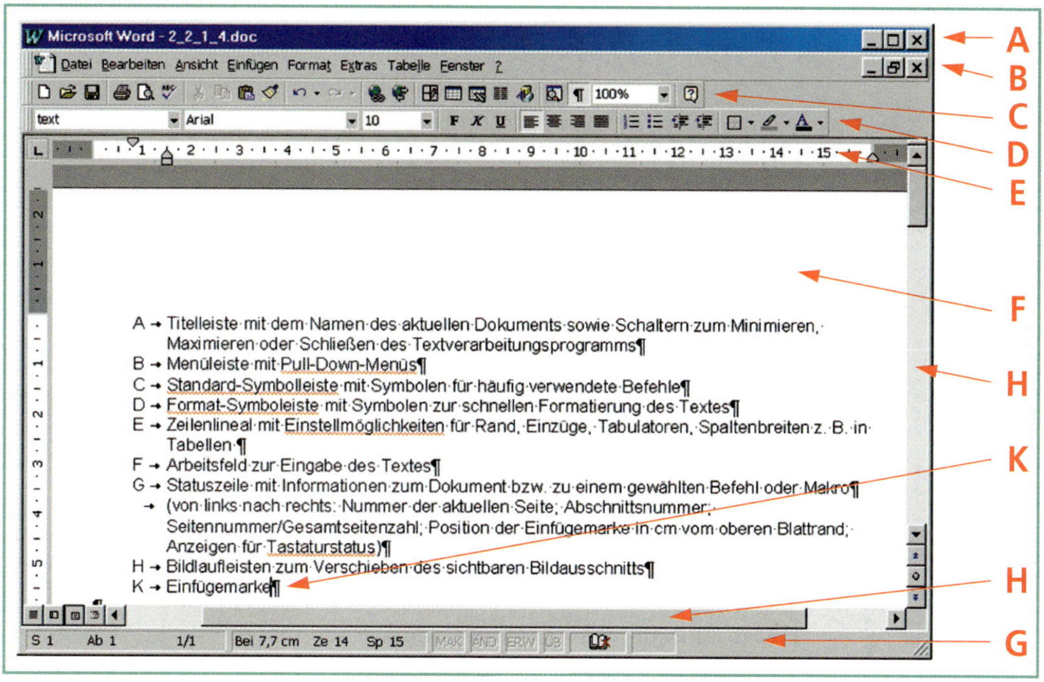

A **Titelleiste** mit dem Namen des aktuellen Dokuments sowie Schaltern zum Minimieren, Maximieren oder Schließen des Textverarbeitungsprogramms

B **Menüleiste** mit Pull-Down-Menüs

C **Standard-Symbolleiste (QuickAccess-Leiste)** mit Symbolen für häufig verwendete Befehle

D **Format-Symbolleiste** mit Symbolen zur schnellen Formatierung des Textes

E **Zeilenlineal** mit Einstellmöglichkeiten für Rand, Einzüge, Tabstopps, Spaltenbreiten z. B. in Tabellen

F **Arbeitsfeld** zur Eingabe des Textes

G **Statuszeile** mit Informationen zum Dokument bzw. zu einem gewählten Befehl (von links nach rechts: Nummer der aktuellen Seite; Abschnittsnummer; Seitennummer/Gesamtseitenzahl; Position der Einfügemarke in Zentimeter vom oberen Blattrand und bez. der Zeilen und der Zeichen in der Zeile; Anzeigen für den Tastaturstatus)

H **Bildlaufleisten** zum Verschieben des sichtbaren Bildausschnitts

K **Einfügemarke** (senkrechter Strich)

Funktion von Textverarbeitungsprogrammen

Man arbeitet mit Textverarbeitungsprogrammen am Computer weitaus effektiver als mit herkömmlichen Verfahren (handschriftliche Dokumente, Schreibmaschine) – auch durch folgende Möglichkeiten:

- Nutzung vorhandener Texte (ähnliche Briefe, Textbausteine);
- gleichzeitiges Arbeiten mit mehreren Texten;
- schnelle und einfache Fehlerkorrektur, problemloses Kopieren;
- erweiterte Gestaltungsmöglichkeiten (viele Schriftarten und -größen, Spalten, Rahmen, Tabellen, ...);
- integrierte Trenn- und Rechtschreibhilfe, Synonymwörterbuch;
- einfaches Erstellen von Rundschreiben (Serienbriefe, Etiketten);
- Übermitteln von Texten auf große Entfernungen (Netzwerke).

Dokumente neu schreiben und bearbeiten

Nach dem Starten des Textverarbeitungsprogramms kann sofort mit der Texteingabe begonnen werden, sofern alle Einstellungen in Ordnung sind. Standardmäßig wird ein einspaltiges DIN-A4-Dokument geöffnet.

Die **Einfügemarke** (der Cursor), der kleine blinkende Strich, kennzeichnet die Stelle, an der der nächste Buchstabe eingesetzt wird. Die Position der Einfügemarke lässt sich mit den Tasten auf dem Bewegungsblock der Tastatur oder mit der Maus innerhalb des vorhandenen Textes verändern.

Folgende Hinweise sollten beim Schreiben immer beachtet werden:

- Ein Textverarbeitungsprogramm ist keine Schreibmaschine: Zeilenumbrüche erfolgen automatisch. Nur wenn man einen Absatz beenden oder eine Leerzeile einfügen will, drückt man auf die <Enter>-Taste.
- Man sollte nicht mehr als ein Leerzeichen hintereinander setzen. Die Textausrichtung erfolgt durch Tabulatoren.

In Desktop-Publishing-Programmen ist meist eine Leerzeichenkontrolle vorhanden, die man aktivieren kann. Es wird dann automatisch nur *ein* Leerzeichen gesetzt.

- Beim Schreiben unterscheidet man Einfügemodus und Überschreibmodus:
  Im **Einfügemodus** werden an der Position der Einfügemarke Zeichen zwischen den schon vorhandenen Text eingefügt.
  Im **Überschreibmodus** werden bei der Eingabe die nachfolgenden Zeichen gelöscht („überschrieben").
  Standardmäßig sollte man den Einfügemodus verwenden. Ein schneller Wechsel zwischen Überschreib- und Einfügemodus ist in den meisten Textverarbeitungsprogrammen mit der <Einfg>-Taste möglich.
- Sobald man mit dem Schreiben des Textes begonnen hat, sollte man dem Dokument einen Namen geben und es speichern. Den Befehl „Speichern unter..." findet man immer ganz links in der Menüleiste im Menü „Datei". Ist ein Name vergeben, kann die Speicherung mit Menü Datei Befehl Speichern oder einem Klick auf den entsprechenden Schalter in der Standard-Symbolleiste ( ) erfolgen.

Die Speicherung sollte auch während der Dokumentbearbeitung in regelmäßigen Abständen erfolgen, damit bei einem „Rechnerabsturz" möglichst wenig Arbeit verlorengeht.

- Das Bearbeiten von Texten wird erleichtert durch die Nutzung solcher Funktionen wie Kopieren, Verschieben und Löschen (↗ auch S. 61). Bevor ein Textteil gelöscht, verschoben oder kopiert werden kann, muss er markiert werden.

2.1.2 Objekte in der Textverarbeitung und ihre Attribute

Grundlegende Datenstrukturen in einer Textdatei

Für den Computer ist eine Textdatei eine Datenstruktur *(File)*, eine Sammlung von Zeichenfolgen, die Strukturierungszeichen (z.B. Zeilenendezeichen) enthält. Auch in der Textdatei selbst lassen sich bestimmte „Datenstrukturen" erkennen: Zeichen setzen sich zu Wörtern zusammen, Wörter zu Sätzen oder Zeilen, diese wiederum zu Absätzen und Seiten. In den meisten Textverarbeitungsprogrammen können auch Tabellen erzeugt werden.

Es ist sinnvoll, insbesondere die Datenstrukturen (Objekte) *Zeichen, Absatz* und *Seite* und eventuell *Tabelle* zu unterscheiden. Jede dieser Strukturen ist eindeutig erkennbar, für jede Struktur gibt es spezielle Formatierungen (Attribute).

Text, der formatiert werden soll, ist vorher immer zu markieren.

WYSIWYG-Textverarbeitungsprogramme stellen unterschiedliche Möglichkeiten der Formatierung bereit:

- *Menü:*
  Im **M**enü Format findet man die **B**efehle Zeichen (auch „Schriftart und Schriftstil"), Absatz und Seite. Unter *Word* kann man die Seite im **M**enü Datei einrichten.
- *QuickAccess-Leiste:*
  Die Symbolleiste (QuickAccess-Leiste, Formatierungsleiste) der Textverarbeitung stellt Mausbenutzern Abkürzungsverfahren für Schriftarten, Schriftgröße und Schriftstile sowie für Absatzformatierungen zur Verfügung.
- *Tastenkombinationen:*
  Auch mithilfe von Tastenkombinationen kann man das Erscheinungsbild von markiertem Text in einem Dokument ändern.

Das Objekt Zeichen und seine Attribute

Zeichen werden folgendermaßen erzeugt:

- Zeichen, die auf der Tastatur dargestellt sind, erhält man durch Drücken der entsprechenden Taste.
- Sonderzeichen, die nicht auf der Tastatur dargestellt sind, erzeugt man durch
  <Alt> + <Dezimalwert des ANSI auf dem Numerikblock der Tastatur>.
  (↗ S. 24)
- Steuerzeichen wie „bedingter Trennstrich", „geschützter Trennstrich", „geschützter Wortzwischenraum" erhält man oft durch Menüs.

  Word 2000:
  - **M**enü Einfügen
  - **B**efehl Symbol...
  - **R**egisterkarte Sonderzeichen
  - entsprechendes Zeichen auswählen
  - **S**chalter Einfügen

  (In der **R**egisterkarte Sonderzeichen ist auch der **S**chalter „Tastenkombination" für die jeweils einzufügenden Zeichen zu finden.)

Man sollte immer erst den gesamten Text schreiben, bevor bestimmten Textteilen (Wörter, Überschriften, ...) Zeichenformatierungen zugewiesen werden.

Bevor Zeichen formatiert werden können, müssen sie markiert werden. Besonders einfach gelingt dies mit der Maus:

- Cursor an den Beginn des zu markierenden Textteiles setzen (Klicken)
- den zu markierenden Textteil mit gedrückter linker Maustaste überstreichen (Ziehen)
- Maus loslassen

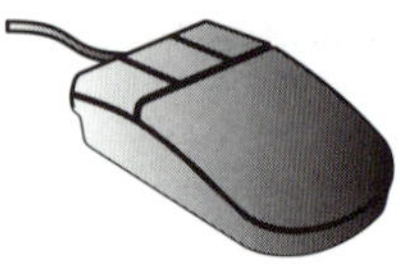

Folgende Formatierungen für Zeichen sind möglich:

- Schriftart
- Schriftgröße
- Schriftstil (Schriftschnitt)
- Effekte (Farbe, Schattierung, Relief usw.)

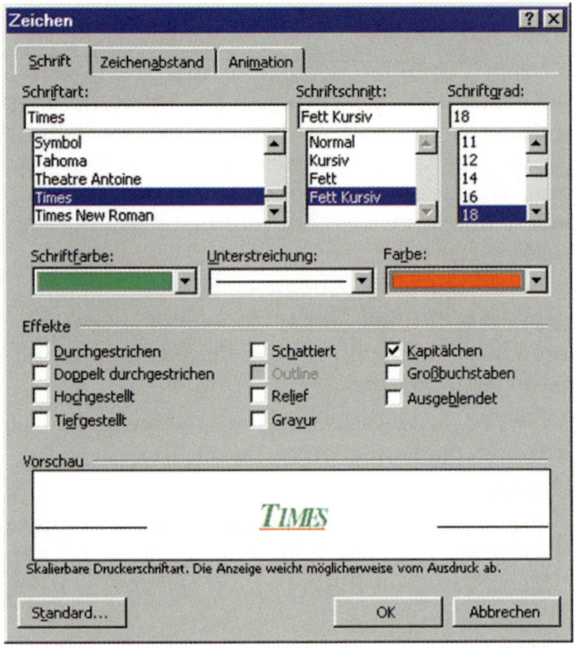

Das Bild zeigt das Zeichenformatierungsfenster von *Word 2000*.

Eine **Schriftart** besteht im Allgemeinen aus allen Zeichen des Alphabets, jeweils als Groß- und Kleinbuchstaben sowie Ziffern, Interpunktions- und Sonderzeichen. Alle Zeichen haben das gleiche Design (die gleiche Gestalt).

Oft gibt es für alle diese Elemente noch jeweils eine Ausführung in Kursivschrift und Fettschrift (↗ Schriftstil).

Der Haupttext dieses Buches ist in *Frutiger*, einer serifenlosen, proportionalen Schriftart geschrieben.

Für Schriftgrößen verwendet man zwei Maßeinheiten, den Punkt und die Pica. Ein Punkt entspricht 0,376 mm (in den USA: 1 Point = 0,351 mm). Eine Pica entspricht zwölf Points.

Mit **Schriftgröße** wird die senkrechte Ausdehnung der Zeichen ausgedrückt, also die Entfernung von der Unterkante eines Buchstabens mit Unterlänge wie g oder q bis zur Oberkante eines Buchstabens mit Oberlänge wie t oder h.

Die Schriftgröße 12 (pt, Points) wird in den meisten Textverarbeitungsprogrammen standardmäßig vorgegeben. Dies ist die Größe der Typen auf einer Schreibmaschine.

Versalien sind die Großbuchstaben.

Man unterscheidet i. Allg. folgende **Schriftstile (Schriftschnitte)**: Regular (Normal); Bold (fett); Italic (kursiv, d. h. geneigt); unterstrichen; **Kapitälchen** (etwas kleinere Versalien, ↗ Bild oben); hochgestellt; tiefgestellt; unterschnitten (Verringerung des Buchstabenabstandes).

Das Objekt Absatz und seine Attribute

Ein Absatz bildet eine gedankliche Einheit.

- Ein Absatzende wird durch <Enter> erzeugt.
  Dabei wird der Absatz durch das folgende Zeichen markiert: ¶
  Der gesamte Text, der vor diesem Zeichen bis zum nächsten ¶ steht, gehört zum Absatz.
- Innerhalb eines Absatzes erfolgt ein automatischer Zeilenumbruch. Man kann einen Zeilenumbruch **(„weiche Zeilenschaltung")** mit <Shift> + <Enter> erzwingen.
  Eine weiche Zeilenschaltung kann man an dem Zeichen ↵, manchmal auch an ⟨ erkennen.
- Dieses Modell hilft bei der Arbeit: Alle Formatierungen (Eigenschaften) des Absatzes sind in der Absatzendemarke gespeichert. Durch das Löschen von ¶ können sie verloren gehen. Auch kann die Absatzendemarke mit <Strg> + c in die Zwischenablage kopiert und die Absatzeigenschaften können mit <Strg> + v auf andere Absätze übertragen werden.

Sonderzeichen zur Darstellung von Absatzendemarken, weichen Zeilenschaltungen, Tabulatoren und Leerzeichen sollten auf dem Bildschirm immer zu sehen sein. Ist dies nicht der Fall, kann man deren Ansicht z. B. unter *Word* durch Klicken auf den Schalter ¶ in der QuickAccess-Leiste (Symbolleiste Standard) erreichen.
Diese Sonderzeichen werden *nicht* mitgedruckt, sie sind nur auf dem Bildschirm zu sehen.

Folgende Formatierungen für Absätze sind möglich:

- Ausrichtung
- Einzüge
- Zeilenabstand und Abstand vor und nach dem Absatz
- tabellarische Gestaltung durch Tabulatoren und Tabstopps
- Effekte (Rahmen, Umbruch, ...)

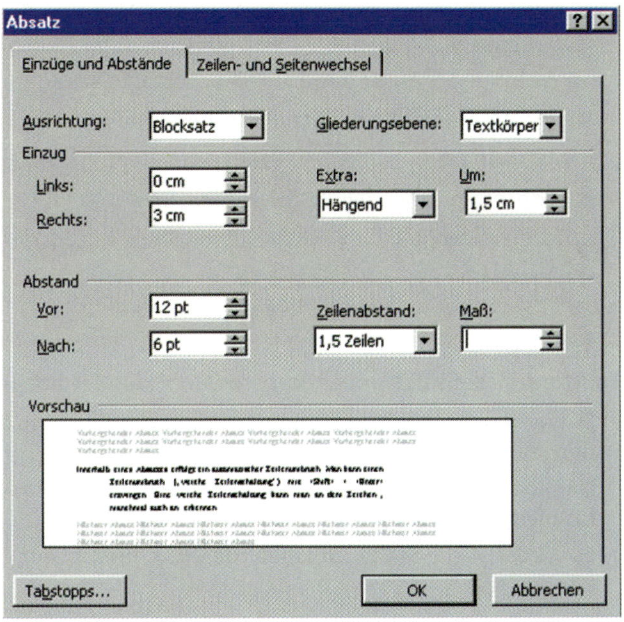

Das Bild zeigt das Absatzformatierungsfenster von *Word 2000.*

Zum Formatieren muss der Absatz markiert sein.
Will man *einen* Absatz markieren, wird der Cursor irgendwo in den Absatz gesetzt.
Mehrere Absätze muss man mit gedrückter Maustaste überstreichen.

Bei der **Ausrichtung** von Absätzen zu den Seitenrändern unterscheidet man: linksbündig, zentriert, rechtsbündig und Blocksatz.

Man kann folgende **Absatzeinzüge** unterscheiden: linker Einzug, rechter Einzug, Erstzeileneinzug, negativer Erstzeileneinzug (hängender Einzug) sowie auch Kombinationen dieser Möglichkeiten.

Negative Erstzeileneinzüge helfen bei Aufzählungen und Gliederungen.

Der Ausdruck „Durchschuss“ stammt aus der Zeit, als man dünne Metallstreifen aus Blei zwischen die Zeilen der Schriftzeichen zur Vergrößerung der Zeilenabstände einsetzte.

Der **Zeilenabstand (Durchschuss)** richtet sich nach der Standard-Zeichengröße im Absatz.

Der **Abstand vor** bzw. **nach einem Absatz** wird ebenfalls in Punkten (pt) oder Zeilen (z.B. 0,5 ze) angegeben. In das entsprechende Textfeld können aber auch Zentimeterangaben eingegeben werden (z. B. 0,25 cm).

Beträgt die Größe der Standardschrift 8 pt, so wird in Textverarbeitungsprogrammen der Zeilenabstand automatisch mit 10 pt festgelegt und mit „Einzeilig“ oder „Einfach“ bezeichnet. Er kann aber auch genau auf ein bestimmtes Maß eingestellt werden (1,5 Zeilen oder 15 pt usw.).

Der Begriff Tabulator (Kolonnensteller) ist von der Schreibmaschine übernommen worden. Auch dort gibt es eine Einrichtung zum sprunghaften Bewegen und Anhalten des Wagens, um Textkolonnen untereinander zu schreiben.

Für eine tabellarische Übersicht (z. B. ein nach DIN-Norm geschriebener zweispaltiger Lebenslauf) werden mit der Tabulatortaste <→|> Steuerzeichen – **Tabulatoren** – in den Text eingefügt. Es muss allerdings festgelegt werden, wie weit jeweils ein Tabulator (ein solcher Schritt) reicht. Hierzu benutzt man Tabstopps.

Der **Tabstopp** ist ein Absatzattribut zum Ausrichten von Text in tabellarischer Form. Mit dem Tabstopp wird die Position angegeben, bis wohin ein Sprung mit der Tabulatortaste erfolgen soll.

Man unterscheidet vier Arten von Tabstopps:

- Linksbündig — Der Text steht nach dem Tabstopp.
- Zentriert — Der Text wird am Tabstopp mittig ausgerichtet.
- Rechtsbündig — Der Text steht vor dem Tabstopp.
- Dezimal — Der Text (z. B. eine Dezimalzahl) ist am Komma ausgerichtet.

Zum Setzen von Tabstopps gibt es natürlich auch Menüs:
- Menü Format
- Befehl Absatz ...

Tabstopps lassen sich am einfachsten über das Zeichenlineal setzen:

- Es werden die Absätze markiert, denen ein Tabstopp zugewiesen werden soll.
- Danach wird auf den linken Rand des Zeilenlineals so lange geklickt, bis die gewünschte Tabstoppart angezeigt wird.
- Es wird auf die Stelle im Lineal geklickt, an der ein Tabstopp gesetzt werden soll.

Zeilenlineal von *Word 2000:*

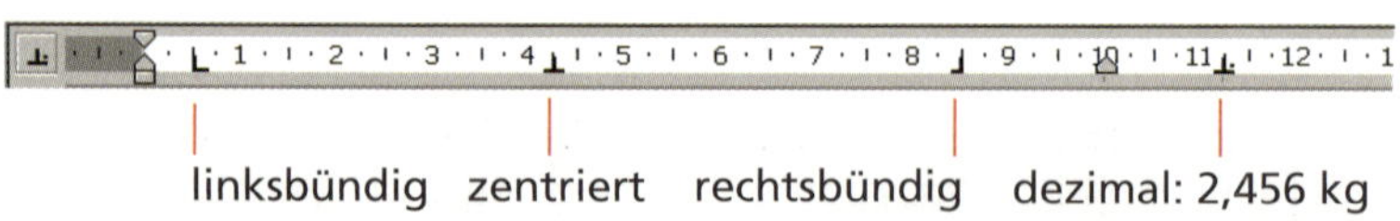

Füllzeichen sind insbesondere dann sinnvoll, wenn Gliederungen oder Inhaltsverzeichnisse gestaltet werden sollen, in denen die Textelemente so weit auseinander liegen, dass eine eindeutige Zuordnung nicht möglich ist.

Die Tabstopps können jederzeit verschoben werden, indem man sie mit der Maus „anfasst“ und an die gewünschte Position zieht. Tabstopps werden gelöscht, indem man sie aus dem Zeilenlineal „herauszieht“.

Tabstopps kann man **Füllzeichen** zuweisen. Diese werden immer automatisch *vor* den Tabstopp eingesetzt.

Das Objekt Seite und seine Attribute

Ein Dokument besteht aus **Seiten** mit bestimmten Eigenschaften wie
- Seitenlänge und -breite;
- Seitenränder, Kopf- und Fußzeilenränder, Seitennummerierung;
- Spaltenanzahl.

Hierfür existieren in Textverarbeitungsprogrammen Standardvorgaben (Voreinstellungen), die man verändern kann.

Eine Seite ist zusammengesetzt aus elementaren Objekten wie Zeichen, Absätzen, Tabellen und Grafiken, die ebenfalls bestimmte Eigenschaften (Formate) besitzen.

Einen Seitenwechsel erkennt man auf dem Bildschirm im Allgemeinen an einer gepunkteten Linie:

....

Einen **erzwungenen Seitenumbruch (manuellen Seitenumbruch)** erreicht man meist mit <Strg> + <Enter> oder über Menüs.

Folgende Seitenformatierungen sind im Allgemeinen möglich:

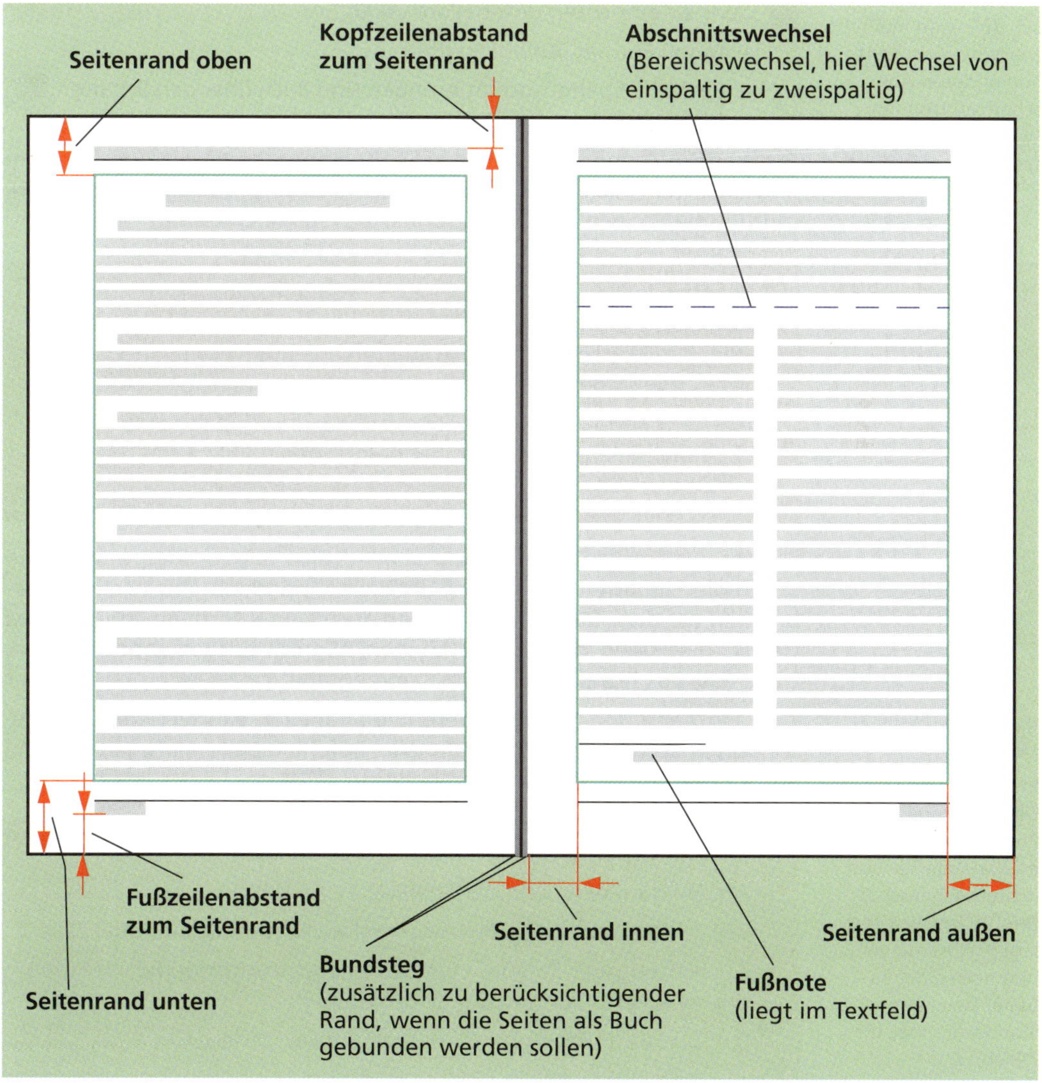

2.1.3 Publikation und Präsentation

Möglichkeiten der Seitenformatierung zur Gestaltung von Dokumenten

Für die Publikation längerer Dokumente sind neben der Festlegung der Seitengröße und der Seitenränder folgende Möglichkeiten von Bedeutung: Spalten und Tabellen, Kopf- und Fußzeilen sowie Fußnoten.

In den meisten Textverarbeitungsprogrammen kann man ein Dokument in **Bereiche** oder **Abschnitte** untergliedern. Diese sind nicht mit der Struktur „Seite" identisch, sondern können sich auf das gesamte Dokument, mehrere Seiten oder auch nur Teile von Seiten beziehen. So können unterschiedliche Seitenränder festgelegt werden, oder es kann z.B. auf einer Seite sowohl zwei- als auch dreispaltiger Text erzeugt werden.

Abschnitte und Seiten sind im Normalfall einspaltig angelegt. Es ist meist möglich, mehrere **Spalten** festzulegen.

Die Abschnittswechsel, die einen mehrspaltigen Abschnitt von anderen Abschnitten trennen, werden von *Word* automatisch eingefügt.

Spalten einrichten unter *Word 2000:*
- **M**enü Format **B**efehl Spalten...
- Einfache Spaltenformatierungen sind auch über den Schalter in der Standard-Symbolleiste möglich.

Text kann auch mittels Tabellen in Spalten angeordnet werden. Tabellen sind nicht nur mittels Tabulatoren und Tabstopps erzeugbar (↗ S. 104), sondern sie können auch als gesonderte Objekte eingefügt werden.

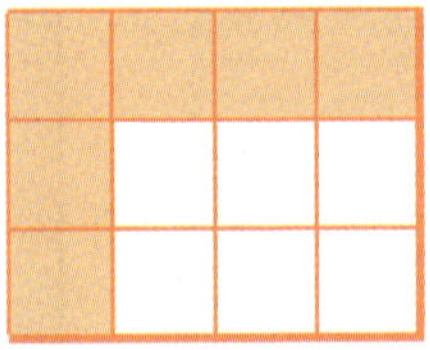

In **Tabellen** lassen sich Informationen nebeneinander (in **Spalten**) und untereinander (in **Zeilen, Reihen**) anordnen. Tabellen bestehen aus **Zellen,** die durch die Zeilen und Spalten erzeugt werden. In jeder einzelnen Zelle sind alle Zeichen- und Absatzformatierungen möglich.

Die erste (obere) Zeile und/oder die erste (linke) Spalte einer Tabelle heißt **Tabellenkopf** und dient zum Eintragen von Spalten- bzw. Zeilenüberschriften.

Die Informationen bleiben stets übersichtlich angeordnet, auch wenn durch die Eingabe von viel Text die Zeilen innerhalb einer Zelle umgebrochen werden. Tabellen eignen sich auch zum Anordnen von Text *und* Grafik, die Linien der Tabelle können nämlich ausgeblendet werden, ohne dass das Tabellengerüst „zusammenfällt".

Zum Einfügen und Vorformatieren von Tabellen existiert meist ein gesonderter Menüpunkt (**M**enü Tabelle **B**efehl Tabelle einfügen ...) und ein Schalter in der Standard-Symbolleiste ( ).

In professionellen Desktop-Publishing-Programmen wie *FrameMaker* lassen sich weitere Eigenschaften für Tabellen festlegen: Abstand vor und nach einer Tabelle, Tabellentitel, Standardränder für Zellen, ...

Folgende **Formatierungen** kann man **für Tabellen** vornehmen:
- Anzahl der Zeilen und der Spalten;
- Zeilenhöhe, Spaltenbreite, manchmal auch die Breite einzelner Zellen;
- Ausrichtung der Tabelle zum Seitenrand (rechtsbündig, linksbündig, zentriert, rechter oder linker Einzug);
- Rahmen und Hintergrundschattierung von Zellen.

Kopfzeilen und **Fußzeilen** sind Bereiche im oberen bzw. unteren Seitenrand, in denen gleiche Textelemente für das gesamte Dokument auftreten. Solche Textelemente können sein:
- Wiederholungen von Überschriften,
- Seitennummer,
- Datum und Uhrzeit der Dokumenterstellung,
- Firmeninformationen wie Anschriften und Bankverbindungen.

Der Inhalt der Kopf- und Fußzeilen wird nur einmal geschrieben. Die Kopf- und Fußzeilen für gerade (linke) bzw. ungerade (rechte) Seiten oder für die erste Seite eines Dokuments können gesondert definiert werden.

Seitennummern sollten immer außen erscheinen. Wiederholungen von Überschriften setzt man in die Kopfzeile, Firmeninformationen (z. B. Bankverbindungen) in die Fußzeile.

Kopf- bzw. Fußzeilen erstellen unter *Word 2000:*
- Eine günstige Dokumentansicht für das Erstellen von Kopf- und Fußzeilen lässt sich mit **M** Ansicht **B** Seiten-Layout erreichen.
- **M**enü Ansicht **B**efehl Kopf- und Fußzeile

  Es erscheinen
  - ein Bearbeitungskasten zum Schreiben der Kopfzeile und
  - eine neue Symbolleiste:

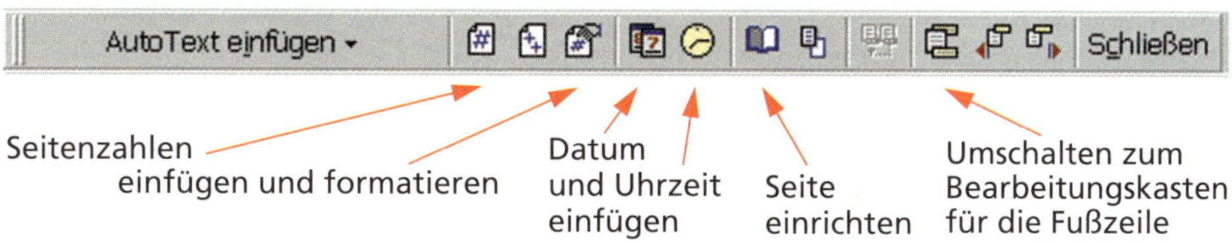

- Aus dem Kopf- oder Fußzeilenkasten kommt man über den Schalter „Schließen“ oder mit einem Doppelklick in den normalen Text.

In wissenschaftlichen Texten werden oft **Fußnotenzeichen** an Begriffe oder Zitate angefügt. Die entsprechenden Erläuterungen bzw. Quellenangaben werden am Ende der Seite als **Fußnoten** oder am Ende des Textes **(Endnoten)** angefügt.
Textverarbeitungsprogramme reservieren automatisch den entsprechenden Platz für den Fußnotentext und richten den Text auf jeder Seite so ein, dass sich das Fußnotenzeichen und der Fußnotentext auf der gleichen Seite befinden.

Fußnoten erstellen unter *Word 2000:*
- Cursor an die Stelle setzen, wo das Fußnotenzeichen erscheinen soll
- **M** Einfügen **B** Fußnote... (Formatierungen vornehmen)
- **S**chalter OK (Fußnotenzeichen wird eingesetzt und auf der Seite unten wiederholt)
- Fußnotentext eingeben
  (Durch einen Doppelklick auf das Fußnotenzeichen vor dem Fußnotentext gelangt man in den „normalen“ Text zurück.)

Fußnotenzeichen lassen sich nur im „normalen“ Text löschen. Aber Vorsicht: Dabei wird auch der Fußnotentext gelöscht! Die folgenden Fußnotenzeichen passen sich automatisch in der Nummerierung an.

Die **Absatzkontrolle** sollte immer eingeschaltet sein, **Schusterjungen** und **Hurenkinder** sehen unschön aus.

Insbesondere sollten Überschriften mit dem folgenden Absatz verbunden werden.

In professionellen DTP-Programmen (Beispiel *FrameMaker)* kann der Nutzer Formatvorlagen für Absätze, Zeichen und Tabellen getrennt erstellen. Dadurch ist es beispielsweise möglich, einem Absatz das Format „Einzug" zuzuweisen und bestimmten Wörtern im Absatz das Zeichenformat „Kapitälchen". Bei Zuweisung eines neuen Absatzformats bleibt die Eigenschaft „Kapitälchen" erhalten.

Vordefinierte Vorlagen sollten *nicht* gelöscht werden, da sich dies oft auf andere Formatvorlagen auswirkt, z.B. bauen Formatvorlagen von Inhaltsverzeichnissen auf Überschriftsvorlagen auf. (↗ S. 110)

Möglichkeiten der Absatzformatierung zur Gestaltung von Dokumenten

Absätze können oft recht lang sein und werden gelegentlich mit einer neuen Seite umgebrochen. Textverarbeitungsprogramme stellen zum **Umbruch** von Absätzen etliche sinnvolle Kontrollfunktionen bereit:

- Die **„Absatzkontrolle"** verhindert allein stehende Absatzzeilen, also dass die letzte Zeile eines Absatzes zu Beginn einer neuen Seite **(„Hurenkind")** oder die erste Zeile eines Absatzes am Ende der Seite **(„Schusterjunge")** steht.
- Man kann das Textverarbeitungsprogramm dazu zwingen, dass der Absatz geschlossen umgebrochen oder generell auf die nächste Seite gebracht wird.
- Es ist möglich, Absätze zu verbinden, sodass sie nur gemeinsam umgebrochen werden.

Dokumente machen vor allem dann einen geschlossenen, ästhetischen Eindruck, wenn sich die Formatierungen von Überschriften, Fließtext oder Absätzen mit Einzügen wie ein roter Faden durch das gesamte Schriftstück ziehen. Einmal vorgenommene Formatierungen können gespeichert und immer wieder neuen Absätzen (manchmal auch Zeichen und Tabellen) zugewiesen werden.

Unter einem Namen gespeicherte Formatierungen – insbesondere für Absätze – heißen **Formatvorlagen (Druckformate).**
Wenn die Eigenschaften einer Formatvorlage geändert werden, dann ändern sich automatisch alle entsprechenden Formatierungen im Dokument.

Formatvorlagen helfen, Zeit zu sparen, sorgen für ein einheitliches Layout, erleichtern Layoutänderungen in einem Dokument und sind auch relativ einfach zu erstellen.

Formatvorlagen erstellen unter *Word 2000:*

- Absatz mit gewünschten Eigenschaften (z. B. Standard-Schriftart, Ausrichtung, Einzüge, Tabstopps, Rahmen) versehen und markieren
- neuen Formatnamen in das Listenfeld für Formatvorlagen (ganz links in der QuickAccess-Leiste) eintippen
- <Enter>

Soll außerdem ein Shortcut – eine Tastenkombination zur schnelleren Formatierung – erstellt werden, so nutzt man besser Menüs: **M**enü Format **B**efehl Formatvorlage... **S**chalter Bearbeiten... (Namen eingeben) **S** Tastenkombination... .

Die erstellte Formatvorlage kann jederzeit anderen Absätzen zugewiesen werden, indem man den zu formatierenden Absatz markiert und die entsprechende Formatvorlage aus dem Listenfeld in der QuickAccess-Leiste auswählt.

Nicht benötigte Formatvorlagen können gelöscht werden. Formatvorlagen können geändert und auch auf andere Dokumente übertragen werden.

Formatvorlagen in andere Dokumente übernehmen unter *Word 2000:*

- **M** Format **B** Formatvorlage... **S** Organisieren...

Grafikeinbindung und Desktop-Publishing

In Dokumente lassen sich Grafiken und grafikähnliche Objekte wie Diagramme und Formeln einfügen.

Es gibt verschiedene Methoden, Grafiken in ein Dokument einzubinden: **Einbetten von Objekten** (↗ S. 134) und die **OLE-Methode** (↗ S. 135).

Möglichkeiten des Imports von Grafiken

- Über die Zwischenablage von Windows (oder einer anderen Benutzeroberfläche) können Grafiken aus anderen Windows-Anwendungen eingefügt werden.
- Es lassen sich Grafiken von der Festplatte oder externen Speichermedien einlesen. Zum Lieferumfang von Textverarbeitungsprogrammen gehören Grafikfilter, die die gängigsten Grafikformate lesen können. Meist werden auch vorgefertigte Grafiken mitgeliefert.
- Textverarbeitungsprogramme besitzen meist selbst integrierte Mittel zur Erstellung und Nachbearbeitung von Grafiken.

Mit Möglichkeiten wie Mehrspaltigkeit, Tabellen- und Grafikeinbindung haben Textverarbeitungsprogramme heute schon solche Funktionen, dass sie als einfache DTP-Programme genutzt werden können.

Unter **DTP** (**D**esk**t**op-**P**ublishing) versteht man das Erstellen und Gestalten grafischer Drucksachen wie Plakate oder andere Werbematerialien und Zeitschriften.

Desktop-Publishing heißt „Publizieren (Veröffentlichen) vom Schreibtisch aus".

Durch das Einbinden von Kopf- und Fußzeilen, durch die Generierung von Fußnoten, Inhaltsverzeichnis und Register und durch DTP-Funktionen (Mehrspaltigkeit, Rahmenpositionierung, ...) ist es möglich, mit Textverarbeitungsprogrammen auch Bücher und andere Drucksachen herzustellen. Bevor dies geschieht, muss das Layout dafür festgelegt werden.

Unter **Layout** versteht man das generelle Erscheinungsbild eines Druckwerkes – angefangen vom Einband mit Titelbild über das Format (Seitengröße) und die Seitenaufteilung mit eingebundenen Tabellen und Grafiken bis hin zu den genutzten Schriftarten und -größen.

Schritte beim Erstellen von längeren Dokumenten

1. Festlegen des Layouts:
   - Seitengröße, Seitenränder, Kopf- und Fußzeilenränder definieren
   - Spaltenanzahl- und -breite definieren
   - Druckformate für Absatz- und evtl. Zeichentypen festlegen
2. Text eingeben oder aus anderen Dokumenten „einfließen" lassen
3. Text prüfen und korrigieren
4. Text formatieren, Tabellen und Grafiken einbinden
5. Dokument speichern (auch schon zwischendurch)
6. Dokument drucken

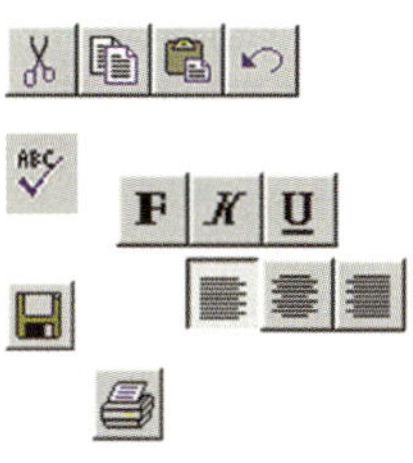

Zur **Trennhilfe:**
Absätze im Blocksatz haben ohne Silbentrennung oft unschöne Lücken zwischen den einzelnen Wörtern.
Es sieht nicht schön aus, wenn Silben mit weniger als 3 Zeichen von Wörtern abgetrennt werden, z. B. wenn „Oma" getrennt wird. Auch die Aufeinanderfolge von mehr als 3 Zeilen mit einem Trennzeichen am Ende wirkt unschön. In professionellen Textverarbeitungsprogrammen kann man die Trennhilfe so einstellen, dass dies alles verhindert wird.

Sonderfunktionen in Textverarbeitungsprogrammen zur Publikation

Folgende leistungsfähige Sonderfunktionen können Textverarbeitungsprogramme zur Verfügung stellen:

- *Druckformate* (Absatzformate können gespeichert und anderen Absätzen jederzeit zugewiesen werden, ↗ S. 108);
- *Dokumentvorlagen* (spezielle Dokumente, welche als Muster für andere Dokumente derselben Art genutzt werden können);
- *Rechtschreibhilfe* durch integrierten „Duden";
- *automatische Silbentrennung (Trennhilfe)* zur ästhetischeren Ansicht von Texten (↗ Informationstext in der Randspalte);
- *Thesaurus* (Synonymwörterbuch) zum Bereitstellen sinnverwandter Begriffe;
- *Textbausteine* für sich ständig wiederholende Floskeln;
- *Suchen und Ersetzen* von Text (und von Formaten);
- *Gliederung* automatisch erstellen;
- *Inhaltsverzeichnis* und *Register* automatisch erstellen;
- *Serienbriefe (↗ S. 111).*

Gliederung

Eine **Gliederung** strukturiert ein Dokument beispielsweise durch Überschriften für Kapitel (Gliederungsebene 1), Abschnitte (Ebene 2) und Unterabschnitte (Ebene 3). Der Inhalt der einzelnen Kapitel, Abschnitte und Unterabschnitte wird oft als **Fließtext** bezeichnet.

Erstellen einer Gliederung unter *Word 2000:*

- **M**enü Format **B**efehl Nummerierung und Aufzählungszeichen…
- **R**egisterkarte Gliederung (Gliederungsart auswählen)

Inhaltsverzeichnis und Register

Ein **Inhaltsverzeichnis** eines Dokuments basiert auf seiner Gliederung. Wurde die Gliederung korrekt erstellt, lässt sich das Inhaltsverzeichnis mit den Seitenzahlen für die einzelnen Gliederungspunkte automatisch anlegen. Bei Änderung der Gliederung und Verschiebung von Seitenzahlen durch Einfügen oder Löschen von Text kann man das Inhaltsverzeichnis (oft schon per Tastendruck) aktualisieren.

Soll das Inhaltsverzeichnis am Anfang des Dokuments stehen, muss man dort durch Einfügen eines Seitenumbruchs *vor* dem Anlegen des Inhaltsverzeichnisses Platz schaffen, damit die Seitennummerierung nach dem Einfügen des Inhaltsverzeichnisses noch stimmt.

Einfügen eines Inhaltsverzeichnisses unter *Word 2000:*

- Cursor an die Stelle setzen, wo das Inhaltsverzeichnis erscheinen soll
- **M** Einfügen **B** Index und Verzeichnisse… **R** Inhaltsverzeichnis
- Format der Gliederung auswählen; Gliederungstiefe festlegen
- **O**ption Seitenzahlen anzeigen; **O** Seitenzahlen rechtsbündig; Füllzeichen zwischen Text und Seitenzahlen festlegen; **S** OK

Das Inhaltsverzeichnis wird mit <F9> aktualisiert (Cursor im Verzeichnis).

Das **Register** (der **Index**) ist ein **Stichwortverzeichnis,** welches meist am Ende eines längeren Dokuments – eines Buches – steht und in dem wichtige Begriffe alphabetisch geordnet aufgelistet sind. Dabei werden jeweils alle Seitennummern angegeben, wo die Begriffe zu finden sind.

Das Register wird in zwei Schritten angelegt:

- Es müssen alle Begriffe festgelegt werden, die im Register erscheinen sollen.
- Das automatische Erstellen des Registers muss eingeleitet werden.

In Registern kann man zwischen Haupt- und Untereinträgen von Begriffen unterscheiden:

Haupteintrag: Absatz 103
Untereintrag: Ausrichtung 103
Untereintrag: Schusterjunge 108
Untereintrag: Zeilenabstand 104

Anlegen eines Registers unter *Word 2000:*

Manuelles Festlegen der Registereinträge:

- Wort markieren
- **M**enü Einfügen **B**efehl Index und Verzeichnisse... **R**egisterkarte Index **S**chalter Eintrag festlegen...
- Haupt- und Untereintrag unterscheiden; **O**ption Aktuelle Seite
- **S** Festlegen (Fenster bleibt für mögliche weitere Einträge geöffnet)

Erstellen des Registers:

- Cursor an das Ende des Dokuments setzen
- **M** Einfügen **B** Index und Verzeichnisse... **R** Index
- Formatierungseigenschaften für das Register festlegen
- **S**chalter OK

In *Word* sind die Befehlsworte für den Registereintrag in geschweiften Klammern auf dem Bildschirm mitten im Text zu sehen. Mit ¶ lassen sich diese Steuerzeichen ausblenden.

Serienbriefe

Ein **Serienbrief** ist ein Brief, der mit gleichem Hauptinhalt, aber individuellen Angaben für den Adressaten an verschiedene Personen verschickt wird. Für die Anrede oder die Anschrift werden Variablen verwendet, die beim Druck mit konkreten Angaben gefüllt werden.

Es müssen zwei Dateien erstellt werden:

- Die **Steuerdatei (Datenquelle)** enthält Variablen (Feldnamen im ersten Absatz oder im Tabellenkopf) und den zugehörigen Wechseltext.
- Die **Serientextdatei** (das **Hauptdokument**) enthält den Textinhalt, der gleichbleibend in allen Briefen gedruckt wird, sowie die Variablen, die als Platzhalter für den Wechseltext fungieren.

Beim **Seriendruck** werden diese beiden Dateien automatisch zusammengefügt. Es wird eine festgelegte Anzahl von Serienbriefen erzeugt.

Prinzip des Seriendrucks

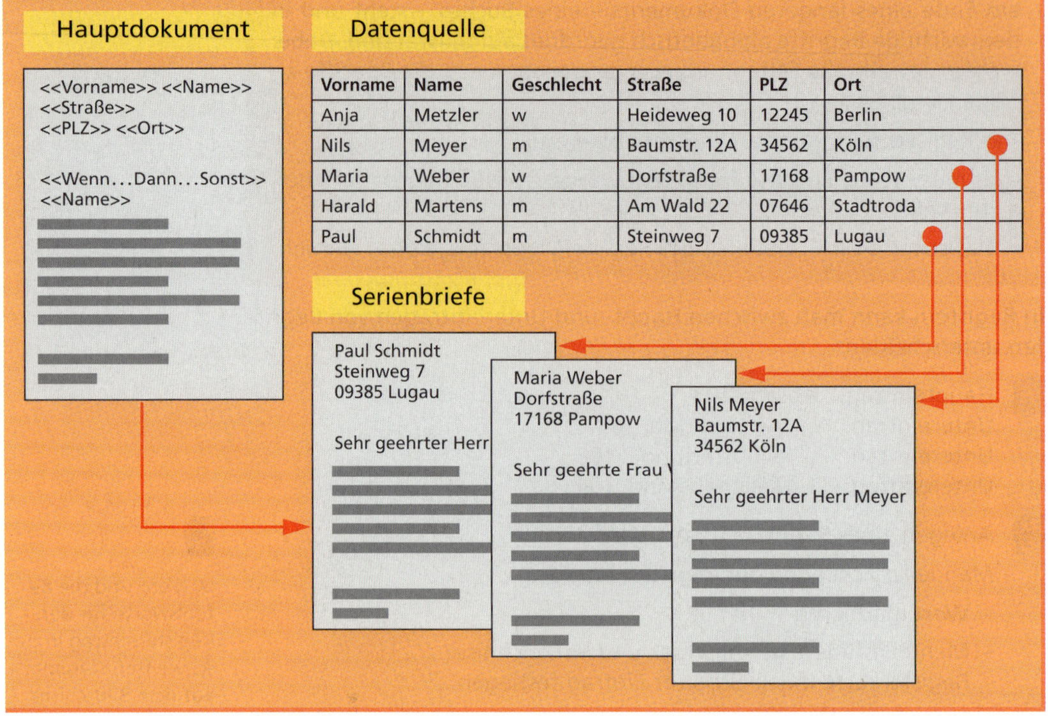

Vorname	Name	Geschlecht	Straße	PLZ	Ort
Anja	Metzler	w	Heideweg 10	12245	Berlin
Nils	Meyer	m	Baumstr. 12A	34562	Köln
Maria	Weber	w	Dorfstraße	17168	Pampow
Harald	Martens	m	Am Wald 22	07646	Stadtroda
Paul	Schmidt	m	Steinweg 7	09385	Lugau

Ein häufig auftretender Fehler ist, dass man versucht, von der Datenquelle aus zu drucken und nicht vom Hauptdokument.
Beim Programmieren eines Serienbriefes können auch logische Fehler auftreten. Es ist daher sinnvoll, die Serienbriefe nicht direkt, sondern zuerst in eine Datei zu drucken und sich diese Datei anzuschauen.

Professionelle Textverarbeitungsprogramme besitzen meist eine komfortable Menüführung zum Erstellen und Drucken von Serienbriefen.

Seriendruck unter *Word 2000:*

Erstellen des Hauptdokuments:

- **M** Extras **B** Seriendruck…
- 1. Hauptdokument: **S** Erstellen **B** Serienbriefe… **S** Aktives Fenster
- 2. Datenquelle: **S** Datenquelle importieren **B** Datenquelle öffnen… oder erstellen…
- **S** Hauptdokument bearbeiten

Drucken:

- **M** Extras **B** Seriendruck…
- 3. Daten mit Dokument zusammenführen: **S** Ausführen…

Die Datenquelle kann in vielen Textverarbeitungsprogrammen auch extern – z. B. in einem Tabellenkalkulations- oder Datenbankprogramm – erstellt werden.

Beim Seriendruck läuft im Prinzip ein Programm ab, welches man selbst erstellt hat. Im Programm sind Variablen vorhanden. Die Werte werden aus der Datenquelle beim Druck eingegeben. *Algorithmenstrukturen* sind erkennbar: Man kann Entscheidungsstrukturen mit logischen Operatoren einbauen. Beispielsweise kann die Anrede in Abhängigkeit vom Geschlecht mit einem „Wenn…Dann…Sonst-Feld“ erfolgen. Beim Druck selbst laufen Schleifen ab.

Zu Algorithmenstrukturen vgl. Abschnitt 1.3.2, S. 30 ff.

2.2 Tabellenkalkulation

2.2.1 Aufbau und Funktion von Kalkulationsprogrammen

Tabellenkalkulation und Kalkulationsprogramme

Unter **Tabellenkalkulation** versteht man die Erstellung und Verwaltung von Planungsübersichten, Rechnungen, Kostenabschätzungen u. Ä. in Form von Tabellen.

Die Software für Tabellenkalkulationen nennt man **Tabellenkalkulationsprogramm** (auch kurz **Kalkulationsprogramm).**

Tabellenkalkulation heißt im Englischen „spreadsheet calculation".

Die Oberfläche von Kalkulationsprogrammen ist im Allgemeinen wie die von Textverarbeitungsprogrammen aufgebaut – mit Titelleiste und dem Namen der aktuellen Tabelle, Menüleiste, verschiedenen Symbolleisten, Bildlaufleisten und der Statuszeile (↗ S. 99 bzw. folgende Abbildung).

Die derzeit wichtigsten Kalkulationsprogramme sind **Microsoft Excel, Lotus 1-2-3, Microsoft Works** und **StarOffice,** wobei die letzten beiden Programme eigentlich Office-Pakete (↗ S. 135) sind, die einen Kalkulationsteil beinhalten.

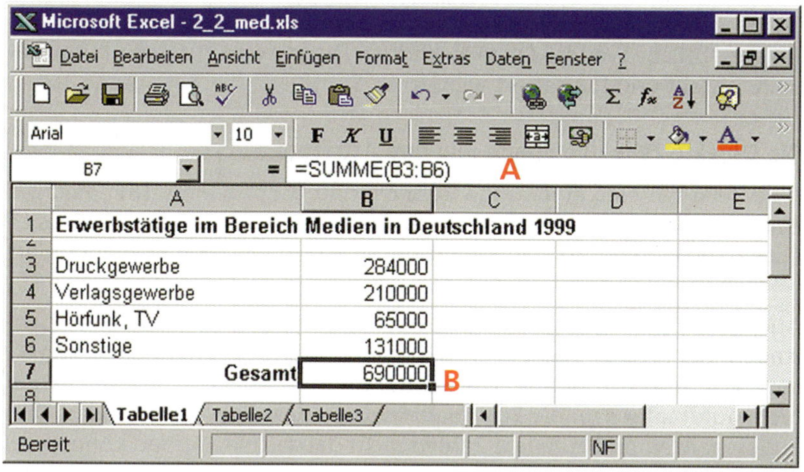

Anstatt des Arbeitsfeldes findet man aber eine Tabelle mit Spalten- und Zeilenköpfen, die der Orientierung dienen. Außerdem gibt es eine Bearbeitungsleiste (A) zum Eingeben bzw. Bearbeiten von Formeln und anderen Zellinhalten.

Zahlen oder Werte für gegebene Größen werden in einzelne Zellen der Tabelle eingetragen. Es ist nun möglich, andere Zellen so mit Formeln oder Definitionsvorschriften zu versehen, dass die dortigen Zellinhalte aus den Werten der Ausgangszellen errechnet werden (B).

In der oben dargestellten Tabelle wurde die Zelle B7 aus den Werten der Zellen B3, B4, B5 und B6 errechnet.

Jede Änderung eines Eingabewertes führt automatisch zur Neuberechnung der davon abhängigen Werte in anderen Zellen.

Wird in der oben dargestellten Tabelle der Wert für „Sonstige" um 5000 erhöht, ändert sich „Gesamt" auf 695000.

Die eingegebenen und errechneten Daten können auch grafisch in Form von Diagrammen veranschaulicht werden (↗ Randspalte).

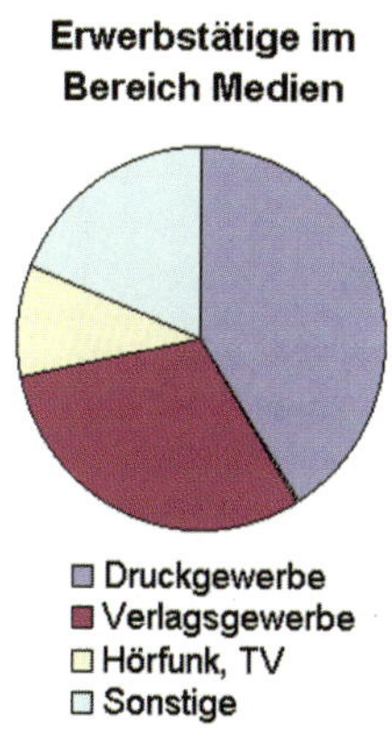

Einsatzbereiche von Kalkulationsprogrammen

- Durchführung sich periodisch wiederholender Berechnungen mit jeweils anderen (sich aus der aktuellen Situation ergebenden) Ausgangswerten im Rechnungswesen, in der Lager- und Buchhaltung
- Vorausberechnung und Darstellung von mathematisch erfassbaren Prozessen wie Zins- und Rentenrechnung, demografische Entwicklungen oder Klimaprognosen
- Darstellung von Ergebnissen mathematischer Berechnungen in Zahlen und Grafiken wie Präsentation von Firmenkennzahlen, Wahlergebnissen, Sparerträgen und Kreditangeboten

2.2.2 Objekte in Kalkulationsprogrammen und ihre Attribute

Komplexe Objekte in Kalkulationsprogrammen sind *Tabellen,* die – wenn notwendig – miteinander verknüpft werden können.
Objekte in einer Kalkulationstabelle sind *Zeile, Spalte* und *Zelle.* Diese Objekte besitzen bestimmte Attribute (Eigenschaften, Formatierungen). Als wesentliche weitere Objekte können *Diagramme* zur Kalkulationstabelle erstellt und formatiert werden (↗ S. 118).

Die Objekte Zeile und Spalte und ihre Attribute

Eine Tabelle besteht meist aus 65536 Zeilen.

Jede **Zeile** hat eine eindeutige Bezeichnung in Form einer Nummer. Die **Zeilenhöhe** bestimmt die Höhe aller Zellen in einer Zeile und passt sich automatisch an die Zelle mit der größten Schrift an, kann aber verändert werden.

Am einfachsten lassen sich Spaltenbreite und Zeilenhöhe mit der Maus ändern:

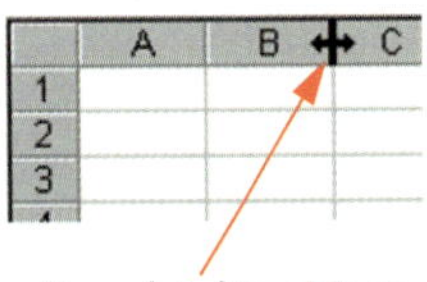

mit gedrückter Maustaste ziehen

Auch jede **Spalte** hat eine eindeutige Bezeichnung. Meist sind es Buchstaben: A, ..., Z, AA, AB, AC, ... Die **Spaltenbreite** bestimmt die Breite aller Zellen in dieser Spalte. Die Spaltenbreite passt sich im Allgemeinen *nicht* automatisch an die Zellinhalte an, was dazu führen kann, dass Text abgeschnitten und zu lange Zahlen nicht dargestellt werden können (es erscheint dann „#######" oder „******"). Das Abschneiden von Zellinhalten kann man verhindern:

Excel 97:
- Spalten markieren
  (Überstreichen der entsprechenden Spaltenköpfe mit der Maus)
- **M**enü Format **B**efehl Spalte **B**efehl **Optimale Breite** bestimmen

Spalten und Zeilen lassen sich auch einfügen, löschen oder verbergen.

Das Objekt Zelle und seine Attribute

Bei Zellen mit Formeln wird auf dem Tabellenblatt nur der Wert angezeigt. Das ist meist eine Zahl, kann aber auch ein Wahrheitswert oder sogar Text sein.

Zellen ergeben sich aus dem Schnitt von Zeilen und Spalten. Jede **Zelle** hat damit eine eindeutige Bezeichnung, die sich aus Spaltenbezeichnung und Zeilennummer ergibt (z. B. D19). **Zellinhalte** können sein:

- Zahlen (sind standardmäßig rechtsbündig ausgerichtet);
- Text (ist standardmäßig linksbündig ausgerichtet);
- Formeln mit mathematischen Operatoren, Funktionen und Zellbezügen (beginnen grundsätzlich mit einem Gleichheitszeichen).

Jede Zelle kann gesondert formatiert werden. Gängige **Zellattribute** sind:

- **Zahlenformate** wie negative oder rationale Zahlen mit Dezimalkomma und Tausenderpunkt, auch mit Währungseinheiten und anderen benutzerdefinierten Einheiten; unterschiedliche Datums- und Uhrzeitangaben sind möglich usw.;
- Zeichenformatierungen, wie Schriftart, -größe, -stil und -farbe;
- Ausrichtung in einer Zelle, wie links, zentriert, rechts, oben, mittig, unten;
- Rahmen, Hintergrundfarben und -muster;
- **Zellschutz** (Sperrung einzelner Zellen gegen unbefugt Eingabe).

2.2.3 Kalkulation

Zellen mit Formeln

Jede **Formeleingabe** beginnt mit einem Gleichheitszeichen. Formeln dürfen nach dem Gleichheitszeichen enthalten:
- Zahlen;
- Rechenoperatoren, Vergleichsoperatoren;
- Zell- bzw. Bereichsbezüge;
- mathematische, logische und Zeichenkettenfunktionen.

Vergleichsoperatoren finden dann Anwendung, wenn der Wert von Zellen verglichen werden soll. Beispiel:
`=A4<B4`
ergibt den Wert WAHR, wenn in A4 ein Zahlenwert steht, der kleiner ist als der von B4.
Man kann sogar Zeichenketten vergleichen.

Die Formeleingabe wird immer mit <Enter> abgeschlossen.
Auf dem Tabellenblatt wird nur der Wert angezeigt, die Formel selbst kann in der Bearbeitungsleiste verändert werden.

Zell- und Bereichsbezüge

Oft finden Werte anderer Zellen (Zahlen, Datumsangaben, Wahrheitswerte, Zeichenketten) in einer Formel Verwendung.

Mit einem **Zellbezug** werden in einer Formel Werte aus anderen Zellen oder Zellbereichen in Beziehung zueinander gebracht.
Ein **Zellbereich** umfasst mehrere Zellen.

Als Zeichen für das Wort „bis" in „Zelle x bis Zelle y" wird der Doppelpunkt verwendet. Bei Aufzählungen nutzt man das Semikolon.

`A4;B1;D2:E4`

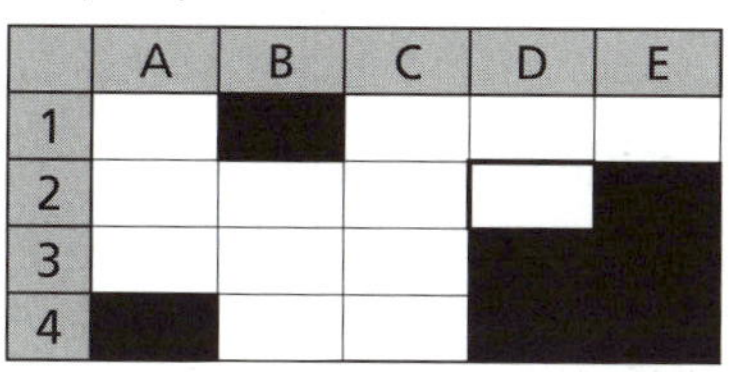

(Eine der markierten Zellen wird nur stark umrandet, ist aber dennoch richtig markiert.)

Nicht zusammenhängende Bereiche werden markiert, indem man die <Strg>-Taste gedrückt hält.

`=SUMME(C7:D12)` Summe aller Werte in den Zellen C7 bis D12

Relative und absolute Zellbezüge

In älteren Kalkulationsprogrammen wurde ausschließlich die Z1S1-Bezugsart verwendet. Es hat sich aber die A1-Bezugsart durchgesetzt. Bei *Excel* kann die Bezugsart wie folgt umgeschaltet werden:
M Extras
B Optionen...
R Allgemein
O Z1S1 Bezugsart

Wenn in einer Formel die örtliche Beziehung einer Zelle oder eines Bereiches in Bezug auf die Zelle angegeben wird, in der die Formel steht, spricht man von einem **relativen Zellbezug.** Relative Zellbezüge werden beim Kopieren von Zellen der neuen Situation angepasst.

Wenn in einer Formel der einmal festgelegte Ort einer Zelle auf dem Arbeitsblatt angegeben wird, spricht man von einem **absoluten Zellbezug.** Absolute Zellbezüge verweisen auch nach dem Kopieren zu der ursprünglich angegebenen Zelle.

Eine Formel wie `=A1*B2` nutzt relative Bezüge, auch wenn dies in der standardmäßig vorgegebenen **A1-Bezugsart** nicht sofort zu sehen ist. Die **Z1S1-Bezugsart** verdeutlicht die Zusammenhänge besser.

	A	B
1	40	
2		8
3		=A1*B2

Angenommen, die Formel `=A1*B2` steht in Zelle B3, dann heißt die Formel in der Z1S1-Bezugsart `=Z(-2)S(-1)*Z(-1)S`, was bedeutet: „Gehe von hier aus 2 Zeilen nach oben und eine Spalte nach links. Multipliziere den Wert, den du dort findest mit dem Wert der Zelle, die du von B3 aus findest, wenn du eine Zeile nach oben gehst und dabei in der gleichen Spalte bleibst."

Wie wichtig die Unterscheidung von absoluten und relativen Zellbezügen ist, soll folgendes Beispiel zeigen:

Achtung! Eigentlich müsste man entsprechend der korrekten Prozentrechenformel noch mit 100 multiplizieren. Dies ist aber durch die %-Formatierung in Spalte C automatisch passiert. Das Prozentzeichen *(in Excel)* ist also gleichzeitig Zellattribut (Zahlenformat) und Operator (der Wert der Zelle wird mit 100 multipliziert).

Eine Tabelle mit den Erwerbstätigen im Medienbereich (↗ S. 113) soll um eine Spalte mit den prozentualen Anteilen ergänzt werden:

C3 = =B3/$B$7

	A	B	C	D
1	**Erwerbstätige im Bereich Medien in Deutschland**			
2				
3	Druckgewerbe	284000	41,16%	
4	Verlagsgewerbe	210000	30,43%	
5	Hörfunk, TV	65000	9,42%	
6	Sonstige	131000	18,99%	
7	**Gesamt**	690000	100,00%	

Formeln in Spalte C:

```
=B3/$B$7
=B4/$B$7
=B5/$B$7
=B6/$B$7
=SUMME(C3:C6)
```

Der Prozentsatz in C3 errechnet sich als Verhältnis der Anzahl der Beschäftigten im Druckgewerbe (B3) zur Gesamtzahl der im Medienbereich Beschäftigten (B7), also `=B3/B7` (↗ auch Infotext).
Die Formel in C3 lässt sich nach C4, C5 und C6 kopieren. Dabei wird der Zellbezug angepasst. Nach dem Kopieren würde in C4 die Formel `=B4/B8` stehen, was zur korrekten Fehlermeldung `#DIV/O!` führt. Der Grundwert steht *immer* in B7, es ist also in der Formel ein *absoluter Zellbezug* anzugeben, der in *Excel* durch Dollarzeichen beschrieben wird.

Mathematische, logische und Zeichenkettenfunktionen

Neben elementaren Operatoren wie + (Plus), – (Minus), * (Mal), / (Geteilt) und ^ (Hoch) sowie Klammern sind in Kalkulationsprogrammen alle (vor allem für finanzmathematische Berechnungen) notwendigen Funktionen für die Verwendung in Formeln definiert.

Der Aufruf von **Funktionen** erfolgt über einen definierten Namen, gefolgt von Argumenten, die in vielen Kalkulationsprogrammen in Klammern stehen und durch Semikola voneinander getrennt werden. Die Argumente können Zellbezüge, mathematische Ausdrücke oder selbst wieder Funktionen sein.

Funktion in eine Formel einfügen unter *Excel:*
M Einfügen
B Funktion...

Funktionen unter *Excel 97:*

- `=SUMME(C6:C20;E6:E20;F15;3)`
  Die Summenfunktion addiert hier die Werte in den Zellen C6 bis C20, E6 bis E20 sowie F15 und dazu den Wert 3.
- `=GANZZAHL(6*ZUFALLSZAHL()+1)`
  Die Funktion ZUFALLSZAHL() liefert eine Zufallszahl z mit $0 < z < 1$. $6 \cdot z + 1$ liefert eine Zahl w mit $1 < w < 7$. Durch Anwenden der GANZZAHL-Funktion (int x) erhält man eine Zufallszahl derart, dass man das Würfeln mit einem Standardwürfel simulieren kann. Mit jeder Neuberechnung der Tabelle wird auch eine neue Zufallszahl (1, 2, 3, 4, 5 oder 6) erzeugt.
- `=MITTELWERT(A10:D19)`
  Das arithmetische Mittel der Werte in den Zellen A10 bis D19 (das sind 40 Zahlen) wird gebildet.

Auch die logischen Operatoren NICHT, ODER, UND werden wie Funktionen behandelt. Zusammen mit Zeichenkettenfunktionen und der **Wenn-Funktion** sowie der **Verweisfunktion** können Algorithmenstrukturen wie ein-, zwei- oder mehrseitige Auswahl (Fallunterscheidung) realisiert werden.

Zu logischen Operatoren ↗ S. 258 ff.
Zu Algorithmenstrukturen ↗ S. 30 ff.

Funktionen unter *Excel 97:*

- `=WENN(JETZT()-C3<183;"Abwarten";"Aktien verkaufen")`
  Hier könnte es um den Umgang mit Aktien gehen: Wenn weniger als ein halbes Jahr verstrichen ist (aktuelles Datum minus Datum in C3), dann schreibe „Abwarten“, sonst „Aktien verkaufen“.
- `=WENN(ODER(A9=10;A9=20;A9=30;A9=40);"Jubiläum";"")`
  Wenn in Zelle A9 die Zahl 10, 20, 30 *oder* 40 steht, dann wird in die aktuelle Zelle „Jubiläum“ geschrieben, sonst bleibt sie leer.
- `=WENN(UND(JETZT()-A81>4*365+1;B11>5000);B11/10;"")`
  Wenn seit dem erstmaligen Auftreten als Kunde (Datum steht in Zelle A81) mehr als 4 Jahre vergangen sind *und* im letzten Jahr Waren im Wert von mehr als 5000 € gekauft wurden (B11), dann wird der Wert in B11 durch 10 geteilt (dies könnten z. B. 10% Rabatt sein), sonst bleibt die Zelle leer.
- `=SVERWEIS(A6;Tabelle2!A5:C583;3)`
  In eine Rechnung soll ein Artikelpreis eingetragen werden. In Zelle A6 steht die Artikelnummer. Diese ist das Vergleichskriterium für den dargestellten Spaltenverweis. *Excel* sucht in einer gesonderten Tabelle 2 im Zellbereich A5 bis C583 (wo in der Spalte A alle Artikelnummern, in Spalte B ihre Kurzbezeichnung und in Spalte C der aktuelle Preis aufgeführt ist) in der 3. Spalte des markierten Bereichs nach dem zugehörigen Preis.

Unter *Excel* gibt es auch noch eine Verweisfunktion (WVERWEIS), wo die Suchbegriffe in der ersten Zeile (und nicht in der ersten Spalte) stehen.

Bei einer **arithmetischen Zahlenfolge** ist der Abstand zwischen zwei benachbarten Gliedern immer gleich ($a_{n+1} = a_n + d$). Bei einer **geometrischen Zahlenfolge** wird von einem Glied zum nächsten jeweils mit dem gleichen Faktor multipliziert ($a_{n+1} = a_n \cdot q$).

Daten- und Zahlenreihen

Für Nummerierungen, Wertetabellen, fortlaufende Datumsangaben, insbesondere für arithmetische und geometrische Zahlenfolgen, gibt es in Kalkulationsprogrammen meist unter dem **M**enü „Bearbeiten" den **B**efehl „Datenreihe ausfüllen".

Es sollen unter *Excel* Wertetabellen für die Funktionen $y = 0{,}3x + 1$, $y = \frac{1}{8}x^2$ und $y = 2\sin x$ im Intervall $-4 \leq x \leq 4$ mit der Schrittweite 0,2 erstellt werden. Hierzu wird in die Argumentspalte der Startwert −4 eingegeben und die Spalte ab dem Startwert (Zelle A2) hinreichend weit markiert. Unter **M** Bearbeiten **B** Ausfüllen **B** Reihe... wird der Typ „Arithmetisch" und das Inkrement (der Abstand der Folgenglieder) 0,2 eingegeben. Die Formeln für die Funktionswerte werden einmal erstellt (Zellen B2, C2 und D2) und dann kopiert. Allerdings könnte man auch die Spalte B wie beschrieben ausfüllen lassen (Startwert 0,2; arithmetische Reihe; Inkrement 0,06).

D4 = =2*SIN(A4)

	A	B	C	D
1	Argument	y=0,3*x+1	y=x*x/8	y=2*sinx
2	-4	-0,2	2	1,513604991
3	-3,8	-0,14	1,805	1,223715782
4	-3,6	-0,08	1,62	0,885040887
5	-3,4	-0,02	1,445	0,511082204
6	-3,2	0,04	1,28	0,116748287
7	-3	0,1	1,125	-0,282240016
8	-2,8	0,16	0,98	-0,6699763
9	-2,6	0,22	0,845	-1,031002744

2.2.4 Präsentation von Kalkulationsdaten durch Diagramme

Zusammenhänge, Trends und Zahlenverhältnisse lassen sich am einfachsten über grafische Veranschaulichungen erkennen. Alle Tabellenkalkulationsprogramme bieten hierzu unterschiedliche Diagrammtypen an.

Kuchendiagramm:

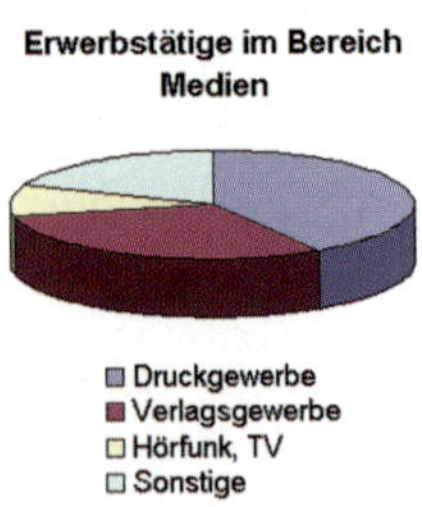

Achtung! Je nach Lage des Diagramms können die Daten verfälscht werden: So scheint es hier mehr Beschäftigte im Verlags- als im Druckgewerbe zu geben.

Diagrammtypen und ihre Verwendung

Typ	Verwendung
Kreisdiagramm	Kreisdiagramme eignen sich insbesondere für den anschaulichen Vergleich von Teilen eines Ganzen (↗ Medien-Beispiel S. 113). Grundsätzlich können mit einem Kreisdiagramm also nur Zahlen aus *einer* Datenreihe dargestellt werden. Dies gilt auch für die räumliche Variante, das **3D-Kreisdiagramm (Kuchendiagramm).**
Liniendiagramm	Liniendiagramme eignen sich insbesondere zur Darstellung von Datenreihen mit jeweils sehr vielen Daten. Das können Prognosen für Zinsentwicklungen, Messreihen oder auch mathematische Funktionen sein (↗ Beispiel zu Daten- und Zahlenreihen, oben und S. 119).

Typ	Verwendung
Säulen-dia-gramm	Säulendiagramme eignen sich zur Darstellung mehrerer Datenreihen im Vergleich. So kann im Beispiel auf S. 113 die Tabelle um 2 weitere Spalten ergänzt werden, in denen die Anzahl der Beschäftigten in den einzelnen Bereichen für die Jahre 2000 und 2001 dargestellt sind. Aus diesem Zahlenmaterial lassen sich nun Säulendiagramme mit ganz unterschiedlichen Aussagen gewinnen: Zum einen könnten die Medienbereiche als Rubriken genommen werden und die Aufmerksamkeit wird auf die Entwicklung in den Einzelbereichen gelenkt (Bild 1). Zum anderen könnten die Jahreszahlen in der Rubrikenachse stehen und man erhält eher Aussagen über die Gesamtentwicklung der Beschäftigten im Bereich Medien (Bild 2). Eine Variante der Säulendiagramme sind **Streifendiagramme.** Hier liegen die Säulen bzw. Balken waagerecht.
Stapel-dia-gramm	Will man neben der Gesamtentwicklung auch die einzelnen Anteile an einer Rubrik darstellen, nutzt man Stapeldiagramme (Bild 3). Hier passiert nichts anderes, als dass die Säulen eines Säulendiagramms übereinander gestapelt werden. Dies geht auch mit Flächen oder Linien.

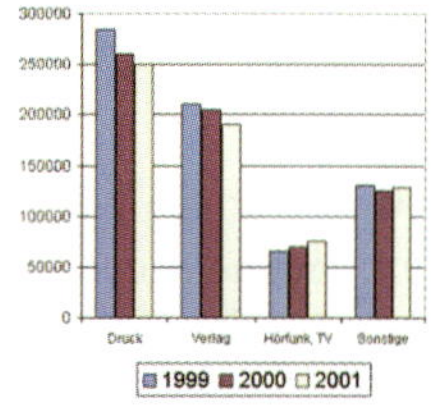

Bild 1

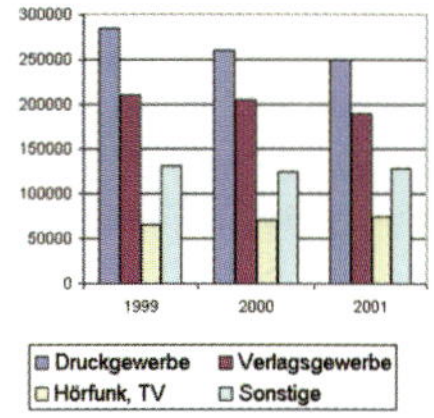

Bild 2

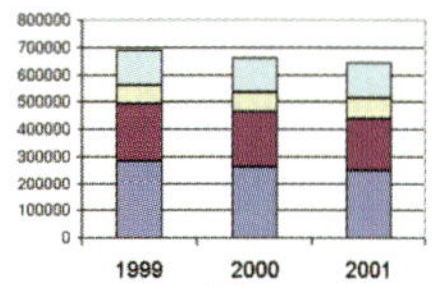

Bild 3

Erstellen von Diagrammen aus Tabellen

Alle Daten, die man veranschaulichen will (Datenreihen und Rubrikenbezeichnungen), müssen zuerst markiert werden.
In den Kalkulationsprogrammen steht meist ein Diagrammassistent zur Verfügung, den man nach dem Markieren aufruft.

Zum Markieren:
Am einfachsten ist es, wenn alle Werte und Beschriftungen kompakt zusammenhängen.
Wenn es doch leere Zeilen oder Spalten gibt, weil z. B. bestimmte Daten nicht in das Diagramm aufgenommen werden sollen, können auch einzelne Zellbereiche nacheinander markiert werden. Dabei muss die <Strg>-Taste gedrückt gehalten werden.
Wenn sich um alle markierten Teile ein Rechteck legen lässt, ist die Wahrscheinlichkeit sehr groß, das Richtige markiert zu haben.

Linien- und Punktdiagramme als Funktionsplotter

Diagramme kann man sogar zum Darstellen von Funktionsgraphen nutzen (↗ Beispiel zu Daten- und Zahlenreihen, S. 118). Dazu eignen sich insbesondere Liniendiagramme (ohne Datenpunkte). Die meisten Kalkulationsprogramme erkennen allerdings nicht, dass die Spalte A keine Datenreihe ist, sondern Grundlage für die Rubrikenachse (x-Achse). Dies kann man oft nur durch geschicktes Markieren oder durch diverse Nachbearbeitungen mit dem Diagrammassistenten beheben.

Unter *Excel 97* stellt der Diagrammassistent Punktdiagramme (mit interpolierten Linien) zur Verfügung, mit deren Hilfe man relativ einfach die Funktionsgraphen zum schon erwähnten Beispiel (↗ S. 118) zeichnen kann.

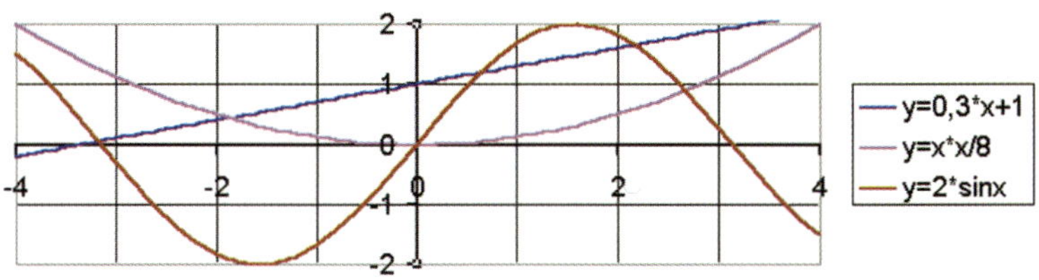

2.3 Datenbanken

2.3.1 Objekte in Datenbanken und ihre Attribute

Arten von Datenbanken

Die heutige Bedeutung des Begriffs Datenbank entwickelte sich mit der Rechentechnik. Früher wurden meist nur die gesammelten Datenbestände (die Datenbasis) als **Datenbank** bezeichnet.

Eine **Datenbank** (ein **Datenbanksystem)** ist eine systematisch strukturierte Sammlung von Daten **(Datenbasis)** einschließlich der zur Eingabe, Verwaltung und Ausgabe erforderlichen Software **(Datenbankmanagementsystem, DBMS).**

Nach der Modellierung der verwalteten Daten unterscheidet man folgende **Datenbankarten** (↗ auch S. 188 f.):

- relationale Datenbanken,
- hierarchische Datenbanken und
- Netzwerk-Datenbanken.

Es gibt weitere Modelle (z. B. das objektorientierte Datenmodell), doch haben sie für realisierte Datenbanken zurzeit geringere Bedeutung.

Anforderungen an Datenbanksprachen ↗ S. 189.
SQL ↗ S. 190 f.

Am verbreitetsten sind relationale Datenbanken. Für die Verwaltung der Daten (einschließlich Suchen und Sortieren) und den Datenaustausch zwischen verschiedenen relationalen Datenbanken hat sich die Datenbanksprache **SQL** durchgesetzt.

Objekte in relationalen Datenbanken

Das relationale Datenmodell beruht auf einer Tabellenstruktur. Eine Datenbankdatei ist im Prinzip eine Tabelle, die aus Zeilen (Datensätzen) und Spalten (Datenfeldern, Datenattributen) besteht. Neben diesen Objekten der Datenbasis können auch Objekte des Datenbankmanagementsystems unterschieden werden, die der effektiven Nutzung und Bearbeitung der Datenbasis dienen.

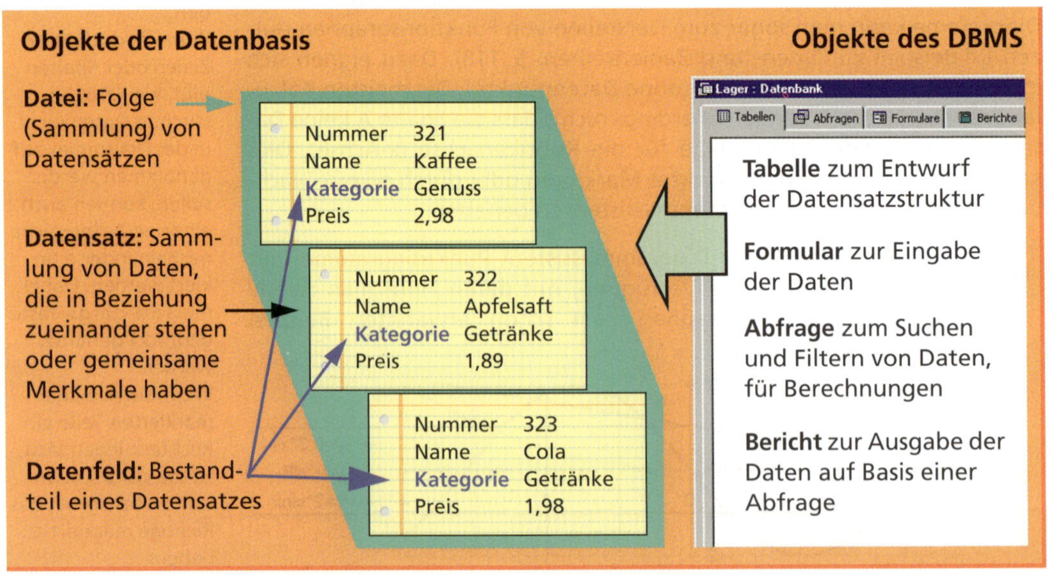

Die obersten Objekte, die umfassendsten Strukturen der Datenbasis sind also Dateien, die jeweils aus endlich vielen Datensätzen bestehen.

Die Entwicklung von Datenbanken und DBMS für die unterschiedlichsten Bereiche war schon sehr früh ein Hauptanwendungsgebiet der Informatik. Im Laufe der Zeit hat sich durch unterschiedliche Sichten auf dieses Thema eine ziemliche Begriffsvielfalt entwickelt. Die folgende Tabelle, in der synonyme Begriffe in Spalten angeordnet wurden, soll Zusammenhänge verdeutlichen:

Die englischen Bezeichnungen file, record und array weisen darauf hin, dass alle Objekte der Datenbasis Datenstrukturen sind (↗ S. 26 f.). Werden sie mit Versalien (Großbuchstaben) geschrieben, sind zusammengesetzte Typen in imperativen Programmiersprachen gemeint (↗ S. 205 ff.).

Datei (file)	**Datensatz** (record)	**Datenfeld** (array)
Tabelle	Zeile	Spalte
Relation	n-Tupel	Attribut
Entitätenmenge	Entität	Attribut

Es wird zwischen **Attributnamen** (Spaltenbezeichnung) und **Attributwert** (konkreter Feldinhalt) unterschieden. Jeder Attributwert ist durch den Schnitt einer Spalte und einer Zeile eindeutig bestimmt. Darauf hat die Anordnung der Zeilen bzw. Spalten keinen Einfluss, was ein wesentliches Kriterium des relationalen Datenmodells ist.

Datenbanken, in denen Beziehungen zwischen unterschiedlichen Dateien technisch nicht möglich sind, nennt man **Flat-File-Datenbanken** (Beispiel: Datenbankteil des Office-Paketes *Works*).

Datenbanken sind dann wirklich effektiv nutzbar, wenn einzelne Dateien über so genannte **Schlüsselfelder** in Beziehung zueinander gebracht werden können.

Schlüsselfelder in einer Datenbank „Arbeitsorganisation“:

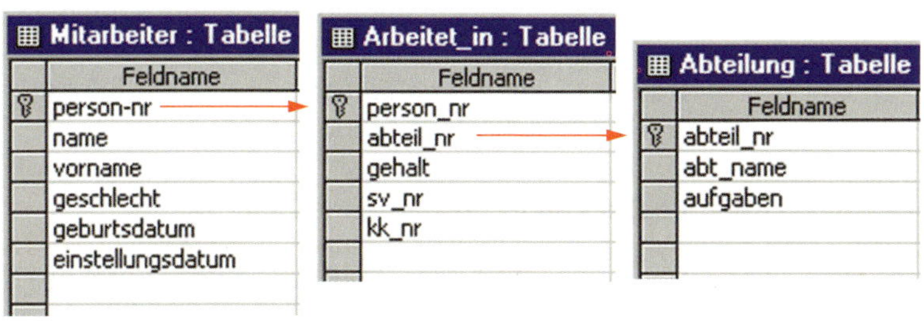

Die Art der Beziehungen zwischen den verschiedenen Tabellen (Datenbankdateien) kann recht unterschiedlich sein und wird am besten mit einem Entity-Relationship-Modell (↗ S. 225) beschrieben.

Über ein oder mehrere Schlüsselfelder (z. B. Name, Vorname, Geburtsdatum) können auch Datensätze sortiert oder gesucht werden.

Schlüsselfelder, die der Verknüpfung dienen, besitzen nicht nur den gleichen Namen – es sollten auch Felddatentyp und Feldgröße gleich sein, um beispielsweise Fehlerquellen bei Abfragen auszuschließen.

Ein Datenfeld oder die Kombination von mehreren Datenfeldern, die der eindeutigen Identifizierung eines jeden Datensatzes in einer Datei dienen, heißt **Primärschlüssel.**

Oft ist es sinnvoll, zur eindeutigen Identifizierung ein neues Attribut (z. B. Artikelnummer, Personalnummer) zu definieren. Das neue Datenfeld heißt **Primärschlüsselfeld.**

Man kann über die Kombination der Attribute „Name", „Vorname" und „Geburtsdatum" möglicherweise eine konkrete Person aus der Datenbank herausfiltern. Ein absolut sicherer Schlüssel ist dies allerdings nicht. Es ist nämlich nicht ausgeschlossen, dass zwei Personen mit diesen Attributen existieren. Man führt daher besser ein Primärschlüsselfeld „Personalnummer" ein.

Man kann eine weitere wichtige Eigenschaft von Datenfeldern nennen, nämlich einen **Sortierschlüssel (Index)** zu besitzen. Die Anlage eines Sortierschlüssels ist für jene Datenfelder sinnreich, nach denen Datensätze sortiert werden sollen oder in denen häufig gesucht wird.

Felddatentypen

Jeder Datensatz einer Datenbankdatei hat die gleiche Struktur. Diese wird durch die einzelnen **Datenfelder** bestimmt. Die wichtigsten Eigenschaften (Attribute) sind neben dem *Feldnamen* der *Felddatentyp* und die *Feldgröße*. Beide stehen in enger Beziehung zueinander:

Manche DBMS (z. B. dBASE) führen die Unterteilungen des Felddatentyps „Zahl" auch als eigenständige Datentypen.

Felddatentyp	Erläuterung	Größe
Text oder **Alphanumerisch**	beliebige Zeichen des erweiterten ASCII-Codes (↗ S. 21 ff.)	max. 255 Zeichen
Memo	wie „Text", aber statt $2^8 - 1$ Zeichen sind $2^{16} - 1$ Zeichen möglich	max. 65 536 Zeichen
Zahl oder **Numerisch**	**Byte:** ganze Zahlen von 0 bis 255 **Integer:** ganze Zahlen von –32768 bis 32767 **Longinteger:** ganze Zahlen von –2 147 483 648 bis 2 147 483 647 **Single:** Gleitkomma-Zahlen von $\pm 1{,}401298 \cdot 10^{-45}$ bis $\pm 3{,}402823 \cdot 10^{38}$ **Double:** Gleitkomma-Zahlen von $\pm 4{,}94065645841247 \cdot 10^{-324}$ bis $\pm 1{,}79769313486232 \cdot 10^{308}$ **Replication ID:** fortlaufende Zahl	1 Byte 2 Byte 4 Byte 4 Byte 8 Byte 16 Byte
Datum/ Zeit	Datums- und Uhrzeit-Werte für die Jahre 01.01.100 bis 31.12.9999	8 Byte
Währung	Währungswerte, können eine bis vier Dezimalstellen enthalten	8 Byte
Ja/Nein oder **Boolean**	Wahrheitswert, der Wertebereich besteht nur aus 2 Werten (Ja/Nein; True/False, Wahr/Falsch)	1 Bit
OLE-Objekt	ein eingebettetes Objekt (↗ S. 135), welches als gesonderte Datei abgelegt ist, mit einem anderen Programm erstellt wurde und auch dort weiter bearbeitet werden kann (Diagramm, Grafik, Klang, ...)	bis zu 1 Gigabyte

Felder vom Typ Memo oder OLE-Objekt können *nicht* indiziert werden.

2.3.2 Aufbau und Funktion von DBMS

Aufgaben von Datenbankmanagementsystemen

Die **zentrale Aufgabe von DBMS** ist die *dauerhafte Datenhaltung* durch Bereitstellen von Mitteln zum Erstellen der Datensatzstruktur, zur Dateneingabe, zum Suchen von Daten, zur Durchführung von Berechnungen und zur Datenausgabe (↗ Schema auf S. 120).

Darüber hinaus müssen DBMS Folgendes realisieren bzw. gewährleisten:

- Mehrnutzerbetrieb (↗ S. 226)
- Datensicherheit für die Datenbasis gegen technische und Bedienfehler
- Datenschutz (Verhinderung des Zugriffs Unberechtigter auf die Datenbasis oder auf Teile von ihr)
- Nutzerschnittstellen für Endnutzer, Anwendungsprogrammierer und Datenbankadministratoren
- hohe Datenunabhängigkeit (Nutzung der Datenbasis durch andere DBMS und Datenbanken)
- Dokumentation der Datenbankstruktur und der Nutzungsmöglichkeiten (Metadaten wie Tabellen- und Feldnamen, Wertebereiche, Zugriffsrechte, Indexe, statistische Angaben) über ein so genanntes **Data Dictionary** (Datenkatalog, Datenwörterbuch)

Verbreitete Datenbanksysteme mit relationalem Datenmodell sind **Microsoft Access, dBASE für Windows Lotus Approach,** und **Stare Base.**

Eine, wenn auch sehr grobe Art der Dokumentation erhält bzw. führt der Endnutzer unter dem DBMS *Microsoft Access* über
- Menü Datei,
- Befehl Datenbankeigenschaften.

Datenmodellierung

Bevor man sich an ein DBMS setzt, um eine Datenbank zu erstellen, muss man die Daten modellieren. Hierzu bietet es sich an, das **Entity-Relationship-Modell** (↗ S. 225 f.) zu nutzen, welches eine Datenmodellierung unabhängig von der genutzten Datenbankart erlaubt.

Gegeben seien die Entitätenmengen „Abteilung" und „Mitarbeiter" mit einer 1 : n - Beziehung (in jeder Abteilung arbeiten n Mitarbeiter, jeder Mitarbeiter ist genau einer Abteilung zugeordnet). Diese Beziehung lässt sich grafisch wie folgt darstellen:

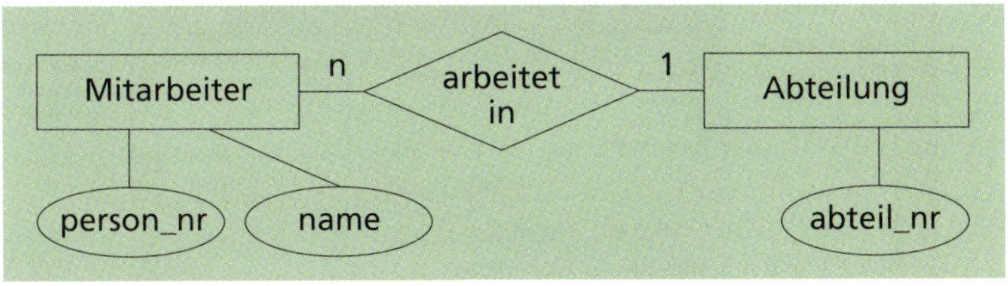

Dies lässt sich in zwei Relationen (Tabellen) umwandeln:
MITARBEITER(person_nr,abteil_nr,name,...), ABTEILUNG(abteil_nr, ...).
Das erste Datenfeld ist jeweils der Primärschlüssel.
Man kann aber auch 3 Relationen wie im Beispiel auf S. 121 angeben:
MITARBEITER(person_nr,name,...), ABTEILUNG(abteil_nr, ...) und
ARBEITET_IN(person_nr,abteil_nr,...).

Die Aufgliederung von Relationen mit einer großen Anzahl von Datenfeldern (Spalten) in kleinere hilft, Doppelspeicherungen bestimmter Daten oder den Verlust von Daten bei Datensatzlöschungen zu vermeiden. Man nennt diesen Teilungsvorgang **Normalisierung.**

Auf alle Fälle sollte man sich folgende Fragen stellen:
- Aus welchen Dateien soll die Datenbank bestehen?
- Was sind die Primärschlüsselfelder und Sortierschlüssel in den einzelnen Dateien?
- Wie soll die Datensatzstruktur in jeder Datei aussehen?
- Welche Felddatentypen und welche Feldgröße sind jeweils sinnvoll?

Erstellen der Datensatzstruktur

Mittlerweile gibt es selbst für die Methusalems unter den Datenbankmanagementsystemen wie dBASE PC-Versionen mit nutzerfreundlicher WYSIWYG-Oberfläche. Bei Aufruf des DBMS erscheint ein Fenster mit den üblichen Pull-Down-Menüs. Im **M**enü Datei kann entweder eine bestehende Datenbank geöffnet oder eine neue Datenbank angelegt werden. Nachdem dies geschehen ist, erscheint ein Fenster, welches einen schnellen Wechsel zwischen den Objekten eines DBMS (Tabellen, Abfragen, Formulare, Berichte) erlaubt.

Das Wichtigste bei der Erarbeitung einer neuen Datenbank mit einem DBMS ist das **Erstellen der Datensatzstruktur** für die modellierten Datenbankdateien. Dazu müssen für jede Datei die einzelnen Datenfelder durch ihre Eigenschaften (Feldname, Felddatentyp und Feldgröße) festgelegt werden.

Nicht in allen DBMS sind die Tabellen physisch als eigenständige Datenbankdateien realisiert wie z. B in *dBASE für Windows.* In *Microsoft Access* sind alle Objekte in einer einzigen Datenbank (Endung `MDB`) gespeichert.

Erstellen der Datensatzstruktur für die Mitarbeiter-Tabelle in der Datenbank „Arbeitsorganisation" (↗ S. 121) mit *Access 97:*
- **R**egisterkarte Tabelle, **S**chalter Neu
- Entwurfsansicht auswählen, **S** OK
  Es erscheint das folgende Fenster:

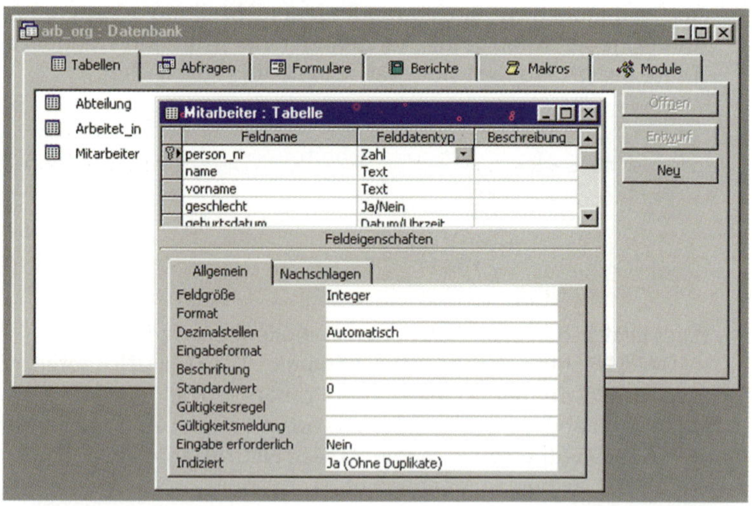

Das Bild zeigt die Tabelle in einem Zustand, wo schon alle Datenfelder definiert sind und die Tabelle unter dem Namen „Mitarbeiter" gespeichert worden ist.

- Die Feldnamen und die wichtigsten Feldeigenschaften sind nun festzulegen. Hier wurde in der Tabelle „Mitarbeiter" für das Datenfeld „person_nr" der Typ „Zahl" und die Feldgröße „Integer" (also 2 Byte) ausgewählt.

Die Wahl eines geeigneten Felddatentyps hilft, Speicherplatz zu sparen. Auch können die Verknüpfungsoperationen zwischen den Datenfeldern vereinfacht und Berechnungen beschleunigt werden (↗ Tipp).

Man kann und sollte beim Erstellen der Datensatzstruktur weitere Feldeigenschaften festlegen, die letztlich dem Nutzer helfen und Fehleingaben minimieren:

- Gültigkeitsprüfung, d. h. Akzeptierung nur solcher Eingaben, die vorgegebene Grenzen nicht überschreiten
- Vorgabewert (Standardwert)
- Index (Sortierschlüssel) für jene Felder, in denen häufig gesucht wird

In *Access* verwendet der Datentyp Währung eine sehr schnelle Berechnungsmethode, die auf einer festen Anzahl von Dezimalstellen beruht. Für Berechnungen mit Daten bis zu 4 Dezimalstellen ist daher der Felddatentyp Währung den Datentypen Single oder Double, die Gleitkommaberechnungen nutzen, vorzuziehen.

Formulare zur Dateneingabe

Nach Anlage der Datensatzstruktur können sofort Daten eingegeben und korrigiert werden. Die Navigation in den Tabellen ist weitgehend selbsterklärend.

Auch das Einfügen (Anhängen) neuer Datensätze oder das Löschen von Datensätzen ist einfach. Beim Löschen sind meist Schutzmechanismen wie Nachfragen, ob man einen Datensatz wirklich löschen möchte, eingebaut.

In dBASE erfolgt das Löschen von Datensätzen in 2 Schritten. Erst werden die entsprechenden Datensätze zum Löschen markiert. Danach werden die Datensätze endgültig gelöscht. Dies hängt auch damit zusammen, dass die verbleibenden Datensätze neu geordnet werden müssen, wenn einzelne Zeilen einer Tabelle „fehlen".

Man kann Datenfeldern auch die Eigenschaft „Gesperrt" zuweisen, wenn man unbeabsichtigtes Überschreiben verhindern will.

Weitreichende Möglichkeiten bezüglich Datenschutz und Datensicherheit hat eigentlich nur der Datenbankadministrator. Nur er kann ein globales Passwort oder für die verschiedenen Benutzergruppen unterschiedliche Rechte vergeben.

Unter *Microsoft Access* können die entsprechenden Einstellungen über
Menü Extras
Befehl Zugriffsrechte
erfolgen.

Die Daten können in unterschiedlichen Modi eingegeben werden:

- Datenblattansicht (Tabellenlayout): Mehrere Datensätze werden gleichzeitig angezeigt. Jede Zeile entspricht einem Datensatz.
- Entwurfsansicht (Maskenlayout): Es wird immer nur ein einziger Datensatz angezeigt.
- Formularansicht (Formularlayout): Auch hier wird immer nur ein einziger Datensatz angezeigt, aber mit wesentlichen Arbeitserleichterungen für den Endnutzer.

Um zu gewährleisten, dass alle relevanten Felder eines Datensatzes übersichtlich dargestellt werden, dass Arbeit durch Vorgabe von Standardwerten, Optionen oder Listen zur Auswahl von Einträgen eingespart wird und dass bestimmte Felder gegen Änderungen gesperrt sind, nutzt man **Formulare.**

Die meisten DBMS verfügen über Assistenten zum Erstellen standardisierter Formulare mit vorgefertigten Layouts.

Für das Erstellen von Formularen zur Dateneingabe stehen eine Reihe von Objekten wie Datenfelder, Listenfelder, Optionsfelder, Befehlsschaltflächen, grafische Elemente, Berechnungsfelder usw. zur Verfügung, die auch genutzt werden sollten.

Abfragen und Berichte

Eine **Abfrage (Anfrage,** engl. query) dient dem Abruf der in der Datenbasis gespeicherten Informationen aus Nutzersicht. Abfragen werden meist in speziellen **Datenmanipulationssprachen (DML, Anfragesprachen)** formuliert.

SQL ist nicht nur Datenmanipulationssprache (DML), sondern gleichzeitig **Datendefinitionssprache (DDL).** Man kann mit SQL also auch Relationen, Datensätze und Datenfelder definieren.

Datenmanipulationssprache ist fast immer SQL, auch wenn der Endnutzer beim Erstellen von Abfragen eine einfachere Oberfläche erhält, als dies hinsichtlich der SQL-Befehlseingabe scheint.

Microsoft Access:
Mit **R**egisterkarte Abfragen **S**chalter Neu lässt sich eine neue Abfrage erstellen. Dazu kann man den Abfrage-Assistenten nutzen und Datenfelder unterschiedlicher Tabellen, Auswahlkriterien und neue Berechnungsfelder einfügen.
Im folgenden Bild ist die Entwurfsansicht einer Abfrage dargestellt, die zeigt, welche Mitarbeiter der Firma (↗ S. 121) ein Weihnachtsgeld in Höhe des halben Monatsgehalts erhalten. Diese müssen zur Zeit der Abfrage schon mindestens ein Jahr in der Firma arbeiten.

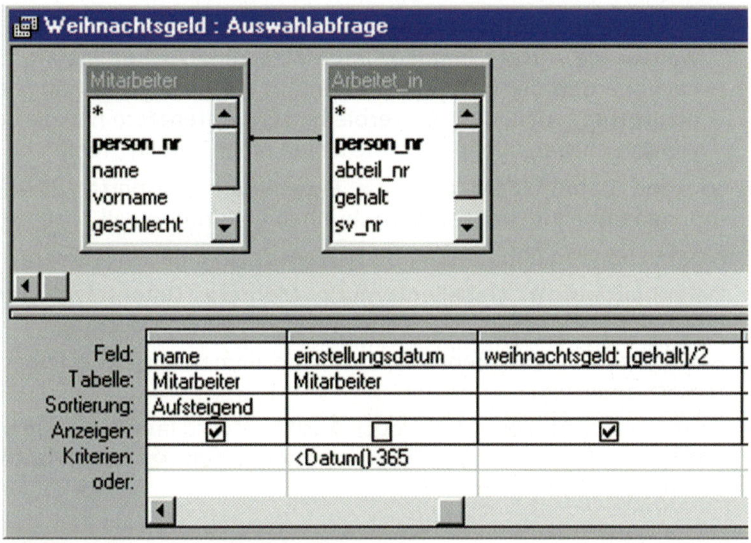

Mit SQL formuliert (**M**enü Ansicht **B**efehl SQL) sieht das so aus:

```
SELECT Mitarbeiter.name, [gehalt]/2 AS weihnachtsgeld
FROM Mitarbeiter INNER JOIN Arbeitet_in ON Mitarbei-
ter.person_nr = Arbeitet_in.person_nr
WHERE (((Mitarbeiter.einstellungsdatum)<Date()-365))
ORDER BY Mitarbeiter.name;
```

Das, was man aus der Datenbasis erfragt hat, möchte man oft auch Schwarz auf Weiß sehen.

Insbesondere werden oft mehrere Seiten ausgegeben und der Nutzer möchte die Daten nach Seiten und Bereichen gruppiert und mit Zwischensummen (im so genannten Seitenfuß bzw. Bereichsfuß) versehen haben.

Ein **Bericht** dient der Ausgabe von Daten in gedruckter Form. Grundlage für Berichte sind Abfragen und Tabellen.

2.4 Grafikprogramme

2.4.1 Computergrafik

Voraussetzungen für das Erstellen von Grafiken am Computer

Unter **Computergrafik** versteht man die Erstellung und Verarbeitung von Grafiken mittels eines Computers. Hierzu benötigt man

- *Eingabe*geräte wie Scanner, Maus, Tastatur, Grafiktablett, Touchscreen und Lichtstift (↗ S. 300);
- Software (Grafikprogramm) und Hardware (Grafikkarte, ↗ S. 309) zur *Verarbeitung* der Grafikdaten;
- *Ausgabe*geräte wie Bildschirm, Plotter und Drucker.

Ein **Grafiktablett (Digitalisierungstablett)** ist eine meist auf magnetischer Basis arbeitende Tafel, auf der mittels eines Stifts freihändig gezeichnet werden kann. Das Tablett ist über eine spezielle Steckkarte mit dem Computer verbunden.

Farben

Die Gestaltungsmöglichkeiten für Grafiken hängen stark von der Anzahl der benutzbaren Farben **(Farbtiefe)** ab.
Außerdem ist immer zu beachten, welche Ein- und Ausgabegeräte man verwendet, denn jedes Gerät besitzt einen eigenen, mehr oder weniger eingeschränkten Farbraum.

Man unterscheidet im Allgemeinen zwischen *additiver Farbmischung* (RGB-Modell, beispielsweise für den Monitor) und *subtraktiver Farbmischung* (CMYK-Modell, beispielsweise für den Drucker).

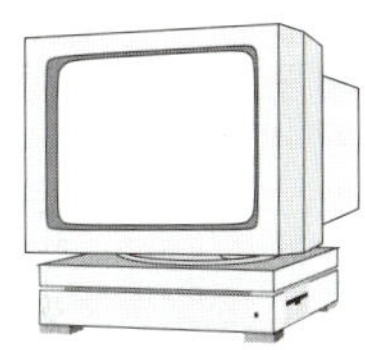

Bei der **additiven Farbmischung (RGB-Farbraum)** werden alle Farben des Farbkreises durch Mischen des Lichtes der **Grundfarben R**ot, **G**rün und **B**lau erzeugt.
Durch Mischen von rotem, grünem und blauem Licht erhält man weißes Licht. Die Wellenlängen der drei Grundfarben werden übereinander gelagert (addiert). Außerdem gilt:

- Gegenüberliegende Farben des Farbkreises ergeben beim Mischen Weiß **(Komplementärfarben).**
- Jede Farbe des Farbkreises kann man durch Mischen der beiden benachbarten Farben erhalten.

additive Farbmischung

Bei einer Farbtiefe von 8 Bit stehen für eine Grundfarbe $2^8 = 256$ Intensitätsstufen zur Verfügung (von 0 bis 255).

Das Tripel (R, G, B) = (255, 0, 0) liefert reines Rot; (200, 0, 0) ist ein dunkleres Rot; (0, 0, 0) ist die Abwesenheit von Licht (Schwarz).

Beim Mischen wird das gerundete arithmetische Mittel der jeweiligen Intensitätsstufen gebildet:

$$(255, 0, 0) + (255, 255, 0) = (255, 127, 0) = \left(\frac{255+255}{2}, \frac{0+255}{2}, \frac{0+0}{2}\right)$$

$$(75, 255, 179) + (255, 0, 255) = (165, 127, 217)$$

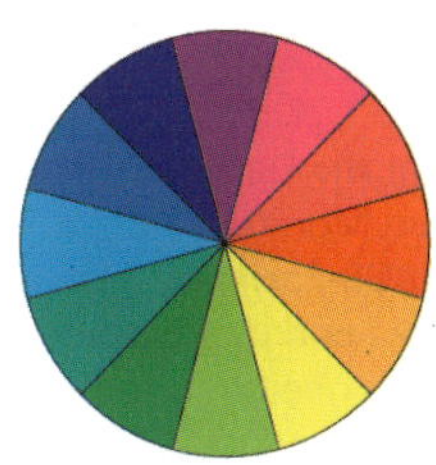

Beispiel für einen **Farbkreis**

Der RGB-Farbraum besitzt eine Farbtiefe von 24 Bit (16 777 216 Farben). Diese ergibt sich aus dem Produkt der Darstellungstiefen der einzelnen Grundfarben: $256 \cdot 256 \cdot 256 = 2^8 \cdot 2^8 \cdot 2^8 = 2^{24}$.

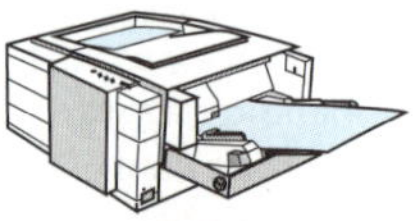

subtraktive Farbmischung

Bei der **subtraktiven Farbmischung (CMYK-Farbraum)** werden alle Farben des Farbkreises durch Mischen der **Grundfarben C**yan (Blaugrün), **M**agenta (Purpur) und **Y**ellow (Gelb) erzeugt. Blac**k** (Schwarz) erhält man durch Mischen von Cyan, Magenta und Purpur. Beim Druck wird meist eine gesonderte Schwarz-Patrone oder Schwarz-Platte genutzt. Außerdem gilt:

- Gegenüberliegende Farben des Farbkreises ergeben beim Mischen Schwarz **(Komplementärfarben).**
- Die Grundfarben der subtraktiven Farbmischung (Cyan, Magenta, Yellow) haben als Komplementärfarben die Grundfarben der additiven Farbmischung (Rot, Grün und Blau).

Der CMYK-Farbraum besitzt eine Farbtiefe von 32 Bit (4 294 967 296 Farben). Diese ergibt sich aus dem Produkt der Darstellungstiefen der Grundfarben: $256 \cdot 256 \cdot 256 \cdot 256 = 2^8 \cdot 2^8 \cdot 2^8 \cdot 2^8 = 2^{32}$.

Die Farbanteile im CMYK-Farbraum werden oft in Prozent angegeben.

Das Tupel (C, M, Y, K) = (0, 100, 100, 0) ist reines Rot; (0, 100, 100, 20) liefert ein dunkleres Rot; (0, 30, 30, 0) ein helles Rosa.

Das Tupel (C, M, Y, K) = (100, 100, 100, 0) müsste theoretisch das Gleiche liefern, wie (0, 0, 0, 100), nämlich Schwarz. Am Bildschirm ist dies auch so, aber beim Mischen realer Farben in der Druckerei kommt nur ein schmutziges Braun heraus. Eben aus diesem Grunde sowie aus Kostengründen nutzt man beim Druck als vierte Farbe Schwarz.

Farben des RGB-Farbraumes kann man nach CMYK konvertieren und umgekehrt. Dabei werden die Farben verfälscht.

Reines Magenta mit (C, M, Y, K) = (0, 100, 0, 0) lieferte unter *Adobe Illustrator* beim Konvertieren nach RGB das Tripel (239, 5, 127). Theoretisch müsste Magenta mit (R, G, B) = (255, 0, 255) festgelegt sein. Fünfmaliges Hin- und Rückkonvertieren erbrachte (C, M, Y, K) = (2,34; 97,66; 7,81; 0,39) und (R, G, B) = (235, 10, 125).

Durch diese Schmutzeffekte beim Farbabgleich mit Schwarz ist eine mathematisch exakte Modellierung des Mischens über Mittelwertbildung wie bei der additiven Farbmischung nur sehr bedingt möglich.

Das vom menschlichen Auge wahrgenommene Farbspektrum (a) ist breiter als der Farbumfang eines technisch erzeugten Farbraums. Darüber hinaus sind RGB-Farbraum (b) und CMYK-Farbraum (c) nicht deckungsgleich. Ein gescanntes Bild sieht deshalb am Bildschirm oft anders aus als gedruckt.

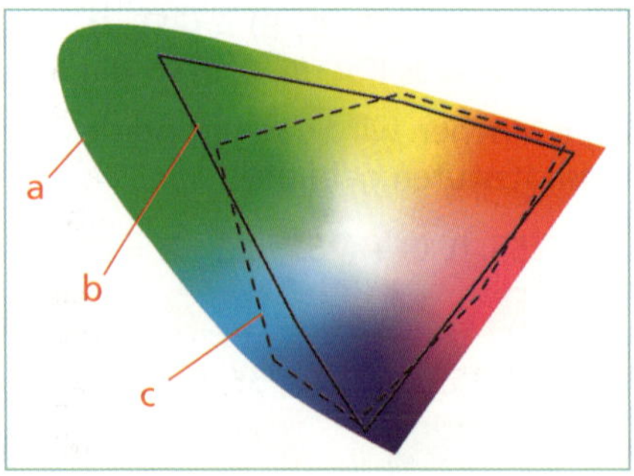

Für die Darstellung am Monitor sind „RGB-Formate" wie `JPG` und `GIF` besonders geeignet, für den Drucker „CMYK-Formate" wie `TIFF` oder `EPS`.

Pixelgrafik und Vektorgrafik

Zur Beschreibung von Grafik auf elektronischer Basis kann man sich zwei unterschiedliche Philosophien vorstellen:

Erstens: Jeder einzelne Bildpunkt (Pixel) auf dem Monitor (oder auf einem ausgedruckten Blatt Papier) ist durch seine horizontale und vertikale Lage eindeutig festgelegt. Übliche Bildschirmauflösungen sind heute 800 × 600 oder 1024 × 768 (Pixel, ↗ auch S. 53). Im Druck sind 100 dpi bis 2400 dpi möglich. Jeder Punkt wird nun durch seine Farbe (einschließlich Graustufen) beschrieben und die Computergrafik als Gesamtheit der farbigen Punkte. Eine solche Grafik nennt man *Pixelgrafik,* die Software, mit der man eine solche Grafik erzeugen und bearbeiten kann, **Malprogramm.**

Pixelgrafik (Bitmap, Punktgrafik): Die Grafik setzt sich aus einzelnen Bildpunkten **(Pixeln)** zusammen, für die die Position und die Werte der Grundfarben gespeichert sind.

Zweitens: Die Grafik wird als Zusammensetzung einzelner Objekte (Strecken, Polygone, Ellipsen, ...) betrachtet. Diese Objekte werden mathematisch beschrieben. Beispielsweise ist die Lage eines Rechtecks durch einen Eckpunkt und durch die beiden Vektoren, die von diesem Punkt auf die benachbarten Ecken weisen, eindeutig bestimmt. Weist man nun noch dem Rand und der Fläche des Rechtecks bestimmte Farbwerte zu und tut das Gleiche für alle anderen Objekte der Grafik, spricht man von *Vektorgrafik.* Die Software heißt **Zeichenprogramm (CAD-Programm).**

Vektorgrafik: Die Grafik setzt sich aus geometrischen Objekten zusammen, die durch Randlinien (Linientyp, Linienbreite und Linienfarbe) und Flächen (Farbe) eindeutig beschrieben sind.

Pixelgrafik	Vektorgrafik
• hoher Speicherbedarf • verlustbehaftete Skalierung	• geringer Speicherbedarf • verlustfreie Skalierung
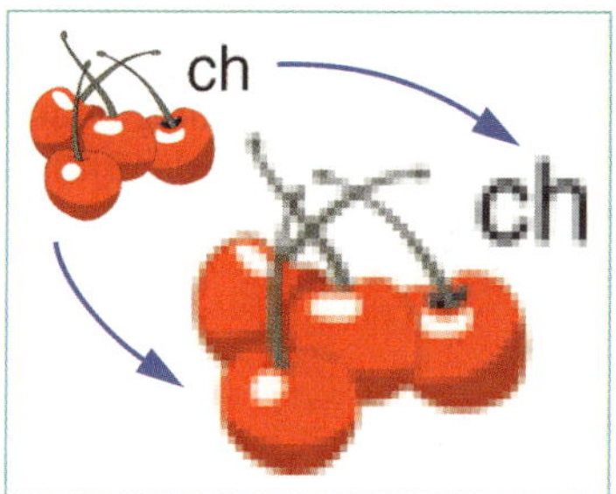	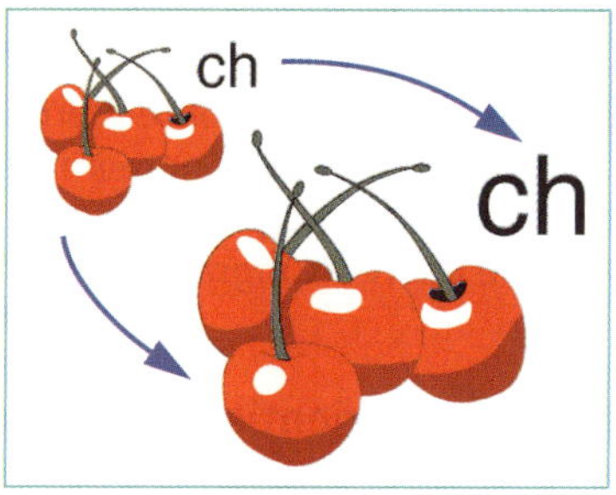
• besonders geeignet für alle künstlerischen Darstellungen (Malerei: „Pinselzeichnungen“) und Fotos	• besonders geeignet für Konstruktions-Zeichnungen (CAD-Programme) und großflächige Grafiken (z. B. Cartoons)

Die Maßeinheit **dpi** steht für „**d**ots **p**er **i**nch“ (↗ S. 55) und bedeutet „Punkte pro Zoll“. Manchmal verwendet man hierfür auch die Abkürzung **ppi** (**p**ixel **p**er **i**nch).

Weitere übliche Maßeinheiten für das Auflösungsvermögen von Ausgabegeräten sind **Punkt** (pt) und **Pica:**

$1\ \text{pt} = \frac{1}{72}\ \text{Zoll} = \frac{1}{72}\ "$
$= 0{,}0351\ \text{cm (USA)}$

$1\ \text{Pica} = \frac{1}{6}\ " = 0{,}423\ \text{cm}$

CAD steht für **c**omputer-**a**ided **d**esign (computerunterstütztes Entwerfen).

Die Computergrafik lässt sich auch hinsichtlich ihrer Wahrnehmung in **zweidimensionale Computergrafik** und **dreidimensionale Computergrafik (3D-Grafik)** unterscheiden. Schon einfache Standardsoftware besitzt Werkzeuge zur Erzeugung von 3D-Objekten wie Perspektiven, Konturen oder Schlagschatten.

Bei PNG werden alle in einem Bild enthaltenen Farbinformationen beibehalten und es wird eine verlustfreie Komprimierung zur Verringerung der Dateigröße verwendet. Beim Speichern eines Bildes im PNG-Format kann angegeben werden, dass beim Herunterladen aus dem WWW immer mehr Bilddetails dargestellt werden sollen (beim Speichern „Adam7" für „Interlace" wählen).

Grafikformate

Pixelgrafik	• **BMP** (Windows-Bitmap, unkomprimiert, ↗ S. 136 f.) • **GIF** (**G**raphics **I**nterchange **F**ormat, komprimiert, ↗ S. 138) • **JPG, JPEG** (**J**oint **P**hotographic **E**xpert **G**roup, komprimiert, ↗ S. 137) • **PCX** (Klassiker der Pixel-Formate für PC, unkomprimiert) • **PNG** (Alternative zum GIF-Format, komprimiert) • **PSD** (Format des Malprogramms Adobe **P**hoto**s**hop) • **TGA** (**T**ar**ga**, auf PC wenig verbreitet, 32 Bit Farbtiefe) • **TIF, TIFF** (**T**agged **I**mage **F**ile **F**ormat, unkomprimiert, ↗ S. 137)
Vektorgrafik	• **AI** (Format des Zeichenprogramms **A**dobe **I**llustrator) • **CDR** (Format des Zeichenprogramms **C**orel **Dr**aw) • **CGM** (genormtes Grafikformat zum Datenaustausch) • **EPS** (**E**ncapsulated **P**ost**S**cript, ↗ S. 138) • **WMF** (**W**indows **M**eta**f**ile, ↗ S. 136)

Mal- und Zeichenprogramme können oft nicht nur ein Bitmap-Format in andere Bitmap-Formate **konvertieren** (umwandeln), sondern auch Pixelgrafiken in Vektorgrafiken und umgekehrt.

Insbesondere zur Präsentation im Internet müssen Vektorgrafiken nach GIF, PNG oder JPG konvertiert, also in Pixelgrafiken umgewandelt werden. Dies ist mit gewissen Nachteilen verbunden:

Komprimierte Grafiken wie solche im GIF-Format werden niemals skaliert. Man hebt sich für die Bearbeitung die Grafik in dem Format auf, in dem sie ursprünglich erstellt wurde (z. B. AI-Format).

Zwar ist die Kompression beim Dateiformat GIF verlustfrei, aber sobald nur die kleinste **Skalierung** (Vergrößerung oder Verkleinerung) stattfindet, tritt der **Treppeneffekt** (einzelne Pixel werden sichtbar) besonders deutlich hervor. Schrift wird hierdurch meist unleserlich.

Seltener ist die Umwandlung von Pixel- in Vektorgrafiken. Solch eine Konvertierung lohnt sich nur, wenn die Grafik durch recht wenige, eindeutig erkennbare Objekte (Flächen, Linien) beschrieben werden kann, die dann einfacher (als im Bitmap-Format) manipuliert werden können.

Eine Fotografie sollte man nicht in eine Vektorgrafik umzuwandeln versuchen. Das könnte im Extremfall bedeuten, dass jeder Bildpunkt zum Grafikobjekt wird, was weder Speicherplatz spart noch einfache Bearbeitungsmöglichkeiten zulässt.

Zu den Malprogrammen zählen *Microsoft Picture It, Paint Shop Pro, Windows Paint* oder das für professionelle Zwecke entwickelte Programm Adobe Photoshop.

2.4.2 Pixelorientierte Grafikprogramme

Werkzeuge

Die Oberfläche der unzähligen Malprogramme ist aufgebaut wie die anderer WYSIWYG-Anwendungsprogramme: Symbole zur Mausbedienung, Pull-Down-Menüs wie „Datei", „Bearbeiten" usw. sowie eine Arbeitsfläche. Das Besondere ist eine horizontale oder vertikale Werkzeugleiste:

	Werkzeug
Aus-wahl	• Formgebunden: Meist steht ein Rechteck zum Markieren eines entsprechenden Bereiches zur Verfügung. Es sind aber auch andere Formen möglich. • Formfrei **(Lasso):** Die Form kann der Nutzer selbst festlegen. Dies kann ein Polygon, aber auch eine gekrümmte Fläche sein. • **Zauberstab:** Es werden nebeneinander liegender Pixel ausgewählt, die eine ähnliche Farbe (mit einem vorher vom Nutzer festgelegten Farbbereich) haben. Er eignet sich also zum Auswählen unregelmäßig geformter, aber gleichmäßig gefärbter Bildteile, ohne dass man die Kontur mit dem Lasso nachzeichnen muss. Eine Auswahl kann kopiert, verschoben oder gelöscht werden. Der ausgewählte Bereich kann aber auch farblich verändert, gespiegelt, gedreht, verzerrt oder skaliert (verkleinert bzw. vergrößert) werden.
Frei-hand-zeich-nen	• Der **Pinsel** malt dicke Linien, deren Farbe und Form man einstellen kann. • Der **Stift** malt dünne Linien mit eingestellter Farbe. • Der **Sprayer (Airbrush)** funktioniert wie eine reale Farbspraydose: Je langsamer er bewegt wird, umso dichter liegen die aufgetragenen Farbpigmente. • Mit der Pipette wird eine Bildfarbe ausgewählt. • Der **Farbfüller** gießt eine ausgewählte Farbe in ein Feld, welches lückenlos von einer anderen Farbe umschlossen wird. • Der **Radierer** entfernt Bildteile bis zur Hintergrundfarbe. Die Stärke kann eingestellt werden.
Ob-jekte	• Strecke: Farbe und Linienstärke können festgelegt werden • Kurven: Farbe und Linienstärke können festgelegt werden • Flächen: unterschiedliche Farbe für Rand und Fläche möglich • Schrift: Farbe, Schriftart, Schriftgröße und Schriftstil können ausgewählt werden

Auswahlwerkzeuge von *Photoshop:*

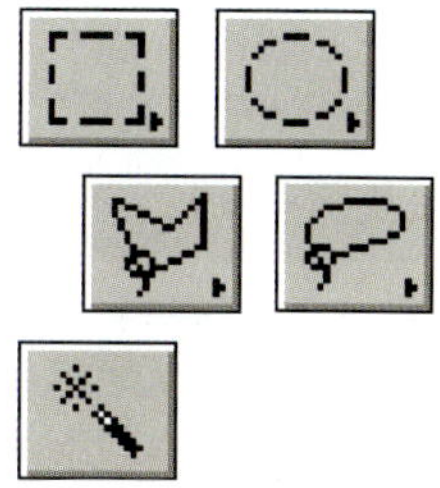

Werkzeuge und Objekte von *Paint:*

Mit diesen in fast allen Malprogrammen zu findenden Werkzeugen lassen sich Pixelgrafiken effektiv bearbeiten.

Man möchte aus einer gescannten Farbfotografie die automatisch eingefügten Ziffern der Datums- und Zeitangaben entfernen.
Hierzu wird die Bildansicht gezoomt (vergrößert), mit der Pipette eine Farbe der Ziffernumgebung ausgewählt (erst auf Pipette, dann auf Grafik klicken) und mit dem Farbfüller die Ziffernfläche der Umgebung angepasst (erst auf Farbfüller, dann auf Ziffernfläche klicken). Fehler können mit **M**enü Bearbeiten **B**efehl Widerrufen behoben werden.

Farbumkehrung:

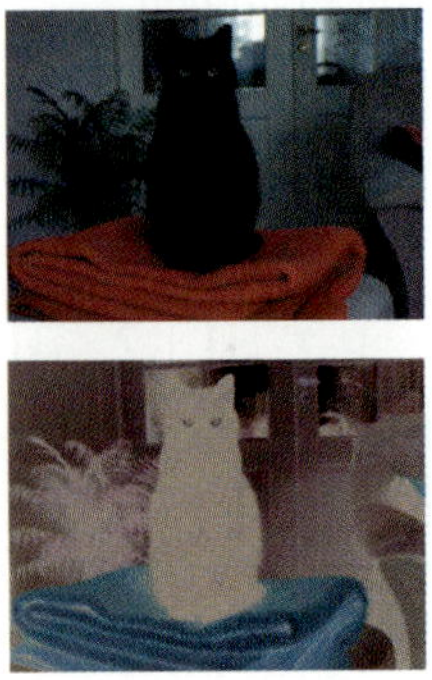

Bereichsmanipulationen

Zusätzlich zu den Werkzeugen stehen eine ganze Reihe von Manipulationen für das ganze Bild oder ausgewählte Bereiche zur Verfügung, die auf mathematischen Berechnungen beruhen. Der Bereich wird als Objekt betrachtet, dem neue Attribute zugewiesen werden. Man findet diese Möglichkeiten in Menüs wie „Bearbeiten“, „Bild“ oder „Filter“.

Bewegungen	Skalieren; Verschieben; Spiegeln; Drehen; Verzerren
Farbmanipulationen	Helligkeit/Kontrast ändern; selektive Farbkorrektur; Invertieren (Farbe umkehren, ↗ Marginalspalte); Entfärben (zu einem Schwarz-Weiß-Bild); ...
Filter	Scharfzeichner; Weichzeichner; Konturen finden (als Vorstufe zur Vektorisierung); Strukturierungsfilter wie Kacheln oder Mosaik; Verzerrungsfilter; Beleuchtungseffekte; Kunstfilter (es werden Malstile wie Aquarell nachempfunden); ...

Das Originalbild eines Zwerghamsters (a) wurde unter *Adobe Photoshop* farblich zu Blau hin verändert (b), mit einem Verzerrungsfilter (Strudel) manipuliert (c) bzw. mit Beleuchtungseffekten versehen (d).

a

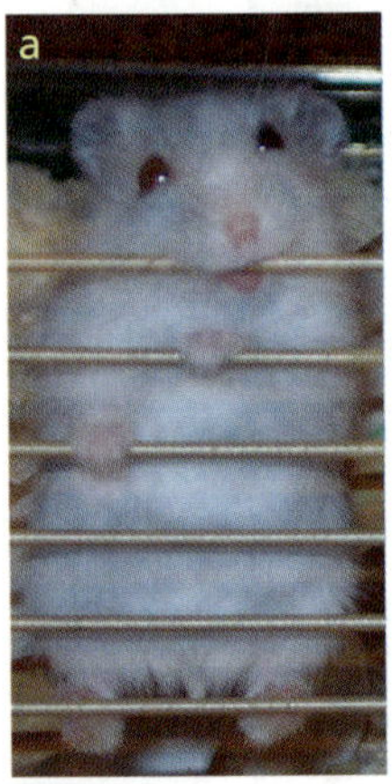

b

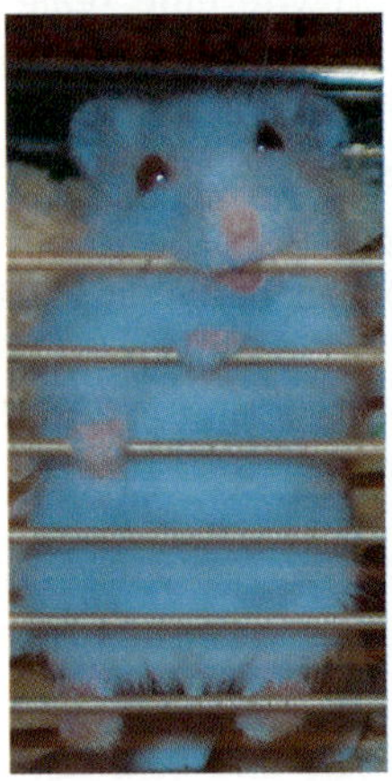

c

d

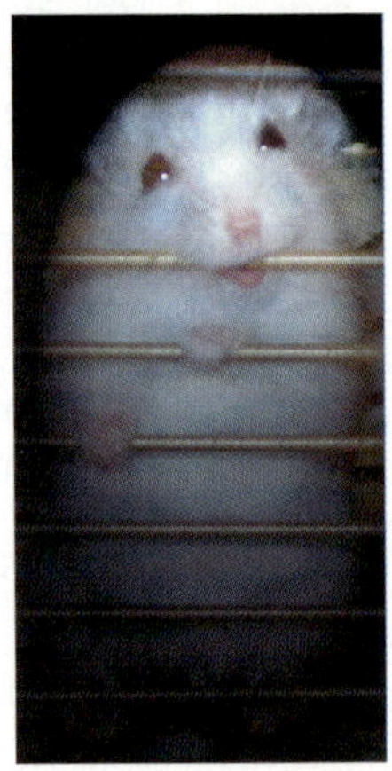

2.4.3 Vektororientierte Grafikprogramme

Sollen waagerechte oder senkrechte Strecken oder Strecken im Winkel von 45° gezeichnet werden, hilft das Festhalten der <Shift>-Taste beim Ziehen mit der Maus.

Objekte

Entsprechend der Philosophie von Zeichenprogrammen steht meist eine reichhaltige Auswahl unterschiedlicher Objekte zur Verfügung:

Objekt	Attribute
Strecke Linienzug	Linienstärke; Stil des Streckenendes (z. B. Pfeile); Streckenfarbe; Streckenart (z. B. gestrichelt)

Objekt	Attribute
Bézierkurve	Linienstärke und -farbe; Lage von Anker- und Endpunkten; Griffpunkte der Tangenten an die Kurve
Polygon	Randfarbe; Randstärke; Flächenfarbe; Eckenzahl
Rechteck	Randfarbe und -stärke; Flächenfarbe; Breite; Höhe
Ellipse	Randfarbe und -stärke; Flächenfarbe; Breite; Höhe
Schrift	Schriftfarbe; Schriftart; Schriftgröße; Schriftstil

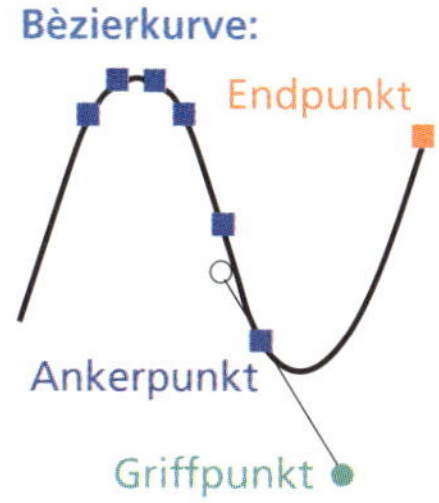

Werkzeuge und Manipulationen

Bevor Objekte manipuliert werden können, müssen sie markiert werden. Hierzu reicht meist ein einfacher Klick auf das Objekt. Die Markierung erkennt man an den sichtbar werdenden **Anfassern.** Sollen mehrere Objekte gleichzeitig bearbeitet werden, wird die Markierung mit gedrückter <Shift>-Taste vorgenommen.
Grundlegende Manipulationen sind hier wieder Kopieren, Verschieben, Löschen und Einfügen. Es gibt aber viel mehr:

Sonderformen von Rechteck und Ellipse sind Quadrat bzw. Kreis (beim Zeichnen <Shift>-Taste gedrückt halten).

Farbfüllung	• **Farbfüllung:** Fläche und Rand eines Objekts können mit unterschiedlichen Farben belegt werden. • **Farbverlauf:** Der allmähliche Übergang zwischen zwei oder mehr Farben oder Tonwerten derselben Farbe kann erstellt werden. • **Füllmuster:** Geometrische Muster können gezeichnet und in die Farbfelderpalette aufgenommen werden.
Anordnung und Ausrichtung	Objekte liegen in unterschiedlichen Ebenen, die zuletzt erstellten Objekte liegen vorn (obenauf). Diese Anordnung kann verändert werden. Objekte können auch horizontal und vertikal an ihren Rändern ausgerichtet oder gleichmäßig verteilt werden.
Gruppierung	Verschiedene Objekte werden zu einem Objekt zusammengefasst und gemeinsam bearbeitet. Die Gruppierung kann wieder aufgelöst werden.
Bewegungen	Es gibt Transformationswerkzeuge zum Verschieben, Drehen, Verändern der Höhe und der Breite sowie Verzerren von Objekten.

Unter dem DTP-Programm *Adobe FrameMaker* wurde hier ein Kreis gezeichnet (a), dieses Objekt zu einem regelmäßigen Fünfeck (b) manipuliert (**M**enü Graphik **B**efehl Seitenanzahl...), vertikal gespiegelt (c) und dann der untere Eckpunkt verschoben (d). Die Anfasser sind jeweils als schwarze Quadrate dargestellt.

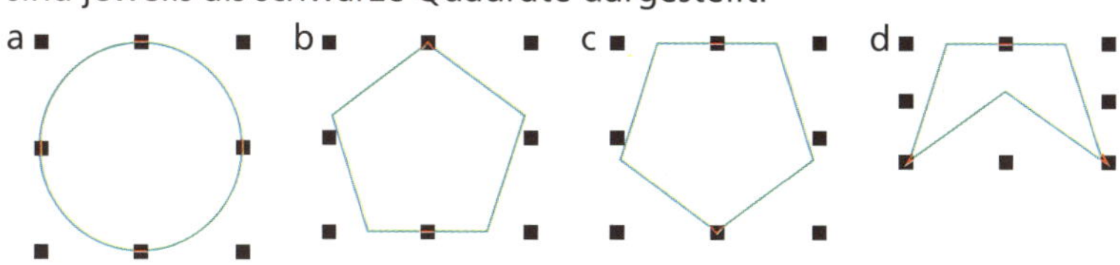

Fast alle Textverarbeitungsprogramme besitzen als Tool ein **Zeichenprogramm.** Für professionelle Zwecke gibt es Programme wie **Adobe Illustrator.**

2.5 Datenaustausch zwischen Anwendungsprogrammen

2.5.1 Einbetten und Verknüpfen von Objekten

Einbetten

Unter grafischen Oberflächen wie Windows lassen sich Objekte (Dateien, Bilder, Diagramme, Tabellen, Texte usw.) problemlos zwischen Anwendungsprogrammen austauschen.

Einbetten (Embedding) von Objekten:

Das Objekt wird in der Quelldatei markiert, in die Zwischenablage kopiert und in die Zieldatei an die gewünschte Stelle eingefügt.
Das Objekt wird zum Bestandteil der Zieldatei, eine Bearbeitung im Anwendungsprogramm wirkt sich nicht auf das Original aus. Umgekehrt werden Änderungen am Originalobjekt nicht an die Kopie in der Zieldatei weitergegeben.

Die Objekte müssen ein Format besitzen, welches für das jeweilige Anwendungsprogramm lesbar ist. Dies ist in den unter Windows genutzten Anwendungsprogrammen meist gegeben, notwendige Konvertierungen werden von Windows automatisch vorgenommen.

Ein Objekt kann auf unterschiedliche Art in die Anwendungsprogrammdatei (Zieldatei) eingebettet werden:

- Das Objekt wird in der Quelldatei markiert, mit <Strg> + c in die Zwischenablage kopiert und dann mit <Strg> + v in die Zieldatei an der gewünschten Stelle (mit der Maus anklicken) eingefügt.
  Dabei kann das Objekt in einigen Fällen die Quelldatei selbst sein, die im Ordnerfenster markiert und in die Zwischenablage kopiert wird.
- Das Objekt wird in der Quelldatei markiert, mit **M**enü Bearbeiten **B**efehl Kopieren in die Zwischenablage geholt und dann mit **M** Bearbeiten **B** Einfügen in die Zieldatei eingefügt.
- Quell- und Zielfenster werden nebeneinander auf dem Bildschirm angeordnet. Das Objekt (Grafik, Diagramm o. Ä.) wird in der Quelldatei markiert und mit der Maus an die gewünschte Stelle in der Zieldatei gezogen.
- Aktivierte Windowsfenster können mit <Alt> + <Druck> in die Zwischenablage kopiert und dann mit <Strg> + v in die Zieldatei eingefügt werden. Diese Methode nennt man auch **Bildschirmschuss (Hardcopy).** Sollen nur Teile des kopierten Fensters eingefügt werden, muss der Bildschirmschuss in einem Grafikprogramm bearbeitet werden, bevor er in die Zieldatei eingefügt wird.

Vom Fenster mit dem Spiel „Solitär" wird ein Bildschirmschuss (a) in ein Malprogramm kopiert, dort bearbeitet (b) und in die Zieldatei kopiert.

(a)
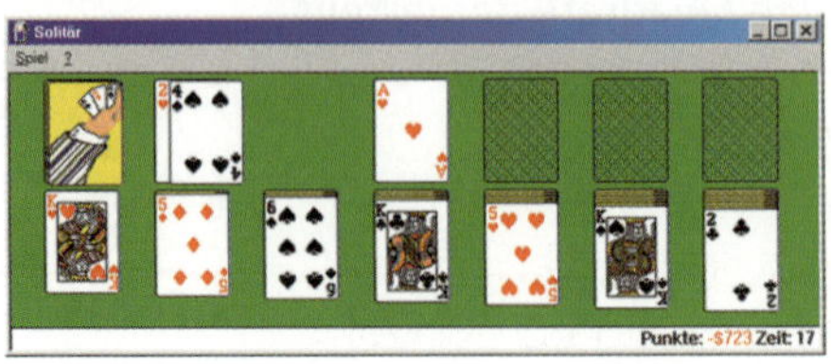

(b)

Verknüpfen

Soll das eingebettete Objekt (Grafik, Diagramm, Tabelle, ...) auch anderen Anwendungen zur Verfügung stehen, sollte man es im Quellprogramm als Datei abspeichern.

Verknüpfen und Einbetten von Objekten (OLE-Methode):
Im Anwendungsprogramm wird mit **M**enü Einfügen **B**efehl Objekt... **R**egisterkarte Aus Datei erstellen die gewünschte Datei gesucht, ausgewählt und ihr Inhalt eingebettet. Dabei wird eine **Verknüpfung** (ein **Link**) zur Quelldatei hergestellt.
Änderungen in der Quelldatei wirken sich damit sofort auch auf das eingebettete Objekt in der Zieldatei aus.

OLE ist die Abkürzung für „**O**bject **L**inking and **E**mbedding" (Objekt verknüpfen und einbetten).

Verknüpfen mit einer Kalkulationstabelle unter *Word:*

- Mit *Excel* eine Tabelle erstellen und als Datei abspeichern
- Dokument in *Word* öffnen und Cursor an die Stelle setzen, wo die Tabelle eingefügt werden soll
- **M** Einfügen **B** Objekt... **O** Aus Datei erstellen
- **S** Durchsuchen (zum Auffinden der Tabelle mit der Endung XLS)
- **O** Verknüpfen (Link)
- **S** OK (Die Tabelle erscheint im Text.)
- Mit einem Doppelklick auf das OLE-Objekt öffnet sich *Excel* und das Objekt kann geändert werden. Nach den Änderungen wird die Datei gespeichert und *Excel* geschlossen. Im *Word*-Dokument sind die Änderungen sofort sichtbar.

2.5.2 Office-Pakete

Die meisten Büros kommen mit wenigen Programmen aus, die sinnvollerweise als Paket erworben werden sollten.

Ein **Office-Paket** ist ein integriertes Softwarepaket, in dem mindestens
- ein Textverarbeitungsprogramm (↗ S. 98 ff.),
- ein Tabellenkalkulationsprogramm (↗ S. 113 ff.) und
- ein Datenbankmanagementsystem (↗ S. 120 ff.)

enthalten ist. Dabei muss ein umfassender Datenaustausch zwischen den einzelnen Programmen gewährleistet sein.

Ein verbreitetes Office-Paket ist *Microsoft Office.* Zum Paket gehören
- *Word* (Textverarbeitung),
- *Excel* (Tabellenkalkulation),
- *Access* (Datenbank),
- *PowerPoint* (Präsentationsgrafik) und
- *Outlook* (Terminplanung und Adressbuch).

Neben Microsoft Office gibt es die qualitativ gleichwertigen Office-Pakete SmartSuite der Firma Lotus und StarOffice von Star Division.

Ein auch in der Schule verbreitetes, kleines Office-Paket ist *Works*. Es umfasst Textverarbeitung, Tabellenkalkulation, Datenbank und Datenfernübertragung.

Die beachtliche Leistung der einzelnen Programme eines Office-Paketes wird durch den freizügigen Datenaustausch zwischen ihnen, der auf der OLE-Methode basiert, noch erhöht. Durch das Zusammenspiel der Programme können viele Anwendungsaufgaben leicht gelöst werden.

Zusammenspiel von Programmteilen in *Works:*
- Textverarbeitung und Kalkulation: Geschäftsbriefe und Rechnungen
- Textverarbeitung, Kalkulation und Diagramme: Übersichten, Präsentationen
- Textverarbeitung und Datenbanken: Serienbriefe
- Tabellenkalkulation oder Textverarbeitung und Datenfernübertragung: Faxvorlagen

2.5.3 Universelle Datenaustauschformate

Für den Austausch von Dateien zwischen unterschiedlichen Anwendungsprogrammen und Betriebssystemen gibt es spezielle Dateiformate. Man kann grob unterscheiden:
- Textformate,
- Grafikformate und
- Dateiformate hinsichtlich der Internettechnologie.

In allen Textverarbeitungsprogrammen gibt es die Funktion „Suchen und Ersetzen", die man nutzen kann, um den ursprünglichen Text schrittweise (Zeichen für Zeichen) automatisch wiederherzustellen.

Textformate

Das universellste Dokumentformat ist **ASCII-Text.** Dabei gibt es in den verschiedenen Anwendungsprogrammen Modifikationen wie „Nur Text", „Nur Text + Zeilenwechsel", „MS-DOS-Text" oder „MS-DOS-Text + Zeilenwechsel".
Da es verschiedene ASCII-Tabellen gibt (↗ S. 23), kann es passieren, dass auf einer anderen Benutzeroberfläche mit einer anderen Ländereinstellung des Zeichensatzes die Zeichen 128 bis 255 anders umgesetzt werden. Außer dem reinen Text und wenigen Steuerzeichen gehen beim Speichern einer Datei in diesem Format alle Informationen verloren.

Ein weiteres Format, welches jedes Textverarbeitungsprogramm erzeugen und lesen kann ist `RTF` (**R**ich **T**ext **F**ormat, „reiches Textformat"). Bei diesem Textformat bleiben insbesondere alle Informationen zu Formatierungen (beispielsweise Absatz- und Zeichenformate) erhalten.

`BMP` ist ein Pixelgrafikformat. Vektorgrafiken lassen sich in fast alle Windows-Anwendungsprogramme im `WMF`-Format (**Win**dows **Meta**file) einbinden.

Grafikformate

Grafiken werden mit Grafikprogrammen erzeugt und können als Objekte in fast alle Anwendungsprogramme entweder als Einbettung oder als OLE-Objekt eingefügt werden – vorausgesetzt, sie haben das richtige Format.

Der Quasi-Standard für Windows-Programme ist **`BMP`** (Windows Bitmap). Unter diesem Format können unkomprimiert Schwarzweißbilder und Farbbilder bis zu 24 Bit Farbtiefe (16 777 216 Farben) gespeichert werden.

Das zu Windows gehörende Grafikprogramm *Paint* kann neben JPG- und GIF-Dateien Monochrom-Bitmaps, 16-Farben-Bitmaps, 256-Farben-Bitmaps und 24-Bit-Bitmaps erzeugen.

In mit *Word 97* oder *Excel 97* erstellte Dokumente bzw. Tabellen können diese BMP-Dateien als Objekte leicht eingefügt werden.

Der Quasi-Standard der Macintosh-Plattform ist **PICT** (Macintosh **Pic**ture). Das besondere an diesem Format ist, dass es sowohl Vektor- als auch Pixelgrafik enthalten kann.

Zu weiteren Grafikformaten ↗ S. 130.

TIFF (**T**agged **I**mage **F**ile **F**ormat, unter DOS auch Endung **TIF**) ist auf PC, aber auch auf Macintosh weit verbreitet. Dieses Standardformat unterstützt 24 Bit Farbtiefe.

Wichtige Dateiformate von Pixelgrafiken im Bereich der Datenfernübertragung sind JPG und GIF (↗ unten).

Internettechnologie

Im Internet erhöht sich der Datenaustausch ständig. Bilder und Grafiken sind allerdings recht speicherintensiv und belasten die Kommunikationswege stark. Es mussten daher solche Grafikformate entwickelt werden, mit denen Bildinformationen schnell, aber möglichst verlustfrei weitergegeben werden können. Die Daten müssen also komprimiert (verdichtet, „gepackt") werden. Hierzu werden Kompressionsalgorithmen genutzt.

Kompressionsalgorithmen sind Algorithmen, die die in Bytes gemessene Größe einer Datei ohne großen Informationsverlust reduzieren, indem sie Teile der Datei, die wenig, gar keine oder immer die gleiche Information enthalten, entfernen.

Für das World Wide Web, also insbesondere für die Bildschirmdarstellung (und nicht für den Druck) haben sich zwei komprimierte Grafikformate etabliert – JPEG und GIF.

JPEG (**J**oint **P**hotographic **E**xpert **G**roup, unter DOS auch Endung **JPG**) ist benannt nach einer Arbeitsgruppe der ISO, die diesen Kompressionsstandard entwickelt hat.

ISO ist die Abkürzung für „International Organization for Standardization", einer Dachorganisation von mehr als 50 Normenausschüssen mit Sitz in Genf.

Die Kompression erfolgt *nicht* verlustfrei. Der Informationsverlust fällt allerdings bei Fotografien kaum auf, weil das Kompressionsverfahren die mangelnde Fähigkeit des menschlichen Auges ausnutzt, geringe Farbunterschiede wahrzunehmen. Trotz der Farbtiefe von 24 Bit beträgt die Kompressionsrate bei Farbbildern zwischen 10 : 1 und 20 : 1 ohne sichtbaren Qualitätsverlust. Bei Schwarzweißbildern mit Graustufen beträgt die Kompressionsrate nur 5 : 1, weil das menschliche Auge Helligkeitsunterschiede viel deutlicher wahrnehmen kann als Farbunterschiede.

Detaillierte und farbenreiche Fotografien sind also für den Einsatz von JPEG besonders geeignet. Großflächige Grafiken, Zeichnungen, Cartoons und Bilder mit viel Schrift sollten nicht im JPEG-Format gespeichert werden, sondern im GIF-Format.

Speichert man z. B. Formeln *transparent* ab, wird auf einer farbigen Seite der weiße Formelhintergrund nicht dargestellt.

Ein weiterer Standard im Internet ist **GIF** (**G**raphics **I**nterchange **F**ormat, GIF89a). Obwohl GIF-Bilder nur maximal 256 Farben enthalten können, haben sie den Vorteil, dass eine bestimmte Farbe als *transparent* definiert werden kann: Der Hintergrund verschwindet und das Bild „schwebt" über der Web-Seite.
Die Kompression ist verlustfrei. Lediglich identische Bildinformationen werden nicht mehrfach gespeichert.

Im Zusammenhang mit PostScript-Dateien ist das universelle Format EPS, eine PostScript-Datei mit „eingerolltem" Pixelbild (TIFF, PICT), von Bedeutung.

Anfang der 90er Jahre kreierte die Firma Adobe für die Programmserie *Acrobat* **PDF** (**P**ortable **D**ocument **F**ormat). Mit diesem Format können komplette Seiten mit Text und Bild gespeichert werden. Es hat sich neben PostScript (↗ S. 55) zum zweiten Standard für Druckdateien entwickelt.

Viel wesentlicher ist allerdings, dass PDF die Daten komprimiert und der *Acrobat Reader* – das Programm zum Betrachten von PDF-Dateien – für mehrere Betriebssysteme wie Windows, Macintosh oder UNIX zur Verfügung steht. Der Reader und Druckertreiber zum Erzeugen von PDF-Dateien (↗ S. 55) werden von Adobe i. Allg. kostenlos bereit gestellt. Die Standard-Browser von Microsoft und Netscape besitzen Reader-PlugIns, sodass PDF-Dateien problemlos gelesen und via Internet verschickt werden können.

Die ursprüngliche Idee – mit einem beliebigen Anwendungsprogramm unter einem beliebigen Betriebssystem wird eine PDF-Datei erstellt, über das Internet verschickt und mit einem anderen Anwendungsprogramm gelesen und bearbeitet – hat sich jedoch nicht durchgesetzt. Man kann zwar getrennt Text und Grafik aus einer PDF-Datei über die Zwischenablage herauskopieren und in Dateien unter anderen Anwendungsprogrammen einfügen, aber dabei gehen fast alle Formatierungen verloren.

Durchgesetzt als universelles Dateiformat im Internet hat sich **HTML (HTM)**, welches auf der stapelorientierten Dokumentenbeschreibungssprache **HTML** (**H**yper**T**ext **M**arkup **L**anguage) basiert.

Da in HTML-Dokumenten nur Anweisungen zur Inhaltsdarstellung durch einen Browser gespeichert sind, benötigen diese Dateien sehr wenig Speicherplatz. Hinzu kommt, dass mittels Referenzen beliebige Grafiken in den komprimierten Formaten JPEG und GIF eingefügt werden können.

Viele Textverarbeitungsprogramme besitzen mittlerweile Konvertierungsfilter für HTML-Dokumente und es existieren die unterschiedlichsten WYSIWYG-HTML-Editoren, sodass der Nutzer recht schnell HTML-Dokumente erstellen kann, ohne die Syntax der Sprache HTML beherrschen zu müssen.

Beim Erstellen eines Dokuments, welches im HTML-Format gespeichert werden soll, ist zu beachten, dass nur Tabellen akzeptiert werden, die über **M** Tabelle erzeugt wurden. Tabulatoren „versteht" HTML nicht.

Erzeugen eines HTML-Dokuments in *Word 97:*

- beliebiges *Word*-Dokument erstellen oder öffnen
  (Über **M** Ansicht **M** Symbolleiste **B** Web lässt sich eine Symbolleiste hinzuschalten, wie man sie von Browsern gewöhnt ist.
  Über **M** Extras **B** AutoKorrektur **R** Autokorrektur lassen sich Zeichenfolgen so definieren, dass sie sich bei Eingabe sofort in im Internet beliebte Smileys umwandeln.)
- **M** Datei **B** Speichern unter...
- Dateityp „HTML-Dokument"
- **S** Speichern

Word kann auch HTML-Dokumente *lesen*.

2.6 Internet-Dienste

2.6.1 Internet – Überblick

Internet

Die Geschichte des Internets begann genau genommen 1866 mit der Inbetriebnahme seines Vorläufers – eines transatlantischen Kabels, das die Telefonnetze Nordamerikas und Europas verband und mehr als 100 Jahre lang den Austausch von Signalen und Informationen mithilfe des elektrischen Stromes ermöglichte. Das heutige Internet basiert auf dem 1969 vom US-Verteidigungsministerium im Rahmen eines militärischen Forschungsprojektes entwickelten **ARPANET**. Dieses zwischen räumlich voneinander entfernten Rechnern geschaltete Netz war erstmals dezentral (ohne physikalischen Zentralrechner) organisiert und damit störunanfällig gegen den Ausfall einzelner Rechner.

ARPANET ist die Abkürzung für „**A**dvanced **R**esearch **P**roject **A**gency **Net**work".

Das **Internet** ist ein weltweites, öffentliches, heterogenes, dezentral und hierarchisch organisiertes (Rechner-)Netzwerk, das kleinere Einzelnetze über so genannte **Gateways** miteinander verbindet. Es bildet dadurch ein einheitliches Kommunikationssystem zwischen unterschiedlichen Computersystemen und Computernetzen.

Internet steht für „**Inter**national **Net**work" (engl. für internationales Netzwerk).
Gateway ist der engl. Begriff für Einfahrt, Torweg und bezeichnet „dolmetschende" Schnittstellenrechner zur softwaremäßigen Verbindung von Computernetzen mit unterschiedlichen Netzwerkprotokollen.

Da das Internet territorial nicht an Grenzen gebunden und für alle offen ist, spricht man – im Gegensatz zu lokalen Netzwerken (**LAN**) von einem Fernnetz, einem **WAN** (zu Netzwerken ↗ auch Abschnitt 4.3, S. 382).

Als „Netz der Netze" ist das Internet in der Lage, auf Basis eines Client-Server-Systems verschiedene weltweit in Anspruch nehmbare Dienste anzubieten, die entsprechend als **Internet-Dienste** bezeichnet werden und deren wichtigste die folgenden sind: *E-Mail, WWW, FTP, IRC, Usenet* und *Telnet.*

Server sind Computer, die anderen Computern bestimmte Dienste anbieten. So erfolgt der Internetzugang eines privaten Anwenders über den Server eines Providers, der oft auch als **Host** (Gastgeber, Wirt) bezeichnet wird. Der die Server-Dienste in Anspruch nehmende Computer ist dann der so genannte **Client** (Kunde).

Viele Computer werden ausschließlich als Server betrieben. Häufiger ist es jedoch so, dass die Computer die Rollen auch tauschen können. Das ist u. a. davon abhängig, welche Programme man bei einer Internetverbindung startet.

Technische Voraussetzungen

Um Zugang zum Internet zu erhalten, sind sowohl hardware- also auch softwareseitig bestimmte Voraussetzungen zu erfüllen.

Hardwareseitig müssen Privatnutzer für einen Zugang über die Telefonleitung je nach Art der Telefonbuchse entweder über einen Rechner mit *ISDN-Karte* verfügen oder über ein internes (in den Computer integriertes) bzw. externes (eigenständiges Peripheriegerät) *Modem.* Der Vorteil

Modem ist die Abkürzung für **Modu**lator/**Dem**odulator.
Neben *ISDN* (↗ auch S. 387) und *Modem* (↗ auch S. 386) sind weitere Zugangstechniken wie *Steckdose* (↗ auch S. 388) oder *Fernsehkabelbuchse* in Erprobung und mehr oder minder ausgereift.

eines teureren ISDN-Anschlusses liegt dabei in der höheren Datenübertragungsrate von 64 Kilobit/s (Modems erreichen nur 28 800 bis 31 200 Bit/s). Für Institutionen existieren meistens Standleitungen auf Hochgeschwindigkeitsbasis (bis zu 155 Megabit/s), die im Allgemeinen über das lokale Firmenintranet genutzt werden können. Die Verbindung vom Intranet zum Internet erfolgt dann über Gateways.

Der Client-Zugang zum Internet kann dann auf verschiedene Art und Weise erfolgen:

- über einen Online-Zugang oder einen Terminalzugang mit geringen Übertragungsgeschwindigkeiten und dezimiertem Angebot an Internet-Diensten,
- über einen Online-Dienst oder einen Direktzugang mit hohen Übertragungsgeschwindigkeiten und einem umfassenden Angebot an Internet-Diensten.

Dienstanbieter für das Internet werden als **Provider** bezeichnet. Das können kleinere oder mittlere Unternehmen sein oder große Online-Dienste wie *T-Online, CompuServe* und *America Online (AOL),* die neben den gängigen Internet-Diensten noch zusätzliche Informationsdienste wie z.B. Homebanking oder Homeshopping bereitstellen.

Softwareseitige Mindestanforderungen sind:

- einheitliches Übertragungsprotokoll:
  Um einen fehlerfreien Datentransfer zwischen unterschiedlichen Computern zu gewährleisten, wurde 1982 ein einheitlicher Übertragungsstandard festgelegt, der als **TCP/IP** bezeichnet wird und eine standardisierte Adressierung (IP) und Übertragung (TCP) von Daten und damit eine hohe Datensicherheit ermöglicht.
- besondere Programme zur Organisation der Datenströme:
  Der Weg (die Route) der Daten vom Sender zum Empfänger wird über spezielle Rechner, so genannte **Router** bestimmt. Sie ermitteln den günstigsten Weg von einem Host-Rechner zum nächsten.
- Service zur eindeutigen Datenadressierung:
  1984 wurden so genannte Domain Name Server eingeführt. Der **Domain Name Service (DNS)** ordnet allen Internetrechnern hierarchisch aufgebaute, gedächtnisfreundliche (Text-)Namen zu, die die schwer zu merkenden **IP-Nummern** ersetzen, 32 Bit lange Zahlen, mit denen jeder Internetteilnehmer eindeutig adressierbar ist.
- Web-Browser:
  Web-Browser sind Programme für den Datenabruf von Web-Servern und zur nutzerfreundlichen (lesbaren) Anzeige HTML-codierter Hypertextseiten. Die derzeit am häufigsten genutzten Browser – der Communicator von Netscape und der Internet-Explorer von Microsoft – können nicht nur HTML-Seiten darstellen, sondern bieten auch Möglichkeiten zur Erstellung solcher Seiten und zur Nutzung von Diensten wie E-Mail, IRC und Usenet.
- spezielle Plug-Ins:
  Zusätzliche Programme müssen installiert werden, wenn weitere multimediale Möglichkeiten genutzt werden sollen (Bildschirmtelefonie, Videokonferenzen...).

TCP / IP ist die Abkürzung für „**T**ransmission **C**ontrol **P**rotocol / **I**nternet **P**rotocol". Das Übertragungsprotokoll TCP/IP zerlegt die zu übertragenden Nachrichten in einheitlich große und eindeutig gekennzeichnete Datenpakete und sucht anhand der IP-Nummer nach der günstigsten Route durch die Vielzahl der Knotenrechner, um beim Empfänger die Datenpakete wieder zu der korrekten Nachricht zusammenzusetzen.

Browser ist abgeleitet von „to browse": blättern, stöbern.

2.6.2 Internet-Dienste

E-Mail

E-Mail ist einer der ältesten Internet-Dienste und ermöglicht das Versenden von Dokumenten auf elektronischem Weg innerhalb eines lokalen oder globalen Netzwerkes.
Die Dokumente werden vom Sender an einen **Mail-Server** geschickt (ein spezielles Computersystem, ein „Host" in einem Netzwerk, bei einem Online-Dienst oder einem Internet-Provider) und dort bis auf Abruf durch den berechtigten Empfänger **(Mail-Client)** in einem elektronischen „Postfach"/"Briefkasten" (ein gesondertes Verzeichnis, das als **Mailbox** bezeichnet wird) zwischengespeichert.

E-Mail ist abgeleitet von „electronic **mail**", bedeutet also: elektronische Post.

Die Adressierung von E-Mails erfolgt über eine eindeutig identifizierbare **E-Mail-Adresse,** die vom jeweiligen Provider/Online-Dienst vergeben wird. Es handelt sich um eine Zeichenfolge (elektronische Postanschrift), die sich i. A. aus einem **Aliasnamen,** gefolgt vom Sonderzeichen „@" **(Klammeraffe)** und der Kennung **(Domain)** des Servers, auf dem der Benutzer angemeldet ist, zusammensetzt.

Das Sonderzeichen „@" wird umgangssprachlich als „Klammeraffe" oder „Affenschwanz" bezeichnet. Es steht heute für das engl. Wort „at" (gesprochen: „ät", dt.: in/bei), stammt aber bereits aus dem Mittelalter. Im @-Zeichen wurden das „a" und das „d" zu einer Drucktype für das latein. „ad" („nach") zusammengefasst. In Handelskreisen erhielt @ die Bedeutung „pro Einheit" und eine eigene Taste auf der Schreibmaschine. 1972 suchte der Amerikaner RAY TOMLINSON ein Zeichen, um die Zugangskennung und den Servernamen in einer E-Mail-Adresse zu trennen. Er entschied sich für das @.

`anna.mailer@t-online.de.`

Eine E-Mail besteht aus dem der eigentlichen Nachricht vorangestellten **Head** oder Header und dem **Body** mit dem Textkörper. Der Head enthält verschiedene Zustellungsinformationen wie Absender- und Empfängeradresse, „Betreff" der Nachricht, Sendezeitpunkt und Versandweg.

Grundvoraussetzung für die Übermittlung von E-Mails ist die Verwendung gleicher Protokolle durch die Rechner von Sender und Empfänger. Für den Versand ist das Übertragungsprotokoll **SMTP** verantwortlich. Die Nachrichten werden in kleine Pakete zerlegt und per Routing von Host-Rechner zu Host-Rechner weitergeleitet.

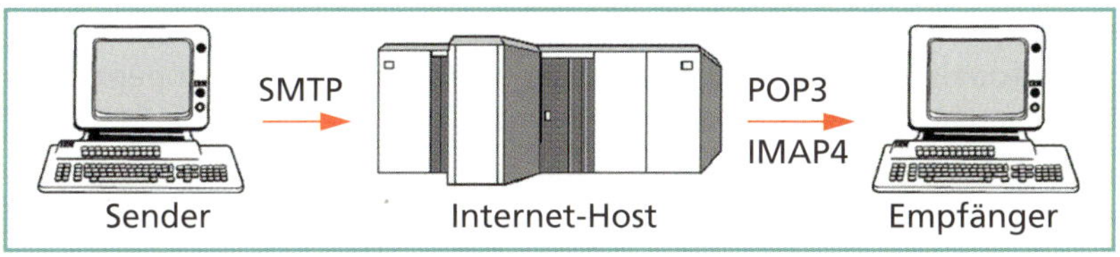

Der elektronische Transferprozess des Herunterladens vom Mail-Server auf den Empfänger-Rechner wird zumeist mit dem **POP3**-Protokoll realisiert, das allerdings allmählich von dem leistungsfähigeren **IMAP4** abgelöst wird. Die meisten Web-Browser enthalten eigene E-Mail-Programme, sodass keine zusätzliche Software geladen werden muss.

E-Mails haben viele Vorteile: Sie sind preiswert und sehr schnell beim Empfänger, sie können per **Mailing-Listen** zeitgleich an mehrere Empfänger geschickt, zur Sicherung sensibler Daten z. B. mittels **PGP** (↗ S. 80) verschlüsselt und mit beliebigen Dateianhängen **(Attachments)** versehen werden. Mailing-Listen werden außerdem für den Aufbau virtueller Gesprächsrunden genutzt, ein Service, der von verschiedenen Internetfirmen offen oder moderiert und zumeist kostenlos angeboten wird.

SMTP ist die Abkürzung für „**S**imple **M**ail **T**ransfer **P**rotocol", POP3 für „**P**ost **O**ffice **P**rotocol Version **3**", IMAP4 für „**I**nternet **M**essage **A**ccess **P**rotocol **4**".

World Wide Web

Das World Wide Web ist der heute am meisten genutzte (und fälschlicherweise häufig mit dem gesamten Internet gleichgesetzte) Internet-Dienst.

World Wide Web lässt sich sinngemäß mit „weltumspannendes Geflecht/Netz" oder auch mit „Spinnwebsystem" übersetzen.

Als **Hypertext** wird die Kombination von Text und den so genannten Hyperlinks (Verknüpfungen; kurz: **Links**) bezeichnet.

HTML ist die Abkürzung für „**H**yper**T**ext **M**arkup **L**anguage".

URL ist die Abkürzung für „**U**niform **R**esource **L**ocator".

> Das **World Wide Web,** auch **WWW** oder **Web** genannt, ist ein weltweites **Hypertext**-System, über das sich mithilfe verschiedener standardisierter Internet-Protokolle **HTML**-codierte Informationen auf per **Hyperlinks** verknüpfbaren Hypertextseiten präsentieren lassen.

Diese Hypertextseiten kann man unter Kenntnis der jeweiligen (eindeutigen) Web-Adresse **(Internetadresse, URL)** und unter Nutzung eines Web-Browsers aufrufen und anzeigen.

In der Internetadresse (dem URL)
`http://www.schuelerlexikon.de`
steht `http` für das Übertragungsprotokoll, www für das World Wide Web, `schuelerlexikon` für einen angemeldeten Namen und `de` für die Landeskennung im Domain-Namen (↗ auch DNS, S. 140).

Die in den Hypertext eingebundenen Hyperlinks ermöglichen über einen einfachen Mausklick das schnelle „Springen" an verschiedene Stellen der Hypertextseite oder in andere Hypertextseiten und sind damit Voraussetzung für das **„Surfen"** im Internet.

„to serve" = engl. für „servieren, bedienen"

HTTP ist die Abkürzung für „**H**yper**T**ext **T**ransfer **P**rotocol".

Hypermedien entstehen durch Kombination von Hypertext mit multimedialen Elementen wie Text, Ton (Sound), stehender und bewegter Grafik (Animation), Fotografie, Film oder Videoclip.

Die Hypertextseiten des WWW werden über **Webserver** verwaltet, auf Anforderung hin unter Verwendung des **HTTP**-Protokolls zum Nutzer übertragen und zumeist durch so genannte **Webmaster** erstellt und gepflegt. Heute lassen sich neben Texten auch Tabellen, Grafiken sowie Ton- und Bildsequenzen übertragen und – bei Vorhandensein der entsprechenden Plug-Ins – mit einem Web-Browser darstellen, sodass das Hypertext-System WWW inzwischen zu einem **Hypermedia-System** geworden ist.

Entwickelt wurde das WWW in den achtziger Jahren von TIM BERNERS-LEE am europäischen Labor für Teilchenphysik CERN (Conseil Européen pour la Recherche Nucléaire). Dazu gehörten:

- die WWW-Dokumentenbeschreibungssprache HTML,
- das Übertragungsprotokoll HTTP
- sowie die Adressierung von WWW-Dokumenten über URLs.

1994 wurde von BERNERS-LEE nach seinem Einstieg beim MIT (Massachusetts Institute of Technology) das **W3-Konsortium (W3C)** gegründet, das die gesamte aktuelle Entwicklung des WWW koordiniert.

FTP

FTP ist die Abkürzung für „**F**ile **T**ransfer **P**rotocol", was so viel wie Datei-Übertragungsprotokoll bedeutet.

> **FTP** ist ein Übertragungsprotokoll, das den Austausch beliebiger Datenformate (Programm-, Text-, Grafik-, Sounddateien ...) zwischen zwei Rechnern im Internet oder in einem lokalen Netz standardisiert. FTP arbeitet auf der Basis von TCP/IP und ermöglicht eine fehlerfreie Datenübertragung selbst über weite Distanzen.

FTP ist eines der ältesten Internet-Übertragungsprotokolle, dessen Ursprünge noch im ARPANET, dem militärischen Vorläufer des Internets, liegen. FTP ist auch heute noch neben WWW und E-Mail ein sehr häufig genutzter Internet-Dienst.

FTP arbeitet mit zwei *Übertragungsmodi:* mit dem Modus „ascii" für Text und mit „binary" für andere Dateien beliebiger Art.

Spezielle **FTP-Server** bieten Daten aller Art für das „Herunterladen" **(Download)** auf den eigenen PC an und stellen Speicherplatz für das „Heraufladen" **(Upload)** von Dateien auf den Server zur Verfügung. Das Navigieren und Manipulieren auf FTP-Servern erfolgt mithilfe konkreter FTP-Befehle oder einfacher, über FTP-Programme, die einzeln oder integriert in moderne Web-Browser und HTML-Editoren genutzt werden können.

Von so genannten **anonymen FTP-Servern** werden u. a. Zusatzprogramme für Betriebssysteme, Web-Browser, PC-Anwendungen, Grafiken und Musikdateien angeboten. Sucht man ganz spezielle Dateien, kann man sich des klassischen Datei-Suchdienstes **Archie** bedienen, der die Inhalte anonymer FTP-Server in einer elektronischen Datenbank sammelt.

Für den Zugriff **(Login)** auf einen FTP-Server benötigt man im Allgemeinen dessen Host-Namen und einen **Account** (registrierte Benutzer-ID und Passwort). Bei den im WWW zahlreich erreichbaren und meist von Universitäten und Hochschulen verwalteten anonymen FTP-Servern genügt die Host-Adresse.

IRC

IRC bedeutet „Internet **R**elay **C**hat" und wird auch kurz als „Chat" bezeichnet. Dieser 1988 entwickelte und sehr beliebte Internet-Dienst ermöglicht über spezielle IRC-Server online eine textbasierte Realzeit-Kommunikation (Echtzeitbetrieb) zwischen mehreren Internet-Teilnehmern („Chatter") über Tastatur und Monitor.

Chat ist der englische Ausdruck für Unterhaltung, Geplauder, Schwatz.

Die IRC-Server bieten eine ganze Reihe von im Allgemeinen thematisch sortierten Kanälen an, die so genannten **„Channels".** Wählt man unter Nutzung eines Chat-Programms einen solchen Channel an, erhält man Zutritt zum jeweiligen Diskussionsforum, zum **„Chat-Raum".** Chat-Räume werden von Operatoren organisiert und können nach Belieben betreten, verlassen oder gewechselt werden. Neben ständig oder regelmäßig etablierten Diskussionsforen finden auch einmalige „Live-Chats" zu speziellen Themen statt. Die Chatter loggen sich auf dem IRC-Server mit E-Mail-Adresse und Passwort ein; beim Chatten selbst werden dann in der Regel nur selbstgewählte **„nicknames"** (Spitznamen) benutzt.

Eine besondere Spezialisierung des IRC und eigentlich ein neuer Internet-Dienst ist die **Internet-Telefonie:** Bei Einsatz entsprechender Soundkarten kann man mit einem oder mehreren Internet-Teilnehmern telefonieren.
Eine weitere moderne Kommunikationsform ist das Abhalten von **Videokonferenzen,** die neben der Ton- auch eine Bildübertragung ermöglichen.

Usenet

NNTP ist die Abkürzung für „**N**etwork **N**ews **T**ransport **P**rotocol".

Das **Usenet,** auch **NetNews** genannt, ist ein Internet-Dienst zur weltweiten virtuellen Kommunikation, der unabhängig vom Internet in dessen Anfangszeiten entstand. Im Gegensatz zum E-Mail sind die über das Usenet verbreiteten Nachrichten (News) öffentlich von allen Usenet-Teilnehmern einzusehen; es ist aber keine Echtzeit-Unterhaltung wie beim Chat möglich. Die Verwaltung und Verteilung der Nachrichten erfolgt über ein Netz von News-Servern, die auf der Grundlage des Übertragungsprotokolls **NNTP** arbeiten.

Der Begriff **posten** entstammt dem engl. „poster" (Anschlag, Platkat). **Thread** ist der engl. Begriff für Faden, Faser.

Das Usenet ist in unzählige Diskussionsforen **(NewsGroups)** untergliedert, die nach Kategorien und thematisch geordnet sind. Jede NewsGroup stellt praktisch ein elektronisches „schwarzes Brett" dar, an das die eingehenden Diskussionsbeiträge **„gepostet"** (geheftet) werden. Die daraus entstehenden Diskussionsstränge werden **„Threads"** genannt. Das Lesen, Downloaden oder Posten von Beiträgen ist nur mithilfe eines **News-Clients** möglich, einer speziellen Software, die auch als **NewsReader** bezeichnet wird. Den Beitritt zu einer der meist moderierten NewsGroups bezeichnet man als **Abonnieren.**

Netiquette (↗ auch S. 86) ist ein Kunstwort aus den Begriffen „Network" und „Etiquette" („Netzetikette").

Die schriftliche Kommunikation im Internet (E-Mail, Chat, Usenet) unterliegt einer Reihe von Höflichkeitsregeln, die man als **Netiquette** bezeichnet. Nach der Netiquette dürfen u. a. Netzteilnehmer nicht in ihren persönlichen Gefühlen verletzt werden; beleidigende, rassistische oder extremistische Äußerungen sind nicht erlaubt, ebensowenig die Aufforderung zu kriminellen oder Gewaltdelikten. Eine Reihe weiterer Regeln ist auf den Umgangston und den Stil der Textdarstellung gerichtet. Die Regeln sind an verschiedenen Stellen im Internet niedergelegt; ein Buch für den Verhaltenskodex im Internet gibt es nicht.

Man sollte im Zweifelsfall niemandem Dinge zumuten, die man selbst auch nicht erfahren möchte. Die Regeln der *Netiquette* sind nicht bindend, schwere Verstöße gegen diese Regeln können jedoch mit Ausschluss aus dem jeweiligen Dienst geahndet oder bei strafrechtlicher Relevanz entsprechend verfolgt werden.

Telnet

Telnet ist eines der ältesten Internet-Prozessprotokolle **(Terminal-Emulations-Protokoll)** und ermöglicht die komplette Fernsteuerung eines entfernten Hosts von einem lokalen Computer (Client) aus, wobei die Konsole des entfernten PC auf dem lokalen PC dargestellt wird. Telnet ermöglicht also die Simulation eines Terminalbetriebes.

Remote Terminal Emulation ist abgeleitet vom engl. „remote" (entfernt, entlegen).

Diese Simulation wird als **Remote Terminal Emulation** bezeichnet. Der User kann auf Kommandozeilenebene so auf einem Web-Server arbeiten, als säße er direkt vor diesem Rechner, da ein echter Login auf dem Server stattfindet (so genannter **remote login).** Telnet gestattet daher nicht nur einen Dateitransfer, wie z.B. FTP, sondern auch die Nutzung verschiedener Anwendungsprogramme. Die Kombination aus Tastatur und Bildschirm, mit deren Hilfe der User mit dem Server in Verbindung tritt, übernimmt die Funktion des Terminals, das selbst über keine eigene Rechenleistung verfügt. Die Rechenleistung stellt der angewählte Großrechner zur Verfügung, der dann als **Mainframe** bezeichnet wird. Voraussetzung für die Nutzung von Telnet ist die Einbindung eines entsprechenden **Telnet-Clients** in den genutzten Web-Browser.

2.6.3 Präsentation im World Wide Web

Informationsgewinnung, -bearbeitung und -präsentation

Das WWW ist heute ein überwältigender Fundus für Informationen jeder nur denkbaren Art. Umgekehrt bietet es aufgrund seines multimedialen Charakters nahezu unbegrenzte Möglichkeiten zur persönlichen und kommerziellen Präsentation von Informationen.

Die täglich wachsende Informationsflut im Internet macht es dem Informationssuchenden unmöglich, ohne Hilfsmittel, allein durch zielloses Surfen, wichtige von unwichtigen Informationen zu trennen und die gesuchte Information zu lokalisieren.
Voraussetzung für eine gezielte **Informationsgewinnung** ist der Einsatz nationaler oder internationaler *Suchmaschinen,* die öffentlich und kostenlos nutzbar sind.

Suchmaschinen (engl.: **Search-Engines)** sind von Internet-Suchdiensten betriebene spezielle Server-Computer, auf denen Datenbanken mit Textinformationen zu Internet-Adressen und Hypertextseiten liegen. Sie werden per Browser unter ihrem jeweiligen URL aufgerufen und bieten dann ein Suchfenster zur Eingabe von Suchbegriffen. Ergebnis einer Suchanfrage ist eine Liste von themenbezogenen, kommentierten Internet-Adressen.

Beispiele für nationale Suchmaschinen:

http://de.altavista.com

http://de.yahoo.com

http://www.dino-online.de

Beispiele für internationale Suchmaschinen:

http://www.excite.com

http://www.yahoo.com

http://www.lycos.com

Man unterscheidet:

- **Retrieval-Engines** durchsuchen mithilfe von **„Robots"** genannten Programmen ständig automatisch das WWW nach neuen Web-Seiten, indem sie sich von Link zu Link „hangeln". Daher werden sie auch als **„Spider"** (Spinne) bezeichnet.

Altavista, Fireball, Google

- **Web-Kataloge** bestehen aus manuell zusammengestellten, also per Hand gepflegten Linksammlungen und bieten einen geringeren, aber in **Kategorien** gut sortierten Datenbestand.

Dino-Online, WEB.DE, Yahoo!

- Besonders leistungsstark sind **Meta-Suchmaschinen,** die eine Suche über mehrere, meist auswählbare, Suchmaschinen zugleich ermöglichen und dann entsprechend geordnete Suchergebnisse ausgeben.

MetaGer, MetaCrawler

URL für Meta-Suchmaschinen:

http://meta.rrzn.uni-hannover.de (MetaGer)

http://www.metacrawler.com

- Außerdem gibt es Suchdienste zur gezielten Suche nach ganz speziellen Informationen.

medivista (www.medivista.de, Medizin & Gesundheit)

Professionelle Suchmaschinen bieten spezifische Möglichkeiten zur Erweiterung oder Einschränkung von Suchabfragen. Die Online-Hilfe der jeweiligen Suchmaschine gibt meist detailliert Auskunft, wie entsprechende Suchmöglichkeiten syntaktisch korrekt zu formulieren sind.

Haupthilfsmittel sind **boolesche (logische) Operatoren.** Die wichtigsten und für die meisten Suchmaschinen gültigen Operatoren sind OR, AND,

logische Operatoren ↗ auch S. 258 ff.

NOT (ODER, UND, NICHT), für die auch Kürzel genutzt werden können (Leer-, Plus-, Minus-Zeichen).

Suchabfrage	*Suchergebnis*
Internet Statistik	alle Dokumente, in denen entweder „Internet" oder „Statistik" oder beide Begriffe vorkommen (Abfrage erweitert)
+Internet +Statistik	nur Dokumente, in denen beide Worte vorkommen (Abfrage eingeschränkt)
+Internet –Statistik	nur Dokumente, in denen „Internet" vorkommt, aber nicht „Statistik" (Abfrage eingeschränkt)

Wichtig für den Erfolg einer Informationssuche ist die **Informationsbearbeitung.** Beispielsweise arbeiten Suchmaschinen mit verschiedenen Suchstrategien und daher unterschiedlicher, z. T. wählbarer, Suchtiefe.

- Suche nur in Titeln der Hypertextseiten
- Suche auch im gesamten Text
- Suche zusätzlich über weiterführende Links ...

Die Nutzung mehrerer Suchmaschinen und unterschiedlicher Web-Sites zu einem Thema sichert einen höheren Informationsgewinn und bietet die Möglichkeit eines **Informationsabgleiches** (Vergleich von Suchergebnissen verschiedener Suchmaschinen, Auslese falscher oder unwichtiger Informationen, Präzisierung von Informationen).

Das WWW ist heute nicht nur der wichtigste Internet-Dienst zur Informationsgewinnung und -bearbeitung, sondern vor allem zur **Informationspräsentation** (↗ die folgenden Abschnitte). Damit wird es zum Hauptkonkurrenten aller Informationen anbietenden Medien wie Film, Fernsehen, Buch- oder Zeitungsdruck.

„site" = engl. für „Gelände"; „side = engl. für „Seite"

Der Begriff **Homepage** wird häufig und eigentlich inkorrekt synonym für die gesamte Web-Site verwendet.

HTML – die Sprache des Web

Hinter jedem URL, also jeder Internet-Adresse, steht eine komplette Internet-Präsentation, eine so genannte **Web-Site,** die sich aus diversen zusammengehörenden Hypertext-Einzeldokumenten, den **Web-Sides,** zusammensetzen kann und deren Empfangsseite als **Homepage** bezeichnet wird.

Um die Erstellung von Hypertext-Dokumenten für das WWW zu standardisieren, wurde in den achtziger Jahren am europäischen Kernforschungszentrum CERN eine betriebssystemunabhängige Dokumentenbeschreibungssprache entwickelt: **HTML** (**H**yper**T**ext **M**arkup **L**anguage – Hypertext-Auszeichnungssprache). HTML ist also eine Beschreibungssprache für die Bildschirmseiten und als solche zurzeit das wichtigste Dokumentenformat im WWW.

Mit der Seitenauszeichnungssprache HTML erstellte Dateien tragen die Dateinamenerweiterung `.html` oder `.htm`.

Mithilfe von HTML lassen sich Texte und sonstige Elemente auf Web-Seiten relativ unkompliziert formatieren. Dabei beinhaltet HTML als reine Strukturierungssprache nicht das äußere Layout einer Seite, sondern lediglich Anweisungen zur Inhaltsdarstellung durch einen Web-Browser.

HTML-Seiten bestehen ausschließlich aus zeilenorientiertem ASCII-Text und können daher mit jedem einfachen Texteditor erstellt und bearbeitet, müssen aber natürlich dann als ASCII-Text gespeichert werden.

In den ASCII-Text sind spezielle Formatierungsbefehle eingebettet (z.B. für die Schriftgröße, -art und -farbe oder für spezielle Multimedia-Elemente). Diese Befehle bezeichnet man als **„Tags“.** Tags sind in spitze Klammern gesetzte Anweisungen, die erst vom Web-Browser in die Bildschirmdarstellung mit Farben, Grafiken, Buttons, Werbebannern usw. „übersetzt“ werden.

Um die eingebundenen Grafiken anzeigen oder Audio- und Videosequenzen abspielen zu können, muss der Browser natürlich mit den entsprechenden Plug-Ins ausgestattet sein.

Das **Grundgerüst einer HTML-Seite (Web-Side)** sieht wie folgt aus:

```
<HTML>
<HEAD>
<!-- evtl. Kommentarzeilen -->
<TITLE>Text für Titelleiste</TITLE>
</HEAD>
<BODY>
<!-- Hauptinhalt der HTML-Seite -->
</BODY>
</HTML>
```

Eine Hypertextseite (Web-Side) kann von einem Web-Browser nur erkannt werden, wenn sie mit dem Tag `<HTML>` beginnt und mit `</HTML>` abschließt. Bei jeder HTML-Seite befinden sich zwischen diesen Eröffnungs- und Abschluss-Tags: 1. der **Head** (Kopf) der Seite (eingeschlossen zwischen `<HEAD>` und `</HEAD>`) sowie 2. der **Body** (Körper) der Seite (eingeschlossen zwischen `<BODY>` und `</BODY>`.

Eintragungen im *Head* erscheinen nicht in der Bildschirmdarstellung der Seite (nur beim Umschalten auf „Seitenquelltext“ im Browser-Menü). Hier werden u. a. so genannte **Meta-Tags** untergebracht, die Informationen über die Seite selbst enthalten.

Meta-Tags:

- **Keywords:** enthält Schlüsselwörter, mit denen die Web-Seite durch Suchmaschinen gefunden werden kann, z. B.: `<META NAME="Keywords" CONTENT="Computer, PC, Festplatte">`
- **Description:** enthält die von Suchmaschinen angezeigte Kurzbeschreibung des Dokumentes, z. B.: `<META NAME="Description" CONTENT="Alles über Festplatten und PCs.">`
- **Author:** enthält den/die Namen des/der Autoren des Dokuments, z. B.: `<META NAME="Author" CONTENT="Robert Weber">`

Ein im Head eingetragener **Titel** erscheint in der Titelleiste des Browserfensters, z. B.: `<TITLE>Computer und Festplatten</TITLE>`). Eintragungen, die innerhalb eines Tags mit „`!--`“ beginnen und mit „`--`“ enden, können für (unsichtbare) **Kommentare** genutzt werden.

Erst nach dem Head kommt der eigentliche Textkörper, der *Body.* Die folgende Tabelle zeigt eine kleine Auswahl aus der Vielzahl der durch Weiterentwicklung der Sprache ständig zunehmenden *HTML-Befehle.*

Vorsicht vor Syntax-Fehlern! Unkorrekte Befehle werden ohne Fehlermeldung übergangen. Der Befehl <BODY> statt </BODY> hat z.B. die Anzeige einer leeren Seite zur Folge! Fehlerfrei arbeitet es sich mit Web-Editoren, mit denen schnell Web-Seiten erstellt werden können, ohne dass der Autor die HTML-Befehle selbst kennen muss.

Schreibmaschinentext heißt, dass Courier als Schriftart ausgewählt wird (alle Zeichen sind gleich breit).

HTML-Befehle zum Aufbau eines Seitengrundgerüstes	
<HTML>...</HTML>	Seitenanfang und -ende
<HEAD>...</HEAD>	Seitenkopf
<TITLE>...Titeltext...</TITLE>	Seitentitel
<BODY>...</BODY>	Seitenkörper
HTML-Befehle zur Seitenformatierung	
<BODY BGCOLOR="#000000">	Hintergrundfarbe der Seite (6-stellige Hexadezimalzahl, hier: Schwarz)
<BODY BACKGROUND="welle.gif">	Hintergrundgrafik für eine Seite (GIF- oder JPG-Datei)
<BG SOUND SCR="beatles.wav">	Hintergrundmusik für eine Seite (z.B. WAV- oder MID-Datei)
HTML-Befehle zur Textformatierung und -auszeichnung	
 ...</BR>	Zeilenumbruch (ohne Leerzeile)
<P>...</P>	Absatz (mit Leerzeile davor)
<B>...Text...</B>	Text fett
<I>...Text...</I>	Text kursiv
<U>...Text...</U>	Text unterstrichen
<TT>...Text...</TT>	Schreibmaschinentext
_{...Text...}	Index-Schreibweise
^{...Text...}	Exponenten-Schreibweise
<FONT SIZE="2">...Text...</FONT>	Schriftgröße (zw. 1 u. 7)
<FONT FACE="Arial">...Text...</FONT>	Schriftart (hier: Arial)
<FONT COLOR="red">...Text...</FONT>	Schriftfarbe (hier: Rot, auch als 6-stellige Hexadezimalzahl möglich)
<HR>	Trennlinie
HTML-Befehle zum Einfügen und Formatieren von Tabellen	
<TABLE>...</TABLE>	Tabelle einfügen
<TR>...</TR>	Tabellenzeile
<TD>...</TD>	Tabellenzelle
HTML-Befehle zum Einfügen von Grafiken	
<IMG SRC="auto.jpg">	Grafik einfügen (mit Pfadangabe, wenn die Grafik nicht im Verzeichnis des HTML-Dokumentes liegt)

HTML-Befehle zum Einfügen von Verweisen (Hyperlinks)	

`<A HREF="...">Verknüpfungstext</A>`
 	
`<A HREF="neu.html"><IMG SRC= "stern.gif"></A>`
	Verknüpfung (Link) einfügen zu Textstellen an anderer Stelle der HTML-Seite, zu anderen Seiten oder zu einem anderen URL

Verknüpfungen (Verweise / **Hyperlinks** / Links) sind zumeist optisch markierte Bereiche in Form von farbigen oder unterstrichenen Textpassagen, Grafikelementen (Buttons, Icons, farbig umrahmte Fotos oder Grafiken) oder Teilbereichen von Grafiken **(sensitive Maps).**
Über einem Hyperlink ändert der Mauszeiger seine Form („Verweishand"). Durch Klicken wird der dahinter stehende Verweis aktiviert und man gelangt zu anderen Textstellen auf der Web-Seite, zu anderen Web-Seiten oder anderen URL (Surfen).

HTML und wie weiter?

HTML bietet viele Möglichkeiten zur Informationspräsentation, es hat jedoch auch seine Grenzen. Das Leistungsspektrum von HTML lässt sich heute auf verschiedene Art und Weise erweitern:

- **XML** (**Ex**tensible **M**arkup **L**anguage) erlaubt u. a. die Definition beliebiger neuer eigener Elemente (Custom Tags).
- **DHTML** (**D**ynamic **HTML**) ist eine Synthese aus verschiedenen Komponenten wie HTML, Style-Sheets, JavaScript (↗ weiter unten) und bietet Lösungen, um Elemente einer Web-Site während der Anzeige automatisch oder interaktiv zu verändern (mehr Interaktion, Animation und Funktionalität).
- **VRML** (**V**irtual **R**eality **M**odeling **L**anguage) ist eine Ergänzung zu HTML und ein Werkzeug zur Programmierung dreidimensionaler Grafikobjekte und damit virtueller, räumlicher Welten, in denen sich der User mithilfe der Maus frei bewegen und verschiedene Ansichten wählen kann.
- **Style Sheets** sind Stilvorlagen ähnlich Formatvorlagen in der Textverarbeitung, in denen die Eigenschaften der Darstellung von HTML-Elementen gesammelt werden und die insbesondere bei der Gestaltung einheitlicher Layouts helfen.
  Die Definition von Style-Sheets erfolgt mittels **CSS** (**C**ascading **S**tyle **S**heets) zentral in einer gesonderten externen Datei oder im Head des HTML-Dokuments oder dezentral bei den zugehörigen HTML-Tags. CSS ist die wichtigste derzeit verwendete Sprache zum Definieren von Style-Sheets und wurde vom W3-Konsortium definiert.
- **CGI** bezeichnet eine Schnittstelle zwischen Webservern und von ihnen ausgeführten speziellen Programmen in C++ oder PERL (CGI-Scripts), die eine Interaktion zwischen Internet-User und Webserver ermöglichen.
  Vom User auf der Web-Seite eingetragene Daten werden per Mausklick zum Webserver geschickt, dort durch das CGI-Script verarbeitet, eine HTML-Antwortseite auf die Nutzeranfrage generiert und an den Browser des Users zurückgesendet.
  Häufigste Anwendung: Aufbereitung von Benutzereingaben in ein Formular auf einer Web-Seite für die dahinter stehende Datenbank, z. B. bei Bestellungen im Internet oder Online-Anfragen zu Flugplänen, Kulturveranstaltungen oder Ähnlichem.

CGI ist die Abkürzung für **C**ommon **G**ateway **I**nterface, **PERL** für **P**ractical **E**xtraction and **R**eport **L**anguage.

- **Java** ist eine plattformneutrale Programmiersprache, mit deren Hilfe sich so genannte dynamische Web-Seiten für das WWW programmieren lassen.

Sobald eine Web-Seite Java-Sprachelemente enthält, wird automatisch Java gestartet (wenn im Web-Browser ein Java-Interpreter implementiert ist), das auf der Web-Seite eingebaute Java-Applet wird vom Server geladen und auf dem Clientrechner ausgeführt (z. B. ein Programm zur Darstellung von bewegten Bildern). Die normalerweise statischen HTML-Seiten werden damit zu dynamischen Seiten. Per Java-Programmierung können z. B. auf einer Web-Site Eingaben über die Tastatur oder Interaktionen mithilfe der Maus ermöglicht werden.

zur objektorientierten Programmierung ↗ auch S. 219

Java ist eine **objektorientierte Programmiersprache,** es werden also (oft vordefinierte) Datentypen benutzt, die Daten und deren Verarbeitungsalgorithmen enthalten können. Man nennt diese grundlegenden Strukturierungselemente von Java auch *Klassen,* die Verarbeitungsalgorithmen *Methoden.*
Klassen sind Vorlagen für Objekte (vom Typ dieser Klasse). Die Objekte selbst sind wiederum Instanzen einer Klasse. Die Eigenschaften von Objekten können an andere Objekte vererbt werden.
Applets sind Programme für einen Java-fähigen Browser. Es gibt unter Java eine eigene Klasse `applet` mit dort definierten Schnittstellen, die für den Umgang mit Applets vorgesehen ist.
Applikationen (Anwendungen) sind Java-Programme, die mit einem Java-Interpreter außerhalb eines Browsers ausgeführt werden können.

Klassische Beispiele für *Java-Applets* sind Online-Spiele, Computersimulationen oder Laufbänder. Viele weitere Möglichkeiten sind bereits umgesetzt oder denkbar: Taschenrechner, Uhren, Bestellsysteme, Musikeinblendungen, Chats auf Web-Seiten, Lernprogramme usw.
Objekte in solchen Applets könnten Optionsfelder, Schalter, Zeitangaben sein (mit einheitlicher Schriftart, die zwischen diesen Objekten vererbt worden ist).

- **JavaScript** ist eine als Alternative zu und unabhängig von Java entwickelte Scriptsprache, mit deren Hilfe sich in Web-Seiten kleine, ausführbare Scripts integrieren lassen (Animationen, Laufbänder, interaktive Formulare usw.). JavaScript ist im Gegensatz zu Java keine echte objektorientierte Sprache und erfordert keine eigene Programmierumgebung; die Scripts können in jedem Texteditor erstellt werden und werden wie Style Sheets als Quelltext direkt in die HTML-Seite eingefügt und mit dem Aufbau der Seite abgearbeitet.

```
<HTML><HEAD><TITLE>Willkommen</TITLE>
<script language="JavaScript">
<!--
alert ("Herzlich willkommen auf meiner Web-Site!");
//-->
</script></HEAD><BODY></BODY></HTML>
```

In diesem Beispiel wird mithilfe von JavaScript im Browser ein Meldungsfenster mit dem Text "Herzlich willkommen auf meiner Web-Site" ausgegeben.

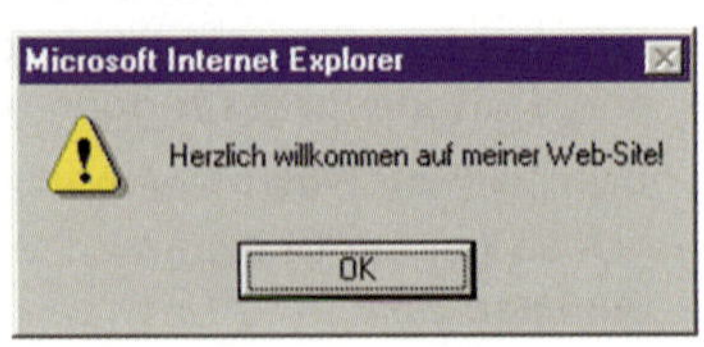

Aufgaben

2.1 Textverarbeitung

Aufgabe 2.1.1

Vergleichen Sie das Formatieren von Texten in stapelorientierten und dialogorientierten Textverarbeitungsprogrammen am Beispiel von HTML und WordPad!

	HTML	WordPad
kursiv	zu formatierenden Text mit <i> und </i> einschließen	Text markieren und z. B. Schalter (K) in der Quick-Access-Leiste anklicken
fett		
Schriftgröße		
Schriftfarbe		
Absatzende		
Grafik einfügen		

Öffnen Sie ein beliebiges *HTML-Dokument* mit einem Browser und vergleichen Sie Bildschirmdarstellung und Quelltext (z. B. unter *Netscape*
M Ansicht
B Seitenquelltext).

WordPad ist über
M Start (Task-Leiste)
M Programme
M Zubehör
B WordPad
unter *Windows* zu öffnen.

Aufgabe 2.1.2

Schreiben Sie eine Einladung zu einer Halloween-Party! In der linken oberen Ecke der Seite soll die vollständige Adresse des Freundes stehen, der eingeladen werden soll.

a) Speichern Sie den Text unter `EINLAD.DOC` ab!

b) Nutzen Sie vielfältige Formatierungsmöglichkeiten zur Gestaltung der Einladung und binden Sie auch selbst gefertigte Grafiken ein!

c) Drucken Sie die Einladung aus! Geben Sie eine Menüfolge, einen Schalter und eine Tastenkombination zum Drucken an!

Aufgabe 2.1.3

Tabulatoren lassen sich insbesondere zur Gestaltung tabellarischer Übersichten nutzen.

a) Erstellen Sie eine Übersicht mit wichtigen Daten Ihrer Freunde, evtl. nach folgendem Muster:

Vorname	Name	Geburtsdatum	Telefonnummer
Andrea	Weber	22.06.85	56 71 15 3
Franziska	Meißner	18.03.86	33 44 55 4
Sascha	Möller	22.12.85	12 24 35 6

b) Fügen Sie Füllzeichen ein, um die Zuordnung der Daten leichter zu erkennen! Probieren Sie unterschiedliche Füllzeichen aus!

c) Drucken Sie die Übersicht aus und speichern Sie die Datei unter der Bezeichnung `FREUNDE.DOC`!

2.2 Tabellenkalkulation

Aufgabe 2.2.1

Ein Aktien-Verwaltungsblatt soll mithilfe eines Kalkulationsprogramms erstellt werden. Die Tabelle könnte wie folgt aussehen:

In der Tabelle sind der relative Kursgewinn und der Mindestgewinn (Spalte F) mit dem Prozentzeichen formatiert worden. Man sollte dies in der Praxis möglichst lassen, da in den meisten Kalkulationsprogrammen % gleichzeitig als Operator fungiert und man evtl. beim Erstellen der Formeln durcheinander kommt (↗ S. 116).

	A	B	C	D	E	F	G
1	**Aktienverwaltung**				Datum	24.06.02	
2					Mindestgewinn	20 %	
3							
4		Einkauf	Datum	akt. Kurs		Kursgew.	Kursgew.
6	Allianz	264,70	22.07.01	330,20		24,75 %	65,50
7	BASF	43,08	12.12.00	44,68	Abwarten	3,71 %	1,60
8	Bayer	37,45	04.03.01	45,00	Verkaufen	20,16 %	7,55
9	E.ON	58,60	27.06.01	56,80		-3,07 %	-1,80
10	IBM	114,50	04.03.01	132,09	Abwarten	15,36 %	17,59

a) Berechnen Sie die farbig hinterlegten Zellen und schreiben Sie die Formeln auf, die zu den (zur Kontrolle) gegebenen Ergebnissen führen. Die Spalte E bleibt leer, wenn zwischen aktuellem Datum (F1) und Einkaufsdatum (Spalte C) noch kein Jahr vergangen ist, sonst wird „Abwarten" bzw. „Verkaufen" eingetragen, und zwar „Verkaufen", wenn der relative Kursgewinn (Spalte F) über dem Mindestgewinn (F2) liegt, sonst „Abwarten".

b) Führen Sie Buch über die tägliche Entwicklung bestimmter Aktien (↗ Videotext oder Internet)! Stellen Sie die Kursentwicklung in einem geeigneten Diagramm dar!

Aufgabe 2.2.2

Fertigen Sie Rechnungsformulare für die Firma „H & L Versand"!
Die Formulare sollen Folgendes beinhalten:

- das aktuelle Datum;
- eine Tabelle mit Artikelnummer, Artikelname, Anzahl der bestellten Artikel, Einzelpreis des Artikels, Artikelpreis (Anzahl · Einzelpreis);
- den Gesamtpreis (als Summe aller Artikelpreise);
- einen variablen Rabatt (in %);
- den Nettopreis (Gesamtpreis – Rabatt);
- den Bruttopreis (Nettopreis + Mehrwertsteuer).

Artikelname und Einzelpreis sollen über eine Verweisfunktion aus einer gesonderten Tabelle eingefügt werden! Diese Tabelle enthalte folgende Tripel (Artikelnummer; Artikelname; Einzelpreis): (101; Kugelschreiber; 1,99), (102; Taschenrechner; 8,99), (103; Anstecknadel; 4,23), (104; Bilderrahmen; 2,30), (105; Kalender; 2,45), (106; Füllhalter; 9,90), (107; Armbanduhr; 7,90), (108; Feuerzeug; 0,75), (109; Schreibtischset; 17,75).

Aufgabe 2.2.3

↗ S. 119

Stellen Sie die Funktionen $y = 2\,e^x$ und $y = 3 \ln x$ grafisch dar!

2.3 Datenbanken

Aufgabe 2.3.1

Nennen Sie Datenbanken, die speziell für das und mit dem Internet entwickelt wurden!

Aufgabe 2.3.2

Ein Datenbankmanagementsystem biete folgende Felddatentypen an: Byte; Integer; Longinteger; Replication ID; Alphanumerisch; Boolean; Datum; Memo; OLE-Objekt.
Welchen Datentyp würden Sie den Feldern zur Speicherung, Verarbeitung und Suche folgender Objekte zuordnen? Begründen Sie!

a) Geburtsdatum
b) Preis einer Ware
c) Bemerkungen zur Zahlungsmoral eines Kunden
d) Geschlecht eines Angestellten
e) Telefonnummer
f) E-Mail-Adresse
g) Passbild
h) Artikelnummer eines Produkts
i) Primzahlen bis 200

Aufgabe 2.3.3

In einer IT-Firma existiert eine Datenbank zur Arbeitsorganisation (↗ S. 121 und S. 123) mit den Relationen MITARBEITER(person_nr,...), ABTEILUNG(abteil_nr, ...) und ARBEITET_IN(person_nr,abteil_nr,...).
Oft werden Mitarbeiter verschiedener Abteilungen zu übergreifenden Projekten zusammengefasst. Dabei kann ein Mitarbeiter an mehreren Projekten mitarbeiten. Diese m : n - Beziehung ist in der Datenbank zu realisieren!

a) Stellen Sie die m : n - Beziehung grafisch dar! Wandeln Sie den Graphen in sinnvolle Relationen (Datenbankdateien) um!
b) Erstellen Sie die Datensatzstruktur aller Relationen der Datenbank „Arbeitsorganisation" mit einem Datenbankmanagementsystem!
c) Füllen Sie die einzelnen Relationen mit hinreichend vielen Phantasiedaten! Entwickeln Sie hierzu Formulare (Eingabemasken)!
d) Probieren Sie unterschiedliche Abfragen (alle Mitarbeiter, die in Abteilung 1, aber nicht am Projekt 5 arbeiten; alle weiblichen Mitarbeiter, die vor einem bestimmten Datum eingestellt worden sind; ...) aus!

Aufgabe 2.3.4

Legen Sie eine Datenbank für Ihre Musik-CD-Sammlung an!
Datenfelder könnten sein „Interpret", „Musikrichtung", „Album", „Single", „Titel", „Jahr", „Titellänge", „Komponist", „Texter".

Wahrscheinlich ist eine CD-Nummer als Schlüsselfeld neu zu vergeben und die realen CDs sind entsprechend zu markieren.

2.4 Grafikprogramme

Aufgabe 2.4.1

Üben Sie die Arbeit mit Malprogrammen!

a) Entwickeln Sie ein Bild mit einem eigenen Motiv!
Nutzen Sie dabei möglichst viele Farben und alle Werkzeuge, die das Malprogramm anbietet!

b) Führen Sie eine Farbumkehrung durch (Komplementärfarben)!

Aufgabe 2.4.2

Gegeben sind die folgenden Parkettmuster:

A

B

a) Welchen Typ von Grafikprogrammen nutzen Sie? Begründen Sie!

b) Beschreiben Sie, wie Sie am effektivsten beim Zeichnen vorgehen!

Aufgabe 2.4.3

Mit einem Zeichenprogramm sollen Objekte zur Funktionsdarstellung erstellt werden.

a) Zeichnen Sie ein kartesisches Koordinatensystem mit 4 Quadranten, Einheiten ($-4 \leq x \leq +4$; $-5 \leq y \leq +5$) und Gitternetzlinien!

b) Erstellen Sie mit einem Zeichenprogramm die Objekte „Normalparabel" und „Sinuskurve"!

c) Erläutern Sie, wie Sie die folgenden Funktionen erstellen!
$f_1(x) = x^2 + 1$
$f_2(x) = (x + 1)^2 - 2$
$f_3(x) = \frac{1}{2}x^2$
$f_4(x) = \cos x$
$f_5(x) = 3 \sin x$

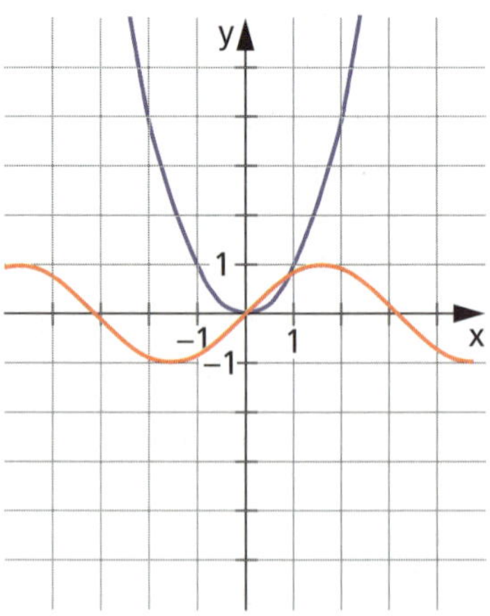

d) Zeichen Sie die Funktionen f_1, f_2 und f_3 in ein Koordinatensystem, die Funktionen in f_4 und f_5 ein anderes!

Nutzen Sie beim Zeichnen der Kurven das vorher erstellte Objekt „Koordinatensystem", indem Sie Stützpunkte der Kurven im Koordinatensystem festlegen.

2.5 Datenaustausch zwischen Anwendungsprogrammen

Aufgabe 2.5.1

Sie sind verantwortlich für die jährliche Erstellung eines Briefes an die 10 Außendienstmitarbeiter der Firma, bei der Sie arbeiten. Der Brief soll mindestens folgende Objekte enthalten:

- Firmenlogo;
- Tabelle mit den Ergebnissen der quartalsmäßigen Umsätze der einzelnen Mitarbeiter;
- Diagramm zur besseren Veranschaulichung des Zahlenmaterials aus der Tabelle;
- Bild desjenigen Mitarbeiters, der den höchsten jährlichen Umsatz erzielt hat.

Zur Fertigstellung des Briefes nutzen Sie ein Officepaket.

a) Welche Teile des Officepaketes werden von Ihnen genutzt?

b) Welche der oben aufgeführten Objekte würden Sie in das Dokument *einbetten*, bei welchen Objekten würden Sie die *OLE-Methode* anwenden? Begründen Sie jeweils!

c) Lohnt es sich, den Brief als Serienbrief anzulegen? Wenn ja, was ist zusätzlich zu beachten?

d) Welche Diagrammart für die Veranschaulichung der Quartal-Umsätze der Mitarbeiter würden Sie nutzen? Was steht in der Legende, was an der Rubrikenachse?

e) Schreiben Sie einen entsprechenden Brief! Berücksichtigen Sie dabei alle Ihre Überlegungen!

Aufgabe 2.5.2

Sie möchten eine eigene Homepage mit vielen grafischen Elementen erstellen. Welche Formate (`JPG`, `GIF`, `PDF`, ...) würden Sie jeweils nutzen?

a) Homepage

b) eine schriftliche Ausarbeitung über Ihre Lieblings-Rockgruppe mit eingebundenen Fotos und Texten zum Downloaden

c) Foto Ihres Zwerghamsters

d) ein selbst gezeichnetes Gouache-Landschaftsbild

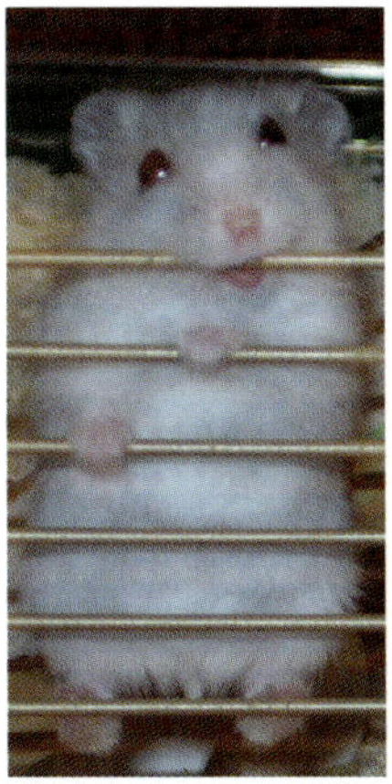

Aufgabe 2.5.3

Sie möchten zu einer großen Halloween-Party all ihre Freunde einladen.

a) Gestalten Sie eine Einladung! Speichern Sie diese als `EINLAD.DOC`!

b) Fügen Sie Platzhalter (Variablen) für die Namen Ihrer Freunde ein! Die Datei EINLAD.DOC soll als Hauptdokument eines Serienbriefes genutzt werden!

c) Erstellen Sie eine Steuerdatei (Datenquelle) für den Serienbrief mit den Namen Ihrer Freunde!

d) Drucken Sie die Einladung als Serienbrief! Beschreiben Sie die dabei genutzten Algorithmenstrukturen!

Als Hauptdokument können Sie auch die Datei aus der Aufgabe 2.1.2., S. 151, nutzen, als Steuerdatei die Datei `FREUNDE.DOC` aus Aufgabe 2.1.3.

2.6 Internet-Dienste

Aufgabe 2.6.1

Erstellen Sie den HTML-Quellcode zu der hier abgebildeten HTML-Seite!

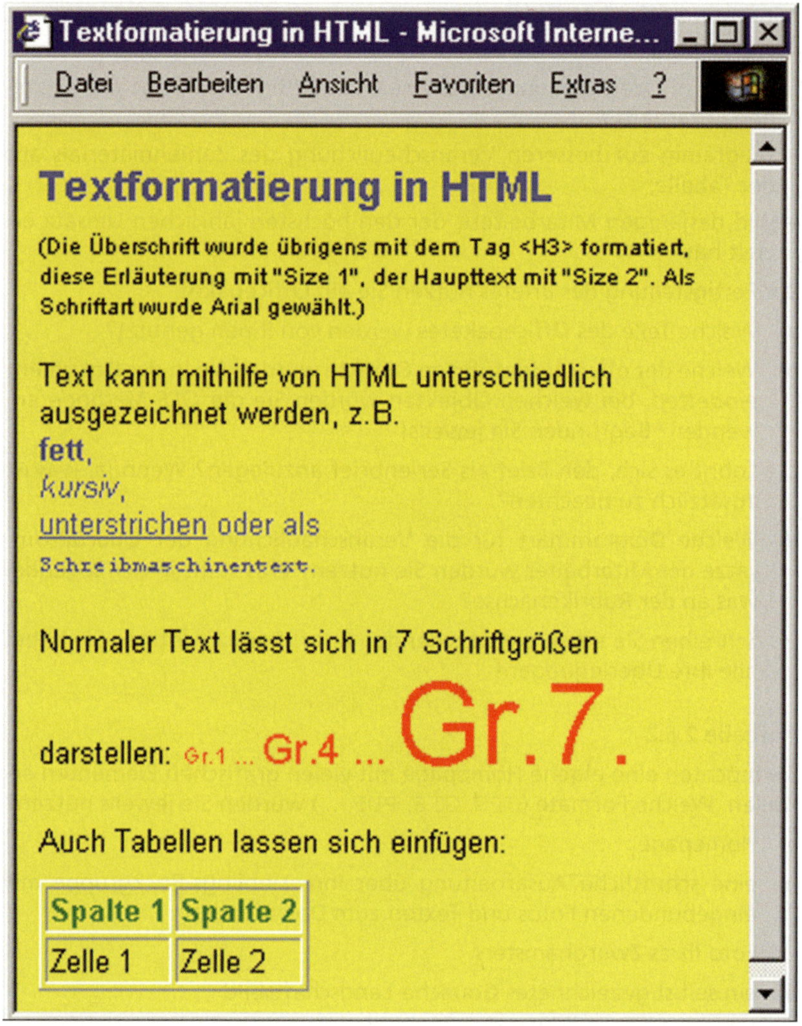

Aufgabe 2.6.2

Suchen Sie mithilfe einer Suchmaschine nach aktuellen Wetterinformationen für die Städte Hamburg, München und Rostock! Suchen Sie auch nach dem Reisewetter für die kanarischen Inseln La Palma und Teneriffa! Speichern Sie die gefundenen Internet-Adressen in Ihrem Browser ab!

Achten Sie auf ausreichenden Virenschutz, falls Sie einen Download ausführen wollen!

Aufgabe 2.6.3

Suchen Sie im Internet nach einer Übersicht über anonyme FTP-Server! Suchen Sie auf diesen Servern nach einem Druckertreiber für einen Lexmark-Drucker und nach einem neuen Bildschirmschoner!

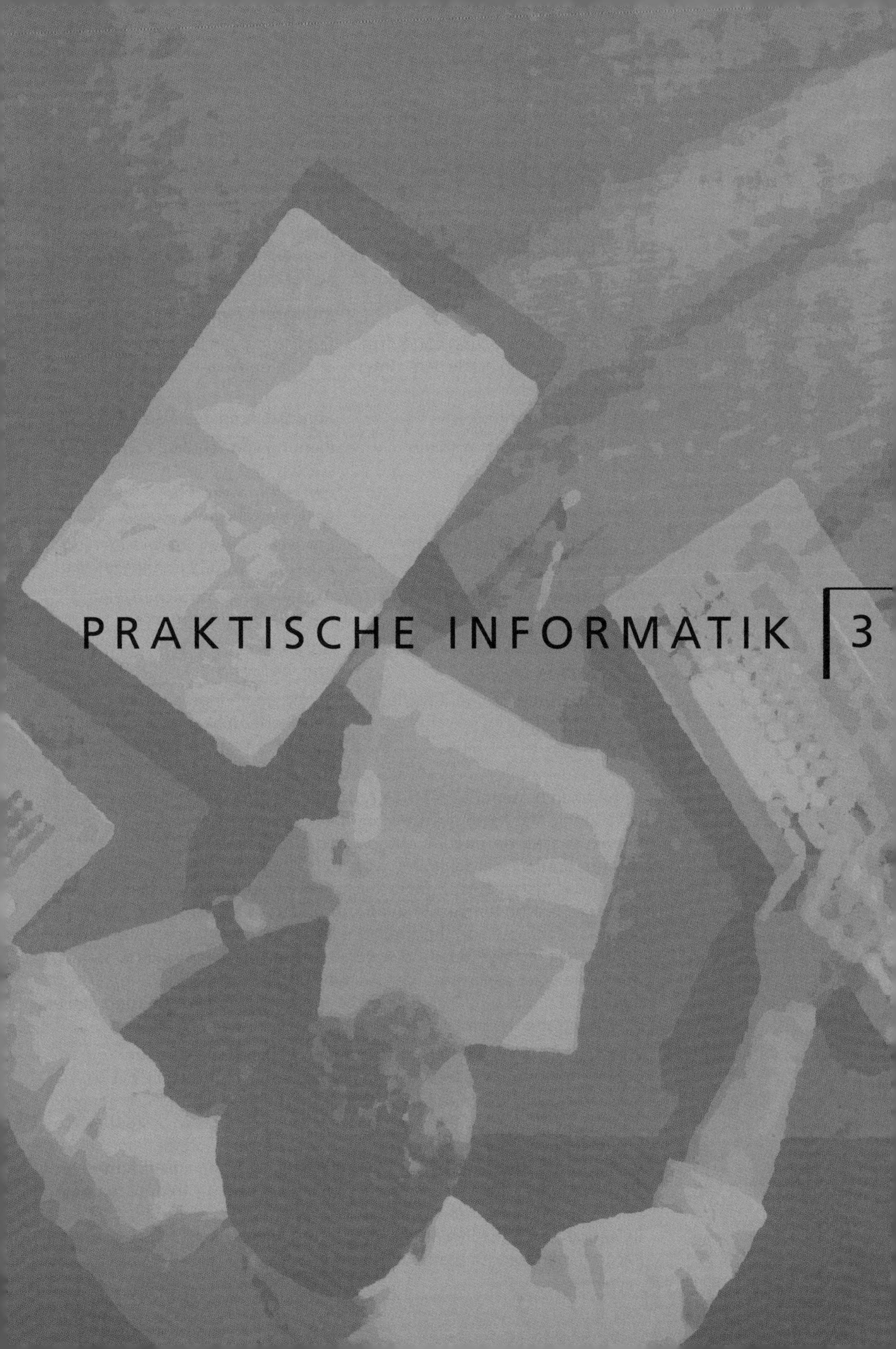

PRAKTISCHE INFORMATIK 3

Als Gegenstand der praktischen Informatik betrachtet man alle Fragen, die damit zusammenhängen, wie aus gewonnenen Daten Schlüsse gezogen werden können, die für bestimmte Zwecke „genutzt" werden können. Das ist eine globale Beschreibung, keine exakte Definition. Diese Beschreibung enthält auch keine Wertung, ob das, was aus den Daten als Information entnommen wird, sinnvoll ist und ob die Interpretation dieser Information für den Menschen von Nutzen oder zum Schaden ist. Beispiele sollen diese Charakterisierung veranschaulichen:

Leider ist es so, dass die Auswertung von Information, die in gesammelten Daten enthalten ist, für einen einzelnen Menschen oder eine Population nützlich sein kann, sie kann unter Umständen aber auch menschenfeindlich verwandt werden. Dabei spielen dann wesentlich politische Situationen eine Rolle.

Datensammlung	*Interpretation und Auswertung*
Zusammenstellung von Körpergrößen nach ärztlichen Untersuchungen	Ermittlung von Rezepturen und Therapien
Marktforschung	Bereitstellung der Waren
Bevölkerungsstatistiken	Planung von Schulen, Kindertagesstätten und weiteren Einrichtungen der Infrastruktur (z. B. Verkehrsanbindung)
Daten der Erdoberfläche	Entdeckung von Energiereserven; Auswertung für Spionagezwecke
Erfassen von Literatur, Fachtexten u. Ä.	Archivierung und Sicherstellung der Wiederauffindbarkeit
Vermessung von Transportwegen	Optimierung von Transportzeiten und -aufwand
Strukturen von genetischem Material	genetischer Fingerabdruck zur Verbrechensbekämpfung; Erkennen von Erbkrankheiten; Genmanipulation und Klonen

So gesehen besteht die zentrale Aufgabe der Informatik darin, Datenverarbeitungsanlagen so auszurüsten, dass mit ihrer Hilfe den Datensammlungen gezielt Information entnommen und diese Information vom Nutzer interpretiert werden kann, womit Entscheidungen (Steuereingriffe in technische Systeme oder menschliche Entscheidungen) vorbereitet werden. Die Sprache tendiert in der Bezeichnung so ausgerüsteter Datenverarbeitungsanlagen zu „Informationsverarbeitungsanlagen", die Ausrüstung selbst erfolgt durch die Bereitstellung von Programmsystemen, durch die sog. „Software" der Anlage. Unter Programmierung versteht man das Entwickeln, Testen und die Inbetriebnahme von Programmen bzw. Programmsystemen.

Während die Programmierung früher mit Papier (teilweise mit Programmierformularen), Bleistift und Radiergummi erfolgte, stellt die Grundausrüstung von Informationsverarbeitungsanlagen heute Methoden für interaktive Programmentwicklung bereit. Zu den bereitgestellten Programmierwerkzeugen gehören das Betriebssystem und die von ihm zur Verfügung gestellte (Bildschirm-)Oberfläche, Datenbankverwaltungssysteme, Compiler für höhere Programmiersprachen, Testhilfen zum Auffinden syntaktischer und logischer Fehler, zu deren Korrektur und zum Bestätigen der Leistungsparameter. Dadurch wird die Gesamtzeit für die Programmentwicklung erheblich verkürzt.

3.1 Programmiersprachen

Eine **Programmiersprache** ist ein System von Festlegungen (Zeichen und Regeln zum Bilden von Zeichenketten) über die Notation eines Algorithmus. Die Gesamtheit dieser Regeln wird die **Syntax** der Programmiersprache genannt. Die Semantik ist verbal beschrieben.

Der in der Notation codierte Algorithmus heißt **Programm.** Es muss von der Informationsverarbeitungsanlage übernommen und ausgeführt werden können.

Anders gesagt: Eine Programmiersprache ist eine zur Notation von Programmen geschaffene „Sprache". Diese Sprache dient also nicht zum Sprechen im üblichen Verständnis, sondern zur Kommunikation zwischen Mensch und Datenverarbeitungsanlage.

3.1.1 Typen von Programmiersprachen

Informationsverarbeitungsanlagen sind hardwaremäßig so konstruiert, dass sie gewisse Bitmuster als Instruktionen (Maschinenbefehle) auffassen und ausführen können. Das Aufschreiben von Programmen als Folgen von Maschinenbefehlen ist überaus fehleranfällig und unrationell, abgesehen davon, dass es praktisch unmöglich ist, Programme für moderne Anlagen Befehl für Befehl niederzuschreiben. Es sind deshalb Programmiersprachen entwickelt worden, die der Arbeits- und Denkweise und der Notation, an die der Mensch gewöhnt ist, weitestgehend entgegenkommen. Dass dabei die englische Sprache bevorzugt ist, hat historische Gründe. Solche Programmiersprachen können mehr oder minder an die Maschinensprache angelehnt, können aber auch völlig maschinenunanhängig sein.

Programme, die in einer Programmiersprache geschrieben sind, müssen durch Spezialprogramme (Assembler, Compiler, Interpreter) transformiert werden. Seit den 50er Jahren sind zahlreiche höhere Programmiersprachen entwickelt worden, von denen sich einige durchgesetzt haben und weltweit genutzt werden. Die Entwicklung ist jedoch keineswegs abgeschlossen.

Jedes imperative Programm besteht aus einer Beschreibung der zu verarbeitenden Daten und einer Folge von Anweisungen, die mit diesen Daten auszuführen sind. Diese Anweisungen können elementar oder auch Zusammensetzungen von elementaren Anweisungen (Unterprogramme) sein. Während der Abarbeitung eines Programms werden Daten meist von außerhalb (extern) in das Programm übernommen und Ergebnisdaten auf externe Datenträger ausgegeben.

Programmiersprachen lassen sich unter verschiedenen Gesichtspunkten klassifizieren. Häufig wird zwischen systemorientierten und problemorientierten Sprachen unterschieden.
Systemorientierte Programmiersprache ist dann Sammelbegriff für Maschinen- und Assemblersprachen.
Problemorientierte Sprachen werden zweckmäßigerweise in **universelle Programmiersprachen** und in **Spezialsprachen** eingeteilt.

Wichtige **universelle Programmiersprachen** waren oder sind ALGOL 60, FORTRAN, BASIC, PL/1, PASCAL, C, C++.

Mit der technischen Entwicklung praktisch unbegrenzten Speicherraums wurden die Voraussetzungen geschaffen, umfangreiche Datensammlungen (Wirtschaft, Banken, Produktion, Bibliotheken, Landvermessung usw.) auf elektronischen Medien zu fixieren. Zur Verwaltung dieser Datensammlungen sind **Spezialsprachen** (Datenbanksprachen, Dokumentationssprachen) geschaffen und in die Praxis überführt worden.

Eine andere Klassifizierung ist die in **imperative** oder **prozedurale** und **deklarative** Sprache (↗ S. 38 und S. 162).

Der Terminus „Programm" sagt nichts darüber aus, welcher Programmiersprachentyp zur Notation benutzt worden ist.

3.1.2 Zur Entwicklung der Programmiersprachen

Von der Maschinensprache zur Assemblersprache

Die Arbeitsweise von Rechenanlagen/Informationsverarbeitungsanlagen besteht in der durch Hardware realisierten Verarbeitung von Impulsfolgen. Anweisungen an einen Computer bestehen also letztlich in der Bereitstellung von Impulsfolgen (das Programmieren, die Programmentwicklung), also im Schaffen dieser Impulsfolgen.

In der (Ur-)Form der Programmierung müssen unmittelbar Folgen von Maschinenbefehlen erzeugt werden, so genannte **Maschinenprogramme** oder **Programme in Maschinensprache.** Auch die Verwaltung der Speicherplätze muss vom Programmierer vorgenommen werden. (↗ auch S. 37)

Obwohl Spezialisten auch heute noch bestimmte Programmteile so codieren müssen, sind inzwischen Programmierwerkzeuge entwickelt worden, die aus der Sicht des Nutzers einfache (schon fast bequeme) Programmentwicklung erlauben.

Von der Maschinensprache unterscheidet sich die **Assemblersprache** (↗ auch S. 38) durch
- die Benutzung mnemonischer Operationscodes;
- einen Makromechanismus, um vordefinierte Befehlsfolgen (evtl. nach Modifikation) einzufügen.

Assemblersprachen sind **maschinenorientierte Sprachen.**

Mnemonische Operationscodes sind Abkürzungen, die an die Umgangssprache erinnern, z. B. „ADR" für „addiere Registerinhalte".

In einer Assemblersprache geschriebene Programme werden durch ein Programm, einen so genannten Assembler in Maschinensprache übersetzt **(assembliert).**

Mit einer Assemblersprache können effektive Programme erzeugt werden, da der Befehlsvorrat der Anlage voll ausgenutzt werden und der Programmierer auf Hardwaregegebenheiten eingehen kann. In dem erzeugten Maschinenäquivalent ist die Speicherzuteilung bequem zu übersehen. Verglichen mit Programmen, die aus höheren Programmiersprachen entstanden sind, gilt, dass Assemblerprogramme schneller sind. Ein wesentlicher Nachteil der Assemblersprache gegenüber höheren Programmiersprachen ist, dass sie schwer zu erlernen ist und umfangreiche Programme i. Allg. unübersichtlich und deshalb schwer lesbar sind.

Der **Assembler** oder **Assemblierer** ist ein Programm zur Übersetzung eines in einer Assemblersprache geschriebenen Quellprogramms in ein Maschinenprogramm. Die zu übersetzenden Programmzeilen sind für dieses Programm die Eingabedaten. Als Ergebnis liefert der Assembler neben dem Maschinenprogramm ein **Assemblerprotokoll** (das auch Codierungsfehler ausweist). Das Arbeiten des Assemblers heißt **Assemblerlauf.** Ein Assembler erzeugt aus einer Assemblerinstruktion einen Maschinenbefehl (1 : 1-Übersetzung).

Von der Assemblersprache zur höheren Programmiersprache

Das ursächliche Anliegen der technischen Entwicklung in den 40er und 50er Jahren war, Maschinen für die schnelle und zuverlässige Lösung von mathematischen Aufgaben zu schaffen, deren Behandlung mit herkömmlichen Mitteln (Büros mit rechnenden Menschen) zeitaufwändig oder mit hinreichender Genauigkeit ganz unmöglich war.

Der erste Schritt zur Weiterentwicklung der Assemblerprogrammierung war dann auch die Suche nach Werkzeugen zur Codierung mathematischer Formeln und zu deren automatischer Auswertung. So entstand um 1959 die auf mathematische Belange ausgerichtete höhere Programmiersprache **FORTRAN.** Die Sprache ist relativ leicht automatisch zu übersetzen. Für wissenschaftliche Zwecke ist FORTRAN in seinen aktuellen Erweiterungen bis heute eine verbreitete Programmiersprache.

Auf internationaler Ebene wurde 1960 eine Programmiersprache für mathematische Algorithmen unter der Bezeichnung **ALGOL 60** standardisiert. ALGOL 60 war ursprünglich als Veröffentlichungssprache für Verfahren der numerischen Mathematik gedacht, sie enthält keine Anweisungen für Dateneingabe bzw. -ausgabe. Von der Rechner herstellenden Industrie wurde diese Sprache nur zögernd angenommen, so dass sie in der Praxis nur geringe Verbreitung fand.

Zu den bedeutenden höheren Programmiersprachen der 60er Jahre gehören die Sprachen **COBOL,** die von vornherein für einen Einsatz im kaufmännischen Bereich konzipiert war und die aus den Erfahrungen mit FORTRAN, ALGOL 60 und COBOL entwickelte Sprache **PL/1.**

Die Anpassung der Sprachen an technische Weiterentwicklungen führte in den folgenden Jahren zu einer Vielzahl von höheren Programmiersprachen, von denen sich einige behauptet haben:

BASIC: Die Bezeichnung ist gebildet aus **b**eginner's **a**ll-purpose **s**ymbolic **i**nstruction **c**ode, die Sprache war also ursprünglich für Anfänger in der Programmierung gedacht. Zurzeit wird mit Visual BASIC eine durchaus leistungsfähige Sprache benutzt.

PASCAL: Die Sprache wurde von N. WIRTH in Zürich 1971 für die Hochschulausbildung entwickelt. Die Sprache hat aber Anwender und Industrie so überzeugt, dass sie für Softwareproduktion eingesetzt wird. Weiterentwicklungen von PASCAL sind die Sprachen **MODULA, OBERON, Turbo Pascal** und **Delphi.** Heute ist Turbo Pascal die in der praktischen PASCAL-Programmierung benutzte PASCAL-Version.

C: Die Programmiersprache C von STROUSTRUP und die Weiterentwicklung mit der Bezeichnung **C++** sind vom Konzept bereits so angelegt, dass versierte Programmierer Programmentwicklungen auch maschinennah formulieren können. Wichtiger als das ist aber, dass mit C und insbesondere mit C++ andere Modelle zum Entwurf und zur Implementierung von Programmen entstanden sind: nutzereigene Datentypen (abstrakte Datentypen, Datenkapselung) neben Standardtypen, Verknüpfung von Datenobjekten mit dazugehörigen Algorithmen, hierarchischer Aufbau von Objekten. Die Anwendung dieser neueren Eigenschaften höherer Programmiersprachen hat zu der Bezeichnung **objektorientierte Programmierung** geführt.

i

FORTRAN ist ein Kunstwort aus **for**mula **trans**lator (Formelübersetzer), ALGOL aus **algo**rithmic language (algorithmische Sprache).

i

COBOL ist die Abkürzung für **co**mmon **b**usiness **o**riented **l**anguage (allgemeine geschäftsorientierte Sprache).

Weltweit arbeiten zurzeit noch zahlreiche große Anwendungsprogramme bzw. Programmsysteme, die in COBOL bzw. PL/1 (**p**rogramming **l**anguage No. **1**) geschrieben sind und die im Jahre 2000 wegen der vor Jahrzehnten nicht soweit im Voraus bedachten Darstellung von Jahresangaben zu Schwierigkeiten in der Wirtschaft führten.

Die bisher genannten Programmiersprachen sind imperative Sprachen (↗ auch S. 163 ff.; deklarative Sprachen ↗ S. 174 ff.). Das Bild zeigt den Zusammenhang zwischen einigen Programmiersprachen.

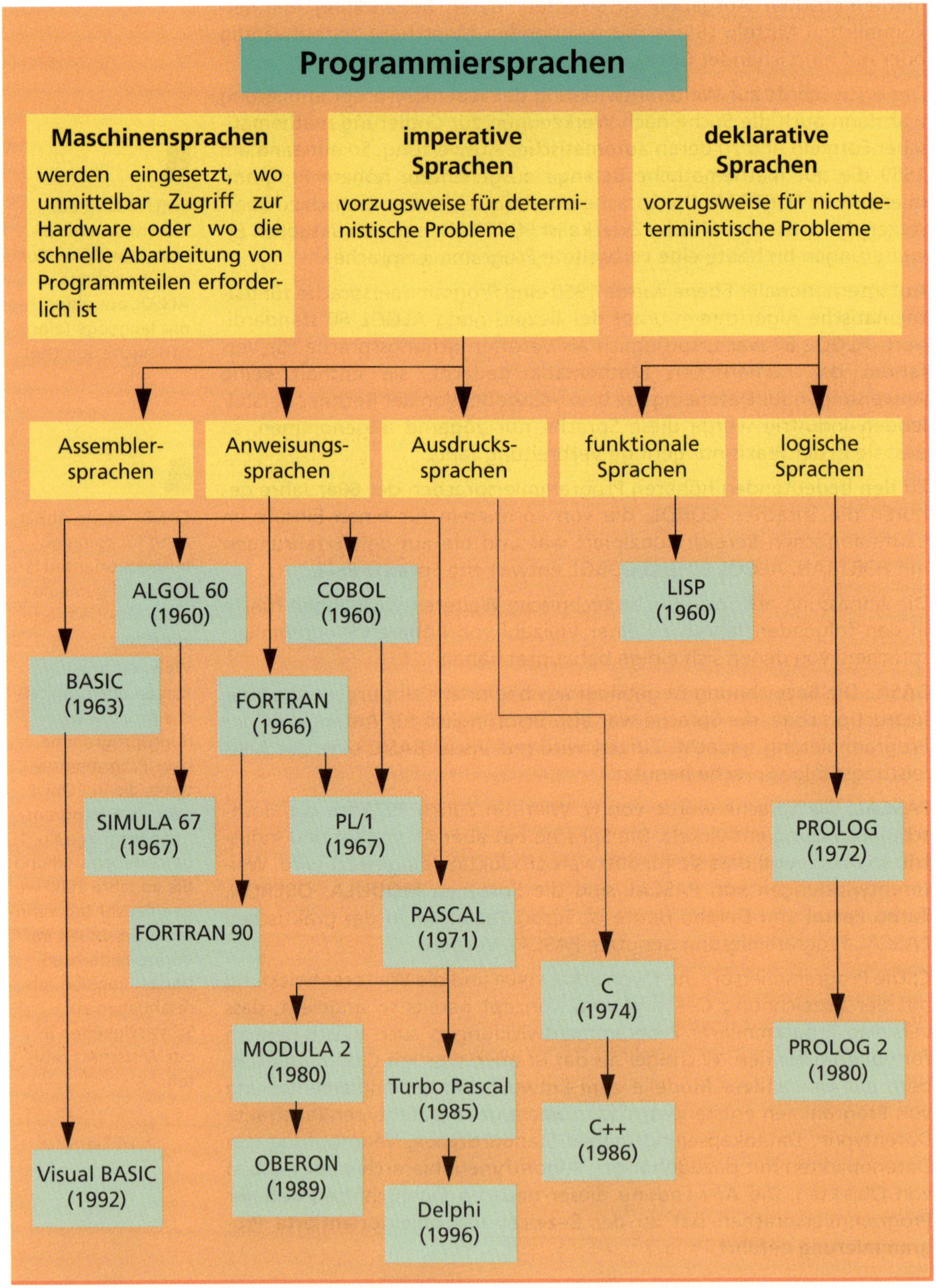

3.1.3 Imperative Programmiersprachen

Zuerst eine Klärung: Die Bezeichnungen **imperative Sprachen, prozedurale Sprachen** und **algorithmische Sprachen** werden mit gleicher Bedeutung benutzt; Sprache heißt dabei stets Programmiersprache.

Erzeugung imperativer Sprachen

Formal betrachtet wird eine **Programmiersprache** folgendermaßen **erzeugt:**

Es wird eine **Grammatik** der Sprache definiert, nämlich

1. Es wird eine Menge A von Symbolen bereitgestellt, die zur Notation eines Satzes der Programmiersprache verwendet werden dürfen. Diese Menge von Symbolen heißt **Alphabet** oder **Terminalmenge** (es gibt zwischen diesen Symbolen keine definierte Halbordnung, d. h., zwischen zwei Symbolen ist keine Größer-Beziehung festgelegt).
2. Es werden Erzeugungsregeln (Produktionsregeln festgelegt, durch die das Bilden von Zeichenfolgen aus Zeichen des Alphabets geregelt wird. Für Mengen zulässiger Konstruktionen werden **Bezeichner** eingeführt. Diese Bezeichner dienen zur weiteren Beschreibung der Produktionsregeln, gehören also selbst nicht zur Sprache. Üblicherweise werden sie als „metasprachliche Variablen" oder **Nichtterminale** bezeichnet. Die metasprachlichen Variablen beschreiben also Mengen von Sprachelementen. Für die Darstellung aller zur Erzeugung der Sprache definierten Regeln werden die Symbole des Alphabets und die metasprachlichen Variablen verwendet. Mit diesen Festlegungen wird die Syntax der Sprache beschrieben.
3. Es wird festgelegt, was ein Satz der Sprache ist.

Damit erscheint formal die Grammatik als ein Quadrupel G = (*N*, *T*, *P*, *s*),
wobei *N* die Menge der Metavariablen (Nichtterminale),
T die Menge der Symbole des Alphabets (Terminale),
P die Menge der Produktionsregeln und
s das Satzsymbol
bedeuten.

↗ auch Definition einer **formalen Grammatik** im Abschnitt 5.1.3, S. 406

Für die Beschreibung der Erzeugungsregeln hat sich eine Notation durchgesetzt, die **Backus-Naur-Form (BNF)** heißt.

Zur Verkürzung der Schreibweise wurden später einfache Erweiterungen vorgenommen, die erweiterte Beschreibungsform für die Syntax heißt **EBNF**.

BACKUS hat sich in den 50er Jahren um die Untersuchung formaler Sprachen verdient gemacht, NAUR hat die von BACKUS vorgeschlagene Notation 1960 zur Veröffentlichung der Syntax von ALGOL 60 benutzt.

BUCHSTABE ::= A | B | C | $.

Das Zeichen ::= ist zu lesen als "ist definiert durch".
Der senkrechte Strich ist ein Zeichen, das zur Definition der Syntax verwendet wird, es gehört nicht zur beschriebenen Sprache; es ist zu lesen als „oder". *BUCHSTABE* ist eine metasprachliche Variable (hier verdeutlicht durch Großschreibung und Kursivdruck, weil es eine Menge bezeichnet). Die Werte dieser Metavariablen sind rechts von „::=" aufgezählt, nämlich A, B, C und $.
Der Punkt beschreibt das Ende der Produktionsregel.

KENNZEICHEN ::= *BUCHSTABE* | *BUCHSTABE* 0.

Der Wertevorrat der Metavariablen *KENNZEICHEN* ist
A B C $
A0 B0 C0 $0.

KETTE ::= *KENNZEICHEN* | *KETTE KENNZEICHEN*.

Zum Wertevorrat von *KETTE* gehören alle Werte, die zu *KENNZEICHEN* gehören. Außerdem gehören noch solche Werte dazu, die dadurch entstehen, dass an einen Wert, der als zu *KETTE* gehörig erkannt ist, ein Wert aus der Menge *KENNZEICHEN* angefügt wird, also AA0 AAA0 0.

Damit ist $00 kein Element aus der Menge *KETTE*.

Was in einer Programmiersprache syntaktisch richtig ist, kann logisch sinnlos sein.

`1/0.0` oder `1/(1-1)` kann syntaktisch nicht beanstandet werden, wenn die Division arithmetischer Ausdrücke durch den Operator / codiert wird, obwohl die Division durch 0 nicht definiert ist.

Der Autor der Sprache PASCAL (N. WIRTH) schlug 1971 eine grafische Syntaxnotation vor. Syntaxgraphen ersetzen die Regelnotation der BNF. Jeder Weg durch einen **Syntaxgraph** liefert ein gültiges Element der Metavariablen.

↗ auch S. 407

Das obige Beispiel sieht in dieser Darstellung folgendermaßen aus:

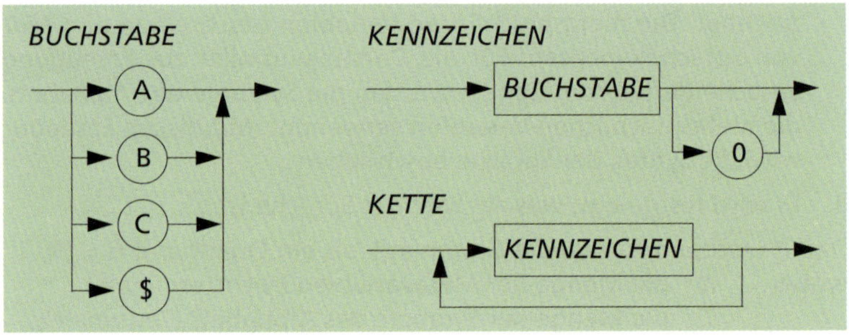

Die Menge aller aus einer Grammatik herleitbaren Sätze bildet die Menge der Sätze der Sprache.

Neben den Festlegungen über die Syntax einer Programmiersprache muss der Bedeutungsgehalt solcher Zeichenfolgen, die **Semantik,** geklärt werden. Die Semantik ist nicht formal definiert, sondern wird den einzelnen Syntaxregeln durch verbale Beschreibungen hinzugefügt. Die Semantik legt u. a. fest:

- die Lebensdauer von Objekten des Programms (Variablen, Strukturbeschreibungen, Prozeduren u. a. m.);
- die Bedeutung von Programmsteuerstrukturen (Programmverzweigungen);
- Zugriff zu Objekten, die nicht durch Namen angesprochen werden können;
- Behandlung der Parametervermittlung (Austausch von Werten zwischen in sich abgeschlossenen Programmteilen);
- Steuerung zyklischer Programmteile;
- Verträglichkeit zwischen Operanden und Operatoren.

Gemeinsamkeiten imperativer Programmiersprachen

1. Ein Programm besteht aus einer Beschreibung lokaler Daten und Anweisungen zur Manipulation dieser Daten.
   Lokale Daten sind Programmkonstanten und Variablen, die für die Aufnahme von Werten dienen, während des Programmablaufs erzeugt oder mit Werten aus der Umgebung des Programms (z. B. von der Diskette) belegt werden. Für lokale Daten werden im Allgemeinen Namen vereinbart. In diesen Namensvereinbarungen werden auch Eigenschaften der lokalen Größen festgelegt (Typen). Durch den Typ wird u. a. festgelegt:
   - Umfang und Struktur des Speicherplatzes, der bereitgestellt werden muss;
   - Art der Operationen, die mit den Größen ausgeführt werden können.

   Die wichtigsten **Typmerkmale** sind

– ganze Zahl	**integer**
– reelle Zahl	**real, float**
– reelle Zahl höherer Genauigkeit	**double**
– logischer Wert	**logical, boolean**
– Vektor	**array**
– einzelnes Zeichen	**char, byte**
– Datensatz aus Teilen unterschiedlichen Typs	**record, struct**
– Sammlung von Daten eines Typs	**file, text**

2. Ergebnisdaten können an externe Geräte (Bildschirm, Drucker, Diskette u. a.) ausgegeben werden.
3. Feste Anweisungsfolgen werden durch spezielle Anweisungsklammern zusammengefasst und wirken dann wie eine Anweisung (Bildung von Blöcken).
   Blöcke können Blöcke enthalten.
4. Wiederholt erforderliche Anweisungsfolgen können durch einen Namen gekennzeichnet werden und über die Nennung dieses Namens beliebig oft in das Programm eingebaut werden (Unterprogrammtechnik).
5. Nach der Beendigung eines Programms verlieren alle lokalen Daten ihre Gültigkeit.

Mit dem Typ real können eigentlich nur rationale Näherungswerte reeller Zahlen vorgegeben werden (↗ auch S. 25 f.).

In imperativen Sprachen codierte Programme **(Quellprogramme)** werden durch Spezialprogramme in Maschinensprache übertragen.

Programme, die diese Übertragung vornehmen, heißen **Compiler.**

Das erzeugte Maschinenprogramm muss im Allgemeinen noch an durch das Betriebssystem vorgegebene Forderungen angepasst werden, was wiederum durch Spezialprogramme **(Verbinderprogramme, Linker)** erledigt wird.

Allgemeine Anforderungen an imperative Sprachen

Imperative Sprachen sind Programmierhilfsmittel, um algorithmisch behandelbare Probleme so zu notieren, dass sie einem Rechner für die Problemlösung übergeben werden können.

Das zu lösende Problem wird durch Problemdaten und einen Lösungsalgorithmus beschrieben. Im Allgemeinen sind mehrere, durchaus unterschiedliche Algorithmen für die Lösung möglich, dann ist es Sache des mit der Lösung Beschäftigten, sich für einen zu entscheiden. Was der Lösungsalgorithmus liefert, muss in Form von Ausgabedaten von der Rechenanlage mitgeteilt werden, wobei weitestgehend Wünsche hinsichtlich der Ausgabeform der Daten zu berücksichtigen sind:

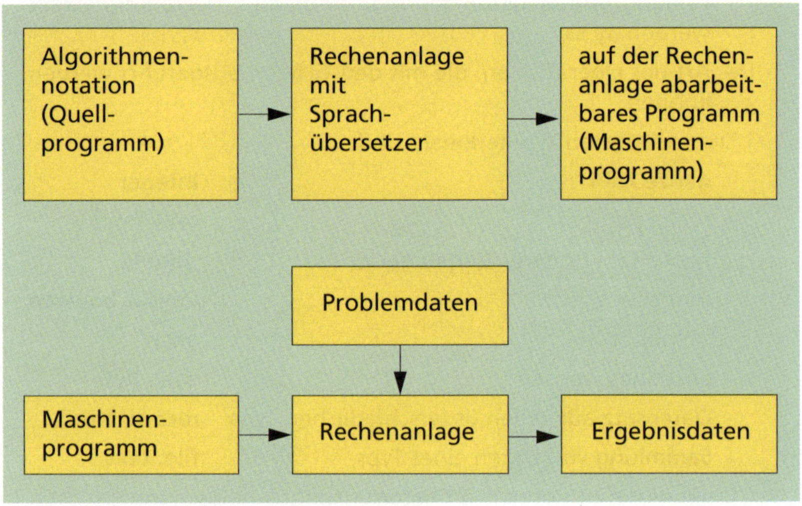

Die an diesen beiden Teilprozessen beteiligten Anlagen sind normalerweise identisch.

Danach sind folgende Forderungen an algorithmische Sprachen zu stellen:

- Beschreibung der Struktur von Problemdaten
- Anweisungen zur Übernahme von Problemdaten und Abbildung auf programminterne Datenstrukturen
- Notationen zur Manipulation der Problemdaten
- Aufbereitung von Ergebnisdaten: Auswahl von Zahlendarstellungen und von Textausgaben bei Berücksichtigung externer Datenträger

Bei der Entwicklung von Programmiersprachen sind für diese Teilforderungen unterschiedliche Ideen vorgetragen und in die Praxis umgesetzt worden, d. h. in Programmiersprachen aufgenommen worden.

Externe und lokale Daten

Daten, die unabhängig vom Programm zu einem Problem zusammengetragen sind, werden aus der Sicht des Programms als in **Dateien (Files)** gespeichert vorausgesetzt.
Dabei wird weiterhin vorausgesetzt, dass in einer jeden Datei Datensätze gleicher Struktur gesammelt wurden und dass ein vom Betriebssys-

tem unterstützter Zugriff realisiert ist, um die Datensätze zu lesen. Da die Ablage der Datensätze in unterschiedlichen Files prinzipiell auf verschiedene Art vorgenommen worden sein kann, müssen unterschiedliche Zugriffsroutinen vorhanden sein.

Zwei **Organisationsformen für Files** sind besonders wichtig:

1.a Die Datensätze sind sequenziell gespeichert und können nur in dieser Reihenfolge benutzt werden.

1.b Die Sätze sind zwar sequenziell gespeichert, aber zusätzlich nummeriert. Sie können dem File entweder sequenziell entnommen oder durch Angabe einer Nummer adressiert werden.

2. Die Files bestehen aus Folgen druckbarer Zeichen. Diese Zeichen sind durch Sonderzeichen für Zeilenwechsel unterteilt. Solche Files heißen im Allgemeinen **Textfiles.** Die mittels der Tastatur eingegebenen Daten werden als Textfiles behandelt.

sequenziell: fortlaufend

Programmintern (lokal im Programm) werden für die Übernahme von Daten aus Files Variablen eingerichtet, die der Satzstruktur entsprechen oder die Zeichenketten aufnehmen können.

Externe und lokale Daten eines Problems kann man als **Datenobjekte** betrachten. Da diese Daten Information zu dem Problem enthalten, muss ihre Bedeutung festgelegt sein, sie haben eine Semantik. Werden sie in programminterne Daten transformiert, so muss dieser Bedeutung Rechnung getragen werden. Das erfolgt dadurch, dass den internen Daten Typangaben zugeordnet werden.

Typen bezeichnen Definitionsbereiche für programminterne Größen.

↗ auch S. 25

Für die Angabe dieser Typen – dieser Definitionsbereiche – werden vordefiniert Bezeichner (Wörter, die im Programm nur mit dieser Bedeutung benutzt werden dürfen) verwendet oder Zusammensetzungen von Datenfeldern, deren Wertebereiche durch Typangaben einzeln spezifiziert werden.

Einfache Typen und mögliche Definitionsbereiche:

Definitionsbereich	Beispiele
Aufzählung von Werten, die durch Namen beschrieben werden	Jan, Feb, Mae, Apr, Mai
ganze Zahlen aus einem Intervall	INTEGER, SMALLINT, BIT, F..M
logische Werte	FALSE, TRUE
darstellbare reelle Zahlen	REAL, FLOAT, DOUBLE PRECISION
Zeichen des Maschinenalphabets	'a'..'z', '0'..'9', '%'..'+'
aus Zeichen des Maschinenalphabets gebildete Zeichenketten	STRING

Zusammengesetzte Typen ↗ auch S. 26.

Zusammengesetzte Typen repräsentieren Datenbereiche von n-Tupeln. Die Definitionsbereiche der Komponenten dieser n-Tupel können dabei einfach oder selbst wieder zusammengesetzt sein.

Zusammengesetzte Typen und mögliche Definitionsbereiche:

Definitionsbereich	Beispiele
Tupel mit 12 reellen Werten	`ARRAY [1..12] OF REAL`
Tabelle mit 20 Zeilen mit jeweils 12 reellen Werten	`ARRAY [1..20] OF ARRAY[1..12] OF REAL`
komplexe Zahl	`ARRAY [1..2] OF REAL` oder `RECORD re, im: REAL END`
Tabelle für maximal 100 höchstens 25stellige Namen	`ARRAY [1..100] OF STRING[25]`
Datensatz mit drei Datenfeldern, und zwar für eine höchstens dreistellige ganze Zahl und zwei Zeichenketten	`RECORD nummer: 1..999; s1, s2: STRING END`

Wie erfolgt nun im Programm der Zugriff zu den Datenobjekten? Zur Beantwortung ist die Unterscheidung zwischen externen und internen Datenobjekten zweckmäßig.

Zugriff zu externen Datenobjekten

Externe Datenobjekte liegen als Files vor. Diese Files können hinsichtlich des Datenzugriffs folgende Eigenschaften haben:

- Das File steht zum Lesen und zum Schreiben von Datenobjekten zur Verfügung
- Von dem File können Daten nur gelesen werden
- Auf das File können Daten nur geschrieben werden

Es gibt unterschiedliche Organisationsformen für Files. Wie die Daten in einem File organisiert sind, hängt von den Dienstprogrammen ab, die vom Betriebssystem dafür angeboten werden:

Sequenzielle Files: Das ist eine Organisationsform, die in allen höheren Programmiersprachen unterstützt wird: Datenobjekte sind aufeinanderfolgend abgelegt und können vom Programm in dieser Reihenfolge übernommen werden. Zu jedem Zeitpunkt muss ein Datenobjekt als das aktuelle für den nächsten Zugriff bereitgestellt sein. Wird das Datenobjekt in das Programm übernommen, so wird automatisch das nächste zum Abholen bereitgestellt. Die interne Verarbeitung ist also rein sequenziell.
Sind die Datenobjekte innerhalb des Files nummeriert, dann ist in den imperativen Sprachen auch ein Mechanismus vorgesehen, der es gestattet, ein Datenobjekt mit einer bestimmten Nummer anzufordern und beim Schreiben in das File ebenfalls ein durch seine Nummer identifizierbares Datenobjekt zu überschreiben.

In einigen höheren Programmiersprachen kann die Nummerierung durch Schlüsselwörter ersetzt werden. Für das Suchen innerhalb solcher Files werden dann auf der Ebene des Betriebssystems spezielle Suchverfahren zur Verfügung gestellt. Wie diese Verfahren im Einzelnen arbeiten, ist für den Benutzer nicht sichtbar aber auch nicht wichtig.

Eingabedateien: Als typische nur für Eingabe zu nutzende Datei dient die Tastatur. Was über die Tastatur eingegeben wird, ist eine durch Zeilen-Endekennzeichen abgeschlossene Zeichenkette. Wie sie zu interpretieren ist (ihre Semantik), wird durch das übernehmende Programm festgelegt. Zur Kontrolle erscheint (normalerweise) das Echo der Tastatureingabe auf dem Bildschirm und ermöglicht dadurch vor Beendigung der Eingabe eine Datenkorrektur.

Eingabefiles findet man an den Geldautomaten der Banken.

Ausgabedateien: Drucker und Bildschirm sind von ihrer Funktion Textdateien, die nur als Ausgabedateien angesprochen werden können.

Zugriff zu internen Datenobjekten

Programminterne Objekte können direkt oder indirekt adressiert werden.

Direkte Adressierung: Die Datenobjekte werden im Programm als Konstanten oder Variablen deklariert. Es wird dabei zur Identifikation für jedes Datenobjekt ein Name festgelegt und ein Typ. Meist wird gefordert, dass dieses Deklarieren vor einer Benutzung erfolgt. In einigen älteren Programmiersprachen – z. B. FORTRAN und BASIC – gibt es Festlegungen der Art, dass das erste Auftreten eines Namens eine Variable deklariert, wobei der erste Buchstabe des Namens über den Typ entscheidet. Der Name ist die symbolische Adresse des Datenobjekts, die Benutzung des Namens bewirkt bei der Abarbeitung des Programms einen Zugriff zu dem Datenobjekt.
Handelt es sich dabei um Datenobjekte, die Zusammenfassungen gleicher Komponenten sind, so kann durch Indexangaben jede Komponente direkt adressiert werden, bei ungleichen Komponenten durch Spezifikation des Strukturteils.

```
        Vereinbarung                 Zugriff
VAR     a: REAL;                     a := a+10;
        x: ARRAY[1..5] OF REAL;      write(x[j]);
        r: RECORD                    read(r.i, r.s);
             i: INTEGER;             r.s[1] := '#';
             s: STRING[30]
           END
```

Die Großbuchstaben stehen für reservierte Wörter, dürfen also nur in einer in der Sprache festgelegten Bedeutung verwendet werden; mit Kleinbuchstaben geschriebene Namen (etwa write) können eine vordefinierte Bedeutung haben, dürfen aber prinzipiell vom Programmierer neu definiert werden.

Typbezeichner, wie REAL, INTEGER usw., sind nicht reservierte Wörter, doch gilt die Empfehlung, sie in keiner anderen Bedeutung zu verwenden. Deshalb werden sie im Weiteren ebenfalls mit Großbuchstaben geschrieben (vgl. auch S. 192).

Indirekte Adressierung wird in Programmiersprachen durch **Zeigervariablen (Pointervariablen)** realisiert. Die Variablen, die Träger der Datenobjekte sind, erhalten dabei keinen Namen, sind also „anonym“. Um sie benutzen zu können, werden Variablen von einem Pointertyp benötigt. Der Definitionsbereich dieses Typs ist also der vom Programm benutzbare Adressraum. Der Wert dieser Variablen ist eine Adresse, der Speicherbereich, der durch diese Adresse erreichbar ist, liefert den Wert der „anonymen“ Variablen.

Vom Manipulieren von Programmadressen, also der Werte von Pointervariablen, ist nicht nur Anfängern in der Programmierung dringend abzuraten.

Vereinbarung von Pointervariablen in Turbo Pascal	Zugriff

```
TYPE vektor : ARRAY [1..10]
              OF REAL;
VAR
     p : ^INTEGER;               p^ := 127;
     pvektor: ^vektor;           pvektor^[k] := 0.0;
```

Programmstrukturkonzepte

Die übersichtliche Gestaltung eines Programmtextes und die Notwendigkeit, Entwicklungsarbeiten für Teilprogramme auf mehrere Personen zu verteilen, sind in höheren Programmiersprachen dadurch geklärt worden, dass

- Einzelanweisungen, die stets zusammen abzuarbeiten sind, zu einem Anweisungsverbund zusammengefasst werden können, der dann wie eine Anweisung behandelt werden kann;
- Programmteile als selbständige Teilalgorithmen codiert werden können mit definierten Festlegungen darüber, wie ein Wertaustausch mit der Umgebung dieses Teils erfolgen kann.

Die Zusammenfassung von Anweisungen ist durch das so genannte **Blockkonzept** in Programmiersprachen erfüllt worden. Es besteht letztlich darin, dass spezielle Klammersymbole eingeführt werden, die zum Zusammenfassen von Anweisungen dienen. Es ist in den höheren Programmiersprachen dabei unterschiedlich, ob blockintern Datenobjekte definiert werden können – die dann nur innerhalb dieses Blocks gültig sind – oder ob lediglich Anweisungen zusammengefasst werden, die Datenobjekte aber beim Aktivieren des Blocks bereits vorliegen müssen.

Unterprogramme, die in ihrer Umgebung Veränderungen an Datenobjekten, die nicht als Parameter vermittelt sind, hervorrufen, führen oft zu logischen Programmfehlern, deren Auffinden sehr mühsam sein kann.

Die Zerlegung eines Programms in selbständige Teile leistet die **Unterprogrammtechnik.** Es muss unterschieden werden zwischen der Definition eines Unterprogramms, der so genannten **Vereinbarung,** und dem Aktivieren, dem **Aufruf,** was beliebig oft möglich ist. Der Wertaustausch zwischen einem Unterprogramm und der Umgebung muss exakt geregelt sein, das geschieht durch Festlegungen über Parametervermittlung. Jeder Kontakt des Unterprogramms mit seiner Umgebung sollte nur über Parameter erfolgen.

Beim klassischen Unterprogrammmodell erfolgt die Entwicklung als Teil eines übergeordneten Programms und kann nur innerhalb dieses Programms übersetzt und getestet werden, muss also auch bei jeder Änderung in der Umgebung des Unterprogramms neu übersetzt werden. Neuere Programmiersprachen enthalten auch solche Sprachelemente, die das selbständige Übersetzen von Unterprogrammen erlauben, die dann in beliebige andere Programme eingebaut werden können, wenn nur dabei die vom Unterprogramm geforderte Schnittstelle beachtet wird.

Auf weitere Details wird im Abschnitt 3. 2. 2, S. 194 ff. eingegangen.

Konzepte für Ausdrücke

Für Verknüpfung von Operanden einfachen Typs enthalten imperative Sprachen Operatoren, und zwar arithmetische Operatoren, Vergleichsoperatoren, logische Operatoren, Zeichenkettenoperatoren.

Die Codierung dieser Operatoren ist nicht einheitlich. Das hängt auch damit zusammen, dass für einige Operatoren keine Codezeichen oder keine Zeichen auf Tastaturen existieren, so dass die Operatoren durch Zeichengruppen als Repräsentanten ersetzt werden müssen.
In der folgenden Tabelle sind übliche **Operatoren und ihre Darstellung** zusammengestellt.

arithmetische Operatoren	
+ - * /	neben der üblichen arithmetischen Bedeutung werden die Operatoren +, -, * auch für Mengenvereinigung, Mengendifferenz und Mengendurchschnitt verwendet
div mod	Quotient bei ganzzahliger Division Rest bei ganzzahliger Division
succ pred	Nachfolger Vorgänger
+=	a += b entspricht in C der Pascal-Anweisung a := a + b
-= *= /=	entsprechend
++ --	j++ bedeutet in C j := j + 1
Vergleichsoperatoren	
> <	auch GT (greater than) auch LT (less than)
= <>	auch EQ (equal), in C == auch NE (not equal), in C !=
<= >=	auch LE (less than or equal) auch GE (greater than or equal)
Logische Operatoren	
NOT	Negation (NICHT)
AND	Konjunktion (UND)
OR	Disjunktion (ODER)
XOR	Alternative, Exklusiv-ODER (ENTWEDER-ODER)
Zeichenkettenoperatoren	
+	Aneinanderfügen von Zeichenketten
ord	Konvertierung eines Zeichens in den numerischen Wert im Code
char	Konvertierung einer ganzen Zahl in das durch die Codetabelle zugeordnete Zeichen

XOR wird auch als Antivalenz bezeichnet.

In konkreten Programmiersprachen gibt es weitere Operatorsymbole. Bei Benutzung konkreter Sprachen müssen der Sprachbericht oder eine Sprachbeschreibung herangezogen werden.

Mit diesen Operatoren werden einfache Werte verknüpft. Das entspricht in den imperativen Sprachen weitestgehend der Formelschreibweise der Mathematik, also einer vertrauten Notation. Die Berechnung dieser Formeln – in der syntaktischen Beschreibung von Programmiersprachen heißen sie **Ausdrücke** – liefert einen Wert.

Zwei Probleme treten auf:

1. Festlegung von Prioritäten beim Auftreten mehrerer Operatoren in einem Ausdruck;
2. Verträglichkeit der Operanden.

Die Festlegung von Operatorprioritäten, d. h. der Reihenfolge der Ausführung der Operationen, erfolgt in der Syntax.

In Bezug auf die Operandenverträglichkeit ist die klarste Haltung die, nur Verknüpfungen von Operanden gleichen Typs zuzulassen. Das bringt allerdings für den Benutzer solcher Programmiersprachen erhebliche Unbequemlichkeiten, weil er das Codieren dieser Anpassung explizit vornehmen muss. Um das konsequent durchzusetzen, müssen Sprachelemente vorhanden sein, die Typwandlungen bewirken (z. B. von ganzen Zahlen in Gleitkommazahlen).

Eine andere konsequente Lösung ist, alle Operandentypen in Formeln zuzulassen und semantisch zu beschreiben, wie das bei der Compilation behandelt werden soll. (In Pl/1 ist das im Wesentlichen so gelöst.) Das kann dann allerdings ohne jede Warnung zu kuriosen Ergebnissen führen, wenn bei der Progreammniederschrift eine automatische Anpassung nicht beachtet wurde.

Wie so oft ist der Mittelweg am geeignetesten: für numerische Werte eine automatische Anpassung an den flexibleren Typ vorzunehmen (ganze Zahlen in reelle Zahlen aber nicht umgekehrt) und bei anderen Operandentypen die gewünschte Typanpassung zu codieren.

Konzepte für Anweisungen

↗ auch S. 37

Neben den Datenobjekten sind **Anweisungen (statements)** die wichtigsten Sprachelemente höherer Programmiersprachen. Die Sprachkonzepte unterscheiden zwei Klassen von Anweisungen, nämlich:

- **Einfache Anweisungen (single statements),** in denen Werte berechnet und gespeichert werden, Ein- oder Ausgabeoperationen ausgeführt oder ein Unterprogramm aktiviert wird (Prozeduraufruf). Einfache Anweisungen verändern nicht die Reihenfolge der auszuführenden Anweisungen.
- St**eueranweisungen (control statements),** durch die die Reihenfolge der Abarbeitung der Anweisungen eines Programms bestimmt wird.
  Zu den Steueranweisungen gehören bedingte Anweisungen für die Auswahl einer Anweisung (das kann eine einfache, eine Verbund- oder eine Steueranweisung sein) und Wiederholanweisungen. Wiederholanweisungen sind Ausdrucksmittel, um das wiederholte Abar-

beiten von Anweisungen zu codieren, d. h., um zyklische Abläufe zu organisieren. Steueranweisungen werden in höheren Programmiersprachen durch spezielle „Klammersymbole" kenntlich gemacht. Als Klammern dienen dabei Symbole, die als reservierte Wörter behandelt werden und nur in der Bedeutung dieser Klammersymbole benutzt werden dürfen (z. B. `FOR`, `LOOP`, `IF`, `THEN`, `ELSE`, `CASE` u. Ä.).

Durch Anweisungen werden also „Berechnungen" ausgeführt. In den Anweisungssprachen haben Anweisungen selbst keinen Wert.

Es gibt aber auch Sprachkonzepte, in denen ein Wert der Anweisung definiert wird (z. B. in C), so dass Anweisungen selbst wie Operanden behandelt werden (Ausdruckssprachen).

Zum Trennen von Anweisungen sind Sonderzeichen erforderlich. In frühen (formulargebundenen) Sprachen wurde das Zeilenende benutzt, sonst meist das „ ; ". Für das Zusammenfassen von Anweisungen zu einem Anweisungsverbund sind Spezialklammern (z. B. `BEGIN` und `END`) erforderlich. Verbundanweisungen gelten syntaktisch als eine Anweisung, so dass Schachtelungen von Verbundanweisungen – und damit Häufungen von Anweisungsklammern – syntaktisch keine Schwierigkeiten machen.

Unterprogrammtechnik

Unterprogramme sind selbständige Programmteile, die entweder innerhalb eines Programms vereinbart und aufgerufen oder die unabhängig von einem konkreten Programm codiert und übersetzt und durch spezielle Verbinderprogramme bei Bedarf in andere Programme eingebaut werden können.

Unterprogramme können entweder genau einen Wert liefern, dann entspricht ihre Wirkung der einer mathematischen Funktion, oder sie können irgendwelche beliebigen Datenmanipulationen vornehmen (Prozeduren). Diese beiden Arten von Unterprogrammen werden in einer Programmnotation äußerlich durch unterschiedliche Symbole gekennzeichnet, die Funktionen z. B. durch `FUNCTION`, nicht als Funktion benutzbare Unterprogramme durch `PROCEDURE`.

Die Schnittstelle zwischen einem Unterprogramm und der Umgebung soll genau definiert sein. Das geschieht über eine so genannte **Parameterliste.** Die Parameter stelle man sich bei der Vereinbarung des Unterprogramms als Attrappen für auszutauschende Größen vor. Sie werden **formale Parameter** genannt. Durch sie werden die auszutauschenden Größen hinsichtlich ihrer Anzahl, ihres Typs und ihrer Reihenfolge festgelegt. Beim Aufruf werden die formalen Parameter durch in dem Zusammenhang aktuelle Werte oder durch Namen von Programmgrößen ersetzt. Wie diese Ersetzung im Einzelnen zu erfolgen hat, ist in der Beschreibung der Programmiersprachen als Semantik der Parametervermittlung beschrieben. Es wird unterschiedlich gehandhabt. Der Benutzer einer Programmiersprache muss sich mit der konkreten Semantik auseinandersetzen.

In neueren Programmiersprachen, die Sprachelemente für objektorientierte Programmierung enthalten, können Variablen von einem Prozedur- oder Funktionstyp vereinbart werden, die selbst Teil von komplexen Datenobjekten sind.

Unterprogramme können selbst Unterprogramme enthalten, können aber auch Unterprogramme aus der Umgebung aufrufen. Bei sauberer Schnittstellenbehandlung erfolgt auch das über Prozedurparameter.

Wenn die technischen Voraussetzungen ausreichen, um Programmteile parallel zu anderen abzuarbeiten, ist in den Programmiersprachen ein Mechanismus für die Synchronisation der Abarbeitung nötig. Dafür können z. B. **Ereignisvariablen (Eventvariablen)** in die Sprache aufgenommen werden, deren Semantik dann ist, die Steuerung erst dann weiterzugeben, wenn bestimmte Programmteile (Tasks) beendet wurden. Ein solcher Mechanismus ist z. B. in PL/1 vorgesehen.

In **Delphi,** einer Weiterentwicklung von Turbo Pascal, gibt es Möglichkeiten für die Entwicklung **ereignisorientierter Programme.** In diesem Zusammenhang wird darunter Folgendes verstanden: Mit den objektorientierten Möglichkeiten von Turbo Pascal wurden vordefinierte Datentypen aufgenommen, die die Erzeugung einer „maßgeschneiderten" Bildschirmoberfläche erlauben. In diese Oberfläche können z. B. Schaltknöpfe (buttons) aufgenommen werden, die auf unterschiedliches externes Ansprechen (Mausclick, Doubleclick, Entertaste u. Ä.) mit programmierten Aktivitäten reagieren. Es werden also Prozeduraufrufe in Abhängigkeit von Maussignalen – von Ereignissen – ausgeführt. Damit können Programme entwickelt werden, die auf externe Eingriffe des Programmierers Steuereingriffe in den weiteren Programmablauf gestatten.

3.1.4 Deklarative Sprachen – logische Programmierung und künstliche Intelligenz

LISP – eine funktionale Sprache

Schon 1959 wurde am Massachusetts Institute of Technology (MIT) an der Entwicklung einer Programmiersprache gearbeitet, die es leisten sollte, beliebige Symbole zu verarbeiten. Mit einer solchen Sprache sollte es möglich sein, mathematische Probleme durch Formelmanipulation zu behandeln (im Gegensatz zum Berechnen numerischer Lösungen), Systeme für Robotersteuerungen zu schaffen, Bildanalysen durchzuführen, Sprache und Handschriften zu erkennen, Körpergrößen auszuwerten und dadurch medizinische Entscheidungen (medizinische Expertensysteme) zu unterstützen u. Ä. Das erste Ergebnis dieser Sprachentwicklung wurde **LISP** genannt, eine Ableitung aus **list p**rocessor. Der Name enthält die Idee: Programme und Daten werden in Form von Listen dargestellt. Diese Listen enthalten ein Funktional und eine unterschiedliche Anzahl von Elementen. Die Elemente können einfacher („unzerlegbarer") Natur sein, so genannte Atome, oder Listen.

`(- 123 (* 4.5 67.8))` steht für $123 - 4.5 \cdot 67.8$

Vereinbarungen wie in imperativen Sprachen gibt es nicht. Die Auswertung des ersten Elements einer Liste liefert das *Funktional*. Die durch das Funktional beschriebene Funktion wird mit den Elementen ausgewertet und liefert einen Wert. Es kann sich um die Berechnung eines numerischen Wertes handeln oder um die Prüfung von Eigenschaften der Elemente.

Mit der technischen Entwicklung sind unterschiedliche LISP-Interpreter – man sagt LISP-Maschinen – entstanden, eine verbindliche Sprachdefinition gibt es nicht. Ein Quasistandard wurde 1984 mit der Bezeichnung **Common LISP** veröffentlicht, er wird bei neueren Entwicklungen meist zugrunde gelegt.

Gedanken und Techniken der LISP-Programmierung sind in die Entwicklung von PROLOG eingeflossen. LISP und PROLOG werden zurzeit vorwiegend für Entwicklungen auf dem Gebiet der künstlichen Intelligenz eingesetzt.

zur künstlichen Intelligenz (KI) ↗ auch S. 182

PROLOG – eine logische Sprache

1972 stellte COLMERAUER einen Sprachentwurf vor, dem eine prinzipiell andere Herangehensweise an Problemlösungen zugrunde liegt, d. h., die vom Programmierer einen anderen Denkstil erfordert. Dieser andere Denkstil ist dadurch gekennzeichnet, dass ein Problem durch die Beschreibung problemeigener Fakten und durch logische Beziehungen, die zwischen diesen Fakten bestehen, spezifiziert wird. Die Sprachbezeichnung **PROLOG** ist abgeleitet von **pro**gramming in **log**ic.

zum Begriff „logische Sprache" ↗ auch S. 38

Für Programmiersysteme mit dieser Konzeption sind neben der Bezeichnung deklarative Sprachen auch die Bezeichnungen **deskriptive** und **deduktive Sprachen** gebräuchlich. Diese Sprachen orientieren also auf die Beschreibung eines Problems, nicht aber auf den Algorithmus, durch welchen das Problem zu lösen ist.

Ein einfaches Beispiel soll den Stil erläutern. Zur Darstellung einer Kind-Eltern-Beziehung wird im Folgenden ein **Graph** betrachtet, der Verwandtschaftsbeziehungen wiedergibt.

Verwandtschaftsbeziehungen:

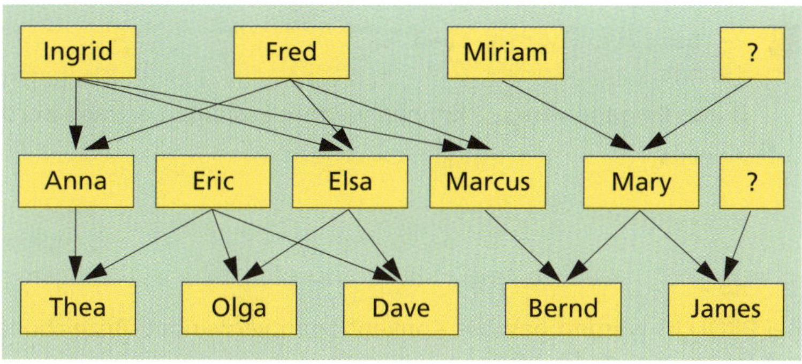

Dreiecke aus zwei Vorgängern und einem Nachfolger, zu dem jeweils ein Pfeil führt, beschreiben die Mutter-Vater-Kind-Beziehung. Die entsprechenden **Fakten** beschreibt man in PROLOG wie folgt:

```
familie(ingrid,fred,anna).
familie(ingrid,fred,elsa).
familie(ingrid,fred,marcus).
familie(miriam,_,mary).
familie(anna,eric,thea).
familie(elsa,eric,olga).
familie(elsa,eric,dave).
familie(mary,_,james).
familie(mary,marcus,bernd).
```

Das Zeichen „_" steht für einen „anonymen Eintrag", der beim Beweisen keine Rolle spielt.

Dabei soll vereinbart sein, dass die drei Stellen von links nach rechts für Mutter, Vater und Kind stehen. Weiterhin kann man das Geschlecht der Personen angeben:

```
weiblich(ingrid).
weiblich(miriam).
weiblich(anna).
weiblich(elsa).
weiblich(mary).
weiblich(thea).
weiblich(olga).
männlich(fred).
männlich(eric).
männlich(marcus).
männlich(dave).
männlich(bernd).
männlich(james).
```

Bis jetzt hat man eine Datenbank. Damit können die Fakten abgefragt werden, die explizit angegeben wurden.

```
?- familie(ingrid,fred,marcus).
```

Dann bejaht das PROLOG-System die Frage mit `yes`.
Wenn etwas nicht aus den Angaben folgt, wird das PROLOG-System verneinen:

```
?- familie(ingrid,fred,winfried).
no
```

Man kann auch Namen erfragen:

```
?- familie(ingrid,fred,X).
X=anna
```

Durch Eingabe von „;" können weitere Lösungen erfragt werden:

```
X=elsa
;
X=marcus
;
no
```

Bei PROLOG werden gewisse Konventionen verwendet: Bezeichner, die mit einem großen Buchstaben beginnen, stehen für Variable, ein „_" bezeichnet eine anonyme (unbenannte, unwesentliche) Variable. Neben Datenbank-Fakten kann man in PROLOG auch Beziehungen (Relationen, Prädikate) beschreiben, indem man sie deklariert:

```
eltern(M,V):- familie(M,V,_).
```

Die Definition besagt, dass das Prädikat „`eltern`" auf `M` und `V` zutrifft, wenn `M` und `V` eine Familie mit einem nicht weiter zu benennenden Kind (anonyme Variable) bilden. Dabei steht „`:-`" immer für „... gilt, wenn ..." (logische Bedingung). Eine solche Definition hat die Form einer **Regel.** Im Gegensatz zu einem Fakt, gilt das Prädikat auf der linken Seite nur dann, wenn die Bedingung(en) auf der rechten Seite gültig sind. Die rechte Seite kann auch mehrere Bedingungen enthalten:

```
geschwister(X,Y):-familie(M,V,X),familie(M,V,Y),X\=Y.
```

Geschwister gehören der gleichen Familie an. Dabei steht „`,`" für das logische UND. Damit aber nicht `geschwister(ingrid,ingrid)` als gültig betrachtet wird, muss man dem System explizit mitteilen, dass Geschwister unterschiedliche Personen bezeichnen (mittels `X\=Y`). Die ausreichende Deklaration von solchen Selbstverständlichkeiten ist manchmal mühsam, aber in Sprachen wie PROLOG immer noch übersichtlicher möglich als in den prozeduralen Sprachen.

Für das Beispiel „Verwandtschaftsbeziehungen" werden im Folgenden einige weitere Prädikate unter Verwendung der bereits deklarierten Prädikate deklariert:

```
bruder(X,Y):-geschwister(X,Y),männlich(X).
schwester(X,Y):-geschwister(X,Y),weiblich(X).
```

Beide Male wurden die gleichen Bezeichnungen für die Variablen gewählt. Das ist in PROLOG kein Problem, weil die Verwendung (Gültigkeit) einer Variablen jeweils auf eine Klausel beschränkt ist. Eine **Klausel** hat die Form einer Regel oder eines Fakts, sie wird mit einem „." abgeschlossen (der im fortlaufenden Text hier aber weglassen wird).

Definition der `tante`-Beziehung:

```
tante(T,X):-familie(_,V,X),schwester(T,V).
tante(T,X):-familie(M,_,X),schwester(T,M).
```

Eine Tante kann Schwester des Vaters oder der Mutter sein, deshalb wird das Prädikat `tante` durch zwei Klauseln definiert: Es reicht, wenn eine davon gültig ist. Das ist auch eine Möglichkeit, das logische ODER auszudrücken. Dies wurde übrigens auch schon bei den Fakten benutzt, als das Prädikat `familie` durch eine Aufzählung deklariert wurde (↗ S. 175). Schließlich kann ein Prädikat auch *rekursiv* definiert werden:

```
vorfahre_weibliche_Linie(VWL,X):-familie(VWL,_,X).
vorfahre_weibliche_Linie(VWL,X):-familie(VWL,_,Z),
                                 vorfahre_weibliche_Linie(Z,X).
```

Entsprechend der Vereinbarung für die Stellung der Mutter im Prädikat `familie`, erübrigt sich ein Test mit der Bedingung `weiblich(VWL)` auf der rechten Seite.

Implizit enthalten die Deklarationen jetzt auch das Wissen, dass Olga und Dave Geschwister sind, dass Elsa Tante von Thea ist, und dass Ingrid Vorfahre in der weiblichen Linie von Olga ist.

```
?- tante(elsa,thea).
yes
```

Für diese Antwort musste der PROLOG-Interpreter überprüfen, ob sein „Wissen" für einen Beweis ausreicht. Er muss zunächst die Klauseln für `tante` aufsuchen. Nach Einsetzung von `elsa` und `thea` gemäß der Anfrage sehen diese Klauseln so aus:

```
tante(elsa,thea):-familie(_,V,thea),schwester(elsa,V).
tante(elsa,thea):-familie(M,_,thea),schwester(elsa,M).
```

Zunächst wird ein Beweis mithilfe der ersten Klausel versucht. Es muss geprüft werden, ob die Bedingungen auf der rechten Seite beweisbar sind. Für `familie(_,V,thea)` gibt es einen Fakt, nämlich `familie(anna,eric,thea).` Damit erhält man `V=eric.` Man sagt: Die Variable `V` wurde an den Wert `eric` gebunden.

Die Beziehung „`\=`" gehört zu den so genannten Standard-Prädikaten, die bereits im PROLOG-System implementiert sind, also nicht mehr vom Nutzer definiert werden müssen. Dazu gehören weitere Vergleichsrelationen, arithmetische Operationen und nicht-logische Prozeduren für die Ein- und Ausgabe. Es gibt in PROLOG auch Möglichkeiten, den Programmablauf zu beeinflussen, obwohl das dem Geist der „reinen" logischen Programmierung widerspricht. Man kann sogar das PROLOG-Programm aus sich heraus während der Abarbeitung modifizieren.
Mit `assert`-Prädikaten werden Fakten oder Regeln hinzugefügt, mit `retract` können sie entfernt werden.

Für die gefundene Bindung muss man jetzt die zweite Bedingung in der `tante`-Klausel, nämlich `schwester(elsa,eric)` weiter untersuchen. Aufgrund der Deklaration ist
`schwester(elsa,eric):-geschwister(elsa,eric),weiblich(elsa)`
zu beweisen. Die dafür zu beweisende Geschwister-Klausel lautet mit diesen Bindungen

```
geschwister(elsa,eric):-familie(M,V,elsa),
                         familie(M,V,eric),elsa\=eric.
```

Die Variable `V` in dieser Klausel hat nichts mit der Variablen `V` in der weiter oben verwendeten Klausel `familie(_,V,thea)` zu tun!

Man findet für die erste Bedingung `familie(ingrid,fred,elsa)`, d. h., die Bindungen `M=ingrid` und `V=fred`. Mit diesen Bindungen lautet die nächste Bedingung `familie(ingrid,fred,eric)`, diese Bedingung müsste als nächstes bewiesen werden. Aber es gibt überhaupt keinen `familie`-Fakt mit `eric` an der dritten Stelle (als Kind). PROLOG darf aber nur bekannte bzw. beweisbare Fakten verwenden. Damit ist dieser Versuch des Beweises gescheitert.

Aber da ist ja noch eine zweite Klausel für die `tante`-Beziehung. Also wird ein sogenanntes **Backtracking** (↗ auch S. 457) durchgeführt:
Man nimmt alles zurück, was man zum Beweis von
`tante(elsa,thea):-familie(_,V,thea),schwester(elsa,V)`
versucht hat, insbesondere werden die Bindungen der Variablen rückgängig gemacht.

Jetzt versucht man,
`tante(elsa,thea):-familie(M,_,thea),schwester(elsa,M)`
zu beweisen. Die Schritte verlaufen analog: Man findet zunächst `M=anna`. Für diese Bindung muss man jetzt `schwester(elsa,anna)` weiter untersuchen und
`schwester(elsa,anna):-geschwister(elsa,anna),weiblich(elsa)`
beweisen. Die jetzt zu beweisende Geschwister-Klausel lautet:

```
geschwister(elsa,anna):-familie(M,V,elsa),
                         familie(M,V,anna), elsa\=anna.
```

Man erhält die Bindungen `M=ingid` und `V=fred` für die erste Bedingung `familie(M,V,elsa)`. Mit diesen Bindungen ist auch die zweite Bedingung `familie(ingrid,fred,anna)` gültig (man findet das in den Fakten). Schließlich ist auch `elsa\=anna` erfüllt. Da alle Bedingungen auf allen Zwischenschritten erfüllt werden konnten, ist der Beweis gelungen.

Nicht zu beweisen ist dagegen Folgendes:

```
?-tante(miriam,thea).
no
```

Man kann sich auch die Vorfahren der weiblichen Linie von `thea` aufzählen lassen:

```
? - vorfahre_weibliche_Linie(Vorfahre,thea).
Vorfahre = anna
;
Vorfahre = ingrid
;
no
```

Wenn in einer Anfrage Variablen stehen („`Vorfahre`" beginnt mit einem großen Buchstaben!), gibt das PROLOG-System anstelle eines einfachen „yes" die gefundenen Bindungen dieser Variablen aus. Wenn der Nutzer dann ein Semikolon eingibt, wird der (eigentlich gelungene) Beweis als ungültig betrachtet. Demzufolge führt das PROLOG-System ein Backtracking aus und versucht einen weiteren Beweis. PROLOG erlaubt damit eine große Flexibilität: Man kann Fragen mit festen Werten stellen, die mit `yes` oder `no` beantwortet werden. Man kann aber auch Variable für einige oder alle Stellen angeben, dann soll das PROLOG-System an Stelle der Variablen die Werte finden, die das jeweilige Prädikat erfüllen.

Prädikatenlogik als Programmiersprache

Es ist der Sinn des Programmierens mit PROLOG, dass man nicht alles Wissen explizit angeben muss, sondern weitere Tatbestände aus dem gegebenen Wissen ableiten kann. Dabei kann es sich auch um Dinge handeln, die der Programmierer selbst nicht weiß, die erst das PROLOG-System für ihn ausrechnet bzw. beweist. Man könnte z. B. (mit einigem Aufwand) die Schachregeln implementieren, und dann den Rechner nach günstigen Zügen in einer gegebenen Situation fragen. Allerdings würde der Rechner in den meisten Fällen dazu sehr, sehr lange brauchen. Ein Fahrplan-Auskunftssystem bietet jedoch keine ernsthaften Probleme. Die Streckenfahrpläne und die Umsteigezeiten werden als Fakten gespeichert. Hinzu kommen Regeln für die Erreichbarkeit von Orten (sie sind ähnlich definiert wie das Prädikat `vorfahre_weibliche_Linie`, ↗ S. 178). Dann kann man das System die günstigsten Verbindungen zwischen zwei Orten suchen lassen.

Auf S. 184 wird noch einmal auf das Beispiel „Streckenfahrplan" eingegangen.

Im Gegensatz zu prozeduralen Programmen soll sich der PROLOG-Programmierer nicht um den Programm-Ablauf (hier: die Suche nach Beweisen) kümmern müssen. Die Beweisversuche werden durch den PROLOG-Interpreter automatisch ausgeführt.

> Ein **PROLOG-Programm** ist einfach eine Menge von Deklarationen für Prädikate, die in der Form von Klauseln (Fakten, Regeln) aufgeschrieben werden. Sie beschreiben das explizit angegebene Wissen über die betrachteten Objekte.

Im Folgenden wird diese Form der Wissensrepräsentation und -verarbeitung genauer betrachtet:

Wenn man Sachverhalte für einen Computer bearbeitbar machen will, braucht man einen Beschreibungsformalismus. Abläufe (z. B. Berechnungsprozesse) lassen sich gut durch Algorithmen beschreiben und mithilfe prozeduraler Sprachen implementieren. Will man dagegen Beziehungen zwischen Objekten beschreiben, so kann man sich der **Prädikatenlogik** bedienen:

Prädikate der Form `P(x1,...,xn)` beschreiben Beziehungen zwischen `n` Objekten `x1,...,xn`. Solche Beziehungen sind zum Beispiel „Nachbarschaft" und „Erreichbarkeit" für den Fahrplan, „erlaubterZug" und „Gewinnposition" für Spiele oder die oben dargestellten Verwandtschaftsprädikate mit Personen als Objekten `x`. Man kann dann Aussagen der Form bilden: „Es gibt Objekte `x1,...,xn`, für die das Prädikat `P` erfüllt ist", im konkreten Fall zum Beispiel „Es gibt eine Person `Nichte`, für die das Prädikat `tante(elsa,Nichte)` erfüllt ist". Die vom PROLOG-System beantworteten Fragen haben gerade diese Gestalt. Man kann solche Aussagen durch aussagenlogische Verbindungen miteinander verknüpfen. Das Komma verknüpft die Bedingungen der rechten Seite einer Klausel also im Sinne eines UND: Die linke Seite ist beweisbar, wenn alle Bedingungen der rechten Seite bewiesen werden können. Gibt es dagegen mehrere Möglichkeiten (ODER) für den Beweis eines Prädikats, so verwendet man mehrere Klauseln.

Wenn man Konjunktion (UND), Disjunktion (ODER) und Negation (NICHT) ausdrücken kann, kann man jede beliebige aussagenlogische Verknüpfung darstellen.

XOR ↗ auch S. 262

Für **ENTWEDER-ODER (Exklusiv-ODER, XOR)** gilt:

`Entweder H1 oder H2`
ist äquivalent zu
`(H1 oder H2) und nicht ( H1 und H2 ) .`

Man kann sogar das **ODER** mithilfe des **UND** ausdrücken (das heißt, Konjunktion und Negation allein reichen schon aus, um alle aussagenlogischen Verknüpfungen darzustellen):

`H1 und H2` ist äquivalent zu `nicht(nicht H1 oder nicht H2)`

In Formeln:

$H1 \wedge H2$ ist äquivalent zu $\neg(\neg H1 \vee \neg H2)$,

und es gilt weiterhin

$H1 \vee H2$ ist äquivalent zu $\neg(\neg H1 \wedge \neg H2)$.

Bedeutung der **logischen Operationen:**

$\neg p$ nicht p **(Negation)**

$p \wedge q$ p und q **(Konjunktion)**

$p \vee q$ p oder q **(Disjunktion)**

$p \Rightarrow q$ wenn p, dann q **(Implikation)**

$p \Leftrightarrow q$ genau dann p, wenn q **(Äquivalenz)**

Ein mittels der Operatoren $\neg$, $\wedge$, $\vee$, $\Rightarrow$, $\Leftrightarrow$ gebildeter Ausdruck ist wieder ein logischer Ausdruck, dessen Wert nach der folgenden Tabelle berechnet werden kann. p und q symbolisieren dabei logische Ausdrücke, „w" steht für „wahr", „f" für „falsch":

p	q	$\neg p$	$p \wedge q$	$p \vee q$	$p \Rightarrow q$	$p \Leftrightarrow q$
w	w	f	w	w	w	w
w	f	f	f	w	f	f
f	w	w	f	w	w	f
f	f	w	f	f	w	w

closed world assumption:
Annahme (Voraussetzung) einer geschlossenen PROLOG-Welt

Konjunktion und Disjunktion sind in PROLOG vorhanden. Für die Negation ist die Sache generell etwas kompliziert. Das sieht man schon bei Datenbanken: Was folgt aus der Tatsache, dass im Telefonbuch kein Eintrag für Frau XY in der Z-Straße zu finden ist? In der Realität folgt daraus nicht, dass Frau XY kein Telefon hat. In der Praxis macht das aber für den Auskunftssuchenden oft keinen Unterschied. Deshalb wird in vielen Fällen die Annahme getroffen, dass die Datenbankeinträge (zum Beispiel im Melderegister) als vollständig anzusehen sind. Man spricht von der **closed world assumption:** Was nicht in der Datenbank steht, gilt als nicht vorhanden. Eine ähnliche Annahme wird in PROLOG gemacht: Wenn man feststellt, dass eine Aussage `H` nicht bewiesen werden kann, wird `H` als falsch angesehen. Die Verneinung der Aussage, in PROLOG dargestellt als `not H` (manche Systeme verwenden `not(H)`), wird dann als wahr angesehen.

In diesem Sinne könnte man auf das Prädikat `männlich` verzichten, und stattdessen eine Regel

```
männlich(M):- not weiblich(M).
```

einführen.

Die Negation „`not`" existiert standardmäßig in PROLOG. Sie wird folgendermaßen behandelt:
Um eine Aussage `not P(x1,...,xn)` zu beweisen, versucht der Interpreter zunächst einen Beweis für `P(x1,...,xn)` zu finden. Sobald dieser fehlschlägt, ist `not P(x1,...,xn)` bewiesen. Gelingt dagegen der Beweis für `P(x1,...,xn)`, ist umgekehrt `not P(x1,...,xn)` nicht beweisbar. Das ist in den meisten Fällen vernünftig (analog zur *closed world assumption),* kann aber manchmal zu kuriosen Resultaten führen.

Die Frage `?-männlich(helga)` würde im Beispiel mit `yes` beantwortet werden, weil `weiblich(helga)` nicht bewiesen werden kann (es gibt ja keine Angaben zu `helga`).
Mehr noch, mit der Frage `?-männlich(M)` sollte man eigentlich alle Männer aufzählen können. Auf diese Frage antwortet das System jetzt aber mit `no` (sofern wenigstens ein Eintag für `weiblich` existiert).

Grundsätzlich kann man die Klauseln eines PROLOG-Programms als die Axiome (Grundannahmen) der logischen Beschreibung interessierender Sachverhalte ansehen. Ein Beweis in einer solchen „Theorie" geschieht durch logische Schlussregeln, wie etwa dieser: Wenn alle Voraussetzungen einer Behauptung erfüllt sind, gilt die Behauptung.
Um etwas zu beweisen, muss man dabei (meist über mehrere Stufen) die jeweiligen Bedingungen beweisen. Da ein Computer keine „Intuition" hat, welche Beweisschritte zum Erfolg führen, lässt man ihn alle Möglichkeiten systematisch durchprobieren. Das könnte prinzipiell in unterschiedlicher Reihenfolge geschehen.
Im PROLOG-Interpreter wird allerdings eine feste Reihenfolge verwendet: Die einzelnen Bedingungen in einer Klausel werden von links nach rechts untersucht, dabei wird zunächst eine Bedingung bis zum Ende (ihrem Beweis) verfolgt, ehe die nächste Bedingung betrachtet wird. Alternative Klauseln eines Prädikats werden von oben nach unten probiert. Auch hierbei wird zunächst eine Klausel soweit wie möglich betrachtet, ehe der Beweis mit der nächsten (bei einem Backtracking-Schritt) versucht wird. Diese „Tiefe-Zuerst"-Suchstrategie wurde im Beispiel „Verwandtschaftsbeziehungen" nachempfunden.

zum Tiefe-zuerst-Verfahren ↗ auch S. 454

Der Vorteil des PROLOG-Systems ist es, dass man das Suchverfahren nicht erst implementieren muss, da es im Interpreter bereits fest eingebaut ist. Man muss nur die Zusammenhänge durch Klauseln (Fakten und Regeln) beschreiben. Dann kann man Fragen im Bereich dieser Beziehungen stellen, und der PROLOG-Interpreter findet die richtigen Antworten. Wenn man nun Computer hätte, die schnell genug arbeiten, könnte man auf diese Weise komplizierte Probleme lösen (zum Beispiel mathematische Beweise automatisch finden). Vielleicht könnten Computer auf diese Weise sogar „intelligentes" Verhalten entwickeln.

Künstliche Intelligenz

Das Gebiet der **künstlichen Intelligenz (KI)** beschäftigt sich mit der Frage, wie man Maschinen zu Leistungen befähigen kann, die beim Menschen als intelligent gelten würden. Dazu müsste man eigentlich erst wissen, was „Intelligenz" bedeutet. Wir haben zwar Vorstellungen davon, die meistens die Fähigkeit zum Umgang mit komplizierten Problemen betreffen, aber manche dieser Probleme (zum Beispiel lange Berechnungen) können Maschinen heute schon schneller und korrekter als Menschen bearbeiten. Durch den Bau von Maschinen mit komplexen „geistigen" Fähigkeiten könnte man aber das Phänomen „Intelligenz" besser verstehen lernen. Gleichzeitig entwickelt man dabei Systeme, die dem Menschen geistige Arbeit abnehmen – so wie es schon lange Maschinen gibt, die körperliche Anstrengungen ersparen.

Ein vielbeachteter Erfolg der KI war der erste Sieg der Maschine **Deep Blue** über den Schachweltmeister GARRY KASPAROV im Jahre 1997. Lange galt Schach als Testfeld für die Leistungsfähigkeit der KI.

Neben solchen spektakulären Leistungen wird oft gar nicht mehr bemerkt, dass Erfindungen aus der KI auch längst Einzug in unsere Alltagswelt gefunden haben. Beispiele dafür trifft man bei der schon erwähnten Fahrplanauskunft im Internet, beim Fotoapparat, der selbst die günstigste Einstellung wählt, oder bei der automatischen Sortierung von Briefen. Ein Mensch, der in Sekundenbruchteilen die günstigsten Zugverbindungen errechnet, wäre zwar immer noch erstaunlich – weil aber eine Maschine das auch und sogar besser kann, akzeptiert man es eigentlich nicht mehr als Kriterium für intelligentes Verhalten. Ehe man der Maschine „Intelligenz" zugesteht, präzisiert man lieber das Verständnis von Intelligenz: Eine exzellent Schach spielende Maschine ist nicht intelligent. Jedenfalls nicht, wenn sie das im Prinzip nur so macht, wie das oben für die Beweismethode von PROLOG betrachtet wurde. Tatsächlich konnte das Programm von Deep Blue gerade genügend viele Züge systematisch im voraus abschätzen, um damit zu gewinnen. Für das Go-Spiel ist dieses Verfahren dagegen nicht mehr anwendbar.

Beim Versuch, Maschinen „intelligent" zu machen, hat sich andererseits gezeigt, dass Dinge, die dem Menschen total einfach erscheinen, für die Maschinen heute (noch?) sehr schwierig sind. Dazu gehört zum Beispiel das Überqueren einer Straße mit den vielfältigen möglichen Ereignissen. Man vergisst, dass der Mensch auch erst Jahre der Entwicklung im Kindesalter braucht, um Fußball spielen zu lernen. Allein die Orientierung in einem Raum benötigt kaum beschreibbare Mengen an *Alltagswissen*. Dieses Alltagswissen müsste einem Computerprogramm erst einmal beigebracht werden. Wenn man es in Form von PROLOG-Klauseln ablegen wollte, käme eine riesige Datenmenge zustande.

Es sollen alle Dinge erfasst werden, die man nicht machen kann, wenn man sich ein Bein gebrochen hat. Wenn das Bein dann einen Gipsverband hat, kann man manches doch wieder machen, es sei denn, der Gips ist noch weich oder man ist gefesselt oder ... .

Durch die Evolution sind Körper und Geist des Menschen in die Lage versetzt worden, solche Alltagsfragen mit Leichtigkeit zu lösen. Mathematische und logische Berechnungen fallen ihm dagegen wesentlich schwerer – sie waren nicht notwendig, um in seinem natürlichen Umfeld zu überleben. Mathematik und Logik sind dagegen die Stärken des Computers, und es gilt als Zeichen für die Präzision einer Wissenschaft, wenn sie sich in mathematisch-logische Formalismen fassen lässt. So war es nicht verwunderlich, dass mit dem Aufkommen der Computertechnik auch große Erwartungen in die künstliche Intelligenz gesetzt wurden. Gegenwärtig ist der Stand so wie in vielen anderen Bereichen auch: Maschinen können spezielle Aufgaben in einer speziellen Umgebung besser als der Mensch ausführen, jedoch nicht alle diese Aufgaben zusammen: Fahrzeuge fahren auf ebenen Straßen, Kräne transportieren Lasten auf einer Baustelle, Computer arbeiten im Bereich wohldefinierter Daten. Allerdings ist nach wenigen Jahrzehnten der Entwicklung noch schwer abschätzbar, was die Kombination technischer Geräte mit „intelligenten" Verfahren prinzipiell leisten kann. Die Beschäftigung damit ist eine der spannendsten Fragen der Gegenwart.

Wissensverarbeitung

Ein zentraler Begriff für die Intelligenz ist Wissen, oft wird auch von „Wissensverarbeitung" statt von „künstlicher Intelligenz" gesprochen. Um Wissen zu verarbeiten, muss es in geeigneter Weise (im Rechner) dargestellt, repräsentiert werden. Es sind viele Formen der „expliziten" Darstellung von Wissen bekannt: Enzyklopädien, Gesetzessammlungen, Wörterbücher, Landkarten, Telefonverzeichnisse, ... Die Entsprechung im Rechner sind Datenbanken und Dokumentenverzeichnisse.

Wissensrepräsentation ist aber mehr: Sie umfasst als weitere Komponente eine sogenannte **Inferenz-Maschine,** mit der das implizit enthaltene Wissen abgeleitet werden kann.
So ist der Fahrplan zunächst nur eine Datenbank mit den Ankunfts- und Abfahrzeiten der Züge. Ein Zugauskunftssystem entsteht erst dadurch, dass die Inferenz-Maschine die jeweils kürzesten Verbindungen mit Anschlusszügen, Umsteigezeiten und eventuell alternativen Routen errechnet. In diesem Fall kann die Inferenz-Maschine einfach ein Programm sein (geschrieben zum Beispiel in PROLOG), das systematisch alle in Frage kommenden Verbindungen ermittelt und deren Zeiten vergleicht.

Es gibt daneben vielfältige Methoden der Inferenz für unterschiedliche Formen der Wissensrepräsentation. Prädikatenlogik und PROLOG bezeichnen nur eine von vielen Möglichkeiten. Andere Verfahren benutzen zum Beispiel Wahrscheinlichkeitsrechnung und Statistik.

Modelle nach Vorbildern der natürlichen Informationsverarbeitung sind sogenannte **neuronale Netze.** Mit Ihnen gelingt zum Beispiel die Erkennung von handgeschriebenen Schriftzeichen (man stelle sich andererseits vor, die charakteristischen Merkmale der Schriftzeichen mit Fakten und Regeln zu modellieren). Sie werden auch nicht programmiert sondern „trainiert", das heißt sie können aus vorgelegten Beispielen lernen.

Sehr häufig muss aber tatsächlich eine große Zahl von möglichen Varianten einfach ausprobiert werden. Menschen haben oft eine „intuitive" Vorstellung, welche Varianten erfolgreich sein könnten. Dadurch können sie das Probieren in ihrer Vorstellung auf wenige Möglichkeiten beschränken. Der Computer hat diese Intuition nicht, er kann dafür aber viel mehr Möglichkeiten systematisch durchrechnen.

Neuronale Netze, die dem menschlichen Gehirn nachempfunden sind, bestehen aus Schichten gleichartiger, relativ einfacher Bausteine. Die Schichten sind miteinander verschaltet und die Daten werden in allen Bausteinen gleichzeitig verarbeitet *(verteilte Parallelverarbeitung).* Simulierte neuronale Netze werden vor allem in der Mustererkennung, Sprachanalyse, Bildverarbeitung und bei mathematischen Näherungsverfahren eingesetzt.

Verfahren, die solche Aufgaben erledigen, heißen **Suchverfahren.** Oft werden sie angewendet für sogenannte Graphen. **Graphen** bestehen aus Knoten und verbindenden Kanten.

- Das Verkehrsnetz bildet einen Graphen mit den Orten als Knoten und den Verkehrsverbindungen als Kanten.
- Verwandtschaftsbeziehungen (↗ S. 175) lassen sich als Graph darstellen, wo die Kanten jeweils die Kind-Beziehungen darstellen (man könnte weitere Kantenarten einführen, um die Geschwister-Beziehungen darzustellen usw.).

zu diesen Suchverfahren ↗ auch S. 454 f.

Um einen Weg vom Ort A zum Ort B zu finden, kann man zunächst alle Nachbarn von A untersuchen, danach alle Nachbarn der Nachbarn usw., bis man den Ort B erreicht hat **(Breite-zuerst-Suche).** Man kann auch zunächst eine Richtung bis zum Ende verfolgen, ehe man weitere Richtungen probiert **(Tiefe-zuerst-Suche).**

Ein PROLOG-Programm dafür ist leicht zu schreiben. Es benutzt Listen von Orten. Listen werden in PROLOG so notiert:

```
[Erfurt, Weimar, Apolda, Naumburg, Halle].
```

Die leere Liste enthält kein Element und wird durch `[]` dargestellt. Um mit Listen allgemein zu operieren, gibt es weitere Notationen: `[H|T]` ist eine Liste mit dem ersten Element `H` („Head") und anschließender Restliste `T` („Tail").

```
[Erfurt|[Weimar, Apolda, Naumburg, Halle]].
```

Man beachte, dass `H` ein Element, `T` dagegen eine Liste ist! Für eine Liste mit einem Element ist die Restliste leer: `[Erfurt]=[Erfurt]|[]]`.

Listen können miteinander verkettet werden, dafür gibt es das Prädikat `append(L1,L2,L3)` in der Bedeutung: Die Verkettung von Liste `L1` mit Liste `L2` ergibt Liste `L3`.

```
append([a,b], [u,v,w], [a,b,u,v,w]).
```

Wieder kann man mit Variablen die jeweiligen Lösungen abfragen.

```
? - append([a,b], [u,v,w], X ).
X = [a,b,u,v,w]).
? - append([a,b], X,  [a,b,u,v,w] ).
X = [u,v,w].
```

Meist werden Listen in Prädikaten verwendet, die selbst rekursiv definiert sind. Die Verwendung des `append`-Prädikates erübrigt sich dabei (vgl. die folgende Seite).

Das Prädikat `append` wird wie folgt rekursiv definiert :

```
append([],L,L).
append([H|T],L,[H|U]) :- append(T,L,U).
```

Das Prinzip für die Lösung von Suchproblemen sei an einem einfachen Beispiel beschrieben:

Angenommen, der Graph hat eine Baumstruktur. Das heißt, es gibt keine Zyklen und keine Maschen. Einen Baum erhält man zum Beispiel für die Mutter-Tochter-Beziehungen in dem Verwandtschaftsgraphen (↗ S. 175). Die in diesem Graphen vorhandenen Wege beschreiben dann gerade die Beziehung `vorfahre_weibliche_Linie` (die Beschränkung auf die weiblichen Vorfahren ist wichtig, um Maschen zu vermeiden, die in einem „Stammbaum" durchaus vorkommen können).

In der einfachsten Variante stellt man nur die Frage, ob es von einem beliebig gewählten Anfangsknoten `start` zu einem vorgegebenen Zielpunkt `ziel` einen Weg gibt. Dazu definiert man das Prädikat `existiert-weg(Start)`. Die Anfrage `?-existiert-weg(start)` soll die Antwort `yes` ergeben, falls ein Weg von `start` nach `ziel` existiert, andernfalls fehlschlagen (Antwort `no`). Zur Beschreibung des Baumes muss ein Prädikat `move(Knoten,Nachfolger)` gegeben sein, das für jeden Knoten des Baumes die Nachfolgerknoten angibt. Das Prädikat `existiert-weg` sieht dann so aus:

```
existiert-weg(ziel).
existiert-weg(Knoten):-move(Knoten,Nachfolger),
                       existiert_weg(Nachfolger).
```

Der Zielpunkt könnte auch frei wählbar sein, dazu wäre ein zweistelliges Prädikat `existiert-weg(Start,Ziel)` zu definieren.

Man kann das Programm erweitern, um den Weg zwischen `start` und `ziel` als Liste zu berechnen: Das Prädikat `suche-weg(Start,Wegliste)` soll bei Erfolg den Weg in `Wegliste` erzeugen und ausdrucken:

```
suche-weg(ziel,Wegliste):- write_ln(Wegliste).
suche-weg(Knoten,Wegliste):- move(Knoten,Nachfolger),
           suche_weg(Nachfolger,[Nachfolger|Wegliste]).
```

Das Standard-Prädikat `write_ln` liefert eine Ausgabe.

Die Wegliste enthält beim erfolgreichen Beweis der Anfrage `?-suche-weg(start,[start])` die Knoten in der Reihenfolge vom Zielknoten rückwärts. Wenn man die umgekehrte Reihenfolge wünscht, kann man die Liste anschließend mit einem entsprechenden Programm umstellen. Man kann aber auch eine andere Definition benutzen:

```
weg-suchen(ziel,[]).
weg-suchen(Knoten,[Nachfolger|Wegliste]):- move(Knoten,Nachfolger),
           weg-suchen(Nachfolger,Wegliste).
```

Jetzt erzeugt das Programm für den Aufruf `?-weg-suchen(start,Wegliste)` beim Erfolg die Wegliste (ohne `start`) in der richtigen Reihenfolge. Als Ergebnis wird diese Liste angezeigt (der Aufruf enthält `Wegliste` als Variable), man kann auf `write_ln` deshalb verzichten.

Würde man die Programme in beliebigen Graphen benutzen, könnte es zu einem unendlichen Prozess (oder einer Fehlermeldung) kommen. Das passiert, wenn der Graph einen Zyklus enthält und die Suche einen Knoten aus diesem Zyklus zum zweiten Mal erreicht. Die Suche würde dann immer wieder diesen Zyklus durchlaufen. Um das zu vermeiden, muss getestet werden, ob der durch `move(Knoten,Nachfolger)` ereichte neue Knoten `Nachfolger` bereits in `Wegliste` vorkommt. Dazu benutzt man ein Prädikat `member(Element,Liste)`. Damit ergibt sich

```
suche-weg(ziel,Wegliste) :- write_ln(Wegliste).
suche-weg(Knoten,Wegliste):- move(Knoten,Nachfolger),
           not member(Nachfolger,Wegliste),
           suche_weg(Nachfolger,[Nachfolger|Wegliste]).
```

Das Prädikat `member(Element,Liste)` ist meist standardmäßig im System enthalten. Es ist genau dann erfolgreich ist, wenn `Element` in `Liste` vorkommt.

In einem Graphen kann es unterschiedliche Wege zu einem Ziel geben. Das Programm liefert in dieser Form bei der Anfrage `?-suche-weg(start,[start])` nur den „erstbesten" Weg (welcher Weg gefunden wird, hängt nur von der Reihenfolge der `move`-Fakten ab). Manchmal möchte man aber alle zyklenfreien Wege erhalten (zum Beispiel um kürzeste Wege zu finden). Dazu müsste das Programm nach der ersten Antwort zu einer weiteren Suche, also zum Backtracking veranlasst werden. Das ist möglich mit dem Standard-Prädikat `fail`, dessen Beweis immer misslingt. Man kann die erste Klausel ändern in

```
suche-weg(ziel,Wegliste) :- write_ln(Wegliste), fail.
```

Jetzt werden alle alle zyklenfreien Wege ausgedruckt – und danach antwortet das Programm mit `no`.
Bei der 2. Variante (bei den Klauseln `weg-suchen`) benötigt man diesen Umweg nicht, da auf die Anfrage `?-weg-suchen(start,Wegliste)` alle für die Variable `Wegliste` möglichen Resultate mithilfe von „`;`" erfragt werden können. Jedoch kann man hier nicht das `member`-Prädikat für den Zyklen-Test anwenden. Bei einer genaueren Analyse der Beweisschritte würde man feststellen, dass `Wegliste` erst am Ende eines Beweises „zusammengesetzt" wird. Man kann `Wegliste` deshalb nicht in den Zwischenschritten benutzen. Man kann aber Prädikate für die Suche schreiben, in denen die Vorteile der beiden Varianten kombiniert werden.

Für die Fahrplanauskunft ist das Verfahren insgesamt aufwändiger, da man ja nicht nur irgendeinen Weg, sondern gerade den kürzesten Weg sucht. Suchverfahren sind in vielfältiger Weise anwendbar. Suchmaschinen im Web beruhen auf solchen Methoden, auch dabei geht es darum, systematisch alle Knoten des durch Verweise („links") entstehenden Graphen zu erfassen. Auch die Berechnung eines günstigen Zugs im Schach geschieht mit Suchverfahren. Hier besteht die zusätzliche Komplikation darin, dass der Gegner auf einen Zug unterschiedlich reagieren kann: Man muss also einen Zug derart auswählen, dass man für alle Möglichkeiten des Gegners jeweils einen erfolgreichen Zug besitzt, so dass für alle dann möglichen Erwiderungen des Gegners wieder ein erfolgreicher eigener Zug existiert so dass ... . Die Suche endet theoretisch bei Positionen, in denen der Gegner Matt gesetzt ist.

In den Anfängen der künstlichen Intelligenz und der Computer wurde die Hoffnung geäußert, dass mithilfe von solchen Verfahren beliebig schwierige Probleme automatisch gelöst werden können. Tatsächlich reicht die Kraft heutiger Computer aus, Schachvarianten bis zu 10 und stellenweise auch 20 Halbzüge im voraus abzuschätzen. Damit erreichen sie Weltmeisterstärke. Für andere Spiele, zum Beispiel Go, sind solche Brute-Force-Suchverfahren aber nicht ausreichend. Der Mensch verfügt hier offensichtlich über andere Möglichkeiten.

Die **Brute-Force-Suche** zieht alle denkbar möglichen Ereignisse in Erwägung. Es wird ein Baum aufgebaut und dann werden alle seine Zweige bis zum Ende untersucht. Das Verfahren erfolgt ohne spezielle Auswahlkriterien, daher auch der Name: brutale Gewalt.

Beim Schach kann man natürlich nicht den vollständigen Spielbaum untersuchen. Stattdessen wird ein Baum aufgebaut und untersucht, der eine „ausreichende" Vorausschau ermöglicht. „Ausreichend" meint dabei die Überlegenheit über menschliche Spieler.

Eine andere alte Herausforderung ist der Umgang mit natürlicher Sprache. Der berühmte Mathematiker Alan TURING hat einen Test vorgeschlagen, um zu bestimmen, ob eine Maschine intelligent ist. Dazu unterhält sich der Tester mit einem Gegenüber (z. B. per Tastatur und Bildschirm), ohne zu wissen, ob sein Partner ein Mensch oder eine Maschine ist. Wenn er dabei keine Unterschiede bemerken kann, sollte man den Computer als „intelligent" einschätzen. Es ist umstritten, ob das als Intelligenz-Test akzeptabel ist (tatsächlich ist die Anordnung bei TURING auch noch etwas komplexer). Auf alle Fälle hat es die Forschung inspiriert, und noch heute wird jährlich beim Loebner-Preis das jeweils beste Computer-Programm ausgezeichnet.

Zunächst einmal muss der Computer um nicht aufzufallen, einige seiner Fähigkeiten – wie schnelles Rechnen – verbergen, indem er z. B. mehr Zeit als nötig wartet und gelegentlich Fehler einbaut. Dann muss er gewisse Konversationsgepflogenheiten nachahmen. Das geht sogar relativ einfach, wie schon von JOSEPH WEIZENBAUM mit dem Programm ELIZA gezeigt wurde. ELIZA simuliert einen Psychiater im Gespräch mit seinen Patienten. Ein Dialog wirkt durchaus natürlich. Tatsächlich hat der Computer aber nichts von dem Gespräch verstanden, vielmehr wurden nur geschickte Ersetzungen benutzt. Sagt der Mensch z. B. `Ich bin traurig.` so sucht der Computer ein darauf passendes Satzmuster: `Ich bin xxx.` Dabei wird gemerkt, dass das Wort „`traurig`" für `xxx` einzusetzen ist. Zu diesem Satzmuster gibt es mehrere Antwortmuster, zum Beispiel

```
Passiert das oft, dass Sie xxx sind?
Ich hatte heute schon einen Patienten, der xxx war.
Waren Sie schon als Kind manchmal xxx?
```

Der Rechner wählt ein Satzmuster aus, ersetzt `xxx` durch „`traurig`" und schon ist eine Antwort generiert. Man kann sich weitere Tricks ausdenken, um das Ganze noch natürlicher erscheinen zu lassen. Ähnliche Programme sind inzwischen im Web sehr beliebt („**Chatterbots**"). WEIZENBAUM dagegen war seinerzeit sehr erschrocken, dass selbst seine Mitarbeiter das Programm als Gesprächspartner ernst genommen haben. Seitdem warnt er die Menschen vor der unkritischen Benutzung der Technik.

Chatterbots sind spezielle Suchprogramme im Internet, die sich auf Themen einstellen (chat von engl. plaudern; bot von engl. robot, Roboter).

Das Beispiel zeigt, dass bestimmte „geistige Fähigkeiten" mit relativ geringem Aufwand simuliert werden können. Man kann sich solche Methoden zu nutzen machen, um den Rechner zu weiteren Leistungen zu befähigen. Korrekturprogramme in der Textverarbeitung verstehen nichts vom Inhalt, sie können aber einfach aufgrund von Statistiken und Ähnlichkeiten oft gute Korrekturvorschläge machen. Auch Übersetzungsprogramme arbeiten inzwischen so gut, dass man den Inhalt in etwa erfassen kann. Zur sensiblen Übertragung von Gedichten sind sie aber nicht fähig.

Die Forschungsanstrengungen der künstlichen Intelligenz sind heute auf Systeme gerichtet, die den Menschen bei seiner Arbeit unterstützen, ihn aber nicht ersetzen können. Die automatische Lenkung für beliebige Straßenverkehrssituationen ist gegenwärtig nicht möglich. Eine auf Sensoren und Rechner gestützt Situationsanalyse kann den Menschen aber in gewissen Situationen warnen. Neben weiterer Perfektion ist es in Zukunft aber auch denkbar, die Umgebung zu vereinfachen durch zusätzliche Leitsysteme und Beschränkungen. Damit würden wir wiederum eine maschinengerechte Ausgangssituation schaffen, so wie schon die Straße sich vom Urwaldpfad unterscheidet.

Die Erfassung visueller Informationen (Bildverarbeitung, Szenenanalyse) erscheint uns Menschen nur deshalb so einfach, weil wir daran gewöhnt sind. Tatsächlich verwendet unser Gehirn ungefähr die Hälfte seiner Kapazität dafür, und die Verarbeitung geschieht über viele Zwischenschritte. Es ist sehr schwierig, das mit heutigen Rechnern zu simulieren. Dazu muss man sich die Aufgabe vorstellen, ein Bild zu erfassen, von dem man jeweils nacheinander nur einen Bildpunkt gezeigt bekommt. Wieder geht sehr viel Alltagswissen in die Interpretation ein, erst wenn die Rechner auch darüber verfügen, wird eine umfassendes „Verstehen" möglich.

Eine der größten Herausforderungen ist die Entwicklung intelligenter mobiler Roboter. Japanische Firmen haben verschiedene Modelle humanoider Roboter vorgestellt. Es ist jedoch noch ein weiter Weg zurückzulegen, bis solche Roboter selbständig handeln können. Sie müssten dazu ihre Umgebung wahrnehmen und analysieren können, die Möglichkeiten und Chancen ihres Handelns abschätzen können und schließlich ihre Handlungen zielsicher durchführen können. Um mit den Menschen zusammen zu leben, wären auch noch entsprechende soziale Fähigkeiten notwendig.

3.1.5 Datenbanksprachen

Als es sich abzeichnete, dass vonseiten der Technik die Rechenanlagen mit letztlich beliebig großem Speicherplatz ausgerüstet werden können, traten theoretische und praktische Fragen auf, wie umfangreiche Datensammlungen effektiv aufgebaut und verwaltet werden können. Für diesen Anwendungskomplex der informationsverarbeitenden Anlagen sind mehrere Sprachen entwickelt worden, so genannte **Datenbanksprachen.**

Hier sollen Datenbanktechnologie und die mit ihr verbundenen Sprachen aus Nutzersicht betrachtet werden.

Datenbanktechnologie und Datenmodellierung

Zur Arbeit mit **Datenbankmanagementsystemen (DBMS)** ↗ auch S. 120 ff.

Gegenstand der **Datenbanktechnologie** ist die Entwicklung von Datenbanken und deren Benutzung durch Datenbankmanagementsysteme (DBMS) und die Entwicklung von Anwendungssoftware auf der Grundlage von Datenbankmanagementsystemen.
Der von einem DBMS verwaltete Teil einer Datenbasis wird als **Datenbanksystem** bezeichnet.

Die Problematik der **Verarbeitung umfangreicher Datenmengen** umfasst mehrere Teilprobleme, nämlich
- die Modellierung der zu verwaltenden Daten (logischer Entwurf)
- die Abbildung der Daten auf Speicherbereiche (physischer Entwurf)
- die Bereitstellung von Diensten für die Realisierung der Nutzerwünsche.

Für die **Modellierung von Daten** sind unterschiedliche Modelle entworfen worden: relationales, hierarchisches und Netzwerk-Datenmodell.

Gemeinsam ist diesen Datenmodellen, dass die zu verwaltenden Daten in genau einer Weise dargestellt werden.

Das **relationale Datenmodell** beruht auf einer Tabellenstruktur. Die Datensätze bilden die Zeilen einer Tabelle, in den Spalten findet man die Inhalte eines Datenfeldes für alle Datensätze. So können über ein Datenfeld Beziehungen (Relationen) zwischen verschiedenen Datensätzen einer Datenbankdatei, aber auch zu anderen Datenbankdateien hergestellt werden.

Die reale Welt lässt sich meist nicht als Baum (hierarchisch) modellieren. Zwar kann man z. B. jeden Mitarbeiter einer Firma genau einer Abteilung zuordnen, es kann aber sein, dass ein Mitarbeiter an unterschiedlichen Projekten, die in verschiedenen Abteilungen bearbeitet werden, beteiligt ist (Netzwerkmodell).

In einer Kundendatei mit Kunden, ihrer Kundennummer und der jeweiligen Adresse können über das Datenfeld „Wohnort" alle diejenigen Datensätze, für die die Relation „Kunde wohnt in München" gilt, herausgefiltert werden.

Über das Datenfeld „Kundennummer" kann eine Verknüpfung mit einer Auftragsdatei hergestellt werden, wenn in der Auftragsdatei ebenfalls das Feld „Kundennummer" vorhanden ist. Aufträge und Adressen der Auftraggeber können also in Relation zueinander gesetzt werden.

Beim **hierarchischen Modell** handelt es sich um Datensätze, die in einer Baumstruktur aufgebaut sind. Das Modell lässt sich einfach auf physikalische Speicherstrukturen abbilden.

Beim **Netzwerkdatenmodell** handelt es sich um Datensätze von einem Recordtyp mit einer richtungsorientierten Zuordnung der Komponenten. Dem Netzwerkdatenmodell liegt ein Graph zugrunde, der sich recht schwer auf physikalische Speicherstrukturen abbilden lässt.

Anforderungen an relationale Datenbanksprachen

Die Arbeiten zu dem heute wichtigsten Datenmodell, dem relationalen Datenmodell, begannen in den 70er Jahren bei der Firma IBM. Der bei IBM arbeitende Mathematiker CODD gilt als der Vater des relationalen Datenmodells. Seine Modellierung ist zwar mengentheoretisch beschrieben, ist aber einfach und ohne Mathematik verständlich. CODD stellte Forderungen für die Datenmodellierung, für Datenbanksprachen und für DBMS auf. Die wichtigsten Punkte dieser Forderungen sind:

1. Alle Daten werden auf genau eine Art dargestellt, nämlich als Werte in Tabellen. Jede Tabelle hat eine feste Anzahl von Spalten, jede Spalte eine fest definierte Länge.
   Diese Tabellen stellen die permanent verwalteten Daten dar, sie bilden die Datenbasis. Beziehungen zwischen den Daten (Relationen) werden durch Tupel von Attributen und deren mengentheoretische Verknüpfung beschrieben.
2. Auch die Daten der übergeordneten Datenverwaltung (Metadaten) sind als Tabellen organisiert.
3. Jeder einzelne Eintrag (elementarer Wert) ist logisch adressierbar, d. h., es kann auf ihn durch Namenkombinationen oder Schlüsselangaben zugegriffen werden.
4. Eine Datenbanksprache muss so beschaffen sein, dass mit ihr
   - die Definition der Daten,
   - die Sicht, die der Nutzer auf die Daten haben will,
   - die Bearbeitung der Daten und
   - die Erteilung von Zugriffserlaubnissen beschrieben werden können.
5. Als Bearbeitungsoperationen müssen mindestens ausgeführt werden können:
   - Hinzufügen von Daten,
   - Löschen von Daten,
   - Verändern von Daten,
   - Auswahl von Daten mit bestimmten Eigenschaften (Beantwortung von Anfragen).
6. Die Datenbanksprache darf nicht von der physischen Realisierung der Datenbank abhängen.
7. Das Datenbanksystem muss auch unter den Bedingungen des Mehrnutzerbetriebs sicher sein. Dazu gehört,
   - dass Operationen vollständig oder gar nicht ausgeführt werden,
   - dass bei der Durchführung der Operationen die Konsistenz der Datenbasis erhalten bleibt,

- dass die Datenbestände gegen Fehler (beim Systemabsturz) gesichert sind **(Persistenz)**.

Zur Datensicherheit gehört also, dass Integritätsbedingungen (Datenunabhängigkeit), Nutzersichten und Zugriffsrechte ebenfalls erhalten bleiben.

SQL

SQL ist die Abkürzung für **S**tructured **Q**uery **L**anguage.

Aus den Versuchen zur Datenbankverarbeitung hat sich in den 70er Jahren eine Sprache entwickelt, die den Namen **SQL** erhielt.

Die Standardorganisation ISO hat 1986 einen Standard beschlossen, der 1992 erweitert wurde und als SQL 2 die gültige SQL-Version ist. In der Datenbankpraxis gibt es aber herstellerspezifische Abweichungen, so dass nicht vorausgesetzt werden kann, dass SQL-Programme ohne Anpassungen auf andere Anlagen übertragen werden können.

Die auf S. 189 formulierten Anforderungen an Sprachen für relationale Datenbanken werden gelegentlich in zwei Klassen eingeteilt:

- Datendefinitionssprachen (DDL),
- Datenmanipulationssprachen (DML).

SQL 2 leistet beides.

Die Idee der Datenbanksysteme ist, die elementaren Daten durch die Eigenschaften ihrer Teile (durch Attribute) zu definieren. Das entspricht dem Typkonzept prozeduraler Sprachen.

Einige Datentypen von SQL 2 sind:

```
CHARACTER
CHARACTER VARYING
NUMERIC
DECIMAL
INTEGER
SMALLINTEGER
REAL
DATE
INTERVAL                    Jahr-Monat- oder Tag-Zeit-Intervall
PRIMARY KEY
REFERENCES
```

Die beiden letzten Attribute kennzeichnen Spalten als Primärschlüssel bzw. als Fremdschlüssel.

Durch die Anweisung `CREATE` können dann Tabellenzeilen definiert werden, deren Spalten hinsichtlich ihrer Bezeichnung, Größe und der Verarbeitungsmöglichkeiten ihrer Werte durch die zugeordneten Attribute festgelegt sind.

```
CREATE TABLE schule_x
(name CHAR(30),
klassen SMALLINT,
direktor CHAR(25),
PRIMARY KEY (name),
)
```

Für die Manipulation der Daten sind Anweisungen für den Zugriff aufgenommen worden, die durch Mengenoperationen spezifiziert werden können. Anweisungen für den Zugriff sind u. a. `SELECT`, `DELETE`, `INSERT`, `UPDATE`. Als Operanden verlangen die Anweisungen Datenbeschreibungen (symbolische Adressen), das sind Tabellen- und Spaltennamen, die möglicherweise durch Mengenoperationen verbunden sind.

In dem Beispiel
`SELECT a FROM b WHERE x`
bedeuten `a` und `b` einzelne Attribute der Datenbank oder Aufzählungen von Attributen, `x` bedeutet hierin eine Bedingung, beispielsweise `alter > 40`, wenn es sich um eine Mitarbeiterdatei handelt.

Unmittelbar verständlich ist auch das Beispiel
`SELECT a FROM b UNION SELECT c FROM d ...`

Die typischen Operationen bei der Arbeit mit Datenbanken sind:

1. **Retrievaloperationen:** Es werden Anfragen gestellt, die auf vier relationale Operationen zurückgeführt werden:

– Produktbildung	Es wird die Vereinigung aller Attribute der Operanden durchgeführt (Produkt der Tupelanzahl).
– Selektionsbildung	Es werden Zeilen einer Tabelle ausgewählt.
– Projektionsbildung	Es werden Spalten einer Tabelle ausgewählt.
– Joinbildung	Verwendung von zwei (oder mehreren) Attributen zur Auswahl

2. **Updateoperationen:**
   - Löschen in einer Datenbank
   - Einfügen in eine Datenbank
   - Verändern der Werte in einer Datenbank

Mit **Selektion** bezeichnet man die Auswahl von Zeilen (Datensätzen) einer Relation nach gegebenen Attributwerten.

Mit **Projektion** fasst man die Auswahl von Spalten einer Relation. Die Ergebnis-Relation hat also weniger Attribute.

In DBMS stehen komfortable Werkzeuge zur Verfügung, mit denen im Dialogbetrieb bequem mit einer Datenbank gearbeitet werden kann. Das Bild zeigt die **globale Struktur eines DBMS:**

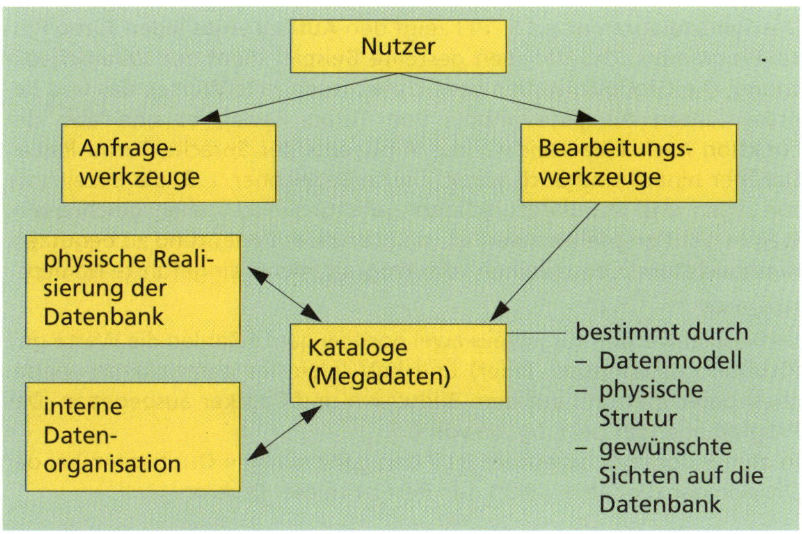

Auf allgemeine Fragen der Entwicklung von Datenbanksystemen wird im Abschnitt 3.5 (S. 223 ff.) eingegangen.

3.2 Programme und ihre Struktur

3.2.1 Allgemeiner Programmaufbau

Die umgangssprachliche Verwendung des Wortes „Programm" sagt aus, wie ein Ereignis ablaufen soll (Theaterprogramm) oder was im Rahmen eines kompakten Ereignisses vorgesehen ist (Kinowochenprogramm).

In Bezug auf Programme in deklarativen Sprachen vgl. S. 174 ff.

In der Informatik ist der Terminus zwar auch nicht exakt definiert, aber doch auf algorithmierte Abläufe eingeschränkt. Der Zweck eines Programms ist, Eingabedaten aufzunehmen und Ergebnisdaten herzuleiten und auszugeben.

Mit **Programm** wird in prozeduralen Sprachen die Niederschrift einer Folge von Vereinbarungen und Anweisungen bezeichnet. Ein Programm hat dabei einen definierten Eintrittspunkt und eine oder mehrere Anweisungen, die das Programm beenden.

Ein gut strukturiertes Programm sollte nur eine Anweisung enthalten, mit der das Programm verlassen wird.

In einem Programm benutzte Objekte werden ganz allgemein als **Programmgrößen** bezeichnet. Solche Programmgrößen sind Konstanten, Variablen und ihre Typen, externe Daten, die in Dateien vorliegen, Funktionen und Prozeduren.

Formal betrachtet ist in prozeduralen Sprachen ein Programm ein gültiger Satz in dieser Sprache (↗ S. 163 bzw. S. 406). Dieser Satz – d. h., ein solches Programm – heißt **Quellprogramm.**

Das Quellprogramm wird in ein Objektprogramm übersetzt. Ein **Objektprogramm** muss im Allgemeinen Anpassungen an das Betriebssystem der Rechenanlage unterworfen werden, um zu einem abarbeitungsfähigen Maschinenprogramm zu werden. Allein von einem Programm zu sprechen, ist also recht ungenau, solange nicht aus dem Kontext klar ist, wovon die Rede ist. Hier soll im Weiteren eine konkrete, moderne Programmiersprache zu Grunde gelegt werden, um den prinzipiellen Aufbau von Programmen zu zeigen, und zwar Turbo Pascal.

Das Syntaxdiagramm auf S. 193 zeigt den **Aufbau eines jeden Turbo Pascal-Programms;** das daneben gestellte Beispiel dient zur Veranschaulichung. Die Großbuchstaben bezeichnen reservierte Wörter, das sind Repräsentanten für Basissymbole von Turbo Pascal, es sind also der Funktion nach Einzelzeichen des Alphabets der Sprache Turbo Pascal. Darüber hinaus sind auch vordefinierte Bezeichner, z. B. die Bezeichner für Typen und Standardfunktionen, mit Großbuchstaben geschrieben, weil es nicht empfehlenswert ist, sie in anderer Bedeutung zu benutzen. Kleinbuchstaben beschreiben vom Programmierer eingeführte Namen.

Hinweise:
Im Beispiel werden für jeweils zwei positive ganze Zahlen die Werte ggT (größter gemeinsamer Teiler) und kgV (kleinstes gemeinsames Vielfaches) berechnet und auf dem Bildschirm und Drucker ausgegeben. Das Programm endet bei Eingabe von 0.
In dem Programm berechnet `DIV` den ganzzahligen Quotienten bei der Division ganzer Zahlen, `MOD` den Rest bei dieser Division.

Syntax von programm

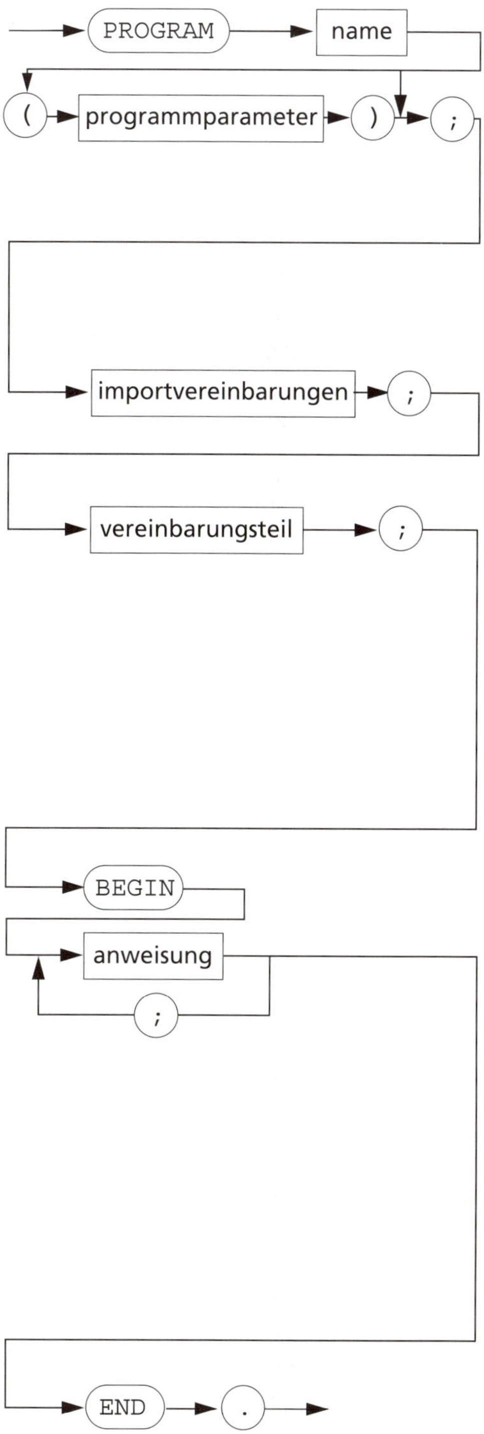


```
PROGRAM beispiel

{Dies ist ein Kommentar:
Im Beispiel werden für jeweils zwei
positive ganze zahlen die Werte ggT
und kgV berechnet und auf dem Bild-
schirm ausgegeben. Das Programm en-
det bei Eingabe von 0.}

USES PRINTER; {In PRINTER ist der
Name LST für den Drucker defi-
niert.};

VAR m, n: INTEGER;
    ggteiler, kgvielf: WORD;
FUNCTION ggt(a, b:WORD): INTEGER;
VAR r: WORD;
BEGIN REPEAT r := a MOD b;
         a := b;
         b := r;
      UNTIL r = 0;
ggt := a;
END;

BEGIN
WRITE('1. Wert eingeben:');
READLN(m);
WHILE m <> 0 DO
  BEGIN
    WRITE('2. Wert eingeben:');
    READLN(n);
    WRITE(LST, m, ' ', n, ' ');
    prod := m*n;
    ggteiler := ggt(m,n);
    kgvielf := prod DIV ggteiler;
    WRITELN(LST, ggteiler,' ',kgvielf);
    WRITE(' nächster Wert:');
    READLN(m);
  END;
END.
```

3.2.2 Sprachelemente zur Strukturierung

Syntaxdiagramm und Beispiel des letzten Abschnitts zeigen, dass eine Programmniederschrift aus drei Teilen besteht,

- dem Programmkopf,
- dem Vereinbarungsteil und
- dem Anweisungsteil.

Sonderfälle und Spitzfindigkeiten werden hier nicht betrachtet.

Programmkopf

An jeder Stelle im Programm, an der ein Leerzeichen erlaubt ist, kann ein Kommentar angegeben werden. Das ist ein beliebiger, in geschweifte Klammern gesetzter Text. Die geschweiften Klammern können auch durch (* und *) dargestellt werden.

Das Basissymbol `PROGRAM` bezeichnet den Beginn der Programmniederschrift. Das Programm erhält einen Namen, das ist eine mit einem Buchstaben beginnende Zeichenfolge aus Buchstaben und Ziffern. Zu den Buchstabenzeichen zählt hierbei auch der Unterstrich „_".

In den Programmparametern können Dateien benannt werden, aus denen externe Daten übernommen werden sollen. Das sind also Bezüge zur Umgebung des Programms. Da diese Zuordnung von Datenfiles zu lokalen Größen im Programm explizit erfolgen muss, kann auf Programmparameter verzichtet werden.

Vereinbarungsteil

Die Vereinbarung `USES PRINTER` steht als Beispiel für einen Import von in das Programm zu übernehmenden Programmteilen **(Units)**, die übersetzt vorliegen. Die vom System zur Verfügung gestellten Units liegen in übersetzter Form vor. Die in diesen Units vereinbarten Namen von Programmgrößen können benutzt werden. Zum Turbo Pascal-System gehören mehrere solcher Units, die hier benutzte ist nur deshalb erforderlich, weil dort die Bezeichnung `LST` für den Drucker, der in der `WRITE`-Anweisung benutzt wird, definiert ist. Ebenso können auch vom Nutzer angelegte Units einbezogen werden.

Vereinbarung von Typen, Konstanten und Variablen: Im Beispiel auf S. 193 werden nur Variablenvereinbarungen benötigt. Spezielle Definitionsbereiche können in Typvereinbarungen durch einen Namen benannt werden.
Auch Konstanten können Namen erhalten – das vereinfacht oft Änderungen am Programm. Namen sind symbolische Adressen für die Programmgrößen. Das Beispiel auf S. 195 enthält diese Sprachelemente.

Unterprogrammvereinbarungen: Im Prinzip sind Prozedurvereinbarungen und Funktionsvereinbarungen wie Programme aufgebaut, d. h., sie haben einen Kopf, Angaben über die Verbindung des Unterprogramms zu seiner Umgebung (Parameterliste), gefolgt von einem Vereinbarungsteil und einem Anweisungsteil, der hinsichtlich der Syntax den entsprechenden Teilen des Gesamtprogramms genau entspricht. Da der Vereinbarungsteil des Unterprogramms keinen Einschränkungen unterliegt, können dort wiederum (lokale) Unterprogramme vereinbart werden, so dass Verschachtelungen von Unterprogrammen entstehen.

Im Anweisungsteil eines Unterprogramms sind die Namen aus der Parameterliste im Kopf gültig, ferner alle lokal vereinbarten Namen. Prinzipiell sind auch vor der Unterprogrammvereinbarung vereinbarte Namen gültig. Ihre Verwendung sollte aber mit größter Vorsicht betrieben werden, da dadurch schwer erkennbare logische Fehler entstehen können.

Es können auch Unterprogramme ohne Parameterliste vereinbart werden, syntaktisch ist sie nicht erforderlich.

Bei der Vereinbarung von Unterprogrammen (Prozeduren und Funktionen) kann eine saubere Beschreibung der Verbindung zur Programmumgebung, in der diese Unterprogramme benutzt werden, durch die Parameterliste angegeben werden.

Es muss klar unterschieden werden zwischen der Vereinbarung der Parameter im Rahmen der Unterprogrammvereinbarung und der Benutzung der Parameter beim Aufruf des Unterprogramms. Bei der Vereinbarung werden die Parameter durch einfache Namen gekennzeichnet, die zu allen bisher im Programm verwendeten Namen keinen Bezug haben. Man sagt, es wird ein neues Namensniveau eingeführt. Das können also durchaus Namen sein, die bereits auftraten. Neben den Namen müssen Eigenschaften für diese Parameter festgelegt werden, Attribute. Das sind Definitionsbereiche für Werte, die diese Parameter bei Verwendung annehmen können. Es müssen also Typen festgelegt werden, das erfolgt durch Typbezeichner. Außerdem muss festgelegt werden, ob beim Aufruf eines Unterprogramms auf der Position eines formalen Parameters ein Wert (Wertparameter) oder die Adresse einer Programmgröße (Adressparameter, VAR-Parameter) übergeben werden soll.

Die folgenden, ausführlich kommentierten Beispiele sollen das, was bisher über Vereinbarungen gesagt worden ist, illustrieren.

Typen-, Konstanten- und Variablenvereinbarungen:

```
TYPE
    vektor = ARRAY [1..12] OF INTEGER
    {Werte dieses Typs sind 12-Tupel ganzer Zahlen};
    kunde = RECORD name, vorn: STRING[30];
                      tel, fax: STRING[14];
                   END
    {Werte dieses Typs sind Quadrupel, wobei die bei-
    den ersten Komponenten Zeichenketten aus maximal
    30 Zeichen sind, die beiden letzten Komponenten
    aus maximal 14 Zeichen.};
CONST
    k=100;
    k_kunde: kunde = (name:'';
                      vorn:'';
                      tel:'';
                      fax:'')
    {k steht im Weiteren für die ganze Zahl 100, ist
    also vom Typ INTEGER;k_kunde ist eine struktu-
    rierte Konstante vom Typ kunde, sie wird initia-
    lisiert, indem alle vier Datenfelder als leer ge-
    kennzeichnet werden.};
VAR
    m, n: SHORTINT;
    xm: REAL;
    probe: vektor
    {Definition von vier Variablen mit ihren Defini-
    tionsbereichen.};
```

Funktionsvereinbarung:

```
FUNCTION zufallswert(m, n: WORD): INTEGER
    {Die Funktion erzeugt einen pseudozufälligen Wert
    aus dem Intervall [m, n]};
    VAR  hi: INTEGER;
    BEGIN
    IF m < n THEN BEGIN hi := m; m := n; n := hi END
    {m ist jetzt größer als n};
    zufallswert := n + RANDOM(m - n +1)
    {RANDOM ist eine vordefinierte Funktion,
    RANDOM(j) erzeugt einen zufälligen Wert aus dem
    Intervall [0, j)};
    END;
```

Prozedurvereinbarung:

```
PROCEDURE eingabe(VAR l: vektor);
    VAR i: 1..12 {Für die Indizes von l};
    BEGIN
    FOR i := 1 TO 12 DO READLN(l[i])
    {Werte werden einzeln vom Bildschirm angefordert};
    END;
```

3.2.3 Sprachelemente für die Verarbeitung von Programmdaten

Für die folgenden Aussagen wird vorausgesetzt, dass die zu verarbeitenden Programmdaten als Werte von lokalen Variablen vorliegen. Zu diesen Variablen kann über Namen zugegriffen werden (↗ S. 168 f.).

Für Werte einfachen Typs sind Operatoren erklärt. Bei Beachtung von Operanden- und Operatorenverträglichkeit können die Werte in (Formel-)Ausdrücken zu Berechnungen benutzt werden. Die berechneten Werte können Variablen zugewiesen werden.

In einigen höheren Programmiersprachen wird als Zuweisungszeichen statt `:=` das Gleichheitszeichen `=` verwendet. Das gibt dann Schreibweisen, die mathematisch befremdlich wirken, etwa `a = a + 3`.

Das Sprachelement, um das auszudrücken, ist die **Ergibtanweisung,** symbolisch geschrieben :

`variablenbezeichner := ausdruck`

Durch Semikolon getrennte Ergibtanweisungen bilden eine Anweisungsfolge, diese Anweisungsfolge wird bei der Ausführung des Programms stets nacheinander ausgeführt. In der Programmdarstellung durch Nassi-Shneiderman-Diagramme wird das durch ein Kästchen und die Angabe der Anweisungen ausgedrückt (↗ S. 31). Solche Anweisungssequenzen können durch spezielle Klammersymbole zu einer Anweisung zusammengefasst werden, als Klammersymbole dienen `BEGIN` und `END`.

Was in obiger verbalen Beschreibung `ausdruck` genannt ist, ist syntaktisch ein recht kompliziertes Gebilde, weil in der Syntax

- Operatorprioritäten und
- zusammengesetzte Operanden

ausgedrückt werden müssen.

Die Operatorprioritäten sind durch eine stufenweise Definition von Metavariablen geregelt, entstehende Zusammensetzungen von Operanden werden durch Einschluss in runde Klammern wieder zu einfachen Operanden gemacht. Dieses für die Definition von Programmiersprachen ganz typische Vorgehen zeigen die folgenden Syntaxdiagramme.

Syntax des arithmetischern Ausdrucks in Turbo Pascal:

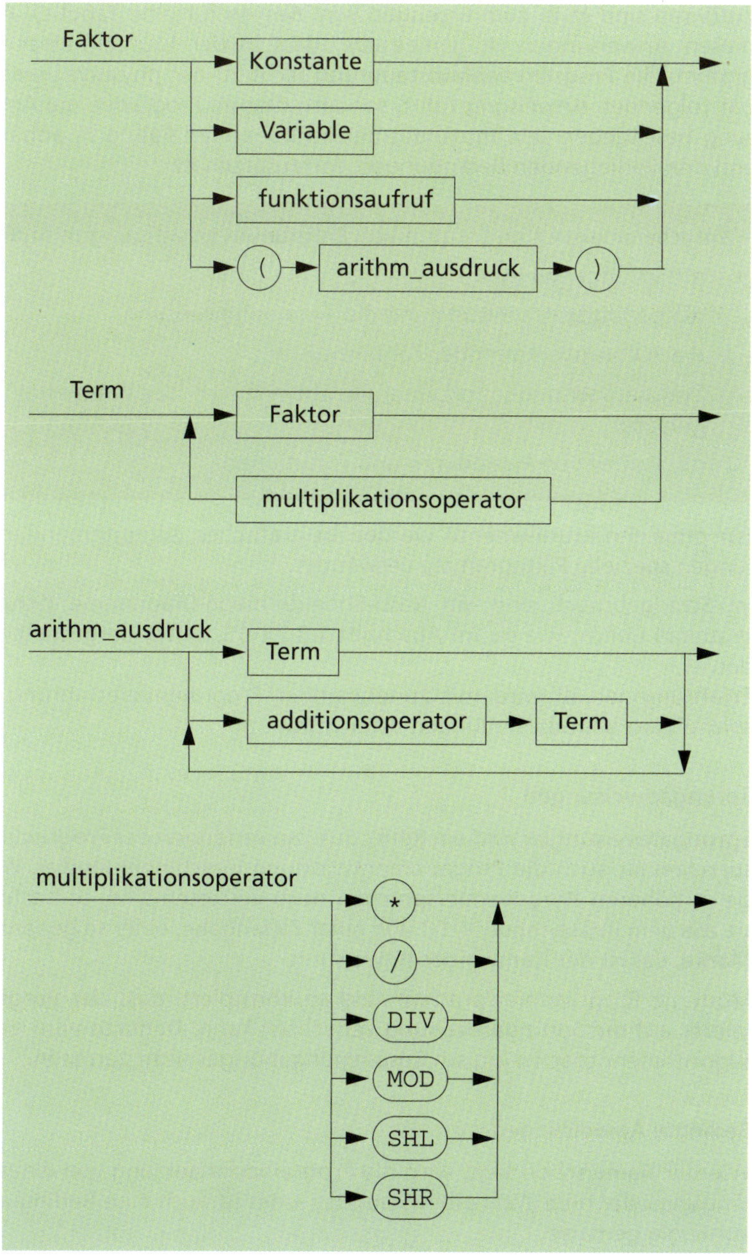

In diesen Syntaxregeln ist nichts gesagt über Operandenverträglichkeit und über den Typ des Ergebnisses einer Operation.

3.2.4 Sprachelemente zur Steuerung des Programmablaufs

Dass ein Algorithmus so einfach ist, dass er durch eine Folge von Ergibtanweisungen notiert werden kann, kommt praktisch nicht vor. Normal ist, dass in Abhängigkeit von den konkreten Problemdaten unterschiedliche Aktionen durchzuführen sind (Fallunterscheidungen z. B. nach dem Vorzeichen eines Radikanden) oder dass Anweisungen wiederholt auszuführen sind (z. B. zum Erzeugen von Werten für eine Tabelle). Allen diesen Anweisungen ist gemeinsam, dass in der Laufzeit eines Programms die Programmablaufsteuerung nicht zu der physisch unmittelbar folgenden Anweisung führt, sondern dass im Programm die Anweisung beschrieben sein muss, mit der im konkreten Fall, d. h. abhängig von den vorliegenden Bedingungen, fortzusetzen ist.

Sprachelemente zum Steuern von Programmverzweigungen sind
- die Sprunganweisung,
- die bedingte Anweisung und die Auswahlanweisung,
- die FOR-Anweisung oder Zählanweisung,
- Zyklusanweisungen mit einer variablen Anzahl der Wiederholungen und
- der Aufruf von Prozeduren und Funktionen.

Für diese Strukturelemente werden in grafischen Algorithmendarstellungen spezielle Piktogramme verwendet.

Im Schulgebrauch sind die Nassi-Shneidermann-Diagramme (Struktogramme) üblich, wie sie im Abschnitt 1.3.2 (↗ S. 31 ff.) dargestellt wurden.
Erfahrungsgemäß wird mit zunehmender Programmiererfahrung auf solche Diagrammdarstellungen verzichtet.

Sprunganweisungen

Sprunganweisungen sind ein Relikt aus den Anfängen der Programmiersprachen als auch die Programmentwicklung maschinennah war. Wenn sie in höheren Programmiersprachen noch vertreten sind, so bestehen sie aus dem Basissymbol `GOTO` und einer Zielangabe, einer so genannten **Marke,** das ist der Name einer Anweisung.

Moderne Programmiersprachen sind so konzipiert, dass der Programmierer auf die Sprunganweisung verzichten kann. Dadurch wird in der Algorithmennotation logisch Zusammengehöriges nicht zerrissen.

Bedingte Anweisungen

Wie der Name schon sagt, wird die Programmfortsetzung von einer Bedingung oder dem Wert eines Selektors – das ist auch eine Bedingung – abhängig gemacht.

Den drei Formen **bedingter Anweisungen** entsprechen folgende Programmabläufe:

Der Struktur

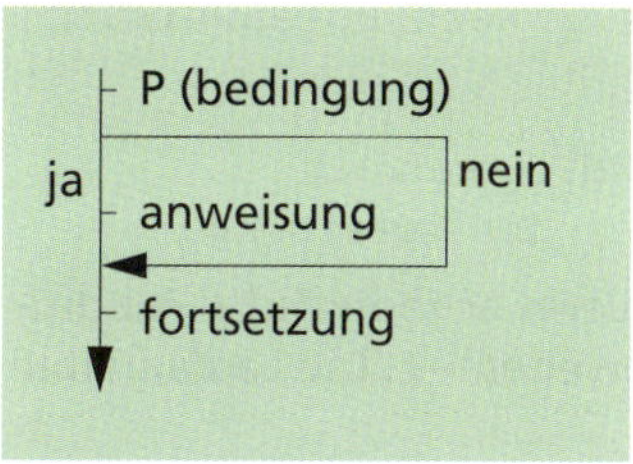

entspricht in der Programmiersprache

```
IF bedingung THEN anweisung;
```

(`bedingung` ist dabei ein Ausdruck, der einen logischen Wert liefert)

```
fortsetzung;
```

Die **IF-THEN-Anweisung** entspricht der Algorithmenstruktur **einseitige Auswahl.**

Der Struktur

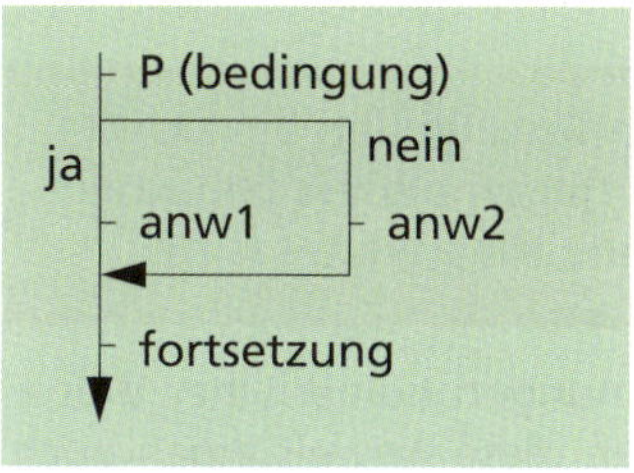

entspricht in der Programmiersprache

```
IF bedingung THEN anw1
             ELSE anw2;


fortsetzung;
```

Die **IF-THEN-ELSE-Anweisung** entspricht der Algorithmenstruktur **zweiseitige Auswahl.**

Der Struktur

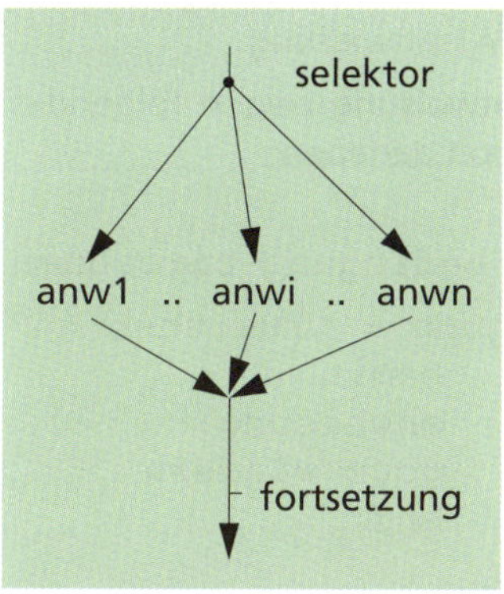

entspricht in der Programmiersprache

```
  CASE selektor of
  1: anw1;
  .
  .
  i: anwi;
  .
  .
  n: anwn
END;
fortsetzung;
```

Die **CASE-OF-Anweisung** entspricht der Algorithmenstruktur **mehrseitige Auswahl (Fallunterscheidung).**

Zyklenorganisation

Als **Zyklen mit einer festen Durchlaufzahl** bezeichnet man solche Programmbausteine, für die beim Eintritt in den Zyklenablauf die Anzahl der Wiederholungen bekannt ist. Diese Zyklen heißen auch **Zählanweisungen, Induktionszyklen** oder einfach **FOR-Anweisungen.**

Die **FOR-Anweisung** entspricht der Algorithmenstruktur **Zählschleife.**

Als Beispiel denke man an das Berechnen des Mittelwertes von 12 Stichprobenwerten. Ein solcher Zyklus kann durch eine Zählvariable (Laufvariable) organisieret werden. Es kann dabei vorwärts oder rückwärts gezählt werden. Gezählt wird in Einerschritten. Die Laufvariable muss also von einem Typ sein, für den Vorgänger und Nachfolger eines Wertes erklärt sind (nicht reellwertig, in älteren Programmiersprachen waren allerdings auch reellwertige Laufvariablen möglich).

Turbo Pascal enthält diese Steueranweisung in zwei Formen, nämlich

```
FOR laufvariable := anfangswert TO endwert DO anweisung;
```

und

```
FOR laufvariable := anfangswert DOWNTO endwert
                                         DO anweisung;
```

`anfangswert` und `endwert` bezeichen hierin arithmetische Ausdrücke. Die Schrittweite ist im ersten Fall `1`, im zweiten `-1`. Die Laufvariable nimmt als letzten Wert `endwert` an.

```
FOR i := 1 TO 2*n DO READLN(tab[i]);
p:= 1; FOR j := k DOWNTO 2 dO p := p * j;
```

Als **Zyklen mit einer variablen Anzahl von Durchläufen** bezeichnet man solche Programmbausteine, bei denen innerhalb des zyklischen Teils die Bedingung bei jedem Durchlauf neu ausgewertet wird.

Das ist typisch bei näherungsweisen Berechnungen numerischer Werte durch Iterationsalgorithmen. Deshalb werden diese Anweisungen auch **Iterationsanweisungen** genannt.

Zwei Notationsformen haben sich für solche Steueranweisungen durchgesetzt, die WHILE-Anweisung und die REPEAT-Anweisung.

Die Darstellung der Semantik der **WHILE-Anweisung** zeigen folgendes Ablaufdiagramm und die symbolische Notation daneben:

Die **WHILE-Anweisung** entspricht der Algorithmenstruktur **Wiederholung mit vorangestelltem Test.**

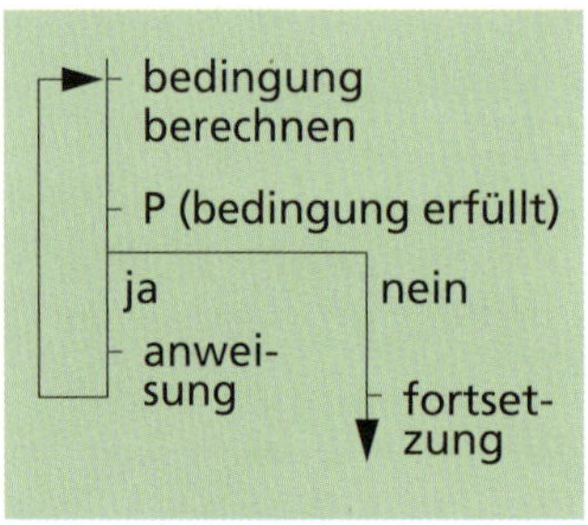


```
wiederh: bedingung berechnen
if bedingung = true then
         begin
         anweisung;
         goto wiederh
         end
```

Dem entspricht in der Programmiersprache Turbo Pascal

```
WHILE bedingung DO anweisung;
```

Die Anweisung ist im Allgemeinen eine Verbundanweisung.
Ist die Bedingung beim Eintritt in den Zyklus nicht erfüllt, so wird `anweisung` nicht ausgeführt.

```
READLN(n, x); { x<>0 }
y := 1.0;
IF n < 0 THEN BEGIN n := -n; x := 1/x END;
WHILE n > 0 DO
BEGIN IF n DIV 2 = 1 THEN y := x * y;
     x := SQR(x); n := n := DIV 2;
END;
WRITELN(x, ' ', n, '  ', y);
```

Die Semantik der REPEAT-Anweisung zeigt das folgende Diagramm.

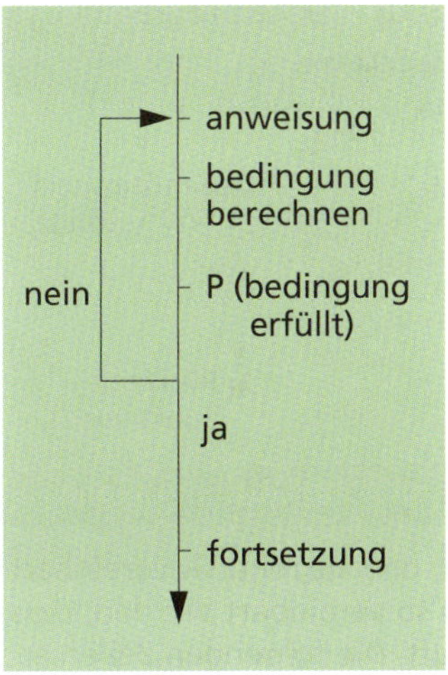


```
wiederh: anweisung
bedingung berechnen

if not bedingung then
           goto wiederh
```

Die **REPEAT-Anweisung** entspricht der Algorithmenstruktur **Wiederholung mit nachgestelltem Test.**

Dem entspricht die REPEAT-Anweisung:

```
REPEAT
anweisung;
UNTIL bedingung;
```

```
READLN(s); {s vom Typ STRING[60]}
c := ' '; j := 0; i := 0; vorhanden := FALSE;
REPEAT
  i := i +1;
  IF s[i] = c THEN BEGIN j := i; vorhanden := TRUE END;
UNTIL vorhanden OR (i = 60);
WRITELN(j);
```

Unterprogrammaufrufe

Beim Aufruf einer **Prozedur** oder einer **Funktion** wird die Programmablaufsteuerung an die Anweisungen des Unterprogramms weitergegeben.

Das Bild auf der folgenden Seite zeigt, wie durch Unterprogrammaufrufe die Abarbeitungsfolge geändert werden kann.

Beim Aufruf eines Unterprogramms muss vom aufrufenden Programm eine Schnittstelle aufgebaut werden, über die einerseits dem aufgerufenen Programm Werte oder Adressen von Programmgrößen zur Verfügung gestellt werden, andererseits Adressen für Werterückgabe und in jedem Fall die Befehlsadresse im aufrufenden Programm, mit der nach der Ausführung des Unterprogramms fortzusetzen ist (Rücksprungadresse), bereitgestellt werden.

Das Bild zeigt auch, dass von einem Unterprogramm prinzipiell weitere Unterprogramme aufgerufen werden können.

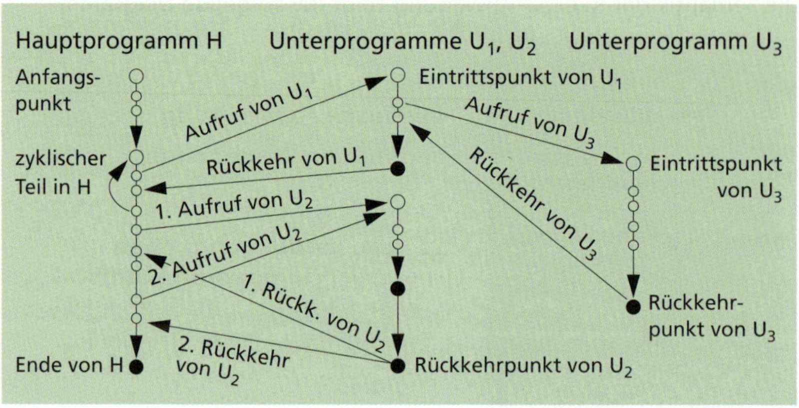

Eine Besonderheit von Unterprogrammen ist, dass sie rekursiv vereinbart sein können. Ein Unterprogramm kann also so vereinbart werden, dass es sich selbst in seinem Anweisungsteil aufruft. Die folgenden Zeilen erläutern das Prinzipielle daran:

```
PROCEDURE rec(formale Parameter);
    VAR ...;
    BEGIN
    IF ... THEN rec(aktuelle Parameter);
   END;
```

Die in der Vereinbarung im Prozedurkopf stehenden formalen Parameter werden beim Aufruf durch aktuelle ersetzt. Beim Aufruf werden die lokalen Größen der Prozedur neu bereitgestellt (ein neues Namensniveau wird eröffnet), nach dem rekursiven Aufruf erfolgt das ebenfalls, d. h., die lokal vereinbarten Größen der Prozedur sind nicht mehr zu erreichen, es sei denn, sie wurden als aktuelle Parameter übergeben. Das gern benutzte Beispiel – weil gut überschaubar – ist die Berechnung der Fakultät. Bekanntlich ist die Fakultät wie folgt definiert:

```
0! = 1
n! = n * (n-1)!
```

Das lässt sich unmittelbar als rekursive Funktion vereinbaren:

```
FUNCTION fak( n: INTEGER):INTEGER;
      BEGIN
      IF n = 0 THEN fak := 1
             ELSE fak := n * fak(n - 1) END;
```

Dieses rekursive Vereinbaren ist überall dort sehr nützlich, wo das zu behandelnde Problem auch rekursiv definiert ist. So ist diese Technik z. B. im Compilerbau typische Vorgehensweise. In deklarativen Sprachen wie PROLOG ist Rekursion das Normale.

Wird in einem Programm die Anweisung `j := fak (3)` ausgeführt, so geschieht das folgendermaßen:

```
j := fak(3)   →   3*fak(2)
               →   2*fak(1)
               →   1*fak(0)
               →   1
               1*1   ←
           2*1*1   ←
       3*2*1*1   ←
j := 6
```

3.3 Typen

Das Typenkonzept von Programmiersprachen gibt Antwort auf die Frage: Wie werden die unterschiedlichen Eigenschaften von im Programm zu verarbeitenden Werten berücksichtigt?

Prinzipiell geht es darum, an jede Programmgröße eine Liste ihrer Eigenschaften „anzuheften", die bei der Programmübersetzung beachtet werden muss.

Ein einfaches Beispiel: Zum Befehlsvorrat einer Rechenanlage gehören Additionsbefehle. Sie sind in Form von Mikroprogrammen vorhanden, berücksichtigen aber unterschiedliche Zahlendarstellungen, interpretieren also die rechnerinterne Bitdarstellung der Operanden unterschiedlich. So gibt es z. B. Befehle für ganze Zahlen oder für reelle Zahlen. (Die Befehle fordern außerdem noch sog. integrale Grenzen, das sind Forderungen an die Anfangsadresse der Operanden.) Diese Zahlendarstellungen können noch mit unterschiedlicher Länge oder Genauigkeit erfolgen. Durch diese Festlegungen werden aber Definitionsbereiche für Operanden beschrieben, die Definitionsbereiche gehören zu den auszudrückenden Eigenschaften. In Programmiersprachen wird das dadurch ausgedrückt, dass den Programmdaten (Variablen) Typen zugeordnet werden.

Zur rechnerinternen Bitdarstellung der Operanden ↗ Abschnitt 4. 1. 2., S. 254 ff.

Typen bezeichnen Definitionsbereiche.

Andere Eigenschaften, die bei der Programmübersetzung bekannt sein müssen, sind der Gültigkeitsbereich von Programmgrößen (d. h., wo sie im Programm benutzt werden können und wo nicht), ob sie in Variablendeklarationen oder innerhalb von Parameterlisten eingeführt wurden, ob sie Komponenten zusammengesetzter Programmdaten sind und dergleichen.

In diesem Abschnitt werden Typen beschrieben, einige andere Eigenschaften werden im Zusammenhang mit der Programmübersetzung im Abschnitt 3. 4. 2 herangezogen.

3.3.1 Einfache Typen

Die Definitionsbereiche für Programmgrößen richten sich in den einfachsten Fällen nach hardwaremäßig gegebenen Darstellungen.

Typen für arithmetische Werte

Datenstruktur	Wertevorrat	Typbezeichner
1 Byte	0 ... 255	`BYTE`
2 Bytes	0 ... 65 535	`WORD`
2 Bytes	–128 ... 127	`SHORTINT`
4 Bytes	–32 768 ... 32 767	`INTEGER`
8 Bytes	–2 147 483 698 ... 2 147 483 697	`LONGINTEGER`

Hier werden Intervalle aus der Menge der ganze Zahlen beschrieben.

Teilbereiche von INTEGER können direkt durch Angabe von Anfang und Ende angegeben werden.

Hier werden rationale Näherungswerte reeller Zahlen beschrieben.

Datenstruktur	positiver Wertevorrat	Typbezeichner
4 Bytes 6 Bytes 8 Bytes 10 Bytes	$1{,}5 \cdot 10^{-45} \ldots 3{,}4 \cdot 10^{38}$ $2{,}9 \cdot 10^{-39} \ldots 1{,}7 \cdot 10^{38}$ $5{,}0 \cdot 10^{-324} \ldots 1{,}7 \cdot 10^{308}$ $1{,}9 \cdot 10^{-4951} \ldots 1{,}1 \cdot 10^{4932}$	SINGLE REAL DOUBLE EXTENDED

Der Typ REAL ist in allen Sprachen vorhanden, andere Typen erfordern spezielle Hardware **(arithmetischer Coprozessor).** Beim Fehlen dieser Hardware werden sie meist als REAL behandelt.

Typen für nichtnumerische Werte

Zum Definitionsbereich des POINTER-Typs und zur Anwendung ↗ Abschnitt 3.3.4., S. 209 ff.

Datenstruktur	Wertevorrat	Typbezeichner
1 Byte	0 und 1 in der Bedeutung FALSE (falsch) und TRUE (wahr)	BOOLEAN
1 Byte	Zeichen des Maschinenalphabets (ASCII-Zeichen)	CHAR
4 Bytes	vom Anwenderprogramm benutzbare Adressen	POINTER

Die aufgeführten Typen werden in dem Sinne als bekannt vorausgesetzt, dass bei den Übersetzerprogrammen diese Typnamen a priori vorhanden sind, sie sind also vordefiniert. Die Verbindung von Programmnamen mit diesen Typbezeichnern legt die Attribute fest. Da es aber Bezeichner sind, könnte ein Programmierer auch anders darüber verfügen. Das hebt dann allerdings die vordefinierte Bedeutung auf und ist prinzipiell nicht zu empfehlen.

Aufzählungstypen

In Turbo Pascal gibt es zwei weitere Möglichkeiten, Typbezeichner für *ganzzahlige* Typen zu definieren:

Skalartypen sind Aufzählungen von Bezeichnern in einer Liste.

```
TYPE wochentag = (mon, die, mit, don, frei, sa):
```

Die aufgezählten Bezeichner sind Werte des Typs wochentag.

Der Definitionsbereich von **Teilbereichstypen** wird durch Anfangs- und Endwert angegeben.

```
TYPE index = 1 .. 24 {Man beachte: 2 Punkte!};
wo = mo .. mit;
```

Die eingeführten Typen für Wertebereiche aus der Menge der ganzen Zahlen, Skalartypen und Teilbereichstypen heißen zusammenfassend **Aufzählungstypen.**

Für Variablen eines Aufzählungstyps sind zwei zusätzliche Funktionen erklärt: SUCC und PRED. Die vordefinierten Funktionen liefern Nachfolger bzw. Vorgänger des Arguments.

Ist der Wert der Variablen c ='9', so liefert SUCC(c) den Wert ':'.

3.3.2 Zusammengesetzte Typen

Einzelwerte können zu einem Ganzen zusammengefasst werden. Wenn sie logisch zusammen gehören, so ist es zur Beschreibung des Definitionsbereichs solcher zusammengefasster Werte erforderlich, auch aus unterschiedlichen Typen zusammengesetzte Typen bilden zu können. Um zusammengesetzte Typen zu bilden, sind in höheren Programmiersprachen Basissymbole vorhanden, die den Beginn der Definition eines zusammengesetzten Typs einleiten.

Der **Definitionsbereich eines zusammengesetzten Typs** ist definiert durch das kartesische Produkt der Komponenten. Die Komponenten zusammengesetzter Typen können einfache aber auch zusammengesetzte Typen sein.

↗ auch Abschnitt 1.2.3, S. 26

Die Basissymbole zur Definition zusammengesetzter Typen in Turbo Pascal sind STRING, SET, ARRAY, RECORD, OBJECT und FILE.

STRING-Typen

Symbolische Syntaxdarstellung: STRING [länge]

```
TYPE s60 = STRING [60];
VAR s: STRING[6];
```

Bemerkungen:

1. Die Angabe in den eckigen Klammern legt die maximale Länge fest.
2. Intern haben Variablen eines STRING-Typs ein Byte mit dem Index 0, in das die *aktuelle* Stringlänge eingetragen ist.

SET-Typen

Symbolische Syntaxdarstellung: SET OF basistyp

```
TYPE buchstabe = SET OF 'a'.. 'z';
VAR c: SET OF 0 .. 127;
```

Bemerkungen:

1. Der Definitionsbereich des Typs ist die Potenzmenge des basistyps, einschließlich der leeren Menge.
2. Der basistyp darf höchstens 256 Werte enthalten.

3. Eine SET-Variable benötigt zur Speicherung ihres Wertes pro Wert des `basistyps` 1 Bit. Umfasst der `basistyp` 256 Werte, so werden also 256 : 8 = 32 Bytes benötigt.
4. Da hardwaremäßig bitweiser Zugriff nicht unterstützt wird, müssen Operationen mit Mengen softwaremäßig – also vom Compiler – als Bitoperationen nachgebildet werden.
5. In der Ergibtanweisung `c := [];` wird der Mengenvariablen `c` als Wert die leere Menge zugewiesen.

Dem ARRAY-Typ entspricht die Datenstruktur **Feld.**

ARRAY-Typen

Symbolische Syntaxdarstellung:
`ARRAY [indextyp] OF komponententyp`

```
TYPE feld = ARRAY [0 .. 10] OF REAL;
Var werte: ARRAY [1 .. 30] OF INTEGER;
```

Der Definitionsbereich des Typs `ARRAY[1..3] of INTEGER` ist das kartesische Produkt `I*I*I`, wenn `I` die Menge der Werte des Typs `INTEGER` bedeutet.

Dem RECORD-Typ entspricht die Datenstruktur **Verbund (Datensatz).**

RECORD-Typen

Symbolische Syntaxdarstellung:

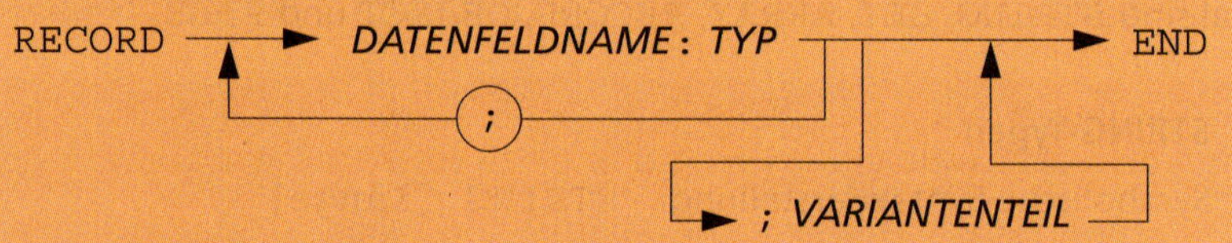


```
TYPE komplex = RECORD re, im : REAL END;
     ware = RECORD  nr: STRING[30];
                    preis: INTEGER
            END;
     pware = POINTER {pware ist ein einfacher Typ};
VAR  lager = RECORD ort : STRING[12];
                    vorrat: ARRAY[1..15] OF pware
                    {Das ist ein Feld von Zeigern}
             END;
```

Der `variantenteil` kann in komplizierten Programmen nützlich sein, wird hier aber nicht betrachtet.

OBJECT-Typen

Symbolische Syntaxdarstellung:

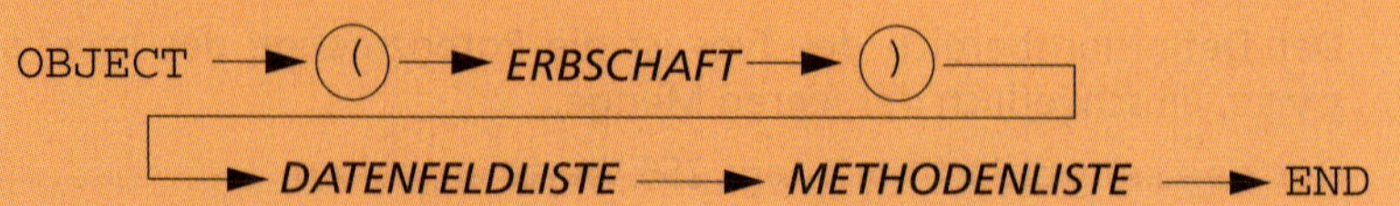

```
TYPE
r = RECORD f1:tau1;
           f2:tau2 {tau1 und tau2 bezeichnen
                    irgendwelche Typen}
    END;
obj1 = OBJECT (r) {damit sind die Namen aus r hier
                   auch vorhanden}
        f3:tau3
       END;
obj2 = OBJECT (obj1)
        f4: tau4;
        PROCEDURE datum
       END;
obj3 = OBJECT (obj1)
        f5:tau5;
        CONSTRUCTOR init;
        PROCEDURE datum;VIRTUAL
       END
```

Bemerkungen:

1. Die eigentliche Leistungsfähigkeit wird dadurch erreicht, dass in Objekte Methoden (Prozeduren/Funktionen) eingebunden werden können, über die die Verarbeitungsalgorithmen in der Laufzeit zugewiesen werden können (dynamische Bindung, Polymorphie).
2. Die in den OBJECT-Typen benannten Prozeduren müssen vereinbart werden.
3. Die Basissymbole `CONSTRUCTOR` und `DESTRUCTOR` sind ihrer Funktion nach Vereinbarungszeichen für Methoden.

FILE-Typen

Symbolische Syntaxdarstellung:

`FILE OF filekomponententyp`

```
TYPE r = RECORD  {hier folgen die Datenfelder}
         END;
     r_file = FILE OF r;
VAR  vr_file: r_file;  vc: FILE OF CHAR;
```

Bemerkungen:

1. Bezüge zwischen im Programm vereinbarten Filenamen (logische Files) und auf externen Datenträger vorliegenden Files (physische Files) müssen durch spezielle Prozeduren hergestellt werden, z. B. `ASSIGN(vr_file, s)`. `s` bedeutet darin eine STRING-Variable, ihr aktueller Wert muss ein File identifizieren, z. B. `'a:xkartei.tt'`.
2. `filekomponententyp` ist ein beliebiger Datentyp, jedoch kein FILE-Typ.
3. Der Typ `TEXT` ist ein vordefinierter FILE-Typ. Der Definitionsbereich diese Typs ist eine Zeichenfolge, die durch Zeilenendezeichen und Fileendezeichen strukturiert ist. Tastatureingabe und Druckerausgabe werden als TEXT-Files behandelt.

3.3.3 Unterprogrammtypen

In modernen Programmiersprachen können Unterprogramme wie Variablen behandelt werden. Es ist also möglich, einen Unterprogrammtyp zu definieren, der dann als Attribut Variablen zugeordnet werden kann. Der Definitionsbereich eines solchen Unterprogrammtyps sind dann Prozeduren bzw. Funktionen, die hinsichtlich ihrer Eigenschaften dem Unterprogrammtyp entsprechen.

Unterprogrammtypen

Symbolische Syntaxdarstellung:

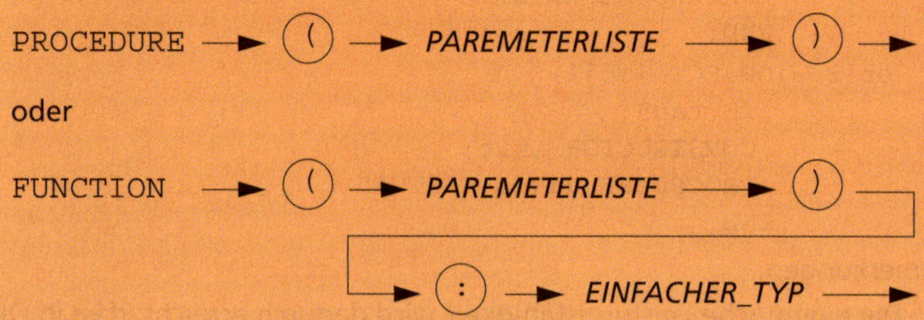


```
TYPE p0 = PROCEDURE;
     p1 = PROCEDURE (VAR a: INTEGER; b: WORD);
     f  = FUNCTION (x: REAL):REAL;
VAR  vp0: p0;
     vf: f;
PROCEDURE xyz(x: INTEGER; y: p1);
     VAR i: INTEGER; j:WORD;
     BEGIN ...
          y( i, j); {y bezeichnet eine formale
                     Prozedur vom Typ p1}
          ...
     END;
```

Bemerkungen:

1. In den Typvereinbarungen sind keine Unterprogrammnamen erforderlich.
2. Variablen oder formale Parameter können von einem Unterprogrammtyp sein.
3. Bei der Verwendung von Unterprogrammvariablen wird intern mit den Adressen gearbeitet.
4. Bei konkreten Sprachimplementationen muss sich der Programmierer über zusätzlich erforderliche Anweisungen für den Compiler informieren.

Besondere Bedeutung kommt Prozedurvariablen in OBJECT-Typen und den damit vereinbarten OBJECT-Variablen zu. Solche OBJECT-Variablen können in der Laufzeit erzeugt werden (dynamische Objekte) und auf mannigfache Weise durch Zeiger verkettet sein, konkrete Werte für Datenfelder werden in der Laufzeit zugewiesen. Das können auch Unterprogramme sein. Es können also auch Methoden dynamisch zugeordnet werden. So simpel wie das hier erscheint, ist die Realisierung dieses Mechanismus nicht. Es ist dafür erforderlich, Methoden als virtuell zu kennzeichnen und dem Compiler den Aufbau einer Zuordnungstabelle für die Laufzeit möglich zu machen. Dafür dienen in Turbo Pascal die Basissymbole `VIRTUAL`, `CONSTRUCTOR` und `DESTRUCTOR`. Diese Möglichkeiten können erst in umfangreichen Programmen sinnvoll eingesetzt werden. Es gehört Programmiererfahrung dazu, solche Mechanismen richtig zu benutzen.

3.3.4 Zeigertypen und ihre Anwendung zur Erzeugung verketteter Datenstrukturen

Zeiger und verkettete Listen

Zeiger sind Adressen von Speicherbereichen.
Über Zeigervariablen kann zum Inhalt dieser Speicherbereiche zugegriffen werden.

Der Typbezeichner `POINTER` kann mit „Zeiger" übersetzt werden.

Durch `TYPE z = POINTER` wird für den vordefinierten Typbezeichner `POINTER` ein zweiter Bezeichner, nämlich `z` eingeführt. In der Variablendeklaration `VAR z1:POINTER; z2: z;` werden also zwei Variablen vom Typ `POINTER` eingeführt. Diesen Variablen können beliebige Adressen zugewiesen werden. Es ist aber auch möglich Zeigertypen zu definieren, die Adressen von Variablen eines bestimmten Typs als Wert erhalten können. Dafür gibt es eine andere Notation:

```
TYPE z_int = ^INTEGER;
     ff = ARRAY [1..20] OF REAL;
     z_ff = ^ff.
```

Der Definitionsbereich des **Zeigertyps** sind Adressen aus einem Speicherbereich, der während der Laufzeit des Programms an Programmdaten vergeben werden kann.

Zum Verständnis dieses „Definitionsbereichs" ist Folgendes erforderlich: Für alle im Vereinbarungsteil eines Programms deklarierten Variablen sind dem Compiler die Namen und der erforderliche Speicherplatz bekannt. Schon der Compiler kann für diese Größen ihre Speicheradressen für die Laufzeit festlegen, diese Programmgrößen können statisch behandelt werden, es sind statische Variablen.

Nun ist es aber eine durchaus übliche Situation, dass Programmdaten zu verarbeiten sind, deren Umfang bei der Programmentwicklung nicht bekannt ist. Das können z. B. Listen sein, für die die Anzahl der aktuellen Eintragungen sich von Anwendungsfall zu Anwendungsfall unterscheidet. Um solche Daten zu benutzen, könnte man Felder mit einem maximalen Speicherplatz einrichten, was allerdings in konkreten Anwendungsfällen auf eine sinnlose Blockierung von Speicher hinausläuft.

Die andere Möglichkeit ist, aus dem statisch nicht benutzten Speicher Bereiche anzufordern, wenn sie benötigt werden. Diese Lösung ist mit Zeigervariablen realisierbar.

In der Laufzeit ist der vom Laufzeitsystem verwaltete Speicher unterteilt in einen Teil für statische Variablen und in einen zur Verfügung stehenden Teil, die so genannte **Halde.** Auf Anforderung vom Programm kann dort bei Bedarf Speicherplatz für Programmgrößen bereitgestellt werden. Das geschieht wie folgt:

1. Es werden Variablen von einem POINTER-Typ eingeführt. Zur Initialisierung dieser Variablen wird eine Zeigerkonstante in die Sprache (als Basissymbol) aufgenommen: `NIL`.
   `NIL` hat die Bedeutung, dass die Variable keinen gültigen Bereich adressiert.
2. Einer POINTER-Variablen `p` kann ein Wert zugewiesen werden
   - durch die Initialisierung `p := NIL`;
   - durch Aufruf einer Standardprozedur `NEW(p);`
   - durch die Zuweisung eines Wertes einer anderen POINTER-Variablen, z. B. `p := p1`.
3. Die Semantik von `NEW(p)` ist: `p` erhält als Wert die Adresse des Speicherbereichs der Halde, der für die über den Zeiger p erreichbare Variable vom Laufzeitsystem vergeben wird. Dadurch wird eine dynamische, anonyme Variable angelegt.

`z_int` bezeichne wie oben einen Zeigertyp.

```
VAR v_int: z_int;
```

Die Variable `v_int` ist von dem Zeigertyp `z_int`. Nach `NEW(v_int)` verweist diese Zeigervariable auf eine Variable, die im Programm nicht über einen Namen eingeführt worden ist, auf eine anonyme Variable. Diese anonyme Variable wird durch `v_int^` aufgerufen (s. Bild). Einen Wert kann ihr z. B. zugewiesen werden durch `v_int^ := j;` oder durch `READLN(v_int^)`.

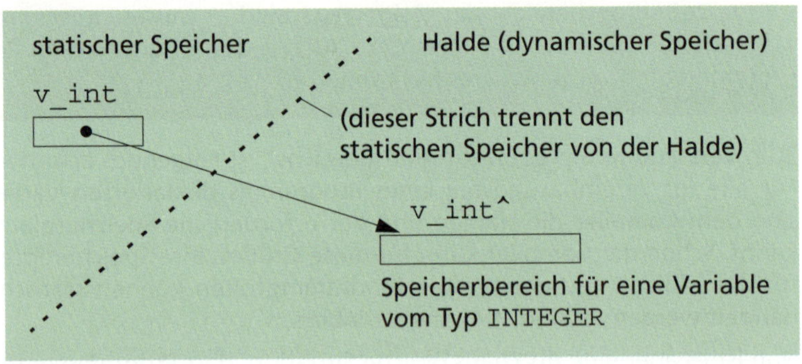

Mithilfe des RECORD-Typs und des POINTER-Typs lassen sich Beziehungen zwischen Datensätzen aufbauen. Die aus Beziehungen zwischen Datensätzen hervorgehenden Datenstrukturen sind Listen, Bäume und Graphen. Das sind aber selbst keine Typen, die Teile solcher Strukturen können gemäß ihrer Typen mit Werten belegt werden, jedoch können auch nur die Teile als Ganzes transportiert werden.

Eine einfach **verkettete Liste** kann dadurch erzeugt werden, dass jedes Listenelement ein Datenfeld für eine Zeigervariable enthält, die auf ein weiteres Listenelement verweist.

```
TYPE
z_eintrag = ^eintrag;
eintrag = RECORD name: STRING[30];
                 weiter: z_eintrag
          END;
VAR  eingang: z_eintrag;
```

Damit ließe sich eine Liste folgender Art aufbauen:

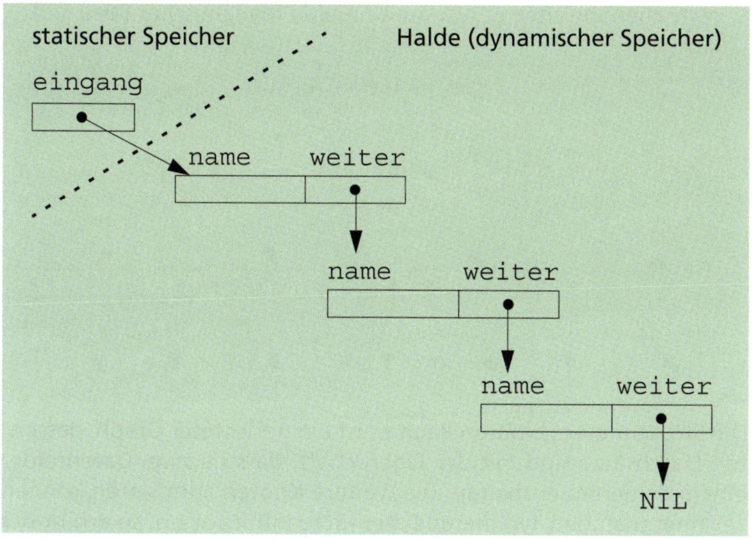

Nur eine Variable ist vereinbart, nämlich `eingang`. Alle anderen sind anonym, der Speicherplatz für diese Variablen muss extra beantragt werden. In Turbo Pascal dient dazu die Standardprozedur `NEW`, z. B. `NEW(eingang)` oder `NEW(eingang^.weiter)`. Das Ende der Liste ist durch den Wert `NIL` zu erkennen.

Kellerorganisation

Praktische Anwendungen von Listen liegen auch dort vor, wo in einem Programm mit Warteschlangen gearbeitet werden muss. Eine Warteschlange kann durch eine Liste dargestellt werden.

Bei der Arbeit mit Warteschlangen werden zwei *Verarbeitungsmodi* unterschieden:

1. Es gibt nur einen Arbeitspunkt für den Zugriff zur Liste. Dort kann entweder ein neues Element abgelegt oder ein bereits vorhandenes entnommen werden. Was also als letztes abgelegt worden ist, muss als erstes wieder entnommen werden. Diese Zugriffsorganisation heißt **LIFO**. In der Informatik sind für diese Organisationsform die Bezeichnungen **Kellerspeicher** oder **Stapelspeicher** gebräuchlich.

LIFO kommt von „last in – first out".

2. Die Liste hat zwei Arbeitspunkte. An einem dieser Arbeitspunkte können neue Elemente hinzugefügt, am anderen vorhandene Ele-

FIFO kommt von „first in – first out“.

mente entnommen werden. Das entspricht der Warteschlangenform, wie sie im täglichen Leben auftritt: Wer am längsten wartet, soll als nächster bedient werden. Diese Zugriffsorganisation heißt **FIFO**.

Zur programmierungstechnischen Behandlung wird im ersten Fall eine Zeigervariable benötigt, die das erste Element adressiert, im zweiten Fall benötigt man zwei Zeigervariablen für erstes und letztes Listenelement.

Binäre Bäume

Die Datenstruktur **Binärbaum** zeigt das folgende Bild.

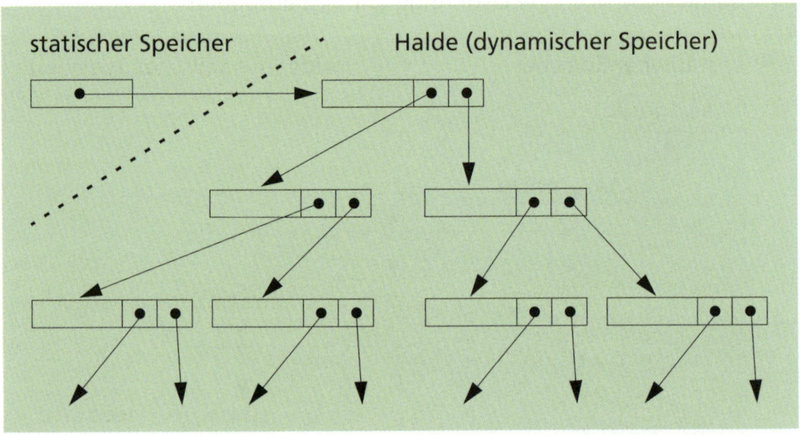

Die Struktur eines binären Baumes ist ein gerichteter Graph, dessen Knoten Datensätze sind mit der Eigenschaft, dass sie zwei Datenfelder von einem Zeigertyp enthalten, die weitere Knoten adressieren können. Bezeichnet man den Typ dieser Datensätze mit `knoten`, so ergibt sich folgende Definition für einen Binärbaum:

> Ein **Binärbaum** mit Datensätzen des Typs `knoten` ist entweder der leere Baum oder die mithilfe von Zeigern realisierte Zusammensetzung eines Wertes von `knoten` mit zwei weiteren Bäumen gleicher Grundtypen.

Zur Realisierung von Binärbäumen in einem Programm wird also ein Grundtyp benötigt und eine Variable, durch die der Zugang zum obersten Knoten möglich ist. Diese Variable ist im statischen Speicher vorhanden, alle anderen Variablen sind dynamisch auf der Halde erzeugt.

Wird für das Erzeugen des Baumes eine Kleiner-Größer-Beziehung für ein Datenfeld festgelegt, so entspricht der Binärbaum einer hinsichtlich dieses Datenfeldes sortierten Folge.

Das Arbeiten mit Binärbäumen (Suchen von Eintragungen, Löschen von Eintragungen, Hinzufügen, Balancieren) kann recht bequem durch Zyklenanweisungen organisiert werden.

3.4 Programmierung

Im weiteren Sinne wird der Terminus **Programmierung** für die Gesamtheit dessen gebraucht, was durchgeführt werden muss, um von dem zu behandelnden Problem zu einem arbeitsfähigen Programm zu kommen; im engeren Sinn ist häufig nur die Umsetzung einer algorithmisch vorliegenden Problemlösung in eine vom informationverarbeitenden System lesbare Niederschrift gemeint.

Eine weitere Einschränkung hat die Bezeichnung durch die Verbreitung von Anwendungssoftware erfahren – vor allem bei der Nutzung von Datenbanken: Titelerfassung in Bibliotheken, Datenverwaltung in Arztpraxen, Materialverwaltung u. Ä. –, weil von den Anwendern solcher Software schon die Handhabung (Änderungen in den Datenfiles, Benutzung von Editoren und Druckertreibern usw.) mit Programmierung bezeichnet wird.

Wir verstehen hier unter Programmierung die Entwicklung eines auf einem Rechner abarbeitbaren Programms, ausgehend von der verbalen Beschreibung der Aufgabe:

Programmierung ist die Algorithmierung eines Problems und die Umsetzung der Lösung dieses Problems in ein Programm, d. h. in eine Notation, die von der konkreten Anlage, auf der das Problem behandelt werden soll, „verstanden" wird.
Die Anlage kann das Programm als eine Anweisungsfolge interpretieren, die die Problemdaten verarbeitet.

3.4.1 Vom Problem zum Programm

Betrachtet man eine Programmentwicklung als ein zu planendes Vorhaben, so ist jeder von Kindheit an mit dem Programmieren vertraut.
Was läuft bei der Programmentwicklung ab?
Im Weiteren werden die Schritte einer Programmentwicklung betrachtet. Zur Illustration wird die Entwicklung eines Programms zur rechnerunterstützten Auswertung eines Schulsportfestes herangezogen.

Problemanalyse

Gegenstand der **Problemanalyse** ist die Untersuchung der Algorithmierbarkeit des Problems, der Erfassung der Problemdaten und der Werkzeuge, die das informationsverarbeitende System für die Behandlung anbietet.

Im Einzelnen bedeutet dies:

- Globale Zielvorstellungen festlegen: Was soll mit dem Programm erreicht werden?
- Welche Daten sind zu erfassen?
- Welche Hilfsmittel stehen für die geplante algorithmische Auswertung zur Verfügung (Technik, Programmiersprachen u. Ä.)?

- Welche Programmiersprache ist für das auswertende Programm vorgesehen? Wie erfolgt die Bereitstellung der Urdaten für diese Programmiersprache?
- Welche Forderungen des Datenschutzes sind zu beachten?
- Welche theoretischen Klärungen muss es geben? Sind numerische Verfahren erforderlich? Gibt es vordefinierte mathematische Funktionen, die benutzt werden können? Werden nichtnumerische Verfahren (z. B. Sortier- oder Suchalgorithmen) benötigt?

Schulsportfest (Problemanalyse):
- globale Zielvorstellung: Statistische Auswertung des Sportfestes; Protokollierung und Archivierung von Verlauf und Leistungen
- Entscheidung für eine Programmiersprache (z. B. Turbo Pascal)
- Datenerfassung in Listen an den Wettkampfplätzen
- Datenübernahme durch die Erzeugung eines (oder mehrerer) Textfiles mithilfe des im Programmiersystem integrierten Editors
- Datenschutz: Für die Auswertung genügt es, wenn die Teilnehmer am Sportfest nicht namentlich in den Files erscheinen, sondern durch einen Schlüssel (Schule, Klasse/Gruppe, laufende Nummer). Die Verwaltung der Zuordnungstabelle ist Sache der Veranstalter.
- Ausgabe von herausragenden Leistungen
- sortierte Ausgabe nach Leistungen innerhalb einer Disziplin

Algorithmierung

Gegenstand der **Algorithmierung** ist die Erarbeitung der Programmstruktur im Rahmen der durch die Programmumgebung vorgegebenen Bedingungen.

- Ausgangspunkt ist die Präzisierung der Schnittstellen zur Programmumgebung: Struktur der Eingabedaten; Forderungen an die Ergebnisausgabe.
- Festlegung der lokalen Datentypen für die Übernahme der Eingabedaten
- Grobstruktur für den Programmaufbau festlegen
- Vorsehen von Schnittstellen für einen möglichen Ausbau des Programms
- Organisation eines Anwenderdialogs

Schulsportfest (Algorithmierung):
- Festlegungen für den Zeilenaufbau der Textfiles für die Eingabedaten: Trennzeichen innerhalb der Zeilen, Syntax der Einzeldaten
- Entscheidung: Welche Eingabedaten müssen während der Programmabarbeitung ständig vorhanden sein, welche werden nur temporär benötigt? Datentypen dafür festlegen.
- Teilalgorithmen herauslösen, die als Unterprogramme realisiert werden sollen
- Konzept für zentrale Typen und Unterprogramme innerhalb von Units
- Konzept für den Anwenderdialog (z. B. Menüs)
- Konzept für Druckbilder und Bildschirmgrafiken

Codierung

Gegenstand der **Codierung** ist, eine Programmniederschrift zu schaffen, die auf dem Computer abgearbeitet werden kann.

- Datenbereitstellung
- Festlegung aller globalen Vereinbarungen
- Zerlegung des Programms in Bausteine

Manchmal wird für die Codierung auch der Begriff Programmierung (im engeren Sinne) benutzt.

Schulsportfest (Codierung):

- Eintasten der in Listenform vorliegenden Daten.
  Dafür genügt es, einen Texteditor zu benutzen, der (bei syntaktisch richtiger Eingabe) die Fileorganisation so vornimmt, wie sie vom Programm erwartet wird.
- Entwurf und Realisierung eines Programms zum Prüfen der im File abgelegten Daten auf syntaktische Korrektheit.
  Dabei könnte es sich beispielsweise um das Auffinden von Tippfehlern handeln, die beim Eintasten entstanden sind, etwa 4,25 statt 4.25 oder 4E.5 statt 43.5.
- Festlegen von globalen Programmkonstanten: Namen und Werte
- Schnittstellen zu Teilalgorithmen fixieren: Prozedur- und Funktionsköpfe festlegen
- Codierung der Prozeduren und Funktionen
- Trockentest

Merke: Trickreiche Programmierung vermeiden, da solche Programmpassagen für andere Nutzer nur schwer lesbar und in diesen Passagen auftretende Fehler nur schwer korrigierbar sind!

Programmtest

Gegenstand des **Programmtests** ist, an Hand ausgewählter, wohlüberlegter Daten die korrekte Arbeitsweise des Programms zu prüfen.
Bei umfangreichen Programmen muss bei aller Sorgfalt damit gerechnet werden, dass bei späterer Benutzung trotzdem Fehler auftreten, weil prinzipiell Testdaten nicht alle möglichen Programmabläufe prüfen.

Im Einzelnen bedeutet der Programmtest:

- Trockentest zum Prüfen der Steuerstrukturen: Programmverzweigungen, Unterprogrammaufrufe;
- Testumgebung für Programmteile konzipieren.

Schulsportfest (Programmtest):

- Erarbeitung von Testdaten für Trocken- und Laufzeittest
- Prozeduren und Funktionen testen, bevor sie als Teile des Hauptprogramms aufgenommen werden.
  Dazu empfiehlt sich die Entwicklung von Testumgebungen, in denen mit vorbereiteten Testdaten (oder mit zufällig erzeugten) die Bausteine auf korrekte Arbeit geprüft werden.

Dokumentation

Gegenstand der **Dokumentation** ist, die Leistungsfähigkeit des Programms zu beschreiben und einem potentiellen Anwender die Handhabung und die Wartung zu vermitteln.

Dieser Teil ist der am wenigsten beliebte bei einer Programmentwicklung und wird dementsprechend auch am schlechtesten ausgeführt. Dahinter steht die Meinung: „Das Programm funktioniert ja, und wer mehr wissen will, muss eben den Quelltext durcharbeiten." Das ist aber bei der sehr unterschiedlichen Mentalität von Programmierern oft ein recht schwieriges und zeitaufwändiges Geschäft.

Zur Dokumentation gehört:

- Programmkonzeption und -grobstruktur angeben
- Benutzungshinweise
- reproduzierbare Laufzeitprotokolle

Schulsportfest (Dokumentation):

- Programmdokumentation durch Diagramme
- Quelltext mit ausführlichen Kommentaren versehen; jede Programmiersprache bietet dafür gute Möglichkeiten.
- Testdaten, Ergebnisse und Beschreibung der Rahmenbedingungen, unter denen die Tests erfolgten, aufnehmen
- Ergebnisse kommentieren, wo es erforderlich ist
- Dateinamen, die Archivdaten enthalten

Leitsätze für die Arbeitsschritte bei der Programmentwicklung

Die Entwicklung eines Programms umfasst also mehrere Abschnitte, die durch die Arbeitsschritte Problemanalyse, Algorithmierung, Programmniederschrift (Codierung) und Compilation, Test, Programmdokumentation beschrieben werden. Diese Aufzählung heißt nicht, dass es strenge Grenzen gibt. Schon bei der Algorithmierung werden sinnvollerweise Trockentests durchgeführt, um die Ablaufsteuerung zu prüfen; ebenso ist es zweckmäßig, schon bei der Codierung das zu bedenken und eventuell zu formulieren, was unbedingt in die Dokumentation muss.

(1) Problemanalyse

- Es wird der Anwenderkreis beschrieben, für den die Programmentwicklung erfolgt.
- Es wird erfasst, was das Programm leisten soll, auch mögliche Sonderfälle.
- Es erfolgt eine genaue Beschreibung der Eingabedaten: Datenerfassung, externe Struktur, Entscheidung über die Form der Datenbereitstellung.
- Es erfolgt eine genaue Beschreibung der Ergebnisdaten: inhaltliche Aussagen, Form der Ausgabe der Ergebnisdaten (Ausgabemedien festlegen, Visualisierung).

Wenn die Erarbeitung der Konzeption nur oberflächlich erfolgt, wird das mit erhöhtem Programmier- und Testaufwand bezahlt.

- Das Programm wird für Teamarbeit strukturiert. Besonders wichtig ist dabei die präzise Beschreibung der Schnittstellen und der globalen Bezeichner.
- Es erfolgt eine Entscheidung über die Programmiersprache, falls unterschiedliche Programmiersprachen zur Verfügung stehen (z. B. prozedurale oder deklarative Sprachen).
- Es wird über die Bereitstellung von Testdaten entschieden.

(2) Algorithmierung
- Das Programm wird in Bausteine (Prozeduren, Funktionen, Objekte) zerlegt.
- Interne Datenstrukturen werden festgelegt.
- Es erfolgen Überlegungen zur Speicherung und zur Laufzeiteffektivität.
- Für Teilalgorithmen können Überlegungen zweckmäßig sein, ob sie **iterativ** oder **rekursiv** codiert werden sollen.

Die folgenden in der Notation von Turbo Pascal geschriebenen Programmzeilen illustrieren, wie einfaches Zählen iterativ bzw. rekursiv codiert werden kann.

```
PROGRAM Iteration_und_Rekursion;
USES crt;
VAR i, n: integer;
PROCEDURE zaehle_it(var k: integer);
VAR m: integer;
  BEGIN
     m := 1;
     WHILE m <= k do
        BEGIN WRITELN(m:3); m := m + 1;
     END;
  END;
PROCEDURE zaehle_rek(var k: integer);
VAR m: integer;
BEGIN m := k;
  IF m >= 2 THEN BEGIN m := m - 1;
        zaehle_rek(m);
  END;
  WRITELN(k:3);
END;
BEGIN
CLRSCR;
RANDOMIZE;
n := 3 + RANDOM(13); {Testwert bereitstellen}
zaehle_it(n);
WRITELN;
REPEAT UNTIL KEYPRESSED;
i := n;
zaehle_rek(i);
READLN; READLN;
END.
```

Turbo Pascal-Systeme unterscheiden Klein- und Großbuchstaben nur in Zeichenketten; im Programmtext werden Klein- und Großbuchstaben einheitlich behandelt.

(3) Programmniederschrift und Compilation

- Bei größeren Programmvorhaben empfiehlt es sich, einen Testrahmen zu erarbeiten, in den Programmbausteine eingefügt und einzeln übersetzt und getestet werden können. Der Testrahmen enthält also die Ablaufsteuerung für das zu schaffende Programm.
- Für kleiner Programme kann es effektiver sein, einfache Teile der algorithmischen Struktur zu codieren und zusammenzufügen. Grundsätzlich liegt aber in der Programmierpraxis die Entscheidung beim Programmierer, ergibt sich aus seiner Mentalität und seiner Erfahrung.
- Die syntaktische Korrektheit sollte unmittelbar bei der Programmniederschrift geprüft werden. Bei der Eingabe des Quelltextes ist das bei modernen Sprachsystemen stets möglich.

(4) Test

- Die Testdaten werden vorbereitet und für einen wiederholten Zugriff bereitgestellt (Eingabefile oder Programmkonstanten).
- Es werden zufällig erzeugte Testdaten benutzt. Diese (pseudo-)zufälligen Daten stellt man am besten mit dem in der Programmiersprache vorhandenen Zufallsgenerator bereit.
- Der Testlauf wird mit „kritischen Daten" durchgeführt (Koeffizienten im Grenzbereich der darstellbaren reellen Zahlen, durch Tippfehler verursachte fehlerhafte Eingabedaten usw.).
- Das Ergebnis der Testläufe wird für die Dokumentation fixiert.

(5) Dokumentation

- Die Leistung des Programms wird als Blackbox beschrieben.
- Es werden Angaben über das Testen des Programms und Testprotokolle bereitgestellt.
- Es werden Hinweise für den Anwender zur Nutzung des Programms gegeben (Gebrauchsanweisung).
- Es erfolgen Hinweise, was bei Schwierigkeiten beim Einsatz des Programms zu tun ist.

3.4.2 Programmiermethoden

Bei der Übertragung einer algorithmisch vorgezeichneten Lösung in eine Programmniederschrift haben sich gewisse Vorgehensweisen bewährt. Für diese Wege der Erzeugung des Quellprogramms sind folgende Bezeichnungen üblich:

Wie ein strukturiert notiertes Programm aussieht, ist beispielsweise auf S. 217 zu sehen.

Strukturiertes Programmieren:

Bei der Programmniederschrift wird darauf geachtet, dass logisch Zusammengehöriges auch zusammenhängend in der Programmniederschrift erhalten bleibt. Insbesondere heißt das, Programmverzweigungen durch Sprungbefehle zu vermeiden und das Arbeiten mit Adressvariablen auf typengebundene Adressvariablen zu beschränken.

Das freie Manipulieren von Adressvariablen und die damit verbundene Adressenverwaltung durch den Programmierer führt schnell zu schwer erkennbaren (logischen) Fehlern.

Neuere Programmiersprachen unterstützen strukturiertes Programmieren durch entsprechende Sprachelemente für die Codierung von Zyklen und Beschränkungen für die Anwendung von Sprunganweisungen.

Modulares Programmieren:

Dies ist eine Vorgehensweise, bei der ein größeres Programm in voneinander unabhängig übersetzbare Programmstücke zerlegt, codiert und getestet wird (Moduln oder Units).

Top-down-Programmierung (Top-to-bottom-Programmierung):

Das Programm wird als grobes Skelett entwickelt und zeigt in dieser Form die Ablaufsteuerung. Die Details werden anschließend ausgearbeitet.

Bottom-up-Programmierung (Bottom-to-top-Programmierung):

Das Programm wird in (kleine) Bausteine zerlegt, die dann zusammengefügt werden.

Objektorientierte Programmierung:

Es werden Datentypen benutzt, die Daten und deren Verarbeitungsalgorithmen enthalten können.

↗ auch S. 150

Moderne prozedurale Sprachen verfügen dabei über Sprachelemente, die über Variablen von einem Prozedurtyp die Zuweisung von Verarbeitungsalgorithmen in der Laufzeit erlauben (dynamische Bindung).

Zwei Punktkoordinaten und ein Algorithmus könnten beispielsweise zum Zeichnen eines Quadrats führen, für das die Punktkoordinaten als Eckpunkte der Diagonalen interpretiert werden, aber auch zum Zeichen eines Kreises, für den die Punktkoordinaten als Eckpunkte eines Durchmessers aufgefasst werden.
Was ausgeführt wird, hängt von dem „Wert" der Prozedurvariablen ab.

Ereignisgesteuerte Programmierung:

Neuere Sprachsysteme bieten Oberflächen für die Programmentwicklung an, in denen Bildschirmelemente (z. B. Schalter) vom Programmierer mit Algorithmen belegt werden können. Die Prozeduren zur Codierung dieser Algorithmen sind weitgehend vorgefertigt und vom Programmierer nur zu ergänzen.

3.4.3 Programmierhilfsmittel

Die Programmentwicklung in einer Programmiersprache erfolgt heute üblicherweise am Bildschirm, wobei vom Sprachsystem eine Entwicklungsoberfläche angeboten wird. Ein Sprachsystem bietet drei kompakte Hilfsmittel an: Texteditoren, Übersetzer und Debugger.

Texteditor

Der **Texteditor** dient der Erzeugung des Quelltextes.

Er arbeitet im Allgemeinen so, dass er bei Zeilenübergängen den Cursor dort positioniert, wo mit großer Wahrscheinlichkeit die Programmniederschrift fortgesetzt werden soll. Das unterstützt die Übersichtlichkeit der Notation, ist aber prinzipiell bedeutungslos.

Der Texteditor erlaubt das temporäre Ausblenden durch Kommentarklammern und das Zusammenfügen von Programmteilen.

Aus dem Editorstatus kann unmittelbar der Syntaxtest durch das Aktivieren des Compilers vorgenommen werden.

Neben dem Quelltext lassen sich mithilfe des Texteditors auch in bestimmtem Maße Files mit Testdaten erarbeiten.

Übersetzer

Die Bezeichnung „Übersetzer" wird für drei Programmtypen benutzt, die Pseudocodes in Maschinensprache übertragen, nämlich für Assembler, Interpreter und Compiler.

Ein **Assembler** ist ein Programm, das Anweisungen aus einer Assemblersprache in Maschinensprache transformiert, wobei jedem Assemblerbefehl ein Maschinenbefehl entspricht (1 : 1-Übersetzung).

Ein Assembler ist also ein Übersetzer, der einen besonders einfachen Pseudocode in ein Objektprogramm überträgt.

BASIC wird meist interpretierend abgearbeitet.

Ein **Interpreter** ist ein Übersetzer, der kein Objektprogramm erzeugt. Er ordnet Sprachelementen aus dem Quellcode Befehlsfolgen der Zielsprache zu und führt diese sofort aus.
Wird das gleiche Sprachelement bei der Abarbeitung eines Programms wiederholt benötigt, so wird jedesmal der entsprechende Objektcode erzeugt und abgearbeitet.

Eine typische Programmierumgebung mit Compiler besitzt Turbo Pascal.

Ein **Compiler** überträgt die in einer höheren Programmiersprache geschriebenen Quelltexte in ein Objektprogramm, das nach Beendigung der Compilation als Ganzes abgearbeitet werden kann.

Ein Compiler ist also ein Programm, das mit einem Zeichenstrom als Eingabedaten arbeitet (dem **Quellprogramm**) und als Ausgabedaten einen

Zeichenstrom erzeugt, der als Maschinenprogramm verwendet werden kann (**Objektprogramm** in der Zielsprache).

Der Compiler selbst muss nicht in der Zielsprache geschrieben sein. Es kann also ein in einer Programmiersprache S geschriebenes Programm von einem in der Sprache Ü geschriebenen Compiler auf einer Anlage, die die Sprache Ü verarbeiten kann, in ein Maschinenprogramm in der Maschinensprache M compiliert werden.

Die generelle **Arbeitsweise eines Compilers** zeigt das Bild.

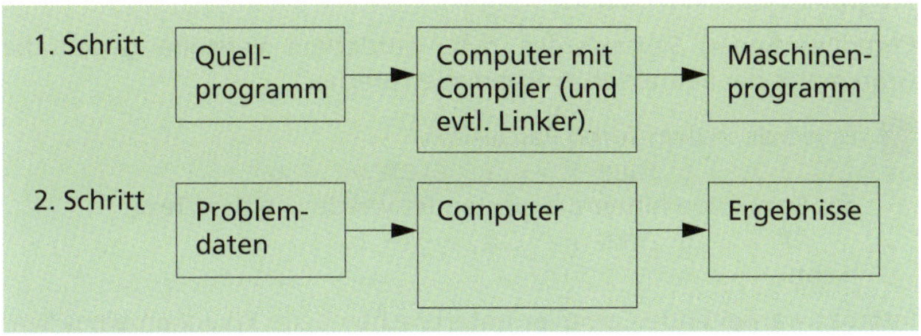

Das folgende Bild zeigt die logische Struktur eines Compilers.

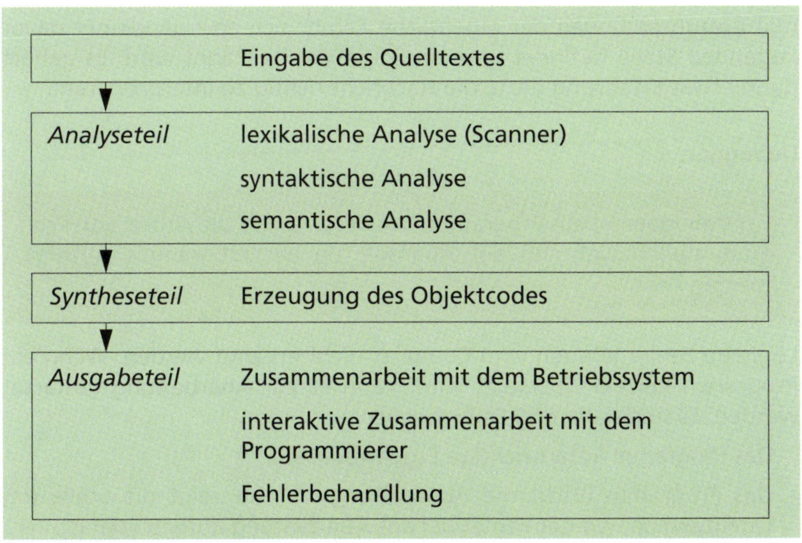

Die **lexikalische Analyse** hat die Aufgabe, elementare Bausteine des Quellprogramms zu erkennen und durch interne Zeichen zu ersetzen. Typische elementare Bausteine (Morpheme) sind reservierte Wörter (z. B. `BEGIN`, `ARRAY`, `VAR`), Bezeichner (Namen von Programmgrößen), Begrenzer (z. B. >=, +, [, :=), Konstanten (z. B. `4.56`, `'Berlin'`) vordefi-nierte Bezeichner (z. B. `abs`, `sqrt`, `integer`).

Die **Syntaxanalyse** hat die Aufgabe, syntaktische Einheiten des Quellprogramms gemäß der Grammatik der Programmiersprache zu erkennen (z. B. Ausdrücke, bedingte Anweisungen, Prozeduraufrufe).

Die **semantische Analyse** hat dafür zu sorgen, dass die in verbaler Form festgelegte Semantik realisiert wird. Dazu gehört, die Bezeichnerlisten für Programmgrößen durch Attribute zu ergänzen (z. B. lokal, global

Im deutschen Sprachgebrauch ist es üblich, Compiler synonym mit Übersetzer zu benutzen.
Eigentlich sind aber auch Interpreter und Assembler Übersetzer.

oder formal; Konstante oder Typkonstante), Operanden in Formeln oder Prozeduraufrufen auf Typverträglichkeit zu überprüfen, Bezüge zu Files zu prüfen.

Im Syntaxteil wird ein arbeitsfähiges Maschinenprogramm erzeugt. Der Syntaxteil sollte in dem Objektprogramm auch Optimierungen hinsichtlich Laufzeiteffektivität und Speicherplatzbedarf durchführen.

Der Ausgabeteil sorgt für die Kommunikation zwischen dem Compiler einerseits und dem Betriebssystem und dem am Bildschirm arbeitenden Programmierer andererseits.

Compiler finden Syntaxfehler, d. h., entdecken Verstöße gegen die Grammatik der benutzten Programmiersprache.

Typische syntaktische Fehler: Bezeichner nicht vereinbart, Klammerstruktur falsch, Operandentypen nicht verträglich.

Es würde in dem Turbo Pascal-Text

```
IF a > b THEN x := a; ELSE y := b
```

das Semikolon hinter a beanstandet werden, in dem Text

```
IF a > b THEN x := a; y := b
```

nicht.

Interaktiv arbeitende Compiler unterbrechen beim Erkennen eines Syntaxfehlers die Übersetzung und zeigen die fehlerhafte Stelle und die Art des Fehlers an. Leider sind die Angaben über die Art des Fehlers manchmal irreführend, weil der eigentliche Fehler sich an irgendeiner davor liegenden Stelle befindet und ein Folgefehler erkannt wird. Es gehört dann etwas Erfahrung dazu, die Nachricht richtig zu interpretieren.

Debugger

Ein **Debugger** ist ein Programm, mit dessen Hilfe die Arbeit von Programmteilen während der Abarbeitung des Programms verfolgt werden kann.

Logische Fehler können vom Compiler nicht erkannt werden. Wenn ein Programm korrekt übersetzt wird, kann es zur Abarbeitung gestartet werden. Es sind dann drei Fälle möglich:

- Das Programm liefert richtige Ergebnisdaten.
- Das Programm bricht die Abarbeitung ab und zeigt die Stelle (im Quelltext) an, wo der Fehler bei der Abarbeitung aufgetreten ist.
- Das Programm wird bis zum Ende ausgeführt, die Ergebnisse sind aber offensichtlich falsch, es leistet also nicht das Verlangte.

Im Falle fehlerhafter Abläufe müssen logische Fehler vorliegen (Division durch 0, Definitionsbereich von Variablen verlassen, Daten haben nicht die geforderte interne Struktur) oder externe Ressourcen nicht zur Verfügung stehen (Datenfiles nicht zugänglich, externe Datenformate falsch). Diese Fehler zu finden, kann sehr mühsam und zeitaufwändig sein.

Die Arbeit mit dem Debugger muss letztlich der Lernende am Bildschirm erproben: „Grau ist alle Theorie!“ (GOETHE).

Die Fehlersuche unterstützt der Debugger: Es können Werte von Variablen angezeigt werden, das Programm kann an gewünschten Stellen angehalten und schrittweise abgearbeitet werden, Werte von Programmgrößen lassen sich durch externe Eingaben ändern, und es sind Korrekturen am Quelltext mit sofortiger Neuübersetzung möglich.

3.5 Datenbankentwicklung

Im Zusammenhang mit der kurzen Charakterisierung der Datenbanksprache SQL 2 wird im Abschnitt 3.1.5 (↗ S. 188 ff.) auf grundsätzliche Aufgaben von Datenbanksystemen eingegangen.
Im Abschnitt 2.3 (↗ S. 120 ff.), wird die Arbeit mit Datenbanksystemen aus Anwendersicht behandelt.
Im Folgenden wird vor allem auf die Entwicklung von Datenbanken (Datenbanksystemen) eingegangen.

3.5.1 Datenbanken und Datenbanksysteme

Eine **Datenbank** ist eine mittels informationsverarbeitender Technik realisierte Sammlung von Daten, die zahlreichen Nutzern zur Verfügung stehen. Die unmittelbaren Nutzer von auf Computern gespeicherten Datenbanken sind Programme. Der diese Programme anwendende Mensch nutzt die Datenbank mithilfe dieser Programme.

Für Datenbank wird häufig auch die Bezeichnung Datenbasis verwendet (↗ S. 120).

Die Schnittstelle zwischen der Datenbank und dem Anwender der Datenbank bildet ein *Datenbankverwaltungssystem.*

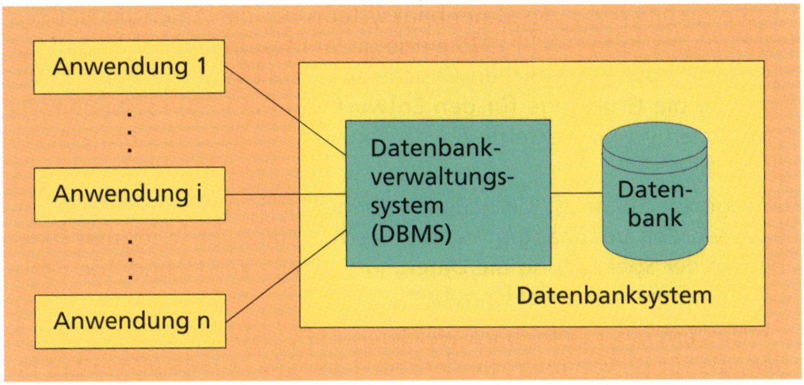

Das **Datenbankverwaltungssystem (DBMS)** ist die Gesamtheit der Software, die alle Operationen enthält, die mit den Daten / auf der Datenbank durchgeführt werden können.

Mit **Datenbanksystem** bezeichnet man eine Datenbank und das dazugehörige DBMS. Werden von einem DBMS mehrere Datenbanken verwaltet, so sind das mehrere Datenbanksysteme.

DBMS ist die Abkürzung für **d**ata **b**ase **m**anagement **s**ystem (Datenbankmanagementsystem).

In der Praxis entscheidet sich der potentielle Anwender für eines der angebotenen Datenbanksysteme und richtet dafür seine Datenbank ein.

INGRES, SYBASE; ORACLE, Informix, dBase, DB 2, Lotus Approach und Star Base sind (relationale) Datenbankverwaltungssysteme, für die es auch Versionen für PC-Installierung gibt.

Datenbanksysteme sind im Mehrnutzerbetrieb einsetzbar, d. h., an jedem Nutzerterminal gestaltet sich die Zusammenarbeit mit dem DBMS so, als wäre der Nutzer der einzige Nutzer.

3.5.2 Arbeitsschritte einer Datenbankentwicklung

Die Entwicklung eines Datenbanksystems ist eine Programmieraufgabe und wird von großen Firmen und ausgebildeten Informatikern betrieben.

Das **Lebenszyklusmodell eines Datenbanksystems** stellt sich wie folgt dar:

- Anforderungsspezifikation:
  Welche Forderungen sind an das Datenbanksystem zu stellen?
- Konzeptioneller Entwurf:
  Welche Bedingungen müssen für die verwalteten Daten realisiert werden?
- Logischer Entwurf:
  Welches Datenmodell ist für die Datenbank geeignet?
- Physischer Entwurf:
  Wie sollen die Speicherung der Daten und die Zugriffsorganisation erfolgen?
- Implementierung und Erprobung
- Nutzung der Datenbanksystems

Für die Architektur eines Datenbanksystems hat das American National Standards Institute (ANSI) 1975 ein so genanntes **Dreiebenenmodell** vorgeschlagen; die wesentlichen Gesichtspunkte dieser Architektur bilden bis heute die Grundlage für den Entwurf von Datenbanksystemen. Die drei Ebenen werden externe Ebene, logische Ebene und interne Ebene genannt.

Die logische Ebene ist Kern dieses Ebenenmodells. Auf der logischen Ebene werden unabhängig von der Beschaffenheit der externen Daten und von der Speicherung die Daten, ihre Eigenschaften und ihre Beziehungen untereinander beschrieben.

Den Nutzern einer Datenbank werden nur die Daten zur Verfügung gestellt, die für sie von Interesse sind, sie haben also nur eine Sicht auf bestimmte Ausschnitte der Datenbank (views). Für Datenbanknutzer stellt die Datenbanksicht die Datenbank dar, das ist letztlich nur ein Teil der externen Ebene.

Mit interner Ebene ist die physische Realisierung der Datenbank gemeint. Wie die Speicherung der Daten erfolgt, ist durch das DBMS festgelegt.

Das Schaffen eines Datenbankmanagementsystems ist Spezialisten vorbehalten. In der Praxis der Datenbanknutzer geht es darum, für ein vorhandenes DBMS eine Datenbank einzurichten. Der Nutzer hat dabei ein Datenmodell zu erarbeiten. In den zurzeit weltweit arbeitenden DBMS wird vorrangig das relationale Datenmodell benutzt.

3.5.3 Datenmodellierung

Bei der Entwicklung eines Datenmodells sind Daten mit anderen Daten in Beziehung zu setzen. Ein Datenobjekt dieses Modells wird als Entität bezeichnet.

Eine **Entität (entity)** ist ein eindeutig identifizierbares Datenobjekt.

Eine **Entitätenmenge** ist eine Zusammenfassung von Entitäten mit gemeinsamen Eigenschaften.

Entität: eine bestimmte Schule, ein bestimmter Lehrer, ein bestimmter Schüler, eine bestimmte Klasse, ein bestimmtes Motorrad

Entitätenmenge: alle Schulen eines Kreises, alle Lehrer einer Schule, alle in einem Kreis zugelassenen Motorräder, usw.

Zwischen Entitäten sind Beziehungen zu erfassen und in dem Modell auszudrücken.

Eine Beziehung zwischen Entitäten wird **Relation** genannt (Synonyme sind **Relationship** und **Assoziation).**

Eine **Relationshipmenge** ist die Zusammenfassung gleicher Relationships.

Da zur Zeit der theoretischen Arbeiten über Datenbanken der Begriff Relation in der Mathematik besetzt war, wird in der Datenbanktechnologie häufig „Relationship" verwendet.

Im Zusammenhang mit Datenbanken bedeutet Relation eine Tabelle, also ein zweidimensionales Objekt. Die Zeilen der Tabelle sind Datensätze, die Spalten sind Datenattribut, die Spaltenbezeichnungen sind Namen von Attributmengen.

Eigenschaften von Tabellen im Sinne von (relationalen) DBMS:

- Die Spalten sind nicht weiter unterteilt.
- Jede Spalte hat einen Namen (Bezeichnung der Attributmenge).
- Alle Datensätze einer Tabelle (Werte einer Zeile) sind voneinander verschieden
- Die Anordnung der Zeilen und Spalten ist belanglos.

Die Elemente einer Relationshipmenge können

- einer Entität aus einer Entitätenmenge eine Entität einer anderen Entitätenmenge zuordnen: 1 : 1-Abbildung;
- einer Entität aus einer Entitätenmenge mehrere Entitäten einer anderen Entitätenmenge zuordnen: 1 : n-Abbildung;
- einer Entität aus einer Entitätenmenge E1 können mehrer Entitäten aus einer Entitätenmenge E2 und einer Entität aus E2 können mehrere Entitäten aus E1 zugeordnet werden: m : n-Abbildung.

Bei der Datenmodellierung wird gern von einer grafischen Darstellung der Beziehungen zwischen den Daten ausgegangen, man spricht von einem **Entity-Relationship-Modell** oder abgekürzt **ER-Modell.** Die in den Diagrammen benutzten Symbole sind:

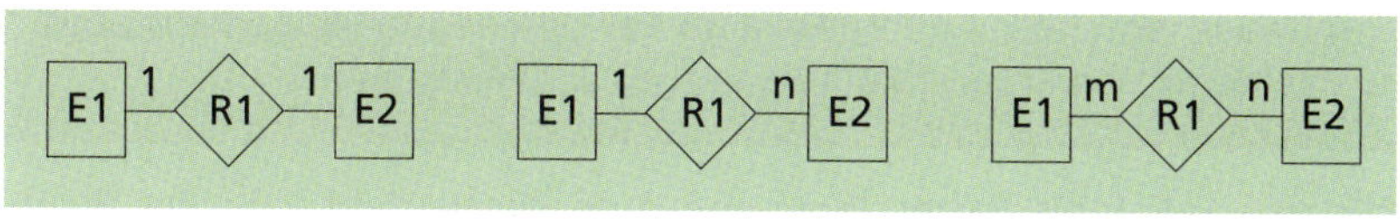

Ihre Verwendung sollen die Beispiele auf der folgenden Seite verdeutlichen.

Neben Rechtecken für *Entitäten* und Karos für Beziehungen nutzt man bei der Modellierung auch Ovale (Ellipsen) für *Attribute*. Die Entität „Bürger“ könnte im Beispiel durch die Attribute „Name“ und „Adresse“ eindeutig festgelegt sein.

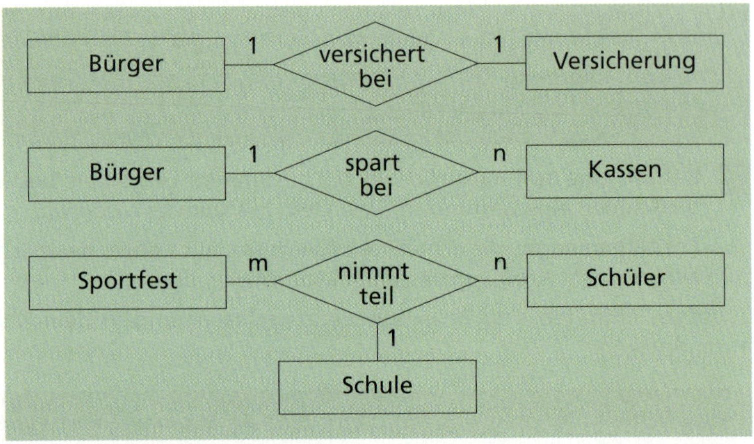

Aus einer solchen groben Beziehung zwischen Daten sind dann die Relationships des konkreten Modells abzuleiten.

Für die konkrete Modellierung wird eine Datensprache verwendet, die zur Beschreibung des Datenmodells und der Datenmanipulation geeignet ist, meist SQL 2 (↗ S. 190 f.).

3.5.4 Ein Problem des Mehrnutzerbetriebs

Im Mehrnutzerbetrieb, der normalen Betriebsform von DBMS, kann von unabhängig arbeitenden Stellen versucht werden, Änderungen an einer Datenbank durchzuführen. Man denke etwa an ein Platzreservierungssystem. Problematisch wird es, wenn Zugriffe zu einem Zeitpunkt erfolgen, zu dem andere eingeleitete Aktionen noch nicht abgeschlossen sind. Die Frage ist also: Wie können bei Parallelarbeit Fehler vermieden werden, wie können aktive Prozesse synchronisiert werden? Unmittelbar vernünftig erscheint, Relationen zu Sperren, wenn ein Nutzer zu ihnen zugreift. In modifizierter Weise ist das durch das Konzept der Transaktionen in DBMS verwirklicht.

Eine **Transaktion** ist eine Zusammenfassung von mehreren Operationen auf der Datenbank – das ist konkret eine Zusammenfassung von Programmteilen –, die folgende Eigenschaften haben:
- Unteilbarkeit: Die Zusammenfassung wird entweder vollständig oder gar nicht abgearbeitet.
- Konsistenzerhaltung: Ein konsistenter Zustand der Datenbank wird in einen konsistenten Zustand übergeführt.
- Isolation: Die Operationen einer Transaktion sind für den Nutzer der Datenbank verborgen.
- Dauerhaftigkeit: Änderungen an der Datenbank bleiben auch bei fehlerhaften Programmläufen erhalten **(Persistenz).**

Die Wirkung der Transaktionen werden häufig mit der aus dem Englischen hergeleiteten Abkürzung ACID beschrieben: **a**tomicity, **c**onsistency, **i**solation, **d**urability.

Für den Fall fehlerhafter Programmläufe (Systemfehler, Fehler durch Transaktionen, Hardwarefehler) ist in DBMS das Wiederherstellen eines korrekten Datenbankzustandes vorgesehen, ein so genanntes **Recovery.**

Aufgaben

3.1 Programmiersprachen

Aufgabe 3.1.1

Definieren Sie die Syntax für eine Dezimalzahl

↗ S. 163 und S. 164

a) mittels Backus-Naur-Form,

b) durch Syntaxgraphen!

Aufgabe 3.1.2

Geben Sie die Sätze an, die durch folgende Grammatik definiert sind:

<ziffer> ::= 0 | 1 | 2 | 3 | 4 | 5 | 6 | 7 | 8 | 9 | A | B | C | D | E | F .
<gz> ::= #<ziffer> | <gz><ziffer> .
<vgz> ::= <gz> | +<gz> | −<gz> .

Aufgabe 3.1.3

Es sei folgende Grammatik gegeben:

<alpha> ::= X | Y | Z | $ | (<delta>) .
<beta> ::= A | B .
<gamma> ::= <alpha> | <beta>**<alpha> | <gamma>$.
<delta> ::= <gamma> | <alpha>:<delta> .

Prüfen Sie, ob die Zeichenfolgen

a) $$ b) A$ c) B**X$$$

d) AB**Z e) Y:Y f) (Y:Y):A**(B**$)

zu der durch <delta> definierten Satzmenge gehören!

Aufgabe 3.1.4

Geben Sie die Grammatik aus Aufgabe 3. 1. 3 durch Syntaxgraphen an!

Aufgabe 3.1.5

Erklären Sie die Fachtermini „Basissymbol", „reserviertes Wort" und „vordefinierter Bezeichner"!

Aufgabe 3.1.6

Zu den Programmgrößen in prozeduralen Programmiersprachen gehören Konstanten, Variablen und Unterprogramme. Diesen Programmgrößen werden Attribute zugeordnet. Solche Attribute sind u. a.

a) lokal und global,

b) formal und aktuell,

c) statisch und dynamisch,

d) intern und extern.

Erläutern Sie die Attribute und geben Sie Beispiele an!

Aufgabe 3.1.7

Wie unterscheiden sich Funktions- und Prozedurvereinbarung und ihre Nutzung im Programm?

Aufgabe 3.1.8

Erläutern Sie den Unterschied zwischen dem Aufruf von Funktionen und Prozeduren an Hand von Standardfunktionen bzw. Standardprozeduren von Turbo Pascal!

Aufgabe 3.1.9

Iterationen können rekursiv beschrieben werden. Wie lässt sich der Iterationszyklus

```
while a do begin anweisung;
                 a := neu;
           end;
```

als rekursive Prozedur notieren?

Aufgabe 3.1.10

Die Übersetzung eines in einer höheren prozeduralen Programmiersprache geschriebenen Programms erfolgt durch ein Programm, den so genannten **Compiler.**
Das in der Programmiersprache vorliegende Programm, das Quellprogramm, liefert für den Compiler die Eingabedaten. Ausgabedaten sind die Anweisungen des Maschinenprogramms und die erforderlichen Maßnahmen zur Einbindung in das Betriebssystem.

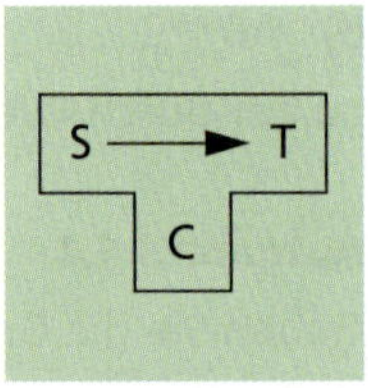

Symbolisch wird dieser Vorgang dargestellt durch ein T-Diagramm mit der Bedeutung:
Das in einer Programmiersprache S codierte Quellprogramm wird in eine Zielsprache T (target language) durch einen Compiler C übersetzt, der seinerseits in einer Programmiersprache, d. h. in einer Sprache, die auf der Rechenanlage abgearbeitet werden kann, codiert ist. Das kann eine Assemblersprache oder auch eine höhere Programmiersprache sein.

Skizzieren Sie mit diesem Symbol folgenden Sachverhalt: Mittels einer Assemblersprache A wird ein Übersetzer für die Programmiersprache Q erzeugt, mit dem Programme, die in Q geschrieben sind, in Maschinenprogramme übersetzt werden können.

Aufgabe 3.1.11

Gegeben sei der Graph der Verwandtschaftsbeziehungen von S. 175.

a) Definieren Sie die `onkel`-Beziehung in PROLOG!

b) Wie werden die beiden folgenden Anfragen beantwortet? Begründen Sie jeweils!

```
?- onkel(anna, dave).

?- onkel(marcus, thea).
```

3.2 Programme und ihre Struktur

Aufgabe 3.2.1

Geben Sie die syntaktische Struktur eines Turbo Pascal-Programms an!

Aufgabe 3.2.2

Man gebe die Struktur eines Programms an, das zur Tabellierung der Werte einer Funktion entwickelt werden soll! Die Programmteile sind durch Kommentare zu erläutern!

Zur verständlichen Darstellung von Algorithmen dienen Struktogramme. Aber auch höhere Programmiersprachen wie Turbo Pascal oder C++ besitzen gute Strukturierungsmittel.

Aufgabe 3.2.3

Man gebe folgende Terme in der Notation von Turbo Pascal an!

a) $2x(a+1)$

b) $(y^2 + z^2)(1 - x)$

c) $x^3 + 0{,}2x^2 - 1{,}5x + 8{,}2$

d) $\frac{b - 0{,}7}{(c - e)(b^2 + 2)}$

e) $f + 0{,}5(4f + 1)$

f) $x_n + x_{n+m}{}^2$

Aufgabe 3.2.4

Der Wert der Variablen i sei eine natürliche Zahl. Man gebe einen arithmetischen Ausdruck in Turbo Pascal an, der die Zahl auf Hunderter rundet (wenn die Zahl auf 50 endet, so auf den nächst größeren Hunderter)!

Aufgabe 3.2.5

Man gebe in der Notation von Turbo Pascal folgende Terme an!

a) $\frac{ac - bd}{(a^2 + b^2)(a + 1)}$

b) $\frac{1}{2a}(-b + \sqrt{b^2 - 4ac})$

c) $0{,}4 \sin x + 3 \cos \frac{\pi x}{2}$

d) zufällige ganze Zahl zwischen −5 und 4

Aufgabe 3.2.6

Man gebe einen arithmetischen Ausdruck zur Berechnung des Abstands der Punkte $P_1(x1, y1)$ und $P_2(x2, y2)$ in der Notation von Turbo Pascal an!

Aufgabe 3.2.7

Was ist in dem folgenden arithmetischen Ausdruck syntaktisch falsch?

```
(((7,5-x)(2.9 e-3 *x+ 0,5)* sqrt(sqrt(y))/3/4/5e-2)))* 80 000
```

Aufgabe 3.2.8

Ausdrücke, die bei Auswertung (d. h. bei Berechnung) einen logischen Wert liefern, also einen der Werte falsch (false) oder wahr (true), heißen logische Ausdrücke. Mittels logischer Ausdrücke können Bedingungen in Form von Fragen formuliert werden. Zu den logischen Ausdrücken gehören Vergleiche und durch logische Operatoren verknüpfte Werte von Vergleichen.

Man formuliere in der Notation von Turbo Pascal folgende Bedingungen:

a) x ist nicht negativ

b) $b^2 - 4ac$ ist positiv

c) z liegt im Intervall [–1 ... 1]

d) 4 % von k übersteigen nicht 80 €

Aufgabe 3.2.9

Die Skizzen zeigen Punktmengen in der xy-Ebene. Man formuliere in Turbo Pascal die Bedingungen, die erfüllt sein müssen, wenn ein Punkt mit den Koordinaten x und y der jeweiligen Punktmenge angehören soll!

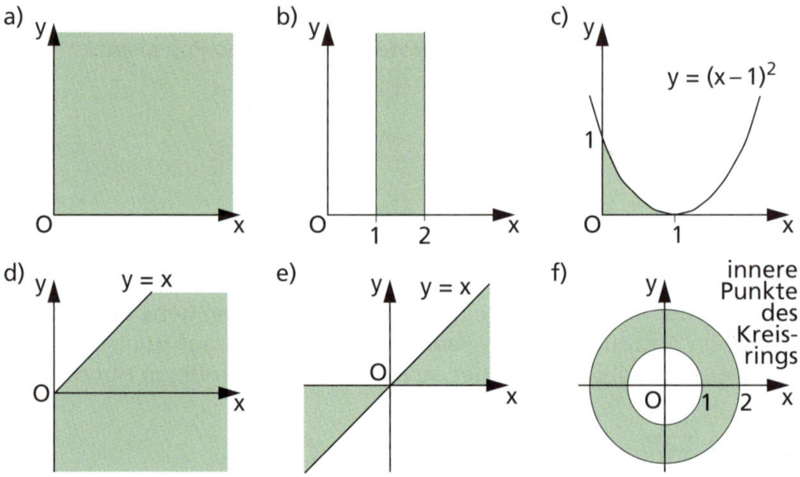

Aufgabe 3.2.10

Warum wird in Turbo Pascal der logische Ausdruck `x<1 or x>2` vom Compiler nicht akzeptiert?

Aufgabe 3.2.11

Moderne prozedurale Programmiersprachen enthalten auch Sprachelemente zur Verarbeitung von alphanumerischen Zeichen des Maschinencodes (ASCII oder EBCDIC). Entsprechend dem Konzept arithmetischer und logischer Ausdrücke ist es möglich, Zeichen und Zeichenketten durch Zeichenkettenoperatoren und -funktionen zu verknüpfen. Die Auswertung (Berechnung) solcher Ausdrücke liefert dann eine Zeichenkette, im einfachsten Falle ein Zeichen. In Turbo Pascal kann mit der Funktion chr bzw. char ein ganzzahliger Wert aus [0 ... 255] in das korrespondierende Zeichen des ASCII konvertiert werden; umgekehrt liefert die Funktion int den numerischen Wert eines ASCII-Zeichens.

Welche Werte liefern die folgenden Ausdrücke?

a) `chr(103)` b) `chr(32)` c) `char(110) + 'ein'`

d) `char(66) + 'er' + char(108) + 'in'`

e) `int('9')` f) `int('$')` g) `int('z')`

h) `int('.')` i) `(int(chr('3'))-int(chr('0')))*10 + 1`

Die Apostrohe in den Ausdrücken sind syntaktisch erforderlich!

Aufgabe 3.2.12

Der Wert eines Ausdrucks kann einer Variablen in einer Ergibtanweisung zugewiesen werden. Sie hat die Form `variable := ausdruck`
Die Typen der linken und rechten Seite dieser Anweisung müssen verträglich sein.

Welche Werte werden in den folgenden Ergibtanweisungen zugewiesen?

a) `x := 121 / 2`
b) `j := 121 div 2`
c) `k := 121 mod 2`
d) `q := 121 = 2`
e) `s := char(121)`
f) `r := sqr(7.2)*pi`

Aufgabe 3.2.13

Man gebe Programmzeilen zur Berechnung folgender geometrischer Formeln an!

a) Kreisfläche $A = \pi r^2$
b) Dreiecksfläche $A = \sqrt{s(s-a)(s-b)(s-c)}$ worin s den halben Dreiecksumfang bezeichnet
c) Kegelvolumen $V = \frac{1}{3}\pi r^2 h$
d) Kegeloberfläche $O = \pi r(\sqrt{r^2 + h^2} + r)$
e) Kugelkappe $K = 2\pi rh$
f) Kugelabschnitt $V = \frac{\pi}{3} h^2(3r - h)$

Aufgabe 3.2.14

Geben Sie für die folgenden, in technischen Berechnungen häufig vorkommenden Formeln Ergibtanweisungen an!

a) Gesamtwiderstand zweier paralleller Widerstände: $R = \frac{R_1 + R_2}{R_1 \cdot R_2}$
b) Linsengleichung: $\frac{1}{f} = \frac{1}{b} + \frac{1}{g}$. Man gebe die Berechnung von f, b und g an!
c) Joulesches Gesetz: $Q = 0{,}239\ I^2Rt$
d) Poissonsches Gesetz: $p_1 = p_2\left(\frac{V_2}{V_1}\right)^{1,4}$

Das *Poissonsche Gesetz* gilt bei der Zustandsänderung idealer zweiatomiger Gase.

Aufgabe 3.2.15

Unter Verwendung der folgenden Werte für a und b gebe man an, welchen Wert x in den folgenden Anweisungen erhält!

a	−2	−2	2	4	4	4
b	0	−2	−2	3	4	7

a) `if a <= b then x := a else x := 1`
b) `if a <= b then x := b else x := b + 2*a`
c) `if a <= b then x = (a-b)* exp(b*ln abs(a)) else x := 1/a`
d)
```
if a<=b then x := 3 else if a >= 4 then x := -1
else  x := a+b
```

Aufgabe 3.2.16

Geben Sie eine Anweisung zur Berechnung des Maximums von drei Zahlen a, b und c an!

Aufgabe 3.2.17

Sind die Turbo Pascal-Anweisungen

a) `if x<y then a:=1; b:= 0 else c:=0`

b) `if x < y then else c := 0`

syntaktisch richtig gebildet?

Aufgabe 3.2.18

Das Diagramm zeigt einen Algorithmus zur Berechnung der Lösungen einer quadratischen Gleichung.
Geben Sie dafür Turbo Pascal-Anweisungen an!

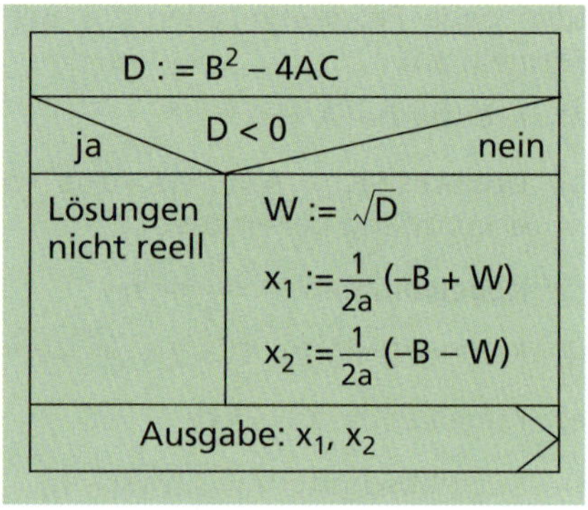

Aufgabe 3.2.19

Für Testzwecke sind in einem eindimensionalen Feld mit n Komponenten als zufällige reelle Werte aus dem Intervall [0...2] zu erzeugen. Geben Sie dafür eine Turbo Pascal-Anweisung an!

Aufgabe 3.2.20

Es liegen 20 Werte einer Stichprobe in einem eindimensionalen Feld x gespeichert vor. Geben Sie Turbo Pascal-Anweisungen an zur

a) Berechnung des Mittelwertes $\bar{x} = \frac{1}{20} \sum_{i=1}^{20} x_i$

b) Berechnung des Streuungsquadrats $s^2 = \frac{1}{19} \sum_{i=1}^{n} (x_i - \bar{x})^2$

Aufgabe 3.2.21

Es liegen n Werte $x_1, x_2, \ldots, x_n$ einer Stichprobe vor, $n > 2$. Es ist die größte Differenz der Stichprobenwerte zu bestimmen. Geben Sie ein Struktogramm für den Algorithmus und Turbo Pascal-Anweisungen an!

Aufgabe 3.2.22

Es sind Programmzeilen zum Vertauschen aller Werte der Spalte i mit allen Werten der Spalte j in einer Tabelle t mit m Zeilen und n Spalten, also einer (m, n)-Matrix, anzugeben.

Aufgabe 3.2.23

Es ist die Summe der Elemente oberhalb der Hauptdiagonalen einer (n, n)-Matrix a zu berechnen. Geben Sie dafür Programmzeilen an!

Aufgabe 3.2.24

Es sind Programmzeilen anzugeben zur Erzeugung von 20 zufälligen Zahlen, anschließend sind diese Zahlen in aufsteigender Folge zu sortieren!

Aufgabe 3.2.25

Es sind die Werte der Funktion $y = 0{,}1\,x^2 - 13{,}3x + 10{,}2$ im Intervall [1...2] mit der Schrittweite 0,05 zu tabellieren!

Aufgabe 3.2.26

Eine Nullstelle der Funktion $y = 0{,}1\,x^2 - 13{,}3x + 10{,}2$ liegt im Intervall [0...1]. Geben Sie einen Algorithmus zur Bestimmung der Nullstelle mittels Intervallschachtelung an (Struktogramm und Programmzeilen)!

Aufgabe 3.2.27

Die dritte Wurzel aus einer Zahl a lässt sich iterativ nach folgender Formel berechnen:

$$x_{n+1} = \frac{1}{3}\left(2x_n + \frac{a}{x_n^2}\right)$$

Als Anfangswert der Iteration kann a gewählt werden. Geben Sie für den Algorithmus ein Struktogramm und Programmzeilen an!

Aufgabe 3.2.28

Welchen Wert hat y?

```
y := 1.0;
n:= 7;
{x habe einen Wert <> 0}
if n < 0 then begin n := -n; x := 1/x end;
while n > 0 do
begin odd(n) {testet, ob n ungerade ist} then y := y * x;
x := sqr(x); n := n div 2;
writeln(y);
```

Aufgabe 3.2.29

Formulieren Sie die Iteration aus Aufg. 3.2.27 mittels repeat-Anweisung von Turbo Pascal!

Aufgabe 3.2.30

Der Wert des periodischen Kettenbruchs $1 + \cfrac{1}{2 + \cfrac{1}{2 + \cfrac{1}{2 + \ldots}}}$ soll näherungsweise berechnet werden.

Die Berechnung soll abgebrochen werden, wenn die Differenz zweier aufeinander folgender Näherungen dem Betrage nach kleiner als 10^{-7} ist. Formulieren Sie den Algorithmus durch einen Turbo Pascal-Zyklus!

Aufrufe von Funktionen und Prozeduren stellen in Bezug auf die Programmsteuerung Verzweigungen dar.
Funktionen und Prozeduren werden als Bausteine codiert und durch Aufruf in das Programm eingefügt.

Aufgabe 3.2.31

Man schreibe eine Funktionsunterprogramm zur Berechnung eines Wertes der Funktion $y = x^2 + 3{,}4x - 2.5|x| - 0{,}4$ und benutze diese Funktion um eine Wertetabelle für das Intervall [-3...3] mit der Schrittweite 0,5 auf dem Bildschirm zu erzeugen!

Aufgabe 3.2.32

Es ist eine Funktionsprozedur zu schreiben zur Berechnung der Fakultät!

Aufgabe 3.2.33

Es ist eine Prozedur zu codieren, die die Tageszinsen und den neuen Kontostand berechnet, wenn als Parameter *alter Kontostand* und *Datum* (als Nummer des Tages im Jahr), *Einzahlung* und *Einzahlungsdatum* und *Zinssatz* übergeben werden!

In prozeduralen Programmiersprachen werden Definitionsbereiche für Programmgrößen (Konstanten und Variablen) durch die Zuordnung von Typen beschrieben. In neueren Sprachen (Pascal, Modula 2, C, C++) erfolgt diese Zuordnung explizit, in älteren aber durchaus noch genutzten Programmiersprachen gibt es auch implizite Typfestlegungen. In den folgenden Aufgaben zum Abschnitt 3.3 ist das Typkonzept von Turbo Pascal zugrunde gelegt.

3.3 Typen

Aufgabe 3.3.1

Die Bezeichner der am häufigsten auftretenden Typen haben vordefinierte Namen („vordefiniert" bedeutet dabei, dass die Bezeichner dem Compiler bekannt sind).
Zählen Sie die wichtigsten Typbezeichner für einfache Typen auf und geben Sie die Definitionsbereiche an!

Aufgabe 3.3.2

Kompatibilität in Ausdrücken: Werte einfacher Typen sind Operanden von Ausdrücken. Solche Ausdrücke treten als rechte Seiten von Ergibtanweisungen auf, in Bedingungen zur Steuerung von Programmverzweigungen und als aktuelle Parameter beim Aufruf von Funktionen und Prozeduren. Die einfachste Form von Ausdrücken sind Konstanten.

a) Von welchem Typ (oder Teilbereich eines Typs) sind die folgenden Konstanten?

```
const i = 1;
      x = 1.0;
      c = '1';
```

b) In arithmetischen Ausdrücken können Werte numerischer Typen beliebig gemischt werden (mixed mode). Von welchem Typ ist das Ergebnis eines arithmetischen Ausdrucks?

c) Welche Fehler enthalten folgende Programmzeilen?

```
const j = 4.0;
var i: integer; x: real;
x := i; x := round(x+i);
i := j; j := i;
x := sqrt(x); i := round(sqrt(j));
i := sqrt(i);
i := integer(x);
i := integer ('a'); ...
```

Aufgabe 3.3.3

Darstellung von Werten einfachen Typs in Ausgabeoperationen:
Werte einfacher Typen durch Aufzählung von Ausdrücken können mittels write- oder writeln-Anweisungen auf den Bildschirm (allgemeiner in ein Textfile) ausgegeben werden.
Die Anzahl der zu verwendenden Positionen im Ausgabebereich kann unmittelbar hinter dem Wert in der Form „`:länge`" angegeben werden. Für reelle Zahlen kann außerdem die Anzahl der Dezimalstellen festgelegt werden in der Form „`:länge:dezimalstellen`".

Geben Sie Anweisungen an, um die Werte

a) von x^2 mit 6 Dezimalstellen,

b) von $\frac{kp}{100}$ mit 3 Dezimalstellen und

c) die Zeile „Kreisfläche = 37.25 qcm"

auszugeben!

37,25 ist als numerische Konstante zu behandeln.

Aufgabe 3.3.4

Einfachen Variablen können im Dialog Werte zugewiesen werden. Die Werteanforderung erfolgt bei der Abarbeitung von read- bzw. readln-Anweisungen des Programms.

Schreiben Sie ein Programm, das die Längen der Seiten eines Dreiecks anfordert und den Flächeninhalt des Dreiecks ausgibt!

Aufgabe 3.3.5

Der Typbezeichner für Zeichenketten in Turbo Pascal ist `string`.
In nachgestellten eckigen Klammern kann die maximale Länge angegeben werden. Strings können als Konstanten und als Variablen benutzt werden.

```
var stvar, s :string; ... stvar := 'Informatik ';
```

a) Ergänzen Sie den Wert der Variablen `stvar` durch die Zeichenfolge 'hat Zukunft'!

b) Welchen Wert erhält q durch `q := '5' < '15';` ?

c) Welchen Wert erhält s durch `s := copy(stvar, 3, 4);` ?

Aufgabe 3.3.6

Als Vektor werden eindimensionale Felder bezeichnet. Die Komponenten des Vektors werden durch Indizes adressiert.

```
var iv: array [1..12] of integer;
   rv: array [0..19] of real;
   j: integer;
```

Die Komponenten des Vektors `iv` sollen als Werte mit ihren Indizes belegt werden; die ersten beiden Komponenten des Vektors `rv` mit zufälligen reellen Werten zwische 0 und 10, alle weiteren mit dem Mittelwert der beiden vorhergehenden Komponenten.

Geben Sie dafür Anweisungen an!

Aufgabe 3.3.7

Matrizen sind Vektoren, deren Komponenten Vektoren sind, also z. B.:

```
var g: array [1..n] of array [0..25]  of real;
```

Dafür darf geschrieben werden:

```
var g: array [1..n,0..25] of real;
```

Die Elemente einer Matrix werden durch die Angabe von zwei Indizes adressiert, z. B. `g[5, i + j]`.

Für eine Matrix a mit 12 Zeilen und 10 Spalten sind die Summen der Zeilen und die Summen der Spalten zu bilden und in zwei Vektoren `z_summe` und `s_summe` zu speichern! Geben Sie dafür Programmzeilen an!

Aufgabe 3.3.8

Durch den Recordtyp werden Programmgrößen unterschiedlicher Typen zu einem Ganzen zusammengefasst, z. B.

```
type bsp = record x, y: real;
                  k1, k2: word;
                  u: array[1..5] of string
           end;
var r1, r2: bsp;
```

Der Zugriff zu den Komponenten einer Recordvariablen erfolgt durch die Angabe des Variablennamens und durch Punkt getrennt durch den Namen des Datenfeldes, also z. B. `r1.x` oder `r2.u[1]`.

Geben Sie Eingabeoperationen an, um die Variable r2 mit Werten zu belegen!

Aufgabe 3.3.9

Textfiles enthalten Zeichenfolgen des Maschinenalphabets, strukturiert durch Zeilenendezeichen und Fileendezeichen, die vom Laufzeitsystem erkannt werden. Die am häufigsten benutzten Textfiles sind der Drucker und die Tastatureingabe mit Bildschirmecho.

Ein Text liegt gespeichert vor. Er soll durch das Vertauschen von Buchstaben verschlüsselt werden. Geben Sie dafür Programmzeilen an!

Aufgabe 3.3.10

Entwerfen Sie einen Datensatz zur Aufnahme von Kundendaten und geben Sie Vereinbarungen und Anweisungen an, um solche Sätze in einem File zu speichern!

Aufgabe 3.3.11

Auf der folgenden Seite ist das Listing eines syntaktisch korrekten Programms gegeben. Es zeigt das prinzipielle Vorgehen bei der Vereinbarung und Verwendung von Record-Variablen.

a) Testen Sie das Programm mit beliebigen Werten!

b) Erklären Sie die Datenfeldbezeichner `stckpr` und `gesamt` als INTEGER-Werte und korrigieren Sie das Programm so, dass es wieder korrekte Ausgaben liefert.

```
program records;
const abstand = '    ';
type
    ware = record bez: string[20];
                  wanr: string[10];
           end;
    abgabe = record w: ware;
                  anzahl: INTEGER;
                  stckpr, gesamt: REAL;
                  mwst: BYTE;
           end;
var
    k: record kunde: string[25];
                  kauf: abgabe
           end;
begin
    WRITE('Kundenname: '); READLN(k.kunde);
    WRITE('Warenbezeichnung:');
    READLN(k.kauf.w.bez);
    WRITE('Warennummer: '); READLN(k.kauf.w.wanr);
    WRITE('Stückpreis eingeben: ');
    READLN(k.kauf.stckpr);
    WRITE('Gekaufte Anzahl eingeben: ');
    READLN(k.kauf.anzahl);
    WRITE('MW-Steuer in %: ');
    READLN(K.KAUF.MWST);
    k.kauf.gesamt := k.kauf.anzahl * k.kauf.stckpr *
           (k.kauf.mwst + 100)/ 100;
    {Jetzt beginnt die Ausgabe zur Kontrolle:}
    WRITELN;
    WRITELN('Firma '+ k.kunde);
    WRITELN('Für ', k.kauf.w.wanr,abstand, k.kauf.w.bez);
    WRITELN('berechnen wir Ihnen');
    WRITELN;
    WRITELN(k.kauf.gesamt:8:2,' DM');
end.
```

Aufgabe 3.3.12

Der Typ eines Unterprogramms wird bestimmt durch die Angaben über die Verbindung zu dem Programm(abschnitt), das dieses Unterprogramm aktiviert, über die Schnittstellenbeschreibung. Dazu gehört die Angabe, ob es sich um eine Funktion oder eine Prozedur handelt, ferner Angaben über Anzahl, Typen und Reihenfolge der Parameter. Der Name des Unterprogramms ist dabei belanglos.

Geben Sie mit der Notation von Turbo Pascal Typen für eine reellwertige Funktion

a) einer reellwertigen Variablen   b) einer ganzzahligen Variablen

an!

Aufgabe 3.3.13

Der Prozedurkopf für einen Algorithmus zum Umsortieren eines eindimensionalen Feldes (vom Typ `vektor1`) von Sätzen in ein zweites Feld vom Typ `vektor2` lautet:

```
procedure umsortieren (n: word; original: vektor1;
   var sort: vektor2);
```

Wie müssen Variablen `v1` und `v2` vereinbart sein, wenn ihnen als Wert diese Prozedur zugewiesen werden kann?

Als dynamische Variablen bezeichnet man solche Variablen, die bei Bedarf während der Laufzeit eines Programms erzeugt und nach Möglichkeit auch wieder vernichtet werden können. Der Zugriff zu diesen Variablen erfolgt über Pointervariablen (Zeigervariablen), das sind Variablen von einem Zeigertyp.

Aufgabe 3.3.14

Skizzieren Sie die Vereinbarung von zwei Zeigervariablen, mit deren Hilfe der Zugriff zu dynamischen Variablen von einem Recordtyp erfolgen kann!

Aufgabe 3.3.15

Zur Erzeugung dynamischer Variablen gibt es in Turbo Pascal die auf beliebige Variablen von einem Zeigertyp anwendbare Standardprozedur `new(zeigervariable)`.
Welche Wirkung hat die Abarbeitung dieser Prozedur?

Aufgabe 3.3.16

Für die Anlage einer einfach-verketteten Liste, die dynamisch erzeugt werden soll, muss der Typ einer Listeneintragung vereinbart werden. Skizzieren Sie diese Typvereinbarung in Turbo Pascal!

3.4 Programmierung

Aufgabe 3.4.1

Arbeitsschritte bei der Programmentwicklung ↗ S. 213 ff.

Bei den folgenden Aufgaben kommt es darauf an, das Vorgehen vom Problem zu seiner Lösung zu konzipieren. Es sind die Arbeitsschritte bei der Programmentwicklung inhaltlich zu beschreiben, und zwar einerseits so genau und vollständig wie möglich, andererseits anschaulich durch den Entwurf von Dialogmenüs, Erarbeitung von Testdaten usw.

Für die Berechnung dreieckiger (ebener) Flächen genügen drei Maßzahlen (entsprechend der Kongruenzsätze für Dreiecke), bei kartenmäßig erfasstem Gelände die Koordinaten der drei Eckpunkte.

a) Landvermessung kann auf die Bestimmung von Dreiecken zurückgeführt werden. Entwickeln Sie ein Programm, das im Dialog die Eingabedaten erfragt und die Maßzahlen der Dreiecksflächen liefert!
Anleitung: Wie soll der Dialog erfolgen? Welche Reaktionen sind bei Fehleingaben vorgesehen? Was gehört in die Anwenderdokumentation?

b) Die für den Chemieunterricht zur Verfügung stehenden Chemikalien sollen in einer Datensammlung erfasst werden!
Hinweise: Ist eine Unterteilung der Sammlung sinnvoll? Entwerfen Sie die Struktur der Datensätze (Attribute der Teile des Datensatzes)! Sind Summenformeln aufzunehmen und wie müssen diese codiert werden? Welche Programmierwerkzeuge sollen genutzt werden? Erarbeiten Sie Konzepte für die Bereitstellung der Eingabedaten sowie für die Verwaltung der Datei und ihren Schutz vor unberechtigtem Zugriff und Testrahmen und Testdaten für eine Minimalversion!

Aufgabe 3.4.2

Geben Sie einen Algorithmus an um zu prüfen, ob a, b und c Maßzahlen der Seitenlängen eines Dreiecks sein können!

Aufgabe 3.4.3

Prüfen Sie mit verschiedenen Anfangswerten für a, b, c und d (a, b, c, d natürliche Zahlen) welcher Wert jeweils ausgegeben wird!

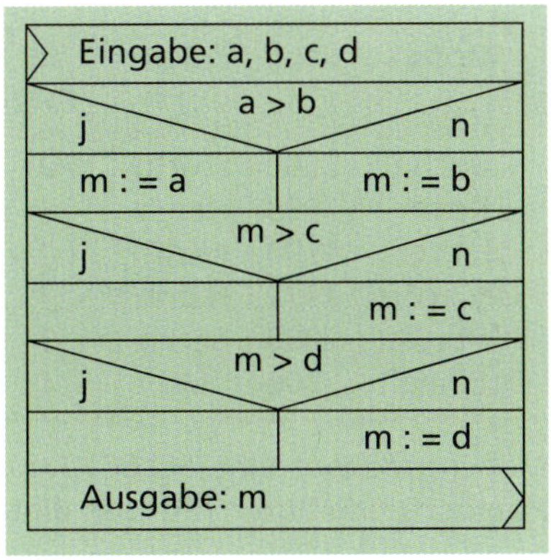

Aufgabe 3.4.4

Entwickeln Sie einen Algorithmus zur Erzeugung einer Tabelle zur Berechnung des metallischen Querschnitts und des Gewichts pro Meter von Rohrleitungen mit dem Außendurchmesser 1 Zoll und variablem Innendurchmesser!

Aufgabe 3.4.5

Schreiben Sie einen Algorithmus zur Entzifferung der Buchstabenfolge LCGPCDPCKKMQ!
Das „Rezept" dieser Geheimschrift ist, dass das Wort rückwärts geschrieben wurde und außerdem jeder Buchstabe durch den zweiten im Alphabet davor stehenden ersetzt ist.
Setzen Sie den Algorithmus in ein Programm um!

Aufgabe 3.4.6

Die Werte $a_1, a_2, \ldots, a_n$ liegen vor.

a) Testen Sie die Wirkung des im nebenstehenden Struktogramm dargestellten Algorithmus mit selbst gewählten Werten!

b) Schreiben Sie ein entsprechendes Programm!

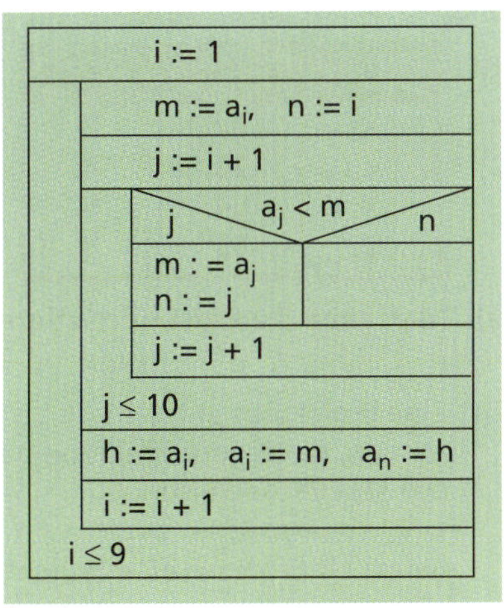

3.5 Datenbankentwicklung

Der Begriff **Relationship** oder **Relation** wird in der Terminologie der relationalen Datenbanken zur Bezeichnung von Dateien benutzt, deren Inhalt eine Tabelle ist.

Eine Relation ist eine Tabelle aus einer endlichen Anzahl von Zeilen und Spalten. Die Spalten sind durch Attribute A_i identifiziert. Das n-Tupel (A_i, ..., A_n) heißt **Relationenschema.**

Von einer Relation wird gefordert, dass alle Zeilen verschieden sind.

Aufgabe 3.5.1

Gegeben seien folgende Beispiele für Relationen:

1. Muenzsammlung_10_DM

Motiv	Jahr	Prägeort	Anzahl
Bach	2000	Stuttg	2
Koch	1993	Hamb	1
Herder	1994	Karlsr	2
OlympSp	1972	Hamb	1
Weltausst	2000	Berlin	3
DtEinheit	2000	Mü	4

2. Muenzsammlung_5_DM

Jahr	Prägeort	Anzahl	Katalogwert
1975	Mü	3	18,5
1975	Stuttg	6	18,5
1975	Karlsr	1	18,5
1993	Berlin	4	25,0
1993	Hamb	1	25,0

Man formuliere eine SELECT-Anweisung (in SQL2) zur Auswahl der in Hamburg geprägten Münzen dieser Sammlungen!

Aufgabe 3.5.2

In der Datenbanksprache SQL 2 kann man den Aufbau von Entitäten durch die CREATE-Anweisung beschreiben.

a) Geben Sie eine CREATE-Anweisung für eine Eintragung in einer Zeile in einer Relation PERSONAL an, in der alle Verkäufer erfasst sind! Geben Sie dann eine SELECT-Anweisung an, die alle Verkäuferinnen auswählt, die mindestens 5 Jahre im Betrieb sind!

b) Machen Sie Vorschläge für die Beschreibung der Entitäten Klasse, Schule, Unterrichtsraum!

Aufgabe 3.5.3

Die Wirkung der **Selektion** ist die Auswahl einer oder mehrerer Zeilen einer Relation nach gegebenen Attributwerten. Die Ergebnisrelationship hat die gleichen Attribute aber (normalerweise) weniger Zeilen.

Gegeben seien zwei Relationen:

R1

a	b	c
X	01	2
Z	22	4
Y	54	5
Z	65	8

R2

d	e	f
Z	10	4
Y	20	1
X	30	2
X	30	8

a) Man gebe die Ergebnisrelation folgender SELECT-Anweisung an!

```
R = SELECT e, f FROM R2 WHERE d = 'X'
```

b) Eine **Projektion** entsteht durch das Streichen von Attributen im Operanden, die Ergebnisrelation hat also weniger Attribute.
Die SELECT-Anweisung

```
R = SELECT DISTINCT a, b FROM R1
```

liefert als Ergebnis eine Projektion. Geben Sie das Ergebnis an!

TECHNISCHE INFORMATIK | 4

Zum Gegenstand der technischen Informatik ↗ auch S. 10.

Die technische Informatik rückt den Computer in seiner Gegenständlichkeit in den Vordergrund. Damit wird der große Bereich der Hardware zusammengefasst. Kaum eine Hardware lässt sich heute jedoch noch ohne die ideellen Voraussetzungen, die als Betriebssystem und Programme (Software) überhaupt erst die Funktion eines Computers ausmachen und entscheidend seine Effizienz bestimmen, betreiben.

4.1 Der Computer und sein Betriebssystem

4.1.1 Aufbau und Funktion eines Computersystems

Algorithmen und Computer

Das menschliche Leben wird mit einer Vielzahl von Handlungen gestaltet, dem Zähneputzen, Staubsaugen, Schreiben und Lesen, dem Umgraben, Tafelabwischen oder dem Bearbeiten von Werkstücken mit Maschinen. Solche Handlungen lassen sich in kleinere Bestandteile, in Operationen zerlegen. Leicht lässt sich feststellen, dass viele kleinere Bestandteile einer Handlung sich wiederholen.

Das Telefonieren aus einer öffentlichen Telefonzelle heraus könnte zur erfolgreichen Ausübung mit folgenden Schritten beschrieben werden:

1. Hörer abnehmen
2. Telefonkarte einführen
3. Freizeichen abwarten
4. Nummer des gewünschten Teilnehmers wählen

Solche festgefügten Handlungsabläufe kennt man als Rezepte zum Backen, Kochen und Braten, als Bedienanleitungen zum Stellen einer Uhr, als Bauanleitungen für elektronische Schaltungen, als Schutzmaßnahmen für den Fall von Katastrophen und Unfällen oder als handwerkliches Verfahren usw. Die stete Wiederkehr und Wiederholung reizte die Menschen, sich Mechanismen, Maschinen und Automaten zu schaffen.

Türöffner von HERON VON ALEXANDRIA (um 100):

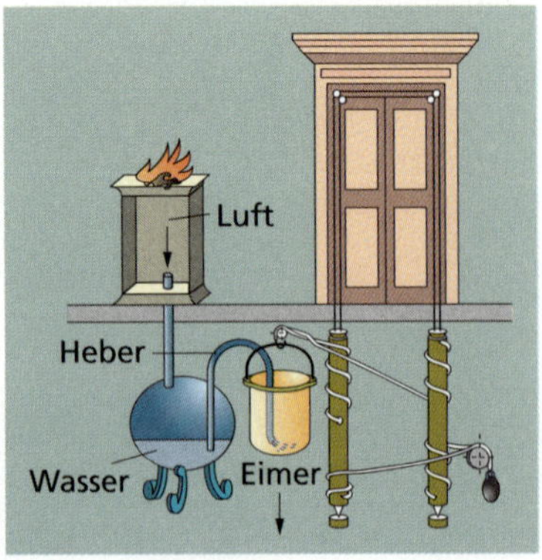

Dieser Automat öffnet und schließt die Tür wie von Geisterhand betätigt. Wird die Flamme des Altars entzündet, entsteht durch die abgegebene Wärme ein Überdruck im Druckbehälter. Das Wasser wird über den Heber in den Wasserbehälter gedrückt. Wenn die wirkende Gewichtskraft größer als die Gegengewichtskraft ist, dreht die Kette die umwickelten Zylinder und zieht die Türflügel zu den Seiten auf. Das Erlöschen der Flamme bewirkt das Gegenteil. Im Druckbehälter entsteht ein Unterdruck, der den Heber leer saugt. Die Gegengewichtskraft wird größer und schließt die Türflügel.

Den Handlungsalgorithmus quasi als „primitivste" Ebene eines Algorithmus wusste bereits HERON VON ALEXANDRIA für die automatische Türöffnung eines Tempels zu nutzen. Die Sinnnähe zur Datenverarbeitung besteht nun darin, dass Rechner sich in vergleichbarer Weise zum Automaten verhalten, vom Standpunkt der algorithmischen Verarbeitung der Daten sozusagen Automaten sind. Jegliche Operationen des Rechners, seien sie auch noch so sehr in ihre kleinsten Bestandteile zerlegt, basieren auf dem Hintergrund ihrer algorithmischen Beschreibbarkeit. Der kardinale Unterschied zum Türöffner ist – abgesehen vom Gegenstand selbst – die Art der Implementierung von Handlungsanweisungen. Der Mechanismus ist allein auf das Steuern der Tür ausgerichtet. Etwas anderes vermag diese interne Steuerung dann auch nicht zu leisten. Mit entsprechender Peripherie wäre dazu durchaus auch der Computer in der Lage. Daneben wäre er aber auch für eine Vielzahl anderer Dinge geeignet, da die Befehle in einem Programm abgearbeitet werden, das wiederum schier unendlich viele Problemlösungen bereitzustellen vermag. Dieser Vorgang beschreibt eine externe Steuerung, die ihren Durchbruch mit der lochkartengesteuerten Webmaschine von JACQUARD fand.

Der Franzose JACQUARD konstruierte 1804 einen Webstuhl, der alle Grundoperationen des Webens mechanisierte.

Das besondere, neuartige Element war der extern angebrachte Befehlsspeicher zum Weben des Musters. Es war in perforierte Karten eingestanzt. Diese Karten konnten beliebig ausgewechselt werden.

Mit der gleichen Maschine ließen sich mit wenigen Handgriffen des Umrüstens die unterschiedlichsten Muster fertigen.

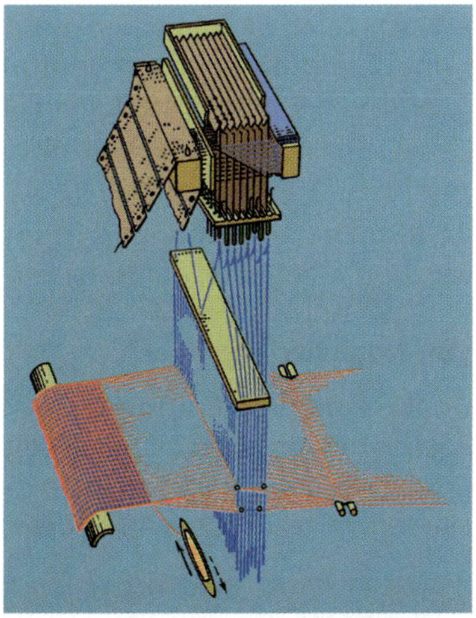

Es gibt verschiedene Operationsfolgen als Grundregeln der Mathematik.

Die Zahlen 17 und 35 sollen addiert werden. Zunächst werden die Einer zusammengefasst: 7 + 5 = 12. Der gemeinsame Einer ist die 2. Es entsteht ein so genannter Überlauf, eine 1 in der Zehnerstelle. Diese ist der Summe der Zehner 1 + 3 = 4 noch hinzuzufügen und ergibt somit 5. Im Ergebnis der Rechenaufgabe steht 51.

Es gibt andere Algorithmen, etwa zum Subtrahieren, zum Dividieren oder zum Multiplizieren. Die Lösungswege sind allgemein genug, um mit ihnen beliebig andere Zahlen zu berechnen.

Ein Computer ist in der Lage, sich die Algorithmen als Folge von Befehlen zu merken und auszuführen. Das „Gemerkte" steht im Speicher, in dem auch die Daten, die Operanden und Ergebnisse, abgelegt sind.
Es ist also gar nicht zufällig, dass menschliche und technische Aufgabenbewältigungen im Grundsatz identisch sind. Mit dem EVA-Prinzip lässt sich die erforderlich Struktur darstellen.

EVA-Prinzip: ↗ S. 43

Computerarten

Mit **Computer** bezeichnet man gemeinhin eine Universalmaschine, die dem Menschen geistige Routinearbeit abnimmt. Ein Computer kann rechnen und verschiedene logische Operationen bewältigen.

Je nach Bauform, Leistungsumfang und Verwendungszweck können **Kategorien von Computern** unterschieden werden:

- Der **Heimcomputer** in seiner ausschließlichen Bestimmung für den Heimbereich hat sich bereits vollkommen überlebt.
- Die Nachfolge trat der **Personal Computer (PC)** an, der als leistungsfähiger Arbeitsplatzcomputer darüber hinaus in Betrieben und Verwaltungen zum Einsatz kommt. Er ist dafür ausgelegt, möglichst unabhängig von anderen Systemen (engl. stand alone) zu arbeiten.
- Eine **Workstation** zeichnet sich durch höhere Rechen- und Grafikleistung aus. Sie ist in der Lage, mehrere Programme gleichzeitig abzuarbeiten, über den Netzverbund mit anderen Workstations und Servern zu kommunizieren, dabei gemeinsam auf angeschlossene Peripheriegeräte wie Drucker, Scanner und Plotter zuzugreifen.
- Noch relativ klar abgrenzbar sind die **Großcomputer** (engl. mainframes). In großen Rechenzentren erlauben sie den Anschluss einer Vielzahl von Bildschirmarbeitsplätzen (Terminals) und peripheren Geräten. Gleichzeitig können die Anwender auf viele Programme und dieselben Daten zugreifen.

Moderne PCs sind im Grunde genommen schon Workstations; die technische Entwicklung ist längst dabei, diese Differenzierungen aufzuheben.

Aber auch diese Trennung ist im Begriff, sich mit dem Wandel im Netzverbund allmählich aufzuheben.

Von-Neumann-Rechner

Unabhängig von Bauformen und Verwendungszwecken haben fast alle Rechner eines gemein. Sie arbeiten nach dem Prinzip eines speicherprogrammierbaren Rechners, wie ihn der Ungar-Amerikaner JOHN VON NEUMANN bereits im Jahre 1947 beschrieb:

Von-Neumann-Prinzip:

- Ein Rechner besteht aus den Funktionsgruppen Speicher, Leitwerk, Rechenwerk sowie den Ein- und Ausgabegeräten.
- Die konkrete Struktur eines Rechners hängt von den zu bearbeitenden Problemen ab. Die Lösung der zu bearbeitenden Probleme wird durch die austauschbaren Speicherinhalte, darum speicherprogrammierbar, beschrieben.
- Im Speicher sind sowohl die Anweisungen (Programme), als auch die Operanden (Variablen und Daten) abgelegt.
- Die Speicher sind in fortlaufend nummerierten Zellen von gleicher Größe unterteilt.
- Ein Programm besteht aus einer Folge von Anweisungen, die in der Reihenfolge ihrer Ausführung hintereinander gespeichert werden. Sprungbefehle erlauben Abweichungen von dieser sequenziellen Abarbeitung der Befehle.

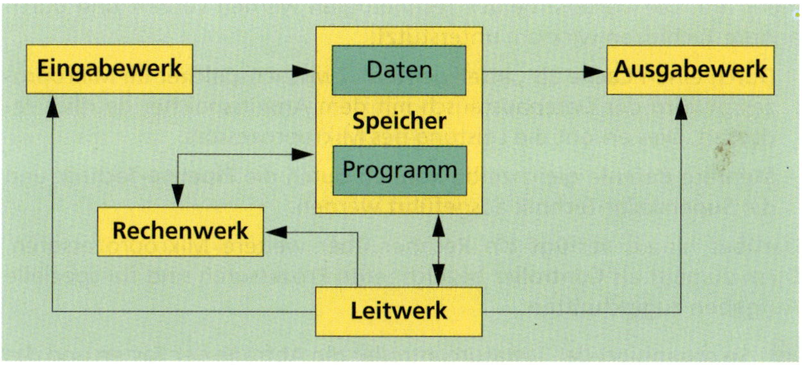

Danach benötigt ein Computer einen **Prozessor,** der aus dem Rechen- und Leitwerk besteht. Er braucht außerdem einen **Speicher** zur Aufnahme der Programme und Daten.

Mikroprozessoren

Die Mikroelektronik minimierte die Elektronik dermaßen, dass sich das Rechenwerk, das Leitwerk (Steuerwerk) und ein flüchtiger Speicher (Register) in einem Bauteil, Schaltkreis, unterbringen ließ. Diese hohe Integration bezeichnet man schließlich als **Mikroprozessor.**

↗ auch S. 44

Der im Mikroprozessor integrierte Primärspeicher vermag nur Teile der gerade abzuarbeitenden Programme und Daten unterzubringen. Er benötigt noch flüchtige und nicht flüchtige Arbeitsspeicher, Sekundärspeicher. In ihren Zugriffszeiten sind sie etwa um eine Zehnerpotenz langsamer, als die im Mikroprozessor. Zum Archivieren und Zwischenlagern werden auch noch nicht flüchtige Tertiärspeicher wie beispielsweise Disketten, Festplatten, DVDs oder Magnetbänder gebraucht. Diese Zugriffszeiten liegen wiederum mindestens eine Zehnerpotenz unter denen des Arbeitsspeichers. Die Kommunikation zwischen Mikroprozessor, Speicher und dem angeschlossenen Bildschirm, der Tastatur, der Maus, dem Drucker und vielen anderen Geräten erfolgt über elektrische Leitungen, dem **Bussystem.** Der Zugriff auf die peripheren Geräte ist gleich mehrere Zehnerpotenzen langsamer als der Prozessor.

Der Mikroprozessor ist das Herz eines Computers. Je mehr Funktionen er ausführen kann, umso einfacher können die Schaltungen um ihn herum bis hin zur Peripherie ausfallen. Dies vereinfacht den Systemaufbau und macht die ganze Anlage schneller. Ein Mikroprozessor „versteht" je nach Typ bis zu einige Hundert Befehlssätze. Diese braucht er zur

- Interpretation und Ausführung von Befehlen,
- für den Umgang mit Zahlen und Operationen,
- zum Berechnen von Aufgaben der höheren Mathematik (Gleitkommazahlen),
- zum Verwalten der Register (Steuer-, Adress- und Datenregister) und
- zum Steuern sämtlicher externer Einheiten, den Speichern und Peripheriegeräten.

Eine Unterscheidung zwischen Prozessorarten mit komplexem **(SISC)** und reduziertem Befehlssatz **(RISC)** hebt die jüngste Entwicklung immer

SISC: complex instruction set computing

RISC: reduced instruction set computing

mehr auf. Die Vorteile beider Technologien werden vereint und durch andere Techniken wirksam unterstützt:

- Durch einen **Cache** als „intelligenten" Zwischenspeicher im Mikroprozessor wird der Datenaustausch mit dem Arbeitsspeicher deutlich reduziert. Dies erhöht die Leistung des Mikroprozessors.
- Mehrere Befehle gleichzeitig können durch die **Pipeline-Technik** und die **Superskalar-Technik** ausgeführt werden.

Zur Einschätzung der Güte einer Rechneranlage insgesamt taugen selbst die Parameter der Zentralen Rechnereinheit noch nicht all zu viel, weil das Zusammenspiel aller integrierter und angeschlossener Komponenten letztlich den Leistungsumfang bestimmen. Die Konfiguration des Rechners und die Qualität seiner peripheren Bestandteile insgesamt haben erheblichen Einfluss auf die Gesamtleistung.

Darüber hinaus verfügt ein Rechner über weitere Mikroprozessoren. Diese zumeist als **Controller** bezeichneten Prozessoren sind für spezielle Aufgaben zugeschnitten.

So organisiert der Tastaturcontroller die Abfrage der Tasten und das Abschicken eines so genannten Scancodes an den Rechner.

Mit einem Controller jeweils sind in der Regel die vielfältigen Ein- und Ausgabegeräte bestückt.

Ein anderer Controller überwacht und steuert die externen Laufwerke.

Und es gibt auch solche Controller, die in Form von Steckkarten Erweiterungen für spezielle Aufgaben übernehmen. Für hochauflösende und schnelle Grafikbildschirme beispielsweise kann ein zusätzlicher Grafik-Controller zur Anwendung kommen.

Spezialprozessoren gibt es für mathematisch-technische Anwendungen etwa zum beschleunigten Rechnen oder für den Umgang mit sehr großen Zahlen.

Zentrale Verarbeitungseinheit und Bussystem

Die Verarbeitung im Computer besorgt die **Zentrale Verarbeitungseinheit** (engl. Central Processing Unit – **CPU**), die Befehle und Daten stehen im Speicher.

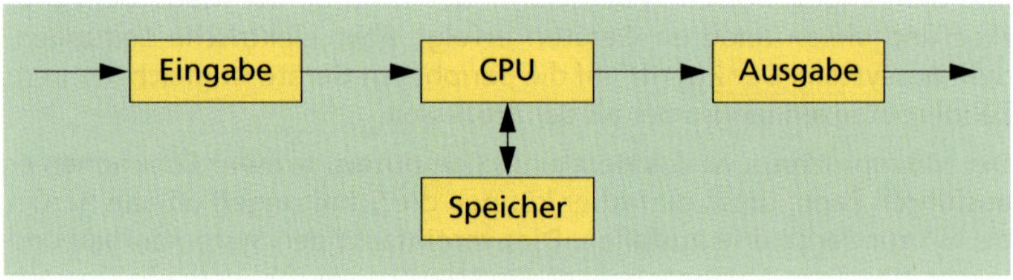

Die Operationen und Daten werden über die CPU im elektronischen Speicher abgelegt. Von dort liest die CPU auch die Operationen und Daten, verarbeitet sie und stellt sie in der Ausgabe der „Außenwelt" zur Verfügung.

Etwas ungewöhnlich mutet die Zahlendarstellung an. Der Rechner arbeitet nicht mit Dezimalzahlen, sondern ausschließlich mit Dualzahlen, deren Grundwert 2 ist. Dies hat technische Gründe: Ein elektronischer Speicher besteht aus n Zellen. Jede Zelle kann zwei Zustände annehmen, `0` und `1`. Die Speicherkapazität ermittelt sich nach 2^n.

In diesen Dualzahlen sind nicht nur die Daten selbst, sondern auch die Befehle zu codieren.

n	2^n	Anzahl möglicher Werte
1	0, 1	2
2	00, 01, 10, 11	4
3	000, 001, 010, 011, 100, 101, 110, 111	8

Bei einem 2 Bit langen Speicher könnten die Befehle und Daten im Computer wie folgt codiert sein:

Code	Daten	Befehl
00	0	Addieren
01	1	Subtrahieren
10	2	Multiplizieren
11	3	Dividieren

Vom Code her ist kein Unterschied zwischen der Darstellung von Daten und Befehlen zu erkennen. Der Computer muss diese Bedeutungsunterschiede natürlich erfassen. Als Speicherwort verwendet man 8 oder ein Vielfaches davon, also 16, 32 oder z. B. 64 zur Darstellung der Werte.

Die CPU muss „wissen", wo sich die Daten und Befehle im Speicher befinden. Jeder Speicherplatz ist darum mit einer binären Adresse versehen. Die Anzahl der verfügbaren Speicherplätze hängt von der Adressbreite ab. Bei einer Breite von 16 Bit können 2^{16} = 65536 Speicherstellen lokalisiert werden. Bei 20 Bit sind es 2^{20} = 1048576 Bit = 1 **MBit.** Man benötigt zum Ansprechen der Adressplätze mehrere elektrische Leitungen, ein ganzes Leitungsbündel. Solche Leitungsbündel bezeichnet man als **Bus,** die Leitungen für die Adressen als **Adressbus.**

Das Ansprechen einer Speicherzelle kann zwei Bedeutungen haben. Entweder es soll der Inhalt gelesen werden, oder es ist ein Inhalt abzulegen, zu schreiben. Diese Mitteilung wird über den **Steuerbus** ausgeschickt. Die Daten werden über den **Datenbus** geführt.

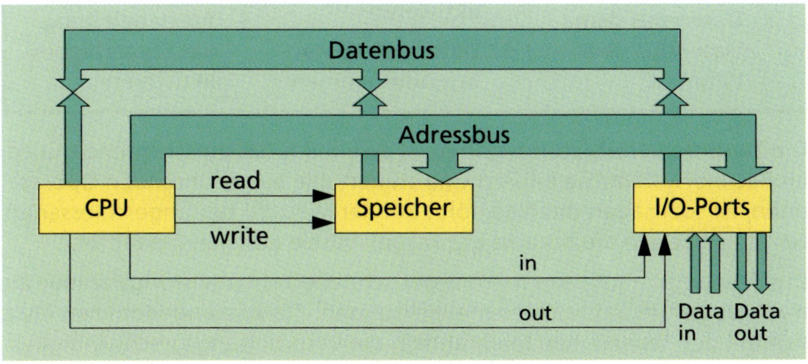

Das **Bussystem** beschreibt die Gesamtheit der Leitungen, wie sie als Bahnen auf den Leiterplatten (Motherboard) oder als flexible Leitungen zwischen den Komponenten geschaltet sind.

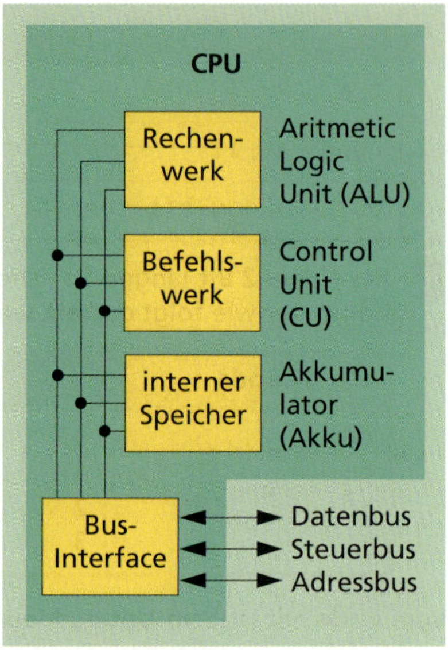

Der **Adressbus** legt den Ort, eine Adresse im Computersystem fest, an die eine bestimmte Aktion gerichtet ist. Das Ziel sind nicht allein die bislang besprochenen Speicherzellen. In der Regel gibt es weit mehr Quellen, aus denen die CPU ihre Daten bezieht beziehungsweise die von ihr mit Daten versorgt werden. Es sind dies beispielsweise ein CD-ROM-Laufwerk, die Festplatte und das Diskettenlaufwerk oder verschiedene externe Geräte wie die Tastatur, ein Drucker und ein Scanner.
Zur eindeutigen Identifizierung der Geräte werden die Ein- und Ausgabestellen, die so genannten **Ports,** mit Nummern versehen.

Die Art der Aktion, also ob nun gelesen oder geschrieben, auch ein- oder ausgegeben wird, legt die CPU über den **Steuerbus** fest.

Der eigentliche Datentransport erfolgt über den **Datenbus.**

Die Aktivitäten der CPU bezüglich des Bussystems lassen sich wie folgt zusammenfassen:

Daten in den Speicher schreiben	Daten aus dem Speicher lesen	Daten eingeben	Daten ausgeben
1. Adresse auf den Adressbus bringen 2. Daten auf den Datenbus bringen 3. Schreibleitung des Steuerbusses aktivieren	1. Adresse auf den Adressbus bringen 2. Leseleitung im Steuerbus aktivieren 3. Daten aus dem Datenbus übernehmen	1. Eingabeadresse auf dem Adressbus generieren 2. Eingabeleitung des Steuerbusses aktivieren 3. Daten vom Datenbus übernehmen	1. Ausgabeadresse auf dem Adressbus generieren 2. Daten auf den Datenbus bringen 3. Ausgabeleitung des Steuerbusses aktivieren

Die Zentrale Verarbeitungseinheit ist zweifellos das entscheidende Glied im Rechnersystem. Sie initiiert und steuert alle auszuführenden Operationen, ist sozusagen das Nadelöhr. Bei der Vielzahl der angeschlossenen Geräte stellt sich die berechtigte Frage, wie sie das alles bewältigt.

Die Anstrengungen, einen Prozessor schneller, eben leistungsfähiger zu machen, gehen in verschiedene Richtungen. Zusammengenommen lässt sich mit den technischen Maßnahmen die Verarbeitungsgeschwindigkeit gleich vervielfachen.
Entscheidend ist schon, mit welcher Wortlänge der Datenaustausch innerhalb (intern) und außerhalb mit den anderen Komponenten (extern) erfolgt. Mit 64 Leitungen kann vereinfacht betrachtet ein 8 mal größerer Datenstrom als bei 8 Leitungen verwirklicht werden.

Reserven werden auch mit der Erhöhung der Taktfrequenz erschlossen. Je höher die Taktrate, umso schneller ist die Arbeitsgeschwindigkeit. Natürlich lässt sich die Taktfrequenz nicht beliebig heraufsetzen. Die Operationen sind zeitlich miteinander abzustimmen, und zwar innerhalb und außerhalb der CPU.

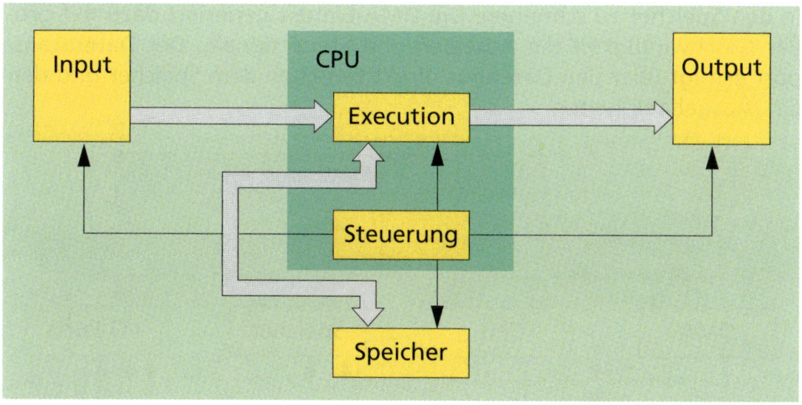

Die Arbeitsgeschwindigkeit wird darüber hinaus noch von der Architektur des Prozessors beeinflusst. Moderne Prozessoren haben zur Beschleunigung des Datenaustausches einen Cache integriert.
Es gibt verschiedene Hersteller von Prozessoren: Intel, Sun, Compac, Mips oder beispielsweise HP. Im PC-Bereich sind Intel beziehungsweise nahezu vollständig kompatible Nachbauten am meisten verbreitet. Die Entwicklung der Intel-Prozessorfamilie gibt darum einen typischen Einblick in die Entwicklung der Prozessortechnik schlechthin:

Prozessor	**interne Wortlänge in Bit**	**externe Wortlänge in Bit**	**Taktfrequenz in MHz**	**Cache[1]**	
				Level 1	**Level 2**
8088	8	8	4,7 – 9,5	–	–
8086	16	16	4,7 – 10	–	–
80286	16	16	6 – 25	–	–
80386 SX	32	16	16 – 20	–	–
80386 DX	32	32	16 – 33	–	–
80486 SX	32	32	16 – 66	8	128
80486 DX	32	32	16 – 100	8	256
Pentium	64	32	60 – 200	8	256
Pentium Pro	64	32	150 – 233	16/256/512	–[2]
Pentium II	64	64	233 – 450	16	512[3]
Pentium III	64		ab 450	16	512

1) Level 1 beschreibt den Cache, der im Prozessor integriert ist. Level 2 ist ein Cache, der auf der Hauptplatine als separates Bauelement untergebracht ist, dort aber ebenfalls die Arbeit des Prozessors unterstützt. Diese Werte können durchaus abweichen.
2) Im Pentium Pro ist der Cache Level 2 ebenfalls im Prozessor integriert.
3) Beim Pentium II findet sich der Cache Level 2 in machen Ausführungen auch integriert im Prozessor.

DMA steht für Direct Memory Access.

In vielen Fällen wird die CPU durch DMA-Funktionsgruppen von Datenübertragungsaufgaben wirksam entlastet.

DMA beschreibt eine Möglichkeit des direkten Zugriffs auf den Speicher. Solche Funktionsgruppen erlauben es, vom Eingabeport direkt in den Speicher zu lesen und umgekehrt, vom Ausgabeport auf direktem Wege in den Speicher zu schreiben. Die DMA-Einheit generiert dazu mit großer Geschwindigkeit die Adressen und Steuersignale. Der Datentransport erfolgt über den Datenbus direkt zwischen dem Speicher und den Ein-/Ausgabeeinheiten.

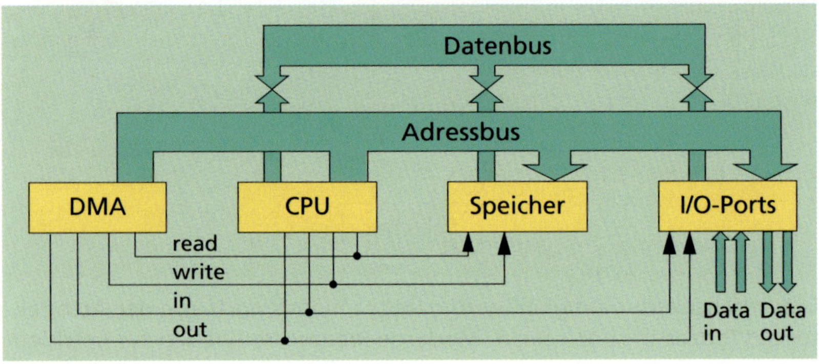

Befehlsbearbeitung

Die Befehle sind hintereinander im Speicher abgelegt. Ein Programmzähler weist durch einfaches Weiterzählen, sofern er nicht vom Programm anders gesetzt wird, jeweils auf die nächste Speicherzelle. Mit der Startadresse liegen somit alle weiteren Befehle fest. Je nach Bitmuster stellen sie bestimmte Bedeutungen dar. Jeder Befehl besteht in der Regel aus 2 Teilen:

Operationsteil	Operandenteil
Was ist zu tun?	Mit welchen Daten ist das zu tun?

Dieser Zusammenhang geht auf John von Neumann zurück.

Bevor ein gelesener Befehl ausgeführt werden kann, muss er erst als solcher erkannt werden. Er wird decodiert.

Im decodierten Operationsteil findet die CPU die Information, aus wie viel Byte der Befehl besteht. Beim 8-Bit-Computer unterscheidet man 1-, 2-, 3- und 4-Byte-Befehle. Noch länger können die Befehlsformate beim 16-Bit-Mikroprozessor und den noch höheren sein.

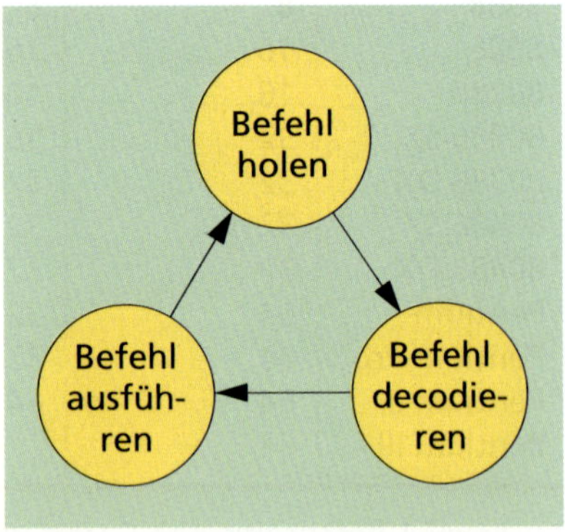

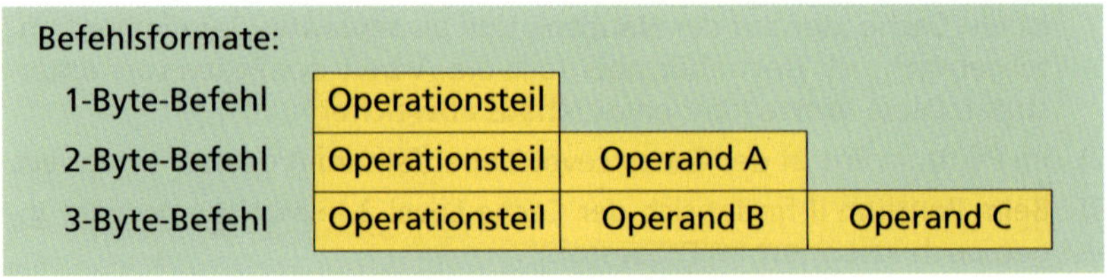

Befehle und Daten stehen im Speicher oft an getrennten Orten. Dies ist der Grund, warum im Operandenteil statt der Daten oft die Adressen stehen. Sie verweisen auf die Speicherzellen, wo die Daten gespeichert sind. Die Operandenadresse von 16 Bit passt nicht ins Register einer 8-Bit-CPU. Darum wird die Operandenadresse in zwei Teile zerlegt, dem niedrigstwertigen Byte (LSB) und dem höchstwertigen Byte (MSB). Mit dieser Festlegung kann die Operandenadresse jederzeit zuverlässig rekonstruiert werden.

niedrigstwertiges Byte: engl. **L**east **S**ignificant **B**yte – LSB

höchstwertiges Byte: engl. **M**ost **S**ignificant **B**yte – MSB)

ALU: engl. **A**rithmetic and **L**ogical **U**nit)

Der Rechner soll nun eine simple Additionsaufgabe ausführen. Für die Operation ist die so genannte ALU zuständig. Sie beherrscht die Grundrechenarten, die mit einem entsprechenden Programm zu jeder mathematischen Aufgabe ausreichen, und darüber hinaus verschiedene logische Operationen wie beispielsweise AND, NAND, OR, NOR oder XOR.

In einem Rechenbeispiel sollen die Zahlen 17 und 29 addiert werden. Die Operandenadressen verweisen auf die Orte mit entsprechenden Einträgen: `ADD <Adresse 1>, <Adresse 2>`

Für die Ablage des Ergebnisses gibt es zwei Varianten. Die erste Variante ist, das Ergebnis überschreibt einfach einen Operanden. Nachteilig könnte sein, dass damit ein Operand verloren geht. Die andere, meist verwendete Variante ist, das Ergebnis in ein Spezialregister der ALU zu schreiben und den Inhalt mit dem nächsten Befehl im Speicher abzulegen. Für die erfolgreiche Durchführung der Operationen besitzt die CPU verschiedene Zwischenspeicher, Puffer und Register. In den Puffern stehen die nächst auszuführenden Daten und Adressen zur Verarbeitung an, um einen reibungslosen Ablauf zu gewährleisten. In den Registern befinden sich die aufgabenbedingten Teile eines Befehls. Am Datenpuffer sind im Bild auf S. 252 das Befehlsregister, zwei Operandenadressregister und zwei Operandenregister (das Beispiel geht von einem Operandenregister und einem Akkumulator aus) angeschlossen.
Dem Programmieren zur Lösung der kleinen Additionsaufgabe steht nichts mehr im Wege, bis auf die Tatsache, dass alles in binären Nullen und Einsen umzusetzen ist. Den Umgang mit solchen Zahlen ist ungewohnt, schnell schleichen sich Fehler ein. Darum liefert der Hersteller einen Befehlssatz in den weit besser lesbaren **Mnemonics.** Programme dieser Schreibweise bezeichnet man als **Assemblerprogramme.**

Natürlich lassen sich solche Mnemonics nicht im Speicher ablegen. Sie werden mit einem Übersetzungsprogramm, dem Assembler aus der Assemblersprache in die Maschinensprache übersetzt.

Und noch eine Vereinfachung wird im Rahmen der Assemblersprache vorgenommen. Die Dualzahlen werden in hexadezimale Zahlen umgewandelt. Um vier Binärziffern darzustellen genügt eine Hexadezimalziffer, ein Byte lässt sich mit einer zweistelligen Hexadezimalzahl beschreiben, einem 8-Bit-LSB und einem 8-Bit-MSB.

Die Umrechnung von Dualzahlen (Bitmuster, b) in Hexadezimalzahlen (h) veranschaulicht die Tabelle:

b	h	b	h	b	h	b	h
0000	0	0100	4	1000	8	1100	C
0001	1	0101	5	1001	9	1101	D
0010	2	0110	6	1010	A	1110	E
0011	3	0111	7	1011	B	1111	F

↗ auch S. 20

Zur Kennzeichnung einer Hexadezimalzahl wird diese mit einem H abgeschlossen.

Das Assemblerprogramm zur Addition könnte wie folgt aussehen:

Operation	Operanden	Kommentar
`LOAD`	`ACCU, 0130H`	Lade den Akku mit dem Inhalt von Adresse 0130 Hex!
`ADD`	`ACCU, 0131H`	Addiere zum Akku den Inhalt von Adresse 0131 Hex!
`STORE`	`ACCU, 0132H`	Speichere das Ergebnis auf Adresse 0132 Hex!

Das Ergebnis steht also in der hexadezimalen Adresse von 01 und 32, dies entspricht den Dualzahlen `0000 0001` und `0011 0010`.

Im Maschinencode, der erste Befehl steht auf der Adresse `0000`, sieht das Programm folgendermaßen aus:

Adresse	Maschinencode	Mnemonics	
`0000`	`13 01 30`	`LOAD`	`ACCU, 0130H`
`0003`	`21 01 31`	`ADD`	`ACCU, 0131H`
`0006`	`12 01 32`	`STORE`	`ACCU, 0132H`

Das Wirken der Befehle auf die Komponenten im Prozessor und auf den Speicher kann am Modell nachvollzogen werden.

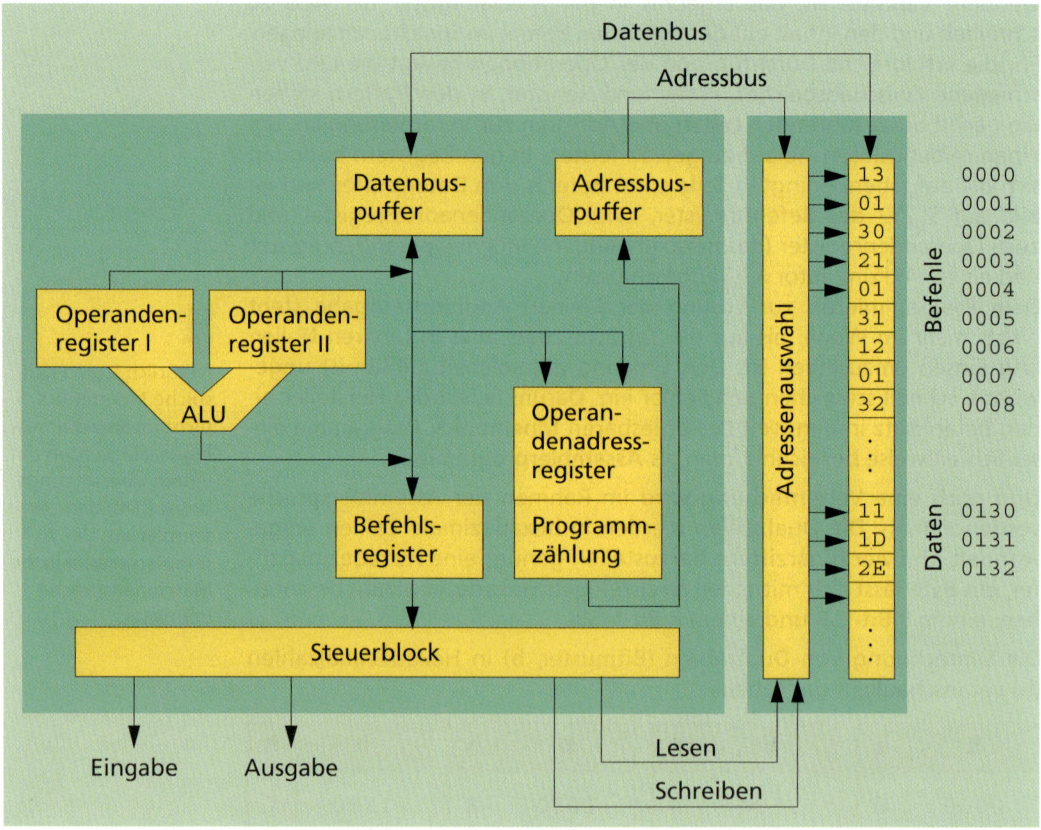

Was passiert nun im Einzelnen?

1. Der Programmzähler bringt die `0000H` auf den Adressbus. Über den Steuerbus wird die Leseleitung aktiviert. Der Inhalt der Speicherzelle

0000H gelangt in den Datenbus, wird von der CPU übernommen und im Befehlsregister abgelegt. Mit dem Operationscode 13H steht der Befehl LOAD ACCU. Im Steuerblock wird der Operationsteil decodiert. Zwei Bytes sind danach noch abzurufen. Der Programmzähler erhöht sich auf 1.

2. Der Befehlszähler 0001H geht in den Adressbus. Die Leseleitung wird aktiviert. Von der Speicherzelle 0001H gelangt der Inhalt in den Datenbus. Die CPU übernimmt den MSB-Operandenteil in das Operandenadressregister. Der Programmzähler wird um 1 erhöht.
   Die beiden dezimalen Summanden müssen natürlich in Dualzahlen umgewandelt werden. Im Programm erscheinen sie der Einfachheit halber als hexadezimale Zahlen.
   Die Operanden erhalten folgendes Aussehen:
   Operand I: 17 = 11H
   Operand II: 29 = 1DH

Die Umrechnung von Dezimal- in Hexadezimalzahlen kann der Tabelle auf S. 21 entnommen werden.

3. Der Befehlszähler 0002H geht in den Adressbus. Die Leseleitung wird aktiviert. Von der Speicherzelle 0002H gelangt der Inhalt in den Datenbus. Die CPU übernimmt den LSB-Operandenteil in den Operandenadressspeicher. Der Programmzähler wird um 1 erhöht.
4. Als Inhalt des Operandenregisters steht die Adresse. Die Leseleitung wird aktiviert. Der Speicher schickt den Inhalt aus Speicherzelle 0130H auf den Datenbus. Die CPU übernimmt den Inhalt 11H in den Akkumulator. Der Befehl LOAD ACCU, 0130H ist abgeschlossen.
5. Der Programmzähler bringt die 0003H auf den Adressbus. Die Leseleitung wird über den Steuerbus aktiviert. Der Inhalt der Speicherzelle 0003H gelangt in den Datenbus, wird von der CPU übernommen und im Befehlsregister abgelegt. Mit dem Operationscode 21 steht der Befehl LOAD ACCU. Im Steuerblock wird der Operationsteil decodiert. Zwei Byte sind danach auch hier abzurufen. Der Programmzähler erhöht sich um 1.
6. Der Befehlszähler 0004H geht in den Adressbus. Die Leseleitung wird aktiviert. Von der Speicherzelle 0004H gelangt der Inhalt in den Datenbus. Die CPU übernimmt den MSB-Operandenteil in das Operandenadressregister. Der Programmzähler wird um 1 erhöht.
7. Der Befehlszähler 0005H geht in den Adressbus. Die Leseleitung wird aktiviert. Von der Speicherzelle 0005H gelangt der Inhalt in den Datenbus. Die CPU übernimmt den LSB-Operandenteil in das Adressregister. Der Programmzähler wird um 1 erhöht.
8. Als Inhalt des Operandenregisters steht die Adresse. Die Leseleitung wird aktiviert. Der Speicher schickt den Inhalt aus Speicherzelle 0131 auf den Datenbus. Die CPU übernimmt den Inhalt 1DH in den Akkumulator.
9. Der ALU wird nun die Funktion Addieren mitgeteilt. Am Ausgang der ALU erscheint die Summe beider Operanden 2EH. Sie wird in den Akku eingetragen.
10. Mit der Anweisung STORE ACCU werden die Inhalte der Speicherzellen 0006H, 0007H und 0008H in das Befehlsregister kopiert. Der Programmzähler wird nach den drei Speicherzugriffen um 3 erhöht.

11. Das Operationsadressregister wählt über den Adressbus die Speicherzelle `0132H` aus. Der Inhalt des Akkumulators geht in den Datenbus. Die Schreibleitung wird aktiviert. Der Inhalt wird in die Speicherzelle `0132H` abgelegt. Hier steht mit Abschluss des Programms das ermittelte Ergebnis.

Mit dieser Additionsaufgabe sollten lediglich die Funktionsgruppen der CPU im Zusammenwirken mit dem Speicher erhellt werden. Tatsächlich muss ein Programm nicht unbedingt in dieser stringenten Abfolge sich des Speicherinhalts bedienen. Es gibt auch Sprünge und andere Befehle, die hier aber zu weit führen.

Wie bereits erwähnt, bleiben die Aktivitäten der CPU und das Bussystem nicht auf dem Speicherzugriff beschränkt. Es sind da auch die Verbindungen zu anderen Komponenten der Computeranlage, zu den Ein- und Ausgabeports, an denen periphere Geräte angeschlossen sind.

4.1.2 Rechnen mit Computerzahlen

Ob Text, Bild oder Sprache, für den Computer sind alles nur Daten mit einer unterscheidenden Kennung der einzelnen Datensätze. Die Daten und Kennungen wiederum erlangen erst durch ihre zu Bytes gebündelten Bit-Darstellungen an Bedeutung. Als Bitmuster stellen sie nichts anderes dar als binäre Zahlen mit einem definierten Positionssystem. Anhand dieser Dualzahlen erledigt der Computer rechnerisch die Aufgaben, wie sie in den unterschiedlichsten Programmen zum Ausdruck kommen.

Der Begriff Computer hat den Wortstamm „to compute" (engl.), was soviel wie „rechnen" heißt. Die Möglichkeiten der eigentlichen Rechnereinheit eines Computers sind auf einige wenige Operationen beschränkt:

- Ein Computer kann Mengen miteinander vergleichen: „>" ... größer als, „<" ... kleiner als, „=" ... gleich, „=>" ... größer als oder gleich, „<=" ... kleiner als oder gleich, „<>" ... ungleich.
- Er kann logische Operationen durchführen: NOT (NICHT), AND (UND), NAND (NICHT-UND), OR (ODER), NOR (NICHT-ODER), XOR (ENTWEDER-ODER).
- Und ein Computer kann brillant rechnen, wenngleich die eigentliche Recheninstanz streng genommen nur die Grundrechenarten beherrscht: „·" (Multiplikation), „:" (Division), „+" (Addition) und „–" (Subtraktion).

Codierung

Die vom Rechner zu verarbeitenden Daten liegen als Urlisten, Formulare, als Übersichten, Grafiken, als Tonaufzeichnungen, Videos usw. vor. In diesem Falle müssen sie in eine maschinenlesbare Darstellungsform gebracht werden. Die andere Möglichkeit ist, die Daten beispielsweise mittels Zeichen- oder Kompositionsprogrammen, Textverarbeitungsprogrammen und Editoren über die Tastatur oder die Maus direkt in den Rechner einzugeben.

Die Aufnahme, Verarbeitung, Speicherung und Ausgabe der Daten erfolgt im Rechner elektronisch, also über den Strom. Grundsätzlich wäre zur internen Verarbeitung der Daten beispielsweise auch die jeweilige Spannungshöhe eine durchaus geeignete verwertbare physikalische Größe. Allerdings taucht dabei ein schier unüberwindliches Problem auf. Man kann dazu ein einfaches Experiment durchführen. 7 Volt + 3 Volt sind nach $U_{ges} = U_1 + U_2$ gleich 10 Volt. Es ist also möglich, der jeweiligen Spannungshöhe einen bestimmten Wert zuzuordnen und so zu rechnen. Wird aber beispielsweise die Übertragungslänge vergrößert, wirkt ein veränderter Leitungswiderstand. Aus vormals 7 (Volt) + 3 (Volt) werden nach der Beziehung von $U = R \cdot I$ dann vielleicht 5 (Volt) + 2 (Volt). Dies verfälscht das Rechenergebnis auf 7. Von anderen Möglichkeiten der Störung soll hier gar nicht geschrieben werden.

Eindeutig und unverfälscht ist der Rechner nur in der Lage, zwei Zustände zu differenzieren:

„Es fließt ein Strom." oder „Es fließt kein Strom."
„Spannung ist vorhanden." oder „Spannung ist nicht vorhanden."
„Lampe leuchtet." oder „Lampe leuchtet nicht."

Tatsächlich würde jeder Messpunkt im Rechner immer nur zwei Spannungspegel anzeigen, „keine Spannung vorhanden" oder „Spannung vorhanden". Formal kann man diesen Zuständen beliebige, aber stets nur zwei Bedeutungen insgesamt zuordnen. Im Dualsystem erhalten die Pegel die Bedeutungen 0 und 1. Diese kleinste, nicht mehr teilbare Mitteilung, bezeichnet die kleinste Informationseinheit, das Bit. Nun steht der Rechner bekanntlich für weit komplexere Dienste zu Verfügung, als lediglich zwischen diesen beiden Zuständen zu entscheiden. Zu solch höheren Leistungen wird ein Computer getrimmt, indem mehrere Bits miteinander zu unterschiedlichen Bedeutungen vereinbart werden. Man spricht von der Codierung. Die Bitmuster können Programme oder Daten sein.

Die Logik der Verknüpfungen von Bits soll am Beispiel der Vereinbarung von Zeichen illustriert werden. Mit einem Bit können lediglich zwei Zeichen codiert werden.
Die Zahl der Zeichencodierungen lässt sich einfach berechnen. 1 Bit wird im Binärsystem mit $2^0 = 1$ angegeben. Das Bit unterscheidet zwischen 2 Aussagen. Dies ergibt für ein Bit $2^0 \cdot 2 = 2$ Zeichen.

Bit	Zeichen
0	A
1	B

Ein zusätzliches Bit erhöht die Anzahl möglicher Zeichenvereinbarungen. Die Bits erhalten einen festen Stellenwert. Es gilt die gleiche Schreibregel wie bei den Dezimalzahlen: 12 ist Zwölf und 21 ist die Einundzwanzig. Die Bits werden gleich mit den Exponenten nummeriert. Die Kombinationsmöglichkeiten für die Zeichencodierung berechnen sich nun nach $2^1 \cdot 2 = 4$.

B1	B0	Zeichen
0	0	A
0	1	B
1	0	C
1	1	D

Ein weiteres Bit verdoppelt wieder die Zeichenzahl.

B2	B1	B0	Zeichen
0	0	0	A
0	0	1	B
0	1	0	C
0	1	1	D
1	0	0	E
1	0	1	F
1	1	0	G
1	1	1	H

Was weiter passiert, lässt sich allein durch die Formeln beschreiben:
$2^2 \cdot 2 = 8$ $2^3 \cdot 2 = 16$ $2^4 \cdot 2 = 32$

Wie viel Zeichen werden nun benötigt, um beliebige Texte anhand von Dualzahlen übertragen zu können. Das Alphabet zählt mit „ß" und den Umlauten 30 Buchstaben. Unter Berücksichtigung der kleinen Buchstaben verdoppelt sich die Zahl. Um grammatikalisch verständliche Sätze zu schreiben, werden Satzzeichen benötigt. Schließlich sollen auch die Ziffern von arabischen Zahlen zum Zeichensatz gehören. Überschlägig werden also 100 Zeichen benötigt. Nach der Berechnungsformel ergeben sich für sieben Bits $2^6 \cdot 2 = 128$ Möglichkeiten der Zeichencodierung.

ASCII-Steuerzeichen ↗ S. 21 ff.

Nun leuchtet ein, dass nicht jeder Anwender auf seinem Computer mit unterschiedlichen Codierungen arbeiten kann. Die Bedeutungen müssen im Rechner und im Datenaustausch mit anderen Rechnern beziehungsweise Datenträgern übereinstimmen. Dies sichert bei den Zeichen der viel verwendete ASCII-Standard ab. Es bleiben gar noch Bitmuster frei, die für die Steuerung verwendet werden. Mit diesen 7 Bits erfolgt beispielsweise die Datenübertragung per Modem. Da ansonsten die Daten auf 8 Bit zurückgeführt werden, stehen noch einmal 128 Kombinationsmöglichkeiten zur Verfügung, die länderspezifisch für verschiedene grafische und alphanumerische Zeichen verwendet werden.

Zahlensysteme

Bei der Arbeit mit dem Computer sind unterschiedliche Zahlensysteme im Gebrauch. Am meisten hat man es mit folgenden zu tun:

- Das **Dezimalsystem** hat Eingang in die „Gebrauchsmathematik" und darüber hinaus gefunden. Man benutzt es für die Angabe von Maßen und Gewichten, von Geldbeträgen und zum Rechnen.
- Das **Dualsystem** hat den identischen Leistungsumfang. Es gab Etappen in der Menschheitsentwicklung, wo 1, 2 und viele gezählt wurde. LEIBNIZ kultivierte dieses Zahlensystem, ohne das kein Computer funktioniert.
  Die Notwendigkeit einer Transformation dezimaler Zahlen in duale begründet also die Arbeitsweise des Rechners.
- Als Maschinencode ist dem Programmierer das Dualsystem suspekt. Die Kolonnen von Nullen und Einsen lassen sich schwer überblicken, Fehler schleichen sich ein und er verliert den Überblick. Das **Hexadezimalsystem** bündelt sozusagen die vielen Binärwerte und bringt sie in ein überschaubareres System.

Zum Dual- und zum Hexadezimalsystem vgl. S. 19 f.

Eine Dezimalzahl setzt sich aus Einern, Zehnern, Hundertern und vielleicht noch viel mehr Stellen zusammen. Es handelt sich dabei um ein Positionssystem. Dies soll heißen, dass jede Ziffer an der jeweiligen Stelle eine definierte Wertigkeit erhält, die Ziffern nur in diesen Positionen einen bestimmten Betrag ausmachen. Die Zahl 1001 lässt sich in dezimalen Zahlen ausschließlich wie folgt schreiben:

Tausender	Hunderter	Zehner	Einer
1	0	0	1

Die Anordnung ergibt sich aus den Potenzstellen. Für jede Ziffernposition steht also die nächst folgende Zehnerpotenz, 10^x. Der Betrag ergibt sich aus der Multiplikation mit der zugehörigen Ziffer:

$$1 \cdot 10^3 + 0 \cdot 10^2 + 0 \cdot 10^1 + 1 \cdot 10^0$$

Das gleiche Prinzip kommt bei den anderen Zahlensystemen zur Anwendung. Der Unterschied liegt in der Basis. Ist sie beim dezimalen Zahlensystem die 10, so beim binären die 2 und beim hexadezimalen die 16.

Hinter der Dualzahl 1001 verbirgt sich die Potenzschreibweise

$$1 \cdot 2^3 + 0 \cdot 2^2 + 0 \cdot 2^1 + 1 \cdot 2^0,$$

binär: aus zwei Einheiten bestehend, zweigliedrig (lat.)

dual: eine Zweiheit bildend (lat.)

hexadezimal: aus sechs plus zehn, also 16 Teilen bestehend, sechzehngliedrig (lat.)

womit auch hier jede Stelle im Positionssystem eindeutig definiert ist. Analog verhält sich beim hexadezimalen Zahlensystem:

$$1 \cdot 16^3 \quad + \quad 0 \cdot 16^2 \quad + \quad 0 \cdot 16^1 \quad + \quad 1 \cdot 16^0.$$

Die gleiche Ziffernfolge in den Zahlensystemen darf nicht darüber hinwegtäuschen, dass es sich hier um grundverschiedene Zahlen handelt, entsprechend auch ganz andere Beträge mit ihnen dargestellt werden. Um Verwechslungen auszuschließen, werden die Zahlen den entsprechenden Systemen zugehörig gekennzeichnet:

- 1001_D oder $1001_{[10]}$ steht für die Dezimalzahl 1001.
- 1001_B oder $1001_{[2]}$ steht für binär und ergibt dezimal $8 + 1 = 9$.
- 1001_H oder $1001_{[16]}$ steht für hexadezimal und ergibt dezimal einen Betrag von $4096 + 1 = 4097$.

Die Umrechnungen zwischen den Zahlensystemen bei der Eingabe und umgekehrt bei der Ausgabe besorgt der Rechner.

$$1110_B = 1 \cdot 2^3 + 1 \cdot 2^2 + 1 \cdot 2^1 + 0 \cdot 2^0 = 14_D$$

Die **Umrechnung von einer Dezimalzahl in die Dualzahl** kann nach verschiedenen Methoden erfolgen.

Substitutionsmethode:

238		2^7	2^6	2^5	2^4	2^3	2^2	2^1	2^0
−128	(2^7)	1							
110									
−64	(2^6)		1						
46									
−32	(2^5)			1					
14									
−16	(2^4)				0				
14									
−8	(2^3)					1			
6									
−4	(2^2)						1		
2									
−2	(2^1)							1	
0									
−1	(2^0)								0
		1	**1**	**1**	**0**	**1**	**1**	**1**	**0**

Die Bitstellen werden nach sinkender Wertigkeit ermittelt. Ist die höchste Dualpotenz in der Dezimalzahl enthalten, dann steht eine 1, ansonsten eine 0, ist die nächst tiefere Dualpotenz in der Differenz enthalten, dann steht eine 1, ansonsten eine 0, und so weiter.

Divisionsmethode:

	Rest								
238 : 2	0								0
119 : 2	1							1	
59 : 2	1						1		
29 : 2	1					1			
14 : 2	0				0				
7 : 2	1			1					
3 : 2	1		1						
2 : 2	1	1							
		1	**1**	**1**	**0**	**1**	**1**	**1**	**0**

Die einzelnen Bitstellen werden nach steigender Stellenwertigkeit berechnet. Der Divisionsrest ergibt von rechts beginnend die entsprechenden Binärstellen.

Das hexadezimale Positionssystem würde in der Darstellung aus den Fugen geraten, würde man beim dezimalen bleiben. Das geht deshalb gar nicht, weil ja jede Zahl darin den Bezug zur Basis 16 darstellt, also ab 9 zwei Ziffern einschlösse. Man zählt hier anders, genauer man setzt andere Zeichen als Ziffern. In Fortführung der Ziffern 0, 1, 2, ... , 9 folgen die Buchstaben A, B, C, D, E und F.

↗ S. 20 und S. 251

Ein Byte von 8 Bit wird in zwei Halbbytes zerlegt. Die 16 Darstellungsmöglichkeiten von $2^3 \cdot 2$ finden jeweils in einer hexadezimalen Zahl ihre Entsprechung und können somit unter Beachtung der Position ersetzt werden.

Das Umwandeln von Zahlen für Computeranwendungen erledigen anspruchsvollere Taschenrechner, so auch der wissenschaftliche Rechner von Windows:
M Start (Task-Leiste)
M Programme
M Zubehör
B Rechner
M Ansicht
B Wissenschaftlich

Für 238_D steht statt `1110 1110`$_B$ lediglich noch `EE`$_H$.

Logische Operationen

Die logischen Operationen lassen beim Computer manchmal schon eine gewisse Intelligenz vermuten. „Sie erreichen mich ab 18.00 Uhr in Berlin *oder* Potsdam" mag zum Verständnis in dieser Ungenauigkeit genügen. Dem Rechner stellt sich das als OR dar, und das geht nicht. Richtig ist nämlich, dass ich nicht zur gleichen Zeit an beiden Orten sein kann. Eine Datenbank würde prompt auf diesen Fehler reagieren. „... *entweder* in Berlin *oder* in Potsdam" wäre eine logische XOR-Verknüpfung.

Grundlage aller Digitaltechnik, also auch der Computertechnik ist die Schaltalgebra. Die zweiwertigen Logik begründete erstmals theoretisch der Mathematiker BOOLE (1815–1864). Diese Logik übertrug SHANNON auf die Schaltungstechnik.

Grundlage dieser **Schaltalgebra** ist der Stromkreis. Die Stellung des Schalters darin führt zu einem Aussagesystem, dessen elementaren Aussagen auf „wahr" oder „falsch" schließen lassen. Der ganze Datenstrom innerhalb eines Computers und zwischen daran angeschlossener Komponenten ist wesentlich auf das Wirken solcher Stromkreise in großer Zahl zurückzuführen.

Für den einfachsten Fall betrachtet man einen Lampenstromkreis.

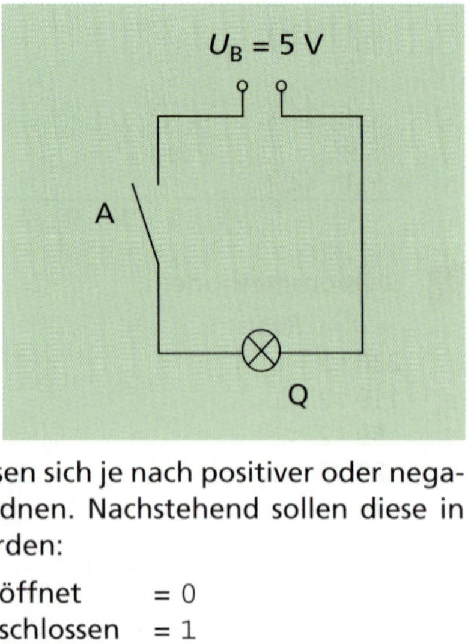

Der Schalter A setzt über die Lampe den Ausgangszustand Q. Stromkreise werden stets im Ruhezustand dargestellt. Wird der Schalter nicht betätigt, entspricht dies dem Spannungspegel „Low", d. h., die Lampe leuchtet nicht. Ein geschlossener Schalter entspricht dem Spannungspegel „High", d. h., es fließt ein Strom und die Lampe leuchtet.

Low heißt, die auftretende Spannung liegt näher der Minus-Unendlichkeit, ist im Beispiel 0 V.
High heißt, die auftretende Spannung liegt näher der Plus-Unendlichkeit, ist im Beispiel 5 V.

Den jeweiligen Spannungspegeln lassen sich je nach positiver oder negativer Logik die logischen Pegel zuordnen. Nachstehend sollen diese in folgender Zuordnung verwendet werden:

Low ...	L ...	Schalter geöffnet	= 0
High ...	H ...	Schalter geschlossen	= 1

Es gelten folgende voraussetzende Forderungen, so genannte **Postulate der Schaltalgebra:**

$A = 1 \Rightarrow A \neq 0$	$\overline{0} = 1$
$0 \wedge 0 = 0$	$1 \vee 0 = 1$

Bedeutung der **logischen Operationen:**

$\neg A = \overline{A}$ nicht A **(Negation)**

$A \wedge B$ A und B **(Konjunktion)**

$A \vee B$ A oder B **(Disjunktion)**

$A \Rightarrow B$ wenn A, dann B **(Implikation)**

Die Schaltalgebra verwendet unterschiedliche Varianten zur Darstellung der Logik. Elektrische Schaltungen dieser Art lassen sich beispielsweise elektromechanisch, elektromagnetisch oder elektronisch aufbauen. Trotz der verschiedenen Realisierungsformen sind sie in ihren Funktionen identisch.

Elektromagnetische (1) und elektronische Schaltung (2) für die **Negation:**

In den Schaltungen wird das Eingangssignal am Ausgang negiert. Vor dem Hintergrund, dass die konkrete Realisierungsform erst bei der technischen Umsetzung interessiert, wurden für elektronische Schaltungen vereinfachende Schaltsymbole eingeführt. Ihre Ausführungen sind als DIN-Norm festgelegt.

Die Symbole für elektronische Schaltungen (Gatter) sind nach DIN 40900 festgelegt.

Der Symbolkasten enthält die statthafte Zahl der Eingaben. Beim **Negator** gibt es nur eine, dafür steht die 1. Der kleine Kreis steht für die Negation des Ausgangssignals. Aus 0 wird 1 und umgekehrt.

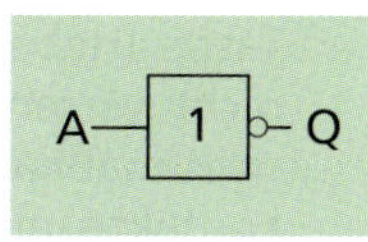

Tatsächlich tritt zunächst jede elektrische Darstellung in den Hintergrund, wenn es um die Logikbetrachtung selbst geht. Übersichtlicher sind dann die **Schaltungsgleichung,** die **Schaltbelegungstabelle,** das **Impuls-** und das **Venndiagramm,** die wiederum die gleichen Logikaussagen repräsentieren.

Schaltbelegungstabelle (1), Impulsdiagramm (2) und Venndiagramm (3) für die **Negation:**

(1)

A	Q
0	1
1	0

(2)

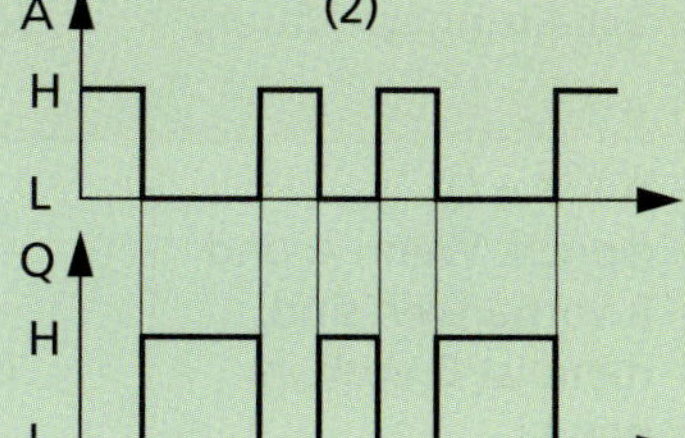

(3)

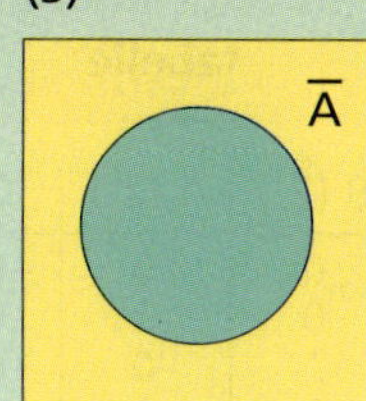

Zwei und mehr Kontakte können hintereinander, in Reihe, oder nebeneinander, parallel verbunden werden. Darüber hinaus sind Kombinationen dieser beiden Grundschaltungen möglich. So erhält man die verschiedensten Verknüpfungen, die je nach Anwendung sehr komplex sein können. Zu ihrem Verständnis sind die logischen Grundverknüpfungen unerlässlich.

Ein **Axiom** ist ein Satz, der weder beweisbar ist, noch eines Beweises bedarf.

Die **Schaltalgebra** basiert auf die Einhaltung so genannter **Theoreme.** Diese bezeichnen Lehrsätze, die aus der deduktiven Ableitung der Schaltalgebra aus zugrunde liegenden Axiomen gewonnen werden.

$A \wedge 1 = A$ (sprich: Wenn A *und* 1 vorhanden ist, dann gilt A.)

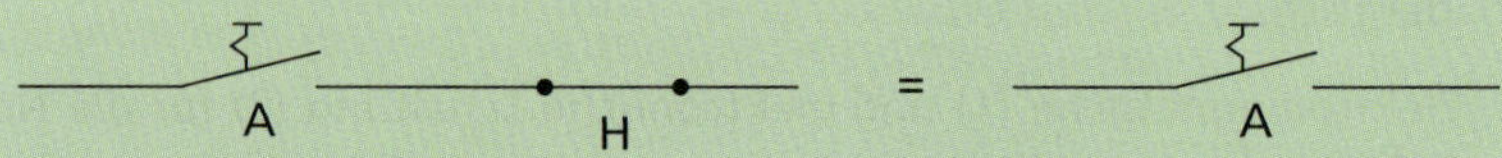

$A \vee 1 = 1$ (sprich: Wenn A oder 1 vorhanden ist, dann gilt 1.)

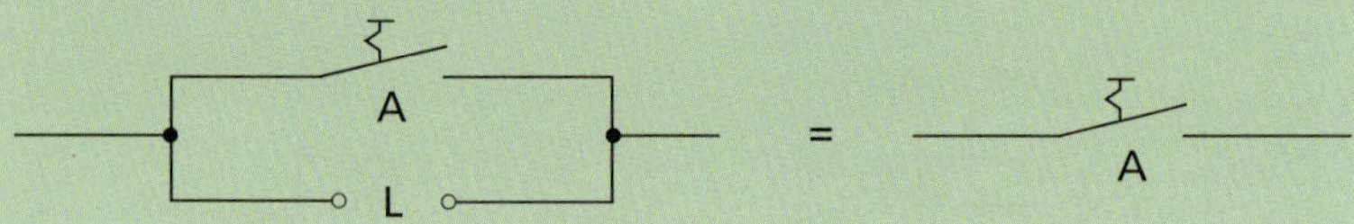

UND

Die **UND**-Verknüpfung **(AND)** heißt auch **Konjunktion.**

Als Anwendungsbeispiel stelle man sich die Bedienung gefährlicher Maschinen vor.

Eine elektrische Gartenschere funktioniert nur, wenn mit beiden Händen gleichzeitig, also der rechten **UND** der linken Hand je ein Taster (Hebel) betätigt wird. Die Hände sind gebunden und können nicht versehentlich in die scharfen Messer gelangen. Diese Vorsichtsmaßnahme ist mit der simplen Reihenschaltung zweier Schaltkontakte im Stromkreis umgesetzt.

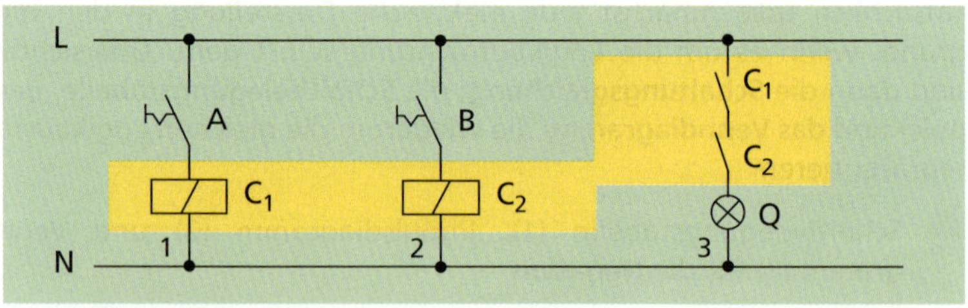

Schaltbelegungstabelle			Schaltungsgleichung	Schaltsymbol
B (2^1)	A (2^0)	Q	$A \wedge B = Q$ (sprich: Wenn A und B vorhanden sind, dann ist Q vorhanden.)	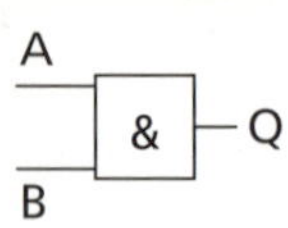
0	0	0		
0	1	0		
1	0	0		
1	1	1		

Nur wenn beide Schalter der Eingangsvariablen geschlossen sind, leuchtet die Lampe.

Natürlich kann eine UND-Verknüpfung, das gleiche gilt für alle anderen Verknüpfungen, auch mehrere Eingangsvariable haben. Die Schaltbelegungstabelle erweitert sich dann um ein Bit, womit sich die doppelte Zahl möglicher Eingangskombinationen ergibt.

<table>
<tr><th>Schaltbelegungs-tabelle</th><th>Schaltungs-gleichung</th><th>Schalter-realisierung</th></tr>
<tr><td>
<table>
<tr><th>C (2²)</th><th>B (2¹)</th><th>A (2⁰)</th><th>Q</th></tr>
<tr><td>0</td><td>0</td><td>0</td><td>0</td></tr>
<tr><td>0</td><td>0</td><td>1</td><td>0</td></tr>
<tr><td>0</td><td>1</td><td>0</td><td>0</td></tr>
<tr><td>0</td><td>1</td><td>1</td><td>0</td></tr>
<tr><td>1</td><td>0</td><td>0</td><td>0</td></tr>
<tr><td>1</td><td>0</td><td>1</td><td>0</td></tr>
<tr><td>1</td><td>1</td><td>0</td><td>0</td></tr>
<tr><td>1</td><td>1</td><td>1</td><td>1</td></tr>
</table>
</td><td>$A \wedge B \wedge C = Q$ (sprich: Wenn A und B und C vorhanden sind, dann ist Q vorhanden.)</td><td>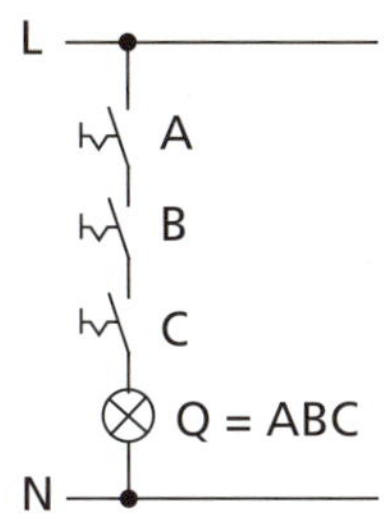
</td></tr>
</table>

NICHT-UND

In Umkehrung zum Bedienen der gefährlichen Maschine soll eine Kontrolllampe den Zustand der Kontakte anzeigen. Wenn also kein oder nur ein Schalter betätigt wurde, leuchtet die Lampe. Sie erlischt nur dann, wenn beide Schalter geschlossen sind.

Die **NICHT-UND**-Verknüpfung heißt auch **NAND**-Verknüpfung.

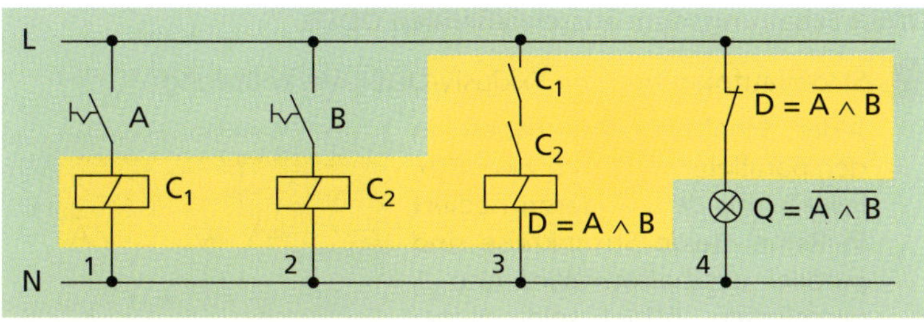

<table>
<tr><th>Schaltbelegungs-tabelle</th><th>Schaltungsgleichung</th><th>Schaltsymbol</th></tr>
<tr><td>
<table>
<tr><th>B (2¹)</th><th>A (2⁰)</th><th>Q</th></tr>
<tr><td>0</td><td>0</td><td>1</td></tr>
<tr><td>0</td><td>1</td><td>1</td></tr>
<tr><td>1</td><td>0</td><td>1</td></tr>
<tr><td>1</td><td>1</td><td>0</td></tr>
</table>
</td><td>$\overline{A \wedge B} = Q$ (sprich: A nicht-und B)</td><td>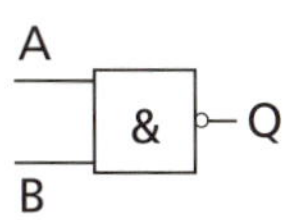
</td></tr>
</table>

ODER

Eine Alarmanlage soll immer dann ausgelöst werden, wenn die Tür geöffnet wird ODER ein Fenster zu Bruch geht. Technisch lässt sich dieses Prinzip durch die Parallelschaltung zweier Schaltkontakte im Stromkreis verwirklichen.

Die **ODER**-Verknüpfung **(OR)** heißt auch **Disjunktion.**

Stromlaufplan für eine ODER-Verknüpfung

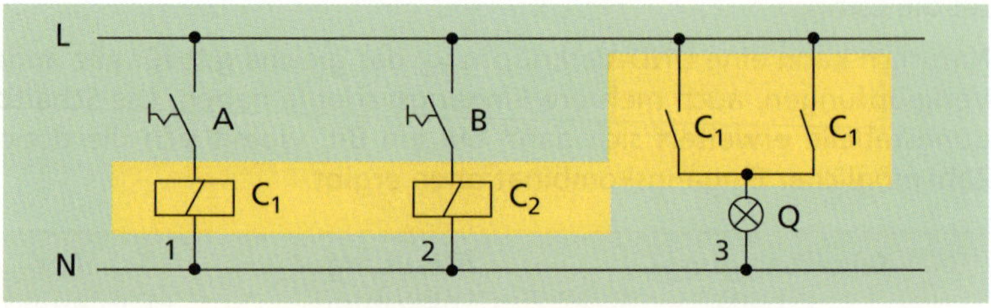

Schaltbelegungs-tabelle	Schaltungsgleichung	Schaltsymbol
B (2^1) | A (2^0) | Q 0 0 0 0 1 1 1 0 1 1 1 1	$A \vee B = Q$ (sprich: Wenn A oder B vorhanden ist, dann ist Q vorhanden.)	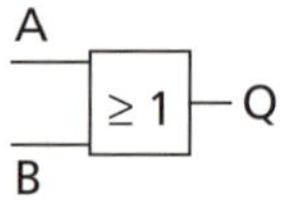

Wenn der Schalter A oder der Schalter B geschlossen ist, leuchtet die Lampe. Dies gilt auch für den Fall, dass beide Eingangsvariablen 1 führen.

Die **Exklusiv-ODER**-Verknüpfung **(XOR)** heißt auch **Alternative, ENTWEDER-ODER** oder **Antivalenz.**

Exklusiv-ODER

Wenn zwei Schalter eine Lampe derart steuern, dass sie nur leuchtet, wenn genau ein Schalter geschlossen wird, spricht man von der **Exklusiv-ODER-Schaltung,** dem **ausschließenden ODER.**

Stromlaufplan für eine Exklusiv-ODER-Verknüpfung

Jeder Schaltkontakt existiert in den parallelen Strängen zweifach, jeweils mit dem anderen negiert in Reihe. Beide Stromkreise sind parallel geschaltet. Wird also A geschlossen, öffnet seine Negation jeweils das negierte A. Das Gleiche gilt für B. Werden hingegen beide Schalter betätigt, so öffnen sich die Stromkreise über die negierten Kontakte.

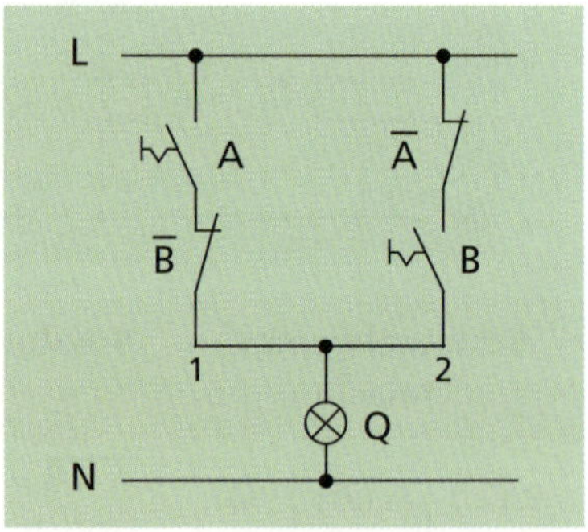

Schaltbelegungs-tabelle	Schaltungsgleichung	Schaltsymbol
B (2^1) | A (2^0) | Q 0 0 0 0 1 1 1 0 1 1 1 0	$(A \wedge \overline{B}) \vee (\overline{A} \wedge B) = Q$ (sprich: Wenn A und Nicht-B oder Nicht-A und B vorhanden sind, dann ist Q vorhanden.)	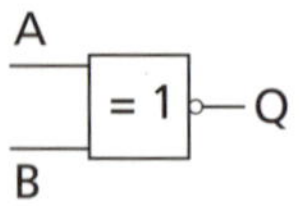

Wenn also beide Eingangsvariablen 0 sind, ist auch der Ausgang Q 0. In Abwandlung zum normalen ODER gilt dies auch für den Fall, dass beide Eingangsvariablen mit 1 belegt sind. Q ist ausschließlich dann vorhanden, wenn entweder der Eingang A oder der Eingang B auf 1 liegen.

Nicht-ODER

Die **NICHT-ODER**-Verknüpfung heißt auch **NOR**-Verknüpfung.

Eine Betriebszustandsanzeige kann auf der Basis des negierten ODER funktionieren. Zu überwachen sei vielleicht einmal eine Betriebstemperatur, zum anderen ein Wasserstand. Im normalen Zustand leuchtet die Lampe zur Anzeige des Betriebszustandes. Erst wenn die Temperatur einen zulässigen Wert überschreitet, das Wasser knapp wird oder beide Defekte eintreten, erlischt die Lampe.

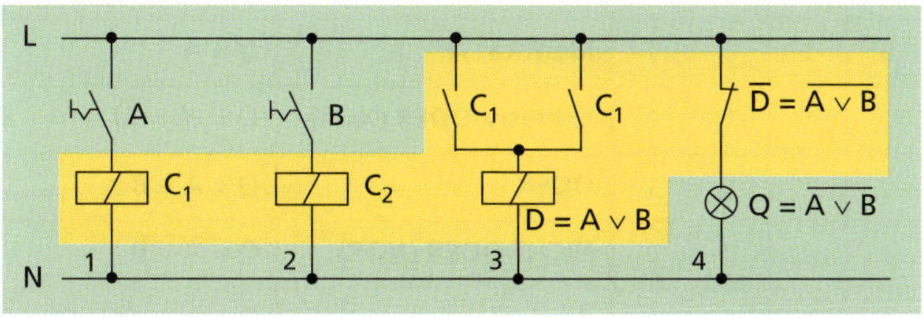

Schaltbelegungstabelle	Schaltungsgleichung	Schaltsymbol
B (2^1) | A (2^0) | Q 0 | 0 | 1 0 | 1 | 0 1 | 0 | 0 1 | 1 | 0	$\overline{A \vee B} = Q$ (sprich: A nicht-oder B)	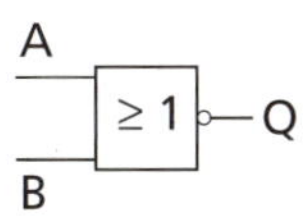

Wie man aus der Schaltbelegungstabelle lesen kann, sind die Ausgangsverhältnisse genau entgegengesetzt denen von ODER, eben negiert. Wenn eine der Ausgangsvariablen den Wert 1 hat, liegt der Ausgang auf 0.

Logische Verknüpfungen – Überblick

Die aufgeführten Grundverknüpfungen nutzen von den 16 Kombinationen nur fünf:

Eingänge		Ausgang				
B	**A**	**AND**	**NAND**	**OR**	**XOR**	**NOR**
0	0	0	1	0	0	1
0	1	0	1	1	1	0
1	0	0	1	1	1	0
1	1	1	0	1	0	0

Es gibt demzufolge noch weitere Kombinationen. Nicht alle von ihnen haben jedoch auch praktische Bedeutung:

0	1	2	3	Bezeichnung	Schaltungsgleichung
0	0	0	0	**Konstante 0**	$Q = 0$
0	0	0	1	**UND (AND)**	$Q = A \wedge B$
0	0	1	0	**Inhibition**	$Q = \overline{A} \wedge B$
0	0	1	1	**Identität B**	$Q = B$
0	1	0	0	**Inhibition**	$Q = A \wedge \overline{B}$
0	1	0	1	**Identität A**	$Q = A$
0	1	1	0	**Exklusiv-ODER (XOR)**	$Q = (A \wedge \overline{B}) \vee (\overline{A} \wedge B)$
0	1	1	1	**ODER**	$Q = A \vee B$
1	0	0	0	**NICHT-ODER (NOR)**	$Q = \overline{A \vee B}$
1	0	0	1	**Äquivalenz**	$Q = (\overline{A} \vee B) \wedge (A \vee \overline{B})$
1	0	1	0	**Negation A (NOT A)**	$Q = \overline{A}$
1	0	1	1	**Implikation**	$Q = \overline{A} \vee B$
1	1	0	0	**Negation B (NOT B)**	$Q = \overline{B}$
1	1	0	1	**Implikation**	$Q = A \vee \overline{B}$
1	1	1	0	**NICHT-UND (NAND)**	$Q = \overline{A \wedge B}$
1	1	1	1	**Identität (Buffer)**	$Q = 1$

Die **Identität** wird als Zwischenspeicher **(Buffer)** genutzt.

Durch Verknüpfungen dieser logischen Grundverknüpfungen können recht aufwändige Schaltungen entstehen. Für die schaltkontaktlose Realisierung stehen integrierte Schaltkreise zur Verfügung. Zur Erhöhung der Übersichtlichkeit genauso wie für praktisch-technische Umsetzungen kann es bedeutsam sein, logische Grundfunktionen durch andere zu ersetzen. Für diese Umwandlungen erstellte AUGUSTUS DE MORGAN (1806–1873) ein ganzes Regelwerk. Ein Beispiel möge die Perspektiven verdeutlichen:

Substitution des OR-Gatters durch NOT- und NAND-Gatter

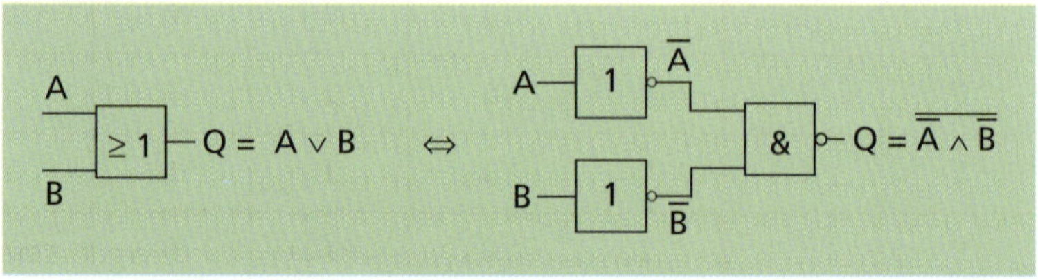

Rechnen mit Dualzahlen

Das Rechnen mit Dualzahlen ist unkompliziert. Die Analogie im Umgang mit Dezimalzahlen ist unübersehbar. Die Schwierigkeit liegt eher in der technischen Umsetzung von Systemen, die diese Vorgänge durchführen.

Für die **Addition von Dualzahlen** gelten folgende Regeln:
`0 + 0 = 0,    1 + 1 = 1,    1 + 0 = 1,    1 + 1 = 0,`
wobei hier ein so genannter **Überlauf (Carry)** auftritt. Die nächste Binärstelle wird mit `1` besetzt.

```
             10      01      11      11
           + 01    + 01    + 10    + 11
           ----    ----    ----    ----
             11      10     101     110
Übertrag:    00      10     100     110
```

Als Schaltbelegungstabelle kann das so geschrieben werden:

B	A	Summe	Übertrag
0	0	0	0
0	1	1	0
1	0	1	0
1	1	0	1

Für die Summenbildung ist ein Exklusiv-ODER zu erkennen. Der Übertrag entspricht einer UND-Verknüpfung. Folglich wird eine technische Lösung benötigt, die beide Beträge zur Weiterverarbeitung erzeugt.

Schaltung zur Addition von zwei Dualzahlen:

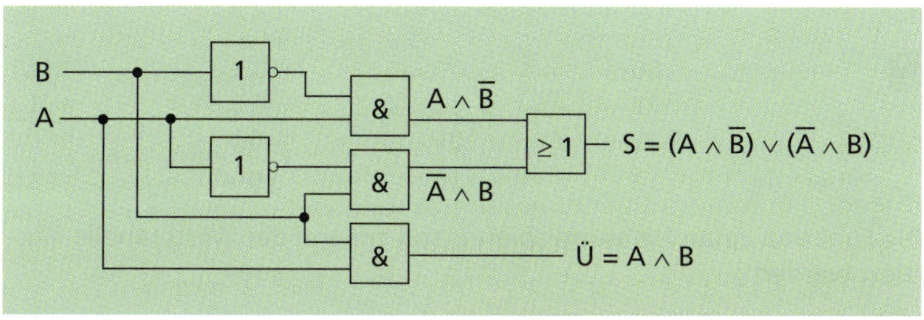

Diese Schaltung löst das Problem augenscheinlich nicht befriedigend. Addiert wird nur die erste Position der Dualzahl vollständig. Sie trägt nicht der Tatsache Rechnung, dass in der zweiten Stelle schon der Übertrag der ersten Stelle berücksichtigt werden muss. Dieser Unvollständigkeit wegen bezeichnet man diese Schaltung als **Halbadder.** Die Schaltung, die auch den Übertrag berücksichtigt, bezeichnet man als **Volladdierer.** Der Übertrag (Ü) wird als zusätzliche Eingangsvariable eingeführt.

Ü	B	A	Summe	Übertrag
0	0	0	0	0
0	0	1	1	0
0	1	0	1	0
0	1	1	0	1
1	0	0	1	0
1	0	1	0	1
1	1	0	0	1
1	1	1	1	1

Für die vollständige Addition genügt es, zwei Halbaddierer zusammenzuschalten:

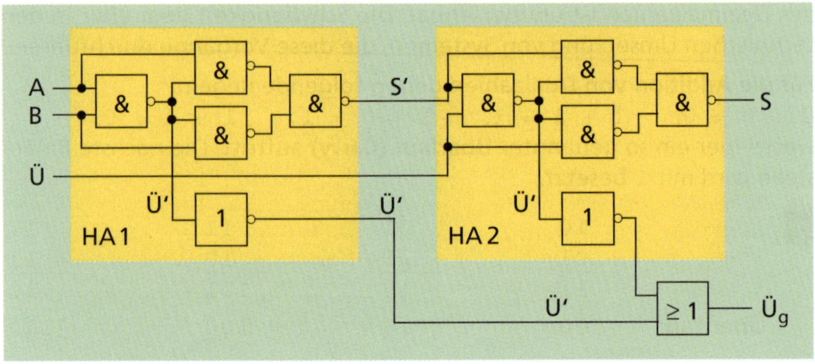

Im ersten Halbaddierer wird aus A + B eine Zwischensumme S' errechnet. Je nach den Werten für A und B kann hier schon ein Übertrag entstehen. Der zweite Halbaddierer berücksichtigt diesen Übertrag. Wenn der Übertrag und die Summe von A und B beide schon „1" zählen, dann entsteht ein weiterer Übertrag Ü". der gesamte Übertrag steht am Ausgang $Ü_g$ an.

Das „Strickmuster" zum **Subtrahieren von Dualzahlen** ist ähnlich. Auch hier gelten zunächst Grundregeln:
`0 - 0 = 0,` `1 - 0 = 1,` `1 - 1 = 0,` `0 - 1 = 1,`
wobei die `1` im Ergebnis die Differenz ist, und auch die notwendige Entleihung eine `1` hat.

Für die Technik stellt `0 – 1` eine gesondert zu beachtende Schwierigkeit dar.

	10	01	11	11
	- 01	- 01	- 10	- 11
	01	00	01	00
Übertrag:	00	10	100	110

Die Funktion einen Halbsubtrahierers soll anhand der Wertetabelle illustriert werden:

B	A	Summe	Entleihung
0	0	0	0
0	1	1	0
1	0	1	1
1	1	0	0

Für die Differenzbildung ist wieder das Exklusiv-ODER zu erkennen. Für die Entleihung gilt die Inhibition $E = \overline{A} \wedge B$.

Die Computer subtrahieren allerdings einfacher – technisch zumindest. Sie ergänzen die Zahl mit einem so genannten **Komplement** als Restbetrag zu einer bestimmten Zahl. Mit dem Komplement wird dann die Differenz nicht durch Subtraktion, sondern durch Addition ermittelt. Es wird keine gesonderte Recheneinheit zum Subtrahieren mehr benötigt.

Das Zweierkomplement ist die Ergänzung zur nächsthöheren ganzen Zweierpotenz:

	10	01	11	1001	1111
Komplement	10	11	01	0111	0001
zu ...	100	100	100	10000	10000

Indem nun das Komplement des Subtrahenden zum Minuenden addiert wird, entsteht die Differenz, also das Subtraktionsergebnis.

Zum Vergleichen wird auf die gleichen Subtraktionen wie im Beispiel auf S. 266 zurückgegriffen:

10	01	11	11
+ 11	+ 11	+ 10	+ 01
~~1~~01	~~1~~00	~~1~~01	~~1~~00

Der Übertrag wird gestrichen und das richtige Ergebnis bleibt stehen.

Das **Multiplizieren von Dualzahlen** erfolgt genauso wie es von Dezimalzahlen her bekannt ist. Die Ziffern werden bei Berücksichtigung der Stellenverschiebung einzeln multipliziert, um die Teilprodukte anschließend zu addieren.

```
10 · 01        1111 · 10        1001 · 0111
   10           0000                1001
  00            1111               1001
  010           11110             1001
                                 0000
                                 0111111
```

Das **Dividieren von Dualzahlen** wird auf eine Subtraktion mit anschließender Stellenverschiebung zurückgeführt.

```
10011 : 11 = 01101
00
100
 11
  11
  11
   01
   00
    11
    11
     0
```

Nur die einfachen Rechner weichen von diesen Verfahren ab. Sie machen aus Multiplikationsaufgaben Additionsaufgaben und aus Divisionsaufgaben Subtraktionsaufgaben.

Negative Zahlen werden mit dem Komplement, hier gezeigt mit dem Zweierkomplement, dargestellt. Das Komplement ist die Differenz zur nächsten ganzen Potenzstelle. Bei 01 ist der Bezug folglich die 100, das Komplement also 11. Für vierstellige Dualzahlen gelten die nebenstehende Beziehungen.

Dualzahl	negatives Komplement
0001	1111
0010	1110
0011	1101
0100	1100
0101	1011
0110	1010
0111	1001
1000	1000

Wie zu sehen ist, sind positive Dualzahlen immer mit `0` und negative Dualzahlen immer mit `1` gekennzeichnet. Die Ausnahme liegt im Beispiel bei `1000`. Hier sind die positive und negative Zahl identisch. Das muss der Programmierer beachten.

Es gilt, dass dieser Logik folgend mit positiven Dualzahlen im vierstelligen Positionssystem 8 negative Dezimalzahlen und 7 positive Dezimalzahlen dargestellt werden können. Im achstelligen Positionssystem wären es 128 negative und 127 positive Dezimalzahlen.

Rechnen mit übergroßen Stellen: Ob hinter oder vor dem Komma, ein Computer bewältigt größere Dezimalzahlen, als binär durch die Wortlänge (je nach Typ 8, 16, 32 oder 64 Bit) formal möglich ist. Zu diesen Ergebnissen kommt er, indem er mehrere Rechnerwörter dafür verwendet. Sie werden seriell hintereinander abgearbeitet.

Grundprinzip an einem 8-Bit-Rechner:

```
     0011 0010          0101 1110          1100 0011
+    1001 1101          1001 0001          0001 1100
----------------------------------------------------
     1100 1111          1110 1111          1101 1111
```

Die Summenbildung erfolgt hier in drei Schritten. Als erstes wird im Rechenwerk des Mikroprozessors das rechts stehende Byte addiert. Ein eventueller Übertrag wird im zweiten Schritt, wo die Addition des mittleren Byte erfolgt, übernommen. Auch hier kann ein Übertrag entstehen. Dieser wird im dritten Schritt der Addition des links stehenden Bytes berücksichtigt.

Durch das Hintereinander-Abarbeiten lassen sich mit dem Computer beliebig große Zahlen und Genauigkeiten bearbeiten. Es versteht sich allerdings auch, dass mit wachsendem Anspruch die Rechenzeit zunimmt.

Vergleichen

Die Rechtschreibkontrolle in der Textverarbeitung vergleicht jedes Wort anhand seines Binärcodes mit dem integrierten Lexikon. Bei „=" passiert es das geprüfte Wort und rückt zum nächsten weiter. Bei „<>" bleibt das Programm gegebenenfalls mit Korrekturvorschlägen stehen. Abweichungen zwischen Ist und Soll lassen sich anhand einfacher Bitmustervergleiche ermitteln.

Im Text steht „Tert" als ASCII-Zeichenfolge. Dieses Wort wird bei einer Kontrolle nicht im Lexikon enthalten sein. Es schlägt unter anderem „Test" zur Kontrolle vor. Rechnerintern sieht das dann so aus:

Ist: `1010100 1100101 1110010 1110100` (Tert)
Soll: `1010100 1100101 1110011 1110100` (Test)

Mithilfe der Wertigkeiten im Binärcode lassen sich Zahlen und Buchstaben im ASCII-Zeichensatz nach unterschiedlichen Kriterien ordnen:

Aufsteigend:	Absteigend:
„A" (`01000001`)	„B" (`01000010`)
„B" (`01000010`)	„A" (`01000001`)

Vergleichsoperationen sind auch wesentlicher Bestandteil von Programmieraufgaben.

Man benötigt solche, in der Regel aufwändiger gestaltete Funktionen, die auch den Umgang mit kleinen Buchstaben, Zahlen und Sonderzeichen regeln, beim Verwalten von Datenbänken oder Archiven und dergleichen mehr.

4.1.3 Buskonzepte und Schnittstellen

Wie im Abschnitt 4.1.1 bereits erwähnt, wird der Informationsaustausch zwischen den Funktionseinheiten eines Computers und den angeschlossenen Geräten über ein Leitungssystem realisiert, das man als **Bussystem** bezeichnet. Zu einem bestimmten Zeitpunkt kann immer nur ein Datenelement auf dem Bus befördert werden. Je nach Art der transportierten Informationen, den Speicheradressen, den Daten und den Steuerbefehlen wird zwischen Adressbus, Datenbus und Steuerbus unterschieden. Über den **Datenbus** werden die eigentlichen Daten zwischen den Funktionseinheiten übertragen. Dieser Datentransport setzt präzise Zielangaben voraus. Dafür ist der **Adressbus** zuständig. Was aber im Einzelnen jeweils geschehen soll, werden Daten nun gelesen oder geschrieben, vom Computer abgeschickt oder empfangen, organisiert der **Steuerbus.**

↗ S. 248

Lokales Bussystem

Die unmittelbar zum Mikroprozessor gehörigen Hardware-Komponenten sind auf einer Hauptplatine (Motherboard) untergebracht.

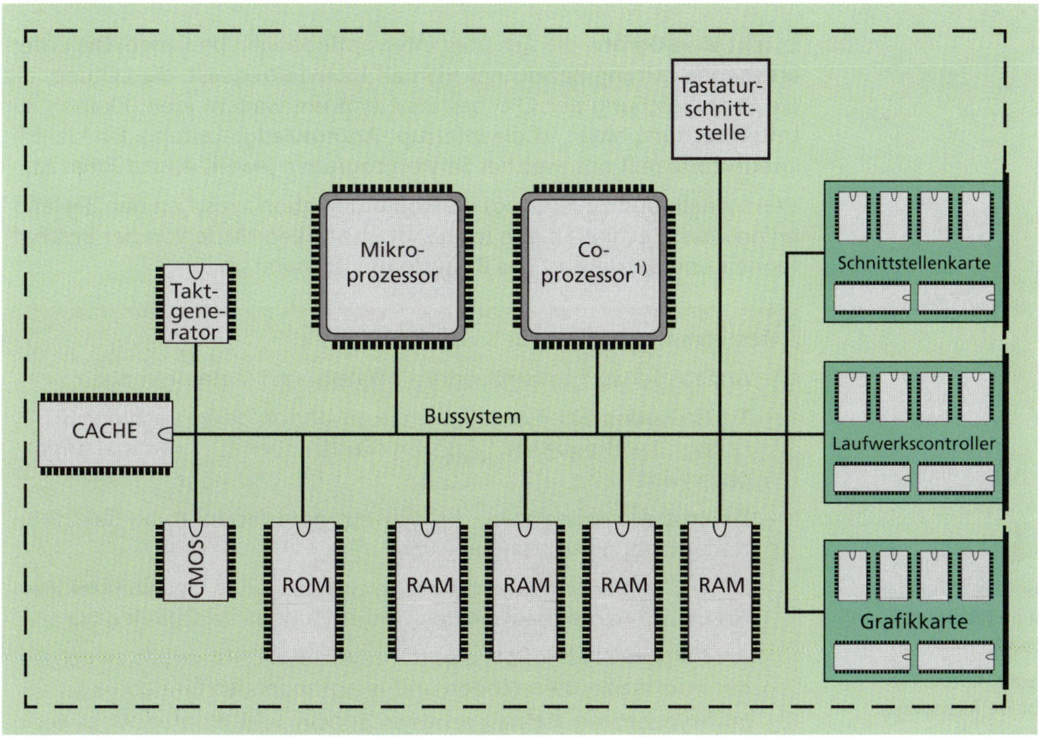

Ein lokaler Bus verbindet die Funktionseinheiten elektrisch. Über eine Erweiterungsbusschnittstelle gibt es zudem den peripheren Bus. Selbst den Verbund im Netzwerk bis einschließlich Internet kann man als Bestandteil dieses peripheren Bussystems betrachten.

Ein **Buscontroller** teilt den Funktionseinheiten zur Benutzung festgelegte Zeiten zu. Die Anforderung des Busses erfolgt häufig durch Interruptsignale. Jede Funktionseinheit besitzt eigene Interruptleitungen.

1) Ab Pentium ist bei Intel der Coprozessor Bestandteil des Mikroprozessors.

Interrupts sind Signale, mit denen die Arbeit des Mikroprozessors unterbrochen werden kann. Das wird von peripheren Geräten und externen Prozessen veranlasst, wenn ein sofortiger Eingriff erforderlich ist. So laufen fortwährende Unterbrechungen beispielsweise zur Tastaturabfrage, um die Eingaben aus dem Tastaturpuffer zu lesen und zu verarbeiten. Der Prozessor führt den gerade begonnenen Befehl zu Ende und widmet sich dann den angeforderten Befehlen.

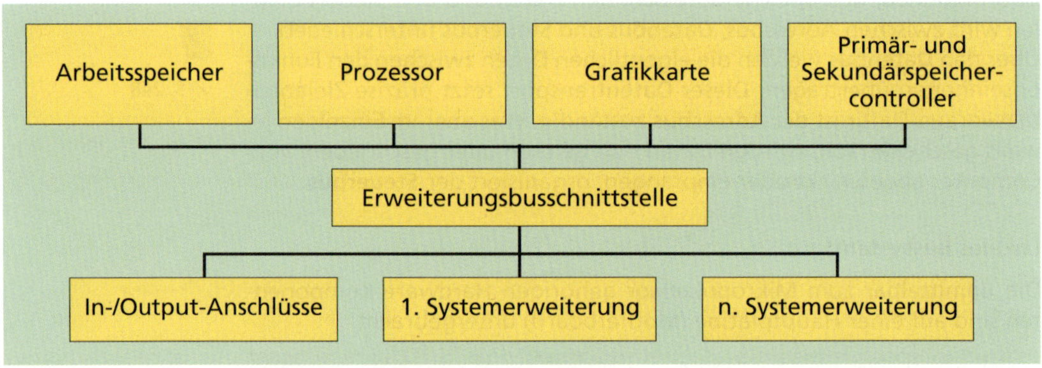

Es gibt viele Geräte, die sich über Interruptleitungen bedienen. Die unterbrechende Leitung bezeichnet man als **Interruptrequest.** die Leitung, die die Unterbrechung der CPU bestätigt und um weitere Identifikation zur Unterbrechung bittet, ist die **Interrupt-Acknowledge-Leitung.** Ein Identifikationscode teilt mit, welches Serviceprogramm jeweils auszuführen ist.

Wie schnell (und zuverlässig) die Kommunikation zwischen den Bestandteilen einer Rechneranlage ist, hängt im starken Maße von der Beschaffenheit und Betriebsart des Bussystems insgesamt ab.

Bestimmungsgrößen für Bussysteme:

- Anzahl der verfügbaren Adress-, Daten- und Steuerleitungen
- **Taktfrequenz des Bussystems,** die als ganzer Teiler nach der Gleichung $\text{Taktfrequenz}_{\text{Prozessor}} = n \cdot \text{Taktfrequenz}_{\text{Bus}}$ optimal angepasst wird
- **Datenübertragungsrate,** die sich aus dem Produkt von Taktrate und Anzahl der Leitungen ergibt
- Datenübertragungseinrichtung, wobei zwischen der **unidirektionalen** und der **bidirektionalen** Übertragung unterschieden wird
- Art der **Synchronisation,** also der zeitlichen Abstimmung zwischen der informationssendenden und -empfangenden Einrichtung

  Im **asynchronen Betrieb** arbeiten Sender und Empfänger in verschiedenen Takten. Die erforderliche Synchronisation wird über zwei Steuerleitungen hergestellt.

  Im **synchronen Betrieb** arbeiten Sender und Empfänger im gleichen Takt.

  Im **halbsynchronen Betrieb** veranlasst eine Steuerleitung dem schnelleren Sender zum Warten auf den langsameren Empfänger. Solange bleiben die Adressen und Daten abrufbereit auf dem Bus.

unidirektional: in eine Richtung führend

bidirektional: in beide Richtungen führend)

Auf einer Hauptplatine können durchaus auch zwei und mehrere verschiedene, sich einander ergänzende Bussysteme untergebracht sein. Diese Architektur wählt man beispielsweise aus Kostengründen.

Ein „perfekter" Bus kann auch die Schwierigkeit bekommen, mit angeschlossenen Geräten und Speichern nicht kompatibel zu sein.

Durchgesetzt hat sich der **PCI-Bus.** Er ist heute fester Bestandteil aller IBM-kompatiblen Systeme, darüber hinaus auch der von Apple Macintosh-PCs und von Digitals Alpha-Workstations. Das von Intel entwickelte Bussystem ist ein Industriestandard, der bis ins Detail genormt ist und von den Computerherstellern nachgebaut werden kann (und wird).

Jede Erweiterungskarte stellt gleichzeitig vier virtuelle Interrupts zur Verfügung. Dies ist dann sinnvoll, wenn eine Erweiterungskarte gleich mehrere Interrupts benötigt. Das PC-BIOS erkennt die Erweiterungskarten automatisch und konfiguriert sie selbständig.

BIOS: **B**asic **I**nput **O**utput **S**ystem

Der Datenaustausch muss in diesem Bussystem nicht zwingend über den Mikroprozessor laufen. Zu seiner Entlastung können PCI-Komponenten auch untereinander Daten auf dem PCI-Bus austauschen.

Realistische Grafikdarstellungen waren für Computer immer ein besonderes Problem. Eine neuartige Lösung bietet **AGP.** Ein eigenständiger Steckplatz oder ein Chip auf dem Motherboard erlaubt eine beliebig große Mitbenutzung des Arbeitsspeichers. Es entfällt der aufwändige Zugriff der CPU auf die Grafikkarte, der Datenaustausch erfolgt im wesentlich schnelleren Arbeitsspeicher. Dies, die Reservierung von Leitungen für die ausschließliche Verwendung von Grafik, höhere Bustakte (66 MHz, 100 MHz und mehr), die Anwendung des Pipelineverfahrens sowie die zweifache Nutzung von Signalen durch die aufsteigenden und abfallenden Impulsflanken machen derzeit (zumindest theoretische) Übertragungsraten von 1 GByte/s möglich.

AGP: **A**ccelerated **G**raphics **P**ort

Industriestandards waren auch der **ISA-Bus** und der **EISA-Bus.** Der ISA-Bus konnte der Entwicklung in mancher Hinsicht nicht mehr Schritt halten. Optimal war er noch mit dem 286er-Intel-Prozessor abgestimmt. Er ist heute noch in Computern da anzutreffen, wenn es um einfache Erweiterungskarten geht, etwa einer Soundkarte oder einer Gameportkarte. Der EISA-Bus ist kompatibel zu ISA-Steckkarten, ist insgesamt wesentlich leistungsfähiger. Allein der Preis verhinderte, dass sich dieses Bussystem durchsetzen konnte.

ISA-Bus: **I**ndustry **S**tandard **A**rchitecture

EISA-Bus: **E**xtended ISA

Es gab andere Bussysteme, die sich nie durchsetzen konnten (MCA – **M**icro **C**hannel **A**rchitecture von IBM) oder einfach nicht mehr den gestiegenen Anforderungen entsprechen konnten (VLB – **V**esa **L**ocal **B**us).

Über Schnittstellen oder periphere Bussysteme erfolgt der Datenaustausch zwischen der CPU, dem lokalen Bus und der daran angeschlossenen Peripherie (Speicher-, Ein- und Ausgabegeräte). Die elektronische Steuerung der einzelnen Geräte besorgen gerätespezifische Steuereinheiten, **Controller.**

Grundarten der Datenübertragung

Generell werden zwei Arten der Datenübertragung unterschieden, die serielle und die parallele.

Serielle Datenübertragung: Bei der Übertragung eines Datenblocks von mehreren Bits werden die einzelnen Bits hintereinander mit zusätzlichen Angaben zur Identifikation abgeschickt. Es genügt also eine einzige Signalleitung (zuzüglich der Masseleitung).

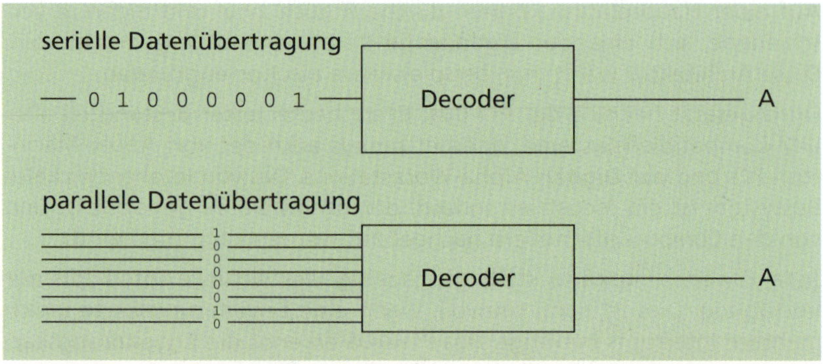

Die serielle Übertragungsform spart Leitungen, ist aber auch langsamer als die parallele Übertragung.

Parallele Datenübertragung: Hier werden die Bits zeitgleich über mehrere parallele Leitungen (in der Regel 8 oder ein Vielfaches davon) zum Empfänger geschickt.

Schnittstellen

Schnittstellen stehen oft synonym für **Interfaces** und **Adapter.** Tatsächlich vereinigen sie einige gleiche Funktionen auf sich, aber auch gravierende Unterschiede lassen sich ausmachen.

Aufgaben und Kenngrößen einer Schnittstelle:

- In erster Linie ist sie eine mechanische Koppelstelle zum Anschluss diverser Geräte. Die Anzahl der Pole ist durch den jeweiligen Stecker- beziehungsweise Buchsentyp festgelegt. Für die gleiche Koppelstelle gibt es in einigen Ausführungen auch abweichende Größen und Bauformen.
- Eine Schnittstelle ist auf bestimmte Spannungspegelbereiche zum Erkennen der elektrischen Spannungspegel „Low" und „High" ausgelegt. Diese müssen vom peripheren Gerät unterstützt werden. Weichen die gerätespezifischen Spannungspegel von den zulässigen ab, führt dies im glimpflichsten Falle zu Fehlern in der Datenübertragung, im schlimmsten Falle zur Zerstörung der Schnitt-stelle oder gar des Rechners.
- Über die Schnittstelle wird die Betriebsart und damit wesentlich der Leistungsumfang bei der Datenübertragung definiert. Der Datenfluss
  - kann auf die Richtung vom Sender zum Empfänger **(Simplex-Betrieb)** beschränkt sein,
  - in beiden Richtungen gleichwertig funktionieren **(Vollduplex)** oder
  - befehlend vom Sender ausgehend beide Richtungen zulassen **(Halbduplex).**

Jede Schnittstelle zeichnet sich durch eindeutige Parameter in der Datenübertragung aus. Allerdings lassen sich diese oft durch entsprechende Software in weiten Bereichen variieren. Zu den wichtigsten **Datenübertragungsparametern** zählen:

- Das Startbit als Kontrollelement bei asynchroner Übertragung. Vor jedem zu übertragendem Byte ist zur Signalisierung des Anfangs ein Bit gesetzt.
- Die Daten setzen sich aus sieben, häufiger heute acht Bits zusammen. Hier erfolgt der eigentliche Datenaustausch.
- Bei asynchronem Betrieb werden den Datenbits ein oder zwei Kontrollbits nachgesetzt. Sie signalisieren das Ende eines zu übertragenden Bytes.
- Zur einfachen Fehlerprüfung kann zusätzlich noch ein Prüf- bzw. Paritätsbit gesetzt werden. Bei gerader Quersumme der 1-Werte wird die `0`, bei ungerader Quersumme die `1` gesetzt. Anhand der Zwischensummen lassen sich einfache Übertragungsfehler ermitteln.
- Jede Datenübertragung ist mehr oder weniger äußeren Einflüssen ausgesetzt, die Datenfehler nach sich ziehen können. Ein Übertragungsprotokoll erhöht die Sicherheit. Dazu werden die Daten in Blöcke unterteilt, für die Prüfsummen gebildet werden. Diese Prüfsummen werden ebenfalls zum Empfänger übertragen. Anhand derer kann der korrekte Datenfluss kontrolliert werden. Ein Übertragungsprotokoll regelt darüber hinaus, wie eventuelle Fehler zu beheben sind.
- Zusätzliche Steuerzeichen gehen von einigen Schnittstellen aus, mit denen sich Übertragungen anhalten (XOFF) oder fortsetzen (XON) lassen. Genutzt wird dieses Verfahren, wenn der Empfänger aus irgendwelchen Gründen eine gewisse Zeit keine Daten mehr empfangen kann (zum Beispiel wenn er noch damit beschäftigt ist, die empfangenen Daten zu bearbeiten oder zu sichern).
- Ergänzend zu den Datenübertragungsleitungen kann eine Schnittstelle auch Steuerleitungen führen, um beispielsweise den Zeilen- und Seitenumbruch im Drucker zu veranlassen oder ein Modul auf Empfangsbereitschaft zu schalten.

An der Rückseite des Rechners werden in der Regel gleich mehrere Anschlüsse sichtbar. Rein äußerlich unterscheiden sich die Anschlüsse zunächst einmal dadurch, dass manche von ihnen herausragende Stifte, andere wiederum eine Vielzahl von Löchern aufweisen. Die einen sind als Stecker, die anderen als Buchsen ausgebildet. Dann fallen Unterschiede in den Farben und Formen auf. Einige von den Buchsen und Steckern ähneln in ihrem Umriss dem Buchstaben „D". Sie werden deshalb auch als **Sub-D-Stecker** beziehungsweise als **Sub-D-Buchse** bezeichnet. Andere hinwieder sind rund.

Im Folgenden werden wesentliche Schnittstellen (serielle, parallele, SCSI, Fire Wire, USB und Gameport) beschrieben.

Der Gameport ist für das erste Experimentieren besonders interessant, weil die Bauteile des Joysticks problemlos durch einfache Widerstände und Schalter ersetzt werden können. Dies reduziert den Schaltungsaufbau für viele einfache Versuche auf ganz wenige Teile. Der Gameport ist zudem die einzige Schnittstelle, die direkt eine Betriebsspannung von 5 V aus dem Rechnernetzteil nach außen führt. In den Grenzen der Belastung des rechnerinternen Netzteils – die Reserven hängen davon ab, was an Extras in Form von Zusatzkarten bereits versorgt werden muss – können diese gut für das Betreiben externer Schaltungen genutzt werden. Über Umwege und Tricks lassen sich übrigens an den Standardschnittstellen mittels der Daten- und Hilfsleitungen kleinere Spannungen zum Experimentieren bereitstellen. Für Bauteile mit geringem Stromverbrauch reichen sie allemal.

Gameport

Nicht unbedingt zur Grundausstattung gehört eine 15-polige SUB-D-Buchse. Sie wird aber als Steckkarte im Fachhandel sehr preiswert angeboten und lässt sich komplikationslos auch noch nachträglich einbauen. Dieser so genannte **Gameport** ist für den Anschluss eines Spielhebels, eines **Joysticks** reserviert. Üblich ist sogar seine Auslegung für gleich zwei Joysticks, wobei dafür jedoch auch zwei Joysticks an *einem* Stecker angeschlossen sein können. Da er viele Experimente besonders einfach und wirkungsvoll macht, reizt seine Verwendung.

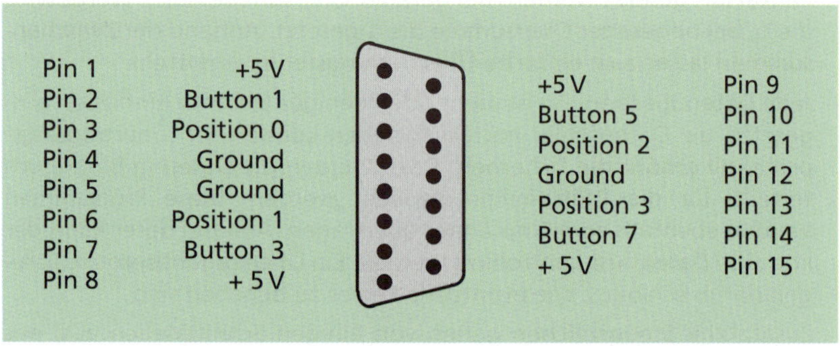

Schaut man von hinten auf die Lötanschlüsse des Joysticksteckers, so ist die im Bild dargestellte Anschlussbelegung zu erkennen. Die Systematik der Pinbelegung wird deutlich. Von außen nach innen liest man in jeder Reihe +5 V, Button (Feuerknopf), Position (Knüppelauslenkung) und Ground (Betriebserde). Die Anschlüsse 1 bis 8 sind dem ersten Joystick und die von 9 bis 15 dem zweiten Joystick zugeordnet. Unter der Belegungsansicht werden die Joystickanschlüsse dargestellt.

Hard- und softwaremäßig ist jeder PC auf die Aufnahme einer Joystick-Schnittstelle vorbereitet. Zum Vorteil des Anwenders sind bereits im so genannten Basic Input Output System (BIOS) des PC die grundlegenden Softwareroutinen vorhanden. Mit wenigen Programmiergriffen lassen sich so die Tasterstellungen erkennen und die Widerstandswerte erfassen. Man bedient sich beim Programmieren dieser Routinen.

Serielle Schnittstellen

Verbreitete **serielle Schnittstellen** sind beispielsweise **RS 232, RS 422, PS/2.**

Ein 25-poliger Stecker wird an der Rückseite des Computergehäuses ebenfalls zu finden sein. Er ist die **serielle Schnittstelle.** Längst nicht alle verfügbaren Pins werden hier aber tatsächlich benötigt. Darum wird von den Computerherstellern immer mehr auch ein 9-poliger Stecker eingesetzt. Es kann also durchaus sein, dass statt des größeren Steckers eben dieser im Rechner eingebaut ist oder beide Größen gleichzeitig existieren. Die serielle Schnittstelle wird aufgrund der ihrer kommunikativen Verwendung oft als Kommunikationsschnittstelle bezeichnet. Von diesen Steckern bzw. Buchsen können gar mehrere am Rechner existieren. Um sie dennoch sicher auseinanderzuhalten, nummeriert man sie der Reihe nach durch: COM1, COM2, ...

9-polig

Pin 1	Eingang	DCD
Pin 2	Eingang	RxD
Pin 3	Ein- u. Ausgang	TxD
Pin 4	Ausgang	DTR
Pin 5	Betriebserde	GND

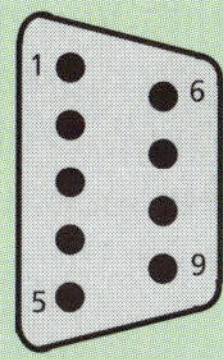

DSR	Eingang	Pin 6
RTS	Ausgang	Pin 7
CTS	Eingang	Pin 8
RI	Eingang	Pin 9

25-polig

Pin 1		
Pin 2	Ein- u. Ausgang	TxD
Pin 3	Eingang	RxD
Pin 4	Ausgang	RTS
Pin 5	Eingang	CTS
Pin 6	Eingang	DSR
Pin 7	Betriebserde	GND
Pin 8	Eingang	DCD
Pin 9		
Pin 10		
Pin 11		
Pin 12		
Pin 13		

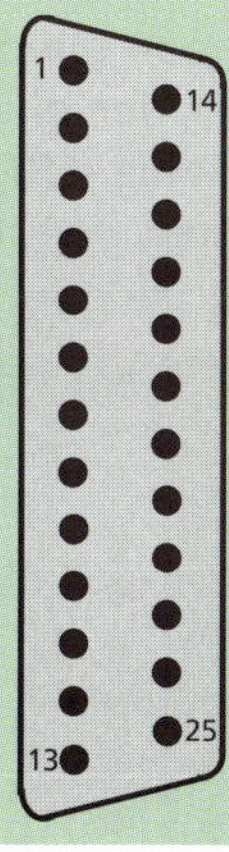

		Pin 14
		Pin 15
		Pin 16
		Pin 17
		Pin 18
		Pin 19
DTR	Ausgang	Pin 20
		Pin 21
RI	Eingang	Pin 22
		Pin 23
		Pin 24
		Pin 25

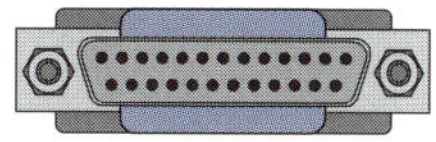

25 Pins

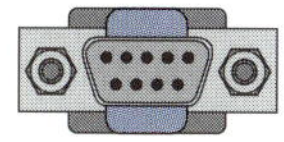

9 Pins

Die Schnittstelle **RS 232** ist eine extrem robuste Schnittstelle. Die Verbindung kann auch im eingeschaltetem Zustand getrennt oder hergestellt werden, ohne dass mit einem Schaden am PC oder an anderen Geräten zu rechnen ist. Eine Zerstörung etwa durch Kurzschluss ist bis auf die selten anzutreffenden Schnittstellenausführungen eigentlich ausgeschlossen. Beim Zusammenschluss einer Leitung mit der Betriebserde (GND) bleibt der Strom auf 10 mA begrenzt. Anders als bei der parallelen Schnittstelle überträgt die RS 232 logische Zustände in einem weiten Spannungsbereich fehlerfrei. Als Spannungspegel werden von den Herstellern +12 V und –12 V vereinbart. Aber die eindeutige Erkennung liegt in weit größeren Grenzen. Werte zwischen etwas über 1,5 V bis 24 V werden dabei als `1`, und zwischen –24 V und ca. 1 V als `0` empfangen oder gesendet. Damit sind Übertragungsstrecken von über 15 m für die serielle Schnittstelle keine Hürde. Die Erkennungslogik erlaubt auch eine direkte elektrische Kopplung mit den Spannungspegeln der Transistorlogik (0 V bis 0,4 V = „Low“ bzw. 3 V bis 5 V = „High“), wie sie in der Digitalelektronik sehr häufig vorkommen. Damit kann eine parallele Schnittstelle ohne Probleme auch mit einer seriellen verbunden werden.

Der Nachteil von seriellen Schnittstellen hat andere Ursachen. Verglichen mit der parallelen Schnittstelle ist sie erheblich langsamer: Alle Informationen werden in ihren kleinsten Organisationsformen zerlegt und Bit für Bit hintereinander allein über eine Leitung auf die Spur geschickt.

Das Ansprechen der einzelnen Ein- und Ausgabeleitungen erfolgt über einen einfachen Ein- bzw. Ausgabebefehl, wobei jede Schnittstelle eine bestimmte Basisadresse hat. Zum Ansprechen einer konkreten Leitung benötigt man zusätzlich ein bestimmtes Offset, welches zur Basisadresse addiert wird, und die konkrete Bit-Position im jeweiligen Ein- bzw. Ausgaberegister.

Die serielle Schnittstelle ermöglicht also die direkte Ein- und Ausgabe über mehrere Leitungen. Kleine Verbraucher können aufgrund interner Schutzschaltungen direkt angeschlossen und geschaltet werden. Die Eingabe von Werten kann zum Beispiel über Schalter erfolgen. Leider stellt die Schnittstelle keine Betriebsspannung zur Verfügung. Sie liefert jedoch indirekt über die Ausgabeleitungen Ströme bis maximal 10 mA.

Parallele Schnittstelle

Verbreitete **parallele Schnittstellen** sind beispielsweise **Centronics, SCSI, HPIB.**

An nahezu jedem PC sollte man mindestens eine 25-polige Buchse zur Aufnahme eines Steckers mit der gleichen Anzahl von Stiften finden. Dies ist die **parallele Schnittstelle** (LPT1, LPT2, ...). Da sie am häufigsten für den Anschluss eines Druckers benutzt wird, trägt sie auch den Beinamen **Druckerschnittstelle.**

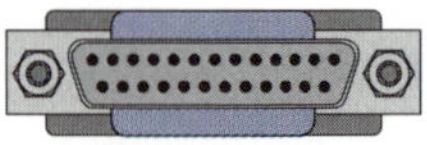

Rechnerseite

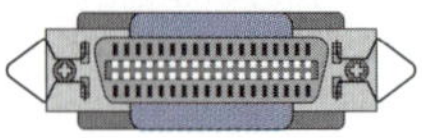

Druckerseite

Pin	Richtung	Signal
Pin 1	inv. E/A	STROBE
Pin 2	Ausgang	D0
Pin 3	Ausgang	D1
Pin 4	Ausgang	D2
Pin 5	Ausgang	D3
Pin 6	Ausgang	D4
Pin 7	Ausgang	D5
Pin 8	Ausgang	D6
Pin 9	Ausgang	D7
Pin 10	Eingang	ACK
Pin 11	inv. Eingang	Busy
Pin 12	Eingang	PE
Pin 13	Eingang	Select

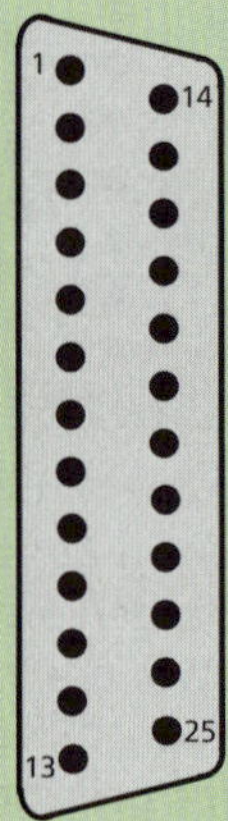

Signal	Richtung	Pin
Auto Feed	inv. E/A	Pin 14
Error	Eingang	Pin 15
Init	Ein-/Ausgang	Pin 16
SLCT IN	inv. Ein/Aus	Pin 17
GND	Betriebserde	Pin 18
GND	Betriebserde	Pin 19
GND	Betriebserde	Pin 20
GND	Betriebserde	Pin 21
GND	Betriebserde	Pin 22
GND	Betriebserde	Pin 23
GND	Betriebserde	Pin 24
GND	Betriebserde	Pin 25

Die parallele Schnittstelle wird oft als **Centronics-Schnittstelle** bezeichnet. Der Datentransport ist mit den Datenleitungen (D0 bis D7) extrem schnell. Mit einem einzigen Befehl können die 8 Datenleitungen zeitgleich angesprochen werden.

Manche Belegungen an den Buchsen der Centronics-Schnittstelle werden vom Hersteller mitunter auch abweichend vom Standard gebraucht.

Es fällt noch ein ganzes Bündel weiterer Leitungen auf. Einige von ihnen können ebenfalls zur Datenausgabe und andere zur Eingabe benutzt werden. Es gibt auch solche, die gar beide Betriebsarten ermöglichen, also lesen und ausgeben.

Jede der insgesamt 17 Leitungen lässt sich damit relativ einfach auch einzeln ansprechen. Allerdings verlangt die Nutzung dieser Schnittstelle besondere Vorsicht. Die Leitungen sind nicht vor Überlastung geschützt. So darf die Steckverbindung nur im ausgeschalteten Zustand der zu verbindenden Geräte vorgenommen werden. Die Eingangswerte der Spannungen dürfen nicht außerhalb des Bereichs von 0 V bis +5 V liegen. Außerdem vertragen die Ausgänge keinen Kurzschluss, dürfen sich untereinander nicht berühren und niemals mit höheren Fremdspannungen in Verbindung kommen. Jede Leitung darf höchstens mit 10 mA belastet werden. All diese Empfindlichkeiten müssen bei Schaltungsaufbauten ohne gesonderte Schutzmaßnahmen peinlich genau berücksichtigt werden.

Die geringe Arbeitsspannung erlegt einer Nutzung der parallelen Schnittstelle Grenzen auf. So werden nur klar unterscheidbare Spannungswerte zwischen 0 V und 0,4 V sowie 3 V und 5 V als logische Nullen beziehungsweise Einsen erkannt. Bei längeren Leitungen kommt es zu einem Spannungsverlust, der keine eindeutig identifizierbaren Werte mehr liefert. Dies ist nebenbei auch der Grund, warum Druckerkabel immer ziemlich kurz sind. Und es gibt noch einen bösen Effekt, der bereits bei Kabellängen von über 5 m in Erscheinung tritt: Die Spannungen in den einzelnen Leitungen treten auf die benachbarten über. Es schleichen sich so Fehler in den Ausführungen ein.

Die parallele Schnittstelle eines PCs stellt direkt acht Ausgabeleitungen zur Verfügung. Damit lassen sich mehrere Verbraucher gleichzeitig schalten. Durch das zeitgleiche Schalten dieser acht Leitungen ist die parallele Schnittstelle besonders schnell. Diese Schnittstelle dient hauptsächlich zur Ausgabe. Durch die zahlreichen Hilfsleitungen ist jedoch auch eine Eingabe möglich, einige Leitungen können dabei sowohl als Ein- als auch als Ausgabeleitung dienen.

Moderne parallele Schnittstellen ermöglichen außerdem einen bidirektionalen Datentausch (parallele Ein- und Ausgabe).

SCSI

SCSI ist die Abkürzung für **S**mall **C**omputer **S**ystems **I**nterface.

Im Trend liegt, die eigentliche Intelligenz zur Datenübertragung in die Laufwerke und Geräte selbst zu verlegen. Pionier auf diesem Gebiet war der sehr leistungsstarke Peripherie-Bus SCSI. Dieser ursprünglich nur 8 Bit breite parallele, dann auch serielle Eingabe-Ausgabe-Bus zeichnete sich schon immer durch hohe Übertragungsraten, flexible und vor allem einfache Konfiguration aus.

Die erste SCSI-Norm geht auf das Jahr 1986 zurück. SCSI bezeichnet seitdem ein dreischichtiges Regelwerk mit fast einheitlichen Befehlssätzen.

- Die erste Ebene darin ist die Kommandoebene. Die Kommandos werden wieder in *primäre* und *gerätetypische* unterschieden. Den Befehlssatz der primären Kommandos (SPC) müssen alle Geräte beherrschen. Die gerätetypischen Kommandos sind allein für den Hostadapter (SCC), verschiedene Blockkommandos für Festplatten, Kommandos für Bandlaufwerke (SSC), auch Multimediakommandos (MMC) für das CD-ROM und andere mehr.
- Unterhalb der Kommandoebene liegt die Protokollebene. Sie organisiert die Kommunikation des angeschlossenen Gerätes mit der jeweiligen Schnittstelle. Das klassisch zu nennende 8- und 16-Bit-SCSI-Interface nutzt hierzu beispielsweise das **Interlocked Protocol (IPC).** Auf diesen Standard setzen neuere Interfaces auf. Mit **Fibre Channel Protocol (FCP)** ist die Datenübertragung über Lichtleiter möglich. Um auch anderen Anbietern den Anschluss ihrer Geräte zu erleichtern, wird mit **Generic Packetized Protocol (GPP)** ein Universalprotokoll angeboten.
- Die unterste Ebene ist die Interfaceebene. In ihr sind die physikalischen Übertragungsmedien definiert.

Parallele SCSI-Schnittstellen wurden beständig weiterentwickelt. **SCSI-1** unterstützte Festplatten und Bandlaufwerke mit Datentransferraten unter 5 MByte/s. **SCSI-2** enthält einen Kommandosatz, der darüber hinaus auch CD- und MO-Laufwerke, aber auch Scanner oder Jukeboxen unterstützt. Die Kombination von Wide- (16 Bit) und Fast-SCSI (Verdoppelung der Taktrate) erhöhte die Datenübertragung bis zu 20 MByte/s. Bei nochmaliger Verdoppelung der Taktrate schaffte das Ultra SCSI Transferraten von 20 MByte/s bei 8 Bit und 40 MByte/s bei 16 Bit Breite. Eine erneute Verdoppelung der Taktrate erlaubte Datenübertragungsraten von 80 MByte/s. Allerdings nahmen mit diesen Maßnahmen auch die elektromagnetischen Probleme zu. Die zulässigen Kabellängen wurden immer kürzer, die Spannung für die Signalübertragung auf Low Voltage Differential (ca. 3 V) zurückgenommen und verschiedene Verfahren der Terminierung eingeführt. So konnte mit Ultra 160 SCSI die Transferleistung wiederum auf 160 MByte/s verdoppelt werden.

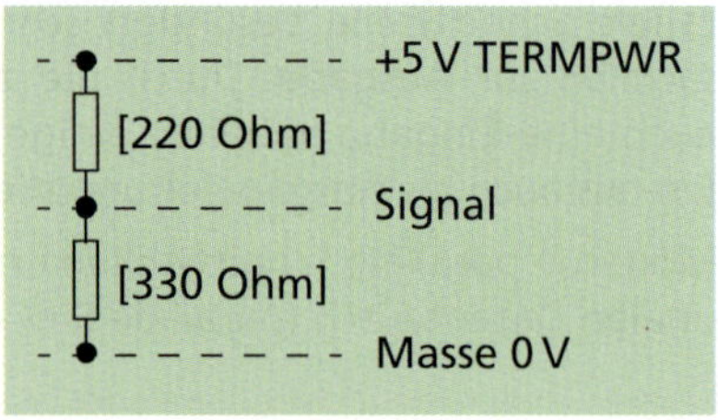

Bei SCSI gibt es die Terminierungspflicht. Sie ist eine elektrische Maßnahme, die elektrische Störungen verhindern soll.
Die passive Terminierung setzt einen Pull-Up-Widerstand von 220 Ω gegen +5 V und einen Pull-Down-Widerstand von 330 Ω gegen Masse. Die aktive Terminierung regelt diese Widerstände elektronisch ein und erzeugt damit jeweils die optimale Signalübertragung.

Die parallelen Schnittstellen gibt es also in Ausführungen unterschiedlicher Datenübertragung. Die Übertragung auf 8 Bit breiten Bussen (Narrow) erlaubt den Anschluss von maximal 7 Geräten, auf 16 Bit bis zu 15 Geräten.

Das serielle SCSI **Fibre Channel** ist für Kupfer- und Lichtleiter konzipiert. Übertragungsraten von 12,5 MByte/s bis zu 100 MByte/s sind vorgesehen. Die entsprechenden Protokolle unterstützen nicht nur eine Vielzahl von Geräten, sondern auch eine Reihe von Netzwerktechnologien, darunter das Internet. Um Daten zu einem weit entfernten Gerät zu senden, genügt die Adresse des Empfängers. Den Weg suchen sich die Daten allein.

IDE

IDE ist die Abkürzung für **I**ntegrated **D**rive **E**lectronics.

Die **IDE-Schnittstelle** ist im PC-Bereich weit verbreitet. Pro IDE-Schnittstelle lassen sich 2 Festplatten anschließen. Eine ist immer als **Master**, die andere als **Slave** definiert. Mit dem alten Standard als AT-Bus wurden etwa 2 MByte/s Datenübertragungsrate erreicht.

Die **Enhanced IDE (EIDE),** weitgehend identisch in der Implementierung und Funktion auch die **Ultra ATA,** sind kompatibel zu den älteren Adaptern und Festplatten. Die enormen Geschwindigkeitsvorteile werden erst bei Verwendung von VESA Local Bus oder PCI-Controllern wirksam. Sie ermöglichen theoretisch Übertragungsraten bis zu 132 MByte/s. Grafikkarten und SCSI-Hostadapter können diesen Geschwindigkeitsvorteil bereits nutzen. Bei den Festplatten hat man die Systemunabhängigkeit noch nicht erreicht. Dennoch sind bei direktem Anschluss an das Motherboard beziehungsweise den Local Bus ohne spezielle Treiber bereits

Übertragungsraten von 11 MByte/s möglich. Dies spricht immer noch für sehr preisgünstige Lösungen. Ähnlich wie beim SCSI sucht man den Geschwindigkeitsgewinn auch bei IDE-Interfaces durch Verdoppelung der Taktrate. Ultra ATA erlaubt so Datenübertragungsraten von 33 MByte/s, Ultra2 ATA gehen gar von einer Taktrate von 66 MHz aus, was einer weiteren Verdoppelung der Übertragungsrate entspricht.

Für die IDE-Schnittstelle gibt es mit **ATAPI** Erweiterungen, die den Anschluss von CD-ROMs, Bandlaufwerken, Scannern und anderen Geräten ermöglichen.

ATAPI ist die Abkürzung für **AT** **A**ttachment **P**acked **I**nterface.

Fire Wire (IEEE 1394)

Neu für die PC-Technik ist der ursprünglich von Apple eingeführte serielle High Speed Datenbus. Aufgrund seiner sehr hohen Datenübertragungsrate von maximal 400 Mbit/s ist er besonders für Multimediageräte wie Camcorder und digitale Kameras geeignet. Auf einer Strecke von 72 m können gleichzeitig mindestens 16 Geräte in reservierten Bandbreiten übertragen werden.

In der PC-Ausstattung haben diese Schnittstellen allerdings noch keine Bedeutung erlangen können. Es ist unsicher, ob sie sich gegenüber dem USB durchsetzen kann.

USB ist die Abkürzung für **U**niversal **S**erial **B**us.

USB

Die Einführung des USB-Standards stand unter der Maxime hoher Anwenderfreundlichkeit bei universellem Einsatz. Für diese Schnittstelle ist keine Installationskarte in einem der ohnehin knapp gewordenen Steckplätze **(Slots)** notwendig. Ein Gerät wird – auch bei laufendem Rechner möglich (hot plugging) – nach dem „Plug & Play"-Prinzip an den USB angeschlossen. Es konfiguriert sich automatisch und steht sofort zur Verfügung. Der PC registriert, ob ein weiteres Gerät angeschlossen oder ein anderes entfernt wird. Der Bus bestimmt automatisch die erforderlichen Ressourcen, einschließlich Treibersoftware, Busbreite und all die Parameter und Einstellungen, die das jeweilige Gerät benötigt. Die Software zum Erkennen der angeschlossenen Geräte ist im Windows-Operationssystem ab Version 2.1 (vertrieben seit Oktober 1996) mit den meisten notwendigen Treibern bereits enthalten. Alternativ kann darüber hinaus ergänzende Software für jede beliebige neue Peripherie installiert werden. **Anschlussbelegung einer USB-Schnittstelle:**

Anschlussbild	Pin	Signal	Beschreibung
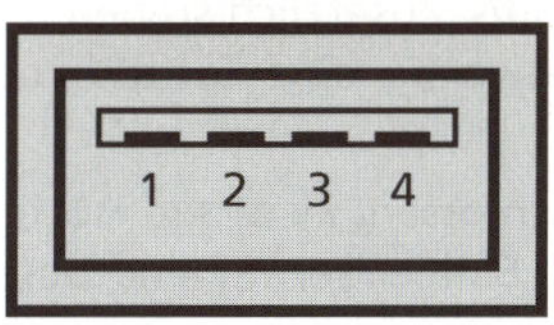	1 2 3 4	VCC Data - Data + GND	+ 5 V Datensignal – Datensignal + Ground

Genauer betrachtet handelt es sich bei USB um ein peripheres Bussystem, vergleichbar etwa mit SCSI. Über den Steckanschluss führen 4 Leitungen, ein bidirektionales Leitungspaar für die Signalübertragung vom

Solche Geräte können sein:
- Kontrollmonitore
- Audio-Ein- und Ausgabegeräte
- Telefone
- ISDN-Adapter
- Lautsprecher
- Mikrofone
- Modems
- Tastaturen
- Mäuse
- CD-ROMs
- Dongles
- Kameras
- Joysticks
- Band- und Diskettenlaufwerke
- Scanner
- Messdatenerfassungsgeräte
- Drucker
- u. a. m.

und zum Computer, eine Masse- und eine Versorgungsspannungsleitung (5 V). An einer einzigen Buchse schon können theoretisch bis zu 127 Geräte angeschlossen werden (s. Infotext).

Um mehrere Geräte gleichzeitig betreiben zu können, werden Verteiler (Hubs) benötigt. Ein **Hub** übernimmt zwei Funktionen, die Spannungsversorgung und den Datentransport zum verwaltenden Hostcontroller.

Kleinere Geräte wie Tastatur oder Maus können direkt von der Versorgungsspannung gespeist werden (Low Power). Bei der High-Power-Klasse wie Drucker oder Monitore werden die Geräte von Hubs mit eigener Stromversorgung betrieben. Bei der Anschaffung größerer Geräte für USB sollten bereits Hubs integriert sein. Dann sind zum Beispiel für das Mikrofon oder die Tastatur keine zusätzlichen Hubs erforderlich.

Der Datentransport erfolgt seriell in Form so genannter Frames. 1000 solcher Frames werden pro Sekunde übertragen. Ein Frame kann Daten verschiedener Geräte an der Peripherie, darüber hinaus Interrupts, Kennungen neu hinzugekommender Geräte und dergleichen mehr enthalten. Die USB ist als kombinierte Stern-Bus-Struktur ausgelegt. Vom Hostadapter (entspricht einem Anschluss am Rechner; oft gibt es zwei) gehen die Hubs aus, die sich dann sternförmig verzweigen.

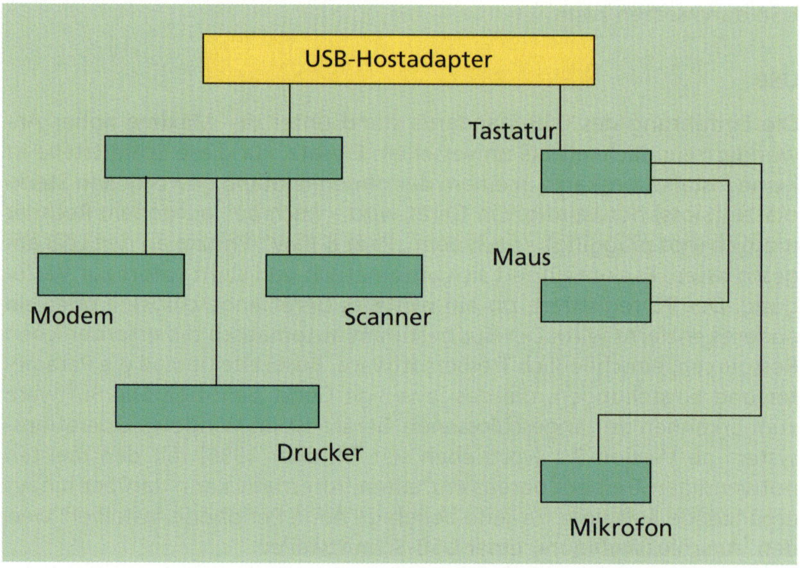

In solchen Systemen sind theoretisch Datenübertragungsraten von 12 MBit/s möglich. Durch Codierungsverfahren und Overheads liegt die tatsächliche Übertragungsrate etwa bei 8 MBit/s. Zusätzlich stehen noch niedrigere Datenraten von 1,5 MBit/s wie etwa für eine Tastatur oder eine Maus zur Verfügung.

Diese Entwicklung ist aber noch nicht abgeschlossen. Es ist ein Hochgeschwindigkeitskanal mit 500 MBit/s geplant. Einige Geräte sind besonders auf hohe Datenübertragungsraten bei kontinuierlichem Datenfluss angewiesen, wie das beispielsweise bei der Videokamera der Fall ist. Dies wird durch die Reservierung einer bestimmten Bandbreite gewährleistet.

4.1.4 Betriebssysteme

Die Hardware eines Computers setzt sich aus einer Vielfalt von Komponenten und Geräten zusammen. Die funktionelle Einheit dieser ansonsten für sich existierenden Module und Geräte stellt erst die Software her. Das entsprechende Anwendungsprogramm simuliert mit der Rechneranlage schließlich eine moderne Schreibmaschine, einen wissenschaftlichen Taschenrechner, ein Schachspiel mit integriertem, fast unschlagbarem Gegner oder vielleicht einen dreidimensionalen Ausflug in virtuelle Welten.
Nun ist es theoretisch möglich, über das jeweils geladene Programm alle erforderlichen Hardwarekomponenten und -geräte direkt anzusprechen. Dies ist extrem aufwändig und bläht die Programme unnötig auf. Um die Vielzahl von Zugriffen einfacher und überschaubarer zu machen, wird zwischen Hardware und Anwenderprogramm ein **Betriebssystem** angesiedelt. Es ist gewissermaßen eine Erweiterung der Hardware. In den heute üblich gewordenen Mehrplatz- und Mehraufgabensystemen übernimmt das Betriebssystem zudem noch die Aufgabe, die Hardwarezugriffe verschiedener Benutzer und Prozesse zu verwalten.

Zum Betriebssystem und seinen Aufgaben ↗ auch S. 47.

Mehrplatzsysteme nennt man auch **Multiuser**, Mehraufgabensysteme **Multitasking.**

Das Betriebssystem muss verfügbar im Arbeitsspeicher stehen, also geladen sein. Nur bei einigen, speziellen Computern ist das Betriebssystem in einem ROM dauerhaft gespeichert. IBM-kompatible Rechner laden das Betriebssystem von der Diskette oder Festplatte, je nach Einstellungsmöglichkeit auch von der CD-ROM. Wo genau, das legt das BIOS fest. Hier sind auch andere Einstellungen enthalten, auf die das Betriebssystem nicht verzichten kann.

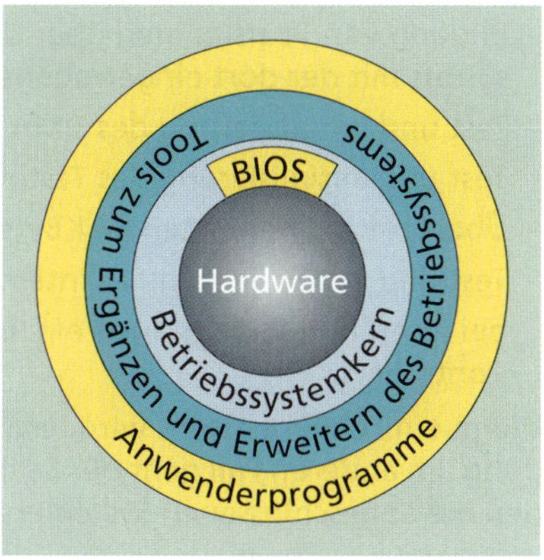

BIOS: Abkürzung für **B**asic **I**nput **O**utput **S**ystem

Das BIOS ist auch nur Software, die allerdings schreibgeschützt in einem ROM-Baustein steht. In modernen Betriebssystemen verliert das BIOS einiges an Bedeutung, insofern sie selbst über Programmroutinen zum Ansprechen der Hardware verfügen.

Zum eigentlichen Betriebssystem, dem Betriebssystemkern, gehören in der Regel noch eine Reihe von Systemprogrammen, mit denen übergeordnete und auf allen Systemen notwendige Aufgaben bewältigt werden. Dazu zählen beispielsweise das Formatieren einer Diskette oder das Ausdrucken von Dateien. Diese Erweiterung des Betriebsystems übernimmt beispielsweise in MS-DOS der Kommandozeileninterpreter. Ein Befehl wird über die Tastatur eingegeben, nach ENTER-Abschluss von der `COMMAND.COM` (interne Befehle) beziehungsweise dem auf dem Datenträger abgelegten Programm (externe Befehle) ausgeführt.

Bei Linux werden die Befehle unter einer durchaus vergleichbaren Nutzeroberfläche, mit den so genannten Shells verfügbar gemacht. Erst diese Systemprogramme machen aus dem Computer die Universalmaschine. Dem Aspekt der Benutzerfreundlichkeit wird vorzugsweise durch grafische Oberflächen entsprochen.

BIOS

Beim **BIOS** handelt es sich um ein Ein- und Ausgabesystem. Im Moment des Startens eines Rechners wird das BIOS geladen, noch bevor das Betriebssystem überhaupt in Aktion tritt.

POST: Abkürzung für **P**ower **O**n **S**elf **T**est

Nach dem Einschalten des Computers wird zuerst die Speicheradresse `F000h:FFF0h` im ROM-BIOS gelesen. Sie enthält einen Sprungbefehl zu einem Programm, das einen Selbsttest, den so genannten **POST** veranlasst. Was im Einzelnen und in welcher Reihenfolge getestet wird, ist in den unterschiedlichen BIOSsen vom Hersteller festgelegt. Üblicherweise sind es die Funktionen des Prozessors, seine Register und einige Befehle. Entdeckt die Routine einen Fehler, bleibt das System stehen. Selbst Fehler melden ist dann durch den defekten Prozessor nicht möglich. Ist dieser Test hingegen erfolgreich, folgen weitere:

- Funktionsprüfung der CPU (Arithmetik, Real-Mode, Protected-Mode, ...),
- Bildung einer Checksumme über das BIOS-ROM,
- Bildung von Prüfsummen über das CMOS-RAM und Vergleich des Resultats mit der dort eingetragenen Summe,
- Test und Initialisierung des DMA-Controllers,
- Test und Initialisierung des Tastatur-Controllers,
- Überprüfung der ersten 64 KByte des RAM-Arbeitsspeichers,
- Test und Initialisierung des Interrupt-Controllers und
- bei älteren Rechnern auch ein Test und die Initialisierung des Cache-Controllers.

Wenn ein Fehler erkannt wird, erscheint eine entsprechende Fehlermeldung. Im anderen Fall geht der Selbsttest in seine letzte Phase. Jetzt werden die angeschlossenen Systemerweiterungen geprüft,

- der Videocontroller,
- der Hauptspeicher oberhalb der 64 KByte,
- die seriellen und parallelen Schnittstellen sowie
- der Disketten- und Festplattencontroller.

Aufschluss über mögliche Fehler kann dem Anwender ein Piepen über den PC-Lautsprecher bringen. Gerade im PC-Bereich sind AMI- und Award-BIOSse sehr verbreitet. Sie gebrauchen jeweils versionsübergreifend einheitliche Codierungen von Piepsignalen.

Plug & Play: Das Betriebssystem ist in der Lage, Änderungen an der Hardwarekonfiguration selbst zu erkennen.

Wenn alle Komponenten funktionstüchtig sind, verteilt ein modernes „Plug & Play"-fähiges BIOS die Ressourcen. Hardwaremäßig werden zum Beispiel den Einsteckkarten die notwendigen Interrupts, gegebenenfalls auch die DMA-Kanäle zugewiesen. Softwaremäßig werden BIOS-Variablen und die Interrupt-Vektor-Tabelle initiiert.

Nun erst erfolgt der eigentliche Start des Betriebssystems, das **Booten.** Dazu holt sich das BIOS aus den ersten Sektoren des betriebssystemtragenden Speichermediums notwendige Informationen über das Medium. Die erkannte Dateistruktur nutzt der **Bootstrap Loader.** Er kann jetzt auf die Dateien des Betriebssystems zugreifen und die eigentlichen Startroutinen in den Speicher laden. Von dort aus wird schließlich das Betriebssystem gestartet.

Die Rolle des BIOS nach Abwicklung des Boot-Vorgangs ist in den Betriebssystemen unterschiedlich. Für MS-DOS und das aufgesetzte Windows bleibt es die Schnittstelle zur installierten Hardware, indem es die grundlegenden Routinen als Interrupts zur Verfügung stellt:

- `10H` ... BIOS-Bildschirmfunktionen
- `11H` ... Ermitteln der Systemkonfiguration
- `12H` ... Ermitteln der Speichergröße
- `13H` ... Disketten- und Festplattenfunktionen
- `14H` ... serielle Schnittstelle
- `15H` ... Extended-Memory-Funktionen
- `16H` ... BIOS-Tastaturfunktionen
- `17H` ... BIOS-Druckerfunktionen an der parallelen Schnittstelle
- `19H` ... Bootstrap laden und ausführen
- `1AH` ... Timer- und Echtzeitfunktionen

Betriebssysteme wie UNIX, Linux, OS/2 Warp, Solaris oder Windows NT verfügen über eigene Routinen, mit denen sie die Hardware ansprechen. Das BIOS übernimmt dann beispielsweise noch das Powermanagement oder das Plug & Play.

Eine grundsätzliche Frage taucht auf. Selbstverständlich kann der Anwender fast nach Belieben sein System etwa durch eine zusätzliche Festplatte erweitern. Und er kann festlegen, wann das Powermanagement in welche Energiesparmodi umschaltet. Das BIOS als unveränderlicher Speicher eines ROMs lässt (ohne weiteres) keine Manipulation zu. Es arbeitet darum „Hand in Hand" mit einem speziellen RAM, dem **CMOS.** Hier wird die aktuelle Uhrzeit eingetragen. Hier stehen aber auch benutzerspezifische Eintragungen zur Verwendung von Speichern oder Parametern von Festplatten. Um die Daten auch nach dem Ausschalten zu bewahren, wird der CMOS-Baustein von einer separaten Batterie auf dem Motherboard ohne Unterbrechung mit Spannung versorgt.

CMOS: Abkürzung für **C**omplementary **M**etal **O**xide **S**emicondukter (Metalloxidhalbleiter)

Aus Sicherheitsgründen ist der Zugang zum BIOS etwas erschwert. Kurz nach dem Starten des Rechners sind zum Erreichen dieses Bildschirms eine Taste oder eine Tastenkombination zu drücken. Wie konkret, ist für jeden Computer genau festgelegt.

Beim Einstellen des BIOS sollte man große Vorsicht walten lassen. Es sind vom Computerhersteller mitunter sehr spezielle Einstellungen, die bei Verlust großen Schaden anrichten können. Das Zurücksetzen auf die meist angebotenen Standardeinstellungen bringt dann auch nicht mehr die erhoffte „Heilung".

Tasten und Tastenkombinationen zum Erreichen des BIOS:

AMI	Award	Phoenix	andere
<Entf> F1	<Entf> <Strg> + <Alt> + <Esc> <Alt Gr> + <Alt> + s	<Entf> <Strg> + <Alt> + <Esc> <Strg> + <Alt> + s F2	<Alt> + <Enter> <Strg> + <Enter> <Strg> + <Alt> + F1 <Strg> + <Alt> + <Einf> <Alt> + F1 F10

Laden des Betriebssystems

Nach den Selbsttests und Initialisierungen sucht das BIOS nun das dort eingestellte **Boot-Laufwerk.** Ist es eine Festplatte, so kommt dem ersten Sektor eine besondere Bedeutung zu. Hier ist der so genannte **Master-Boot-Record** (MBR) und die Partitionstabelle enthalten. Die Daten werden im Speicher eingetragen. Der MBR übernimmt nun die weitere Programmausführung. Zunächst sucht er die primäre Festplattenpartition. Der Sektor 0 wird in den Speicher geladen. Ein darin befindlicher Programmcode kommt jetzt zur Ausführung. Es kann ein Programm zur Diagnose oder eben zum Laden des Betriebssystems sein. In modernen Betriebssystemen wird dem Anwender die Wahl des zu startenden Betriebssystems überlassen. Die jeweils notwendigen Dateien werden in den Arbeitsspeicher geladen. Ein anderes Programm wird aufgerufen, um die Liste der installierten Hardwarekomponenten zu übernehmen. Je nach Betriebssystem erfolgen wiederum verschiedene Kontrollen. Endlich steht das Betriebssystem in seinen wesentlichen Teilen im Arbeitsspeicher. Es wird ausgeführt. Der Bootvorgang wird gegebenenfalls über das **Einloggen** (Name und Passwort) abgeschlossen. Das Betriebssystem kann nun vom Anwender genutzt werden, ruft vielleicht bereits selbst festgelegte Startprogramme in Form von Diensten und Anwendungen auf.

Schon der Umgang mit dem BIOS lässt sich nicht ohne weiteres verallgemeinern. Zu verschieden sind die BIOSse selbst. Und sie arbeiten viel zu unterschiedlich mit den Betriebssystemen zusammen. Noch mehr gehen die Vorgänge auseinander, die unmittelbar mit dem Betriebssystem zu tun haben. Schon die Unterschiede zwischen DOS und den Windows-Derivaten sind groß.
Der Bootvorgang lässt sich allgemein in folgende Schritte fassen:

Booten

1. Nach dem Einschalten führt der Rechner den Selbsttest (POST) aus.
2. Das Betriebssystem kann in verschiedenen Speichergeräten enthalten sein. Es wird nun gesucht.
3. Das Betriebssystem wird in den RAM geladen.
4. Das Betriebssystem lädt die Treiber für die angeschlossenen Geräte. Diese initialisieren die entsprechenden Hardwarekomponenten.
5. Mit Anzeige des Promptzeichens oder des grafischen Desktops steht das Betriebssystem dem Anwender zur Verfügung.

Betriebssysteme werden ständig weiterentwickelt:

- Das Betriebssystem soll sich optimal der benötigten Hardware und den abverlangten Aufgaben anpassen, um mit den Ressourcen sparsam umzugehen und die maximal mögliche Leistung zu erreichen.
- Das Betriebssystem soll den zunehmend höheren Prozessorgeschwindigkeiten gerecht werden. Da die höheren Geschwindigkeiten aber auch kostenintensiver sind, sollte auch die Verwendung mehrerer Prozessoren unterstützt werden.

- Das Betriebssystem soll vernetzungstauglich sein. Darüber geht es aber auch darum, plattformunabhängig lokale und entfernte Dienste in sehr heterogenen Netzwerken zur Verfügung zu stellen.
- Das Betriebssystem soll in der Lage sein, digitale Multimediadaten möglichst in Echtzeit aufnehmen, wiedergeben und manipulieren zu können. Es geht um die effiziente Hardwarenutzung und einen hohen Datentransfer.
- Das Betriebssystem soll unter dem Gesichtspunkt des Multitasking und der Multiusing effektive Sicherheitsmechanismen bereitstellen. Dazu werden ausreichende Schutz- und Sicherheitsmaßnahmen, genauso eine sichere Umgebung bei der Verwendung unsicherer Codes benötigt.
- Das Betriebssystem soll die eingesetzte Hardware gleichermaßen für die verschiedensten Anwendungen optimal ausnutzen können, statt jeweils auf eingeengte Aufgaben spezialisiert zu sein.
- Das Betriebssystem soll preiswert zu besitzen und zu benutzen sein. Hier hinein zählen auch die hohen Kosten, die Administrationen, Schulungen, Services und dergleichen mehr verursachen.

Linux

Mit Linux wurde ein Betriebssystem geschaffen, das in mancher Hinsicht diese Intentionen aufnahm und sich durch folgende Leistungsmerkmale auszeichnet:

- Keine noch so fehlerhafte Anwendung ruft einen Systemabsturz herbei. Linux arbeitet extrem stabil.
- Das eigentliche Betriebssystem, der Kernel, beansprucht nur ungefähr 500 KByte. Auch sonst geht Linux sehr sparsam mit den Systemressourcen um.
- Linux ist schnell. Gleichzeitig können auf dieses Betriebssystem mehrere Benutzer zugreifen und verschiedene Programme zugleich ausführen.
- Linux ist plattformunabhängig. Es lässt sich problemlos auf IBM-Rechnern laden, aber eben auch auf Macintosh, DEC-Alpha, Amiga und anderen.
- Das Betriebssystem selbst und die übergroße Zahl von Anwendersoftware kosten nichts, lassen sich vom Netz installieren und stehen in einem sehr großen Angebot zur Verfügung.
- Linux ist leistungsstark im Textmodus und vereint dieses Attribut noch mit einer ebenso leistungsfähigen Grafikoberfläche.
- Kaum ein anderes Betriebssystem, sieht man einmal von Unix ab, das seiner Entwicklung ursächlich Pate stand, bietet ein so ausgefeiltes Sicherheitskonzept.
- Linux unterstützt alle multimedialen Komponenten einer Workstation genauso wie eines Netzklienten. Darüber hinaus lässt sich dieses Betriebssystem hervorragend als Serversystem einsetzen.

Was ist das genauer, was als Betriebssystem so gewaltig anhebt, den Etablierten ernsthafte Konkurrenz zu bieten?

Linux Benedict Torvalds kaufte sich 1990 einen 386er. Er suchte zu MS-DOS eine Alternative, um von zu Hause aus ins Netz der Universität Helsinki hineinzugelangen. So fand er zu Minix, einem von Andrew S. Tannenbaum 1987 entwickelten Lehrbetriebssystem, das sich im Wesentlichen auf das Unix-Konzept stützt. Mit Assembler trug er einige Erweiterungen in das Minix ein. Doch entschied er sich schnell, vom Assembler abzulassen, statt dessen die Programmiersprache C zu verwenden. Auf dieser Basis entstand ein eigenständiges Betriebssystem, die Version 0.01.

Im Folgenden ist das **Blockbild des Linux-Systemkerns** dargestellt, welcher von dem finnische Studenten Torvalds entwickelt wurde.

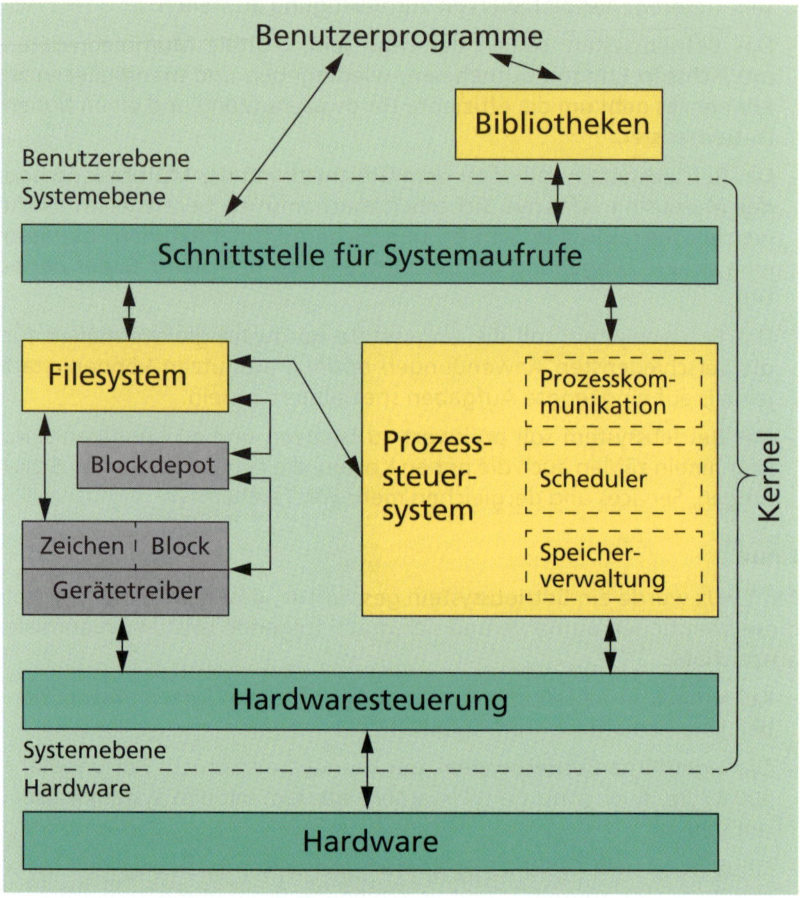

Torvalds entschied sich, seinen Betriebssystemkern über das Netz der Öffentlichkeit zur Verfügung zu stellen. Da setzte etwas ein, was für andere Betriebssysteme bis dato undenkbar war. Frei von jedem Konkurrenzgehabe wurde Linux weltweit im Usenet diskutiert, stand es abrufbar auf FTP-Servern und beteiligten sich Programmierer aus der ganzen Welt an seiner Weiterentwicklung. Angepasst an die Umgebung der Free Software Foundation entwickelte sich ein komplettes Betriebssystem. Eine andere Nicht-Profit-Gruppe, Xfree86, adaptierte ein Graphical User Interface und schuf damit eine benutzerfreundliche Grafikoberfläche.

URL der Free Software Foundation: http://www.fsf.org

Die Grundlage von Linux ist der **Systemkern (Kernel).** Er verwaltet die Systemkomponenten der Hardware sehr restriktiv. Das heißt, es ist kein direkter Zugriff möglich. Damit wird vermieden,

- dass konkurrierende Hardwarezugriffe irgendwelche Konflikte auslösen,
- dass unberechtigte Nutzer auf private Daten zugreifen können und
- dass gleichzeitig laufende Programme auf dem Rechner gleiche Speicherbereiche nutzen.

Jedem Nutzer wird ein eigener Adressraum zur Verfügung gestellt, dem definierte Berechtigungen zugewiesen sind. Lediglich an die 150 Systemaufrufe geben dem Nutzer die Möglichkeit, auch außerhalb dieses Adressraums zuzugreifen.

Um den Kern herum sind verschiedene Komponenten angesiedelt. Zum System in der notwendigen Erweiterung gehören ein Kommandointerpreter **(Shell),** der textorientiert zwischen Kern und Nutzer vermittelt. Mehr Komfort bietet die grafische Benutzeroberfläche. Wie auch immer,

- es sind die Befehle entgegenzunehmen,
- um sie in eine dem Kernel verständliche Form zu übersetzen und
- sie schließlich zur Ausführung an den Kernel weiter zu leiten.

So lassen sich auch Tools zur Verwaltung, Pflege, Diagnose oder Erweiterung aufrufen. Mittlerweile gibt es in großer Zahl Anwenderprogramme. Das Angebot steht den traditionellen Betriebssystemen längst nicht mehr nach. Schon werden Spiele für Linux vertrieben.

Der Vertrieb von Software, die so genannte Distribution, wird von unterschiedlichen Häusern besorgt. Sie „schnüren" passgerecht Pakete für bestimmte Anwendergruppen zusammen, die man sich gepackt auf CDs oder direkt aus dem Internet herunterladen kann.

Die Distributoren bieten telefonischen oder E-Mail-Service an. Schließlich sind innerhalb der Programmpakete vielfältige Dokumentationen und Hilfen enthalten, die man sich mit einem der vielen Texteditoren betrachten und ausdrucken kann. Nicht unerwähnt soll bleiben, dass auch im WWW abrufbar ganze Linuxbücher kostenlos zur Verfügung stehen:

Linuxliteratur im Internet:
`http://www1.lunetix.de/LHB//`
`http://www.mnd.fh-wiesbaden.de/~dreymann/linux/`
`http://www.geocities.com/SiliconValley/Platform/3135/`

Linux ist sehr gut dokumentiert. Einen guten Überblick und aktuelle Informationen sind zum Beispiel unter folgender URL-Adresse zu finden: http://www.linuxbbs.org/homepages.php3

Im Usenet findet man Diskussionsforen aller Art, die man für eigene Probleme und Fragen gut nutzen kann.

Einige deutschsprachige Newsgroups sind:

- `de.comp.os.unix.linux.hardware` (Hardware)
- `Linux de.comp.os.unix.linux.misc` (Allgemeines)
- `de.comp.os.unix.linux.newusers` (besonders für Anfänger)
- `fido.ger.linux` (alle Themen)
- `maus.os.linux` (alle Themen)

Auch jede Suchmaschine listet Literatur für jede Bedarfsgruppe auf. Richtig etwas zum Herumstöbern unter Anwendung unterschiedlicher Internetdienste (FTP-Server mit unterschiedlichster Software zum Herunterladen, Newsgroups, Tipps und Tricks, viel Informationen) bieten z. B.:
`http://speedix.at/linux-corner`, `http://www.blackserver.at/linux/`,
`http://www.anzeigenblatt.com/linux/`,
`http://homepages.go.com/~linux_linux/Linux_download.htm`.

Bekannte Distributoren sind zum Beispiel:

Slackware: `www.slackware.org`

Debian: `www.debian.org`

Red Hat Inc: `www.redhat.com`

Caldera `www.caldera.com`

Im deutschsprachigen Raum sind es z. B.:

SuSE: `www.suse.de`

Easy: `www.eit.de`

Mandrake: `http://www.linux-mandrake.com/de`

Nach dem Starten gelangt man in das Home-Directory (Symbol: ~).
Die Login-Linux-Shell wird in Startdateien bestimmt und konfiguriert.

Umgang mit Verzeichnissen und Dateien unter Linux

Nach dem Starten von Linux ist noch kein Arbeiten möglich. Zunächst hat man sich einzuloggen, um die ihm zugewiesenen Benutzerrechte in Anspruch nehmen zu können (`Login: Loginname`).

Erst das bestätigte Passwort verschafft den Zugang, eröffnet die so genannte Session.

Gestartet wird die Shell. Sie ist zu erkennen an dem Shellprompt, das sich jedoch anders als bei DOS der jeweiligen Umgebung anpasst. Hier lassen sich nun die Befehle eingeben und mit <Enter> zur Ausführung bringen.

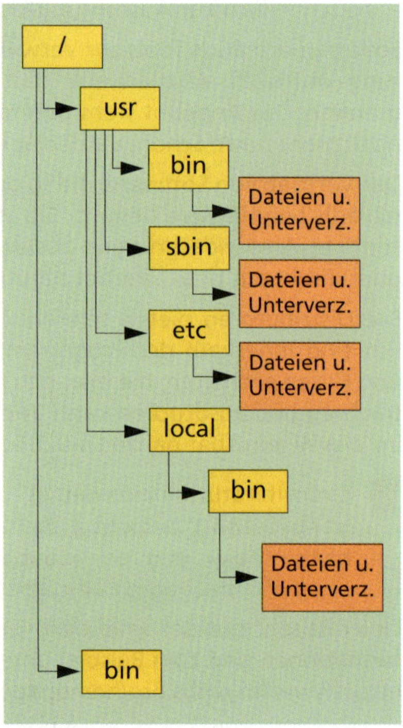

Dateien werden in einem logischen Verzeichnisbaum verwaltet. Im Unterschied zu DOS sind hier auch Geräte wie CD-ROM, Festplatte, Bandlaufwerk usw. enthalten.

Man kann sich das aktuelle Verzeichnis mit `pwd` anzeigen lassen.

Auch im Internet wird der **Slash** (/) als Trennzeichen genutzt, nicht der **Backslash** (\) wie unter MS-DOS oder Windows.

Die unterschiedlichen Verzeichnisebenen und Dateien werden mit „/" **(Slash)** voneinander getrennt. Jede Datei und jedes Verzeichnis hat einen Namen, aber in anderen Verzeichnissen kann der gleiche Name wiederholt auftreten. Eine Datei lässt sich in dreifacher Weise aufrufen:

- im aktuellen Verzeichnis,
- durch Angabe des absoluten Pfades vom Wurzelverzeichnis („/") beginnend oder
- durch Angabe des relativen Pfades.

Für die relative Pfadangabe sind zwei Einträge von Bedeutung:

„." steht für das jeweilige Verzeichnis selbst und

„.." steht für das nächst höhere Verzeichnis.

Der Befehl `cd` ist für den Verzeichniswechsel zuständig.

`cd ./..` bzw. `cd ..`	wechselt in das nächst höhere Verzeichnis,
`cd /`	wechselt in das Wurzelverzeichnis,
`cd /dev`	wechselt in das Verzeichnis `dev` und
`cd /user/lib`	wechselt in das `lib`-Verzeichnis.

Den Inhalt eines Verzeichnisses kann man sich mit `ls` auflisten lassen.

```
.       cdrom    home        opt    tmp
..      dev      lib         proc   usr
bin     etc      lost+found  root   var
boot    floppy   mnt         sbin
```

Die Befehle können zusätzlich mit Optionen versehen sein. Dies sind in der Regel mit einem Anstrich abgetrennte Buchstaben.

`ls -l` listet beispielsweise zusätzlich die Dateiangaben auf,
`ls -la` zeigt sogar die Angaben von versteckten Dateien und Verzeichnissen (hier `.` und `..`).

drwxr-xr-x	19 root	root	1024	Oct 29 1999	.
drwxr-xr-x	19 root	root	1024	Oct 29 1999	..
drwxr-xr-x	2 root	root	1024	Oct 25 20:00	bin
drwxr-xr-x	2 root	root	1024	Oct 29 1999	boot
drwxr-xr-x	2 root	root	1024	Oct 29 1999	cdrom
drwxr-xr-x	6 root	root	26624	Oct 29 18:51	dev
drwxr-xr-x	29 root	root	3072	Nov 2 18:57	etc
drwxr-xr-x	2 root	root	1024	Oct 29 1999	floppy
drwxr-xr-x	3 root	root	1024	Oct 30 1999	home
drwxr-xr-x	5 root	root	2048	Oct 25 20:22	lib
drwxr-xr-x	2 root	root	12288	Oct 29 1999	lost+found
drwxr-xr-x	2 root	root	1024	Oct 20 1999	mnt
drwxr-xr-x	6 root	root	1024	Oct 29 20:00	opt
dr-xr-xr-x	41 root	root	0	Oct 26 1999	proc
drw--x--x	6 root	root	1024	Oct 25 21:05	root
drwxr-xr-x	5 root	root	3071	Oct 25 20:25	sbin
drwxrwxrwt	5 root	root	1024	Oct 28 18:59	tmp
drwxr-xr-x	25 root	root	1024	Oct 29 1999	usr
drwxr-xr-x	16 root	root	1024	Oct 26 1999	var

Neben den maximal 255 Zeichen langen Datei- und Verzeichnisnamen, der Dateigröße und dem Erstellungsdatum werden noch Eigentümer und Zugriffsrechte angezeigt.
Jeder Systembenutzer gehört einer Gruppe (hier `root`) an. Gleichzeitig kann er auch Mitglied anderer Gruppen sein. Die persönlichen Zugriffsrechte ergeben sich aus den Zugriffsrechten der Gruppen:

`r` (read)	Leseberechtigung
`w` (write)	Berechtigung zum Anlegen von Verzeichnissen und Dateien
`x` (execute)	Ausführungsberechtigung

Wenn es sich um ein Verzeichnis handelt, ist den Berechtigungen ein `d` vorangestellt.

Verzeichnisse lassen sich mit `mkdir` erstellen und mit `rmdir` löschen.

Dateien können mit einem der zahlreich vorhandenen Editoren (vi, joe, emacs, elvis, ...) erstellen.

Mit `mv` ist eine Datei leicht umzubenennen, mit `rm` zu löschen.

Mit `cp Entwurf Brief` lässt sich der Inhalt aus `Entwurf` in die Datei `Brief` kopieren.

Zum Anzeigen von Dateiinhalten gibt es kleine Hilfsprogramme wie `more` oder `less`. Mit diesen Pagern kann man in Textdateien blättern. Kürzere Dateien werden am schnellsten mit `cat` aufgerufen.

Für bisherige Anwendungen wurde von eine Standardkonsole ausgegangen:

- Bildschirm zur Ausgabe,
- Bildschirm zur Fehleranzeige und
- Tastatur zur Eingabe.

Die Datenströme lassen sich auch umlenken.

`cat Entwurf > Brief` schickt die Daten aus dem `Entwurf` statt auf den Bildschirm in die Datei `Brief`.

Ebenfalls ist es möglich, den Eingabekanal umzulenken.

Der Befehl `sort < Adressen` gibt die Adressen alphabetisch sortiert auf den Bildschirm aus.

Mehrere Befehle lassen sich zu Pipelines verknüpfen, sie werden durch senkrechte Striche verbunden.

Das **Pipesymbol** (|) erhält man auf der Tastatur mit <Alt Gr> + <F1>.

Mit `sort|less Datei` wird `Datei` alphabetisch sortiert und bildschirmweise angezeigt.

Die Shell bietet verschiedene Eingabehilfen. Mit `bash` lässt sich eine Eingabehistorie aufrufen, die mit <Bild↑> oder <Bild↓> die letzten 100 Eingaben zurück- oder vorblättert.

Erinnert man sich eines eindeutigen Textteils im Befehl aus einer vergangenen Befehlseingabe, reicht es, <Ctrl> + r einzugeben. Der Befehl mit dem Suchbegriff erscheint und kann mit <Enter> wieder ausgeführt werden.

Von den vielen weiteren Hilfen seinen die **Wildcards (Joker)** genannt, die beim Suchen sehr nützlich sein können.

`ls a*` sucht im Verzeichnis alle Dateien, die mit „a" beginnen.

Manches hier Genannte wird dem „eingefleischten" DOS-Anwender befremdlich erscheinen.
Dazu gehört auch, dass man sich nicht wie bei Windows große Mühen macht, die Shell in der grafischen Oberfläche in die Bedeutungslosigkeit zu drängen.
Noch gewöhnungsbedürftiger werden die virtuellen Terminals sein: Man hat sich beispielsweise eingeloggt und arbeitet auf der Shell-Ebene. Als säße man gleichzeitig an mehreren Rechnern kann nun im Betrieb in eine andere Konsole umgeschaltet werden.
Mit den Tastenkombinationen <Alt> + <F1>, <Alt> + <F2>, <Alt> + <F3>, ... <Alt> + <F8> kann man zwischen 8 standardmäßig gegebenen, bis auf 64 erweiterbaren Konsolen umschalten. So lässt sich zum Beispiel mit <F2> + r auf die zweite Konsole umschalten, von der aus mit `startx` die grafische Oberfläche aufgerufen wird. Auf den Konsolen können beliebig Programme parallel arbeiten.
Darüber hinaus lassen sich auch Programme im Hintergrund starten, etwa, um sie nicht auf dem Bildschirm anzuzeigen, aber im Nachhinein zu bearbeiten. Dazu wird hinter dem Befehl ein `&` angefügt.

`Sort Zahlen > Liste &` sortiert `Zahlen` nach der Größe und leitet sie quasi unbemerkt in die Liste.

Linux mag äußerlich MS-DOS ähneln, aber die Unterschiede sind groß:

	MS-DOS 6.22	Linux
Hersteller	Microsoft	weltweit vor allem über das Internet
Starten	sofort	Login-Name und Passwort eingeben
Oberfläche	kommandozeilenorientiert	kommandozeilenorientiert; grafisch (X-Window); mehrere virtuelle Konsolen
Netzwerk	untauglich	unterstützt alles, was man sich multimedial im Netz nur vorstellen kann
Stapelverarbeitung	automatische Abläufe	automatische Abläufe mit deutlich erweiterten Möglichkeiten
Verwaltung des Arbeitsspeichers	die untersten 640 KB segmentiert in 64 KB-Portionen	nutzt den kompletten Arbeitsspeicher ohne nachteilige Segmentierung
Beenden	ausschalten	<Strg> + <Alt> + <Entf>; ausschalten

4.1.5 Eingabegeräte

Mittlerweile gibt es Eingabegeräte in unüberschaubarer Vielfalt. Die Tastatur nimmt unter ihnen aufgrund ihrer breiten Anwendung immer noch eine Sonderstellung ein. Was die Bedienung von grafischen Oberflächen betrifft, ist die Maus mehr als eine Ergänzung der Tastatur geworden. Für viele Anwendungen ist sie unentbehrlich.

Die Grundanforderungen bei Eingabegeräten ist, die Informationen in eine für den Computer verständliche Maschinensprache umzuwandeln. Die Tastatur liefert bereits einen „fertigen" Tastaturcode. Bei den anderen Eingabegeräten werden Mess- und Zählergebnisse in den Maschinencode übersetzt. Eine kleine Übersicht illustriert die Informationsgewinnung an ausgewählten Geräten:

Maus: Messen der Koordinaten mit Rollkugel

Rollkugel: invertierte Maus

Touchpad: Messen des Kontrollpunkts auf einer Fläche

Touchscreen: Messen der Position des Fingers auf dem Bildschirm

Lichtstift: Messen der Position der Stiftspitze auf dem Bildschirm

Grafiktablett: Messen der Position eines Griffels auf dem Tablett

Joystick: Messen der Winkelstellung eines Steuerknüppels

Digitalisierer: Messen der Position eines Fadenkreuzes in einer Zeichnung

Bildscanner: Messen und Zählen der Bits auf der Bildvorlage

Barcodescanner: Messen des Strichmusters

Mikrofon: Messen der Amplitude eines Tonsignals

Die Prinzipien ausgewählter Eingabegeräte werden nachstehend tiefergehend erörtert.

Tastatur

Der **Tastatur (Keyboard)** wird in der Regel viel zu wenig Aufmerksamkeit gewidmet. Angesichts einer großen Zahl von Herstellern und Typen spielt offenbar nicht nur das Aussehen, die Farbe eine Rolle. Tastaturen unterscheiden sich in der Funktion genauso wie in der Handhabung. An die Tastatur werden vorwiegend folgende Anforderungen gestellt:

- lange Lebensdauer,
- hohe Funktionssicherheit,
- sichere Bedienung und
- ergonomischer Gestaltung.

Tastenbelegungen und Funktion einzelner Tasten ↗ S. 49 f.

In der Anordnung der Zeichen ähnelt die Tastatur des Computers der einer Schreibmaschine. Die Anordnung der Tasten ist in einer DIN-Norm festgelegt. Der gravierende Unterschied in den Tastaturen wird durch ein Mehr oder Weniger an Möglichkeiten bestimmt. So können die einzelnen Tasten im Gegensatz zur klassischen Schreibmaschine statt zwei Belegungen (Groß- oder Kleinbuchstaben, Ziffern oder Satzzeichen bzw. Sonderzeichen), wie sie mit der Hochtaste angesprochen werden, gleich mehrere Belegungen aufweisen. Es gibt darüber hinaus die so genannten Funktionstasten. Mit ihnen lassen sich durch einfachen Druck ganze Routinen zur Abarbeitung bestimmter Aufgaben starten.

Es gibt unterschiedliche Grundausführungen von Tastaturen:

- Die **XT-Tastatur** mit 84 Tasten ist eine ältere Version. Abgesehen vom Fehlen einiger recht sinnvoller Tasten ist sie ziemlich unübersichtlich.
- Die modernere Ausführung ist die **AT-Tastatur** mit über 100 Einzeltasten. Im Vergleich zur XT-Tastatur sind die Tasten in übersichtliche Funktionsbereiche untergliedert: alphanumerischer Bereich (Schreibmaschinenblock), Ziffernbereich (Numerikblock), Cursorblock (Bewegungsblock) sowie die Funktionstastenleiste (Steuerblock). Neu ist unter anderem die <Alt Gr>-Taste. Mit ihr kann die Tastenkombination <Strg> + <Alt> zum Erreichen der Drittbelegung nachgebildet werden.
- Als weitere Modifikation erschien die **Windows-Tastatur.** Neu sind die Windows-Tasten zum Öffnen des Menüs „Start" oder zum Anzeigen des Kontextmenüs.
- Bei den **programmierbaren Tastaturen** sind die Belegungen noch offen. Der Anwender definiert sie selbst.
- Eine neuere Entwicklung sind **Internet-Tastaturen.** Mit mehreren Sondertasten lassen sich in direkter Weise die wichtigsten Funktionen eines Browsers aufrufen.

AT-Tastaturen gibt es als Sonderausführungen. Einige lassen sich vom Nutzer programmieren. Andere besitzen die Möglichkeit einer drahtlosen Datenübertragung zum PC oder sind beispielsweise mit einem Taschenrechner-Display über dem Ziffernblock ausgestattet.

Zunächst stellt jede Taste der Tastatur für sich nichts weiter als einen einfachen Stromschalter dar. Bei Tastendruck wird ein Stromkreis geschlossen. Die mechanische Standfestigkeit ist entscheidend für die dauerhafte Funktionstüchtigkeit. Meistens haben die Schaltkontakte vergoldete Zungen, um die Lebensdauer zu erhöhen.

Einfache Keyboards sind mit einer dünnen Schaltfolie ausgestattet, was natürlich die Lebensdauer einschränkt und sie störempfindlich macht **(Folientastatur).**
Die notwendigen Leitungsenden werden aus einer Leiterplatte herausgeätzt. Klauenartig greifen die verbleibenden Leiterbahnen ineinander, ohne sich zu berühren. Ein leitender Stempel überbrückt die Leiterbahnen bei Tastendruck. Eine elektrisch leitende Folie überbrückt bei Fingerdruck die Schaltkontakte, womit der Stromkreis geschlossen wird.

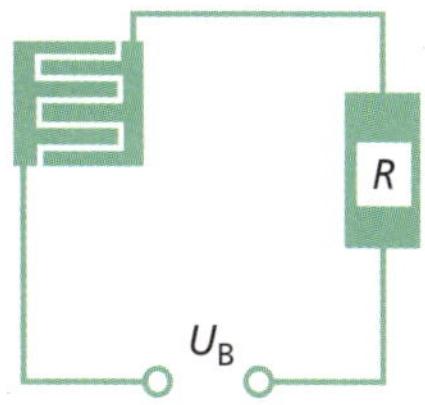

Klauenkontakte auf der Leiterplatte

Arten von Folientasten:

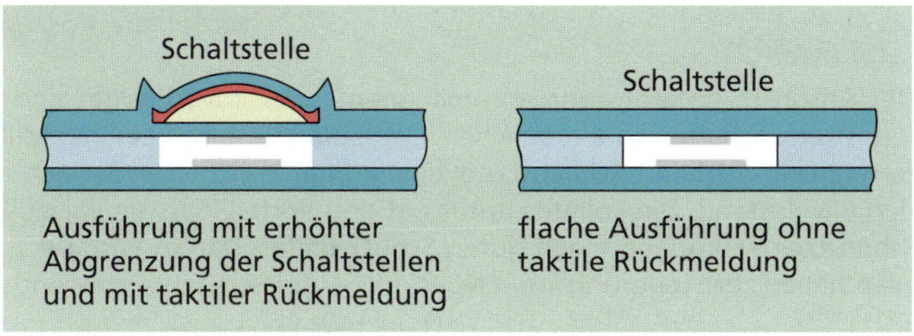

In den **mechanischen Schaltern** ist statt der Folie ein anderer leitender Werkstoff, oftmals ein Gummi, eingesetzt, der die elektrische Überbrückung herstellt **(Drucktastatur).**
Zum Einsatz kommen weiterhin Mikrotaster, die schon bei leichtem Druck den Stromkreis schließen. Eine wiederum modifizierte Mechanik wird beim Stößelprinzip angewendet. Weitere technische Realisierungen gehen z. B. auf den Einsatz von Reed-Schaltern oder Hall-Schaltkreisen zurück:

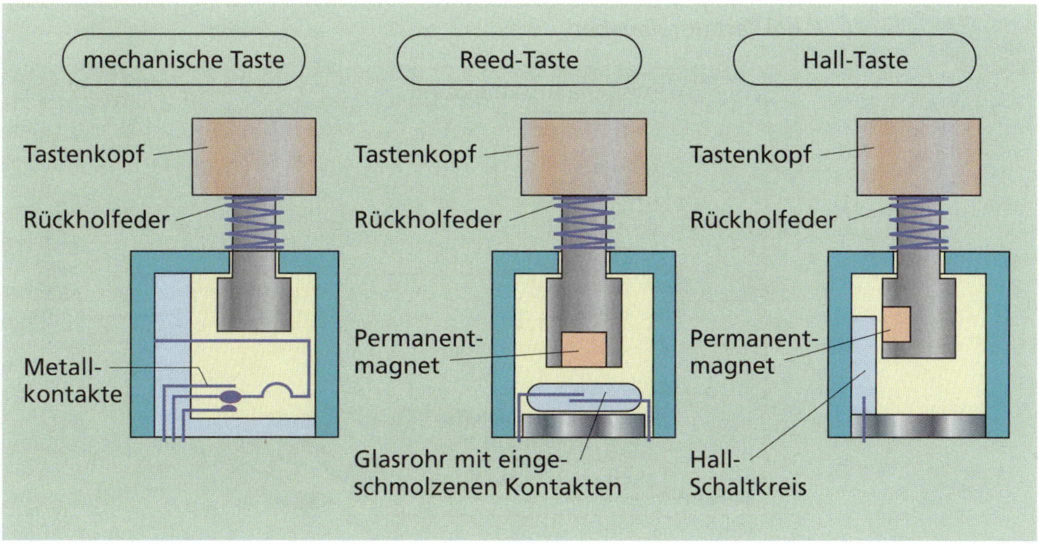

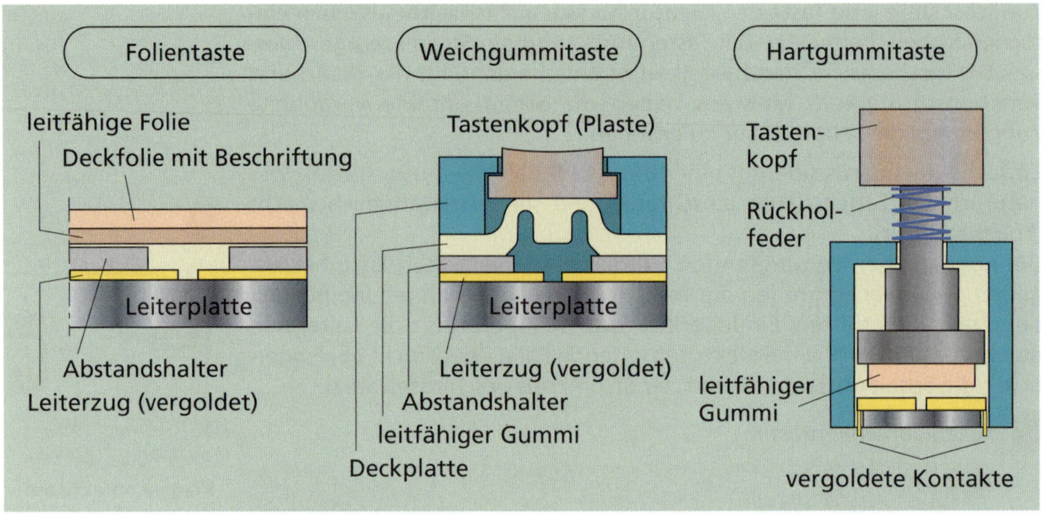

Der Anspruch besteht darin, ein millionenfaches, zuverlässiges und prellungsfreies Schalten zu ermöglichen. Der Gesamthub von einigen Millimetern überstreicht den AUS-Zustand, einen undifferenzierten Bereich sowie den EIN-Zustand. Die **Folientastatur** hat den Vorteil, dass sie vor äußeren Schmutzeinwirkungen einen guten Schutz bietet. Darum wird sie z. B. in Werkhallen zur Steuerung von CNC-Werkzeugmaschinen angewendet.

Für den Büro- und Privatbereich sind die **Drucktastaturen** – schon aus ergonomischen Gründen – bedeutend besser geeignet. Gerade im Vergleich mit der mechanischen Schreibmaschine bieten diese Tastaturen den Vorteil, einen wesentlich geringeren Hub bis zur Auslösung überwinden zu müssen. Der Kontaktschluss bedarf lediglich einer leichten Berührung. In einigen Ausführungen ist innerhalb des Hubes ein deutlicher Druckpunkt zu spüren. Damit kann die Eingabe taktil und akustisch gleichzeitig mitverfolgt werden. Das gibt ungeübten Schreibern mehr Sicherheit, wenn die entstehenden Klickgeräusche auf Dauer nicht als störend empfunden werden. Es gibt verschiedene *Arten der Rückkopplung bei Tastatureingaben:*

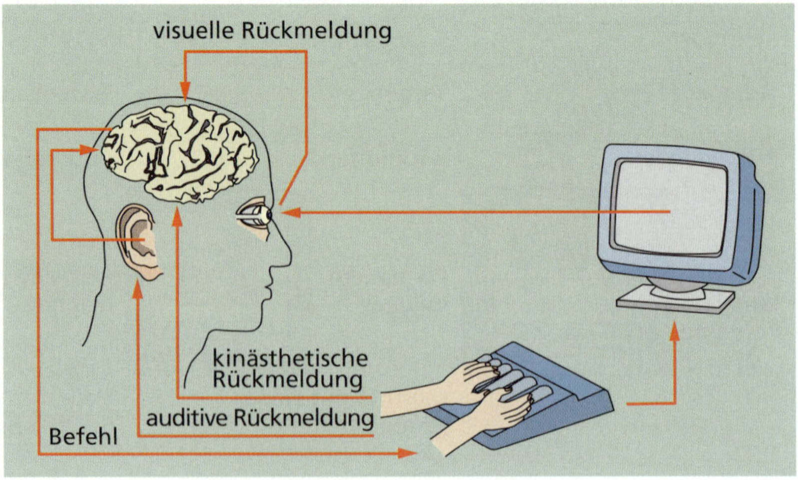

Soll nun jeder Schalter mit einem eigenständigen Leitungspaar verbunden werden, würde ein mächtiges Leitungsbündel benötigt, bei 104 Tasten wären das mindestens 105 Leitungen. Dabei sind Mehrfachbelegungen nicht einmal berücksichtigt. Deshalb wird ein Trick angewendet: Eine serielle Schnittstelle sorgt für den beidseitigen Datenaustausch zwischen Tastatur und Rechner. Aufgrund der bitweisen Übertragung genügen einschließlich der Stromversorgung und der Synchronisation bereits 5 Leitungen. Der klassische Tastaturstecker wird in die runde, 5-polige Buchse, die mit Keyboard oder Tastatur beschriftet ist, eingesteckt. Eine kleine Einkerbung sichert die korrekte Stellung. Verbreitet sind heute **PS/2-Anschlüsse,** die sich äußerlich nicht vom Anschluss für die PS/2-Maus unterscheiden:

Neuerdings werden auch Tastaturen für den Anschluss an die USB-Schnittstelle angeboten. Das ist auf jeden Fall dann sinnvoll, wenn von der Tastatur auch der notwendige Hub für den Anschluss weiterer Geräte wie Scanner, Maus, Digitalkamera oder andere erzeugt wird. Die Geräte können dann bequem an der Tastatur angesteckt werden, statt umständlich an der Rückseite des Computers.

Rückansicht der Buchse	Kontakt-Nr.	Funktion
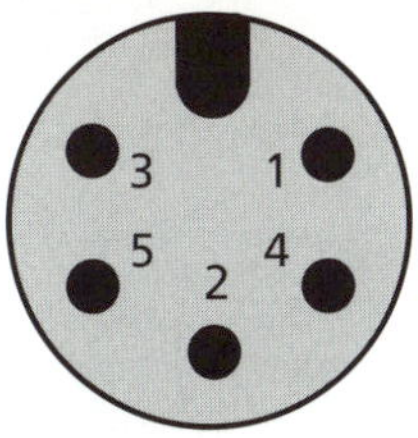	1	Tastatur-Taktsignal
	2	Tastaturdaten
	3	Reset
	4	Masse (0 V)
	5	Spannungsversorgung (+0,5 V)

Für die Tastatur wird intern eine logische Matrix aufgestellt, in der jede Taste eine definierte Spalten-Zeilen-Zuordnung erhält. Für den Buchstaben „A“ gilt dann vielleicht: Zeile 3, Spalte 2. Ein **Tastatur-Controller**, also ein in der Tastatur untergebrachter Mikroprozessor, errechnet aus der Matrixposition der jeweils gedrückten Taste einen Scancode. Der Controller hat zwei Aufgaben:

- das Erfassen der Tastaturbetätigungen und Weiterleiten zum Computer und
- das Zwischenspeichern, wenn der Rechner momentan nicht empfangsbereit ist.

Das Niederdrücken und das Loslassen von Tasten wird vom Controller mit unterschiedlichen Daten an den Rechner (BIOS) gemeldet. Bleibt eine Taste über längere Zeit gedrückt, so tritt eine Tastenwiederholfunktion in Aktion. Um die zwanzig Statusänderungen können vom Controller gespeichert werden. Die Statusänderungen der Tastatur bewirken hardwaremäßig die Anmeldung einer Programmunterbrechung (Interrupt) beim Rechner, um die vom Controller gesammelten Tastaturcodes über einen Eingang (Port 96) im Tastaturpuffer des Hauptspeichers abzulegen. Auf diesen reservierten Speicher greifen in der Regel das Betriebssystem und die Anwenderprogramme zurück.

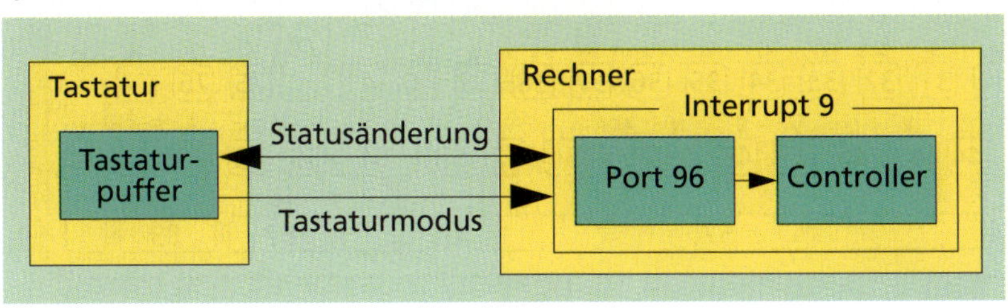

Beim Betätigen einer Zeichentaste wird ein Tastaturauswahlcode, der so genannte Scancode, im Bereich der Dezimalzahlen zwischen 0 und 127 erzeugt. Der beim Loslassen abgesandte Code wird durch die Addition von 128 gebildet. Damit ist eine eindeutige Unterscheidung des jeweiligen Tastenstatus gegeben. Die Codes 16 bzw. 16 + 128 = 144 identifizieren die Taste „0" auf einer deutschen Tastatur als gedrückt bzw. losgelassen. Die Beschriftung der Tasten steht in keinem zwingenden Zusammenhang zu den Scancodes. In anderen Ländern gelten andere Zuordnungen, entsprechend sind die Tasten auf dem Tastaturfeld verschieden.

Internationale Tastaturbelegungen (MS-DOS 6.0) ↗ S. 49.

Der Tastaturpuffer im Hauptspeicher ist ringförmig organisiert. In jeweils zwei Speicherzellen sind die Zeigeradressen auf das erste beziehungsweise das letzte gültige Zeichen im Puffer eingetragen:

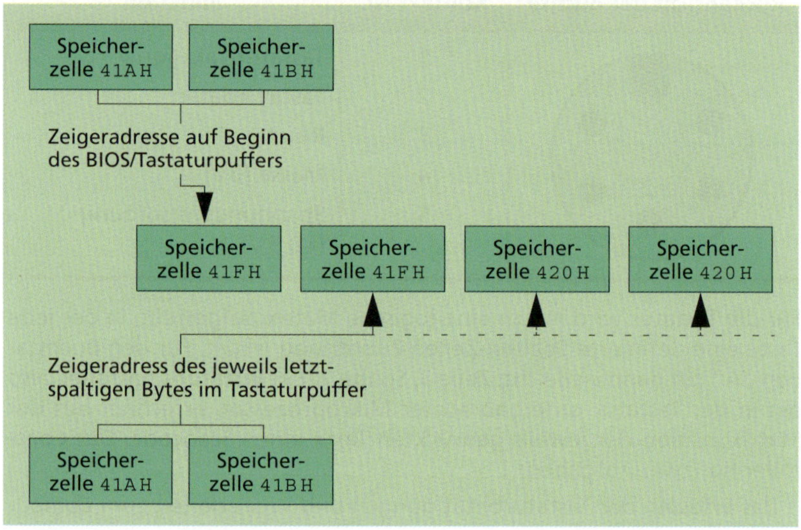

Bereits hier wird ein Tastaturtreiber, im Betriebssystem DOS mit KEYB.COM bezeichnet, wirksam. Durch ihn wird aufgrund länderspezifischer Zuordnungen der ASCII-Code 65 in das Hauptbyte eingetragen und von Anwenderprogrammen als „A" interpretiert.

Im Falle der Betätigung von Funktionstasten oder Alt-Tasten-Kombinationen steht im Hauptbyte eine 0, im Hilfsbyte ein Scancode. Jeder Taste und Tastenkombination ist damit ein Code zugewiesen (hier ist die **Scancodezuordnung einer XT-Tastatur** dargestellt):

Viel Arbeit an der Tastatur verursacht Schmerzen in den Händen und Handgelenken. Im Extremfall kann dies zu Verletzungen führen (Sehnenscheidentzündung, Carpaltunnelsyndrom, ...). Ergonomische Tastaturen sichern eine gesunde Haltung der Hände und Gelenke. Man arbeitet ohne Beschwerden und effektiver.

Bedienfreundlich ist die so genannte **Butterfly-Tastatur** aufgebaut. Die linke und die rechte Hälfte der Tastatur stehen in einem Winkel zueinander. Bei den klappbaren Versionen kann dieser Winkel auf die individuellen Belange angepasst werden. Zur Entlastung der Handgelenke bieten Hersteller aber auch eine Polsterung an, die einfach vor einer normalen Tastatur platziert wird.

Maus

Die **Maus** ist ein peripheres Gerät zum Steuern des Computers und für Grafikprogramme oftmals die einzige sinnvolle Alternative zur Tastatur. Und der Trend geht in Richtung grafikorientierter Benutzeroberflächen. Diese bieten Schaltflächen, Rollleisten, Menüfelder und andere Bildelemente, die sich vorteilhaft über die Maus bedienen lassen. Überhaupt muss man feststellen, dass viele Programme heute tatsächlich dank dieser Möglichkeit eine weit bequemere Bedienung erfahren.

Die Maus geht auf D. ENGELHART (USA) zurück. Er stellte seine Erfindung 1968 vor und erntete dafür nicht nur Beifall. Es gab Für und Wider. Die einen qualifizierten sie als ergonomischen Unsinn ab: „Der Mensch hat nur zwei Hände, und die braucht er für die Tastaturbedienung." Die anderen sahen in ihr gar die neue Dimension der Kommunikation Mensch – Computer.

Der Handel bietet eine große Zahl dieser kleinen „Nager" für Computer an. Sie liegen besser oder schlechter in der Hand, sind für Rechts- oder Linkshänder, unterschiedlich groß und beweglich. Auf der oberen Seite der Maus befinden sich Tasten. Die „normale" PC-Maus hat 2 oder auch 3 Tasten, wobei die mittlere Taste von Microsoft nicht unterstützt wird. Die Macintosh-Rechner begnügen sich schon mit einer Maustaste. Auch das andere Extrem ist vertreten. Für den professionellen Einsatz findet man gar eine ganze Klaviatur auf dem Rücken der Maus. Auch gibt es Mäuse, die sich ohne Leitungen, beispielsweise durch Infrarotlicht oder Funkwellen dem Rechner mitteilen. Andere funktionieren nur dann, wenn sie auf einer strukturierten Unterlage bewegt werden.

Mäuse betreiben einen eigenen Cursor, der oft als Pfeil auf dem Bildschirm dargestellt wird und mit dem sich die Positionsänderungen ablesen lassen. Mit der Maus können unterschiedlichen Aktionen gestartet werden: Zeigen, Klicken **(Anklicken)**, Doppelklicken, Anfassen, Ziehen **(Drag & Drop).**

Zu Techniken der Arbeit mit der Maus ↗ S. 51.

Der Tastendruck löst jeweils eine Funktion aus, die vom Maustreiber, einer speziellen Software, definiert wird. Dieses Treiberprogramm muss unter DOS über eine Systemstartdatei gesondert geladen werden. Es bleibt dann resident (bleibend im Arbeitsspeicher) geladen. In den Betriebssystemen OS/2 und WINDOWS ist ein Maustreiber bereits integriert.

Der **Maustreiber** wird als DOS-Programm in unterschiedlichen Dateiformaten angeboten. Damit wird vorherbestimmt, wo der Treiber eingebunden wird. Als `SYS`-Datei gehört er in die `CONFIG.SYS` und wird mit `DEVICE` wie ein gewöhnlicher Gerätetreiber eingebunden.

Hauptaufgaben eines Maustreibers:
- Maus finden und einbinden
- Bedienen von Hardware-Interrupts, die von der Maus bei einer Zustandsänderung ausgelöst werden
- empfangene Daten aufbereiten und den internen Positionszähler nachführen
- Mauscursor auf dem Bildschirm anzeigen
- Datenübergabe an Anwenderprogramme vorbereiten

Die Anwendungsprogramme greifen auf die gegebenen Mausfunktionen oft zurück. Dabei erwecken sie den Eindruck, als gehören sie zum Programm selbst. In Wirklichkeit sind es die durch Bewegung und Tastendruck ausgelösten Unterbrechungen (Interrupts), die kurzzeitig ein Verlassen des Anwenderprogramms verursachen und dem Maustreiber Zeit und Gelegenheit zum Arbeiten geben. In kürzester Zeit gilt es dann, die Mausbedienungen, Bewegungsrichtung, -geschwindigkeit und deren Änderungen sowie die Tastaturbetätigungen auszuwerten und als entsprechendes Ereignis darzustellen. Weil diese Aufgaben zudem auch noch in größter Eile zu bewerkstelligen sind, werden Treiberprogramme maschinenorientiert als Assemblerprogramme geschrieben. Da in diesen Treibern sehr komplexe Programmabläufe realisiert werden, hat der Anwender kaum eine Chance, in solche Programme einzusehen beziehungsweise sie gar den eigenen Wünschen folgend zu verändern.

Die Aufgabe der **Maus** besteht darin, die Bewegungs-, Richtungs- und Geschwindigkeitsänderungen zuverlässig an den Rechner weiterzuleiten.
Analoge Signale werden dazu in digitale Signale umgewandelt.

Die Führung der Maus auf der Unterlage, dem **Mousepad,** ist analog. Obgleich die Position theoretisch in jedem Punkt eindeutig in ihrer Zweidimensionalität durch x- und y-Werte darstellbar ist, kann sie der Rechner so nicht verwerten. Seine Arbeitsweise basiert auf zählbare, endliche Mengen. Diese kennzeichnen digitale Signale.

Die **opto-mechanische Maus,** also die Mechanik und Optik miteinander koppelnde Maus, ist am verbreitetsten. Die mechanischen Bewegungen werden über eine Rollkugel aus Stahl, Gummi oder Kunststoff auf drehbar gelagerte Walzen übertragen. Zur Verminderung des Schlupfes ist die Kugel meistens mit einem gut haftenden Werkstoff (Gummi) überzogen und wird auf einer besonderen Unterlage, dem Maus-Pad geführt. Das technische System ist also relativ offen, damit aber auch besonders empfindlich für Staub und Fusseln.
Die Kugel lässt sich herausnehmen und reinigen. Mit reinem Alkohol und einem Pinsel sollten ab und an auch die Walzen einschließlich ihrer Lagerungen gesäubert werden.
Man erkennt im Inneren der Maus drei Wellen. Eine diagonal angeordnete Walze ist federnd gelagert. Sie drückt die Kugel an die übrigen zwei Walzen.

Die Walzen sind so angeordnet, dass sie jede Bewegung und Richtungsänderung eindeutig in einem Koordinatensystem mit entsprechenden x- und y-Werten beschreiben. Die beiden positionserfassenden Walzen sitzen fest auf einer Welle. Jeweils Am Ende nehmen sie eine Scheibe mit vielen Lichtspalten auf.

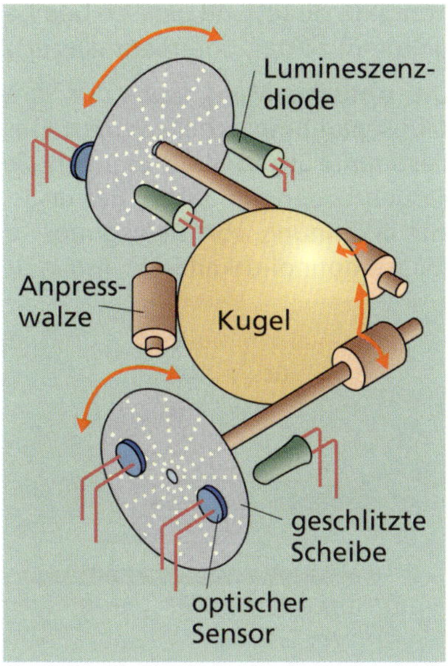

Noch liegen dem Rechner keine verwertbaren Signale vor. Sie werden von der Scheibe im Zusammenwirken mit einer Gabellichtschranke erzeugt. Die Spalten in der Scheibe werden in zählbare elektrische Impulse umgewandelt. Die Anzahl der Impulse (Spalten) lässt eindeutig auf die zurückgelegte Wegstrecke der Maus schließen.

Mit der Anzahl der Spalten auf der Scheibe, die umso mehr enthalten kann, je größer sie in ihrem Durchmesser ist, der wiederum durch die Gehäuseabmessungen begrenzt ist, und natürlich dem Durchmesser der Walzen selbst wird die Mausempfindlichkeit vorbestimmt. Sie liegt derzeit zwischen 200 dpi und über 400 dpi. Damit werden die erzeugten Impulse innerhalb eines Zolls beschrieben. Bezeichnender Weise nennt man dieses Maß auch „ickeys".

dpi: dots per inch (↗ S. 55)

Zur Güteeinschätzung reicht diese Angabe allerdings noch nicht. Die Effizienz einer Maus erhöht sich wesentlich durch die dynamische Steuerung. Darunter versteht man das Vermögen, kurzzeitige Beschleunigungen als Cursorgeschwindigkeit der Mausbewegung angepasst auf dem Bildschirm darzustellen. Probleme verursachen da nicht nur manche Maustreiber, sondern auch Bildschirme. Beispielsweise ein LCD-Bildschirm ist viel zu träge im Bildaufbau. Um dann dennoch die Mausbewegungen im Blick zu haben, kann softwaremäßig ein Schatten für den Mauspfeil erzeugt werden.

Wie erkennt dieses System nun aber die Richtung einer Bewegung? Dazu dient eine zweite Gabellichtschranke. Auch sie erfasst lediglich Impulse, die zu denen der ersten Gabellichtschranke jedoch um +90° oder −90° je Bewegungsrichtung phasenverschoben sind.

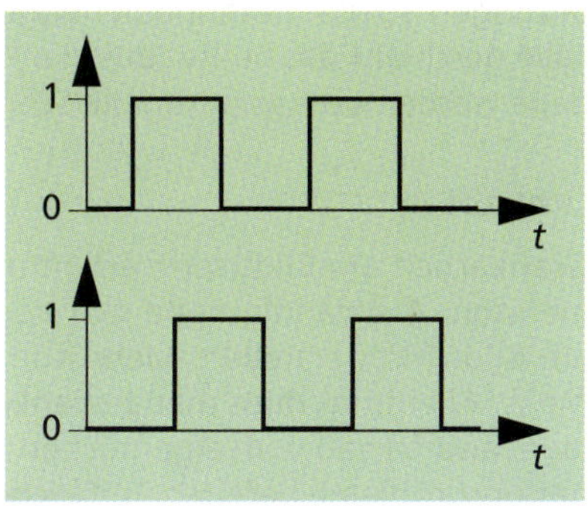

Eine Auswertelektronik liefert zur Bewegungsangabe somit auch die Richtung eindeutig.

Der Unterschied der **mechanischen Maus** zur opto-mechanischen Maus liegt im Fehlen der optischen Erkennungseinrichtung. Statt dessen werden die Bewegungs- und Richtungsinformationen über elektrische Schleifkontakte direkt und gelesen und bereitgestellt. Diese Mechanik ist gewiss unkomplizierter, unterliegt allerdings auch einem größeren Verschleiß.

Die **optische Maus** kann nur in Verbindung mit dem dazugehörigen Mousepad besprochen werden. Das Pad weist auf seiner Oberfläche eine bestimmte Struktur auf. Horizontale und vertikale Linien in verschiedenen Farben bilden ein Raster, das ursächlich die notwendigen Informationen zur Erkennung von Bewegungs- bzw. Positionsänderungen liefert. Die Mausempfindlichkeit liegt also in den Rasterabständen selbst begründet.

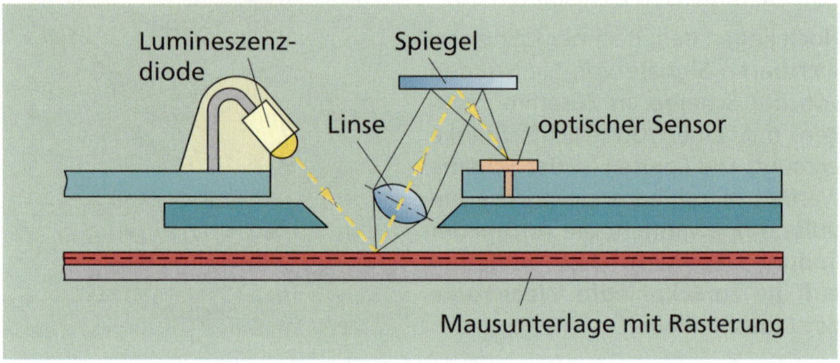

Zur Positionsbestimmung strahlen Lumineszenzdioden durch Schächte Licht unterschiedlicher Farben auf die gerasterte Unterlage ab. Das dort reflektierte Licht passiert Kugellinsen und gelangt gebündelt auf Umlenkspiegel. Diese richten das Licht gebündelt auf zwei optische Sensoren, die im Winkel von 90° zueinander stehen und die Bewegung in der x-Achse und zum anderen in der y-Achse erfassen. In Analogie zum opto-mechanischen Prinzip entstehen in der Sensoreinheit vergleichbare elektrische Signale.

Die Vorteile der optischen Maus liegen wegen der fehlenden Mechanik in der hohen Zuverlässigkeit. Ihre hohe Empfindlichkeit macht sie besonders für den Konstruktionsbereich (CAD) interessant

Es bleibt schließlich zu klären, wie die Maussignale in der Rechner gelangen. In der Regel werden sie von einem zusätzlichen Prozessor, der in der Maus selbst untergebracht ist, aufbereitet. Dann gibt es zwei Möglichkeiten, dem Rechner die Informationen über Bewegungen, Positionsänderungen sowie Tastenbedienungen mitzuteilen. In der Mehrzahl der Fälle geschieht das heute über die PS2-Schnittstelle. Vor allem ältere Modelle werden über eine serielle Schnittstelle (COM) angeschlossen.

Lichtstift

Grafikarbeit am Bildschirm erhält mit dem **Lichtstift** eine völlig neue Dimension. Aufwändig ließe sich auch über die Tastatur eine Zeichnung am Bildschirm erstellen. Mehr Komfort und Sicherheit bietet schon die Maus. Allerdings muss man bedenken, dass die Maus auf der Mausunterlage, also fernab vom eigentlichen Bild agiert und darum einige Koordinationsprobleme bereitet. Treffsicher lässt sich da mit einem Lichtstift arbeiten. Er ist in der Lage, im Monitorbild Objekte als Lichtimpulse in den gewünschten Farben zu empfangen (Lokalisierer). Man kann mit dem Lichtstift aber auch direkt über den Bildschirm Objekte erstellen (Picker).

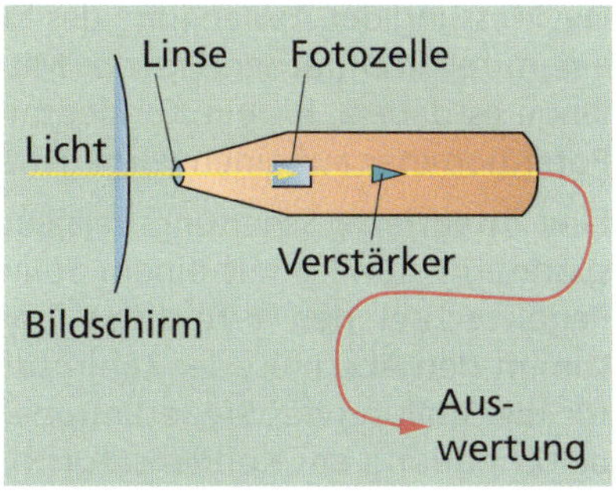

Die Spitze des Lichtstiftes wird vom Nutzer unmittelbar vor den Bildschirm gehalten. Es erfasst an der jeweiligen Stelle die auftretende Lichtimpulse. Durch Auswertung der Zeitpunkte dieses Auftretens kann nun festgestellt werden, wo sich der Sensor des Lichtstiftes gerade befindet, auf welches sichtbare Objekt er also gerade zeigt. Die Nutzung des Lichtstiftes setzt allerdings bildwiederholende Systeme voraus, dessen Bildschirminhalte ähnlich der Erzeugung von Fernsehbildern mindestens 25 mal in der Sekunde angezeigt werden. Wo er also nicht funktioniert, das ist in Speicherbildröhren.

Um auch an beliebiger Position, also auch an solchen ohne helle Objekte, zeichnen zu können, wird ein Punkt periodisch zeilenweise über den gesamten Bildschirm gesteuert und dessen Lichtimpuls erfasst.

Joystick

Ist vom **Joystick** die Rede, denkt man zwangsläufig an Computerspiele. Das ist insofern verständlich, als der Steuerknüppel in erster Linie für diesen Zweck in die Computerwelt eingeführt wurde.

An der Rückseite des Rechners findet man neben den Anschlüssen für die seriellen oder parallelen Schnittstellen meist auch eine 15-polige Buchse, die als **Gameport** oder auch **Joystickport** bezeichnet wird. Sie ist für den Anschluss von zwei analogen Joysticks ausgelegt. Mitunter gibt es jedoch auch gleich zwei Buchsen für zwei voneinander getrennte Spielhebel. Sollte überhaupt keine Steckmöglichkeit für einen Joystick vorhanden sein, so ist der nachträgliche Einbau einer **Gamekarte** erforderlich. Die Soundsteckkarte verfügt ebenfalls über einen Gameport.

Gameport und Anschlussbelegung des Joysticks werden auf S. 274 beschrieben.

Der Anschluss des Joysticks am PC ist als Sub-D-Steckverbindung ausgeführt.

Ein analoger Joystick soll auch Zwischenwerte von Ruhestellung und voller Auslenkung erfassen, um im Programm nach geeigneter Wandlung der Werte darauf möglichst differenziert reagieren zu können. In einem Joystick sind deshalb zwei Potentiometer eingebaut, jeweils einer für die x-Richtung und einer für die y-Richtung, wobei die Mittelabgriffe der Potentiometer durch eine Bewegung des Knüppels verschoben werden.

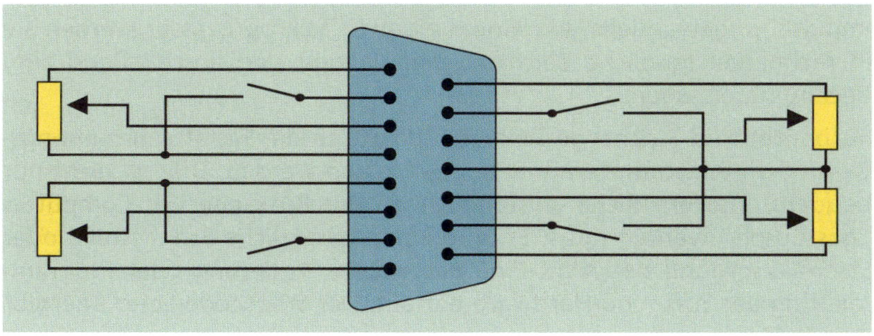

Die Messung der Auslenkung des Knüppels in einer Richtung erfolgt nach einem recht einfachen Prinzip: Mit einer Zählroutine wird ermittelt, wie lange es dauert, bis ein Kondensator infolge des Stromflusses durch das Potentiometer auf einen vorgegebenen Spannungswert aufgeladen ist.

Vergleiche Schaltung und Spannungsdiagramm S. 372.

Eine integrierte Schaltung vergleicht die sich erhöhende Kondensatorspannung ständig mit einem Sollwert und signalisiert dann mit einem Pegelwechsel den erreichten Triggerpunkt. Dieser Pegelwechsel bestimmt den Abschluss der Zählroutine. Der Zählerstand ist somit ein Maß für die Stellung des Steuerknüppels in der betrachteten Richtung. Nach der Entladung des Kondensators beginnt ein neuer Zyklus.

Das `H` steht hier und folgend für hexadezimal und kennzeichnet die Verwendung des hexadezimalen Zahlensystems.

Hard- und softwaremäßig ist jeder PC auf die Aufnahme einer Joystick-Schnittstelle vorbereitet. Die Ports `200H` bis `20FH` sind für das Einlesen der Daten reserviert. Im BIOS des PC sind die grundlegenden Softwareroutinen vorhanden, mit denen die jeweiligen Tasterstellungen erkannt und die auslenkungsabhängigen Zählerstände für die x- und y-Richtung des Joysticks geliefert werden.

Im Gegensatz zur Tastatur oder Maus sind zur Joystick-Abfrage keine speziellen Treiber erforderlich. In den Programmiersprachen PASCAL oder BASIC bedient man sich dieser BIOS-Routinen oder gar vorhandener Sprachelemente zum Erfassen der Knüppelpositionen und Tasterstellungen.

Eine Statusänderung der Tastatur oder Maus wird dem Betriebssystem durch einen Hardware-Interrupt mitgeteilt, worauf das gerade laufende Programm für eine kurze Zeit unterbrochen wird, um in einem Unterprogramm auf die Gerätebedienung reagieren zu können. Die Joystick-Abfrage erfolgt dagegen nur zum Zeitpunkt des Aufrufs der BIOS-Routinen (Polling-Verfahren). Statusänderungen eines Joysticks lassen sich deshalb allein durch oftmaligen Aufruf der BIOS-Routinen einigermaßen schnell erfassen.

Strichcode-Leser

Auf S. 14 wird die Verwendung von Barcodes (EAN-Codes) bei der verkaufsnahen Erfassung durch Kassensysteme beschrieben.

In der ganzen Warenwirtschaft und darüber hinaus trifft man heute auf **Strichcodes (Barcodes).** Mit deren Hilfe lassen sich bequem wesentliche Informationen zur Verarbeitung und Speicherung mit dem Computer erfassen.

Die Codedarstellung erfolgt über schmale und breite Striche, auch den Zwischenräumen kommt eine Bedeutung zu.

Abgetastet werden die Codes mit einem optischen Reflexsensor. Der Code wird angestrahlt. Je nach Farbhintergrund wirft dies unterschiedliche Bit-Informationen zurück. Diese Lichtimpulse werden in elektrische Impulse umgewandelt. Von einem eigenen Mikroprozessor werden sie in rechnerverständliche Zeichen umgewandelt und anschließend zum Rechner übertragen.

Strichcode:

9 783895 176159

Verbreitet sind Strichcode-Leser, die direkt an die Tastatur beziehungsweise dem Bildschirmterminal angeschlossen werden. Dies ist nicht nur bequem, insofern nicht umständlich an der Rückseite des Computers „gestöpselt“ werden muss. Es wird keine zusätzliche Schnittstelle oder Stromversorgung benötigt. Eine gesonderte Änderung oder Programmierung der Soft- und Hardware entfällt. Der Strichcode-Leser übergibt dem Rechner einfach einen entsprechenden Tastaturcode. Der Computer behandelt die Strichcodes wie normale Tastatureingaben, die er aber von den eigentlichen Tastatureingaben zu unterscheiden vermag.

Die Entwicklung geht zu Scannern mit Funkübertragung. Bis 30 m können kabellos die Daten eingelesen werden.

CCD-Barcode-Leser (siehe folgende Seiten) haben als Lichtquelle eine rote Leuchtdiode (LED). Sie können nur auf Entfernungen weniger Zentimeter lesen.

Laser-Barcode-Leser haben als Lichtquelle einen Laser. Sie reproduzieren Codes noch bei Reichweiten bis 70 cm und reagieren dabei relativ unempfindlich auf gekrümmte oder wechselnde Oberflächen.

Gemeinsamkeiten von Scanner, Digitalkamera und Videokamera

Bei aller Verschiedenheit in Funktion und Aussehen, im Kern haben **Scanner, Digitalkamera** und **Videokamera** die gleichen Baugruppen, abgesehen davon, dass sie für die speziellen Anwendungen einige Modifikationen aufweisen:

Lichtquelle	Halogen-Fluoreszenzlampen oder andere Lichtquellen beleuchten die Vorlage und erzeugen mit unterschiedlich stark reflektierten Lichtstrahlen die Bildpunkte. Bei Scannern sind die Lampen Bestandteile des Systems, bei Fotoapparaten und Videokameras tut es das Sonnen- oder Kunstlicht.
optische Einheit	Das reflektierte Licht wird über Linsen- und Spiegelsysteme auf hochempfindliche Sensoren gerichtet. Die Sensoren sind in der Regel zu einer kompakten Baugruppe als Sensoreinheit zusammengefasst.
Auswerte-elektronik	Sie rechnet die elektrischen Sensorwerte in digitale Daten um. Darin sind Informationen zur Bildposition sowie ihren Helligkeits- bzw. Farbwerten enthalten.

CCD-Elemente

Die Abtasteinheit ist das „Auge" des Scanners. Die optischen Sensoren des Scanners, die **CCD-Elemente**, haben wie die Stäbchen und Zapfen in der Netzhaut unseres Auges die Aufgabe, einfallende Lichtstrahlen in verwertbare Signale zu wandeln. Die CCD-Elemente stehen in der Empfindlichkeit dem menschlichen Auge nicht nach, nur dass sie etwas in den roten Bereich verschoben „sehen". Mit Infrarotlicht-Filtern oder in Nacharbeit lassen sich diese leichten Farbentstellungen korrigieren. Da farbtüchtige Geräte das Licht in rote, grüne und blaue Farbkanäle teilen, lassen sich durch Filter, Belichtungszeiten und Umrechnungen die Farbanteile steuern. Zusätzlich kann durch Weißabgleich die Farbtemperatur dem künstlichen oder natürlichen Licht angeglichen werden.

i CCD ist die Abkürzung von Charge Coupled Devices (ladungsabhängiges Signal).

Die einzelnen CCD setzen sich aus Fotodioden zusammen. Sie sind in einer Reihe oder als Fläche angeordnet. Die für das jeweilige Gerät gewählte Bauform hängt wesentlich vom Verwendungszweck ab:

Für stille Motive bevorzugt man oft die **lineare CCD.** Drei CCD werden für die Grundfarben mit einem Schrittmotor und einer Spindel über die Fläche bewegt. So können mit wenigen CCD große Matrixlösungen erzielt werden. Solch ein Scanvorgang kann bei hoher Auflösung mehrere Minuten dauern. Darum dürfen sich weder das Motiv, noch die Lichtverhältnisse während dieser Zeit verändern.

Eine **Matrix-CCD** bringt nicht diese hohe Auflösung. Dafür arbeitet sie wesentlich schneller. Im besonderen Falle eignet sie sich auch zum Erfassen bewegter Bilder. Die Auflösung hängt von der Dichte der Matrix ab. Mit einem Filterrad kann die Matrix-CCD für jede Grundfarbe auch separat genutzt werden. Das Filterrad wird vor der CCD gedreht und dreimal ausgelesen. Dies funktioniert natürlich nur bei einem stillen Motiv.

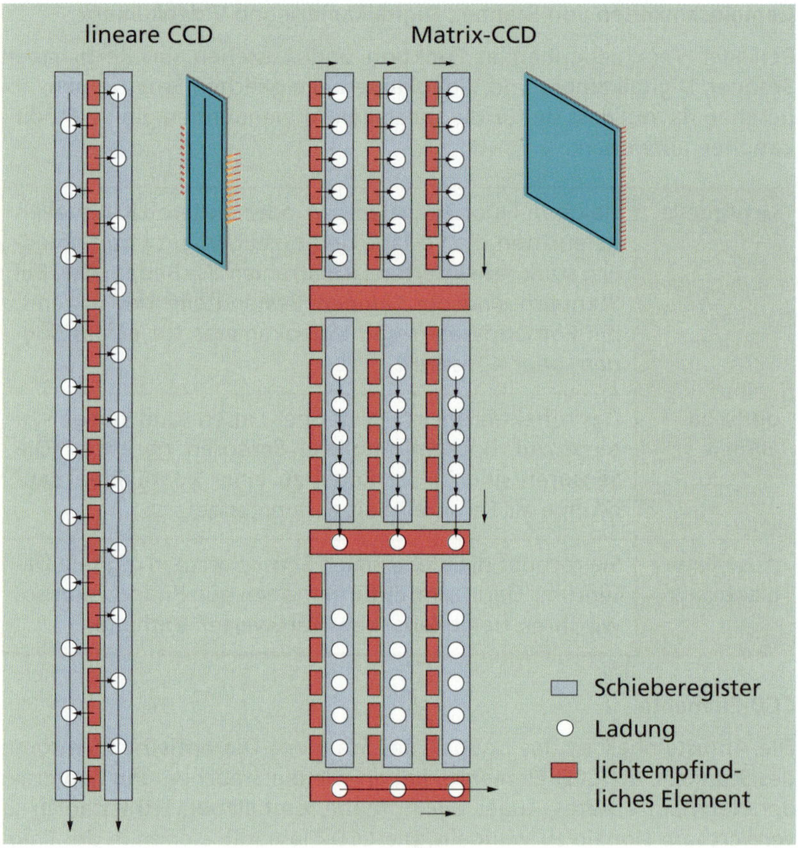

Bei bewegten Bilden ist es wichtig, jedes einzelne Bild schnell zu erfassen. Dazu sind zwei Methoden verbreitet:
In einer Matrix werden mosaikartig Filter angeordnet. Die CCD-Einheiten verteilen sich auf die Farben. Dabei ist der Anteil von Grün wesentlich größer, weil das menschliche Auge diesen Farbton am besten wahrnimmt. Die fehlenden Rot- und Blauanteile werden nachträglich durch Interpolation hinzugefügt.
Eine höhere Auflösung erzielt man, wenn für jede Farbe eine eigene Matrix zur Anwendung kommt. Das Licht wird über halbdurchlässige Spiegel und Prismen so zerlegt, dass jede Matrix nur einen Farbanteil erfasst.

Das menschliche Auge (Hornhaut, Linse, Iris, Pupille und Glaskörper) projiziert die Bilder der Gegenstände als Lichtintensitäten und Farbtöne auf die Netzhaut, wo sie von den Nervenzellen in Nervenimpulse umgewandelt werden und über den Sehnerv zum auswertenden Gehirn gelangen. Auch im Scanner findet man ein Spiegel- und Linsensystem für die Führung der Lichtstrahlen, dazu die besagten CCD, als den Nervenzellen vergleichbare Elemente.
Die Funktion des menschlichen Nervensystems übernimmt dann eine analoge und digitale Elektronik. Sie bereitet die Signale auf und stellt sie der weiteren Verarbeitung zur Verfügung.

Die Funktion einer CCD-Zelle ist immer gleich. Über das einfallende Licht wird eine Ladung erzeugt und durch die Belichtungszeit integriert. Nach der Integrationszeit wird diese Ladung in benachbarte, nicht lichtempfindliche Register geschoben. Von dort aus wird die Ladung dann von Register zu Register weitergeleitet. Der entstehende serielle Datenstrom gelangt in einen Analog-/Digital-Umsetzer. Erst wenn auf diese Art alle Register ausgelesen, geleert sind, kann das nächste Bild gescannt werden.

Scanner

Der **Scanner** ist ein Gerät zum digitalen Einlesen zumeist gedruckter Vorlagen. Diese lassen sich anschließend mit Mal- und Graphikprogrammen weiterbearbeiten.

Gescannter Text kann mit OCR-Programmen wieder in editierbaren Text umwandelt werden.

Scanner gibt es als *Hand-, Flachbett-, Einzug- und Overheadscanner.* Die Unterschiede liegen vor allem in den Relativbewegungen zwischen der Vorlage auf der einen Seite sowie der Lichtquelle und den Sensoren auf der anderen Seite sowie ihren Verwirklichungen:

Beim **Handscanner** sind die Lichtquelle und die Sensoren auf kleinstem Raum untergebracht. Das Gerät wird mit der Geschicklichkeit der Hand über die Vorlage geführt. Da die Erfassungsbreite kaum 12 cm überschreitet, müssen größere Vorlagen in einzelnen „Streifen" eingelesen werden. Gute Software setzt die Einzelteile im Rechner wieder akkurat zusammen.

Weit mehr Komfort bietet ein **Flachbettscanner.** Auf eine Glasplatte wird ähnlich wie beim Kopierer das Bild, das Buch oder der Zeitungsausschnitt gelegt. Ein Schlitten unterhalb der Glasplatte fährt die Vorlage ab. Auf dem Schlitten sitzen die Lichtquelle und die Sensoren, die das unterschiedlich reflektierte Licht als Bit-Strom dem Rechner zuführen.

Flachbettscanner: ↗ Bild S. 48

Bequem in der Bedienung sind die **Einzugscanner.** Zwischen Walzen wird die Vorlage eingezogen und an Lichtquelle und Sensor vorbeigeführt. Nachteilig ist, dass eben nur einzelne Seiten, zumeist im DIN A4-Format, als Vorlagen genutzt werden können. Etwa ein Bild aus einem Buch herausziehen ist mit dieser Technik nicht möglich.

Ein **Overheadscanner** eignet sich zum Erfassen auch dreidimensionaler Vorlagen.
Der Körper liegt auf einer Unterlage. Die Lichtquelle und die Sensoren sind in größerem Abstand darüber angebracht. Sie „tasten" den Körper ab und erzeugen entsprechend das räumliche Abbild als Bitmuster.

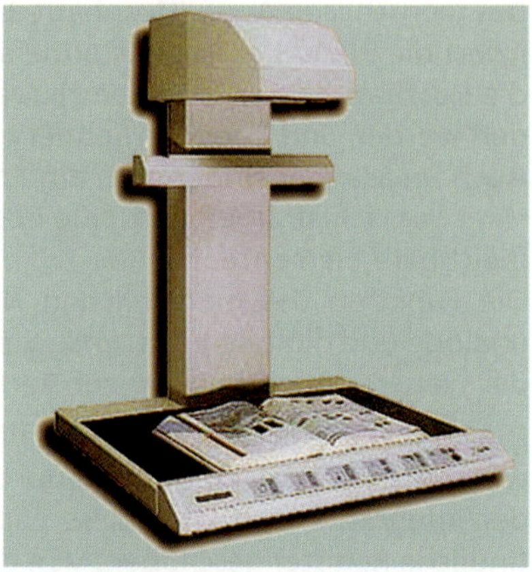

Single-Pass-Technologie: Verbreitet ist ein Funktionsprinzip, bei dem eine Kaltlichtlampe die Vorlage anstrahlt.
Je nach Farbton beziehungsweise Graustufe in den Details der Vorlage wird das Licht unterschiedlich stark reflektiert. Das reflektierte Licht strahlt über eine Spiegeloptik in eine Linse, die es wiederum auf Fotodioden weiterlenkt. Die Lichtquelle und die optische Einheit bilden eine Einheit und sind auf dem Scannschlitten montiert. Die Fotodioden des Farbscanners arbeiten farbselektiv, die Bildvorlage wird mit unterschiedlichen Intensitätsstufen in die anteiligen Mischfarben Rot, Gelb und Blau zerlegt. Aus diesen Grundfarben wird das farbgetreue Bild durch die additive Farbmischung wieder rekonstruiert.

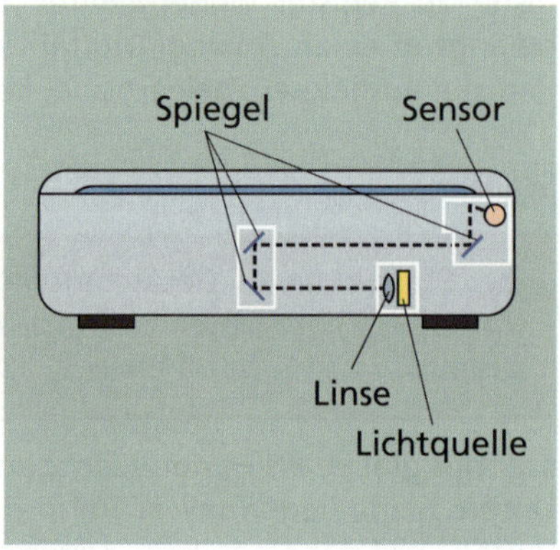

Zur additiven Farbmischung ↗ S. 127.

LIDE-Technologie: Immer wieder geht es bei den technischen Lösungen darum, den Anteil von anfälliger, verschleißender und teurer Mechanik auf ein Minimum zu reduzieren.
Mit bedeutend weniger Mechanik kommt ein Scanner bei indirekter Beleuchtung der Vorlage aus. Lichtquelle, Optik und Sensor sind bei der **LIDE-Technologie** ein kompaktes Modul. Rote, grüne und blaue Leuchtdioden senden ihr Licht indirekt über ein stabförmiges Linsensystem zu einem Kontaktbildsensor. Dieser erstreckt sich über die ganze Breite der Scannfläche. Es entfällt die komplizierte Optik, die Geräte werden kompakter und unempfindlicher.

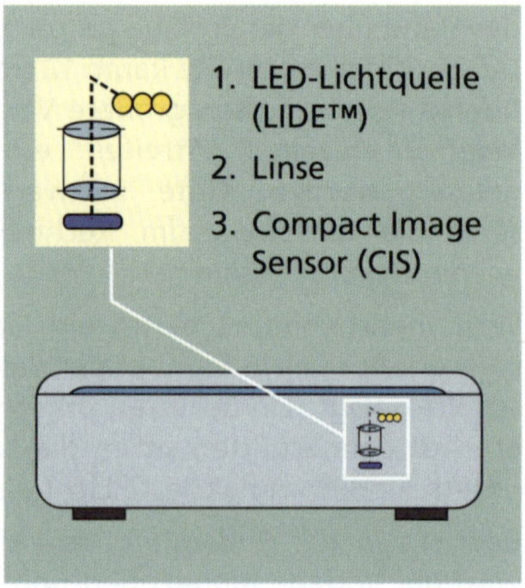

LIDE steht für LED Indirect Exposure.

Auflösung und *Abtasttiefe* sind die wichtigsten Qualitätsmerkmale von Scannern.

Das **Auflösungsvermögen** bezeichnet die Zahl der erzeugten digitalen Bildelemente in horizontaler und in vertikaler Richtung zur Vorlage. Entscheidend ist das physische Auflösungsvermögen. Das Maß hierfür sind die Bildpunkte pro Zoll: **ppi**. Da in der Hardwareauflösung jedoch ohnehin nur ein Pixel für jeden Punkt gewonnen wird, findet auch für Scanner das Druckermaß **dpi** oftmals Verwendung.
Über 4000 Punkte pro Zoll sind bereits möglich. Durch Interpolation kann die Auflösung um ein Vielfaches erhöht werden. Das Programm berechnet aus der Differenz nebeneinander liegender Punkte neue und setzt sie dazwischen. Dies muss aber keineswegs eine Qualitätsverbesserung zum Original hin bedeuten. Mindestens die Konturen verblassen.

Zum Auflösungsvermögen ↗ auch S. 53 und S. 129.

ppi: **p**ixel **p**er **i**nch
dpi: **d**ots **p**er **i**nch

Zum Computer gehen die Werte von Lichtreflexionen. Schwarz-Weiß-Scanner haben die geringste Abtasttiefe. Jeder Bildpunkt kann bereits mit einem Bit beschrieben werden. Tendenzen zum Weißen im Bild reflektieren das Licht, wohingegen die Anteile zum Schwarzen hin absorbiert werden. Zur Zustandsbeschreibung genügt `0` (Code für Schwarz) oder `1` (Code für Weiß).

Durch die Festlegung von Schwellwerten lassen sich Lichtintensitäten als Grauwerte unterscheiden. Zwei Bits ergeben eine vierstufige Differenzierung zur Abspeicherung des Bildes.

Farbinterpretation	Code
Schwarz	00
Dunkelgrau	01
Hellgrau	10
Weiß	11

Nach 2^8 wird eine Farbtiefe von 256 erzielt. Setzt man die Farbintensitäten für die Farben Rot, Grün und Blau an, ergeben sich Farbtiefen von $2^8 \cdot 2^8 \cdot 2^8 \approx$ 16,8 Millionen.
Mit der Scansoftware lassen sich in der Regel unterhalb der hard- und softwarebedingten Grenzwerte beliebige Auflösungen und Farbtiefen einstellen.

Vornehmlich beim Scannen farbiger Bilder entstehen sehr große Bilddateien. Neben der notwendigen Speicherkapazität für ein eingelesenes Bild spielt die Übertragungszeit der Daten eine wichtige Rolle bei der Arbeit mit einem Scanner.
Datenübertragungsraten in der Größenordnung von 1 MBit/s sind für ein zügiges Arbeiten schon erforderlich. Selbst wenn der Computer mit einem großen Hauptspeicher ausgerüstet ist (günstig ab 8 MByte), ist ein permanentes Zwischenspeichern von Bildteilen auf der hoffentlich sehr schnellen Festplatte unabdingbar, um derart große Dateien zu verwalten.

Die zu wählende Scanauflösung hängt von den nachfolgenden Verarbeitungsabsichten ab.
Für die Vollbilddarstellung auf dem Monitor genügen 800×600 Bildpunkte bei entsprechender Grafikeinstellung. Komplizierter kann die Anpassung an den Drucker sein. Bei einem Maßstab von Scan- und Druckbild im Verhältnis von 1 : 1 sollte die Scanauflösung etwa doppelt so groß gewählt sein wie die Rasterweite des Druckers in lpi. Ein Faktor unter 1,6 bringt schon deutliche Qualitätsverluste.

lpi: **l**ines **p**er **inch**.

Digitalkamera

Die klassische Fotografie fängt über die Linse das Motiv ein und belichtet eine Schicht aus Silberhalogenid auf einem Kunststoffträger. Eine feine Körnung garantiert die hohe Auflösung. Würde die Digitalfotografie an diese Qualität herankommen, bestächen die Vorteile der Digitaltechnik: Zum Bild ließen sich Notizen machen, die dann auch unmittelbar zur Verfügung ständen. Die Bilder ließen sich einfach speichern, gegebenenfalls nachbearbeiten, sie ließen sich kostengünstig und einfach am Bildschirm präsentieren, in jeder beliebigen Größe ausdrucken, über Internet verschicken und vieles andere mehr. Dieser 1984 bereits gezeichnete Weg wird vollen Schrittes gegangen.

Digitalkameras mit Bildschirmauflösung und mehr gibt es bereits von vielen Herstellern sehr preiswert. Für den Endanwender stehen höchste Auflösungen zur Verfügung, die allerdings auch ihren Preis haben.

Und es gibt auch die Kodak-Zwischenlösung.

Bei der **Kodak-Foto-CD** werden herkömmliche Negative und Dias in Fotolabors gescannt. Als digitale Bilder werden sie auf eine CD gebrannt. Für die digitalen Bilder sind fünf Auflösungen zwischen 2048 × 3072 Pixeln und 128 × 192 Pixeln wählbar. In der höchsten Auflösung passen so gut 100 Farbbilder auf eine CD.

Zur CCD-Einheit vergleiche S. 304.

Das Aufnahmeverfahren mit der Digitalkamera kommt der digitalen Videoaufzeichnung sehr nahe. Im Unterschied zu ihr muss die CCD-Einheit bei Video allerdings das Bild nicht zerlegen. Es wird analog auf Videoband übertragen. Mit so genannten Grabberkarten ist es möglich, auch Einzelbilder zur weiteren Bearbeitung mit dem PC herauszulösen. Die Digitalkamera wird diesbezüglich aber weit besser mit Bewegtbildern fertig, zudem liefert sie bedeutend höhere Auflösungen.

Die Bildaufzeichnung erfolgt vornehmlich über eine CCD-Matrix. Als Massenspeicher zum Ablegen der Fotos dienen unterschiedliche Speichermedien. So sind RAM-Speicher in der Kamera, andere haben den Speicher als Flashcards, Sony hat eine Variante für normale Disketten entwickelt. Wenn nicht über ein externes Speichermedium, werden die Bilder über die serielle Schnittstelle oder über den USB-Anschluss zum PC übertragen. Dafür und zur nachfolgenden Bearbeitung ist eine entsprechende Software erforderlich.

Software zur Bearbeitung digitaler Fotos ist beispielsweise das Malprogramm *PhotoShop* von Adobe.

Die Größe der Bilddateien ergibt sich aus der Auflösung und der Farbtiefe. Um im Standardformat konventioneller Fotos von 13 cm × 9 cm zu drucken, benötigt man unkomprimiert mindestens 1530 × 1060 Pixel bei 16,7 Millionen Farben. Die dafür erforderlichen 4,86 MByte pro Bild lassen sich verlustfrei je nach Komprimierungsverfahren auf unter 1 MByte reduzieren, immer noch genug, um deutlich zu machen, welche riesigen Datenmengen zu speichern sind.

4.1.6 Ausgabegeräte

Man unterscheidet folgende Ausgabegeräte (mit den zugehörigen Mitteln zur Aufbereitung von Signalen):
- Monitor (und Grafikkarte),
- Drucker (und Druckertreiber),
- Plotter,
- Lautsprecher (und Soundkarte).

Ein Plotter ist ein elektromechanisches Gerät zum Zeichnen von Kurven.

Monitor und Grafikkarte

Ohne **Monitor (Bildschirm, Display)** läuft fast gar nichts in der Arbeit mit Rechnern. Sie sind Mittel ständiger Rückkontrollen zur exakten Eingabe von Texten, Zahlen und anderem mehr. Sie veranschaulichen innere Abläufe und geben die unterschiedlichsten Verarbeitungsresultate zurück.

Der Mensch nimmt ca. 80 % der Informationen visuell wahr. Dies unterstreicht die große Bedeutung von Bildschirmen.

Man kann zwischen *farbigen* und *monochromen* (einfarbigen) Bildschirmen unterscheiden.

Für den Umgang mit Texteditoren mag unter Umständen eine monochrome Darstellung genügen, zumal viele der verwendeten Drucker ohnehin nicht farbtüchtig sind. Doch ein Drucker ist meistens in der Lage, wenigstens Graustufen zu erzeugen. Dieses Mehr an Informationen bieten auch die modernen monochromen Bildschirme. Graustufen können zumindest eine Farbpalette simulieren.

Farbbildschirme sind den einfarbigen für die meisten Anwendungen überlegen. Dafür sprechen der objektiv höhere Informationsgehalt und die angenehmere Darstellung. Der Rechner muss dazu jeder einzelnen Bildschirmadresse eine Farbinformation zuordnen und dem jeweiligen *Bildpunkt* (Pixel) zuweisen. 2 Bit reichen danach lediglich, um 4 verschiedene Farben (Graustufen: schwarz, dunkelgrau, hellgrau, weiß) zu projizieren.
Um anspruchsvolle Farbbilder darzustellen, benötigt man schon eine Palette von mehreren Tausend Farben. Die eigentliche Farbdarstellung ist ein Gemisch aus den drei Grundfarben Rot, Grün und Blau **(RGB).** Legt man den Grundfarben jeweils eine Tiefe von 8 Bit zugrunde, so kann man nach $2^8 \times 2^8 \times 2^8 = 16\,777\,216$ Farben darstellen. Eine zusätzliche Bedeutung erlangt die Farbintensität. Für die Abspeicherung der Grundfarben und deren Intensität benötigt man mit größer werdender Farbpalette zunehmend größere Speicherkapazität.
Die Anzahl der Farben, die der Bildschirm in der Lage ist, darzustellen, wird als **Farbtiefe** bezeichnet.

Das menschliche Auge unterscheidet zwischen 8 und 9 Millionen Farben.

Die **Auflösung,** die **Bildwiederholfrequenz** und die **Zeilenfrequenz** sind weitere entscheidende Qualitätskriterien für einen Monitor.

Zu diesen Qualitätskriterien für Monitore ↗ S. 53.

Um den Monitor mit der Grafikkarte zu verbinden, werden bei qualitativ hochwertigen Monitoren **BNC-Kabel** eingesetzt. Dies sind hochfrequente Kabel mit in sich abgeschirmten Leitungen zur Darstellung der Grundfarben Rot, Grün und Blau. Die damit verhinderte Übertragung von Störsignalen verbessert die Bildqualität.

Die rechnerinternen Vorgänge basieren auf Logiken, wie sie der Mensch hineinimplementiert hat. Dennoch stellen sie in dieser Form noch keine brauchbaren Bildschirminformationen dar. Sie sind mitunter mehrfach verschlüsselt. Der Bildschirm selbst vermag mit den Verschlüsselungen nichts anzufangen. Er ist auf den Empfang leicht verarbeitbarer elektrischer Signale angewiesen. Die Signalaufbereitung zu Zeichen und Bildern erfolgt in der **Grafikkarte.** Im PC-Bereich haben sich im Laufe der Zeit unterschiedliche Standards entwickelt. Sie wurden zur Sicherung der Kompatibilität zwischen Grafikkarte, Monitor und den Anwenderprogrammen unabdingbar.

Die **Grafikkarte** besteht aus drei **Funktionsgruppen:**
- Der *Prozessor* erzeugt das Bild oder den Text.
- Es wird im *Bildwiederholspeicher* abgelegt. Dieser Speicher ist ein dynamischer RAM, der also auch noch beständig aufzufrischen ist.
- Die Ausgabe auf den Bildschirm steuert der *Ausgabeprozessor.* Er holt das Bild dazu aus dem Bildwiederholspeicher.

Es wurden verschiedene Grafikkarten eingeführt. Sie unterscheiden sich durch ihre Schnelligkeit in der Bilddarstellung, dem Auflösungsvermögen und durch ihre Farbtiefe. Abgesehen von solchen Grafikkarten, die nur speziellen Anwendungen zugedacht sind, haben sich einige zum Standard erheben können.

MDA: Abkürzung für **M**onochrome **D**isplay **A**dapter

HGC: Abkürzung für **H**ercules **G**raphic **C**ard

CGA: Abkürzung für **C**olor **G**raphics **A**dapter

EGA: Abkürzung für **E**nhanced **G**raphics **A**rray

Grafikkarte	Beschreibung
MDA	Diese Grafikkarte ist als ein Betriebsmodus in den modernsten Ausführungen bis heute erhalten geblieben. Sie arbeitet im einfarbigen Anzeigemodus und ist zur reinen Textdarstellung entwickelt worden. Die Zeichen werden in 25 Zeilen und 80 Spalten (identisch Zeichen) dargestellt.
HGC	Auch diese Grafikkarte unterstützt ausschließlich die monochrome Anzeige. Allerdings wurde mit ihr ein neues Element eingeführt. Neben der Textdarstellung ist sie in der Lage, jeden einzelnen Bildpunkt in einer Auflösung von 720 × 348 Pixel zu setzen. Damit war ein erster Grafikstandard gegeben.
CGA	Ein erster farbiger Grafikstandard war mit dieser Grafikkarte gegeben. Bilder ließen sich einfarbig aus 640 × 200 Pixel zusammensetzen. Bei reduzierter Auflösung von 320 × 200 Pixel ließen sich zwei oder vier Farben applizieren. Eine insgesamt geringe Auflösung und Farbtiefe bescherten ihr nie den großen Erfolg.
EGA	Aus einer Palette von 64 Farben war diese Grafikkarte in der Lage, 16 Farben in einer Auflösung von 640 × 480 Bildpunkten darzustellen. Ihr Nachteil war der langsame Bildaufbau.

Alle diese Grafikkarten arbeiteten nach der Transistor-Transistor-Logik (TTL). Damit ließen sich Bildpunkte ein- oder ausschalten. Die Grundfarben Rot, Grün und Blau ergeben im einfachsten Fall Kombinationen von $2^3 = 8$ möglichen Farben. Durch Interpolation ließ sich die Farbzahl noch einmal verdoppeln. Maximal 16 Farben konnten aus einer Palette von 64 Farben dargestellt werden.

Mit der Einführung des *VGA-Standards* steuerte die Grafikkarte den Monitor analog an. Deutlich höhere Auflösungen und Farbtiefen wurden möglich, und die Zeit für den Bildaufbau wurde bedeutend schneller. Diese Errungenschaft einer analogen Ansteuerung war für die dominante Röhrenausführung von Bildschirmen optimal. Für neueste Technologien der Flachbildschirme soll sich gerade das Analogsignal als hinderlich herausstellen. Sie werden wieder mit digitalen Signalen, wie sie in ihrer Ursprünglichkeit im Rechner auch vorliegen, gesteuert.

Grafikkarte	Beschreibung
VGA	Diese Grafikkarte kann 640×480 Bildpunkte erzeugen. Aus eine Palette von 262144 Farben lassen sich mit ihr 16 Farben gleichzeitig darstellen. Auf 256 Farben bringt sie es bei 320×200 Bildpunkten. Da VGA auch CGA und EGA zu emulieren vermag, unterstützt diese Karte auch ältere Programme.
SVGA	Dieser Standard geht über VGA weit hinaus. Auflösungen von 800×600 Pixel, von 1024×768 Pixel und mehr wurden realisierbar. Die Leistungen der Grafikkarten definieren Obergrenzen im Verhältnis von Auflösung und Farbtiefe, wobei dem Grafikspeicher eine besondere Bedeutung zukommt.
TIGA	Diese Grafikkarte hat einen eigenen Mikroprozessor. Sie erzeugt bis zu 16,8 Millionen Farben in der Auflösung von 512×480 Pixel. Bei geringerer Farbtiefe können höhere Auflösungen erzielt werden: 256 Farben bei 1024×768 Pixel oder 33768 Farben bei 640×480 Pixel.
XGA	Ebenfalls ein eigener Mikroprozessor erlaubt einen Grafikmodus von 256 Farben bei einer Auflösung von 1024×768 Pixel bzw. 65536 Farben bei 640×480 Pixel.
8514	Dies ist ein IBM-Standard. 256 Farben werden bei einer Auflösung von 1024×768 Pixel dargestellt.

VGA: Abkürzung für **V**ideo **G**raphics **A**rray

SVGA: Abkürzung für **S**uper **V**ideo **G**raphics **A**rray

TIGA: Abkürzung für **T**exas **I**nstruments **G**raphics **A**rchitecture

XGA: Abkürzung für **E**xtended **G**raphics **A**rray

Grafikkarten werden direkt von der CPU angesteuert. Sie liefert die Daten und Befehle. Dies belastet den Prozessor erheblich und reduziert die Arbeitsgeschwindigkeit. Moderne Grafikkarten sind deshalb mit einem Beschleunigerchip ausgestattet. Für den fließenden und raschen Bildaufbau wird ein **Grafikspeicher** zur Zwischenablage der Bildschirminformationen benötigt. Seine Größe richtet sich danach, wie viele Farben und Bildpunkte darzustellen sind:

Farben	Auflösung	Speicher	Farben	Auflösung	Speicher
16	640×480	256 KB	16	1024×768	256 KB
256	640×480	512 KB	256	1024×768	1 MB
65 536	640×480	1 MB	65 536	1024×768	2 MB
16,7 Mio.	640×480	1 MB	16,7 Mio.	1024×768	2,5 MB
16	800×600	256 KB	16	1280×1024	1 MB
256	800×600	512 KB	256	1280×1024	1,5 MB
65 536	800×600	1 MB	65 536	1280×1024	3 MB
16,7 Mio.	800×600	1,5 MB	16,7 Mio.	1280×1024	4 MB

AGP: Abkürzung für **A**ccelerated **G**raphics **P**ort

Mit **AGP** wurde eine neue, in erster Linie schnellere Art von Verbindung zwischen Motherboard und Monitor geschaffen. Die Grafikkarte hat hiermit mehr selbständigkeit erhalten. Sie arbeitet mit einer Datenbreite von 32 Bit parallel zur CPU und nutzt für den Datenaustausch nunmehr den Arbeitsspeicher mit einer Taktfrequenz von mindestens 66 MHz.

CRT-Monitor

CRT: Abkürzung für **C**athode **R**ay **T**ube (Katodenstrahlröhre)

Obgleich es zu Bildschirmen bereits viele Innovationen gibt, ist der Klassiker der Elektronik, die Röhre, in der Ausführung eines **Katodenbildschirms (CRT-Monitor)** noch mit Abstand am meisten verbreitet. Für den Bildschirmaufbau wird darin der Elektronenstrahl mit definierten Frequenzen in vertikaler und horizontaler Ausrichtung über die Bildschirmoberfäche gelenkt. Die Synchronisation beider Auslenkungen besorgt die Grafikkarte mit entsprechenden analogen Steuersignalen. Die Grafikkarte unterstützt jedoch nur bestimmte Frequenzen. Die heute üblichen Multifrequenz-Monitore sind nicht streng auf Zeilenfrequenzen angewiesen. Als Multiscan-Monitore vermögen sie in begrenzten Bereichen, sich dem Eingangssignal selbständig anzupassen. Es gibt andererseits auch Grafikkarten mit einstellbarer Frequenz. Ihre Frequenz wird dem Bildschirm angepasst.

Nach ihrem Erfinder Karl Ferdinand Braun wird der **Katodenbildschirm** auch als **braunsche Röhre** bezeichnet:

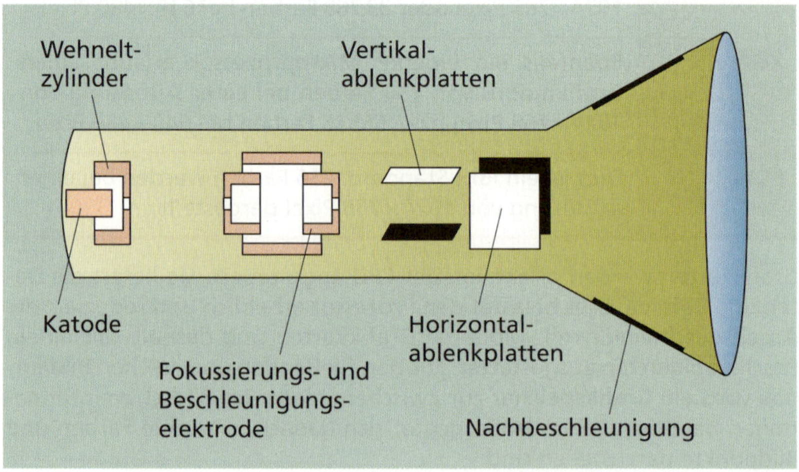

In einem luftleer gepumpten Glaskolben befindet sich die beheizte Elektrode. Sie sendet Elektronen aus. Der Wehneltzylinder gibt nur in begrenzter Zahl Elektronen über die Lochblende frei. Die Ablenkplattenpaare steuern den Elektronenstrahl in horizontaler und vertikaler Richtung auf den Bildschirm und erzeugen beim Auftreffen auf den Leuchtstoff an der Innenseite der Bildröhre das Bild. Die Grundfarben Rot, Grün und Blau werden durch drei unterschiedliche Leuchtstoffe gebildet. Zur Farbmischung kommt das additive Verfahren zur Anwendung.

Der Nachteil braunscher Röhren liegt in der Analogtechnik, die mit den wachsenden Qualitätsansprüchen immer schwerer Schritt halten kann. Hinzu kommen harte Auflagen an Ergonomie und Ökologie, die immer aufwändiger zu erfüllen sind. Da das Röhren-Grundprinzip im Wesentlichen das Gleiche ist, werden diese Monitore zwangsläufig immer größer bei steigender Wärmeentwicklung und Leistungsaufnahme.

Damit die Strahlen auf den jeweils richtigen Leuchtstoff treffen, ist davor eine Maske angebracht. Bei den klassischen Bildröhren ist dies eine *Lochmaske.*

Als **Lochmaske** wird der kürzeste Abstand zweier gleichfarbiger Bildpunkte auf einem Bildschirm bezeichnet.

Die Feinheit einer Lochmaske gibt daher indirekt Aufschluss darüber, wie viele Grafikpunkte der Monitor als einzelne Elemente darstellen kann. Dies hat allerdings nichts mit der Auflösung zu tun. Je kleiner die Lochmaske, desto schärfer ist die Abbildung. Die älteste Form ist die **Deltamaske.** Die drei Farbpunkte sind in einem Dreieck angeordnet. Die Bildschärfe ist relativ schlecht.

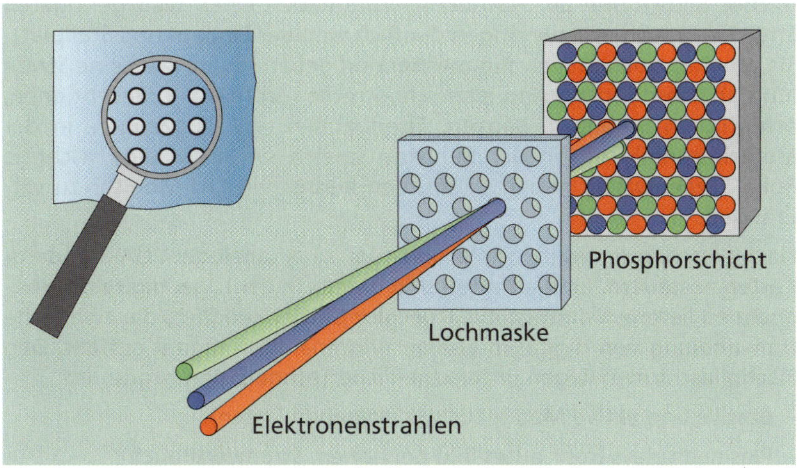

Zu den qualitativ hochwertigen Monitoren gehören Geräte mit einer **Black-Trinitron-Bildröhre.** Trinitron ist ein eingetragenes Warenzeichen der Firma Sony Co. Statt durch die Lochmaske wird der Elektronrenstrahl durch ein Drahtgitter gelenkt. Da die entstehenden Spalten einen beträchtlich größeren Elektronenstrahl durchlassen, ergeben sich deutlich schärfere Bilder und brillantere Farben.

Die **Schlitzmaske** der Inline-Röhre ist ein Kompromiss zwischen Delta- und Trinitronröhre. Die Schlitze sind nebeneinander angeordnet.

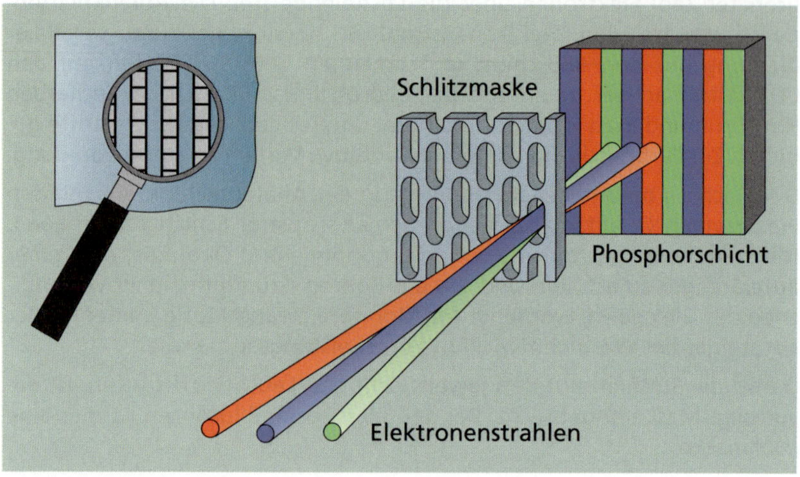

Ein wesentlicher Makel von Röhrenbildschirmen ist die technisch bedingte Bautiefe. Mit speziellen Ablenkeinrichtungen ließ sich die Tiefe um 10 Prozent reduzieren. Damit geht jedoch gerade in den Bildecken einiges an Schärfe verloren.

Die Röhrentechnik ist ziemlich ausgereizt, neue Innovationen ziehen mit den Flachbildschirmen ein.

Flachbildschirme

Die Bezeichnung **„Flachbildschirme"** leitet sich aus der geringen Tiefe solcher Bildschirme ab. Flachbildschirme haben einen weit geringeren Stromverbrauch und benötigen deutlich weniger Einbau- und Stellplatz. Sie arbeiten vollkommen flimmerfrei und geben so gut wie keine Strahlung ab. Flachdisplays sind jetzt schon recht verbreitet. In Rezeptionen, öffentlichen Schaltern, Banken, Eisenbahnen und Flugzeugen, in der Medizintechnik und in der Industrie spielen sie längst eine wichtige Rolle. Gegenwärtig heben sie an, den klassischen CRT-Monitor zu verdrängen.

Flachbildschirme lassen sich problemlos über analoge VGA-Standard-Karten ansteuern. Einige Karten sind bereits in der Lage, digitale Farbsignale zu liefern. Damit ist ein Truecolor-Betrieb möglich, die zweifache Umwandlung von digital in analog und analog in digital entfällt. Den Flachbildschirmen liegen unterschiedliche Technologien zugrunde:

- passive und aktive Matrix-LCDs (↗ folgende Seiten);
- Plasmadisplays (sehr gutes Bild bei hohem Stromverbrauch);
- reflektive Farbdisplays (von Sharp entwickelte Anzeige, die ohne Hintergrundbeleuchtung auskommt; je heller das Umgebungslicht, umso besser das Bild);
- hochauflösende Polymerdisplays (über Transistoren werden lichterzeugende Kunststoffe angesteuert; solche Bildschirme sind sehr kräftig leuchtend) und andere mehr.

Gegenwärtig scheinen sich **Flüssigkristallbildschirme (LCDs)** durchzusetzen. Flüssigkristalle basieren auf Eigenschaften, die zwischen den Aggregatzuständen fest und flüssig angesiedelt sind; es sind Flüssigkeiten von kristalliner Struktur. In einem elektrischen Feld richten sich die stabförmigen Moleküle aus. Diese Strukturänderung wird dazu benutzt, um polarisiertes Licht aus einer Hintergrundbeleuchtung passieren oder sperren zu lassen.

LCD: Abkürzung für **L**iquid **C**rystal **D**isplay

Der Hintergrund wird mit einer Lichtquelle ausgeleuchtet. Ein horizontaler Filter lässt ausschließlich gleichgepoltes Licht durch. Das nächste optische Hindernis ist der Flüssigkristall. Liegt kein elektrisches Feld an, erfährt das Licht eine starke Doppelbrechung. Die Strahlen drehen sich um 90°. Sie können den nachfolgenden Filter mit einigen Verlusten passieren. Existiert hingegen ein elektrisches Feld, richten sich die Kristalle aus. Das Licht verbleibt in der Polarisation und wird vom vertikalen Filter nicht durchgelassen.

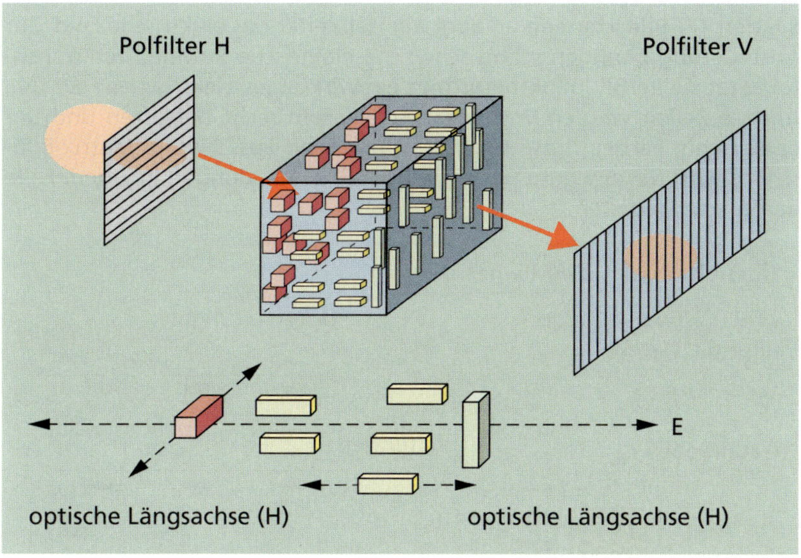

Über dem zweiten Polarisationsfilter ist eine Schutzschicht aus Glas oder Kunststoff aufgebracht. Bei Farbbildschirmen liegt zwischen der Kristallschicht und dem zweiten Polarisationsfilter eine RGB-Folie. Sie ist für die Mischung der Farben Rot, Grün und Blau zuständig.

Bleibt das technische Problem, wie sich nun punktgenau die elektrischen Felder erzeugen lassen.
LC-Displays nutzen zur Bilddarstellung eine Anordnung von vertikalen und horizontalen Leitungen. Mit dieser Matrix kann jeder Bildschirmpunkt einzeln angesteuert werden. Liegt an einem Kreuzungspunkt Spannung an, entsteht dort ein elektrisches Feld. Dieses Feld steuert die Lichtdurchlässigkeit des Kristalls genau an dieser Stellen zwischen den Glasplatten.
Die LCD-Bildschirme der ersten Generation funktionierten nach dem **DSTN-Prinzip**: Wo sich die Leitungen kreuzen, entsteht bei Anlegen einer Spannung das elektrische Feld, das die Kristalle ausrichtet und das Pixel erzeugt:

DSTN: Abkürzung für **D**ouble **S**uper **T**wisted **N**ematic

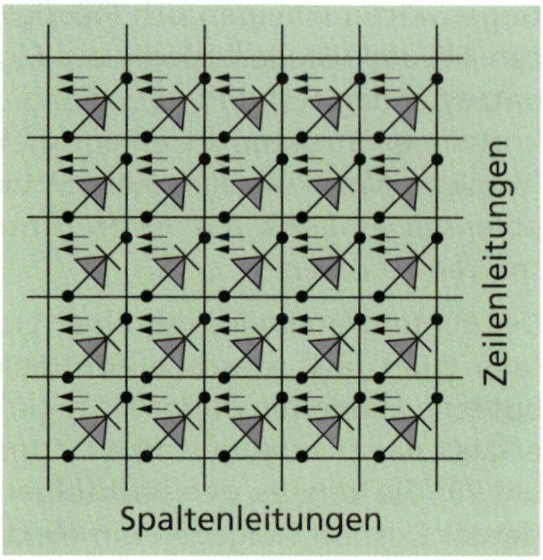

Bei dieser Passiv-Matrix-Technologie entsteht allerdings nicht nur am Kreuzungspunkt ein elektrisches Feld, sondern auch entlang den Leitungen. Überschreitet dieses Feld eine bestimmte Stärke, so erscheinen im Umfeld graue oder farbige Punkte. Ein Absenken der Feldstärke bleibt als notwendige Konsequenz. Doch hat dies wieder zur Folge, dass der Kontrast abnimmt. Mit 20:1 haben Passiv-Matrix-Bildschirme ein ziemlich kleines Kontrastverhältnis. Zudem reagieren solche Bildschirme ziemlich träge im Bildaufbau. Das wirkt sich störend bei Bewegtbildern aus.

TFT: Abkürzung für **T**hin **F**ilm **T**ransistor

Bei den **TFT-Bildschirmen** erzeugt ein Halbleiter das elektrische Feld. Zur Ansteuerung genügen schon schwache elektrische Ströme. Der Transistor setzt sie im Bildpunktbereich in ein wirksames elektrisches Feld um. Andere Zellen werden vom elektrischen Feld nicht betroffen und unerwünschte Farbeinflüsse bleiben weitgehend aus. Diesem Matrix-Bildschirm wird für bewegte Bilder und Grafikanwendungen in jedem Falle der Vorzug gegeben.

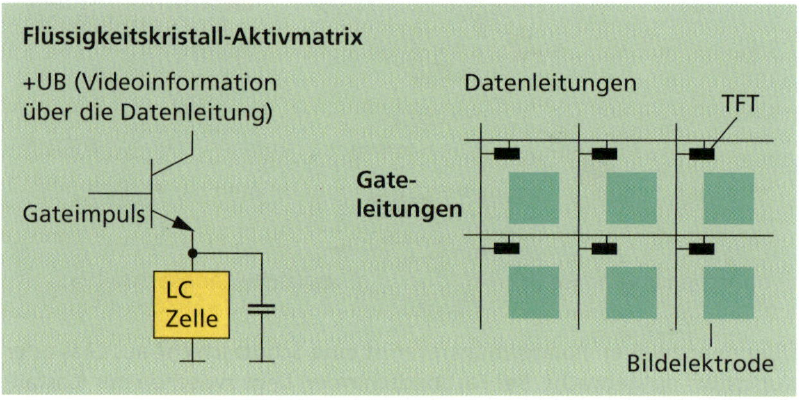

Ein großes Kontrastverhältnis von 100:1, hohe Leuchtstärke und gute Farbreinheit gewährleisten brillantere Farben in dieser Aktiv-Matrix-Technologie.

Jedes Pixel eines Flüssigkristallbildschirms besteht aus drei Bildpunkten. Jeder repräsentiert genau eine der Farben Rot, Grün und Blau. Jedes dieser Subpixel wird entweder über eine Drahtmatrix bei DSTN-Monitoren oder durch einen eigenen Transistor bei TFT-Monitoren angesteuert. Damit sind Verzerrungen oder Qualitätsverschlechterungen zu den Rändern hin wie bei CRT-Bildschirmen ausgeschlossen. Die Matrix legt jedoch auch das Auflösungsvermögen fest. Bei einem Bildschirm mit einer Auflösung von 800×600 entsteht um die Grafik von 640×480 herum notgedrungen ein schwarzer Rand. Es fehlen schließlich Punkte. Es gibt Grafikkarten, die die fehlenden Punkte durch Interpolation ermitteln.

Der Energieverbrauch beträgt mit unter 40 Watt weniger als ein Drittel von CRT-Monitoren. Die digitalen Daten des Rechners können in gleicher Form auch auf dem Bildschirm dargestellt werden. Eine Umwandlung in analoge Signale wie beim CRT-Monitor erübrigt sich.

Der Bildschirm bildet eine Matrix aus winzigen Transistoren, wobei jeder Transistor genau einen Bildpunkt beziehungsweise eine Grundfarbe repräsentiert. Hohe Auflösungen ziehen somit eine hohe Packungsdichte nach sich.

Um Farbbilder mit einer Auflösung von 1280 × 1024 Pixel zu erzeugen, sind fast 4 Millionen Transistoren unterzubringen.

Videodarstellung

Die Kombination von verschiedenen Medien wie stehende und bewegte Bilder, Audio, Texte und dergleichen mehr formulieren völlig neue Anforderungen an die Rechneranlagen. In besonderer Weise ist davon die Bildaufbereitung betroffen. Die eigentlichen Probleme liegen darin, dass ein einziges **Videobild** mit einer Farbtiefe von 24 Bit (je 8 Bit für die Farben Rot, Grün und Blau) bereits 1,2 MByte Speicherplatz erfordert und der dazu benötigte Datentransfer in Bruchteilen einer Sekunde gleich mehrfach erfolgen muss. Um schließlich Videos mit dem PC auch bearbeiten zu können, muss das Ganze auch auf der Festplatte ablegbar sein.

Zum Darstellen von **Echtzeit-Videos** und Fernsehbildern auf dem Bildschirm werden Overlay-Karten gebraucht. Sie umgehen die aufwändige Digitalisierung von Videodaten. Damit verschenken sie in der Regel aber auch Möglichkeiten der Abspeicherung überhaupt. Echtzeitdigitalisierungen sind schon gar nicht möglich. Das Videosignal wird direkt von der Overlay-Karte auf die Videokarte übertragen, ohne irgendwelche Rechenzeit zu beanspruchen. Dieser Technik steht eine beschränkte Anwendung zu Buche: Fernsehempfänger und Überwachungskameras ohne Aufzeichnung.

Bei manchen **Videokarten** ist darüber hinaus bereits eine Grafikkarte integriert, andere verfügen sogar über einen kabelfähigen Tuner. Dies gestattet neben der Darstellung von Live-Videos, auch Live-TV-Sendungen in einem Bildschirmfenster darzustellen.

Zur Darstellung und Digitalisierung von ganzen Videosequenzen werden Echtzeit-Digitizer benötigt.
Da ein Videoclip von nur einer Sekunde schon ca. 30 MByte Speicherplatz beansprucht, diese Datenmenge auch noch in kürzester Zeit zu verarbeiten ist, bedient man sich bevorzugt einer Hardware-Datenkompression. Das Packprogramm ist in einem ROM enthalten und damit sehr schnell. Bei vertretbarer Zeit wäre ohne Qualitätsverlust eine Kompression im Verhältnis von 1:2 möglich. Softwarelösungen schaffen zwar 1:20, aber in jedem Falle zieht das einen Qualitätsverlust nach sich. Das heißt, das ursprüngliche Bild lässt sich nur noch bedingt rekonstruieren. Spezielle Chips auf der Videokarte erlauben es heute schon, Kompressionsraten von immerhin 1:10 zu erzielen. Hier setzen sich Algorithmen-Standards durch:

JPEG	Dieser Algorithmus bewältigt einzeln mindestens 25 Bilder in der Sekunde. Bei höheren Kompressionsraten, die frei einstellbar sind, entsteht hier das Problem, dass das komprimierte Bild dem Original nur noch entfernt ähnelt.
Monitor-JPEG	Auch hier werden Einzelbilder verarbeitet. Die JPEG-komprimierten Einzelbilder werden in eine Datei zusammengefasst.
MPEG	Dieser Komprimierungsalgorithmus ist intelligenter eingerichtet. Er korrigiert lediglich die tatsächlichen Veränderungen von einem Bild zum nächsten, die im Normalfall relativ geringfügig sind. Nur zwei Bilder in der Sekunde enthalten die volle Bildinformation. Das spart natürlich Zeit und Rechenleistung.

MPEG ist benannt nach einer Arbeitsgruppe der ISO (**M**oving **P**icture **E**xpert **G**roup), die dieses Verfahren vorgeschlagen hat.

Dem Eingangssignal kommt entgegen anderer Annahmen eine ganz besondere Bedeutung zu. Beim Digitalisieren von VHS stößt man insofern auf Probleme, da das technisch bedingte Rauschen oder die so genannten Drop-Outs durch die Kompression noch zusätzlich verstärkt werden und das Abbild vom Original verfälschen. Besser ist man betreffs der Eingangssignale mit S-VHS oder dem Betacam beraten.

Bildschirmergonomie

Je kleiner ein Bild ist, umso weniger genau können die Details vom Auge wahrgenommen werden. Daraus ergeben sich für die Bildschirmgrößen optimale Auflösungen:

Billdschirmgröße	maximale Auflösung
14 Zoll	640×480
15 Zoll	800×600
17 Zoll	1024×768
20 Zoll	1280×1024
21 Zoll	1600×1280

Die Bildschirmarbeit ist auf Dauer immer noch recht anstrengend, ja zum Teil auch gesundheitsschädigend. Anders als beim Fernseher ist der Abstand zwischen Augen und Monitor mit 30 bis 50 cm ziemlich dicht. Der Betrachter erwartet, dass er ohne große Anstrengungen und körperliche Folgen längere Zeit unbeschadet draufschauen kann. Aus Schweden kommen Prüfzeichen. Mit diesen Normen werden die Hersteller zur Einhaltung höchster Gebrauchseigenschaften verpflichtet:

MPR-I	– von 1987, überholt
MPR-II	– von 1990, Höchstmaß an elektrostatischen Aufladungen – reduziert die zulässigen Strahlen (magnetische und elektrische Felder)

TOC-92	– von 1992; verschärft die MPR-II – fordert Energiesparschaltungen – elektrische Sicherheit und Brandschutz
TOC-95	– ergonomische Anforderungen – Emissionsschutz verschärft – Umweltschutz – Energieverbrauch reduziert – Mit dieser Norm werden erstmals auch andere Komponenten der Rechneranlage wie zum Beispiel die Tastatur erfasst.
TOC-99	– Tests auch auf LC-Displays ausgeweitet – Bildwiederholfrequenz von 85 Hz – vertikale Ablenkrate verdoppelt (flimmerfrei, wenn 14- und 15-Zoll-Monitore mindestens 800×600 Pixel, 17-Zoll-Monitore 1024×768 Pixel) – gleichmäßige Ausleuchtung – Energieverbrauch erneut reduziert (1. Energiesparstufe 15 W, 2. Energiestufe 5 W) – bromierte und chlorierte Flammschutzmittel verboten – ab 100 g ist sortenreines Material zu verwenden, recyclebar

Diese Grenzwerte schließen also auch den sparsamen Energieverbrauch mit ein. Eine echte Reduzierung des Stromverbrauchs wird mit hardwaremäßig installierten Energiesparmodi erreicht. Ein CTS-Bildschirm hat im Normalzustand eine Leistungsaufnahme zwischen 100 Watt und 150 Watt. Nach vorher festgelegten Zeiten schaltet der nicht benutzte Rechner etappenweise in die einzelnen Energiesparmodi. Im ersten Schritt wird die Leistungsaufnahme des Bildschirms auf 30 Watt verringert. In einem zweiten Schritt geht die Leistungsaufnahme abermals zurück, dieses Mal auf 8 Watt. In einer dritten Stufe schließlich kann der Monitor ganz abgeschaltet werden.

Ein **Bildschirmschoner** hilft entgegen häufiger Annahmen in keiner Weise Energie sparen. Er verhindert lediglich ein Einbrennen von Standbildern in Bildröhren.

Angesichts der Tatsache, dass man ziemlich dicht am Bildschirm sitzt und zudem lange draufschaut, rücken spezielle ergonomische Anforderungen für Bildschirmarbeitsplätze auf die Tagesordnung. Der Monitor sollte höhen- und seitenverstellbar sein. Die obere Bildschirmkante schließt am günstigsten mit Augenhöhe ab. Sie ist leicht nach oben geneigt. Die Bildschirmdiagonale hängt vornehmlich von der Art der Anwendung ab.

Zu ergonomischen Anforderungen an Bildschirmarbeitsplätze ↗ auch S. 71 f.

Displays und Projektoren

Man kann sich viele nützliche Anwendungen vorstellen, ein Computerbild für alle gut sichtbar an die Wand zu werfen. Dafür bietet der Markt zwei Systeme an, *LC-Displays* und *LCD-Projektoren.*

Ein **LC-Display** wird auf den Overheadprojektor gelegt. Zusätzlich zum Monitor wird damit das Bild an die Wand gebracht. Nicht jeder Overheadprojektor ist für die Bildschirmprojektion geeignet. Er muss ausreichend hell ausstrahlen.

LCD-Projektoren, so genannte **Beamer,** haben die Lichtwurfeinrichtung in sich integriert. Bei gleicher Leistungsaufnahme wird aufgrund der besseren Lichtausbeute ein höherwertiges Bild erzeugt.

Drucker

Für die Ausgabe von Daten auf Papier, Folien, Etiketten usw. stehen Drucker zur Verfügung. Sie gibt es in großer Auswahl und mit den unterschiedlichsten Leistungsparametern, als Alleskönner oder zugeschnitten für spezielle Aufgabenfelder. Die ihnen zugrunde liegenden Technologien sind vielfältig.

↗ auch S. 54

Anhand der gegenwärtig vorherrschenden Wirkprinzipe ist eine Einteilung in *Nadel-*, *Tintenstrahl-*, *Thermo-*, *Laser-* und *LED-Drucker* sinnvoll. Jede dieser Druckertechnologien hat ihre Vor- und Nachteile.

Die Güte eines Druckers wird durch mehrere Kriterien bestimmt. Um dem Ziel fotorealistischer Bilder näher zu kommen, werden verschiedene Maßnahmen ergriffen:

Zusammenhang von Auflösungsvermögen und Kantenschärfe:

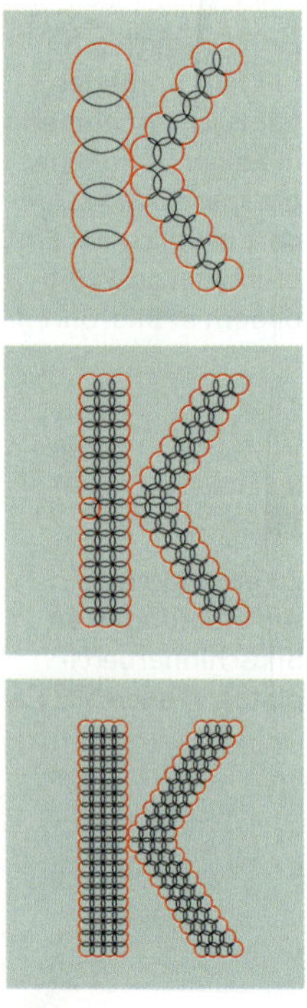

- Das **Auflösungsvermögen** mit der Maßzahl in **dpi** gibt an, wie viele Druckpunkte auf 2,54 Zentimeter, also einem Zoll, untergebracht werden.
  Je kleiner die Punkte sind, umso konturenschärfer wird das Gedruckte mit den Augen wahrgenommen.
- Die Herstellungskosten definieren immer eine eben noch vertretbare Auflösung. Um dennoch ein gutes Druckbild zu erzielen, wenden die Hersteller verschiedene **Verfahren zur Kantenglättung** an. Die Druckpunkte überlappen einander. Voraussetzung dafür ist, dass die Punkte größer als der Abstand der Druckmatrix ist. Mit verblüffend gutem Resultat verwenden manche Hersteller unterschiedliche vertikale und horizontale Auflösungen.

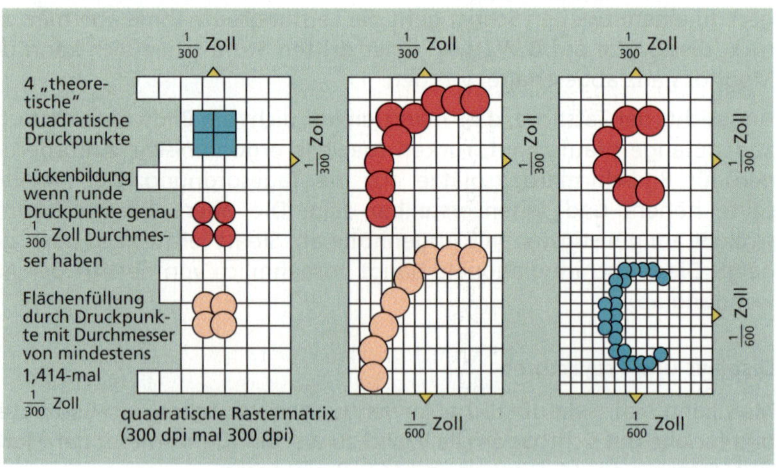

- Für den monochromen Druck lässt sich nicht wie beim Malen mit dem Tuschkasten einfach weiße Farbe beimischen, um die gewünschten Grautöne zu erhalten. Das Grau gewinnt man durch die Zusammensetzung winziger weißer (nichtbedruckter) und schwarzer (bedruckter) Punkte. Aus dem Halbton (engl. halftone) des ursprünglichen Bildes mit seinen kontinuierlichen Grauübergängen entsteht ein so genanntes Strichbild mit nur zwei, also bitonalen Farbwerten.
- Die Verteilung der Punkte erfolgt in einem Raster von horizontalen und vertikalen Linien. Die Rasterlinien werden zu einem Quadrat, zur **Ditherzelle** zusammengelegt. Das entsprechende Hardwareauflösungsvermögen bezeichnet **lpi.** Die Zahl der möglichen runden oder ovalen Druckpunkte in einer Ditherzelle definiert die Zahl der druckbaren Graustufen, wobei die nebeneinanderliegenden Ditherzellen visuell den Eindruck noch weiterer Graustufen erzeugen können.

lpi: Abkürzung für lines per inch (Linien pro Zoll)

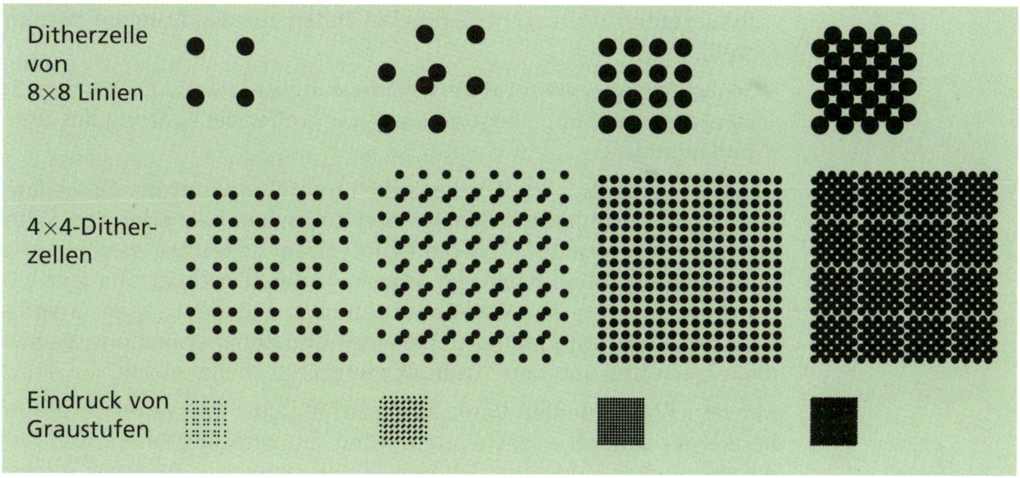

- Das menschliche Auge erfasst schräg verlaufende Linien schlechter. Darum werden die Druckpunkte beziehungsweise Raster meistens winkelverdreht angeordnet. Für Schwarz wird ziemlich einheitlich ein Winkel von 45° bevorzugt.
- Im Prinzip funktioniert nicht anders bei den meisten Tintenstrahl- oder Laserdruckern der Farbdruck. Jede der Grundfarben CMYK wird winkelverdreht zueinander in einem Farbraster gedruckt.
- Wird die Farbe pro Pixel aus den Grundfarben gemischt, hängt der Farbton von der Qualität der verwendeten Farben ab. Andere Drucker erzeugen die Farbtöne durch Überdrucken der Grundfarben. In der Regel sind damit nur begrenzte Zahlen von Farbkombination (Tintenstrahldrucker bis zu höchstens 40 Farbkombinationen) möglich. Durch verbesserte Farben sollten hier zukünftig weit mehr Abstufungen möglich sein.

CMYK: C steht für Zyan (cyan, ein Blauton), M für Magenta (ein Violett), Y für Gelb (yellow) und K für Schwarz (black).

Ein Drucker wird nicht allein betrieben; er ist immer Bestandteil des Computersystems. Darum ist es wichtig, dass er in der Ansteuerung den Standards entspricht und kompatibel mit den verbreiteten Systemen ist. Dies ist weniger eine Frage der Technologie, sondern der vom Hersteller bereitgestellten Anschluss- und Betriebsparameter.

Das Zusammenspiel von Drucker und Computer erfolgt meistens über Steuer- und Datenleitungen der parallelen Schnittstelle, seltener der seriellen Schnittstelle. Im Netzbetrieb ist es üblich, dass mehrere Rechner auf einen Drucker zugreifen. Andererseits kann auch von einem Rechner aus auf unterschiedliche Drucker zugegriffen werden. Benutzt man für alle die gleiche Schnittstelle, besorgen Umschalter, so genannte **Switches,** die jeweilige Verbindung. Eine automatische Umschaltung hat den Vorteil, dass die Druckaufträge der Reihe nach abgearbeitet werden können.

Eine dem Drucker eigene Elektronik sichert die Druckfunktionen. Das Herzstück der Elektronik ist ein Mikroprozessor:

- Er sichert die Kommunikation mit dem Computer. Dazu gehört beispielsweise die Kontaktaufnahme, das Mitteilen der Empfangsbereitschaft oder die Ausgabe von Fehlermeldungen.
- Der Mikroprozessor verwaltet den Zwischenspeicher des Druckers. In ihm werden noch nicht gedruckte Daten für die Ausgabe bereitgestellt.
- Schließlich übernimmt er verschiedene Steuerfunktionen wie zum Beispiel die Vorschubbewegung des Papiers oder die Führung des Druckbilderzeugers.

Der Mikroprozessor im Drucker erhält vom Computer die Druckdaten, eingehüllt in Steuerbefehlen für den Zeilenvorschub oder den Seitenwechsel. Andererseits liefert der Drucker dem Computer ebenfalls Informationen wie „Kein Papier im Schacht" oder „Druckpatrone leer". Die Druckbefehle sind im ANSI-Code definiert. Mit dem neuen Standard ANSI IDEE-1284 wird bidirektional eine hohe Kommunikationsgeschwindigkeit erreicht, was den Ausdruck merklich schneller macht.

Mit den ANSI-Befehlen kann aus verschiedenen Programmiersprachen heraus der Drucker angesteuert werden. Ein wichtiges Gütekriterium ist die Druckgeschwindigkeit. Für den Textdruck wurden Reserven erschlossen, indem man einen Schriftsatz mit unterschiedlichen Größen und Attributen im Druckerspeicher hinterlegt. Es genügt dann, den Text im „formatlosen" ASCII-Code und seine Beschreibung an den Drucker zu leiten. Die Druckerschriftsätze lassen sich in der Regel aufrüsten.

Die Standardbefehle für den Drucker sind als Programme, so genannte **Druckertreiber,** im Betriebssystem installiert. Nicht immer findet man für das Betriebssystem aber den passenden Treiber. Dann sind wahrscheinlich kompatible Programme von vergleichbaren Druckern verwendbar. Im schlimmsten Fall muss man einen halbwegs ähnlichen Treiber verwenden, wobei in der Regel dann nicht alle Funktionen verfügbar sind.

Parallel zu den direkt angesteuerten Druckern gibt es die **PostScript-Drucker;** etwa die Hälfte aller im Umlauf befindlichen Drucker sind postscript-fähig. PostScript wurde ursprünglich von der Computerfirma Apple für die eigenen Drucker entwickelt. Adope vervollkommnete das PostScript mit breitem Anwendungsbereich. Seit einiger Zeit gibt es eine Abwandlung dieses als **PDF-Format** für die Dokumentendarstellung im Internet.

PostScript ist eine im ASCII-Format gespeicherte Scriptsprache. Sie interpretiert die Seite(n), beschreibt pixelgenau ihren Inhalt und ihr Aussehen. Zurzeit gibt es wohl keine bessere Möglichkeit, ein Dokument als WYSIWYG unverfälscht an den Drucker zu leiten.

Um in PostScript einen Kreis auf den Drucker zu leiten, genügen die folgenden Zeilen:

```
%!PS-Adobe-2.0 EPSF-2.0
%%Title: kreis.eps
%End Comments

1 setlinewidth
0 0 200 0 360 arc
stroke
%Ende
```

PostScript-Dateien werden als `*.eps`, unter UNIX als `*.ps` (**E**ncapsulated **P**ost **S**cript) abgespeichert.

Impact-Drucker (berührende Drucker) sind solche, die nach dem klassischen Vorbild der Schreibmaschine das Druckbild mechanisch über ein Farbband aufs Papier drücken. Dieses Prinzip ist allein im **Nadeldrucker** erhalten geblieben. **Typenrad-** und **Kettendrucker** hingegen sind vollständig verschwunden. Der Hauptmangel letzterer war wohl nicht einmal die geringere Druckgeschwindigkeit, vielmehr ihr völliges Versagen bei Grafiken. Die Buchstaben und Zeichen waren ähnlich wie bei der Schreibmaschine als fertige Typen vorgegeben. Dies sorgte für eine sehr gute Schriftqualität. Aber schon für das Drucken in einer anderen Schriftart musste der gesamte Typensatz mechanisch ausgewechselt werden.

Non-Impact-Drucker arbeiten berührungslos. Dabei gibt es die unterschiedlichsten Verfahren, den Farbstoff aufs Papier zu bringen.

Nadeldrucker

Die Herkunft seiner Bezeichnung liegt im Funktionsprinzip begründet. Einzelne Nadeln – beim 9-Nadler sind sie in einer Reihe und beim 24-Nadler in zwei Reihen untereinander angeordnet – erzeugen die Zeichen und Grafiken in einer Matrix.

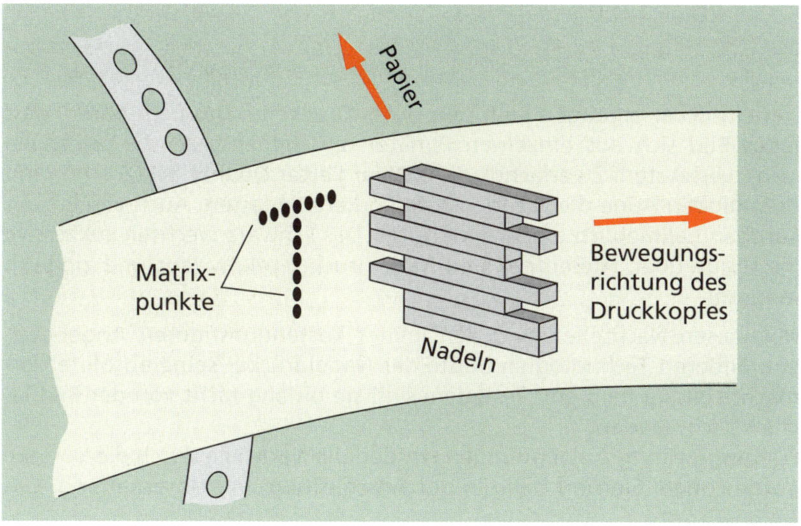

Jede Nadel kann dazu einzeln durch einen Aktuator angesteuert werden, um das Farbband in den einzelnen Punkten aufs Papier zu schlagen.

Der Druckkopf nimmt alle Nadeln mit ihren Aktuatoren auf und führt die horizontale Bewegung aus. Ist eine Zeile fertiggestellt, bewegt sich das Blatt in die nächste Zeile, bis schließlich die ganze Seite bedruckt ist.

Die Arbeitsgeschwindigkeit lässt sich durch die Optimierung der Druckkopfbewegung beschleunigen, indem der Druckweg verkürzt wird. Diese Wegeverkürzung findet auch bei den Tinten- und Thermodruckern Anwendung.

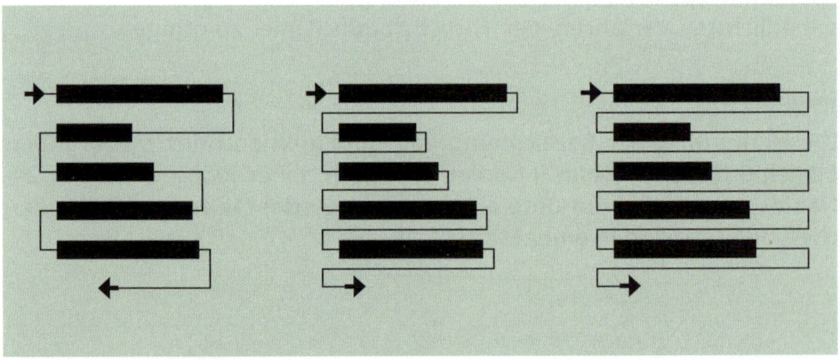

Nadeldrucker erzeugen kein sehr gutes Druckbild. Das liegt daran, dass jedes Bild sich aus einzelnen Punkten zusammensetzt, die selbst bei punktversetztem Zweifachdruck in **Near Letter Quality (NLQ)** schon mit dem bloßen Auge die Treppenstufen erkennen lassen. Auch verliert das Farbband allmählich an Farbintensität. Das Schwarz wechselt sukzessive ins Graue über. Außerdem sind Nadeldrucker relativ laut und ziemlich langsam.

Mit diesen Nachteilen und den immer kostengünstigeren Angeboten von anderen Technologien büßte der Nadeldrucker seine absolute Vormachtstellung bald ein. Trotzdem sind sie bislang nicht von der Bildfläche verschwunden.

Für ausgewählte Anwendungen werden die Nachteile durch die Vorteile aufgewogen. Sie sind billig in der Anschaffung und Unterhaltung. Das

Farbband hält lange Zeit und die Mechanik ist robust. Diese Drucker gibt es auch als Farbdrucker. Das Farbband hat einzelne Spuren mit Zyan, Magenta und Gelb (auch anderen oder noch mehr Farben), woraus nach dem Farbkastenprinzip die jeweiligen Druckfarben durch Überdrucken sozusagen ermischt werden. Dazu durchläuft das Papier in der Anzahl der Farben die Druckereinrichtung, um bei jedem Durchlauf mit einer Farbe beschichtet zu werden.
Nadeldrucker sind außerordentlich anspruchslos im Papier. Und sie ermöglichen Durchschläge. Geht es beispielsweise darum, irgendwelche Listen und Protokolle auf eine Endlosrolle zu drucken oder Druckautomaten über längere Zeit wartungsfrei zu betreiben, ist man mit Nadeldruckern derzeit immer noch am besten beraten.

Tintenstrahldrucker

Das Druckmedium beim **Tintenstrahldrucker** ist flüssige oder feste Tinte. Feste, gallertartige Tinte wird vor allem für den anspruchsvollen Grafikdruck eingesetzt. In einem Vorratsbehälter wird die Tinte bis zur Dünnflüssigkeit zerschmolzen und mit dem Druckkopf aufs Papier gebracht. Sie erkaltet und erstarrt. Die winzigen Erhebungen auf dem Papier werden anschließend noch glatt gewalzt. Diese Farbabdeckung ist sehr intensiv und sorgt für eine sehr gute Druckqualität. Allerdings ist dieser Druck wenig belastbar. Auf Knicken und Kratzen reagiert er empfindlich.

Verbreiteter und wesentlich kostengünstiger sind **Flüssigtintendrucker.** Sie gibt es in zwei grundsätzlichen Ausführungen:

Beim **Continuous-Flow-Prinzip** wird der Druckkopf kontinuierlich von einem Tintenstrahl durchflossen. Der Tintenstrahl selbst setzt sich aus winzigen Tröpfchen in hoher Frequenz zusammen. Vor der Düse erzeugt eine Ablenkeinheit ein elektrisches Feld, das die Tropfen beständig in ein Vorratsbehälter abgelenkt. In dem Moment, wo das elektrische Feld unterbrochen ist, wird auch die Ablenkung unwirksam. Die Tinte strahlt aufs Papier. So lässt sich mit einer Steuereinheit in der Frequenz der Tröpfchen jeder einzelne Punkt exakt setzen. Es sind sehr hohe Druckgeschwindigkeiten machbar.

Die Drucker mit dem kontinuierlichen Tintenfluss sind recht aufwändig und teuer. Verbreiteter in der Praxis ist darum das **Dropon-Demand-Prinzip.** Thermisch oder elektromechanisch werden einzelne Tropfen aufs Papier geschleudert. Die thermische Tintenstrahltechnologie ist als **Bubblejet-Technologie** bekannt.

Beim **Bubblejet-Drucker** gibt es am Boden der Tintenkammer eine winzige Widerstandsheizung. Wird sie vom Strom durchflossen, erwärmt sich die Tinte in Bruchteilen einer Sekunde und verdampft. Der Dampfdruck treibt die restliche Tinte durch die Düse auf das Papier.

Ein Piezo ist ein Kristall, das sich bei Anlegen einer Spannung verformt. Diese Eigenschaft nutzt man beim **Piezo-Tintenstrahldrucker** aus. In den Düsen sind kleine Piezoplättchen untergebracht. Mit einer Steuerspannung werden die notwendigen Impulse erzeugt. Sie schleudern die Tinte aus der Düsenöffnung heraus:

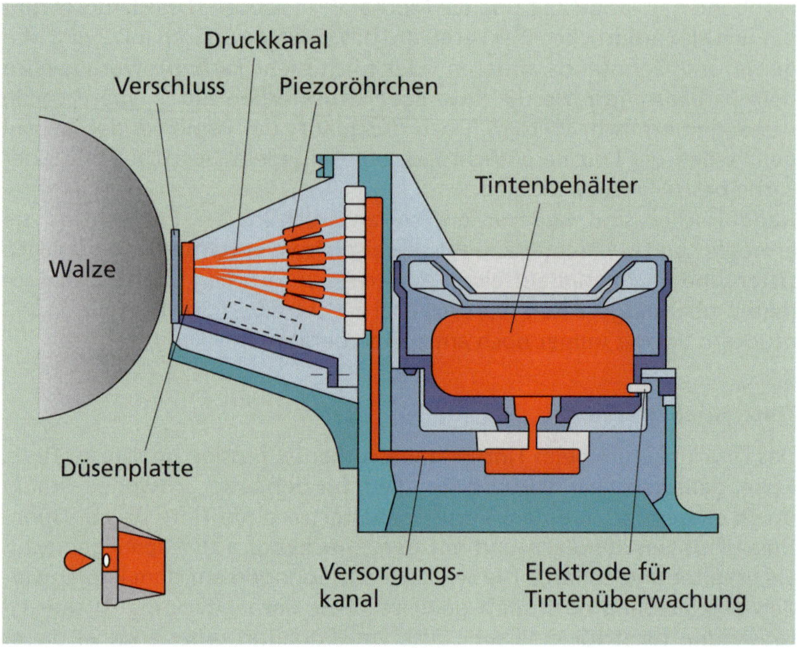

Tintenstrahldrucker zeichnen sich allgemein durch eine gute Druckqualität aus. Es gibt hier kein Verblassen der Farbe wie beim Nadeldrucker, weil allein zwei Zustände entscheidend sind: Tinte vorhanden oder keine Tinte vorhanden (eine neue Tintenpatrone ist erforderlich).
Meistens wird für diese Drucker besseres, glattes und faserfreies Papier benötigt, um einem Zerlaufen der Farbe entgegenzuwirken. Die Notwendigkeit von Spezialpapier sollte natürlich bei den Unterhaltungskosten berücksichtigt werden. Probleme kann der Farbdruck bereiten. Zyan, Magenta und Gelb sollten bei gleicher Proportionierung gemischt eigentlich Schwarz ergeben. Die Farben sind jedoch von unterschiedlicher Deckungskraft und Intensität. Es entsteht ein dunkles Grau. Darum ist für viele Tintenstrahldrucker auch noch eine Kammer mit schwarzer Farbe vorgesehen, die oft auch dazu dient, die Farbintensitäten zusätzlich zu beeinflussen.

Laser- und LED-Drucker

Die Funktion dieser Drucker basiert auf dem elektrofotografischen Prinzip (↗ folgende Seite). Auf einer Bildtrommel wird durch elektrostatische Auf- und Entladungen das Abbild erzeugt. Die Bildtrommel ist zunächst elektrisch geladen. Spiegel, Linsen und Prismen lenken den Laserstrahl auf die rotierende Trommel. An den Stellen, wo der Laser auftrifft, entlädt sich die Trommel. Neutrale Felder sind die Folge.

Als Farbstoff wird ein **Toner** verwendet. Dieses feinpulvrige Gemisch besteht aus den eigentlichen Farbpigmenten sowie diversen Farbträgern und Fixierstoffen. Der Toner wird in gleicher Polarität aufgeladen. Die Bildtrommel bewegt sich an der Austrittsöffnung der Tonerkassette vorbei. An den elektrostatisch neutralen Stellen lagert sich das Pulver ab, die Bereiche von gleicher Polarität stoßen den Toner ab.

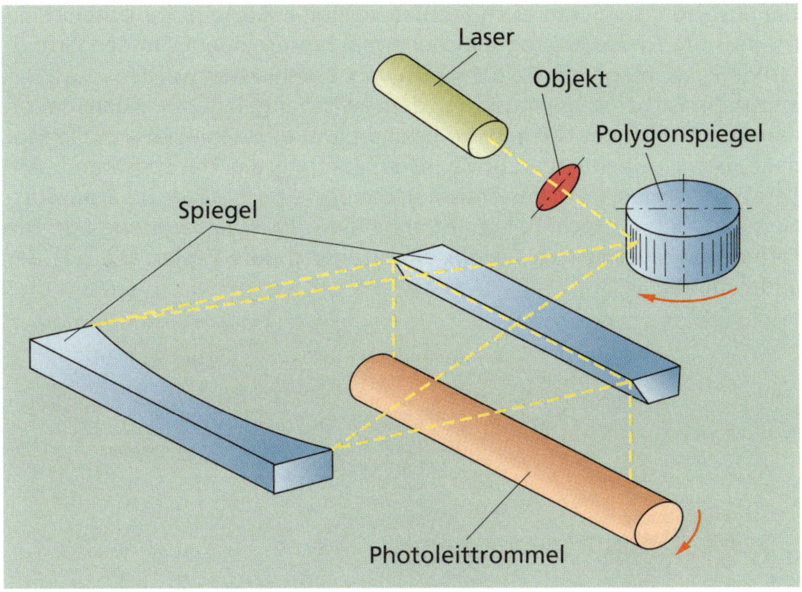

In umgekehrter Polarität wird das eingezogene Papier statisch aufgeladen. Das Papier „saugt" den Toner von der Bildtrommel und lässt so das Druckbild entstehen. Mit hoher Temperatur wird der Toner verflüssigt und fixiert. Im Ergebnis entsteht eine dauerhafte und normalerweise auch dokumentenechte Verbindung zum Papier.

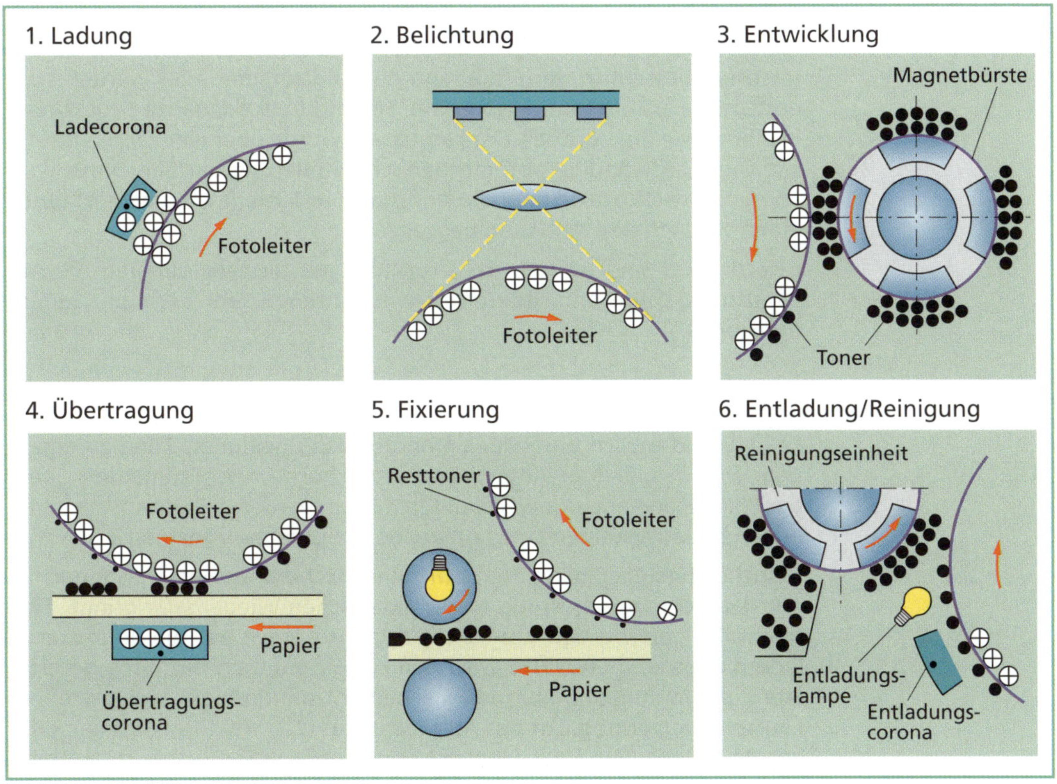

Genauso funktionieren auch **Farblaserdrucker.** Der einzige Unterschied ist, dass der Druckvorgang gleich viermal hintereinander in den Grundfarben Zyan, Magenta, Gelb und Schwarz durchlaufen werden muss. Die einzelnen Farbauszüge müssen zudem zwischengelagert werden, um sie dann gemeinsam aufs Papier zu bringen. Da unterscheiden sich die Modelle. Manche benutzen zur Zwischenlagerung ein Transportband. Andere verwenden statt des Transportbandes eine zusätzliche Transporttrommel. Neuere Technik kommt ohne diese Zwischenlagerung aus. Die Farbauszüge verbleiben bis zur Übertragung aufs Papier alle auf der Bildtrommel.

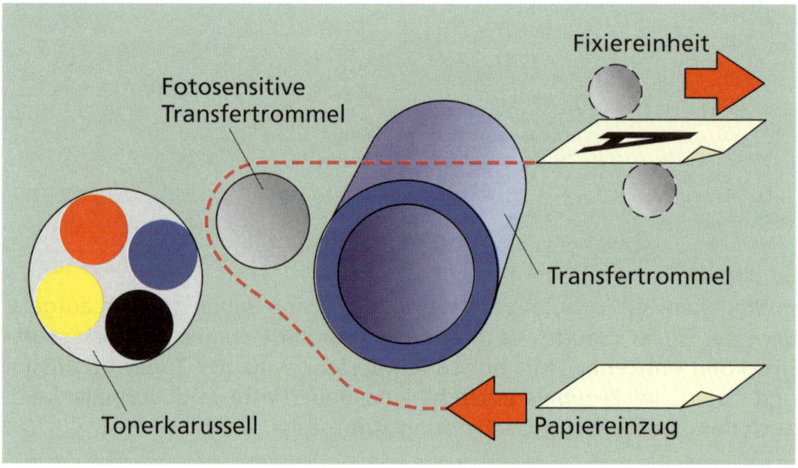

Identisch einem Laserdrucker arbeitet der **LED-Drucker.** Der einzige Unterschied besteht in der Entladung der Bildtrommel. Hier werden statt des Lasers Leuchtdioden verwendet. Sie sind über die ganze Druckbreite in einer Zeile angeordnet. Der Laserstrahl wurde über eine Optik gesteuert. Diese aufwändige optomechanische Steuerung entfällt. Dafür wird aber mit der Dichte der LED die Auflösung festgelegt, und diese ist durch einen vertretbaren Aufwand begrenzt.

Laserdrucker sind schnell, das Druckbild gut bis sehr gut und die Anschaffungskosten amortisieren sich durch einen sehr geringen Seitendruckpreis.

Soundkarte

Es ist grundsätzlich ein jeder Computer dazu geeignet, Töne zu erzeugen. Mit dem eingebauten PC-Lautsprecher können zumindest „saubere" Pieptöne erzeugt werden. Mit diesen werden z. B. Hardwarefehler oder Fehlbedienungen eines Anwenderprogramms signalisiert.

Manche Hersteller platzieren auf dem Motherboard einen Soundchip, der deutliche Verbesserung in der akustischen Wiedergabe bringt. Eine qualitativ hochwertige Ein- und Ausgabe unterstützt die Soundkarte. Eine moderne **Soundkarte** wird den Anforderungen nur noch gerecht, wenn sie multimediafähig ist. Sie bedient mindestens zwei getrennte Lautsprecher, ermöglicht das Abspielen von CDs, von Musikdateien oder von Musik aus dem Netz. Über die Soundkarte lassen sich auch synthetische Klänge erzeugen. Neben dem Hörbarmachen verschiedenster Klangquellen erlaubt sie auch den umgekehrten Weg: Von nahezu beliebigen Wiedergabegeräten (Radio, CD-Player, Plattenspieler, Tonbandgerät, Radio, Fernsehen, ...) lassen sich die Klänge in hoher Güte speichern.

In diesem Sinne ist die Soundkarte auch ein *Eingabegerät.*

Soundkarten sind Erweiterungskarten, die in einem der Steckplätze auf der Hauptplatine direkt mit dem Bussystem verbunden sind. Ältere Karten benutzen meist den ISA-Steckplatz, heutige sind in der Regel für den genormten PCI-Bus ausgelegt.

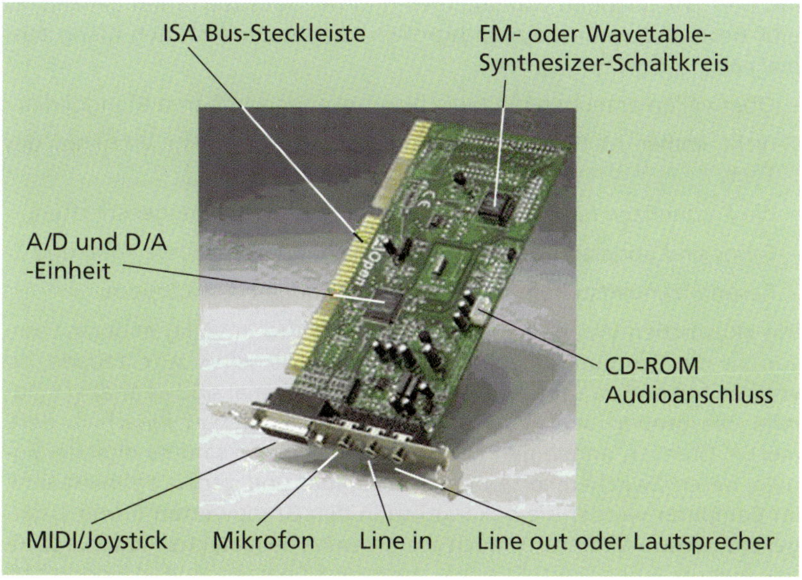

Auf der Platine befindet sich eine Buchse für den Anschluss des CD-ROMs. Nach außen führen mehrere Buchsen.

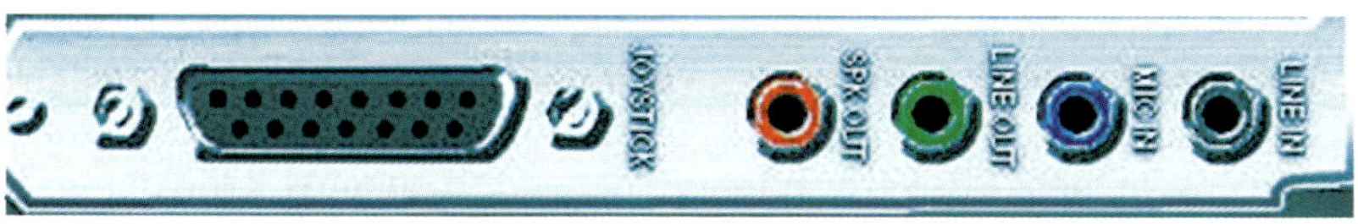

Die 15-polige Sub-D-Buchse ist für den Anschluss von zwei Joysticks und MIDI-Geräten ausgelegt. Die Klinkenbuchsen sind Eingang für ein Mikrofon, Ausgang für Lautsprecher und beides für diverse Musikanlagen. Lautsprecher (Kopfhörer) kleinerer Leistungsaufnahme lassen sich passiv, also direkt betreiben. Für größere Ausgangsleistungen (gleichbedeutend mit besserer Wiedergabequalität) sind so genannte Aktivboxen mit eingebautem Verstärker erforderlich.

Moderne Soundkarten besitzen zudem noch einen optischen Ein- und Ausgang.

Um die Aufgaben einer Soundkarte im Einzelnen zu verstehen, ist ein kleiner Ausflug in die technische Akustik notwendig:
Audiosignale nimmt der Mensch über feine Härchen im inneren Ohr wahr. Physikalisch sind dies Schwingungen, die sich durch den Wechsel von Luftverdichtungen und -verdünnungen ausbreiten.

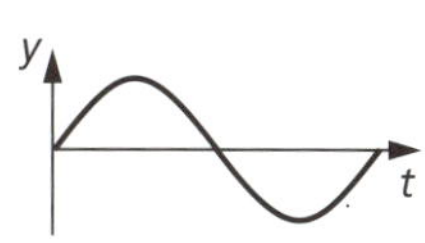

Schwingungskurve

Die Zahl der Schwingungen in einer Sekunde bezeichnet die Frequenz und wird in Hertz (Hz) gemessen. Für die menschliche Wahrnehmung entstehen folgende Eindrücke:

- niedrige Frequenz (ab ca. 20 Hz) entspricht einem tiefen Ton und
- hohe Frequenz (bis ca. 20 kHz) entspricht einem hohen Ton.

Die Lautstärke drückt sich im Ausschlag der Wellen, in der Amplitude aus:

- kleiner Ausschlag entspricht einem leisen Ton und
- großer Ausschlag entspricht einem lauten Ton.

Die frequenzreinen Grundtöne klingen unnatürlich und haben nichts mit den Wohlklängen von Stimmen und Musikinstrumenten gemein. Es gibt noch andere Bestimmungsgrößen, die letztendlich den Klang ausmachen:

- Oberwellen erzeugen die typischen, unverwechselbaren Klangbilder,
- nicht immer ist Frequenzstabilität gefragt, wie beim Vibrieren des Tons,
- die Frequenzen haben unterschiedliche Ausbreitungseigenschaften,
- Echos sind abgestrahlte und mit Zeitverzug nachhallende Töne und
- Resonanzen entstehen durch das Mitschwingen von Körpern.

analog: von griech. analogos (verhältnismäßig)

digital: von lat. digitus (Finger)

Die akustischen Wellen liegen ursprünglich also in völlig anderer Form vor, als die Computeranlage sie normalerweise selbst zu erzeugen, zu verarbeiten und zu speichern in der Lage ist. Einmal sind es analoge Signale, die proportional jeden beliebigen Zwischenwert innerhalb definierter Grenzen annehmen können. Zum anderen sind es digitale Signale, deren Zwischenwerte immer abzählbar und genau definiert sind. Im Computer werden sie bekanntlich in den Grundwerten 0 und 1 dargestellt. Wenn tendenziell auch die gesamte Heimelektronik (und darüber hinaus) einer Digitalisierung aufgrund überzeugender Eigenschaften zustrebt, so bleiben die Wahrnehmungsunterschiede zwischen Natur und Technik bestehen. Analog-/Digital-Wandler und Digital-/Analog-Wandler besorgen die notwendigen Umsetzungen.

Digitale Audiodaten bestehen aus einer Fülle von Bytes. In den Zahlenwerten einzelner Bytes drückt sich die Amplitude einer akustischen Welle aus. Je mehr Bits verwendet werden, umso genauer kann der analoge Kurvenverlauf zahlenmäßig abgebildet werden.

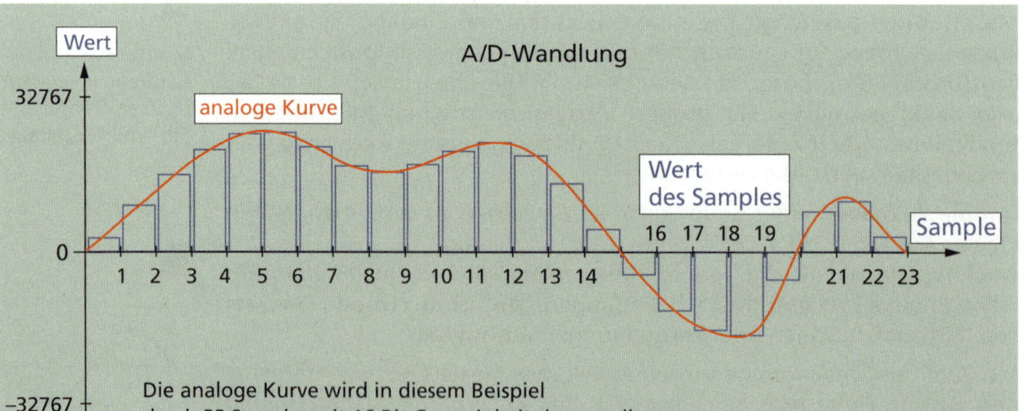

Die analoge Kurve wird in diesem Beispiel durch 23 Samples mit 16 Bit Genauigkeit dargestellt

Bei 8 Bit entsteht nach $2^8 = 256$ eine Bitrate, die Lautstärkeunterschiede nur im kleinen Raster zulassen. Dies entspricht bei weitem nicht den Hörgewohnheiten und vor allem Hörempfindungen des Menschen. Er nimmt Lautstärkeunterschiede zwischen mehreren Dekaden wahr. Was mit 8 Bit ankommt, klingt verzerrt und unnatürlich. Soundkarten beginnen bei 16 Bit ($2^{16} = 65536$), originalgetreuere Klanganpassungen werden mit 20 ($2^{20} = 1\,048\,576$) oder gar 24 Bit ($2^{24} = 16\,777\,216$) realisiert.

Die Auflösung gibt aber noch keine Auskunft über den Frequenzbereich. Hierfür ist entscheidend, wie oft in einer bestimmten Zeit die Schwingungskurve abgetastet wird. Die Abtastfrequenzen, die so genannten Samplefrequenzen sind für die verschiedenen Belange standardisiert:
11,025 kHz; 22,05 kHz und 44,1 kHz.

Oft lassen sich über die Software auch Zwischenwerte einstellen. In Tonstudios wird eine Frequenz von 48 kHz genutzt. Für die genormten Abtastraten ergeben sich die (theoretisch) möglichen Höchstfrequenzen. Sie sind die Halbierung der Abtastrate:
5512,5 Hz; 11025 Hz und 22050 Hz.

Unberücksichtigt blieb bislang noch die **Stereophonie.** Es werden hierbei zwei getrennte, ein linker und ein rechter Tonkanal verarbeitet. Die Daten werden abwechselnd für die beiden Kanäle gespeichert beziehungsweise ausgegeben.
Für den Rechner fallen damit große Datenmengen an, die sich einfach berechnen lassen. Für eine Bitrate von 16 und einer Samplefrequenz von 44,1 kHz ergibt sich bei zwei Kanälen (Stereo) ein Speicherbedarf von $2 \cdot 44100 \cdot 16$ Bit = 1411200 Bit = 176400 Byte (in der Sekunde). Eine Minute „schluckt" schon nahezu 10 MByte.

Speichermedien stehen heute schon recht preiswert und damit großzügig zur Verfügung, dennoch kommt im Musikstudio einiges zusammen. Mit Komprimierungsverfahren werden diese Klangdateien wesentlich kleiner, was natürlich hohe Taktfrequenzen des Computers für den Durchsatz und die zeitsynchrone Verdichtung voraussetzt.

Ein besonderes Problem entsteht mit den Soundkarten nun in ihrer als notwendig begründeten Eigenart der Umwandlung von analogen Signalen in digitale und umgekehrt bei der Speicherung von digitalen Daten, wie sie als MP3-Formate im Internet, mit der Audio-CD oder dem Dat-Tape-Recorder vorliegen.
Der eintretende Qualitätsverlust lässt sich einfach beschreiben: Erst werden die Digitaldaten in Analogdaten umgewandelt (erste Qualitätsminderung, weil diese Rekonstruktion schon auf Berechnungen mit Rundungsfehlern basiert). Diese Analogdaten werden dann wieder in Digitaldaten umgesetzt (zweiter Qualitätsverlust, weil mit der Auflösung und Abtastrate wiederum Informationen des Originals verloren gehen).
Je öfter man diesen Prozess wiederholt, umso mehr nehmen die Abweichungen zum Original zu und umso stärker tritt das technisch bedingte Rauschen der Soundkarte hervor.
Neue Soundkarten bieten einen Digitaleingang und einen -ausgang an. Damit sind 1:1-Übertragungen ohne jede Qualitätseinbuße sowohl beim Speichern, als auch beim Wiedergeben möglich.

Eine **Soundkarte** besteht aus
- einem A/D-Wandler für Mikrofon und die übrigen mit Line zusammengefassten Analogquellen,
- einem D/A-Wandler, der über einen integrierten Mixer für mehrere Quellen mit dem Line-Ausgang und dem Lautsprecher (Kopfhörer) verbunden ist,
- (in modernster Ausführung) je einem digitalen Ein- und Ausgang sowie
- einem MIDI-Ein- und Ausgang.

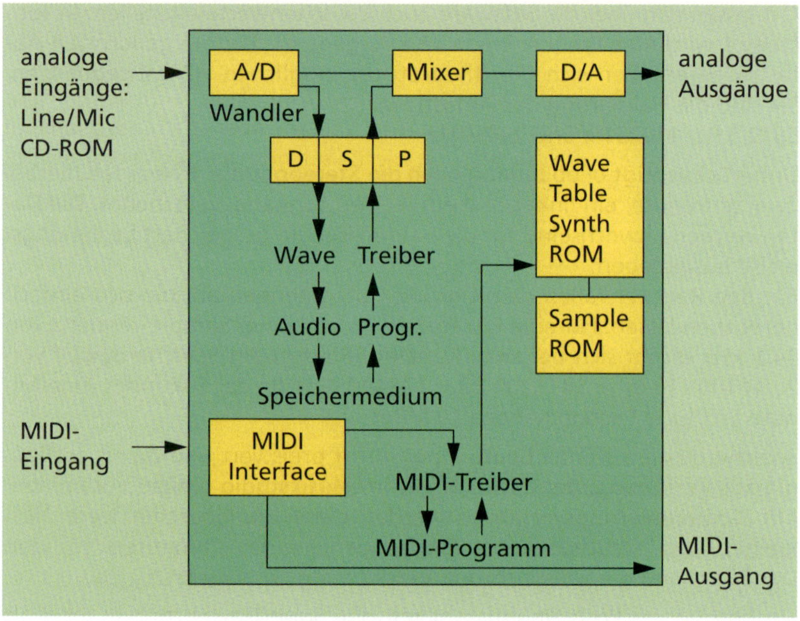

Computersound existiert derzeit wesentlich in vier Grundformen: *WAVE, MP3, MIDI* und *Moduln*.

WAVE bezeichnet ein Dateiformat (unter DOS und Windows mit der Dateiextension `wav`), in dem die Samplings ohne Verlust, in originaler Bitgröße aufbewahrt sind. Der einzige Nachteil sind die damit entstehenden Dateigrößen.
Im Internet sind solche Dateien kaum einsetzbar. Um dennoch in CD-Qualität hören zu können, wurde mit **MP3** ein gangbarer Weg gefunden. Es gibt auch andere Verfahren, allein dieses scheint sich durchzusetzen.

Nach Gesichtspunkten der Akustik (Was der Mensch ohnehin nicht hört, kann man getrost weglassen. Und sein Hörvermögen wird, wo es nur geht, ausgetrickst.) wird nach der MPEG-Technologie, ähnlich dem JPEG die WAVE-Datei je nach Anspruch an Tonqualität um mindestens den Faktor 10 komprimiert.
Zum Komprimieren und Dekomprimieren werden schnelle Rechner vorausgesetzt.

Grafische MP3-Software:

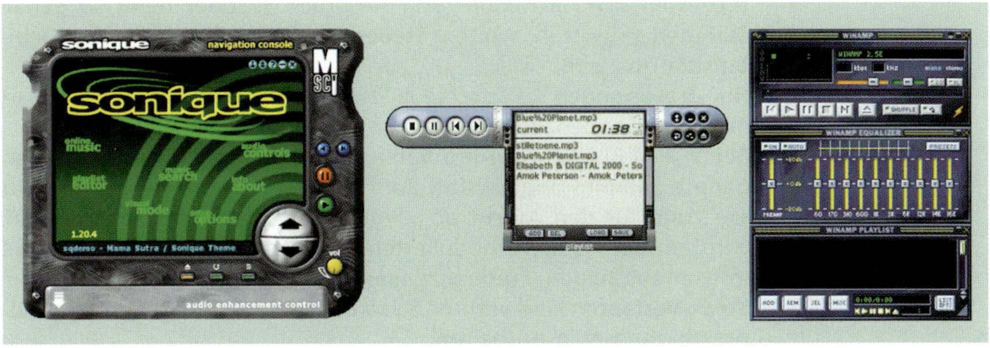

MIDI wurde speziell für Musiker geschaffen. Im Unterschied zur WAVE-Datei werden hier keinerlei Klangdaten übertragen. Die übertragenen Daten sind nur Steuersignale. Dies können Tonhöhen, Lautstärken oder beispielsweise bestimmte Instrumente, zudem aber auch „artfremde" Initialisierungsimpulse für Effekte wie Beleuchtung oder Vorhang sein. Dafür genügt eine Signalleitung (plus Masseleitung) vom Gameport.

MIDI: Abkürzung für **M**usical **I**nstruments **D**igital **I**nterface (digitale Schnittstelle für Musikinstrumente)

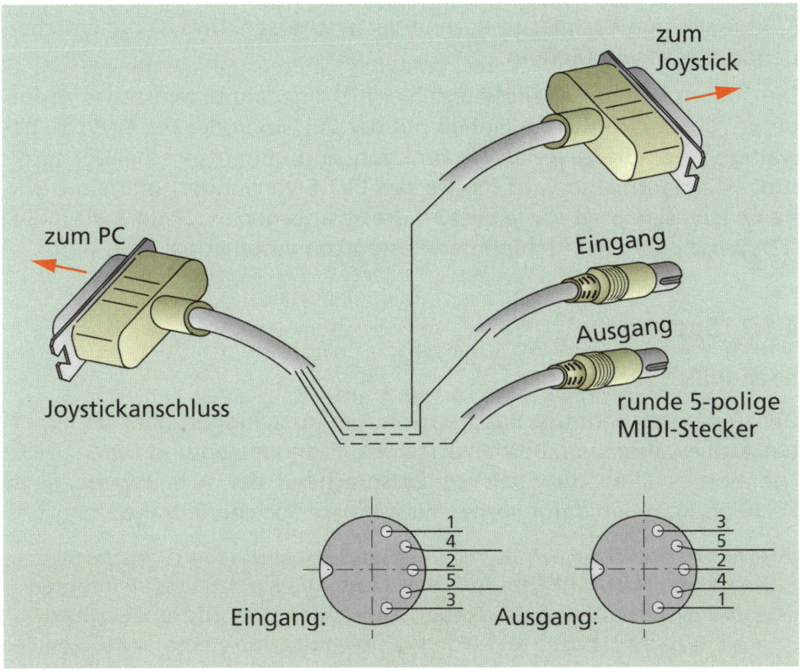

MIDI-Dateien sind somit ziemlich klein. Trotzdem erzeugen sie einen vollen, realistischen Instrumentensound. Gute Soundkarten bedienen diese Soundbefehle, sie können aber auch von peripheren Geräten, zum Beispiel dem Musik-Keyboard erzeugt werden.

Auf der Soundkarte (oder einem peripheren Gerät) befindet sich ein WAVETABLE- oder ein FM-Synztheziser-Schaltkreis. In ihm sind Klänge unterschiedlicher Musikinstrumente abgelegt. Genormt sind 128 Instrumente (Klavier, Gitarre, ...) und diverse Schlagzeuge. Mit entsprechen-

dem Steuerbefehl wird das jeweilige Instrument ausgewählt. Gleichzeitig lassen sich nach Güte und Anspruch 32 oder mehr so genannter Stimmen aktivieren. Weitere Steuerbefehlen stellen die Höhe, Dauer, Intensität usw. ein.
Die gravierenden Unterschiede liegen nun darin, woher diese instrumentalen Sequenzen rühren:
Beim WAVETABLE wurden von originalen Musikinstrumenten so genannte Samples angefertigt. Zum Beispiel Klaviertöne werden digitalisiert und für den Aufruf abgelegt. Eine andere platzsparende Lösung wird mit der frequenzmodulierten (FM) Synthese erzeugt. Das jeweilige Instrument bilden Frequenzgeneratoren sozusagen synthetisch nach. Beide Verfahren sind verbreitet, so oder so auf der Soundkarte (oder im peripheren Gerät) enthalten.

Moduln sind ein Zwischending von WAVE-Sound und MIDI. Sie setzen sich aus zwei Teilen zusammen.
Im Sampleteil sind kleine WAVE-Klänge gespeichert, die bestimmte Instrumente oder Klänge enthalten.
Ein anderer Teil beinhaltet Informationen zur Steuerung der Klänge ähnlich wie bei den MIDI-Dateien. Da die Moduln ihre Instrumente gleich „mitbringen", besteht hier auch weniger die Gefahr, dass die Klänge sich von Rechner zu Rechner unterscheiden. Dies ist der entscheidende Vorteil von Moduln.

Die Soundkarte hat all diese und hier nicht genannte akustische Anforderungen elektronisch in Einheit mit der CPU und/oder der DMA zu bewältigen. Für die zuverlässige Funktion sind ein entsprechender Interrupt (standardmäßig wird hierfür das IRQ 5 verwendet) und ein DMA-Kanal zu reservieren sowie die IO-Adresse anzugeben. „Plug & Play"-Geräte passen sich den verfügbaren Ressourcen automatisch an.

4.1.7 Speicher

Kenngrößen für Speicher

Der Computer benötigt Baugruppen zum kurzzeitigen oder dauerhaften Aufbewahren von Betriebssystemen, Programmen und Daten. Diese Funktion erfüllen die Speicher. Entsprechend der Arbeitsweise eines Rechners kommen dafür vornehmlich binäre Speicher infrage.

Binäre Speicher sind Funktionseinheiten, die abhängig vom äußeren Signal einen von zwei Zuständen annehmen. Der Zustand bleibt solange erhalten, bis er von einem anderen äußeren Signal geändert wird. Ein **Speicherelement** speichert also 1 Bit.

Speicherelement
(1 Bit)

Speicherzelle
(8 Bit = 1 Byte)

Speicherwort
(4 Byte = 1 Wort)

Ein Speicher besteht aus sehr vielen Speicherelementen. Um dennoch genau die gewünschten Daten lokalisieren zu können, müssen die Speicherelemente mit einer eindeutigen Adresse versehen sein. Normalerweise bekommt nicht jedes Element eine Adresse zugewiesen, sondern mehrere, zu Gruppen zusammengefasste Speicherelemente. Sie haben für den Speicher charakteristische, feste Größen. Diese Gruppen sind dann die kleinsten adressierbaren Einheiten eines Speichers, die Speicherzellen. Eine **Speicherzelle** entspricht allgemein 1 Byte (8 Bit). Mehrere Speicherzellen können zu einem **Speicherwort** (4 Byte oder 8 Byte) zusammengefasst werden.

Den Vorgang, eine Speicherzelle ausfindig zu machen und in ihr Daten abzufragen beziehungsweise zu verändern, bezeichnet man als **Zugriff.** Zwei Arten des Zugriffs werden unterschieden, der lesende und der schreibende (einschließlich löschende) Zugriff.

Speicher gibt es in einer kaum noch zu überschauenden Vielfalt an Technologien und sie befinden sich an unterschiedlichen Orten einer Rechneranlage. Sind sie unmittelbar Bestandteil der Hauptplatine, werden sie hinlänglich als **interne Speicher** bezeichnet. Außerhalb dieser Hauptplatine handelt es sich folgerichtig um **externe Speicher**. Diese Abgrenzung lässt sich im Trend kompakterer Bauweisen immer weniger aufrecht erhalten. Uns soll sie jedoch helfen, Überblick zu gewinnen.

Interne Speicher sind üblicherweise elektronische Speicher. Bei den externen Speichern dominieren mechanisch unterstützte Technologien. Das Bemühen geht allerdings dahin, die relativ trägen und störanfälligen mechanischen Anteile von Speichern zugunsten der Elektronik deutlich zurück zu drängen, ja soweit möglich, ganz auf sie zu verzichten.

Die **Leistungsparameter der Speicher** hängen unter anderem von folgenden Merkmalen ab: *Speicherkapazität, Zugriffszeit, Datenübertragungsrate* und *Zugriffsart.*

Die **Speicherkapazität** ist das Maß für das Fassungsvermögen eines Speichers. Entsprechend der Rechnerorganisation wird sie in Byte oder in Vielfachen von Byte angegeben.

- 1024 Byte = 2^{10} Byte = 1 KB
- 1024 KByte = 2^{20} Byte = 1 MB
- 1024 MByte = 2^{30} Byte = 1 GB
- 1024 GByte = 2^{40} Byte = 1 TB

Wenn die bekannten Größen im Unterschied zum sonst üblichen Gebrauch immer als ein Vielfaches von 1024 auftreten, so ist dies allein der Organisationsform im Rechner (2^{10} = 1024) geschuldet.

Die **Speicherzugriffszeit** kennzeichnet die Zeit, die von der Auftragstellung zur Überweisung von Daten bis zum Beginn der Übertragung verstreicht.

Bei Magnetbändern ist die Zeit zusätzlich abhängig vom Standort der Daten auf dem Speichermedium. Disketten und Festplatten haben aufgrund der direkten Adressierbarkeit von Speicherplätzen eine in Millisekunden gemessene Zugriffszeit. Im Mikro- bis Nanosekundenbereich liegen sie in den wesentlich schnelleren elektronischen Speichern.

Die **Datenübertragungsrate** gibt die maximale Anzahl von Bits oder Bytes an, die innerhalb einer Sekunde vom jeweiligen Speicher zum Zentralspeicher eingelesen werden können.

Typische Größenordnungen etwa für ein Diskettenlaufwerk sind um die 100 KByte/s. Für die bedeutend schnelleren Festplatten sind mehrere MByte/s üblich. Die Datenübertragungsrate wird vor allem bei serieller

bps: Abkürzung für **b**its **p**er **s**econd

Übertragung auch in Bits/s angegeben. Für Modems wurde das Maß **bps** eingeführt.

Mit **Zugriffsart** meint man die Art und Weise des Auffindens von Daten im Speicher.
Beim **direkten Zugriff** hat jeder Datensatz eine bestimmte Adresse und kann sofort auf dem Datenträger ausfindig gemacht werden (z. B. Festplatte).
Vom **indirekten Zugriff** spricht man, wenn die Daten sich nur durch Auszählen nacheinander angeordneter Sätze gewinnen lassen (z. B. Magnetband).

Die Kenndaten für die verschiedenen Speicher sind sehr unterschiedlich ausgeprägt. Entsprechend differenziert eignen sie sich für die rechnerinternen Aufgabenstellungen. Die bevorzugten Eignungen können grob in einer **Speicherhierarchie** beschrieben werden:

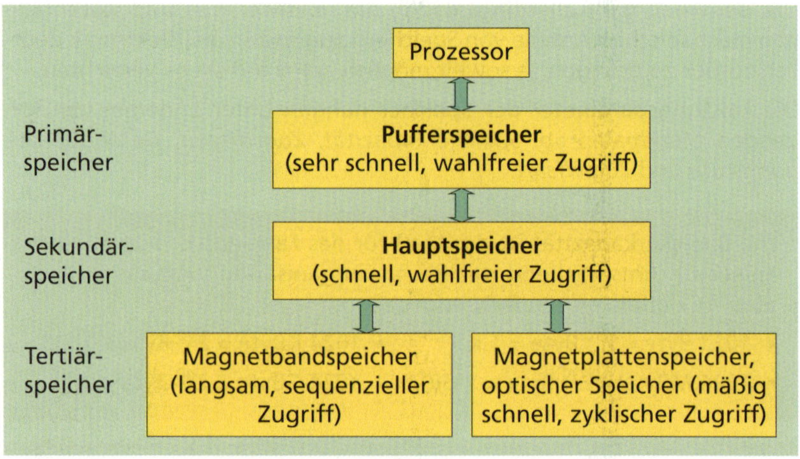

Die Hierarchie ist derart, dass nach unten hin die Zugriffsgeschwindigkeit abnimmt, gleichzeitig die Speicherkapazität zunimmt. Der Prozessor greift nur auf den schnellsten Speichertyp, dem Pufferspeicher zu. Dieser Primärspeicher ist jedoch verhältnismäßig klein. So enthält er auch nur die gerade benötigten Daten und Programmteile. Zurzeit weniger oder gar nicht benötigte Teile werden hierarchisch auf den nächst langsameren Speicher, dem Sekundärspeicher abgelegt. Dieser so genannte Hauptspeicher enthält im Allgemeinen größere zusammenhängende Programm- und Datenteile. In absehbarer Zeit nicht benötigte Daten und Programme liegen in den tertiären Speichern, also auf Diskette, Festplatte, Band usw. Ältere Rechner besitzen oft keinen Pufferspeicher. Dann rücken der Hauptspeicher zum Primärspeicher auf und die Massenspeicher übernehmen gleichzeitig die Funktion von Sekundärspeichern.

Der Hauptspeicher wird auch **Arbeitsspeicher** genannt.

Die Grenzen, wie sie das Strukturbild vermittelt, sind nicht gar so scharf gezogen, zumal sie sich mit der Zeit auch verschieben. Darum erscheint es sinnvoller, einen Überblick aus den ihnen zugrunde liegenden Wirkprinzipien abzuleiten. So lassen sich *elektronische, magnetische, optische, optisch-magnetische* und andere Prinzipien unterscheiden.

Die Auswahl der Massenspeicher hängt von einigen Rahmenbedingungen ab:

- Welche Laufwerkstechnologie ist geeignet?
- Welche Einbaumöglichkeiten sind gegeben?
- Welcher Hardwareanschluss steht zur Verfügung?
- Ist eine geeignete Softwareeinbindung vorhanden?
- Welche Performance und Kapazität wird benötigt?

Elektronische Speicher

Die Halbleiterspeicher unterscheiden sich zunächst einmal dadurch, wie sie sich in Rechenprozessen einbinden lassen. Die **Nur-Lese-Speicher (ROM)** sind eine spezielle Art der Datenaufbewahrung. Betriebssysteme, aber auch Grafiken, Musikstücke, Texte, Programme und dergleichen mehr können vom Anwender bei diesem Speichertyp lediglich genutzt (gelesen) werden. Er kann sie in solchen Speichern jedoch nicht verändern, ergänzen oder löschen. Dafür steht die Gruppe der **Lese-Schreib-Speicher (RAM)** zur Verfügung. Beim ROM bleiben die Daten auch im stromlosen Zustand erhalten, er ist nicht flüchtig. Die Daten gehen hingegen unwiederbringlich verloren, wenn ein RAM stromlos wird. Es gibt allerdings auch RAM-Speicher, die unabhängig von der Betriebsspannung des Computers (oder eines peripheren Gerätes) mit einer Batterie oder einem Akkumulator separat mit Strom versorgt werden. Beim PC werden darin beispielsweise die SETUP-Einstellungen gespeichert. In ihrem Normalzustand betrachtet sind diese dann ebenfalls nicht flüchtig. Wiederum werden auch programmierbare ROMs eingesetzt, die unter bestimmten physikalischen Voraussetzungen das Löschen und Neubeschreiben ihrer Inhalte zulassen.

ROM: Abkürzung für **r**ead **o**nly **m**emory

RAM: Abkürzung für **r**andom **a**ccess **m**emory

Festwertspeicher: Ein **elektronischer ROM** ist ein Netzwerk von elektronischen Bauelementen, aus dem sich bei Anlegen von Spannung die Bits herauslesen lassen. Dioden setzen den High-Pegel eines Bits, keine erzeugt den Low-Pegel. Das Prinzip dieses Speichers wird in der Abbildung veranschaulicht.

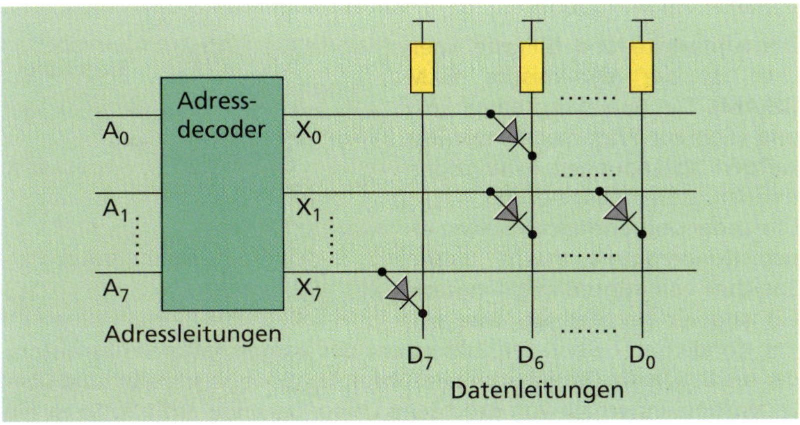

Das Byte lässt sich über Adressleitungen selektiv ansprechen. Der Adressdecoder überträgt die Bits nach dem Schema der Diodenbestückung in den Datenleitungen.

PROM: Abkürzung für **p**rogrammable **ROM**

Programmierbare ROMs (PROMs) arbeiten nach dem gleichen Prinzip. Im Unterschied zum „festen" ROM besteht jede Bitzelle jedoch zunächst einheitlich aus einer Reihenschaltung von Diode und elektrischer Schwachstelle. Die Schwachstelle wird je nach gewünschtem Eintrag vom Programmierer zerstört oder belassen. Der daraus resultierende Zustand kann 0 oder 1 sein. Die Bitwerte bleiben dauerhaft erhalten.

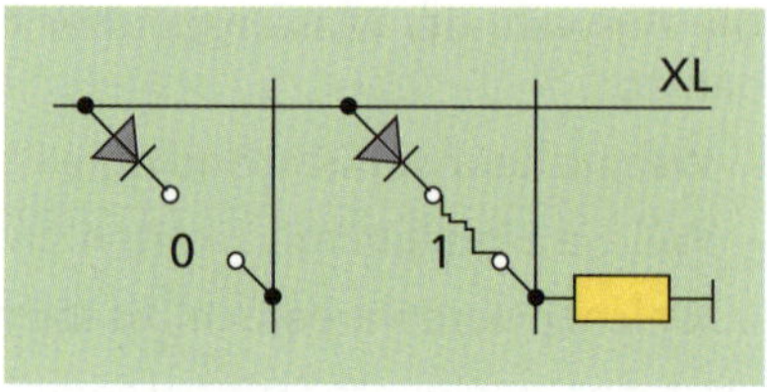

EPROM: Abkürzung für **e**rasable **p**rogrammable **ROM**

EEPROM: Abkürzung für **e**lectrically **e**rasable **p**rogrammable **ROM**

Programmierbare ROMs können auch nach anderen Prinzipien arbeiten: Ein **EPROM** wird mit Spannungsimpulsen aus einem Zusatzgerät programmiert. Der Speicherinhalt lässt sich mit UV-Licht wieder löschen. Noch komfortabler ist das Löschen und Programmieren eines **EEPROM** oder eines **Flash-EPROM.** Dafür reichen elektrische Impulse aus. Dieser Speichertyp findet zum Beispiel auf neueren Hauptplatinen zunehmend Anwendung für das BIOS. Auf unterem Spannungspegel (5 V, verbreiteter heute 3,3 V, Trend zu 2,5 V) lässt sich der Inhalt nur lesen. Moderne Motherboards sind mit einem **Dip-Schalter** ausgerüstet, mit dem die Signalspannung auf 12 V umgeschaltet werden kann. Mit dieser Spannung lässt sich der ROM nach Belieben löschen und beschreiben. Damit ergibt sich eine sehr einfache Möglichkeit, eine aktuellere BIOS-Version aufzuladen.

Lese-Schreib-Speicher: Beim **RAM** besteht die Forderung, jederzeit und schnell den Inhalt lesen und schreiben zu können. Bei der Eingabe von Befehlen über die Tastatur werden die dazugehörigen Daten zunächst von den externen Speichermedien in den RAM-Speicher kopiert. Dieser Speicher stellt die Daten für die CPU dann viel schneller zur Verfügung.

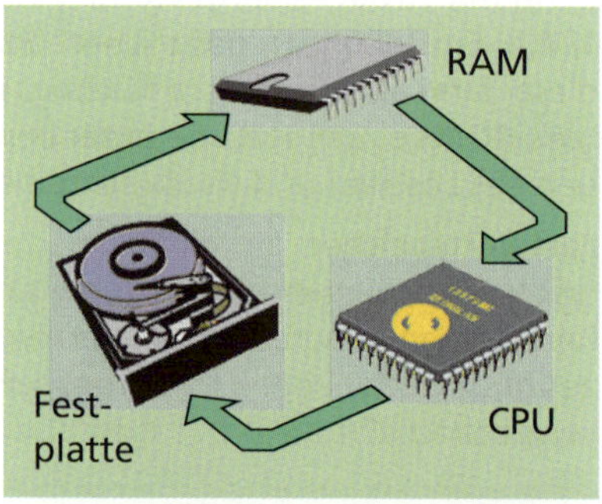

Der einfachste und billigste Speicher ist der **dynamische RAM (DRAM).** Die Spannungspegel Low und High zur Präsentation der Bits werden als Ladungen in winzigen Kondensatoren gespeichert.

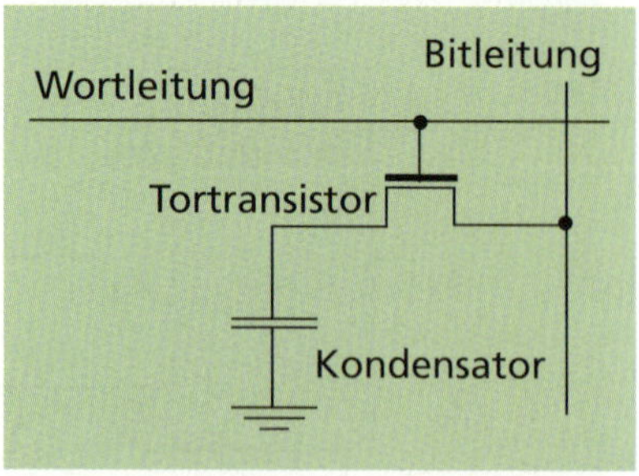

Das Lade- und Entladeverhalten eines Kondensators macht diesen Speicher verhältnismäßig langsam. Ein anderer Nachteil ist, dass sich der Kondensator über den Ruhestrom des vorgeschalteten Transistors, der die Bits in die Datenleitung liest beziehungsweise schreibt, und über Leckströme innerhalb von Bruchteilen einer Sekunde entlädt. So ist ein ständiges Aktualisieren, ein Refreshing erforderlich. Beim Refresh werden die Speicherinhalte zeilenweise ausgelesen und wieder zurückgeschrieben. Dies passiert mehrere Male in der Sekunde.

Die ersten Rechner wurden mit dem DRAM ausgestattet. Bei Taktfrequenzen von 5 MHz war er vollkommen ausreichend. Die Daten wurden zuerst in ihren Zeilen, dann in den Spalten adressiert. Aus dieser Matrix lassen sich so mit leichter Verzögerung die Daten herauslesen. Zugriffszeiten von 80 bis 150 ns sind möglich. Bei einem heute auf 66 MHz und mehr getakteten Systembus entstehen damit allerdings Wartezeiten. In der Praxis kann innerhalb von 5 Taktzyklen nur 1 Bit gelesen werden. Unterschiedlichste Technologien machten den DRAM immer schneller:

- Der *Fast Page Mode DRAM (FDM-DRAM)* wurde durch einen effektiveren Speicherzugriff schneller. Da die CPU statistisch in der Regel nahe beieinander liegende Speicheradressen ausliest, legt er mit der Zeilenadresse bereits die Seite fest, in der dann gleich mehrere Spalten gelesen werden können. Die Speicherzugriffszeit konnte auf 80 bis 60 ns, auf einer Seite gar auf 35 ns verkürzt werden. Der FDM-DRAM bringt umgerechnet eine Taktrate von 28,5 MHz, ist für einen auf 66 MHz getakteten Systembus also immer noch viel zu langsam.
- Eine wiederum verbesserte Zugriffsorganisation macht den *Extended Data Out DRAM (EDO-DRAM)* noch etwas schneller. Während ein Bit gelesen wird, steht die Adresse des nächsten schon in einem Register. Diese Überschneidung verkürzt die Zugriffszeit auf 25 ns. Mit dem EDO-DRAM beginnen Technologien, die vom Chipsatz des Rechners unterstützt werden müssen. Entfällt diese Unterstützung, so wird er wie ein konventioneller FDM-DRAM betrieben.
- Mit dem *Burst Extended Data Output DRAM (BEDO-DRAM)* wurde der EDO-DRAM zur weiteren Beschleinigung modifiziert.
  Noch mehr Register zur Zwischenspeicherung und eine neue Pipeline-Technologie brachte ihn endlich auf den Bustakt. Für Systemtakte oberhalb von 66 MHz ist er allerdings nicht geeignet.
- Synchron zum Systemtakt, dies bis zur theoretischen Grenze von 250 MHz, arbeitet der **Synchronous DRAM (SDRAM)**. Diese Arbeitsweise macht den Speicher schneller, und seine Ansteuerung wird wesentlich einfacher. Die Speicher besitzen intern zwei unabhängige Bänke. Sie können so abwechselnd zugreifen, die verlangsamende Erholungszeit entfällt. Während ein Speicher gelesen wird, lässt sich der andere beispielsweise schon beschreiben. Neuere SDRAMs sind schon mit vier Taktleitungen versehen. Die Zugriffszeiten liegen abhängig vom Systemtakt bei 12, 10 oder 8 ns.

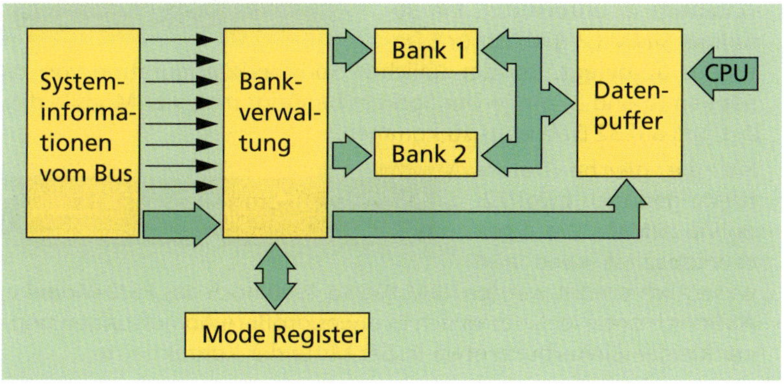

RAMs vom Typ SDRAM und SGRAM (**S**ynchronous **Gra**phics RAM) sind synchrone Speichertypen mit 16 bzw. 32 Datenleitungen.
Sie können auf 2 Speicherbänken im Interleaving zusammenarbeiten. Zusätzlich sind im SGRAM Befehle untergebracht.

Ein DDR-RAM (**D**ouble **D**ata **R**ate) verdoppelt den Datendurchsatz. Pro Taktzyklus werden hier zwei Datentransfers, also die doppelte Zahl durchgeführt.

- *Double Data Rate DRAM, SDRAM II, Synclink DRAM (SLDRAM), Multibank DRAM und Rambus DRAM (RDRAM), 3DRAM* sind Weiterentwicklungen des SDRAM beziehungsweise eigenständige Neuentwicklungen. Mehrere unabhängige Bänke sowie verdoppelte bis vervielfachte Zugriffszeiten machen sie für bedeutend schnellere, heute noch in Versuchslaboren getestete Taktraten der Systemplatine geeignet. Der Trend geht dahin, in der Aufrüstung nicht mehr auf die Systemvorgaben der Hersteller angewiesen zu sein, sondern Speicher in beliebiger Größe einsetzen zu können. Darüber hinaus erschließen sich mit ihnen auch verschiedene Anwendungen etwa im digitalen Rundfunk oder diversen Aufzeichnungsgeräten.

RAM-Speicher: ↗ Foto S. 45 unten

Der wichtigste RAM-Speicher ist neben den Registern im Prozessor der **Arbeits-** oder **Hauptspeicher**. In den seltensten Fällen sind die Speicherschaltkreise heute noch auf der Hauptplatine gelötet. In der Regel werden sie als austauschbare Module unterschiedlicher Packungsdichte in dafür vorgesehene Bänke oder Schächte eingesteckt.

Die Zahl der Anschlüsse am RAM-Modul richtet sich nach der Anzahl gleichzeitig übertragbarer Datenbits, aber auch danach, ob sie für Paritätskontrollen tauglich sind.

Für höchste Genauigkeitsansprüche wird die Datenintegrität mit einem weit aufwändigeren Verfahren, dem **E**rror **C**orection **C**ode (ECC) überprüft: Wenn die Paritätsprüfung bei zwei Fehlern versagt, so erkennt der ECC bis zu vier falsche Bits in einem Byte. Und dieser Code ist zudem in der Lage, die Fehler auch wieder zu beheben. Dies besorgen ein spezieller Algorithmus und die Speichersteuereinheit.

Mit der **Paritätsprüfung** wird der Speicher auf mögliche Übertragungsfehler überprüft. Die Paritätsprüfung wird, wie auch die Speicherzugriffs- und Refreshorganisation vom Memory Controller, von der Speichersteuereinheit durchgeführt. Für den PC-Bereich wird heute aufgrund zuverlässiger Speicherbausteine darauf gänzlich verzichtet. Lediglich für den Einsatz im Geschäftsleben und bei Behörden unterstützen die Desktop-Computer eine Paritätsprüfung, die zwar Fehler anzeigen, aber nicht korrigieren kann. Man unterscheidet die *ungerade* und die *gerade Parität:*

gerade Parität	ungerade Parität
Das Paritätsbit wird bei gerader Anzahl von Einsen auf 0, bei ungerader Anzahl auf 1 gesetzt.	Das Paritätsbit wird bei gerader Anzahl von Einsen auf 1, bei ungerader Anzahl auf 0 gesetzt.

Für die Speichermodule gibt es unterschiedliche Bauformen:

SIMM: **s**ingle **in**line **m**emory **m**odule

- An der Anzahl der Kontakte erkennt man beim **SIMM,** wie viel Datenbits er unterstützt. Ein 30-poliger SIMM (↗ Bild) ist für 8 Datenbits ausgelegt. Bei der üblichen Speicherkonfiguration von zwei Bänken (0 und 1) mit je vier Sockeln benötigt man vier Module dieser Art, um auf 32 Datenbits zu kommen.

  Für die gleiche Datenbreite genügen zwei 72-polige SIMM. Die Speicherkapazität kann also wesentlich erhöht werden. IBM führte 1990 noch das **PS/2-Modul** ein. Äußerlich unterscheidet es sich in etwas größere Abmessungen und einer kleinen Einkerbung etwa in der Mitte der Kontaktleiste.

- Beim **DIMM-Speicher** sind die Anschlusskontakte auf beiden Seiten der Leiterplatte angeordnet. Dies spart Raum bei unveränderter Busbreite. Sie werden bevorzugt in solchen Rechnern eingesetzt, die 64-Bit- und mehr Busbreite unterstützen. Die Module haben meistens bis zu 168 Anschlusskontakte.

DIMM: dual inline memory module

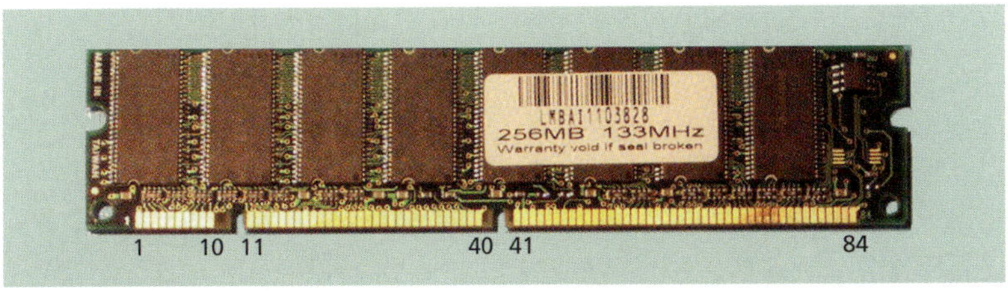

- **SO DIMM** ist eine Bauform, die vorrangig für die Notebooks eingesetzt wird. Wenn dieses Modul auch ungefähr einem 72-poligen SIMM entspricht, so ist es wesentlich kleiner und seine Kontakte sind anders angeordnet.

SO DIMM: small outline DIMM

Wie viel Speicherkapazität benötigt nun der Rechner? Wird kein Arbeitsspeicher bereitgestellt, so stürzt der Rechner ab. Das Betriebssystem selbst, die geöffneten Anwendungen und die im Hintergrund arbeitenden temporären Dateien beanspruchen ihren Platz. Je weniger davon zur Verfügung steht, umso mehr muss auf die entschieden langsamere Festplatte zugegriffen werden. Ein größerer Arbeitsspeicher erhöht also grundsätzlich die Leistung eines Computers. Es gibt aber Obergrenzen, die überschritten kaum noch merklichen Gewinn bringen und darum nicht lohnen. So kann man für unterschiedliche Betriebssysteme zwischen *minimalem* und *optimalem* **Arbeitsspeicher** unterscheiden:

Betriebssystem	minimaler Arbeitspeicher	optimaler Arbeitsspeicher
Windows 3.x	8 MByte	16 MByte
Windows 95	32 MByte	64 MByte
Windows 98	32 MByte	64 MByte
Windows NT (Workstation)	64 MByte	128 MByte
Windows NT (Server)	128 MByte	256 MByte
Linux	32 MByte	64 MByte

Der **statische RAM (SRAM)** behält seinen Zustand im Gegensatz zum DRAM stabil. Der Inhalt geht nicht verloren, solange eine Spannung anliegt.

Seine Grundschaltung ist eine bistabile Kippstufe, ein **Flip-Flop** (↗ Schaltung auf der folgenden Seite). Dieser arbeitet sehr schnell. Sein gravierender Nachteil liegt im relativ hohen Stromverbrauch. In der Elektronik ansonsten überall verwendet, ist er als ausgesprochener Speicherbaustein im Computer mit einigen Ausnahmen weniger verbreitet.

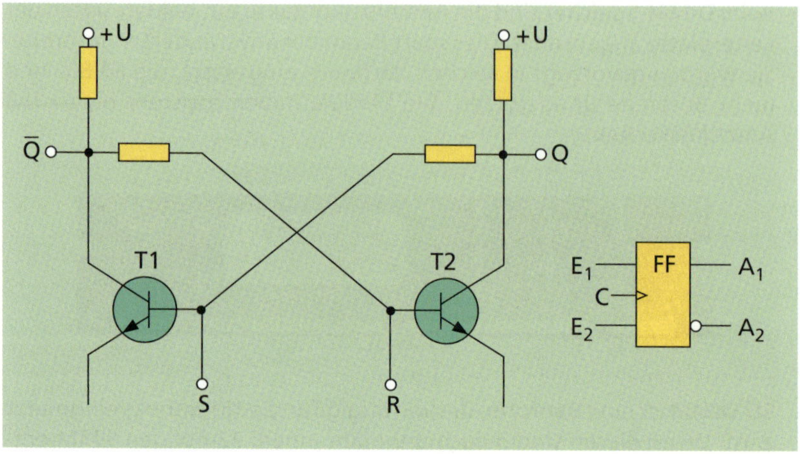

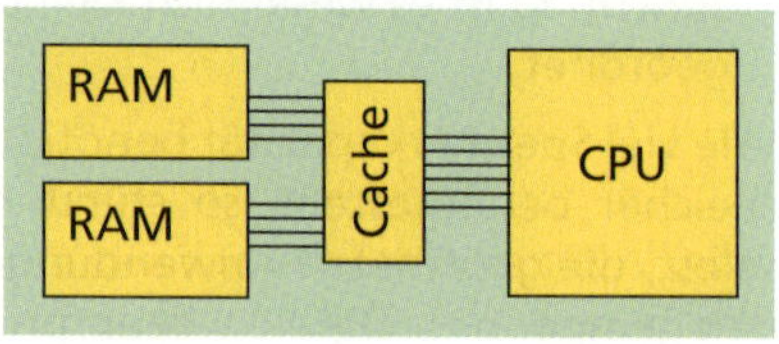

Cache-Speicher sind *auch* statische RAMs. Sie werden als Hochgeschwindigkeitsspeicher eingesetzt. Die CPU holt sich die Daten aus dem Cache. Dieser Zugriff kann weniger als 2 ns betragen, typische Werte liegen gegenwärtig eher bei 25 ms. Ein Zugriff auf ihn kann auf jeden Fall wesentlich schneller erfolgen als auf den DRAM-Hauptspeicher, erst recht als auf mechanisch arbeitende Laufwerke.

Wenn eine CPU bei einem Systemtakt von 100 MHz zum Abrufen von Informationen aus dem Hauptspeicher 180 ns benötigt, so reichen ihr dazu aus dem Cache bereits 45 ns.

Caches gibt es in den Komponenten einer Rechneranlage heute gleich mehrere. Sie sind überall dort, wo dieser Zwischenpuffer den Datenzugriff merklich beschleunigen können. Ab Pentium gibt es ihn im Prozessor selbst, mindestens aber in örtlicher Nähe (First-Level-Cache). Das eigentliche Cache liegt außerhalb des Prozessors (Second-Level-Cache). In ihm werden die Daten des Arbeitsspeichers, aber auch von Festplatten, CD-ROMs usw. zwischengespeichert.

Flash-Speicher: Noch Mitte der siebziger Jahre waren der statische und der dynamische RAM, der ROM und dann auch der pogrammierbare ROM die einzig verfügbaren Halbleiterspeicher.
Flash-Speicher (Bild: **Flashcard**) kamen endlich dazu. Sie sind nicht flüchtig, trotzdem problemlos ohne zusätzliches Gerät beliebig neu beschreibbar. Und sie sind weit schneller als programmierbare ROMs, dazu auch noch wesentlich billiger.

Nachteilig ist, was seine Anwendung im Rechner erheblich einschränkt, dass in diesem Speicher nicht auf einzelne Bits zugegriffen werden kann. Es lassen sich nur mehrere Bytes mit einem Mal ändern. Da Flash-Speicher also auf Sektorebene arbeiten, können sie allenthalben Disketten und Festplatten ersetzen. Als RAM-Disk sind sie in der Lage, Plattenspeicher zu emulieren. Als Ersatz für dynamische RAMs kommen sie wegen ihrer Byteorientierung nicht infrage. Die Zugriffsgeschwindigkeit auf Flash-Speicher ist bis zu 250 000 mal schneller als gegenwärtig auf Festplatten. Allein ihre Kapazität ist auf maximal 40 Mbyte begrenzt.

Flash-Speicher lassen sich auf die Größe von Kreditkarten bringen. Aus dieser kompakten Bauweise heraus ergeben sich interessante Einsatzfelder etwa im Notebook-Bereich oder als austauschbares Speichermedium in Arbeitsplatzrechnern.

Magnetische Speicher

Nach dem magnetischen Prinzip arbeitende Speicher sind als *Platten* (Disketten) beziehungsweise *Plattenstapel* (Festplatten) und *Bänder* verbreitet. Der Hauptunterschied liegt in der Art des Zugriffs. Während Platten einen wahlfreien Zugriff (**r**andom **a**ccess **m**emory) erlauben, ist er bei Bändern in der Regel sequenziell organisiert und basiert auf dem Suchen.

Magnetspeicher eignen sich immer besser auch zur Langzeitaufbewahrung, wenngleich diese Zeit begrenzt bleibt. Über die Jahre verlieren sie ihre Magnetisierungen. Magnetbänder sind zudem extrem empfindlich gegenüber äußeren magnetischen Feldern.

So wenig Veränderung an einer Baugruppe über so viele Jahre hinweg ist für die Rechentechnik eher untypisch. Die Speicherkapazitäten von Festplatten vertausendfachten sich im gleichen Zeitraum, ebenso sind ihre Zugriffgeschwindigkeiten von 150 ms bis 250 ms um ein Vielfaches reduziert worden. Die CD war schon in der Einstiegsvariante um vieles schneller und trug mit mehr als 600 MByte 400 mal mehr Daten, obgleich sie kaum größer als die Diskette ist.

Diskettenlaufwerk: Um 1980 hielt die **Diskette** der Firma Sony Einzug in die Rechentechnik. Sie hat sich seit dem kaum verändert. In den Abmessungen ist sie kleiner geworden, von 8 Zoll über $5\frac{1}{4}$ Zoll auf $3\frac{1}{2}$ Zoll. Ihre Speicherkapazität nahm geringfügig zu: 360 KByte, 720 KByte und schließlich 1,44 MByte. Kaum verändert hat sich die Zugriffsgeschwindigkeit (mittlere Zugriffszeit von 50 ms bis 100 ms). Das Diskettenlaufwerk steht bezüglich seiner Leistungsparameter heute im Schatten aller anderen Speichermedien.
Andererseits besitzt dieses Laufwerk eine ausgereifte Technologie. Die Diskette selbst ist ein Pfennigartikel geworden. Sie ist einfach zu handhaben und für viele Anwendungen bequem und sicher genug, und sie ist ein Standard.

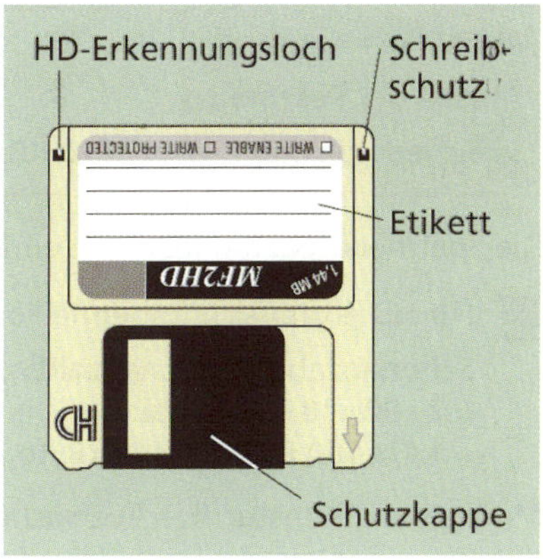

Die $3\frac{1}{2}$-Zoll-Diskette mit einer Speicherkapazität bis zu 2 MByte (der PC-Standard ist 1,44 MB) besteht aus einer runden Plastikscheibe. Diese ist Träger einer Magnetschicht. Die Daten erscheinen als winzige Magnetfeldausrichtungen, die der Schreib-Lese-Kopf erzeugt und als Bits liest. Magnetträger reagieren empfindlich auf Staubpartikel, Fingerabdrücke und mechanische Einwirkungen. Ein Plastgehäuse und eine Verriegelung mit Federzug schützen darum das eigentliche Speichermedium. Die Betätigung des Schiebeschalters realisiert den Schreibschutz als eine komfortable Datensicherungsmaßnahme.

Das **Laufwerk** dreht die Scheibe mit 360 U/min. Zwei Schreib-Lese-Köpfe, einer oben und einer unten, greifen auf die Daten zu beziehungsweise legen sie dort ab. Alle Daten werden bitseriell, also Bit für Bit gespeichert.

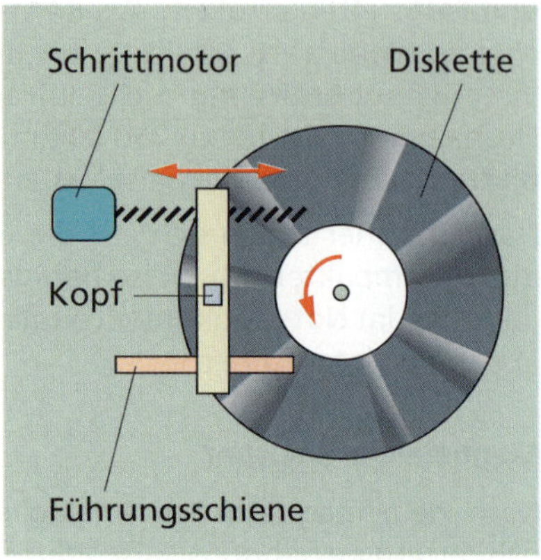

Die Scheibe ist in konzentrische Spuren eingeteilt, jede bekommt ihre unverwechselbare Nummer. Für den PC-Bereich sind 80 Spuren üblich. Ein Schrittmotor bewegt den Kopf von außen nach innen zur nächsten Spur.

Zu Kenngrößen von Disketten ↗ auch S. 56.

Es könnte ziemlich lange dauern, wenn kleine Daten Spur für Spur erst herausgefunden werden müssten. Darum sind die Spuren zusätzlich in ebenfalls durchnummerierte Sektoren eingeteilt. Üblich sind 18 Sektoren. Jedes Segment fasst normalerweise 512 Bytes.

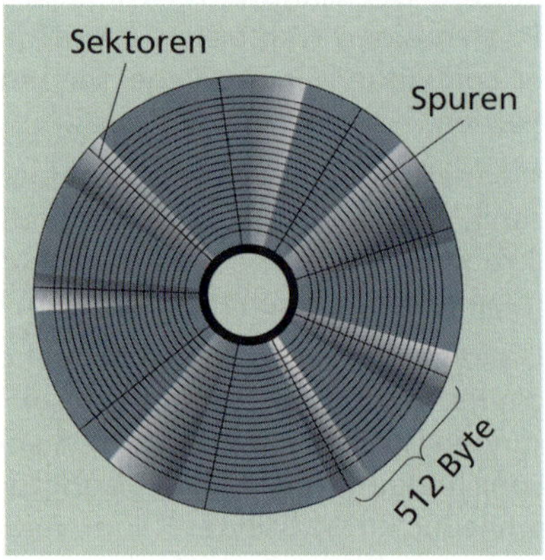

Ältere Diskettenlaufwerke verwendeten weniger Spuren und Sektoren. Eine Verdoppelung der Spuren zur 2,88 MByte-Diskette konnte sich aufgrund des ungünstigen Preis-Leistungs-Verhältnisses nicht durchsetzen. Je nach Diskettencontroller lassen sich die Zahl der Spuren und Sektoren mit dem Betriebssystem oder ergänzender Software auch verändern (in der Tabelle für eine $3\frac{1}{2}$-Zoll-Diskette dargestellt).

Typbezeichnung	Double Density (DD)	High Density (HD)	Extra High Density (ED)
Anzahl der Spuren	80	80	80
Anzahl der Sektoren	9	18	36
Speicherkapazität	720 KB	1,4 MB	2,8 MB

Die Speicherkapazität lässt sich einfach berechnen.

Für HD ergibt sich folgende Formel:

Seitenanzahl × Spurenanzahl × Sektorenanzahl × 512 Byte
= 2 · 80 · 18 · 512 Byte
= 1 474 560 Byte = 1 440 kByte = 1,40625 MByte ≈ 1,4 MByte

Auf einer „2,88 MB-Diskette" haben also real nur ca. 2,8 MB Daten Platz.

Mit kleinen „Kunstgriffen" versuchen die Hersteller mitunter ihr Produkt optisch aufzuwerten. Statt der abgerundeten Kapazität von 1,4 MByte wird der Umrechnungsfaktor 1000 statt 1024 verwendet. Das ergibt die 1,44 MByte. Dies klingt voller und sieht mehr aus.

Die Daten werden noch mit dem ehemals auch für Festplatten angewandtem **MFM-Verfahren** aufgezeichnet. Es wird immer dann ein Taktbit in die Spur geschrieben, wenn das vorherige und das aktuelle Bit gleich `0` sind. So ist der notwendige Polwechsel bei gleichen Daten gewährleistet. Treffen zwei Nullen aufeinander, so wird das Taktbit `1` gesetzt, bei zwei Einsen auf `0`.

MFM: modifizierte Frequenzmodulation

MFM-Verfahren zur Datenaufzeichnung (Datenbit: `10110010`):

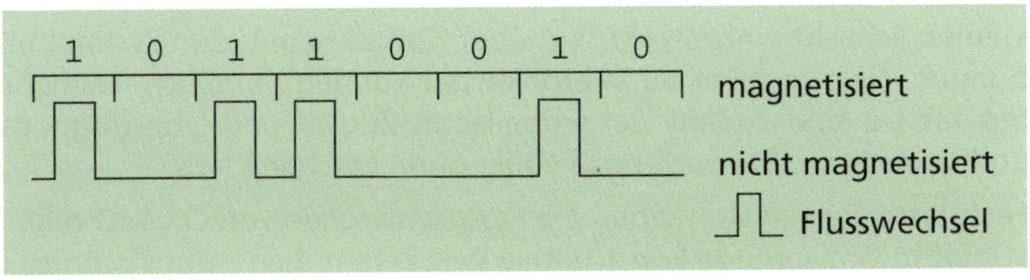

Die Diskette hat im Laufe der Zeit einen Paradigmenwechsel erfahren. Als die Computer noch gar keine Festplatte besaßen, war die Diskette der einzige Massenspeicher. Sie nahm Betriebssystem, Anwenderprogramme und Daten in einem auf. Mit der Einführung von Festplatten übernahmen Disketten vor allem die Rolle von Medien für den Datenvertrieb und zum Austauschen. Der Handel verkaufte auf Disketten in der Regel komprimierte Installationsdateien, die auf die Festplatte entpackt wurden und danach nur noch für Neuinstallationen griffbereit zu halten waren. Der Austausch von Dateien mittels Disketten verliert mit zunehmender Vernetzung immer mehr an Verbreitung, ist in der Hauptsache nur noch für den Hausgebrauch üblich. Hinzu kamen bedeutend ergiebigere Speichermedien wie Festplatten, Band- und ZIP-Laufwerke, die beschreibbaren CDs.

Disketten haben also drei entscheidende Nachteile: Der Magnetkopf bewegt sich auf der Magnetschicht, was zu Abnutzungen führt. Ihrer geringen Drehzahl wegen sind die Zugriffszeiten groß. Schließlich haben sie eine sehr geringe Speicherkapazität. In den Startlöchern stehen Speichermedien von höherer Kapazität, die das Ende der Diskettenära einläuten wollen. Nur auf den Nachfolger konnte man sich noch nicht einigen:

Bild zu ZIP-Drive und ZIP-Diskette S. 57

- Für das **ZIP-Drive** rechnet sich die Firma Iomega gute Chancen aus. Es hat jetzt schon große Verbreitung gefunden. 100 MByte beziehungsweise 250 MByte finden auf der ebenfalls $3\frac{1}{2}$ Zoll großen Diskette Platz. Ein großer Vorteil ist auch, dass es sich in unterschiedlichen Rechnersystemen, zum Beispiel auch von Apple, problemlos einbinden lässt.
- Den Standard streben Compac, 3M und Panasonic mit der **LS 120** an. Mit 120 MByte wird hier die Speicherkapazität erneut übertroffen. Was vielen Anwendern entgegenkommt: das Laufwerk kann auch die klassische Diskette lesen und beschreiben. Die Datenzugriffsgeschwindigkeit und Datenübertragungsrate ist allerdings eher bescheiden.
- Eine Alternative zum LS 120-Laufwerk will die Firma Samsung mit dem **Pro-FD** anbieten. Obwohl es einen eigenen Lese-Schreib-Standard für sein 3,5-Zoll-Diskettenformat mit einer Kapazität von 123 MByte verwendet, ist es ebenfalls abwärtskompatibel zur herkömmlichen Diskette. Mit der angestrebten Datentransferrate von 5 MBit/s läge es deutlich über den anderen Mitbewerbern.

- Mit 200 MByte hat das gemeinsam von Sony und Fuji entwickelte **High Capaciti Floppy Disk** ebenfalls keine schlechten Chancen. Das Laufwerk ist 60 mal schneller als das klassische, dennoch können auch die alten Disketten gelesen und beschrieben werden.

Ein **Notebook** ist ein kleiner mobiler Computer (DIN A4 und kleiner, 2 kg bis 4 kg). Er besteht aus einem Gehäuse mit integrierter Tastatur und einem aufklappbaren Bildschirm.

Dies sind längst nicht die einzigen Bewerber auf dem hart umkämpften Markt. Notebooks und Neuentwicklungen in audiovisuellen Geräten zeigen auch ganz anders geartete Entwicklungen, die sich vielleicht zum Standard erheben: auswechselbare Speicherkarten. Sie werden in einen kleinen Schacht eingesteckt und über Kontakte mit dem Systembus verbunden. Nicht größer als Telefonkarten können sie gleich vielmehr Daten fassen, sind zudem viel schneller in Zugriff und Übertragungsrate und kommen dabei auch noch völlig ohne Mechanik aus.

Festplatte: Pessimisten sahen die Festplatte schon von CD, MO oder DVD abgelöst. Gravierende konstruktive Verbesserungen – durchschnittlich in $1\frac{1}{2}$ Jahren verdoppelte sich ihre Speicherkapazität von 10 MByte (1982) auf 18 GByte (1998) – haben sie jedoch zu einem Speichergiganten mit hervorstechenden Merkmalen gemacht.
Für den PC werden zurzeit Scheibendurchmesser von $2\frac{1}{2}$ Zoll, $3\frac{1}{2}$ Zoll und $5\frac{1}{4}$ Zoll bevorzugt. Gerade aber für die speicherintensive Digitalfotografie, Video oder für Minirechner (Handheld-PC) sind noch kleinere Bauformen gefragt.

Nicht größer als 42,8 mm × 36,4 mm × 5 mm bei einer Kapazität von 340 MB ist das Microdrive von IBM.

Auch die Festplatte ist ein Magnetspeicher. Vereinfacht kann man sich diesen als übereinander liegende Disketten vorstellen, wobei ihr Träger allerdings aus starrem Material, Aluminium oder Glas, besteht. Der magnetische Datenträger ist 0,1 µm dünn. Jeder Scheibe sind wiederum kammförmig zwei Köpfe zugeordnet, die sich gemeinsam und geradlinig von außen nach innen bewegen. Die Scheiben werden von einem Spindelmotor angetrieben. Damit ist es möglich, auf die einzelnen Sektoren zuzugreifen. Die Schreib-Lese-Köpfe sind auf Armen befestigt, die von einem Schrittmotor tangential bewegt werden. Sie sind für den Zugriff auf die Spuren zuständig. Die Köpfe erzeugen beziehungsweise identifizieren die magnetischen Muster. Da die Rotationsgeschwindigkeit der Platten je nach Durchmesser mittlerweile 10 000 U/min und mehr betragen kann und blitzschnelle Kopfbewegungen möglich sind, kann in kürzester Zeit jeder Speicherplatz über die Spuren und Sektoren erreicht werden.

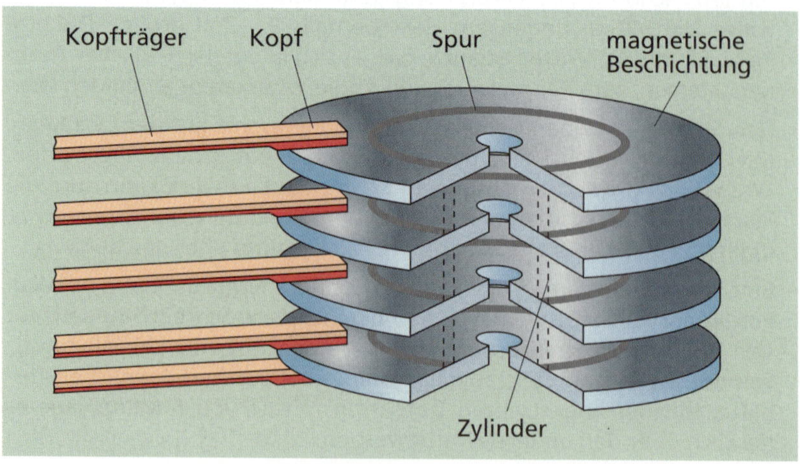

Die übertragenden Signale werden verstärkt und von einem digitalen Signalprozessor umgewandelt. Ferner befinden sich auf der Leiterplatte der Harddisk noch ein Mikroprozessor, ein schneller Zwischenspeicher und diverse Zusatzbauteile zum Steuern sowie eine Interface-Elektronik zur Kommunikation mit der CPU.

Der konventionelle Dünnfilmkopf basiert auf einer winzigen Magnetspule. Zum Schreiben fließt durch sie ein Strom, der ein elektrisches Magnetfeld erzeugt und entsprechend der Richtung in Kopfnähe das Magnetfeld ausrichtet. In der jeweiligen Polarität werden die Bit als `0` oder `1` abgebildet. Beim Lesen entstehen in der stromlosen Spule je nach Ausrichtung der Magnetfelder Induktionsspannungen.

Durch diese Konstruktion lassen sich kaum noch größere Packungsdichten erzielen. Ein **MR-Kopf** magnetisiert, also schreibt nur noch mit einer Spule. Zum Lesen wird ein spezielles Element verwendet, das im Magnetfeld seinen ohmschen Widerstand ändert. Das bedeutend empfindlicher reagierende Element erlaubt weit höhere Datendichten. Einen weiteren Kapazitätsgewinn hat die so genannte Viterbi Erkennung in der PRML-Technik zur Folge. Statt mittels eines Schwellwertschalters den Pegelwechsel zwischen `0` und `1` zu ermitteln, was deutlich genug Pegelwechsel voraussetzt, werden bei der **PRML-Technik** die gelesenen Signalmuster mit der Datentaktrate synchronisiert, mit der die Pegel auch geschrieben wurden.

MR-Kopf: magnetoresistiver Schreib-Lese-Kopf

PRML: **p**artial **r**esponse **m**aximum **l**ikelihood (unvollständige Antwort maximaler Wahrscheinlichkeit)

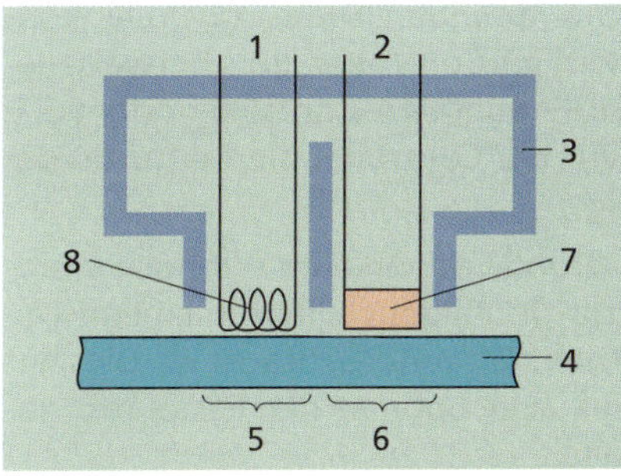

1 Schreiblogik
2 Leselogik
3 Schreib-Lese-Kopf
4 Festplattenoberfläche
5 Schreibteil
6 Leseteil
7 magneto-resistives Material
8 Spule in Dünnfilm-Technologie

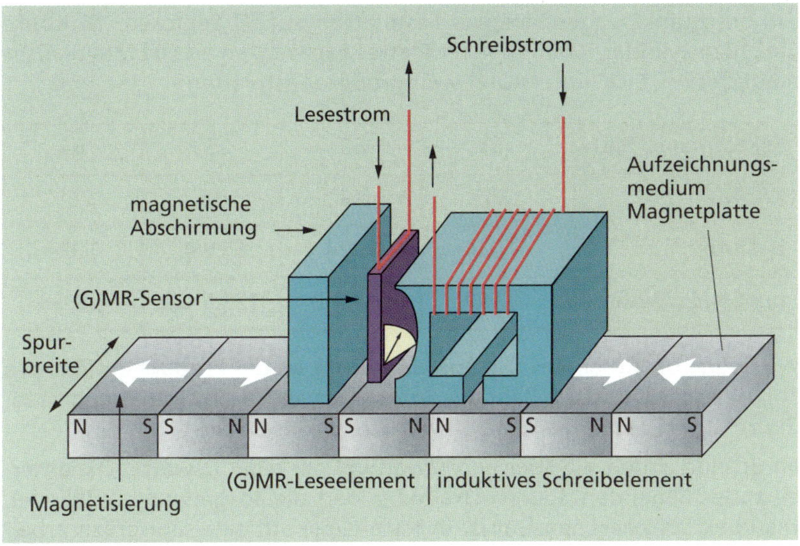

Eine Berührung zwischen Magnetscheiben und Köpfen wäre bei der hohen Geschwindigkeit verheerend. Die Festplatte mit samt den Daten würde unwiederbringlich zerstört werden. Die Anwendung des Bernoullieffekts bildet zwischen Kopf und Scheibe aerodynamisch ein winziges Luftpolster von kleiner als 0,2 µm und schließt die gefährlichen Berührungen aus. Die Gefahr liegt allein noch in groben Erschütterungen während des Betriebes. Für den Transport, aber auch in den Ruhephasen werden die Schreib-Lese-Köpfe schonend außerhalb der Datenzonen geparkt. Es werden aber auch schon Materialien eingesetzt, die einer solchen Berührung widerstehen können.

Die Magnetscheiben sind luftdicht in einem geschlossenen Gehäuse untergebracht. Dies ist erforderlich, weil die hochempfindliche Konstruktion schon durch kleinste Staubpartikel zerstört werden würde. Datenverlust wäre die Folge.

Die Abmessungen üblicher Gehäuse betragen 3,5 Zoll Breite und 1 Zoll Höhe. Für Notebooks sind sie kleiner: 2,5 Zoll oder 1,8 Zoll breit und 0,75 Zoll, 0,66 Zoll oder 0,5 Zoll hoch. Für Spezialanwendungen können sie von diesen Maßen abweichen.

Die Kommunikation mit der CPU und dem Hauptspeicher erfolgt auf dem Bussystem über ein eigens für Laufwerke konzipiertes Steuerwerk, dem **Controller.** In den neueren Technologien sind die Controller bereits auf dem Motherboard untergebracht („onboard Controller"), auf dem sich auch die CPU und der Hauptspeicher befinden. Diese Controller können beispielsweise bei älteren Rechnern XT-Controller, üblicherweise jedoch IDE- beziehungsweise AT-, die EIDE- oder ATA-Controller oder SCSI-Hostadapter sein. Unter anderem liefert der Controller die Takte, mit denen das Aufzeichnen und Lesen erfolgt.

Die IDE- und EIDE-Controller sind im Grunde genommen nur noch einfache Pegelanpassungen. Die eigentliche „Intelligenz" liegt in einem weiteren Controller, der in der Festplatteneinheit untergebracht ist. Dies hat den Vorteil, dass die Steuerelektronik sich optimal der Festplatte anpasst. Kompatibilitätsprobleme entfallen.

IDE und EIDE ↗ S. 278

IDE beschränkt angeschlossene Festplatten auf 63 Sektoren, 16 Köpfe und 1024 Zylinder, womit höhere Plattenkapazitäten als 504 MByte nicht möglich sind. **EIDE** unterstützt weit größere Festplatten:

Sektoren pro Spur	63	63	255	63
Köpfe	255	16	16	255
Zylinder	1024	1024	65536	1024
maximale Größe	7,8 GB	504 MB	127,5 GB	7,8 GB

Wo liegen die Reserven? Die **Speicherdichte** als das Produkt der Bits pro Zoll einer Spur und die Zahl der Spuren auf einem Zoll nehmen beständig zu. 3 Milliarden Bits pro Zoll werden bereits erreicht.

Im Grunde ähnelt die Speicherverwaltung der einer Diskette. Die untereinander liegenden Spuren (Tracks) bilden die so genannten Zylinder. Die hohe Speicherkapazität ist in erster Linie auf eine sehr präzis arbeitende Mechanik, eine hohe Qualität des Beschichtungsmaterials und nicht zuletzt auf den hermetischen Einschluss des Systems zurückzuführen. Speicherkapazitäten von vielen GByte sind möglich. Anders als bei der Diskette werden die äußeren, also längeren Spurzonen bei moderneren Platten in mehrere Sektoren (CHS) eingeteilt, um so die unterschiedlichen Durchmesser effektiv auszunutzen.

Speziell für Festplatten sind drei Leistungsmerkmale entscheidend, die **Zugriffszeit**, die **Cachegröße** und die **Datenübertragungsrate**.

Der **Zugriff** setzt sich aus folgenden Schritten zusammen:

Zeit zum Erfassen des Befehls
\+ Zeit für die Kopfpositionierung
\+ Zeit, bis der Kopf über der Spur steht
\+ Zeit, bis der gewünschte Sektor vorbeizieht
= Zugriffszeit

Realistisches Arbeiten bildet allein die mittlere Zugriffszeit ab, die aber von den Plattenherstellern und Benchmarks kaum den gemittelten Zugriff auf die Sektoren der ganzen Platte erfassen. Es gilt zu berücksichtigen, dass der Zugriff auf eine äußere Spur natürlich viel schneller erfolgt als auf eine innere. Typische Zeiten liegen momentan bei 10 bis 15 ms.

Die Zugriffszeit sollte für die meisten Anwendungen nicht überbewertet werden.

Ein **Festplattencache** trägt entscheidend zur Beschleunigung der Lese- und Schreibzugriffe bei. Häufig benötigte Daten können aus dem viel schnelleren elektronischen Speicher gelesen werden, schreibende Zugriffe werden in ihm gepuffert. Je größer also ein Cache ist, um so stärker wirken diese Beschleunigungsfaktoren. Die Caches in modernen Platten können 1 MByte betragen. Ein **Softwarecache** verursacht einen weiteren Geschwindigkeitszuwachs. Bei DOS und Windows 3.x lässt er sich als **Smartdrive** installieren, hingegen neuere Betriebssysteme diesen bereits automatisch verwalten.

Eine wichtige Einflussgröße auf die Festplattenleistung ist die *Drehzahl* der Platte, da sie unmittelbaren Einfluss auf die Zugriffszeit ausübt, zudem aber auch ein entscheidendes Kriterium für die Datenübertragungsrate darstellt. Natürlich setzt dies auch voraus, dass der Festplattencontroller dabei mitkommt.

Auf Festplatten können unterschiedliche Dateisysteme die *Speicherverwaltung* übernehmen. Für DOS wurde ursprünglich das **FAT** entwickelt. Es hat sich bis heute erhalten. Es teilt Festplatten in eine primäre Partition für den Systemstart und in erweiterte Partitionen **(logische Laufwerke)** ein. Sie werden mit eigenen Laufwerksbuchstaben angesprochen. Mehrere Sektoren werden zu so genannten **Clustern** verbunden. Mit DOS 3.3 wurde die 16 Bit FAT eingeführt. Sie kann maximal 65536 = 2^{16} Cluster verwalten. Dies heißt aber auch, dass bei steigender Partitionsgröße sich ebenso die Cluster vergrößern.

FAT: **F**ile **A**llocation **T**able

Zusammenhang von Partitionsgröße und Clustergröße

Partitionsgröße	16 MB bis 127 MB	128 MB bis 255 MB	256 MB bis 511 MB	512 MB bis 1023 MB	1024 MB bis 2047 MB
Cluster	2 KB	4 KB	8 KB	16 KB	32 KB

Cluster, nicht Sektoren, sind die kleinste Speichereinheit der Festplatten. Also nur Cluster sind in der Lage, Dateien zu verwalten. Der Nachteil größerer Cluster macht sich beim Abspeichern kleinerer Dateien deutlich bemerkbar.

Bei einer 16-Bit-FAT macht es daher Sinn, die Partitionierung durch Anlegen zusätzlicher logischer Laufwerke zu verkleinern.

Zum Abspeichern einer Datei von 200 Byte (eine Größenordnung, wie sie für Konfigurationsdateien typisch ist) werden bei einer 1 GByte-Festplatte effektiv 32 KByte Speicherplatz beansprucht. Die übrig gebliebenen 32568 Byte gehen verloren.

Ab Windows 95 wurde das neue Dateisystem **VFAT 32** angeboten. Einmal bringt sie eine geringfügige Beschleunigung in der Datenzugriffsgeschwindigkeit, zum anderen sind hiermit auch Partitionen von über 2 GByte bei einstellbarer Clustergröße möglich.

Frei wählbar ist die Clustergröße auch bei **HPFS,** das OS/2 standardmäßig verwendet. Windows NT bietet zwei Dateiverwaltungssysteme alternativ an, das FAT und das **NTFS.** Letzteres ermöglicht eine Clusterzahl von maximal 2^{64}, wobei die Clustergrößen zwischen 512 Byte und 4 KByte liegen. Beim Formatieren kann die Clustergröße eingestellt werden. Auch sind die Dateien und Hauptverzeichnisse nicht mehr limitiert. Allerdings ist FAT 32 nicht kompatibel zu DOS, OS/2, Linux und Windows NT (4.0). Windows 2000 von Microsoft als Nachfolger von Windows 95/98 und NT unterstützt FAT 32.

Zur Lösung dieser neuen Hürden bieten einige Softwarehersteller Programme an, die wenigstens den Lesezugriff erlauben, dabei noch einiges an zusätzlichem Service bieten: mehrere bootfähige Partitionen erstellen, unterschiedliche Partitionierungen erkennen (FAT [DOS, Windows 3.X], VFAT [Windows 95 alt], FAT 32 [Windows 2000], NTFS [Windows NT], Ext2 [Linux], HPFS [OS/2] u. a.), aus unbekannten Festplatten die Parameter herauslesen, Stammverzeichnis verändern oder Formatierungen vornehmen.

Die Partitionstabellen befinden sich im Partitionssektor einer Festplatte. In ihr sind die Adressen mit Angabe des Schreib-Lese-Kopfes, des Zylinders und des Sektors für den Anfang und das Ende eines Blockes eingetragen. Zusätzlich ist für die Partitionen eine so genannte Identifikationsnummer (ID) enthalten. Anhand dieser kann das Betriebssystem mit ihnen etwas anfangen oder bei Inkompatibilität eben nicht.

Bandlaufwerke: Es ist noch nicht lange her, dass das Magnetband die wichtigste Rolle bei der Speicherung von Programmen und Daten spielte. Der Lese-Zugriff ist nicht direkt möglich und darum langsam. Auf die einzelnen Informationsblöcke kann nur in der Reihenfolge zugegriffen werden, wie sie geschrieben wurden. Das Band verlor deshalb an Bedeutung. Selbst die hohen Datenübertragungsraten konnten daran nichts ändern.
Aber die vom Computer zu bewältigenden Dateien wurden immer größer. Disketten schieden deshalb bald als Speichermedium aus. Viele Alternativen, von der Wechselplatte über selbst gebrannte CDs bis hin zu optischen Speichern präsentierten taugliche Lösungen, sind aber alle zu teuer. Datenmengen von mittlerweile bis in den TByte-Bereich auf einem einzigen Band von eher simpler Struktur leiteten eine Konjunktur des alten Magnetbandes für Sicherungskopien ein. Zurzeit existiert ein Wirrwarr an Bandspeichertechnologien, Standards und Formaten. Um hier halbwegs Übersichtlichkeit hinein zu bekommen, könnte man die Bandspeicher in zwei Gruppen unterteilen:

- Zum einen unterscheidet man danach die **digitalen linearen Bandtechnologien,** zu denen unter anderem das *QIC-*, das *Travan-*, das *MLR-* und das *DLT-Verfahren* zählen.
- Zum anderen gibt es das **Helical-Scan-Verfahren,** zu dem auch *DAT-Laufwerke* und die *8-mm-Technologien* gerechnet werden.

Die Bänder selbst sind ein dünner Kunststofffilm mit einer Magnetbeschichtung. Ein **Schreib-Lese-Kopf** besteht im Kern aus einer Spule. Zum Schreiben werden mit ihr Magnetfelder erzeugt, die die Datenbits als winzige Magnetfeldausrichtungen auf dem Band abbilden. Beim Lesen indizieren eben diese Magnetfelder in der Spule eine Spannung, die nach einer Verstärkung den Informationsgehalt als elektrische Impulse zurückgeben.

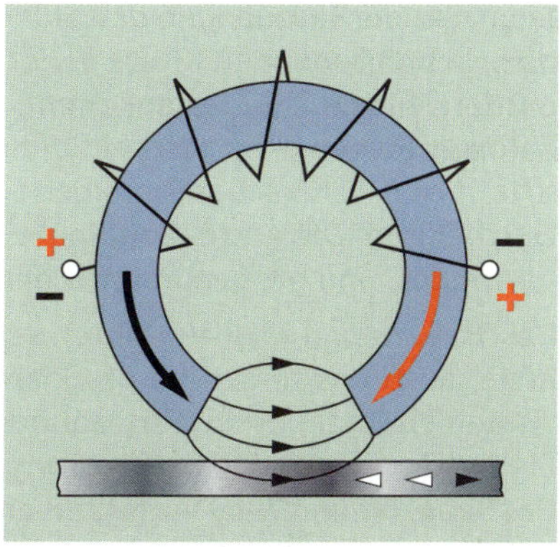

Dieses Prinzip wird durch unterschiedliche Verfahren unterstützt und realisiert deshalb unterschiedliche Schreibdichten, die meistens in der Anzahl der Bits auf einem Zoll angegeben werden. Die physikalischen Speicherkapazitäten sind nicht identisch mit den tatsächlichen Speicherkapazitäten. Komprimierungsalgorithmen können sie verdoppeln. In modernen Bandlaufwerken sind die Komprimierungsalgorithmen in einem ROM bereits Bestandteil der Hardware. Ein gleicher, aber länger dauernder Effekt wird mit Softwarekomprimierungen erzielt.

QIC-Bandlaufwerke werden oft über die Schnittstelle des Diskettenlaufwerks verbunden und vom Controller des Diskettenlaufwerkes in vieler Hinsicht ähnlich wie eine Diskette oder Festplatte gesteuert. Einige QIC-Typen werden mit der SCSI-Schnittstelle verbunden. Sie erlauben höhere Geschwindigkeiten und Datenübertragungsraten. Das Band wird als Ganzes formatiert, um darauf dann feste Bereiche für Verzeichnisse und Daten anzulegen. Auf dem Träger von $\frac{1}{2}$ Zoll oder $\frac{1}{4}$ Zoll Breite sind je nach Typ mehrere Datenspuren und eine Spur für die Paritätsprüfbits untergebracht. Die Aufzeichnung erfolgt also parallel von mehreren Bits seriell.

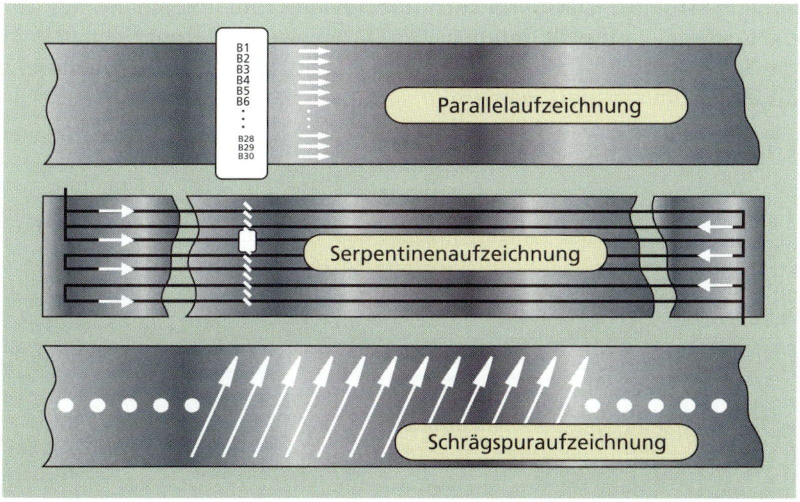

Bei der hier genutzten Start-Stopp-Methode sind die Bandabschnitte in Blöcke aufgeteilt. Zwischen den einzelnen Blöcken liegt jeweils eine Kluft um die 1,5 cm lang. Sie ist notwendig, um zum Schreiben oder Lesen in die Blöcke die Bandgeschwindigkeit zu erreichen. Ist der Block voll, wird das Band wieder gestoppt.

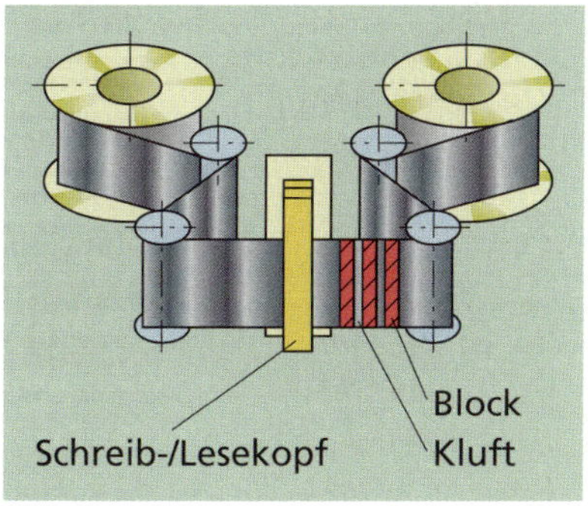

Je größer die Blocklängen gewählt werden, um so weniger geht durch die dazwischen liegenden Klüfte verloren. Auch wenn ihre Speicherkapazität mittlerweile an 2 GB herankommt, in ihrer Übertragungsgeschwindigkeit nehmen sie sich eher bescheiden heraus: ein 1,44 MB-Diskettencontroller schafft ca. 500 KB/s. Das Schreiben und Kontrollieren erfolgt in getrennten Durchläufen. Das kostet Zeit, teuer sind die Spezialkassetten, so genannte **Cartrigdes,** und oft genug stößt der Anwender auf Inkompatibilitäten.

Das **Travan-** und **MLR-Verfahren** setzt auf QIC-Formate auf. Mittels einer Reihe leistungssteigender Maßnahmen sind weit höhere Speicherkapazitäten (1 TByte) und Übertragungsgeschwindigkeiten möglich.
Ein hoher Sicherheitsstandard und Geschwindigkeitsgewinn wird durch das **Read-While-Write-Verfahren** erzielt. Während der Datenspeicherung werden die Speicherergbnisse gelesen und mit dem noch im Puffer stehenden Daten verglichen. Sind Fehler enthalten, wird die Aufzeichnung im nächsten Block wiederholt. Neuere Lösungen haben gleich mehrere Schreib- und doppelt so viel Leseköpfe zusammengefasst. In der Regel ist bei diesen Verfahren die Kompatibilität zu älteren Formaten gegeben.

DLT: digital linear tape

Ein anderes lineares Aufzeichnungsprinzip wird mit **DLT-Streamern** realisiert. Die Laufwerke haben einen eigenen Controller. Die Verbindung zum Rechner sind über die SCSI- oder EIDE-Schnittstelle hergestellt, wodurch sie hardwaremäßig schnell mit der Festplatte korrespondieren. Im Gegensatz zu den anderen Bandlaufwerken wird hier nur mit einer Spule gearbeitet. Das Band wird über einen Einfädelmechanismus auf die Spule im Laufwerk gefädelt. Die Daten werden serpentinenartig in die Spuren eingetragen. Auf einer Bandbreite von $\frac{1}{4}$ Zoll können mehr als 28 Spuren realisiert werden.

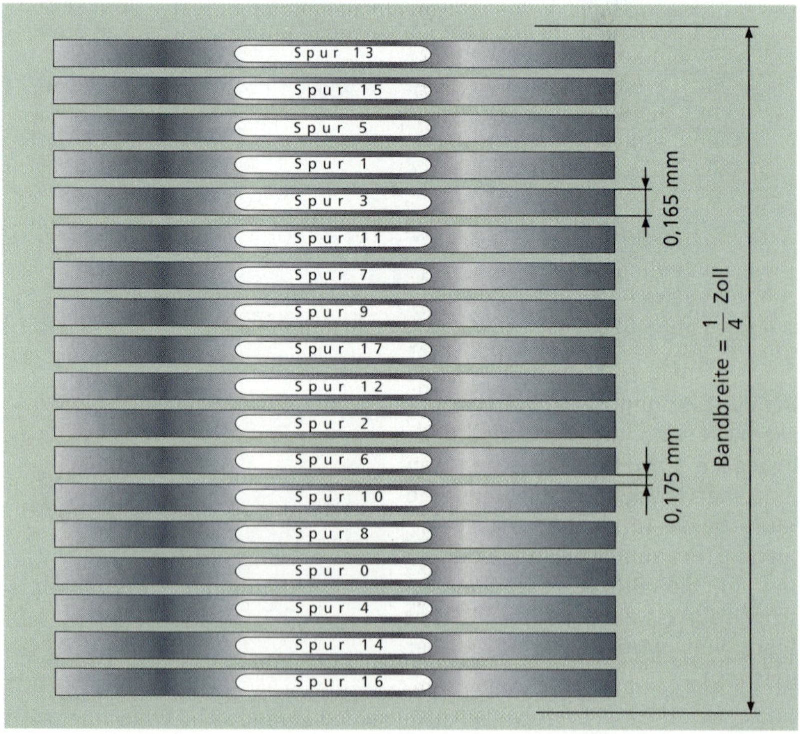

Mehrere Blöcke sind zu einer Einheit zusammengefasst. In den Datenblöcken sind zusätzlich Informationen für verschiedene Fehlererkennungsverfahren enthalten, zur Paritätsprüfung, für den Cyclic Redundandency Check (CRC) und für den Error Detection Check (EDC). Die letzten Blöcke einer Einheit enthalten Daten zur Fehlerkorrektur, dem Error Correction Check (ECC). Die Spuren werden neuerdings durch zwei oder gar vier Kanäle gleichzeitig beschrieben. Damit erhöht sich die Übertragungsrate, die bereits um die 5 MB/s erreicht. Einige Laufwerke realisieren schon Aufzeichnungsdichten nahe der 100 GB auf einer einzigen Bandkassette. Angesichts auch der preiswerten Kassetten gibt es zurzeit nichts Vergleichbares unter den RAM-Speichern.

Zunehmend Verbreitung finden Bandspeicher mit rotierenden Kopftrommeln, wie sie aus dem Bereich der Audio- und Video-Aufzeichnung her bekannt sind. Bei dem **Helical-Scan-Verfahren** werden die Daten schräg zur Laufrichtung des Bandes geschrieben.

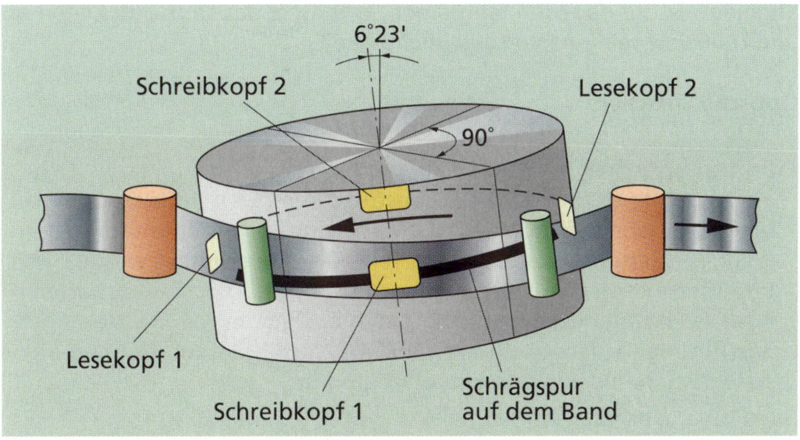

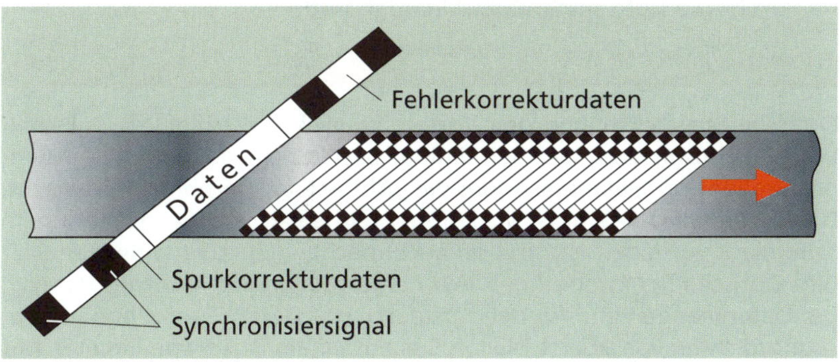

Das Band wird in einem Neigungswinkel mit geringer Geschwindigkeit am Kopf vorbeigeführt. Der Suchlauf allerdings kann mit einer zweihundertfachen Geschwindigkeit vollzogen werden. Dies erlaubt Zugriffszeiten, wo innerhalb weniger Sekunden auf jede Stelle des Bandes zugegriffen werden kann. Die hohe Aufzeichnungsgeschwindigkeit hat ihre Ursache im rotierenden Kopf. Mit 2000 U/min dreht sich der Kopf. Diese Bänder benötigen in der Regel kein Vorformatieren, aber mitunter einen aufwändigeren Lese-Schreib-Kopf. Er ist in vier Kreissektoren gegliedert, die 2 Lese- und 2 Schreibköpfe beinhalten. Nach dem unformatierten Beschreiben wird sofort mit einem Leseteil 270° versetzt das Datenmuster gelesen. Bei Abweichungen wird das Beschreiben wiederholt und der defekte Bandbereich für weitere Aufzeichnungen gesperrt. Speicherkapazitäten von mehreren TB sind bereits realisiert.

Gegenstand fortwährender Neuerungen sind die Komprimierungsalgorithmen und die technischen Ausführungen selbst. So werden beispielsweise schon innerhalb der Kassette in EEPROMs die Datenpositionen aufzeichnet. Dadurch wird faktisch keine Suchzeit mehr benötigt, der Zugriff erheblich verkürzt. Da mit derartigen Maßnahmen auch wieder die Bandlängen erhöht werden können, nimmt die Kapazität pro Kassette zu.

AIT- und Exabyte-Laufwerke benutzen 8 mm breite Bänder, DAT-Laufwerke nur 4 mm. Die Schrägspuren sind mit hoher Dichte beschreibbar, so dass große Speicherkapazitäten verwirklicht werden können.
Eine Gefahrengröße ist die Verunreinigung des Bandes. Mit automatischen Kopfreinigungsfunktionen wird zusätzliche Sicherheit geschaffen. Zu den technischen Verbesserungen zählen auch Einrichtungen, die den Kopf immer genauestens auf die Spurmitte ausrichten.

Die meisten Bandlaufwerke verwenden heute das **Streaming.** Es ist ein Verfahren mit einem kontinuierlichen Schreib-Lese-Vorgang, bei dem keine blockbedingten Verluste entstehen. Ist die Übertragungsrate höher als die Streaminggeschwindigkeit, werden die Daten in einen Puffer abgelegt. Ist sie dagegen langsamer, so fordert das Laufwerk Daten an und reduziert seine Arbeitsgeschwindigkeit.

Optische Speicher

Prinzip optischer Speicher: Laserdioden senden gebündeltes Licht auf den Datenträger. Oberflächenstrukturen rufen Reflexionsunterschiede hervor. Dies können z. B. wechselnde Lichtintensitäten oder Polarisierungsphasen des Lichtes sein. Die Änderungen werden als Bits interpretiert. Die 1 kann physisch durch Oberflächenbeschaffenheiten, Vertiefungskanten oder durch bestimmte Magnetisierungsausrichtungen dargestellt werden. Als Verfahren zur Aufprägung der Bits stehen derzeit drei im Mittelpunkt:
- Phasenwechsel des Materials,
- plastische Deformation des Materials und
- magneto-optische Kombinationen.

Optische Speicher haben den Vorteil, kaum zu verschleißen. Zwischen Leseeinrichtung und Speichermedium besteht ein Abstand in Größenordnungen von Millimetern, was die „Abtastung" berührungslos macht. Da die Datenträgerschicht in den meisten Fällen auch noch mit einem Schutzlack versiegelt ist, sind sie auch mechanisch recht widerstandsfähig. Optische Speicher eignen sich hervorragend zur Archivierung großer Datenmengen und für den Austausch von Daten. Es ergeben sich Packungsdichten von über 1 Million Bits auf einem Quadratmillimeter. Mit dem bloßen Auge nicht wahrnehmbare Staubpartikel und Kratzer in der Oberfläche machen gleich hunderte Bits unlesbar. Solche Lesefehler können im großen Maße durch recht aufwändige Fehler erkennende und Fehler korrigierende Verfahren behoben werden.

Es liegt an der Kurzwelligkeit des gebündelten Lichtes, dass optische Speicher feinste Strukturen erfassen können.

Ein derzeitiges Problem sind relativ hohe Zugriffszeiten und Datenübertragungsraten. Schon aber haben sie einen Stand erreicht, der den langsameren Festplatten nicht mehr nachsteht. Die Entwicklung von optischen Speichern hat große Perspektiven, die ihre Bedeutung in der Zukunft deutlich erhöhen wird.

Optische Speicher lassen sich in drei Gruppen zusammenfassen:
- nur lesbare (ROM),
- einmal beschreibbar und mehrfach lesbar (ROM-R, ROM-RW und WORM) sowie
- löschbare und wiederbeschreibbare Speicher.

Compact Disc (CD): Die CD war für die Musikbranche schon ziemlich ausgereift und durchkonstruiert, als sie für die Rechentechnik erschlossen wurde. Dies bot sich geradezu an, insofern die Tonaufzeichnungen darauf schließlich auch digital gespeichert sind. Allerdings stellten sich höhere Genauigkeitsanforderungen (in der Musikwiedergabe fällt es nicht auf, wenn ein Bit fehlt, man nimmt es erst gar nicht wahr).

Auf der CD für den Rechner sind ausschließlich Daten. Dies können auch wieder Musikstücke, aber auch Texte, Tabellen, Grafiken usw. sein. Der Nachteil einer CD ist der, dass die Daten nur gelesen werden können; ein Wiederbeschreiben ist nicht möglich. Dennoch, mit den bis zu 680 MB Speicherkapazität können z. B. große Datenbanken als multimediale Lexika untergebracht werden. Viele Softwareproduzenten sind dazu übergegangen, ihre Programme auf einer CD statt auf zehn und mehr Disketten zu vertreiben. Gegenüber anderen Speichermedien bringt die CD auch den Vorteil einer ziemlich großen Datensicherheit, da es keinen mechanischen Verschleiß gibt.

Die CD-Scheibe besteht aus einem Kunststoff, Polycarbonat, im Durchmesser von ungefähr 12 cm, ist ca. 1,2 mm dick und hat ein Zentrierloch von 1,5 cm. Die Scheibe ist Träger und Schutz für die Daten. Der eigentliche Datenträger ist eine aufgedampfte Aluminiumschicht, die mit einem Schutzlack versiegelt ist.

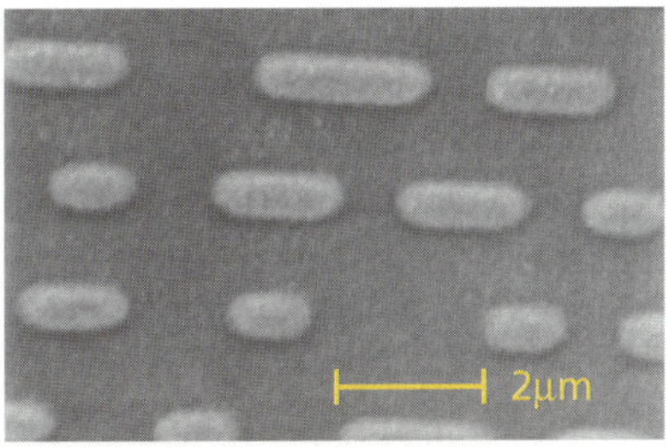

In der reflektierenden Aluminiumschicht ist schneckenartig eine etwa 5 km lange Spirale, vergleichbar mit einer Schallplatte, eingebrannt. Sie enthält die binären Werte `0` und `1`. Die `0` wird durch 120 nm tiefe, 600 nm = 0,000 000 6 m breite und zwischen 0,9 bis 3,3 µm lange Löcher, so genannten **Pits,** geschrieben. Die `1` ergibt sich aus den Nichtlöchern, den so genannten **Lands.** Die Abstände zwischen den Spuren der Spirale sind nicht größer als 1,6 µm.

Das Lesen übernimmt ein schwacher Laser. Vorwiegend werden Galliumarsenidhalbleiterlaser verwendet. Ihr ovaler Strahl liegt nahe dem Infrarotlicht. Das gebündelte Licht wird von einer aufwändigen, aber hoch integrierten und somit räumlich kleinen Elektronik in einer sehr engen Spirale vom Zentrum zum Rand geführt. Pits und Lands ergeben den abtastbaren Stream, den Datenstrom. Zum Erkennen der Informationen als reflektiertes Licht kommt ein hochwertiges Linsensystem zum Einsatz. Trifft nun das Licht auf eine Vertiefung, wird es stärker gestreut. Die reduzierte Lichtintensität trifft über das Objektiv auf einen Fototransistor. Er setzt die wechselnden Lichtintensitäten adäquat in elektrischen Strom um:

Zum einheitlichen Lesen der CD-ROM wurden Normierungen vorgenommen:
RED BOOK beschreibt den Standard für den technischen Aufbau von Audio-CDs.
YELLOW BOOK beschreibt den Standard für das hierarchische Dateisystem mit Pfaden und Unterverzeichnissen sowie die Anordnung von Sektoren und Spuren.
GREEN BOOK enthält Standards zur erweiterten Architektur eines CD-ROM-Laufwerks.
Mit dem ORANGE BOOK legt die Firma Kodak die Anforderungen für Foto-CDs fest, die allerdings nur Lizenznehmern zur Verfügung stehen.

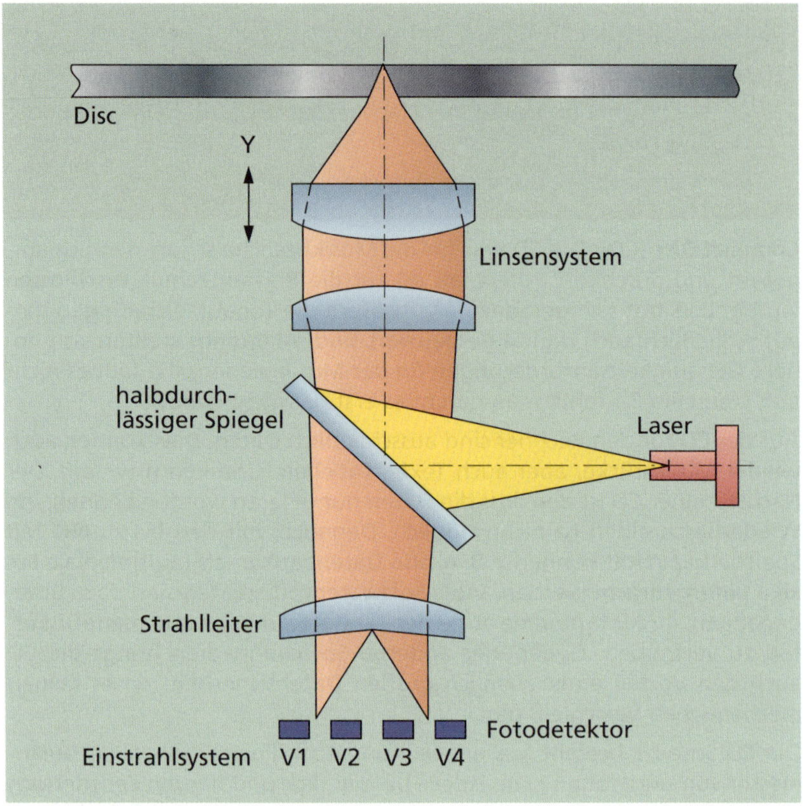

Die Ursprungsinformationen liegen nun aber noch in verschlüsselter Form vor. In der folgenden Decodierung werden die Bits in verwertbare Digitalsignale umgewandelt. Damit wird vor allem auch das Problem der minimalen Zahl von Nullen zwischen den Einsen gelöst. Zwischen zwei Einsen müssen immer mindestens zwei Nullen liegen. Aus technischem Grund ist auch festgelegt, dass zwischen zwei Einsen maximal zehn Nullen stehen dürfen. Diese Forderungen sind im 14-Bit-Code gegeben.

Die Acht-zu-Vierzehn-Modulation transformiert jeweils 8-Bit-Daten in den 14-Bit-Code:

	Datenbits (8 Bit)	decodierte Bits (14 Bit)
0	00000000	01001000100000
1	00000001	10001000000000
2	00000010	10010000100000
3	00000011	10001000100000
4	00000100	01000100000000
5	00000101	00000100010000
6	00000110	00010000100000
7	00000111	00100100000000
8	00001000	01001001000000
9	00001001	10000001000000
10	00001010	10010001000000

Die Abgrenzung zwischen den einzelnen Codes ist noch nicht gesichert. Es könnten zwei Bits mit dem Wert unmittelbar nebeneinander stehen. Zur Abtrennung der Codes werden drei Mischbits eingeführt. Die Basiseinheit ist letztlich aber das Frame. Es fasst 24 dieser Einheiten zusammen. Schließlich kommen noch Synchronisationsbits, Bits zur Kontrolle, Korrektur und Darstellung hinzu, so dass ein Frame durch 588 Bits präsentiert wird:

Datenbits:	24 · 14	=	346 Bit
Mischbits:	24 · 3	=	92 Bit
Synchronisationsbits:	24 + 3	=	27 Bit
Kontrollbits:	1 · 14	=	14 Bit
Darstellungsbits:	1 · 3	=	3 Bit
Fehlerkorrekturbits:	8 · (14 + 3)	=	136 Bit
Darstellungsbits eines Frames			588 Bit

89 Frames werden als Block, auch Sektor genannt, zusammengefasst. 75 Blöcke bilden eine Sekunde Musik auf der Musik-CD ab. Um die stereophone Digitalmusik in hoher Güte zu übertragen, ist also ein Datenfluss von 150 KBit/s erforderlich. Dazu waren schon die Single Speed in der Einführungsphase in der Lage. Sie sind das Grundmaß geblieben. Seit dem wurde der Datenstrom durch höhere Drehzahlen beständig erhöht. Vierzigfache und höhere Übertragungsraten sind heute Normalität.

Singlespeed: 150 KBit/s
Doublespeed: 300 KBit/s
Triplespeed: 450 KBit/s
Quadrospeed: 600 KBit/s
10fach-speed: 15000 KBit/s
40fach-speed: 60000 KBit/s

Das andere wichtige Gütemaß Zugriffszeit stand der Festplatte mit 350 bis 500 ms deutlich nach. Mittlerweile habe sie längst die 100 ms unterschritten und bewegen sich auf festplattenähnliche Zeiten zu. Was höher zu bewerten ist, hängt vom Verwendungszweck ab. Hohe Übertragungsrate wird für fließende Übertragungen, beispielsweise von Videos, bevorzugt. Der rasche Zugriff interessiert besonders bei der Arbeit mit CD-gestützten Datenbanken.

Ein Cache trägt zusätzlich wesentlich zur Leistungssteigerung bei. ATAPI-Laufwerke an der EIDE-Schnittstelle haben oft einen kleineren Cache als SCSI-CD-ROM. Sie sind darum zusätzlich langsamer.

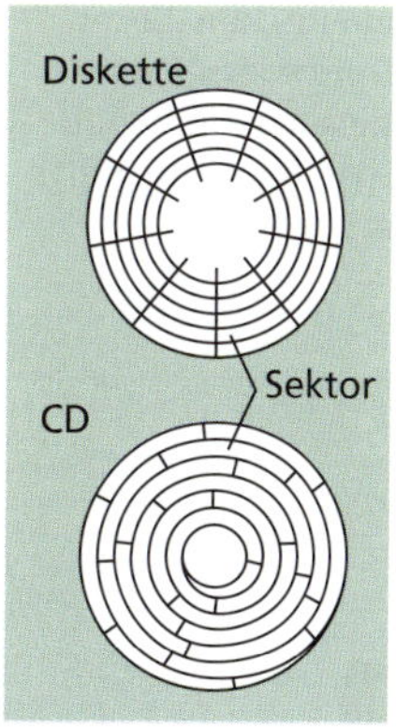

Die CD ist also nicht wie die Diskette oder Festplatte spurenorientiert. Anders auch als bei der Diskette oder Festplatte muss aufgrund der länger werdenden Wege zum Außenrand hin die Rotationsgeschwindigkeit der CD abnehmen. Da alle Sektoren gleich lang sind, wird so ein kontinuierlicher Datenstrom erreicht. Die Zugriffsorganisation basiert auf vorangestellte Informationen, die die Position der Daten genauestens beschreiben.

Unter Anwendung eines so genannten Brenners können aus Rohlingen eigene CD gebrannt werden. Die **CD-R** (recordable) ist einmal beschreibbar. Im Layer werden dabei durch Temperatur irreversible Farbänderungen erzeugt.

Der Leselaser kann dann die Pits durch Reflexionsunterschiede genauso ausmachen, wie ansonsten die Vertiefungen bei gepressten CD-ROMs.

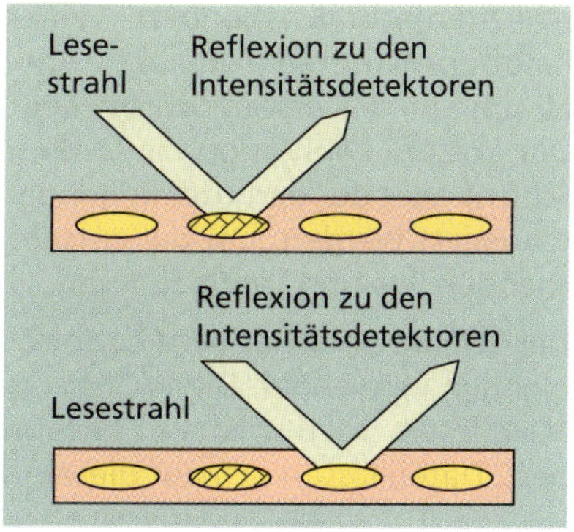

Eine weitere Entwicklung ist die **CD-RW** (**rew**ritable). Sie lässt sich mehrere Male neu beschreiben. Das Aufzeichnungsprinzip ist etwas anders.

1 **Ångström** = 10^{-10} m

Hier findet die optische Phasentechnologie Anwendung. Besondere Legierungen von Dicken im Ångström-Bereich sind in der Lage, zwei unterschiedliche Stoffzustände einzunehmen, den *amorphen* und den *kristallinen* Zustand. Dies wird mit zwei definierten Übergangstemperaturen erzielt. Der ursprüngliche Zustand ist amorph. Mit einem schwachen Laserstrahl wird die Kristallisation herbeigeführt. Ein stärkerer Laserstrahl bringt das Material zum Schmelzen und setzt es wieder in den amorphen Zustand. Die relativ großen Lichtreflexionsunterschiede eines sehr schwachen Laserstrahls lassen sich unkompliziert erfassen.

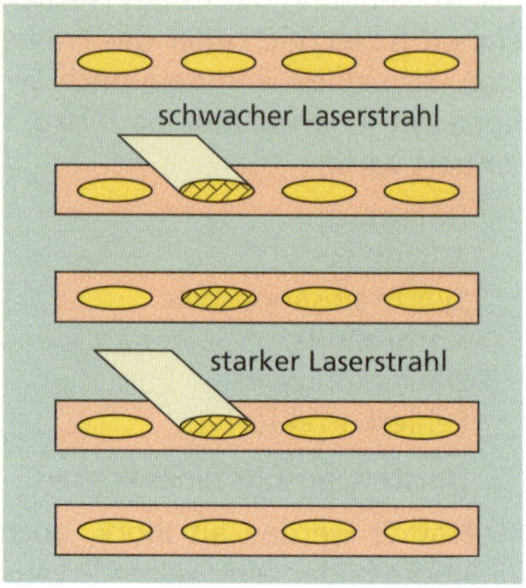

DVD:
digital **v**ideo **d**isc
oder
digital **v**ersatile **d**isc
(beide Bezeichnungen sind gleichermaßen verbreitet und meinen im Grunde das Gleiche)

Die **DVD** ist streng genommen eine neuartige CD, die durch präzisere Technik, ausgefeiltere Fehlererkennungs- und Korrekturverfahren, neuartigen Codierungs- und Kompressionsalgorithmen den Inhalt gleich von 25 CDs fasst. Sie war ursprünglich für Videoanwendungen vorgesehen. Nun wird sie auch für Computeranwendungen erschlossen. Sie gibt es mittlerweile auch schon als **DVD-R** zum einmaligen Speichern von Daten. Ein **DVD-RAM** zum Beschreiben in beliebiger Anzahl ist vorgesehen.

Ihr Aufbau ist durchaus mit einer CD vergleichbar. Sie wird ebenfalls aus Polycarbonat zu einer Scheibe gepresst. Die Pits und der Spurabstand sind jedoch wesentlich kleiner. Schon dies erlaubt eine höhere Packungsdichte. Hinzu kommt, dass sie von beiden Seiten gelesen werden kann.

Die DVD ist 1,2 mm dick. Neben den CD-identischen 12 cm Durchmesser soll es sie auch mit handlichen 8 cm Durchmesser geben.

Die Scheibe wird aus zwei Schichten zusammengeklebt, die den Reflektor einschließen. Eine weitere Verdopplung erfolgt dadurch, dass jede Seite zwei Datenschichten, so genannte **Layer,** aufweisen kann. So sind Speicherkapazitäten von 17 GB möglich. Die eingeführte Zweischichtentechnik benutzt einen halbtransparenten Film, der etwa 50 µm vor der ersten Schicht liegt. Der Laser kann nun auf diese Schicht oder der darunter liegenden fokussiert werden, um die entsprechenden Pits und Lands zu lesen.

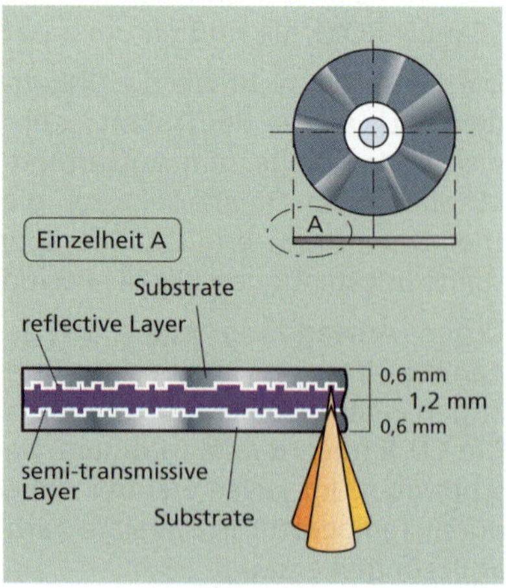

WORM: **w**rite-**o**nce-**r**ead-**m**ostly

Der **WORM-Speicher** wird hauptsächlich zur Archivierung großer Datenmengen verwendet. Die WORM lässt sich einmal beschreiben, dann viele Male lesen. Dazu wird die Plattenoberfläche physisch irreversibel verändert. Daten lassen sich auf diesem Träger Jahrzehnte lang aufbewahren.

Sie werden oft als Jukeboxes eingerichtet. Auf mehrere Speicherplatten, es können über 100 sein, kann direkt zugegriffen werden. In dieser Verbindung mit einer Gesamtkapazität von über 1 TB sind sie in der Lage, in Sekundenschnelle jedes Datenelement ausfindig zu machen.

WORMs gibt es in verschiedenen Größen. Verbreitet sind $5\frac{1}{4}$ Zoll, 12 Zoll und 14 Zoll. Ihre Speicherkapazität beträgt bis zu 10 GB. Die Zugriffsgeschwindigkeit auf die Daten liegt zwischen 0,15 bis 0,8 Sekunden. Die für ihre Verwendung viel bedeutsamere Datenübertragungsrate beträgt bis zu 12 MBit/s.

Magneto-optische Speicher

Polarisiertes Laserlicht verändert seine Drehrichtung, wenn es auf eine magnetisierte Oberfläche trifft. Dies beschreibt in der Optophysik der so genannte *Kerr-Effekt*. Je nach Orientierung des Magnetfeldes ergibt sich eine entgegengesetzte Rotation der Lichtwellen. Dies ist die Basis für den **magneto-optischen Speicher (MO),** der in den letzten Jahren große Bedeutung erlangt hat.

Aufgezeichnet wird auf einem hauchdünnen vertikal magnetisierbaren Material. Darunter liegt eine reflektierende Schicht. Durchsichtiges Polycarbonat bildet die Schutzschicht. Im ursprünglichen Zustand sind auf dem vormagnetisierten Material ausschließlich `0`-Bits enthalten. Die Ummagnetisierung macht aus `0` die `1`. Für eine Ummagnetisierung bei Raumtemperatur würde ein relativ großes Magnetfeld benötigt werden. Erwärmt man das Material bis an den Curie-Punkt, genügt zum Ummagnetisieren bereits ein sehr schwaches Magnetfeld. Dieses Prinzip findet bei der MO Anwendung.

Curie-Punkt: Punkt, wo magnetisierte Medien ihre magnetische Orientierung verlieren

Die optische Platte dreht sich ungefähr mit 3600 U/min. Das Lesen, Schreiben und Löschen erfolgt mit einem Laserstrahl. Der Laserstrahl existiert in zwei verschiedenen Intensitätsstufen. Ein starker Laser erwärmt das magnetisierbare Material für die kurze Zeit von ca. 800 ns bis an die Nähe des Curiepunktes um etwa 150° C. Das Magnetfeld geht verloren, die Daten werden gelöscht. Beim Schreiben werden analog den Daten auf den wieder erwärmten Stellen in der Größe eines halben Mikrons Magnetausrichtungen erzeugt. Der Laser befindet sich auf der einen Seite der Platte, der Magnet auf der anderen.

Die Polarität der Magnetfelder stellt sich in Abhängigkeit der Stromrichtung durch die Spule ein. Ein Polaritätswechsel entspricht einem Datenbit. Der gleiche Laser liest auch die Daten, allerdings mit weit geringerer Intensität. Je nach Magnetfeldausrichtung wird das Licht polarisiert. Ein Fotodetektor erfasst die jeweilige Lichtrotation, wandelt sie in elektrischen Strom um. Nach einer Verstärkung stehen diese Signale dem Rechner zur Verarbeitung zur Verfügung.

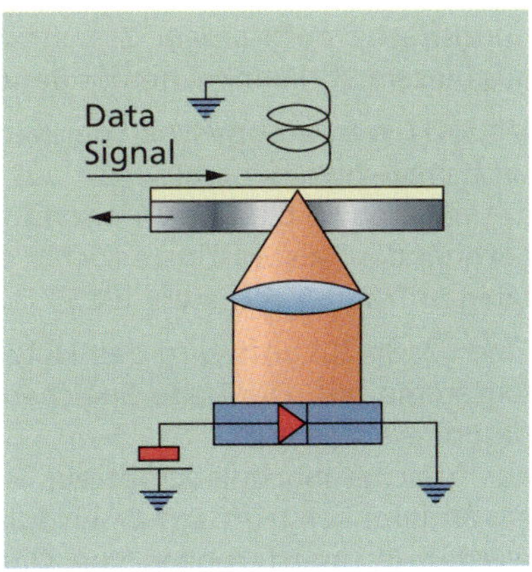

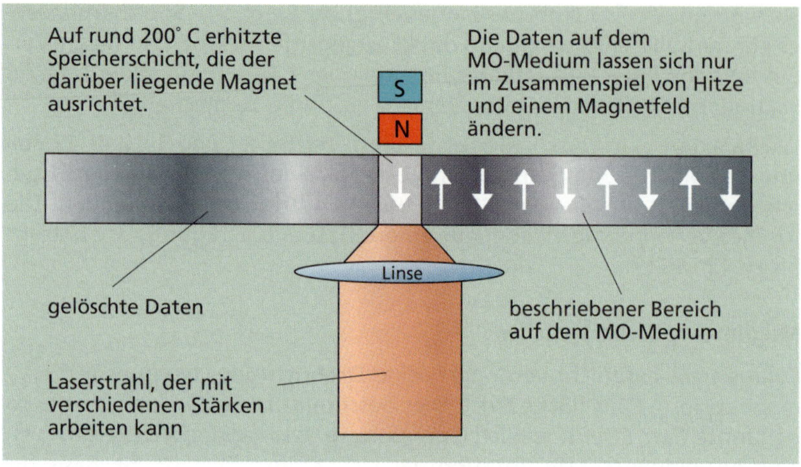

Da diese Ummagnetisierungen in keiner Weise zerstörend auf das Material wirken, können die Vorgänge beliebig oft wiederholt werden. Die mittlerweile erreichten hohen Speicherkapazitäten, Zugriffsgeschwindigkeiten und Datenübertragungsraten geben diesem Speicher große Perspektiven in der Rechentechnik. Geschrieben und gelesen wird ähnlich wie bei Magnetplatten, nicht in Spuren, sondern in konzentrischen Kreisen. Löschbare magnetische Platten sind deshalb auch als Sekundärspeicher verwendbar. Gegenüber den Magnetplatten haben sie derzeit einen entscheidenden Nachteil. Sollen einzelne Sektoren neu beschrieben werden, so ist der betreffende Bereich zunächst auf 0 zu setzen. In einem zweiten Durchgang erfolgt das eigentliche Beschreiben.

Sonstige Speicher und Entwicklungstrends

Die Datendichte auf magnetischen Speichern wird entscheidend durch die Eigenschaften der Magnetschichten bestimmt. Wurden bei der Einführung von Magnetspeichern hauptsächlich Ferritoxyde (Fe_2O_3) verwendet, so lassen sich die Magnetfelder mittlerweile mit Kobaltbeimischungen wesentlich verkleinern. Immer öfter wird darum gegenwärtig das Gammaferritoxyd mit solchen Kobaltanteilen verwendet. Gegenwärtige Magnetfelder sind in der Regel horizontal aufgebracht. Das Vielfache ließe sich bei vertikaler, also senkrechter Anordnung zur Aufzeichnungsfläche aufbringen. Zukunftsweisende Magnetschichten könnten aus diesem Blickwinkel heraus Bariumferritpartikel sein.

DOT: **d**igital **o**ptical **t**ape

Mit **DOT** werden optische Speicherbänder konzipiert. Große Erwartung setzt man hier beispielsweise auf WORM-Bänder. Mechanisch werden mit feinsten Spitzen die Informationen nach dem rustikalen Vorbild von Lochbändern als winzigste Löcher eingetragen. Speicherkapazitäten auf billigen Trägern von mehr als 50 GByte sind anvisiert.

Hologramme sind dreidimensionale Bildaufnahmen.

Eine große Zukunft wird den **Holospeichern** gegeben. Sie zeichnen Hologramme auf. Die hohe Speicherdichte von Hologrammen erregt das besondere Interesse.
Zur Speicherung beleuchtet ein Teil des Laserstrahls das Objekt selbst, ein anderer Teil trifft auf einen Spiegel. Die zurückgeworfenen Strahlen werden als Interferenzen von Objekt- und Bezugsstrahlen von einem

sensitiven Material aufgezeichnet. Gelesen wird das Hologramm mit Lichtstrahlen von der gleichen Eigenschaft wie die Bezugsstrahlen. Der Lichtstrahl wird so zerlegt, dass das Original als Abbild wieder erscheint.

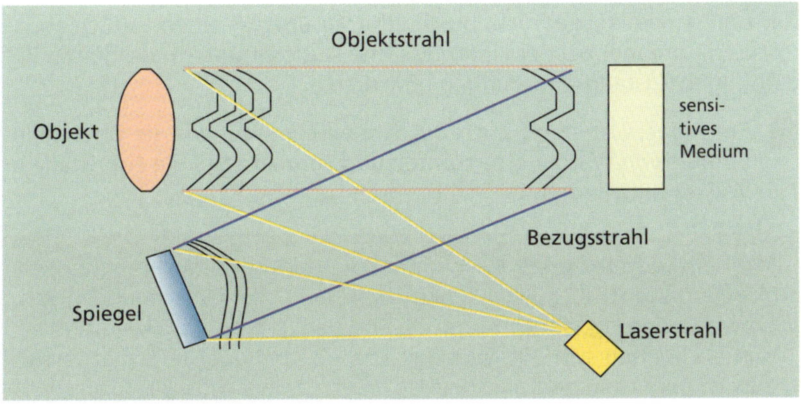

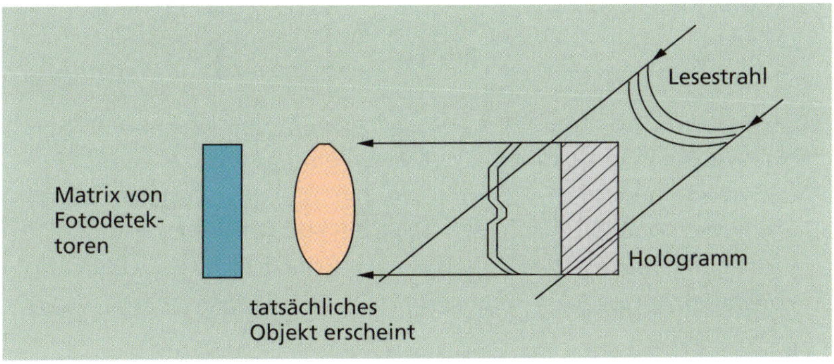

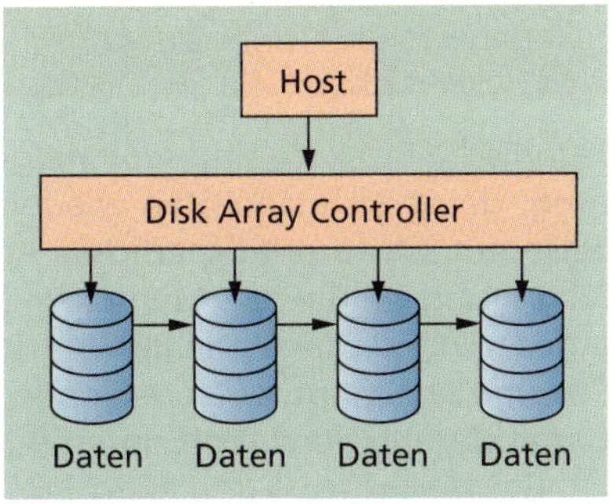

Greifen mehrere Workstations auf einen Server zu, so sind nicht nur große Speicherkapazitäten gefragt. Die Platten müssen auch schnell und mit großer Sicherheit Daten lesen und schreiben können. Im professionellen Bereich werden unter Verwendung eines speziellen Hostadapters bereits mehrere Festplatten zu einem schnellen und fehlertoleranten System miteinander verbunden. Gegenüber dem Rechner erscheinen die Laufwerke als ein einziges logisches, obgleich sie verschiedene Zugriffsoperationen weitgehend parallel durchführen können. Solche **Plattenarrayspeicher** sind als **RAID** bekannt. Je nach Leistungsumfang gibt es sechs standardisierte RAID-Ebenen. Sie lassen sich für optische und magnetische Speicher gleichermaßen verwenden. Geschwindigkeitsgewinn in Zugriff und Übertragung kann durch das simultane Arbeiten mit Platten erreicht werden. Dazu sind mehrere Prozessoren zur Plattenverwaltung erforderlich. Schnelle Datenpuffer auf Halbleiterbasis enthalten die wichtigsten Daten. Nur wenn sie darin nicht enthalten sind, werden sie vom entsprechenden Speichermedium abgerufen.

RAID: **r**edundant **a**rrays of **i**nexpensive **d**iscs

4.2 Prozessautomatisierung

4.2.1 Technische Prozesse

Prozess (lat.) heißt soviel wie „Entwicklung" oder „Geschehen".

Ganz allgemein ausgedrückt beschreibt der **Prozess** einen zeitlich abgesteckten Vorgang, bei dem irgendwelche Auslöser unter bestimmten Bedingungen Zustandsänderungen bewirken.

Ein Prozess ist somit auch die Schneeschmelze, wie sie unter dem Einfluss von Warmwetterfronten und Sonnenstand die Eiskristalle in Wasser umwandelt.

In einem **technischen Prozess** wirken die Auslöser und Bedingungen in einem künstlich geschaffenen Umfeld. Er dient der beabsichtigten Veränderung, der Umformung und dem Transport. Die Veränderungen können sich auf Material, Energie und/oder Informationen auswirken.

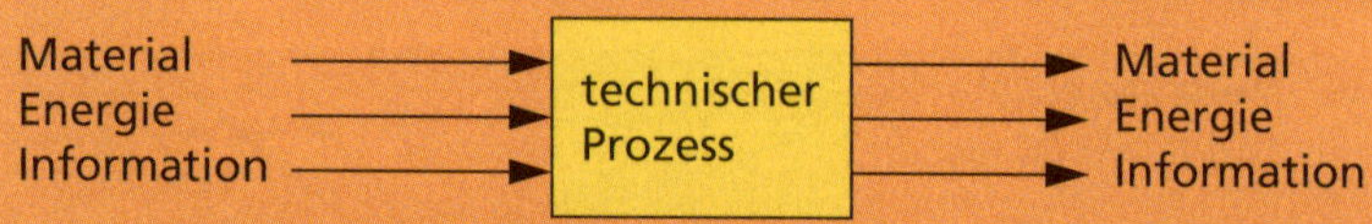

Entsprechend der Art und Weise des Wirkens von Prozessen lassen sich Prozesse in unterschiedliche Klassen einteilen:

- In **Mess- und Prüfprozessen** werden die quantitativen beziehungsweise qualitativen Eigenschaften von Objekten bestimmt.
- **Fertigungsprozesse** verändern mechanisch die Form von Objekten.
- **Verfahrensprozesse** produzieren aus Rohstoffen Energie oder Werkstoffe.
- **Verteilungsprozesse** verteilen Material, Energie und Informationen räumlich und zeitlich.

Technische Prozesse sind sehr vielgestaltig, oft monoton in der Anforderung, da sie sich stereotyp wiederholen. Zudem sind viele solcher Prozesse mit schwerer körperlicher Arbeit verbunden und verlaufen unter Bedingungen, die für Menschen gesundheitsschädigend sind. Es liegt auf der Hand, dass man die Verrichtung der Aufgaben auf technische Systeme überträgt, entsprechende Automaten schafft. Der Weg zur Automatisierung durchläuft unterschiedliche Phasen:

1. **Hantieren:** Der Mensch setzt zur Bewältigung technischer Aufgaben Werkzeuge ein. Die erforderliche Energie bringt er als Muskelkraft auf und er muss die Reihenfolge der Operationen beachten.
2. **Mechanisieren:** Einzelne Operationen werden auf Maschinen übertragen. Die Energie für den Antrieb wird unter Ausnutzung verschiedener Ressourcen über Hebelgesetz, Drehmoment, Schwerkraft und dergleichen mehr bereitgestellt. Der Mensch bestimmt zu jedem Zeitpunkt den Zugriff der Maschine.
3. **Teilautomatisieren:** Ein Teil der wiederkehrenden Aufgaben wird selbständig bewältigt. Das Gros der Anforderungsbewältigung ist noch mechanisierte Handarbeit.

4. **Automatisieren:** Davon abhängig, inwieweit sich die geistigen und körperlichen Arbeiten formulieren lassen, übernehmen Automaten den Bearbeitungsablauf in technischen Vorgängen.

Das Bestreben zur **Automatisierung** geht dahin, selbstarbeitende Systeme zu schaffen, die den ständigen Eingriff des Menschen nicht mehr bedürfen. Arbeit und Wege zu sparen ist ein weit zurückliegender Wunsch. Vor über 2000 Jahren dienten dazu relativ überschaubare, zumeist mechanisch umgesetzte Steuer- und Regeleinrichtungen.

Bekannt wurde ein sich automatisch nachfüllender Öltank einer Lampe, wie sie PHILON VON BYZANZ 230 Jahre v. Chr. konstruierte.

Faszinierend war auch der automatische Türöffner nach Entwürfen von HERON VON ALEXANDRIA um 110 (↗ S. 242).

In diesen und anderen Lösungen wurden menschliche Beobachtungen und Handhabungen in elementarer Weise auf technische Systeme übertragen. Die Menschen hatten aber schon immer weitergehende Visionen. Menschenähnliche Gebilde, so genannte **Androiden,** sollen ihnen dienen, dabei in nichts zurückstehen. Die Schwierigkeit eines solchen Unterfangens wird deutlich, wenn man sich allein die Hand näher betrachtet.

Die Hand besitzt 22 voneinander unabhängige Bewegungsmöglichkeiten und wird von einem sehr komplizierten Nervensystem gesteuert.
Allein dieses Stück Mensch nachzubilden ist man beispielsweise in der Prothetik dank hochintegrierter Digital- und Rechentechnik endlich etwas näher gekommen. Damit wird jedoch nur ein Bruchteil des menschlichen „Systems", zudem auch stark vereinfacht nachgebildet.

In der Blüte ihres feinmechanischen Könnens konstruierte Ende des 18. Jahrhunderts das schweizerische Uhrenhandwerk Androiden als Puppen zur Verrichtung stereotyp sich wiederholender Elementarbewegungen.

Berühmt ist die Schreibpuppe von PIERRE JAQUET-DROZ geworden. Mit einer Feder konnte sie kleine Sätze aufschreiben, die in den erforderlichen Bewegungsabläufen auf einer Metallscheibe gespeichert waren. Um andere Texte zu verfassen, wurde einfach die Programmscheibe ausgewechselt.

So ähnlich, allerdings mit viel mehr Wissen und Können, stellt man sich heute gern Roboter vor. Wenngleich der Begriff Roboter sprachlich einen weit zurückliegenden Ursprung findet, so verhalf der tschechische Schriftsteller KAREL ČAPEK mit seinem Bühnenstück „Rossum's Universal Robots" ihm neuen Glanz. Ein Roboter ebnet einen völlig neuen Weg hin zur Automatisierung.

Die **Automatisierung** erzeugt durch Kostensenkung positive Effekte für die Wirtschaft, trägt dazu bei, Technik unabhängig von der Tagesform des Menschen zu machen und die Qualität zu erhöhen, die Menschen von körperlich schwerer und die Gesundheit gefährdender Tätigkeit zu befreien und die Arbeit zu humanisieren.

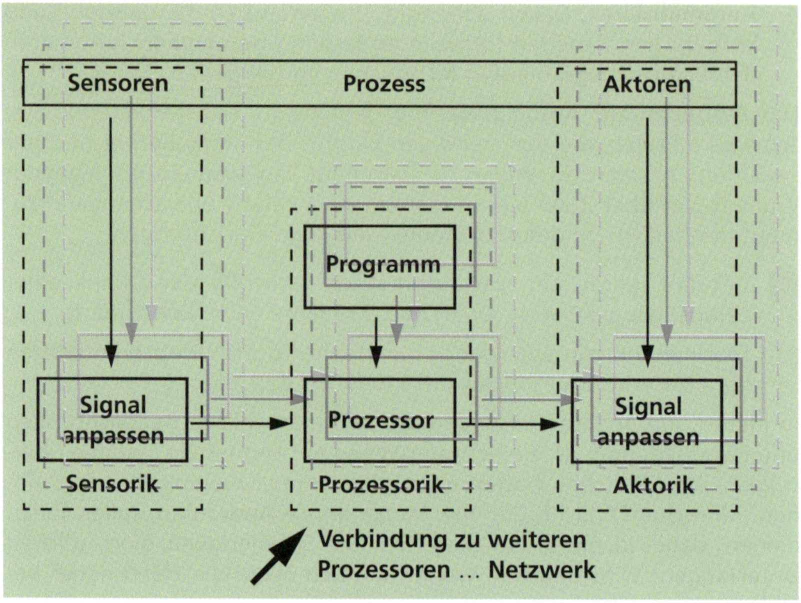

Die **Automatisierung von Prozessen** lässt sich in Gruppen zusammenfassen:

- Aufnehmen von Prozesszuständen
- Verarbeiten der Prozessdaten
- Verändern von Prozesszuständen

Zur **Durchführung von Prozessen** kommen den einzelnen Komponenten folgende Teilaufgaben zu:

- **Sensoren** erfassen die Prozesszustände in Form von Messsignalen.
- Die Messsignale werden in eine weiterverarbeitbare Form umgewandelt, **Signalanpassung.**
- Der **Prozessor** verarbeitet die Messsignale.
- Im **Programm** sind die Verarbeitungsvorschriften für den Prozessor enthalten.
- Der Prozessor erzeugt notwendige, an den Aktor angepasste Signale, **Signalanpassung.**
- Die **Aktoren** wirken verändernd und unmittelbar auf den Prozess ein.

Dieser Vorgang wiederholt sich in Automaten, bis der Prozess abgeschlossen ist oder abgebrochen wird. Solche Vorgänge können Steuerungen oder Regelungen sein.

Das **Steuern** ist ein Vorgang, bei dem Eingangsgrößen nach vorgeschriebenen Gesetzmäßigkeiten Ausgangsgrößen in einem offenen Wirkungsablauf beeinflussen.

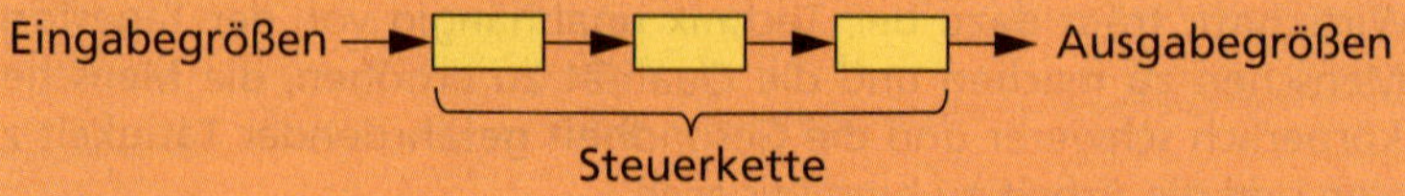

Das **Regeln** ist ein Vorgang, bei dem die zu regelnde Größe immer wieder aufs Neue erfasst und an die Führungsgröße angeglichen wird. Hier handelt es sich um einen geschlossenen Kreislauf.

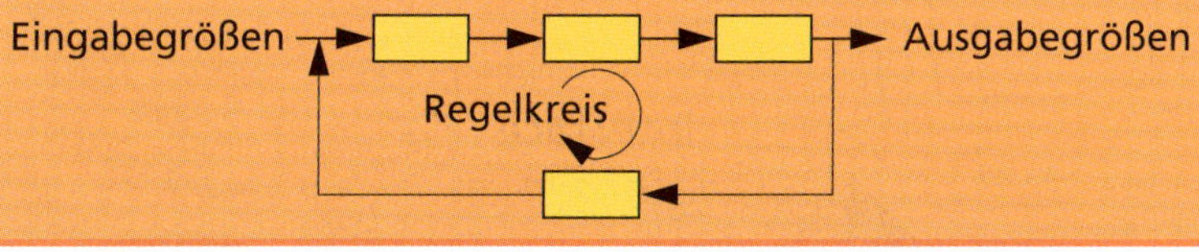

Die Prozessautomatisierung hat es eher selten mit der Steuerung oder Regelung einer einzigen Größe zu tun. Typischer ist, dass mehrere Vorgänge parallel ablaufen.

Ein Waschautomat
- überwacht und regelt die Wassertemperatur,
- sorgt für bestimmte Wasserstände,
- ordnet die Arbeitsschritte nach Bedarf,
- steuert verschiedene Ventile und Pumpen,
- passt die Waschzeit den Textilien an u. a. m.

Solche umfangreichen Vorgänge sind zu einem Netzwerk miteinander verbunden, in denen mehrere Prozesse zeitgleich ablaufen.

Viele Aufgaben lassen sich in der Technik wesentlich über Programme lösen; der Aufwand und die Kosten für spezielle Hardware können so erheblich gesenkt werden. Die Einbindung von Computern spielt in der Fertigungstechnik eine immer größere Rolle, werden sie schließlich immer nachhaltiger zum eigentlichen Kostenfaktor. Für diese computerbasierte Produktion wurde das Kürzel **CIM** geprägt. Informationen erlangen in diesen Produktionsformen einen sehr hohen Stellenwert.

Zu CIM (computerintegrierte Fertigung) ↗ S. 13.

4.2.2 Interface

Interface heißt wörtlich Zwischengesicht; der Impuls liegt im Computer, der Blick geht zur Peripherie. Der Computer erfasst, speichert und verarbeitet Daten. Mit den Daten bedient er Geräte und Maschinen in unterschiedlichster Weise.

Interfaces sind dabei sehr vielseitig verwendbar. Man benutzt sie, um dem Computer beispielsweise Messdaten zuzuleiten. Dieser wertet sie zu Kurvenverläufen aus, ermittelt Minima und Maxima, berechnet aus den Werten Formeln oder legt sie zur späteren Verarbeitung erst einmal in einer Datei ab.

Alles, was sich als wiederkehrende oder bedingungsabhängige Handlungsabläufe beziehungsweise als Befehlsfolgen irgendwie formulieren lässt, kann als Programm in den Rechner eingegeben werden. Angeschlossen über ein Interface lassen sich die Handlungen oder Befehle des Programms auf Messeinrichtungen, Geräte, Anlagen und Maschinen übertragen. Sie entbinden die Menschen von monotonen und körperlichen Anstrengungen, machen ein System unabhängig von Tagesformen und mausern sich zu unentbehrlichen geistigen Werkzeugen.

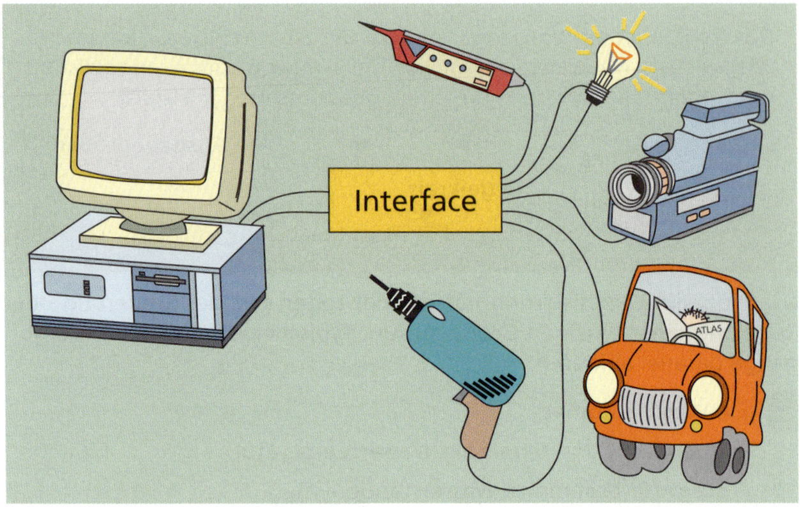

Messen, Steuern, Regeln und *Automatisieren* heißen die Schlagworte, die eine Ära modernster digitaler Datenverarbeitung beschreiben. Hier ordnet sich die besondere Bedeutung des Interfaces ein. Es vermittelt zwischen Computer und Peripherie.
Der Computer vermag aber nur mit Spannungspegeln umzugehen. „Low“ steht für „keine Spannung vorhanden“ und „High“ für „Spannung vorhanden“. Diese Grundinformationen zu Bitmustern verknüpft beschreiben digital Computertexte, Computerbilder, Computermusik oder die grazilen Bewegungsabläufe von Robotern. Die Bitmuster selbst sind aber noch keine Musik oder mechanische Bewegung. Erst im Interface werden die Informationsbits verwertbar umgesetzt:

- aus den, mit Sensoren erfassten physikalischen Größen entstehen computerverwertbare Spannungspegel und
- Aktoren erzeugen Nutzleistungen der verschiedensten Art.

Das Bestreben, den Computer mit Messeinrichtungen, Experimentierschaltungen, Modellen und großen technischen Anlagen zu verbinden, ist nicht neu. Schnittstellen sind für die unterschiedlichsten Belange mit (fast) jedem gewünschten Leistungsumfang zu haben. Die **Anforderungen an ein Interface für Mess-, Steuer- und Regelzwecke** gestalten sich recht unterschiedlich:

- Das Erfassen oder Ausführen von Schaltvorgängen zählt sicher noch zu den leichtesten Aufgaben der Digitaltechnik.
- Schwieriger ist schon die Bereitstellung von Ein- und Ausgängen für analoge Größen. Mit diesen Anschlüssen lassen sich veränderliche Größen der unterschiedlichsten Art kontinuierlich erfassen oder Ausgangsgrößen exakt führen.
- Große Bedeutung können auch die Übertragungsgeschwindigkeiten der Daten haben. Die Schnelligkeit der Erfassung, Verarbeitung und Ausgabe von Daten sowie die Betriebssicherheit der Schnittstelle spielen oft eine entscheidende Rolle.
- Die Zuverlässigkeit der Schnittstelle und ihre Robustheit gegenüber Fehlbeschaltungen sind äußerst wichtig.

- Bei allen Überlegungen bezüglich des Aufwandes und Nutzens eines Interfaces sind die Sicherheit des Anwenders und der Schutz der Computeranlage von höchster Priorität. Dennoch ist die beste Hardwarelösung für den Anwender nutzlos, wenn ihm die Interfacesteuerung mithilfe eines Computerprogramms nicht gelingt. Zum Lieferumfang einer Schnittstelle muss deshalb die entsprechende Software gehören.
- Außerdem wird eine Dokumentation benötigt, die exakt ausweist, unter welchen Anschluss- und Belastungsbedingungen mit der Schnittstelle gearbeitet werden kann.

Messkarte:

Aus technischer Sicht lassen sich die vielen Varianten der Verbindung von Rechner und Peripherie gruppieren, ohne dass in jedem Falle immer eine exakte Abgrenzung möglich ist. Interfaces gibt es als

- **Input-Output-Karten (Interface-** oder **Messkarten),**
- **externe Interfaces.**

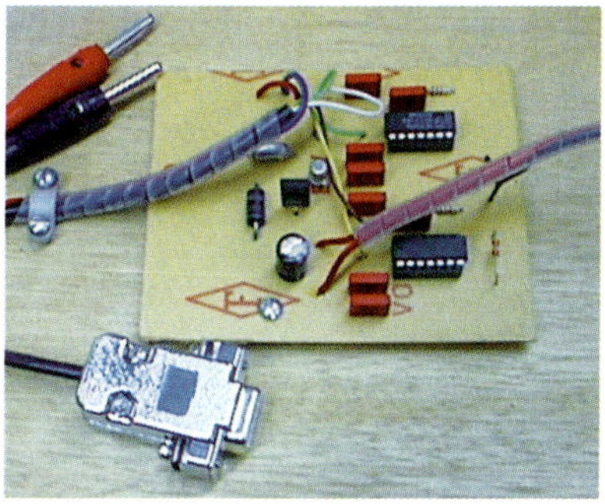

nebenstehend: externes Interface

Am Interface interessiert zuerst die Zahl verfügbarer Ein- und Ausgänge. Natürlich sind damit nur quantitative Angaben gemacht. Diese unterscheiden sich untereinander erheblich. Bei den Digitaleingängen können zum Beispiel Grenzfrequenzen dann von Bedeutung sein, wenn es gilt, extrem schnell ablaufende Prozesse zu erfassen. Für die Beschaltung ist wesentlich, ob die Digitaleingänge ohne Hilfsenergie oder mit Hilfsenergie betrieben werden. Bei den analogen Ein- und Ausgängen wird die Güte durch das Auflösungsvermögen definiert. Eine 8-Bit-Auflösung erlaubt die Darstellung von 256 Zuständen, mit 10 Bit lassen sich bereits 1024 Zustände unterscheiden. Gerade bei Ausgängen für den Anschluss elektrischer Lasten ist die Steuerleistung entscheidend. Sie hängt nicht zuletzt auch von der verwendeten Betriebsspannung ab.

Mindestens aus Verfügbarkeitsgründen ist nicht unerheblich, ob das Interface die parallele oder serielle Standardschnittstelle nutzt oder mit einer Einsteckkarte einen zusätzlichen Anschluss bereitstellt. Gewichtige Größen sind die Kompatibilität mit dem anzuschließenden Gerät oder Modell (Leistung, Steckverbindungen, Sicherheitsschaltungen, ...) und das Vorhandensein entsprechender Software. Die einen Hersteller passen die Konstruktion und Funktion ihrer Interfaces sehr eng ihren eigenen Geräten an. Dies bereitet Schwierigkeiten, andere Systeme sowie Eigenentwicklungen zu integrieren. Ein solch enger Zuschnitt auf ausgewählte Modelle schlägt sich dann auch auf die mehr oder weniger umfangreich mitgelieferte Software nieder. Andere Hersteller orientieren mit ihren Lösungen sehr offen, stellen den „Durchschnittsanwender" dann aber vor das Problem, die notwendige Software selbst entwickeln zu müssen.

Ein Überblick über bekannte Interfaces für einen Einsatz in der Modellsteuerung macht unterschiedliche Herangehensweisen und Einsatzfelder deutlich:

DE ... Digitaleingänge
AE ... Analogeingänge
DA ... Digitalausgänge
AA ... Analogausgänge
SA ... Schrittmotorausgänge
RA ... Relaisausgänge

Interfaces:

Hersteller/Bezeichnung	Eingänge	Ausgänge	Schnittstelle
ELV GmbH „SMS 7000“	4 DE	4 SA; 2 RA	parallel
ETS GmbH „Prozessinterface 14“	16 DE; 16 AE	16 DA; 2 AA	Karte
Ferd. Dümmlers Verlag „PC-MESS II“	2 DE; 2 AE	2 DA	parallel
Gesellschaft für Strukturanalyse „DIAlab“	16 DE; 16 AE	16 DA; 2 AA	Karte
Kronas „Multiinterface“	3 DE; 3 AE	2 DA; 2 RA	seriell
LEYBOLD DIDAKTIC GmbH „PC-Interface“	1 DE; 4 AE	2 RA	seriell
PHYWE SYSTEME GmbH „CENT Interface“	8 DE; 2 AE	8 DA	Karte
Steiber Messtechnik „ADW-16 Schalt“	1 AE	2 RA	seriell
Synotech „DATAshuttle“	8 DE; 8 AE	8 DA	parallel

4.2.3 Signalwandler

Zunächst muss man sich der widersprüchlichen Situation bewusst sein. Das Gros der Ursprungsinformationen liegt in analogen Formen vor. Die kleinste Temperaturdifferenz beispielsweise beschreibt mit dem Anfangs- und dem Endwert immer noch eine unendliche Menge an tatsächlich vorhandenen Werten. Der Computer vermag aber lediglich mit einer endlichen Menge digitaler Werte umzugehen. Darum müssen die analogen Messdaten in verwertbare digitale Computerdaten umgewandelt werden. Dies besorgt ein **Analog-/Digital-Umsetzer (A/D-Wandler).**

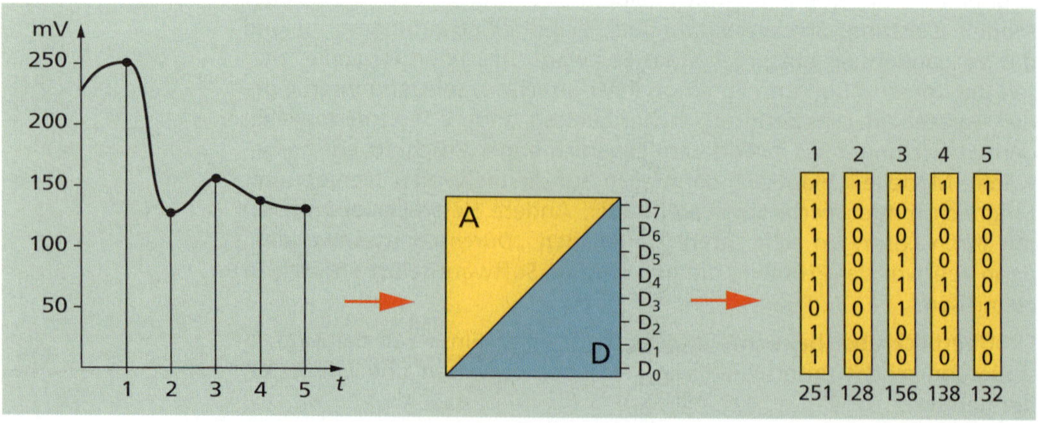

Umgekehrt sind für die menschliche Wahrnehmung und für eine Reihe von Prozesssteuerungen wieder analoge Signale erforderlich. Entsprechend sind die ursprünglich analog vorgelegenen Signale wieder aus ihrer digitalen Daseinsweise zurückzuwandeln. Computer sind auch in der Lage, analoge Signale synthetisch zu erzeugen. Dazu wird ein **Digital-/Analog-Umsetzer (D/A-Wandler)** benötigt.

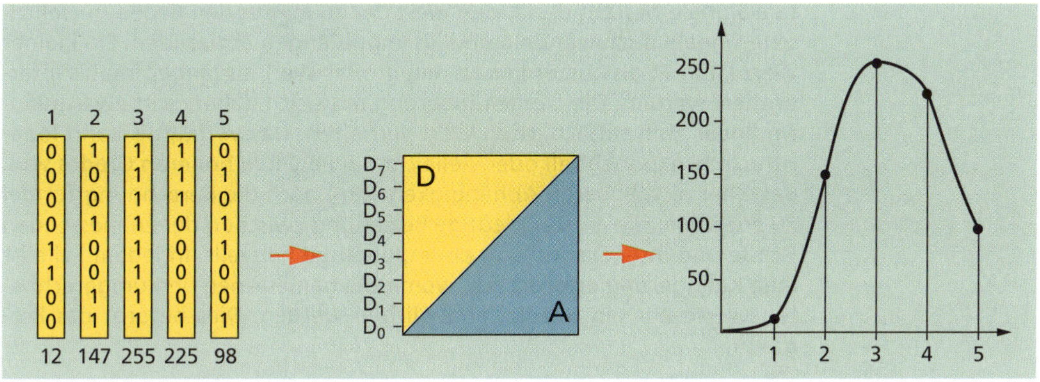

Analog-/Digital-Umsetzer

Die digitale Messwerterfassung hängt von der Auflösung und dem Messbereich ab. Beides lässt sich streng genommen nicht voneinander trennen. Je höher die Auflösung ist, um so genauer wird die zu messende Größe digital abgebildet.

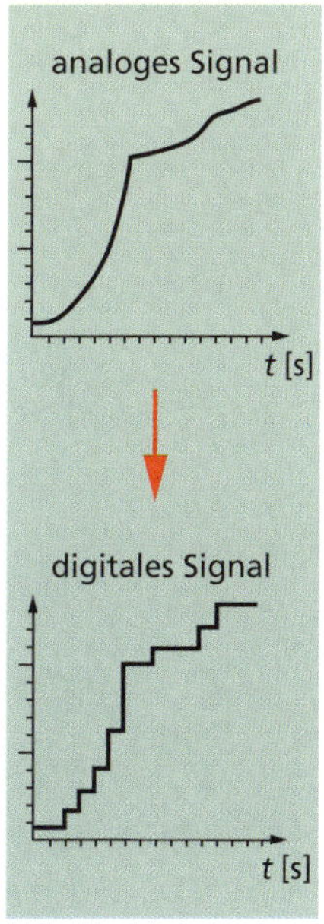

Die Abbildung eines Temperaturbereichs von 0° C (T_n) und 1000° C (T_{n+1}) bringt bei einer Auflösung von 1000 nach

$$\frac{T_{n+1} - T_n}{\text{Auflösung}} = \frac{10000\,°C - 0\,°C}{1000} = 1\,°C$$

eben nicht mehr als Temperatursprünge von einem ganzen Grad. Praktisch fallen derart große Differenzen mit dem gleichzeitigen Anspruch höchster Auflösung eher selten zusammen. Die gleiche Auflösung bringt für kleine Unterschiede schon bedeutend mehr Genauigkeit. Wird nur eine Temperaturdifferenz von 10° C erwartet, so kann nach

$$\frac{T_{n+1} - T_n}{\text{Auflösung}} = \frac{10\,°C - 0\,°C}{1000} = 0{,}01\,°C$$

bereits ein Hundertstel Grad gemessen werden.

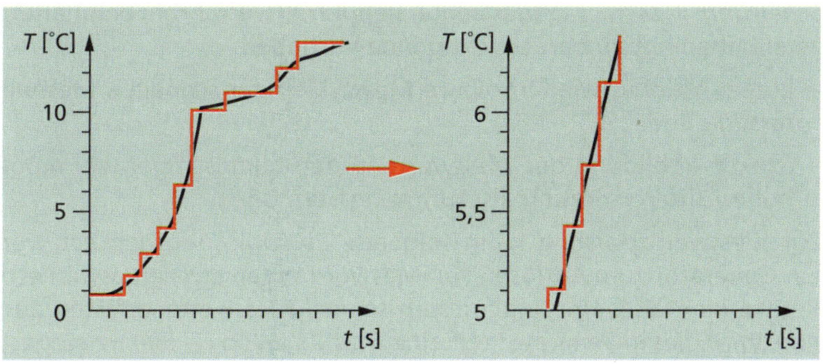

vgl. Soundkarte S. 328 ff.

Da höhere Auflösungen mit einem Mehr an technischen Aufwand und Rechenleistung erkauft werden müssen, ist das Verhältnis von Auflösung und Messbereich immer ein Optimierungsproblem. Es ist an die konkrete Anwendung anzupassen

Analogwerte als Impulslängen:
Eine bewährte Methode der Umsetzung von analogen Signalen in digitale Signale besteht darin, den Wert der zu messenden Größe in elektrische Signale umzuwandeln und als Impulslängen abzubilden. Ein kleiner Wert kann so als kurzer Impuls, ein großer Wert als langer Impuls interpretiert werden. Die Längenänderung muss sich dabei nicht zwangsläufig linear zum tatsächlichen Wert verhalten. Das Verhältnis kann logarithmisch, exponentiell oder vielleicht ein Polynom höheren Grades sein. Bei einer nichtlinearen Abhängigkeit wäre noch die Berechnungsformel zu ermitteln, die eine eindeutige Beziehung zwischen der zu messenden Größe und ihrer Darstellung als Impulslänge herstellt. In jedem Falle ist eine Kalibrierung erforderlich, womit die gemessenen und umgerechneten Werte auf ein Normal abgeglichen werden. Dies besorgt das Programm.

Impulslängenabhängigkeit vom Messwert:

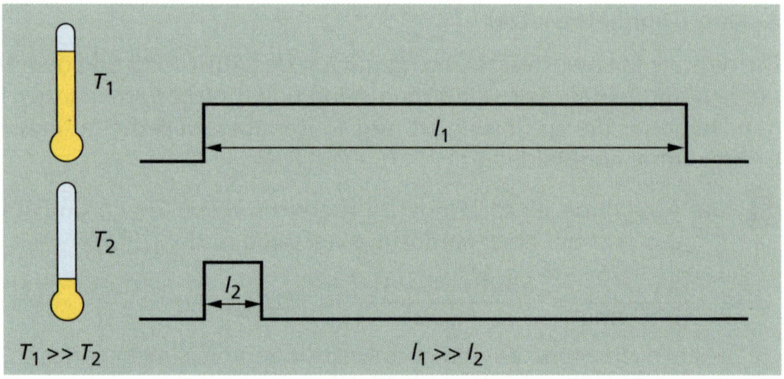

Rein theoretisch kann die Impulslänge jeden Betrag annehmen. Praktisch ergibt die Ausdehnung in Beliebigkeit keinen Sinn. Sie erzeugt sogar zusätzliche Fehlerquellen. Außerdem sind Messungen oft in kurzen und kürzesten Zeitabständen durchzuführen. So wird ein Messzyklus in der zeitlichen Ausdehnung möglichst klein gehalten. Kurze Impulse bereiten aber wieder zusätzlichen Aufwand beim Ausmessen ihrer Längen. Auch soll die Impulslängenänderung noch ausreichend Differenzierungsmöglichkeiten bieten.

Schaltung: Das hier angestrebte Impulsmessverfahren beinhaltet also zwei unbedingt zu berücksichtigende Vorgaben:

- kurze, beliebig wiederholbare Messzyklen zur schnellen Messwerterfassung und
- exakte Abbildung der Messwerte in den Impulslängen bei möglichst hoher Differenzierung als Auflösungsvermögen.

Zur Messwerterfassung kann folgende Prinziplösung genutzt werden. Ein Generator zum Auslösen von Messvorgängen erzeugt asymmetrische Rechteckimpulse. Um angemessen schnell Messwerte erfassen zu können, wird dieser Generator auf eine Frequenz von ca. 500 Hz eingestellt.

Impulse des Generators:

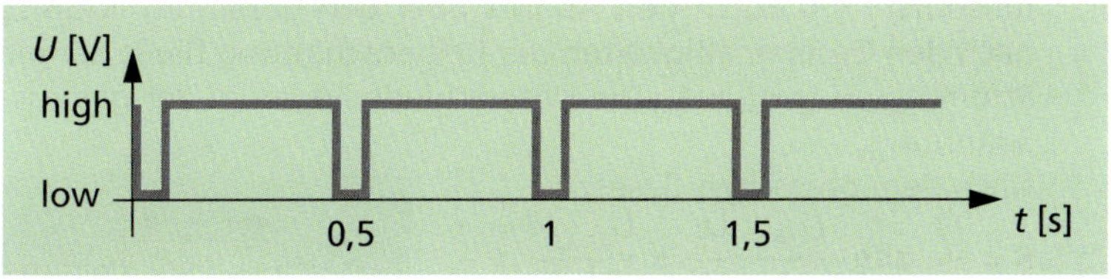

Dieser Generator regt einen monostabilen Flip-Flop an, der den Spannungspegel „High" in proportionaler Länge zum Messwert erzeugt. Der Zyklus einer einzelnen Messung soll innerhalb einer Impulsfolge abgeschlossen sein. Damit können bei 500 Hz genau 500 Messungen durchgeführt werden

Impulslängendarstellung innerhalb der Generatorimpulse:

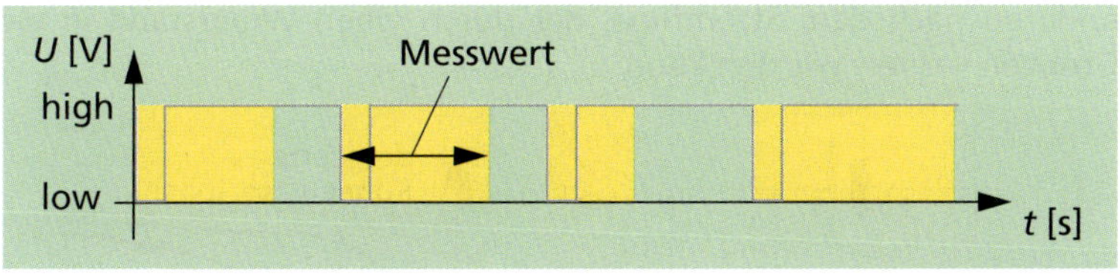

Sensor: Das bestimmende Glied in der Messeinrichtung ist der Sensor. Aktive Sensoren wandeln nichtelektrische Größen bereits in elektrische Größen um. Passive Sensoren bewirken eine Änderung elektrischer Eigenschaften, benötigen daher Hilfsstromquellen zur Signalerzeugung. Man unterscheidet zwischen

- analogen Sensoren,
- digitalen Sensoren und
- binären Sensoren.

Das Beispiel geht von passiven, analogen Sensoren aus.

Der Sensor ist die unmittelbare Schnittstelle zur Umwelt. Die Messeinrichtung wird so gestaltet, dass gleich eine Vielzahl unterschiedlicher Bauformen und Messgrößen sich für die Impulslängenänderung nutzen lassen.

Transparent gestaltet sich die Längenmessung mit einem linearen Widerstand.

Ein Widerstand berechnet sich nach $R = \frac{\rho \cdot l}{A}$.

$$\frac{R_{ges}}{R_x} = \frac{\frac{\rho \cdot l}{A}}{\frac{\rho \cdot x}{A}} = \frac{\rho \cdot l \cdot A}{A \cdot \rho \cdot x} = \frac{l}{x}$$

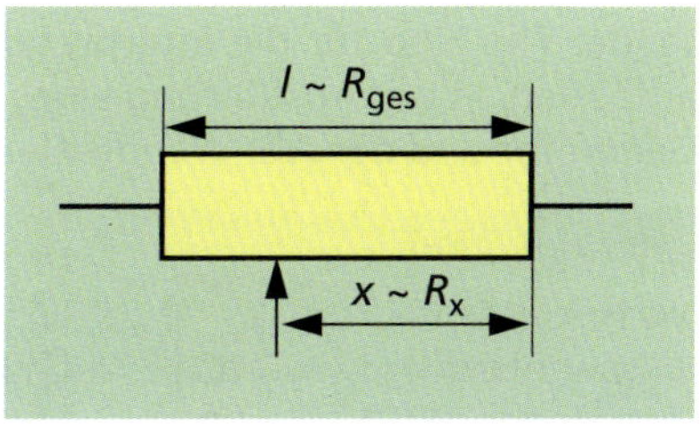

Bei konstantem spezifischen Widerstand und konstantem Flächeninhalt der Querschnittsfläche verhält sich demnach der elektrische Widerstand proportional zu seiner Länge.

Wird nun eine Teillänge x abgegriffen, stellt sich zwangsläufig ein Widerstand R_x ein. Der abgegriffene Widerstand gibt indirekt Auskunft über die aktuelle eingestellte Weglänge.

Je nach Messauswertung ließe sich die Länge ebenfalls in Spannung darstellen. Ob durch den Abgriff oder den gesamten Widerstand, nach den Gesetzmäßigkeiten der Reihenschaltung fließt der gleiche Strom: $I_{ges} = I_1 = I_2 = I_n$. Die Unterschiede liegen in der gemessenen Spannung.

Nach dem ohmschen Gesetz

$R = \frac{U}{I}$ gilt: $\frac{U_{ges}}{I} : \frac{U_x}{I} = \frac{U_{ges} \cdot I}{U_x \cdot I} = \frac{I}{x}$

Nach dieser Beziehung zeigt das Spannungsmessgerät indirekt die Länge x an.

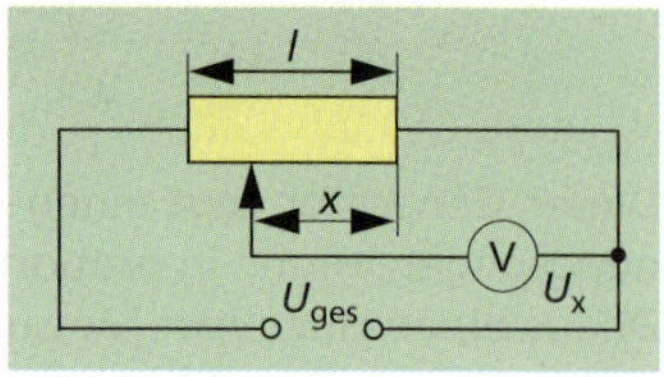

Viele Sensoren basieren auf Widerstands- oder Kapazitätsänderungen. Grundlage der Messung soll hier die Ladezeit eines Kondensators sein. Diese richtet sich zum einen nach der Kapazität des Kondensators, zum anderen nach dem Stromfluss, der durch einen Widerstand in weiten Grenzen variiert werden kann.

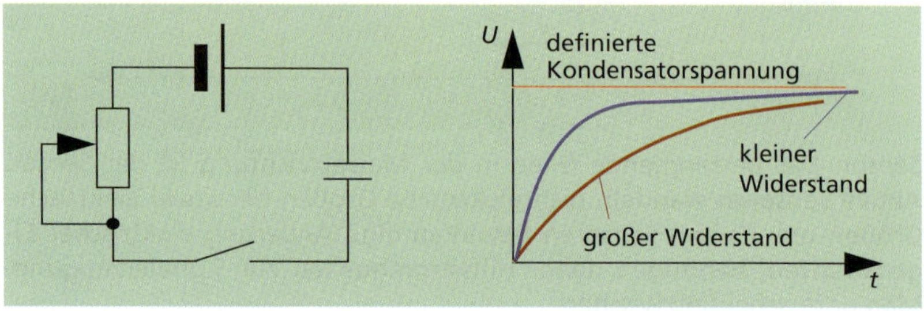

R steht für Widerstand, C für Kondensator.

Mit diesem **R/C-Glied** ergibt sich die Möglichkeit, Sensoren sowohl mit Kapazitätsänderungen (C = variabel und R = konstant), als auch mit Widerstandsänderungen (R = variabel und C = konstant) zu nutzen. Ohne jede Änderung lassen sich so mit der selben Messschaltung die unterschiedlichsten Analogdaten erfassen.

Es wird ersichtlich, dass für die schaltungstechnische Umsetzung zwei Baugruppen benötigt werden, der *Impulsgenerator* und der eigentliche *Analog/Digital-Umsetzer.*

Impulsgeneratoren lassen sich mit diskreten Bauelementen, mit Logikschaltkreisen oder z. B. mit Schaltkreisen höherer Funktionsintegration verwirklichen. Der Zeitgeberbaustein vom Typ „555" zeichnet sich durch hohe Ganggenauigkeit aus. Mit dem gleichen Schaltkreis lässt sich auch ohne viel Außenbeschaltung in einfacher Weise ein monostabil arbeitender Flip-Flop für die Interpretation der Messwerte als Impulslängen aufbauen. In der Ausführung eines Doppeltimers (IC „556") lässt sich der Generator und der A/D-Wandler leicht auf engstem Raum unterbringen.

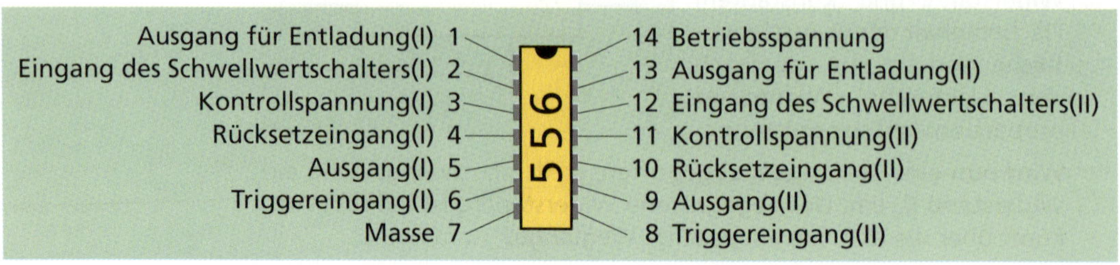

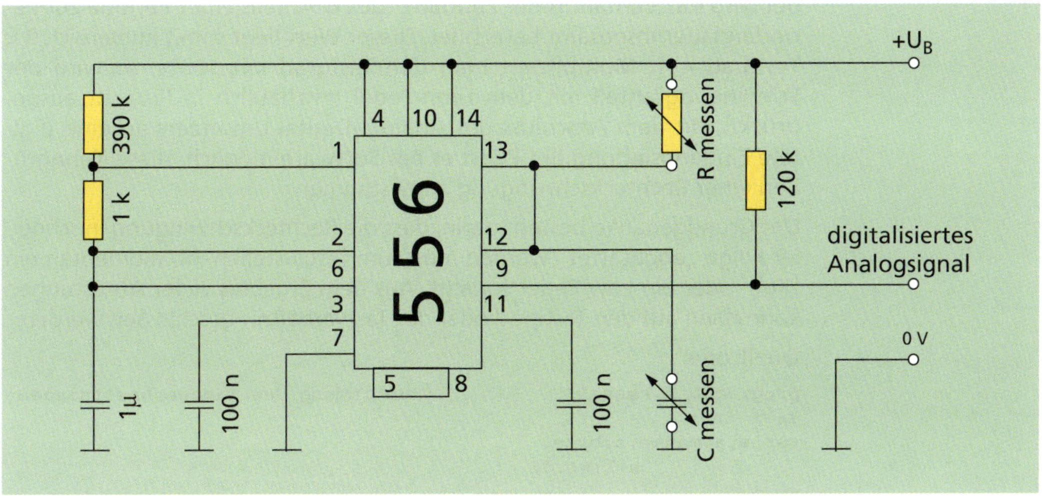

Der erste Timer (links im Bild) erzeugt in dieser Verschaltung die asymmetrischen Rechteckimpulse. Über die Widerstände von 27 kΩ und 390 Ω wird der Kondensator 100 nF an Pin 2 und 6 bis zur Schaltschwelle auf Zweidrittel der Betriebsspannung aufgeladen. Beim Erreichen dieser Spannung schaltet der interne Komparator um. Nun entlädt er sich auf ein Drittel der Betriebsspannung. Dort angekommen schaltet der zweite interne Komparator um. Das Ergebnis dieser Auf- und Entladungen sind die angestrebten asymmetrischen Rechteckimpulse an Pin 5 mit einer Frequenz von etwa 500 Hz. Der Anteil des High-Pegels ist gegenüber dem Low-Pegel extrem groß; die Low-Pegel erscheinen auf dem Oszilloskop lediglich als winzige Nadelimpulse.
Das abgegebene Signal triggert über Pin 8 die zweite Baugruppe (rechts im Bild). Die Zeit mit „High"-Pegel hängt vom Kondensator an Pin 12 und dem Widerstandswert an Pin 13 ab. Die ladezeitbestimmenden Bauelemente sind der Kondensator C_{messen} und der Widerstand R_{messen}. Sie können beliebig durch Sensoren ausgewechselt werden. Als Sensoren kommen demzufolge Widerstände oder Kondensatoren infrage. Die Paarungswerte definieren die Rücksetzzeit auf den Spannungspegel Low. Das jeweils andere Bauteil behält den vorgeschriebenen Festwert.

Widerstände können sein: Potentiometer, Thermistoren, Drucksensoren, Fotowiderstände, elektrolytische Flüssigkeiten, poröse Werkstoffe mit Feuchtigkeitseinbindungen, … . Kondensatoren können sein: Feuchtesensoren, Schallsensoren, Drehkondensatoren, … .

Es wird eine Gleichspannung von 12 V (oder weniger) benötigt. Die digitalisierten Analogdaten werden an die CTS-Leitung der seriellen Schnittstelle COM1 geführt. Um Fehlbedienungen mit schweren Folgen am Rechner auszuschließen, wird das Interface galvanisch getrennt über einen Optokoppler an den PC angeschlossen. Der Typ „4N25" kann bedenkenlos durch andere Typen ausgetauscht werden.

Programm: Die erzeugte Rechteckschwingung ist in ihrer Frequenz konstant. Anders verhält es sich mit dem so genannten Tastverhältnis der Rechteckschwingungen, also dem Verhältnis des Periodenanteils mit hohem Potential (High-Anteil) zum Periodenanteil mit niedrigem Potential (Low-Anteil). Diese Relation ändert sich in einem weiten Bereich, wenn es zu einer Veränderung des Widerstandes und/oder der Kapazität kommt.

Eine andere Größe zur Kennzeichnung der Kurvenform der Rechteckschwingung könnte man mit dem Begriff „Tastgrad" umschreiben. Hierbei wird das Verhältnis der Zeitdauer des H-Anteils einer Periode zur Periodendauer insgesamt berechnet. Dieser Wert liegt somit im Bereich 0 < Tastgrad < 1. Multipliziert man den Tastgrad mit 100%, so wird der Schwingungsanteil mit dem High-Pegel anschaulich in Prozent ausgedrückt. Mit dem Anschluss des Analog-/Digital-Umsetzers an eine digitale Eingangsleitung des PC ist es per Software möglich, diese Kenngrößen einer Rechteckschwingung zu bestimmen.

Der Grundgedanke besteht darin, dass die Rechteckschwingung in schneller Folge „abgetastet" werden muss, um festzustellen, ob momentan ein High- oder ein Low-Pegel vorliegt. Aus dem Ergebnis vieler Abtastungen kann dann auf den Tastgrad oder das Tastverhältnis geschlossen werden.

Quellcode:

```
program L_H_Pascal;            {Bestimmung des Tastverhaeltnisses}
uses crt;
var e,a,maske,z:byte;
             h,l:word;
begin
clrscr;
writeln;
writeln('*** Tastverhaeltnis ***':48);
writeln;
repeat
  gotoxy(10,10);
  l:=0; h:=0; z:=0;
  maske:=16;                   {CTS, COM1}
inline($FA);                   {Unterbrechungen verhindern}
  e:=port[$3FE] and maske;     {Startflanke an CTS, COM1 abwarten}
repeat
  a:=e;
  e:=port[$3FE] and maske;
until e>a;
repeat                         {Messschleifen}
  repeat
    a:=e;
    e:=port[$3FE] and maske;   {CTS, COM1}
      if e=maske then h:=h+1;  {H-Pegel}
      if e=0   then l:=l+1;    {L-Pegel}
  until e>a;
  z:=z+1;
until z=10;                    {Anz. Durchläufe z. Mittelwertbildung}
inline($FB);                   {Unterbrechungen erlauben}
  writeln('H-Anteil':18,'Gesamtzahl':14,'Anteil':12);
  writeln(h:24,h+l:14,h/(l+h)*100:14:1,'%');
  delay(100);
until keypressed;
end.
```

Programmbeschreibung:

In diesem Programm sind verschiedene Werte als Konstanten eingetragen und ganz auf die COM1 ausgerichtet. Zu beachten ist am Anfang des Programms deshalb die Initialisierung der festgelegten Variablen. Die CTS-Leitung besitzt im Modemstatusregister (Offset = 6) den Stellenwert „16". Die Basisadresse der COM1 ist `3F8h`, das Modemstatusregister unter Berücksichtigung des Offsets mit `3FEh` ansprechbar. Die Anweisung `PORT` ist sowohl für die Datenausgabe als auch für die Datenaufnahme einsetzbar. Ein eingelesener Wert kann unter Anwendung einer logischen Verknüpfung mit AND daraufhin untersucht werden, ob genau das Bit im gelesenen Wert gesetzt ist, das dem Maskenwert entspricht. Und so funktioniert der erste Teil des Programms: Es verweilt in einer Wiederholung mit nachgestelltem Test, bis der zuletzt eingelesene Wert an der herausgefilterten Bitposition einen größeren Wert aufweist als beim Lesevorgang zuvor. Wenn genau dieser Sachverhalt zutrifft, dann ist ein Low-High-Wechsel lokalisiert worden, der als Startmerkmal für die Messungen dient. Für eine vorgegebene Anzahl von Perioden, im Beispielprogramm sind es zehn Schwingungen, wird anschließend in einer weiteren Programmschleife die Anzahl der Abtastungen mit Low- bzw. mit High-Pegel gezählt. Während der eigentlichen Messprozedur kommt es darauf an, dass das Computerprogramm für eine exakt gleichmäßige Abtastung des Rechtecksignals sorgt. Im Programmablauf darf es deshalb keinen unterschiedlichen Zeitaufwand für die Bewertung eines Low- oder eines High-Pegels geben. Außerdem darf die Messung nicht durch andere Prozesse im PC gestört werden. Aus diesem Grunde sind die Anweisungen inline zu finden. Sie schränkt die Interruptunterbrechungen stark ein.

Mit PASCAL oder C ist diese Aufgabe leicht zu erfüllen. Auch sind beim Einsatz dieser Compiler die Ergebnisse im Hinblick auf ihre Reproduzierbarkeit und Genauigkeit zufriedenstellend. Ein BASIC-Interpreter wie QBASIC hingegen scheitert selbst auf schnellen Computern bei dieser Aufgabenstellung.

Nach Auswertung der zehn Perioden lässt sich in der Ergebnisanzeige erkennen, wie viel Abtastpunkte insgesamt realisiert werden konnten und wie groß der Anteil der High-Pegel an der Gesamtzahl war. Je öfter das Rechtecksignal während einer Schwingung abgetastet wird, desto genauer kann das Tastverhältnis ermittelt werden. In dieser Frage spielt die Taktfrequenz des Computers eine maßgebliche Rolle. Ein Pentium mit hoher Taktfrequenz wird viel bessere Messergebnisse liefern können als ein XT-Rechner. Aber auch die Programmiersprache wirkt sich auf das Ergebnis aus.

Digital-/Analog-Umsetzer

Ein **Digital-/Analog-Umsetzer** wandelt digitale Signale (wieder) in analoge Signale um. In grober Vereinfachung erfolgt dies in drei Schritten:

1. Der binäre Wert wird in einen entsprechenden dezimalen Zahlenwert umgerechnet.
2. Zwischen den dezimalen Zahlenwerten werden zusätzliche Werte rekonstruiert, berechnet, um „fließende" Übergänge zu erhalten.
3. Das fertige analoge Signal gelangt über den Ausgang zu den Aktoren

Aktoren können sein: Lautsprecher, Lampe, Motor, Heizung, ...

Die binär abgelegte Auflösung definiert den tatsächlich verfügbaren, den physischen Wertebereich. Bei 32 Bit ergeben sich $2 \cdot 2^{31} = 16777216$, also annähernd 17 Millionen darstellbare Nuancen. Für viele Anwendungen sind solche großen Wertebereiche gar nicht erforderlich, für andere hingegen immer noch zu klein.

Mit geringen Auflösungen und größeren Wertesprüngen kommt man aus, wenn es darum geht, quasianalog die Lautstärke der Tonwiedergabe digital einzustellen. Weit höhere Ansprüche werden beispielsweise dort gestellt, wo es darum geht, das anspruchsvolle Wahrnehmungsvermögen von Menschen „auszutricksen". Die physische Auflösung reicht da oft nicht aus als alleiniges Maß. Durch Interpolation werden noch zusätzliche, zwischenliegende Werte berechnet, um schließlich die „weichen" Übergänge zu erzielen.

4.2.4 NC-Steuerung

NC: numerical control

NC bedeutet, dass eine Maschine anhand eingegebener Zahlen gesteuert wird. Zur Fertigung eines Werkstücks liegen mit der technischen Zeichnung die Abmessungen, Formen, Toleranzen, Werkstoffe und Oberflächengüten vor.

technische Zeichnung:

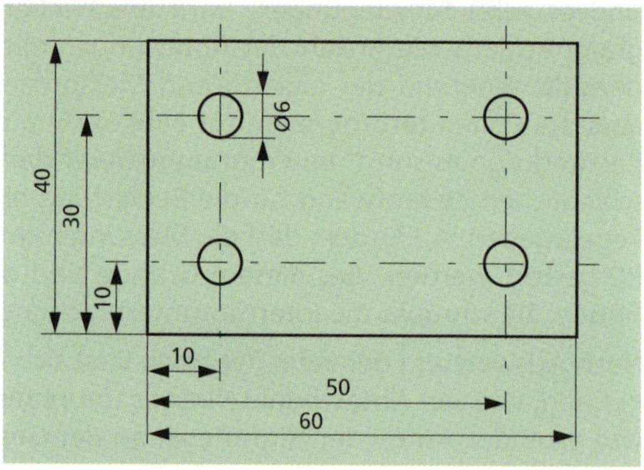

Für das Einbringen der Bohrungen wird der Bohrer jeweils in die erforderliche x-y-Position gebracht. Die Weginformationen lassen dazu zweierlei bestimmen:

Im Beispiel liegt der Koordinatenursprung bei der linken unteren Ecke des Werkstücks.

- Wird das Werkstück in einen Koordinatenursprung hineingelegt, lassen sich von diesem aus die Weginformationen *absolut* angeben. Jede einzelne Bohrposition wird vom Nullpunkt aus in den jeweiligen x- und y-Werten angegeben.

```
0, 0
10, 10
10, 30
50, 30
50, 10
0, 0
```

- Die Weginformationen lassen sich aber auch relativ, *inkremental* als Zählergebnisse angeben. Dabei wird von der augenblicklichen Position des Bohrers ausgegangen.

```
0, 0
10, 10
0, 20
40, 0
0, -20
-50, -10
```

In der Praxis können diese Weginformationen auch miteinander kombiniert werden. Jedenfalls sind die Steuersysteme unterschiedlich in der Lage, diese Informationen in Bewegungen der Bohrspindel (und Werkzeuge darüber hinaus) umzusetzen.

Für die *inkrementale Steuerung* ist ein Zähler notwendig. Es lassen sich zwei grundlegende Formen dieser Bewegungsumsetzung in Maschinen unterscheiden:

Codescheibe ↗ S. 380

1. Der zurückgelegte Weg wird mit einem Sensor als Impulse erfasst und vom Zähler registriert. Der Prozessor steuert danach den Aktor (Motor). Dies kann beispielsweise ein **Strichmaßstab** oder eine **Strichscheibe (Codescheibe)** sein.
2. Der Zähler kann andererseits auch positionsgenau einen Aktor bedienen, womit das Messsystem entfällt. Von solchen Aktoren wird eine hohe Wiederholgenauigkeit gefordert. Ein typischer Vertreter zur Ausführung exakter Winkelschritte ist der **Schrittmotor.**

Der Bohrer lässt sich genauso gut *absolut* positionieren. Auch hier sind zwei Varianten zu unterscheiden:

1. Der Weg wird absolut mithilfe eines Codes gelesen. Rotierende Bewegungen lassen sich etwa mit einer **Codescheibe,** geradlinige mit einem **Codelineal** messen. Aus dem Vergleich zwischen der gespeicherten Sollposition und der momentanen Position des Bohrers leitet die Prozessorik die entsprechende Bewegung des Motors ab.
2. Die andere Möglichkeit ergibt sich, wenn zusätzlich zum Strichmaß ein **Grenzwertschalter** angebracht ist. So wird der Bohrer nach jeder angefahrenden Position immer wieder in die Ausgangsstellung zurückgefahren, betätigt den Schalter und findet so seine Nullstellung. Von hier aus werden die Wege als Impulse absolut vom Nullpunkt gezählt.

Codelineal

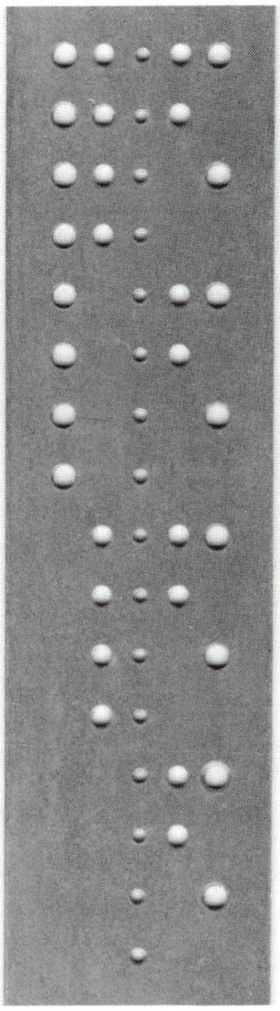

Bleibt die Frage, wo die Bewegungsabläufe, sie sind in der Regel viel komplexer und verlaufen zudem im dreidimensionalen Raum, gespeichert sind. Das klassische Prinzip sind die **Lochkarten,** wie sie sich bis heute in der modifizierten Form von Lochstreifen halten konnten. Binär sind darin die verschiedenen Aufgaben und Abmessungen als Löcher verschlüsselt.

Die Löcher (Bits) in einer Senkrechten quer zur Laufrichtung des Lochstreifens ergeben das jeweilige Schlüsselwort. Verbreitet sind 8 Bit. Höhere Werte, wie sie beispielsweise für die Maßumsetzungen benötigt werden, ergeben sich aus mehreren Lesepositionen hintereinander. Auch die Befehle sind als Lochmuster (Bitmuster) festgelegt.

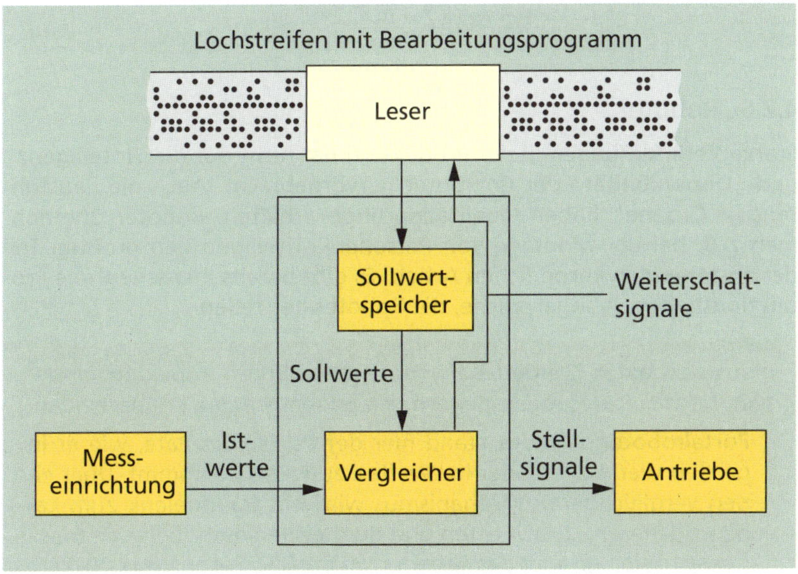

Beispiel für Lochkartensteuerung: Webstuhl von JACQUARD (↗ S. 243)

Der Lochstreifen entspricht einer maschinennahen Programmierung, wie sie mit der Assemblersprache realisiert wird. NC-Systeme lassen sich auch in höheren Sprachen (also anwenderfreundlicher) programmieren. Eine solche Programmiersprache ist beispielsweise **APT**. Der Befehlsumfang enthält Geometriebefehle, Bewegungsbefehle und Hilfsbefehle.

APT: advanced programming tool

4.2.5 CNC-Steuerung

CNC: **c**omputer **nu**merical **c**ontrol

CNC steht für eine Technologie, bei der der Computer Bestandteil des Maschinensystems ist. Der Lochstreifen wird höchstens noch dazu verwendet, um das Programm in den Halbleiterspeicher einzulesen. Eine Tastatur ermöglicht jedoch eine direkte Programmierung ohne diesen Umweg und kann am Bildschirm verfolgt werden.

Die Programmiersprachen sind dieselben wie bei der NC-Steuerung, wobei mit dieser Technologie noch viele hinzukamen, die oft herstellerspezifisch sind.

Änderungen und Anpassungen lassen sich im Gegensatz zur NC-Steuerung also schnell und bequem vornehmen.

Komponenten eines CNC-Systems

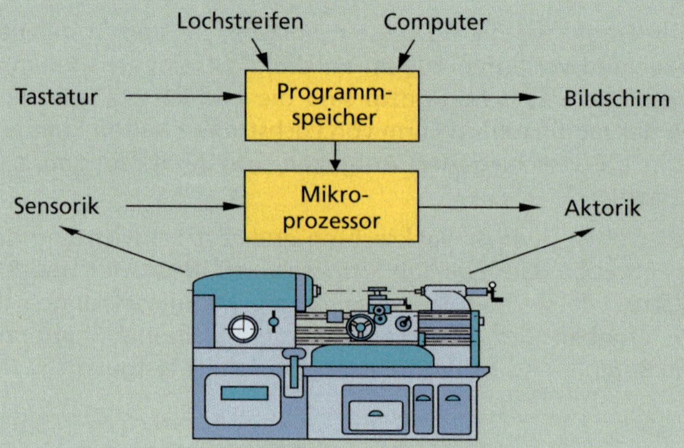

4.2.6 Roboter

Den ersten Industrieroboter „Unimax" schuf die amerikanische Firma Unimation Mitte der sechziger Jahre. Er konnte zugreifen, Objekte von einem Ort zum anderen bewegen, die Objekte auch drehen. Eine schwedische Gießerei setzte ihn zur Humanisierung der Arbeit ein.

Starke Veränderungen in der Produktion hat nicht nur die „Intelligenz" und „Disponibilität" der Computer hervorgebracht. Auch die „ausführenden Organe" haben Qualitätssprünge erhalten. Roboter übernehmen z. B. bei der Montage von Personenkraftwagen den größten Teil der anstehenden körperlichen Arbeit. Es gibt bereits menschenfreie Produktionshallen, ja sogar solche, die Roboter herstellen.

Industrieroboter werden nach unterschiedlichen Aspekten eingeteilt. Nach *Einsatzgebieten* lassen sich folgende Arten unterscheiden:

- **Portalroboter:** Als Idee stand hier der Portalkran Pate, wie er in großen Werkhallen oder in Werften zum Einsatz kommt. Über einen vergleichbaren Mechanismus wird ein Handgelenk zum Laden, Sortieren, Umschichten und dergleichen mehr bewegt. Diese Konstruktion erlaubt das Arbeiten an großflächigen Werkstücken.
- **Knickarmroboter:** Ihr Hauptanspruch besteht darin, für die Durchführung unterschiedlicher Arbeiten den menschlichen Arm nachzubilden. Sie sind kompakter als Portalroboter und vor allem viel beweglicher. Der Aktionsraum eines Knickroboters beschreibt etwa die Form einer Kugel.

Mischformen von Robotern: Der Portalroboter führt in erster Linie geradlinige Bewegungen aus, der Knickarmroboter drehende. Diese unterschiedlichen Bewegungsformen lassen sich auch miteinander kombinieren. Es entstehen daraus Roboter mit großem Aktionsraum für diffizile Arbeiten. Kleinere Konstruktionen dieser Art finden zum Beispiel in der Elektronik breitere Verwendung.

Roboter werden dazu geschaffen, um Arbeiten zu verrichten. Die eigentliche Wirkstelle ist das am Handgelenk befestigte Werkzeug. Dies können angeflanschte Zangen zum Greifen, Vakuumsauger zum Heben, Elektroden zum Schweißen, Bohrmaschinen, Düsen zum Auftragen von Farben und Klebstoffen, Schraubendreher, Trennscheiben und anderes mehr sein.

Was ein Roboter zu leisten in der Lage ist, hängt von vielen Faktoren ab. Ein wichtiges Maß ist seine Beweglichkeit, die Anzahl so genannter Freiheitsgrade. Jede einzelne Bewegung bezeichnet einen **Freiheitsgrad.**

Um die Lage eines Körpers im Raum beliebig ändern zu können, sind drei translatorische Freiheitsgrade erforderlich.
Die translatorischen Richtungen werden mit x, y und z angegeben. Darüber hinaus werden drei rotierende Freiheitsgrade gebraucht, um an beliebiger Stelle im Raum einen Körper in jede Lage drehen zu können. Diese werden mit A, B und C bezeichnet.

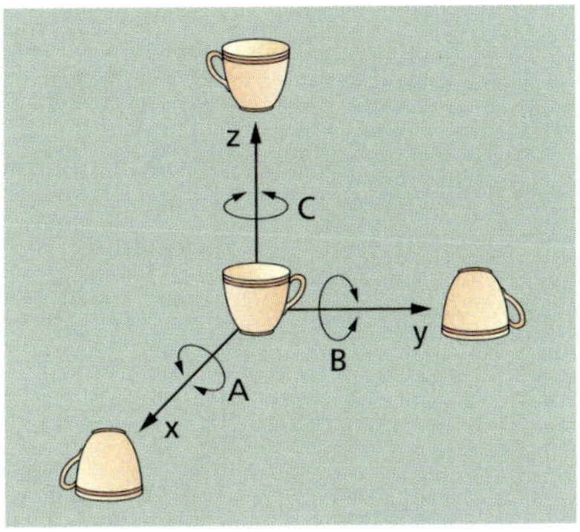

Um diese Lagen mit dem Roboter verwirklichen zu können, wird eine Kinematik benötigt, die den Greifer oder das Werkzeug den Anforderungen entsprechend bewegt. Nicht jeder Roboter benötigt die maximale Anzahl möglicher Freiheitsgrade, sie werden von den zu verrichtenden Arbeiten bestimmt. In Kombination von drei Achsen entstehen unterschiedliche Arbeitsräume.

Arbeitsräume bei 3 Achsen:

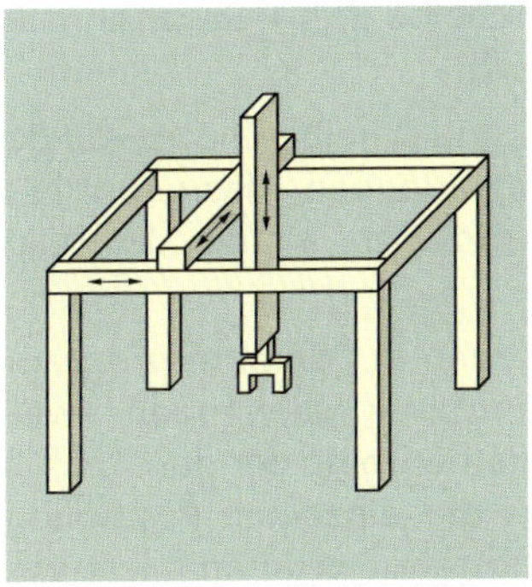

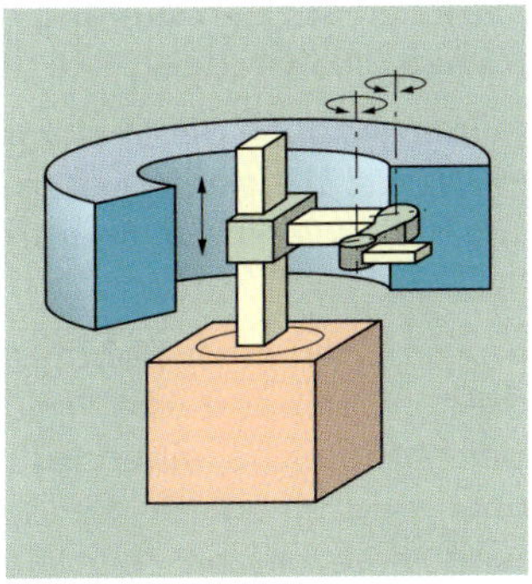

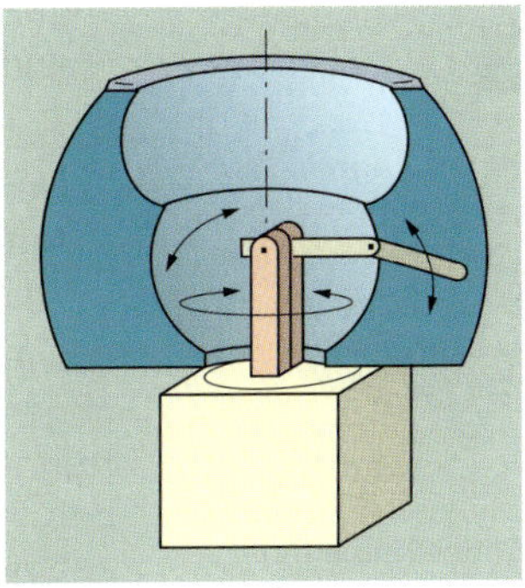

Roboter beispielsweise mit fünf rotierenden Achsen sind so beweglich, dass sie alle Bewegungen der Hand nachbilden können. Diese Roboter werden darum oft für die Montage, in Laboren und dort verwendet, wo diese Freiheitsgrade zur Verrichtung der Arbeiten unentbehrlich sind.

Für Roboter gibt es zwei Arten von Antrieben. Roboter zum Spielen oder Modellieren werden aus Gründen der Einfachheit meistens mit *Schrittmotoren* angetrieben. In Drehzahl und Drehmoment sind solche Antriebe für Industrieroboter zu schwach. Sie werden von den leistungsstärkeren *Gleichstrommotoren,* zunehmend auch von *Servo-Drehstrommotoren* angetrieben. Der Nachteil bei ihnen ist wieder, dass sie sich nicht direkt und positionsgenau steuern lassen.
Es wird eine Messeinrichtung gebraucht, die die einzelnen Drehpositionen als Impulse auszählt. Gewöhnlich geschieht dies durch Lichtschranken, also optisch.

1 Beleuchtungseinrichtung
2 Blende
3 digitales Ausgangssignal
4 Fototransistor
5 Codescheibe

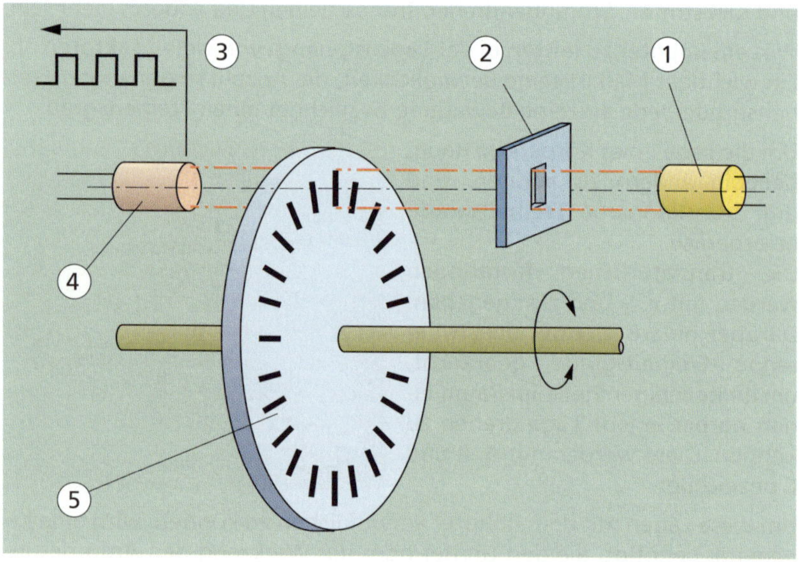

Wie bei den NC-Maschinen schon erörtert, sind auch hier zwei Arten der Positionserfassung (hier des Drehwinkels) möglich:

- *Relativ* lässt sich der Winkel mit einer **Strichscheibe (Codescheibe)** ermitteln. Die Strichmarkierungen definieren den Drehwinkel, die wiederum in ihren Abständen die Auflösung bestimmen.
  Bei 360 Strichen auf den Umfang der Scheibe sind 1-Grad-Schritte, bei 8000 Strichen 0,05 Grad-Schritte möglich.
- Zur *absoluten* Angabe der Drehwinkel sind Scheiben nötig, die den jeweiligen Winkel als numerischen Wert angeben. Dazu sind je nach Auflösung sehr viel mehr Spuren erforderlich, als bei der relativen Wegerfassung.

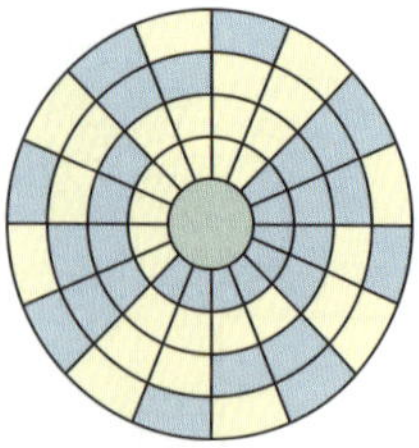

Codescheibe mit 4 Spuren bei einer Auflösung von 360° : 16 = 22,5°

Die Anfahrpositionen eines Roboters werden in Computerprogrammen abgespeichert. Zumindest die Industrieroboter verwenden zwei getrennte Speicherbereiche, einen für die Reihenfolge der durchzuführenden Aktionen und einen für die Ablage der einzelnen Positionen. Da entsprechend diese beiden Teile auch getrennt programmiert werden können, bringt dies den Vorteil, dass die Positionen verändert werden können, ohne gleich auch die Aktionen mitbearbeiten zu müssen.

Die Programmierung von Robotern erfolgt herstellerabhängig in unterschiedlichen Programmiersprachen.

Hersteller	Programmiersprache
Adept ASEA Bosch	VAL ARLA BAPS

Hersteller	Programmiersprache
Siemens Unimation	SRCL VAL

Eine Vereinheitlichung der Programmiersprachen hat sich trotz der genormten Schnittstelle **IRDATA** für Roboter noch nicht durchsetzen können.

Das Programmieren kann in zweierlei Weise erfolgen, *on-line* oder *off-line.*

Die **On-line-Programmierung** erstellt das Programm unmittelbar am Einsatzort des Roboters.
Mit einer **Teachin-Box** wird der Roboterarm zur jeweils gewünschten Position gefahren, um diese dann in der Datenbank abzuspeichern. Diese **Teach-In-Programmierung** liefert die Positionen im Wegesystem. Die Arbeitsgeschwindigkeit, die natürlich deutlich höher ist, als von Hand angefahren wurde, zudem zwischen Zustell-, Arbeits- und Rückholbewegung unterscheidet, wird im Nachhinein eingegeben.
Die andere On-line-Programmierung ist die **Play-Back-Programmierung.** Ein Facharbeiter nimmt den Roboter, das Arbeitsorgan quasi an der Hand und lenkt das Werkzeug im erforderlichen Ablauf. Man verwendet diese Art der Programmierung beispielsweise, um dem Roboter die Bewegungen zum Lackieren von Karosserieteilen der Autoindustrie. Die so übertragenen Daten werden abgespeichert.

Teachin-Box

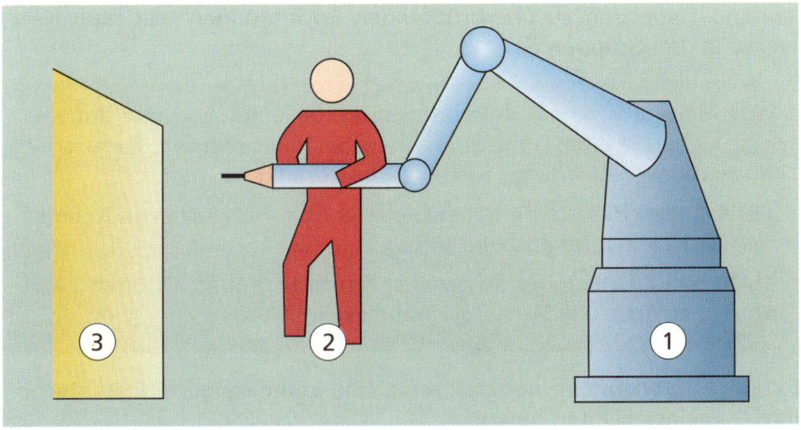

1 freigeschalteter Roboter
2 Lackierer beim Führen des Roboters
3 zu lackierende Oberfläche

Die **Off-line-Programmierung** erfolgt außerhalb des Robotereinsatzes. Der Wirtschaft bringt dies den Vorteil, keine großen Unterbrechungen im Arbeitszyklus zu haben. Sie erfolgt textlich oder grafisch, ist aber aufgrund der Ferne zum Einsatzort und der notgedrungenen Abstraktion auch sehr viel schwieriger und mit Ungenauigkeiten verbunden. Erleichterung bietet die grafische Oberfläche, die den Roboter dreidimensional darstellt und damit wenigstens virtuell die Einsatz- und Arbeitsbedingungen anzeigt., die dennoch nicht hundertprozentig den tatsächlichen Verhältnissen entspricht.

Vielerorts setzt sich eine **hybride Programmierung** durch: Off-line wird das Skelett des Programms erstellt, das on-line präzisiert und ergänzt wird.

4.3 Netzwerke

Netzwerke gibt es als Straßennetze, als Energieverbundsysteme, als Telefonnetze und dergleichen mehr.

Im wachsenden Umfang werden Personen und Materialien, Energien und Informationen hin- und herbefördert. Um effektive Verteilungsergebnisse zu erzielen, schafft man ganze Netzwerke.

Schon die Mongolen, Chinesen, Assyrer und Römer schufen umfangreiche Straßen- und Kommunikationsnetze, die nachfolgenden Lösungen Vorbilder waren. Die afrikanischen Trommeln vernetzten den Informationsaustausch ebenso wie die Rauchzeichen der Indianer oder Griechen. Später kamen verschiede Netze zum Telegrafieren und Telefonieren hinzu.

Mit der Computertechnik erlangten Informationsnetze einen besonderen Stellenwert.
Als kleinstes Netz dieser Art mag man schon den Zusammenschluss zweier Rechner anerkennen. Das Superlativ liegt derzeit wohl im Übernetz der Netze, im **Internet.** Es verbindet Rechner noch so entlegener Orte und ermöglicht grenzenlose Information und Kommunikation. Es nimmt nunmehr schon klassisch zu nennende Formen des Informationsaustausches wie das Telefon, den Rundfunk oder das Fax auf und schafft völlig neue Formen der Kommunikation wie z. B. E-Mail, Videokonferenzen oder Newsgroups.

4.3.1 Lokale und Telekommunikationsnetzwerke

Abhängig von den zu überbrückenden Entfernungen teilt man **Netzwerke** in drei Gruppen ein:

LAN ist die Abkürzung für „local area network“.

WAN ist die Abkürzung für „wide area network“.

MAN ist die Abkürzung für „metropolitan area network“.

LAN: Hiermit wird ein Netz bezeichnet, dessen Reichweite auf wenige Gebäude eines abgeschlossenen Geländes (Betrieb, Fach- oder Hochschule, Verwaltung, Schule, ...) beschränkt ist.

WAN: Dieses Netz verbindet Teilnehmer über Hunderte von Kilometern, beispielsweise auch via Satellit.

MAN: Die Übertragungsdistanz ist deutlich größer als beim LAN, aber eben auch wieder viel kleiner als beim WAN.

Exakte Abgrenzungen per Definition sind kaum möglich. Eher stechen ihre Gemeinsamkeiten hervor:
Mehrere Benutzer teilen sich die lokal beschränkten Ressourcen wie Laufwerke, Drucker oder Scanner und betreiben Datenkommunikation wie E-Mail oder Online mittels PC oder Workstation. Sie sind hierarchisch unstrukturiert meist auf derselben Ebene miteinander verknüpft. Die ersten Netzwerke waren LANs.

Die Computer werden je nach Hardware und Netzanbieter in großer Vielfalt von Strukturen verbunden.
Ein Standard bildete sich heraus, als sich zwei Vernetzungstechniken durchsetzten: **Ethernet** von Xerox, DEC und Intel sowie **Token Ring** von IBM. Nach wie vor sind aber auch andere Netztechnologien in Anwendung.

4.3.2 Vernetzungsarten

Vernetzungen können grundsätzlich von zwei unterschiedlichen Ansätzen ausgehen, von *Peer-to-Peer* oder von *Client-Server.*

Beim **Peer-to-Peer** ist ein zentraler Server nicht unbedingt erforderlich, auf dem alle gemeinsam genutzten Dateien liegen. Jeder Computer kann auf die Festplatte eines anderen Computers zugreifen. Zum Zusammenschalten der Rechner wird oft ein zentrales Steuergerät, ein **Hub** oder Computer verwendet.

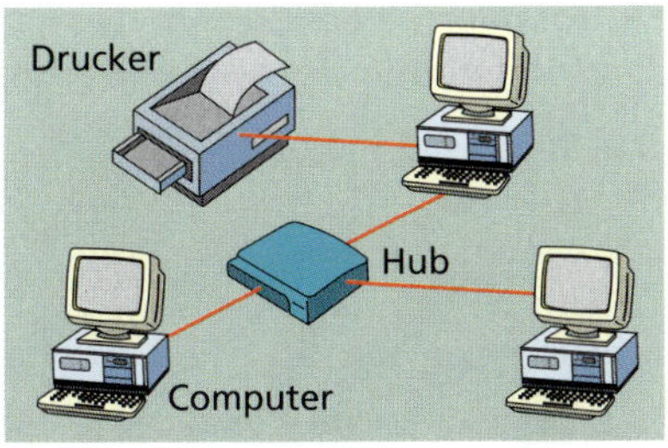

Solange diese Fremdzugriffe erfolgen, darf keiner der Rechner ausgeschaltet werden. In größeren Netzwerken verwendet man deshalb einen zentralen, dedizierten Server. Dieser arbeitet normalerweise Tag und Nacht bei ausgeschaltetem Monitor.

Für den Fall eines Stromausfalls übernimmt eine USV (unterbrechungsfreie Stromversorgung auf Akkubasis) vorübergehend die Energiebereitstellung.

Ein **Client-Server-Netzwerk** erlaubt den Zusammenschluss von weit mehr Rechnern.

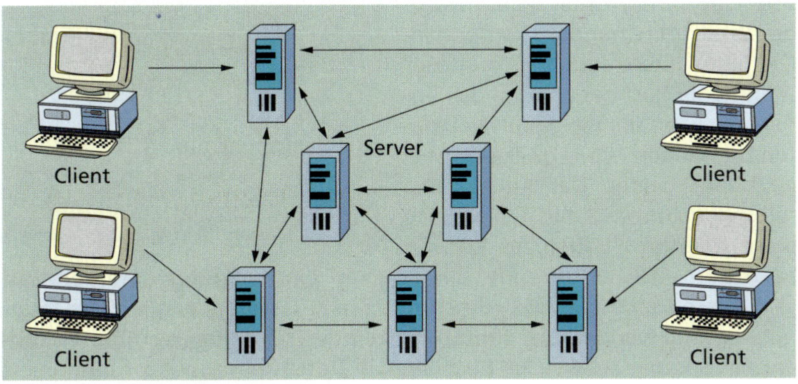

Der unübersehbare Vorteil ergibt sich aus der zentralen Rolle des Servers. Die Dateien werden an einem einzigen Ablageort gespeichert, sind somit viel zuverlässiger zu aktualisieren, zu speichern und zu archivieren.

Es gibt auch Mischformen, die Peer-to-Peer und serverbasierte Netzwerke in sich vereinen.

Jedes Netz hat eine bestimmte physikalische Struktur, womit die Art der Verkabelung gemeint ist. Man bezeichnet die Anordnungen als **Topologien.** Verbreitet sind drei Arten von Topologien: *Bus, Stern* und *Ring.*

Bus-Topologie: Alle Rechner sind nacheinander an einem Strang angeschlossen. Es genügt ein einziges Kabel. Die Kabelenden der Endrechner sind jeweils mit einem Widerstand abgeschlossen, die verfälschende Signalreflexionen verhindern. Fällt ein Kabelteil aus, funktioniert das gesamte Netzwerk nicht mehr.

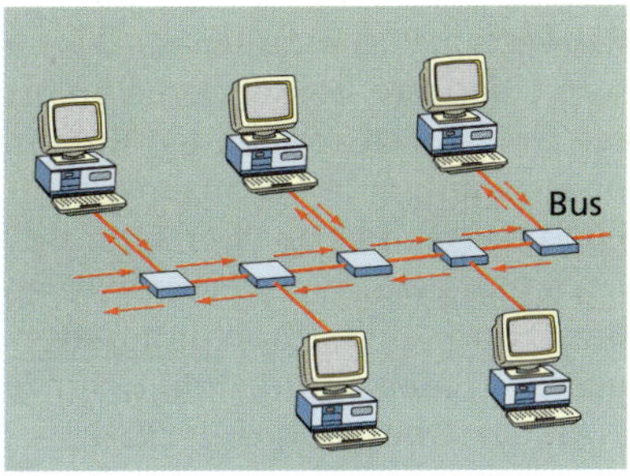

Die Lösung ist relativ preiswert.

Die Lösung ist flexibel.

Stern-Topologie: Als Knoten benutzt man beim Stern in der Regel einen Hub. Es lassen sich so viel Rechner anschließen, wie Buchsen vorhanden sind. Es wird ziemlich viel Kabel benötigt. Dafür aber ist diese Lösung flexibel in der Anwendung, leicht erweiterbar und einfach in der Wartung. Ein Totalausfall des Sternnetzes kann ein defekter Hub verursachen. Ansonsten fällt nur der jeweils betroffene Rechner aus.

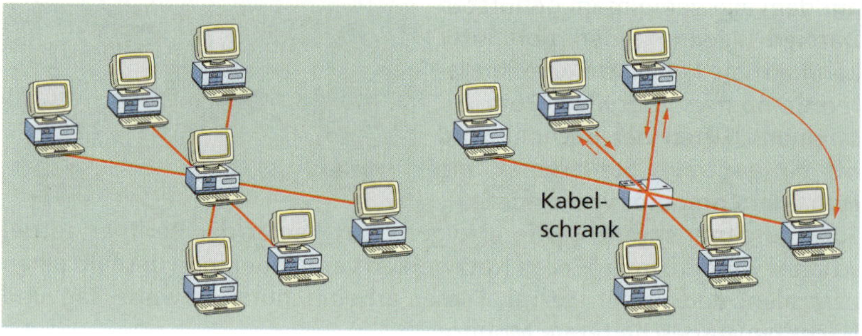

Die Lösung ist ideal für viele Rechner.

Ring-Topologie: Es gibt hier keinen Anfang und kein Ende, alle Rechner sind ringförmig ohne Abschlusswiderstand miteinander verbunden. Die Signalübertragung erfolgt hier aktiv. Jeder Rechner erzeugt das Signal neu, kann seine eigenen Netzdaten anhängen und gibt sie dem Nachbarn weiter. Das Kabel muss selbstverständlich nicht wirklich diese Ringform haben, es können auch hin- und herführende Leitungen in einem Strang untergebracht sein. Diese Topologie wird vornehmlich im Zusammenhang mit Glasfasernetzen angewendet. Sie überbrückt relativ weite Strecken und erlaubt die Einbindung sehr vieler Rechner. Die Datenübertragung funktioniert nicht mehr, sobald ein Rechner fehlerhaft arbeitet.

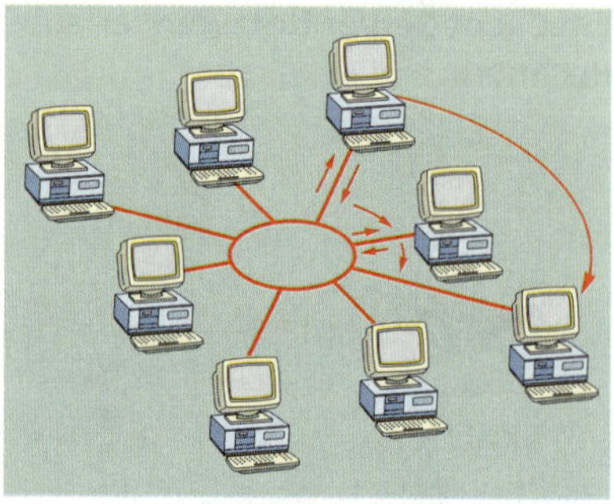

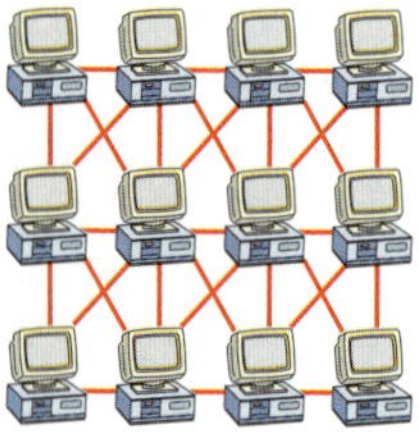

Diese Topologien werden auch oft miteinander kombiniert. Es entsteht ein mehr oder weniger *vermaschtes Netz,* das durch mehrere bis viele alternative Transportwege gekennzeichnet ist. Mit der Menge der verfügbaren Leitungen werden sie logisch auch immer unempfindlicher gegenüber irgendwelchen Störungen.

Gleiche LANs lassen sich über **Brücken** (bridges) verbinden. Natürlich führen die unterschiedlichen Übertragungswiderstände zu Energieverlusten, die schnell auch zu Datenverlusten werden können. Darum sind **Repeater** zwischengeschaltet. Sie verstärken die Signale und verhindern somit Verluste bei längeren Übertragungswegen. Die unterschiedlichsten Netzwerke koppelt ein **Router.** Es lassen sich so auch alle Protokolle übertragen, eine Voraussetzung, um auch weit voneinander entfernte LANs beispielsweise über öffentliche Standleitungen zu vernetzen. Dennoch gibt es auch einander inkompatible Netze, die normalerweise nicht die Chance einer Kopplung hätten. Hier besorgen Spezialrechner, so genannte **Gateways** die Kommunikation. Sie ermöglichen zum Beispiel auch den Übergang zum ISDN.

4.3.3 Datenübertragungsmedien

Für den Datenaustausch gibt es unterschiedliche Übertragungsmedien. Dabei ist es durchaus üblich und notwendig, einzelne Übertragungsstrecken mit verschiedenen **Medien** zu überbrücken.

<table>
<tr><th colspan="2">Drahtwege</th><th colspan="3">Funkwege</th><th>Lichtwege</th></tr>
<tr><td colspan="2">Das Informationssignal wird als nieder- oder hochfrequenter elektrischer Wechselstrom übertragen.</td><td colspan="3">Das Informationssignal wird als elektromagnetische Welle übertragen.</td><td>Das Informationssignal wird als elektromagnetische Welle im Frequenzbereich des sichtbaren Lichtes übertragen.</td></tr>
<tr><td>oberirdisch</td><td>unterirdisch</td><td rowspan="2">Richtfunk</td><td rowspan="2">mobiler Landfunk</td><td rowspan="2">Satellitenfunk</td><td rowspan="2">Lichtwellenleiter</td></tr>
<tr><td>Luftkabel
Blankdraht</td><td>Erdkabel
Seekabel</td></tr>
</table>

Leiter und Kabel

Breite Verwendung findet das *zweiadrige Kabel* mit zwei gleich aufgebauten Leitungen. Der Leitungsvierpol (zwei Eingänge und zwei Ausgänge) im Ersatzschaltbild dargestellt macht deutlich, dass hier nicht nur ein ohmscher Widerstand wirkt.

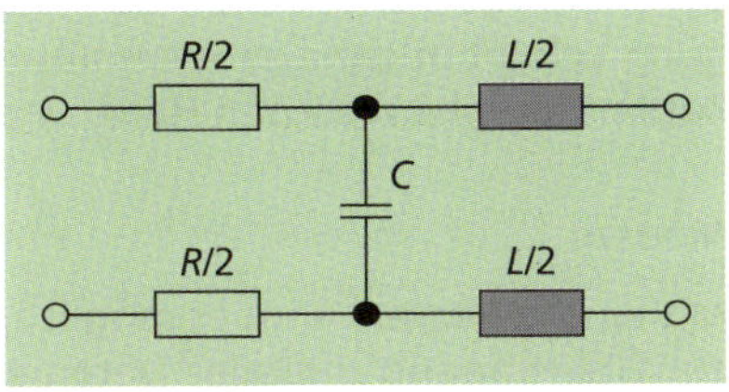

Jedes Übertragungskabel ist auch mit Induktivitäten und Kapazitäten behaftet. Aus diesem Grunde reagieren solche Leitungen frequenzabhängig. Der Dämpfung wegen dürfen bestimmte Längen nicht über- und unterschritten werden und Übertragungsraten lassen sich damit nicht beliebig erhöhen.

Gerade LANs verwenden *statisch abgeschirmte Kabel.* Sie unterdrücken Einflüsse von außen und übertragen Daten somit sicherer. Mehrere Leitungspaare sind mit einer geerdeten statischen Umwicklung versehen. Eine isolierende Wicklung trennt die Leitungen vom Statikschutz und das Ganze ist mit einem PVC-Mantel auch als mechanischer Schutz umhüllt.

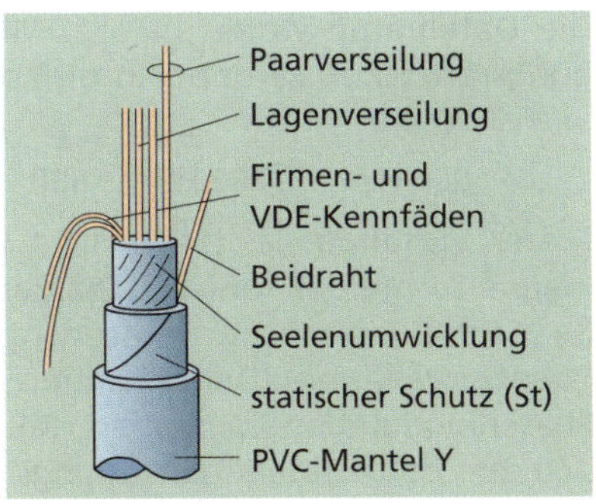

Das Problem magnetischer Störfelder nach außen und Störspannungen auf die Datensignale nach innen ist mit dem Koaxialkabel in besonderer Weise gelöst.

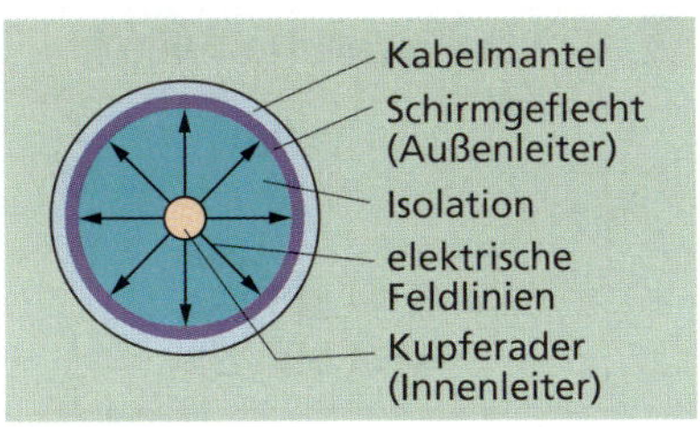

Im Innern befindet sich ein Kupferleiter, das Abschirmgeflecht ist der Außenleiter. Beide sind durch eine Isolation voneinander getrennt. Bei Anlegen von Spannungen entsteht nur zwischen dem Innen- und dem Außenleiter ein elektrisches Feld. Der Außenleiter wird geerdet, wodurch zwischen beiden Leitern eine Asymmetrie entsteht.

Wegen ihrer Störfestigkeit werden Lichtwellenleiter zunehmend auch für die Nutzung im PC erschlossen.

Lichtwellenleiter gewinnen ihrer hohen Übertragungskapazität und der relativ einfachen Handhabe wegen als Medien an Bedeutung. Elektrische Signale werden als Lichtsignale umgewandelt und in Glas- oder Kunststofffasern über lange Strecken transportiert. Am Ende werden die Lichtsignale wieder in elektrische Signale zurückgewandelt.

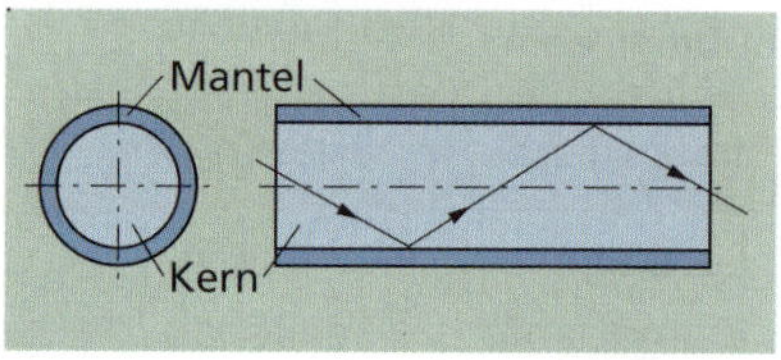

Ein Lichtwellenleiter hat einen Durchmesser kleiner als 1 mm. An den Wänden reflektiert der Lichtstrahl und nimmt nahezu verlustfrei seinen Weg.

Im Gegensatz zu Kupferkabeln können hier Fremdeinstreuungen wenig bewirken. Verluste durch Widerstände, Kapazitäten und Induktivitäten treten erst gar nicht auf.

Die Leitungen und Kabel, aber auch die Funk- und Satellitenübertragung erfolgt in ganzen Systemlösungen. Die Übertragung ist immer ein Zusammenspiel zwischen Hard- und Software.

Modem

Modem ist die Abkürzung für **Mo**dulator/**Dem**odulator.

Mit einem **Modem** wird es möglich, das analoge Medium Telefonleitung zur Übertragung digitaler Daten zu nutzen. Der kleine Computer Modem ordnet die Bits bestimmten Tonfrequenzen zu. Die erste Lösung war noch recht einfach: Eine Tonfrequenz repräsentierte die `0`, eine andere die `1`.

1	1	0	1	0	0
440 Hz	440 Hz	880 Hz	440 Hz	880 Hz	880 Hz

Die Datenraten waren gering. Mit vier Tönen lässt sich die Übertragungsrate schon verdoppeln.

1 0	1 1	1 0	0 0	0 1	0 0
880 Hz	1760 Hz	880 Hz	440 Hz	1320 Hz	440 Hz

Dieses Verfahren lässt sich nicht beliebig fortführen, da eine zunehmende Dichte der Tonfrequenz das System auch empfindlicher gegenüber Störungen macht. Heute wird dieses Verfahren so genannter *Frequenzmodulation* (Demodulation auf Empfängerseite) noch mit der Phasenmodulation kombiniert. Mit dem neuesten V.90-Protokoll stellen sich sehr hohe Datenübertragungsraten ein.

Protokolle (Auswahl)	Datenübertragungsrate
V.21	300 Bit/s
V.22	1200 Bit/s
V.22 bis V.32	2400 Bit/s bis 9600 Bit/s
V.32 bis V.34	14400 Bit/s bis 28800 Bit/s
V.34 bis V.90	33600 Bit/s bis 5600/33600 Bit/s[1]

1) Für das Empfangen (Download) wird in digitalen Telefonnetzen eine höhere Datenrate erzielt als für das Senden (Upload).

ISDN

Das **ISDN** hat besonders in Deutschland ein schnelles Wachstum erfahren. Die Leitungen des normalen Telefonanschlusses, einem Kupfer-Aderpaar, machen digitale Übertragungen von 144 KBit/s in beide Richtungen möglich. Abzüglich eines Steuerkanals ergibt sich eine effektive Übertragungsrate von zweimal 64 KBit/s, 64 KBit in jede Richtung. Neben diesen so genannten B-Kanälen steht noch ein D-Kanal als Steuerkanal mit einer Übertragungsrate von 16 KBit/s zur Verfügung.

Da dieses Netz bereits auf digitaler Basis funktioniert, ist lediglich noch ein Adapter zwischen Rechner und ISDN-Leitung erforderlich, der die Pegelanpassung optimiert. Die Datenübertragung selbst wird von entsprechenden Protokollen gesteuert und überwacht. Die gebräuchlichsten **Protokolle** sind X.75, V.110 und V.120.

ISDN ist die Abkürzung für **i**ntegrated **s**ervices **d**igital **n**etwork.

xDSL

Im Wesentlichen wurden erhöhte Datenübertragungsraten durch neuartige Modulationstechniken erzielt. Parallel spielen natürlich die Übertragungsmedien eine entscheidende Rolle. ISDN-Technik als DSL-Verfahren arbeitet auf einer Bandbreite von bis zu 120 kHz. Den 64 KBit/s ist perspektivisch so gesehen nichts mehr hinzuzusetzen. Mit größerer Bandbreite sind natürlich auch höhere Übertragungsraten zu erzielen. ADSL, HDSL und RADSL nutzen diese. Der Anwender kann Daten mit Geschwindigkeiten über 8 MBit/s empfangen und über 1 MBit/s senden. Dabei können die vorhandenen Kupferdoppeladern des Telefons ohne aufwändige Investition für den breitbandigen xDSL-Zugang ohne Schwierigkeit genutzt werden.

ADSL ist ein Vertreter der asymmetrischen Verbindungstechnik. Damit ist eine Entwicklung anvisiert, die derzeit allerdings noch keine reale Bedeutung hat, weil die Provider eine solche Datenmenge noch gar nicht zu liefern in der Lage sind. Für die Videoübertragung liegt hier jedoch eine große Perspektive.

DSL ist die Abkürzung für **d**igital **s**ubscriber **l**ine.

ADSL: **a**symmetrie DSL

HDSL: **h**igh bit-rate DSL

RADSL: **r**ate-**a**daptive DSL

Kabelmodem

Ein sehr großer Anteil der Haushalte bezieht die analogen und digitalen Fernseh- und Radioprogramme über Kabel. Dieser Informationsdienst ist traditionell unidirektional ausgelegt, verläuft in Richtung Haushalte.

1996 wurde das Kabelmodem als neue Datennetztechnologie vorgestellt. Sie nutzt das existierende Netz in weiteren Kanälen für die Datenübertragung. Die größeren Bandbreiten ermöglichen mit bis an die 40 MBit/s deutlich höhere Übertragungsraten als Telefonleitungen oder ISDN. Die Interaktion erfordert die Einrichtung von Verteilerknoten mit Rückkanälen, den bidirektionalen Betrieb. Für das Down- und Upload können symmetrische und asymmetrische Verhältnisse eingerichtet werden. Für die gleichzeitige Nutzung von Telefongesprächen und Videokonferenzen ist das Kabelmodem von symmetrischer Konzeption von Vorteil.

Das Kabelmodem ist permanent angeschlossen. Das heißt, es gibt kein An- und Abwählen. Die Daten sind nach dem gleichen Verfahren auf die Trägerfrequenzen zwischen 65 und 850 MHz moduliert, wie es bei Rund-

HFC: hybrid fiber coax

CMTS: cable modem termination system

funksignalen angewendet wird. Mit dem Kabelmodem werden die zweiwegefähigen HFC-Netzinfrastrukturen genutzt. **HFC** ist ein Verbund von Koaxialkabeln und Lichtleitern. Als optische Signale werden die Daten von der zentralen Einspeisestelle bis zum Koaxialverteilernetz übertragen, dort in elektrische Signale umgewandelt und so im letzten Wegeabschnitt zum Endteilnehmer transportiert. Den Kabelmodemzugang besorgt das **CMTS** in der Kopfstation oder einer Verteilerzentrale. Ein CMTS verwaltet in einem einzigen Fernsehkanal mehrere Tausend Modems.

Zurzeit existieren zwei konkurrierende Standards,

- in Europa das DVB/DAVIC (**d**igital **v**ideo **b**roadcasting / **d**igital **a**udio **vi**deo **c**oncil),
- in den USA das MCNS/DOCIS (**m**ultimedia **c**able **n**etwork **s**ervices / **d**ata **o**ver **c**able **s**ystem **i**nterface **s**pacification).

GSM: global standard for mobile communication

GSM-Datenübertragung

Seit 1995 sind **GSM-Netze** in Deutschland beinahe flächendeckend für den Handybetrieb verfügbar. Solche Telefone benutzen den Frequenzbereich um 900 MHz (D1 und D2) oder 1800 MHz (E+ und E2). Mit einer Übertragungsrate von derzeit 9,6 KBit/s sind sie zwar nicht die schnellsten, haben aber gerade im mobilen Bereich einige Perspektive. Der besondere Reiz ist wohl vornehmlich darin zu sehen, dass hiermit perspektivisch auch das „Surfen" mit dem Handy möglich ist. Aufgrund des kleinen Handy-Displays und der relativ niedrigen Datenübertragungsrate wird dafür eine sparsamere Seitenbeschreibungssparache als HTML für WWW, nämlich WML zur Anwendung gebracht.

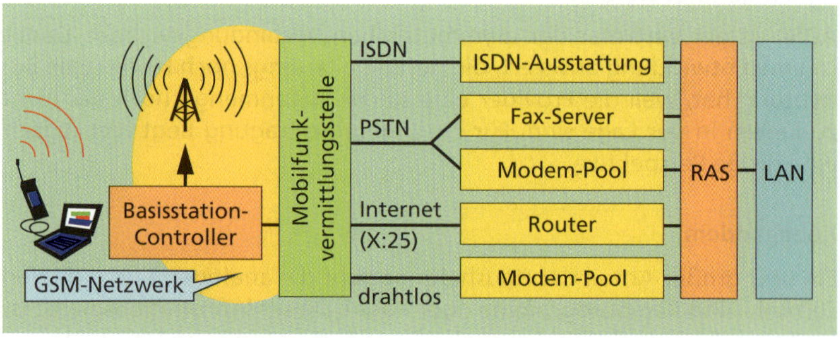

Internet aus der Steckdose

Um vorhandene Leitungsanlagen zur Übertragung noch größerer Datenmengen zu erschließen, nutzt man auch das Stromnetz. Dem Endanwender stehen damit leistungsfähige Standleitungen zur Verfügung, die Datenübertragungsraten um 10 MBit/s erlauben. Ein Koppler überträgt Frequenzen von 148,5 kHz bis 30 MHz in großer Bandbreite, um die Signalübertragung unempfindlich gegen Störsignale zu machen. Die Tests gehen von unterschiedlichen Prinziplösungen aus. Von den Niedertransformatorstationen reichen die Übertragungswege entweder bis zum Hauszähler, ab da wird dann ein hauseigenes Datennetz benötigt, oder reichen gar bis zu den Steckdosen. Letztere Variante benötigt lediglich noch einen Adapter.

Internetzugänge

Einen privaten Internetzugang erhält man über einen Internet Service Provider oder einen Online-Dienst. Mit dem Modem oder der ISDN-Karte wählt man sich in den entsprechenden Terminalserver. Dies stellt die unmittelbare Verbindung zum LAN des Dienstanbieters her. Von den dort stehenden Servern können die Dienste genutzt werden. Ins Internet wählt man sich mit der zugewiesenen IP-Adresse ein.

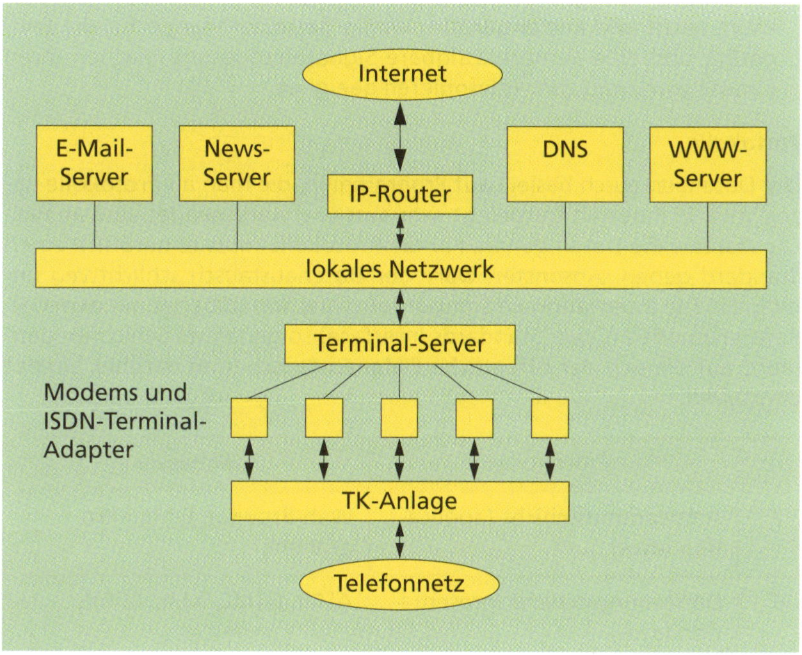

Satelliten

Bereits 1965 wurde der erste geostationäre Nachrichtensatellit „Intelsat 1“ als Relaisstation zwischen Europa und Amerika in einer Höhe von 36000 Kilometern über dem Äquator installiert. Unter anderem übertrug er auch Daten. Seit dem folgten immer leistungsfähigere Übertragungssysteme dieser Art.

Satelliten sind künstliche Erdtrabanten. Eine Erdfunkstelle sendet die Daten mittels Trägerfrequenzen im GHz-Bereich zum Satelliten. Ein Transponder wandelt sie in eine andere Frequenz um. Trägerversetzt gelangen Sie über Antennen zurück zur Erde und decken dort einen größeren Bereich ab. Da die Strahlungsleistung sehr gering ist, bedingt der Satellitenempfang einen Parabolspiegel, der genau auf den Sender ausgerichtet ist.

Man unterscheidet drei **Satellitensysteme:**

- Geostationary Earth Orbit **(GEO)**
  Diese Satelliten werden oberhalb des Äquators in einer Höhe von genau 35880 km stationiert. Wegen ihrer festen Position eignen sie sich hervorragend als Standverbindungen. Bei der Übertragung kommt es zu einer zeitlichen Verzögerung von einer Viertelsekunde.

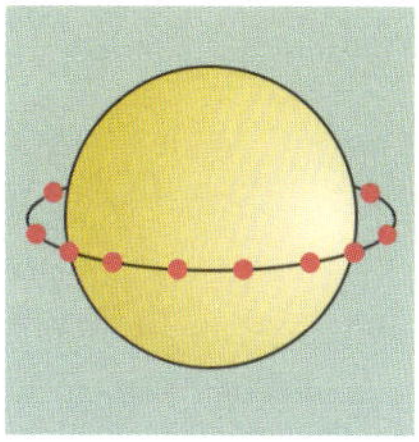

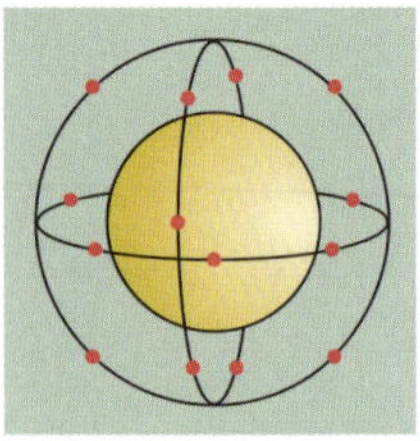

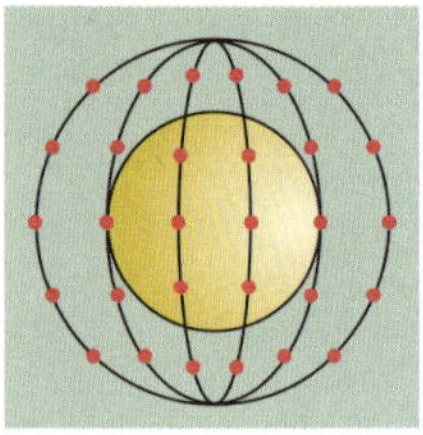

- Medium Earth Orbit **(MEO)**
  Ihre Flughöhe beginnt ab 9600 km. Zur flächendeckenden Versorgung auf der Erde wird ein Netz dieser Satelliten von sich kreuzenden Bahnen aufgespannt. Sende- und Empfangsgeräte benötigen für diese Übertragungsart ziemlich viel Energie.
- Low Earth Orbit **(LEO)**
  Die Flughöhe dieser Satelliten ist mit 600 bis 1600 km relativ gering. Sie machen die größere Zahl von Satelliten im Weltraum aus, sind klein, leicht und kostengünstig. Wenig Betreiberenergie für die Endgeräte und eine vernachlässigbare Signalverzögerung machen ihren Einsatz vorrangig zum Telefonieren geeignet.

Protokolle

Der Datenaustausch basiert auf Programmen, die man als Protokolle bezeichnet. In ihnen ist festgelegt, wer, was und wann sendet, und an welche Adresse die Daten gehen. Für die Protokolle muss es natürlich einen Standard geben. Ansonsten wäre der Datenaustausch schlichtweg unmöglich. Die Internationale Standardorganisation (ISO) hat mit dem OSI-Referenzmodell (Open Standards Interface) so genannte Schichten definiert, auf die sich der öffentliche Datenaustausch (und darüber hinaus) begründet.

Nr.	Protokolle	Beispiele
7	Anwendungsschicht (application layer)	Web-Browser, E-Mail-Programme
6	Darstellungsschicht (presentation layer)	ASCII, HTML, XML, MIME
5	Steuerungsschicht (session layer)	HTTP, FTP, POP3, SMTP
4	Transportschicht (transport layer)	TCP, SPX, NetBeui
3	Vermittlungsschicht (network layer)	IP, IPX, X.25, T.70, T.90NL
2	Sicherungsschicht (data link layer)	PPP, X.75, LAP, HDLL, T.30
1	Bitübertragungsschicht (physical layer)	IEEE802, ATM, V.100

Danach ist der einfache Datentransport bereits auf der ersten Schicht, also mit geringsten Protokollanforderungen möglich. Wer kann aber gewährleisten, dass die Daten auch fehlerfrei den Empfänger erreichen? Bei Benutzung der zweiten Schicht im Protokoll wird eine falsche Paketübertragung dann wiederholt. Was schließlich mit den Datenpaketen überhaupt passieren soll, liegt in den höheren Schichten begründet.

Aufgaben

4.1 Der Computer und sein Betriebssystem

Aufgabe 4.1.1

Der Geschirrspüler funktioniert nicht mehr? Kein Problem. Keine Technik ist für die Unendlichkeit ausgelegt, also ist das nichts Besonderes. Dennoch, solche Ausfälle machen uns bewusst, was uns die Technik für Arbeit abnimmt, und welche Bequemlichkeiten sie schafft.

a) Welche Schritte sind beim manuellen Reinigen von schmutzigem Geschirr zu erledigen?

b) Nennen Sie 5 Beispiele, wo ebenfalls verschiedene Handlungsfolgen im Haushalt, in der Schule und anderswo auf technische Systeme übertragen werden!

c) Warum wird es auch in nächster Zeit vermutlich noch keinen Zimmeraufräumautomaten geben?

Aufgabe 4.1.2

Für die automatische Erledigung von Abläufen müssen die entsprechenden Operationen als Algorithmen irgendwo im technischen System gespeichert sein. Man unterscheidet dabei systeminterne und systemexterne Speicher. Die ersten sind unmittelbar Bestandteil des technischen Systems, die zweiten eine separate Baugruppe.

a) Ordnen Sie die nachstehenden technischen Systeme nach Art der verwendeten Speicher!
Wäschetrockner; Mikrowelle; Computer-Spielkonsole; Quarzuhr; Toilettenspülkasten; elektrische Zahnbürste; Hausklingelanlage; MD-Player; Rasenmäher; computergesteuerte Heizungsanlage; (nichtprogrammierbarer) Taschenrechner; Videorecorder

b) Systemexterne Speicher erlauben das freie Programmieren und können somit auf die jeweiligen Anforderungen vom Nutzer eingestellt werden. Geben Sie Programmiermöglichkeiten der Technikbeispiele für die systemexternen Speicher aus Teilaufgabe a) an!

c) Immer mehr wird der Computer als systemexterner Speicher für die Programmierung in Automaten eingesetzt. Nennen Sie 3 Anwendungsbeispiele, ausgewählte Aufgaben und heben Sie den besonderen Nutzen hervor!

Anwendungsbeispiel	Aufgaben	besonderer Nutzen

Aufgabe 4.1.3

Die ersten Computer wurden vornehmlich zum Lösen von Rechenaufgaben gebaut. Dies ist zwar seine eigentliche Stärke geblieben, aber das Rechnen tritt für den Nutzer immer mehr in den Hintergrund. Tragen Sie mindestens 10 Anwendungen für einen PC zusammen!

Konfiguration des **Heimcomputers ZX 81:**
Der erste PC (Heimcomputer) im Jahre 1981 hatte einen 8-Bit-Prozessor, der mit 4,5 MHz getaktet war, und einen Arbeitsspeicher von 16 KByte. Das Bild wurde über den Antenneneingang eines Fernsehers geleitet und von ihm dargestellt. Programme ließen sich mit einem anschließbaren Kassettenrecorder speichern, um sie bei Bedarf wieder in den Arbeitsspeicher zu laden.

Aufgabe 4.1.4

Mit der Konfiguration eines Computers meint man oft seine einzelnen Bestandteile in den konkreten Bestimmungsgrößen.
Ermitteln Sie aus Fachzeitschriften und Angeboten des Internets den Wandel der typischen Hardware-Konfiguration verkaufter PCs und stellen Sie eine Übersicht zusammen!

Jahr	Prozessor	Arbeitsspeicher	Festplatte	Bildschirmkarte
1987				
1989				
1991				
1993				
1995				
1997				
1999				
2001				

Aufgabe 4.1.5

Die grundsätzliche Arbeitsweise eines Computers lässt sich in den 3 Teilen nach dem sogenannten EVA-Prinzip beschreiben: Eingabe, Verarbeitung und Ausgabe. Ordnen Sie die nachstehenden Begriffe dieser Struktur zu!

Mikroprozessor; RAM; Interface; Cache; Taktgenerator; Bussystem; Arbeitsspeicher; Motherboard; Interface; Videokarte; ROM; Tastatur; Maus; Digitalisierer; Mikrofon; Touchscreen; Drucker; CD; Scanner; Modem; Joystick; Interface; Display; Lautsprecher; Plotter; Bildschirm; Beamer; Modem; CD

Aufgabe 4.1.6

Mit der Rechentechnik haben unterschiedliche Zahlensysteme an Bedeutung gewonnen. Am häufigsten werden das binäre (duale), das dezimale und das hexadezimale Zahlensystem verwendet. Begründen Sie die Notwendigkeit der Nutzung dieser unterschiedlichen Zahlensysteme!

Aufgabe 4.1.7

Die Unterschiede zwischen den Zahlensystemen liegen lediglich in ihren Darstellungen, die natürlich identische Werte repräsentieren können. Zur Umrechnung stehen Taschenrechner zur Verfügung.
Per Mausklick ist die Umwandlung in ein anderes Zahlensystem möglich.

Die Abbildung zeigt den wissenschaftlichen Taschenrechner von Windows. Angezeigt wird die Dezimalzahl 238.

Die Umwandlung der Zahlensysteme kann nach unterschiedlichen Algorithmen erfolgen.

a) Ermitteln Sie nach der Substitutionsmethode die Dualzahl für die Dezimalzahl 89_D!

b) Ermitteln Sie nach der Divisionsmethode die Dualzahl für die Dezimalzahl 171_D!

c) Für die Umrechnung zwischen dualen und hexadezimalen Zahlen gilt eine feste Zuordnung. Wandeln Sie die ermittelten Dualzahlen aus den Teilaufgaben a) und b) in hexadezimale Zahlen um!

↗ auch S. 20

Aufgabe 4.1.8

Logische Grundfunktionen lassen sich technisch in unterschiedlicher Art realisieren.

a) Im einfachsten Fall klappt dies bereits durch Verwendung mechanischer **Eintaster** (nicht betätigt ist der Strompfad geöffnet, betätigt geschlossen) und **Austaster** (nicht betätigt ist der Strompfad geschlossen, betätigt geöffnet) im Lampenstromkreis, wobei das Ausgangssignal mit einer Glühlampe angezeigt werden kann.
Entwickeln Sie für die logischen Grundfunktionen NICHT, UND, NICHT-UND, ODER und NICHT-ODER Schaltungen, die den Anforderungen gerecht werden!

b) Wenn nicht ausdrücklich die konkrete Realisierung im Vordergrund steht, werden allgemein die Schaltsymbole zur Darstellung logischer Verknüpfungen verwendet. Es sind auch mehrere Eingänge und Ausgänge möglich, und die Grundfunktionen können je nach Verwendungszweck zu komplizierten Schaltungen verknüpft werden.
Eine mögliche Schaltung könnte wie in der Abbildung dargestellt aussehen. Stellen Sie die Verknüpfung als Schaltungsgleichung dar und schreiben Sie den Wortlaut auf, wie man diese Gleichung liest!

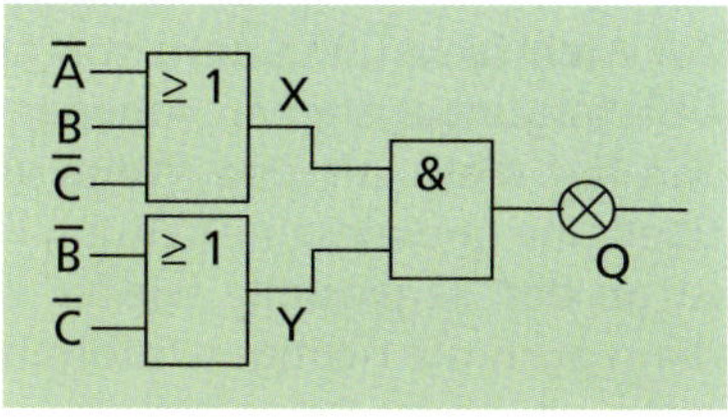

c) Tragen Sie alle möglichen Schaltzustände von Teilaufgabe b) in eine Tabelle ein!

C	B	A	$\overline{C}$	$\overline{B}$	$\overline{A}$	X =	Y =	Q =
0	0	0	1	1	1			
0	0	1						
0	1	0						
0	1	1						
...								

d) Entwickeln Sie aus der gewonnenen Logik in Teilaufgabe c) eine elektrische Schaltungsvariante mit mechanischen Schaltkontakten!

Aufgabe 4.1.9

Die gleichen logischen Funktionen können unter Anwendung der Gesetze der Schaltalgebra mit unterschiedlichen logischen Gattern verwirklicht werden.

a) Begründen Sie, warum es technisch von Vorteil sein kann, wenn identische logische Verknüpfungen mit unterschiedlichen Gattern umgesetzt werden können!

b) Die Vielfalt der logischen Funktionen ist bei den unten stehenden Verknüpfungen gar nicht so groß, wie es im ersten Moment vielleicht erscheint. Manche Doppelungen sind darin enthalten.
Sortieren Sie die Schaltungen so, dass die gleichen logischen Funktionen ersichtlich werden!

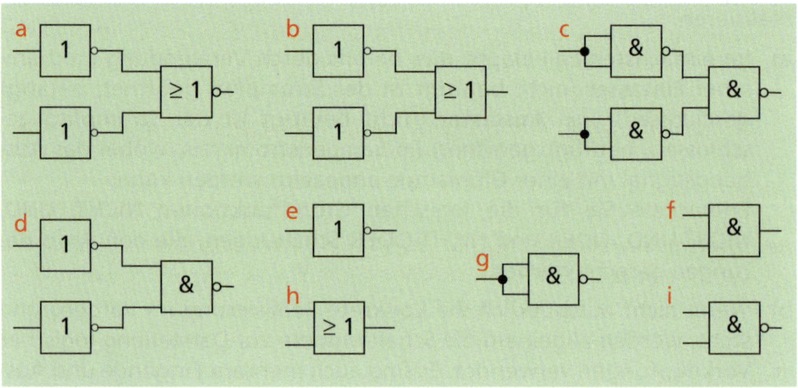

Aufgabe 4.1.10

Zur Mehrfachausnutzung von Leitungen und Frequenzen setzt man in Übertragungssystemen sogenannte **Multiplexer** ein. Das Beispiel zeigt, wie auf diese Art und Weise vier voneinander getrennte Signalgeber über eine gemeinsame Leitung ihre Daten übertragen können. Natürlich ist an der Gegenstelle wieder erforderlich, dem jeweiligen Empfänger dann auch die richtigen Informationen zukommen zu lassen. Diese Aufgabe erfüllt der **Demultiplexer.**

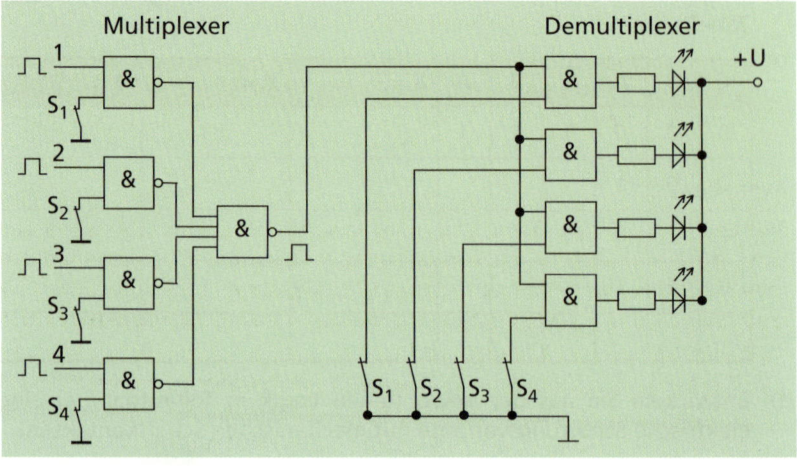

a) Das Funktionsprinzip von Multiplexer und Demultiplexer basiert darauf, dass die Rechtecksignale die Gatter nur in Abhängigkeit von der jeweiligen Schalterstellung (S_1 bis S_4) passieren lassen.
Ermitteln Sie anhand einer Schaltbelegungstabelle (Signal 1, Schalter 1 und Ausgang Gatter 1), wann ein Gatter den Eingang für die Rechtecksignale frei gibt und wann nicht!

b) Beschreiben Sie den Einfluss der Schalterstellung unter Auswertung der Ergebnisse in der Schaltbelegungstabelle!

c) Welche Funktion übernimmt im Multiplexer das NAND-Gatter, das als Eingänge die Ausgänge der Setzgatter hat?

d) Die Gatter im Demodulator teilen in Verbindung mit den Schaltern die Signale wieder in die jeweiligen Kanäle auf. Der Spannungswechsel wird zur Kontrolle mit Leuchtdioden angezeigt.
Erläutern Sie das Prinzip der Aufteilung unter Zuhilfenahme einer Schaltbelegungstabelle!

gemeinsame Leitung	Schalter 1	Ausgang	Leuchtdiode
...	...	...	...

e) Warum funktioniert das Ganze nur, wenn im Modulator und Demodulator jeweils nur ein Paar der zusammengehörigen Schalter (S_1 & S_1, ..., S_4 & S_4) betätigt wird?

Die Leuchtdioden wirken hier elektrisch als Negatoren. Sie leuchten nur, wenn am Ausgang der logische Pegel 0 anliegt.

Aufgabe 4.1.11

Jedes dargestellte Zeichen in einer Textverarbeitung wird vom Computer intern codiert. In der Regel wird dazu der ASCII-Zeichensatz verwendet. Diese Kenntnis ist wichtig, um die Sortieralgorithmen des Rechners zu verstehen.

a) Ordnen Sie die Zeichenketten aufsteigend in der Weise, wie es der Computer beispielsweise in der Textverarbeitung *Word* macht!

1b	*Bad*	*Disk1*	*?*	*oder*	*-1-*
kalt	*Brot*	*1.*	*Oder*	*bald*	

Stellen Sie den Zeichenketten in einer Tabelle die dezimalen und binären ASCII-Vereinbarungen gegenüber!

b) Die Ordnung in Teilaufgabe a) wird nicht identisch mit dem ASCII-Zeichensatz ausfallen. Nennen Sie Unregelmäßigkeiten, die ein Sortieralgorithmus für den Anwender zusätzlich berücksichtigen muss!

Aufgabe 4.1.12

Mit dem EVA-Prinzip kann die Grundprinzip der Informationsbearbeitung auch auf den Computer übertragen werden. Eine stark vereinfachte Struktur wird hier vorgeschlagen. Allerdings fehlen ihr noch die Zuordnungen. Tragen Sie die nachstehenden Begriffe in das Strukturbild eines Rechners (↗ Randspalte) ein!

ROM	*Tastatur*	*Scanner*	*Peripherie*	*RAM*
Drucker	*Bildschirm*	*Monitor*	*Bussystem*	*Verarbeitung*
Maus	*CPU*	*Modem*	*Festplatte*	

Strukturbild eines Rechners.

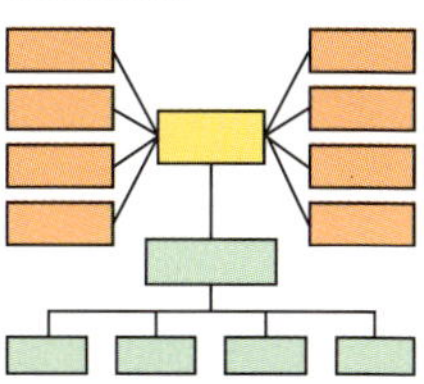

Aufgabe 4.1.13

Die aufgelisteten Wortsilben – richtig zusammengesetzt – ergeben typische Geräte der Informationstechnik.

CHER – CKER – CON – DIS – DRU – FIK – GRA – JOY – KAR – KET – LAUF – LAUT – LER – LIGHT – MIK – MO – NI – PEN – PLOT – PRO – RO – SCREEN – SOR – SPRE – STICK – STRAHL – TA – TAS – TE – TE – TEN – TER – TIN – TOR – TOUCH – TROL – TUR – WERKS – ZES

a) Stellen Sie die Lösungsworte dar!

b) Ordnen Sie die Lösungswörter nach Geräten der Eingabe, Verarbeitung und Ausgabe!

Aufgabe 4.1.14

Im Grundsatz kann man zwei Arten der digitalen Datenübertragung unterscheiden, die serielle und die parallele. Beide haben ihre Vor- und Nachteile, weshalb sie in Einzelfällen auch miteinander kombiniert werden.

a) Leiten Sie aus den Vor- und Nachteilen der seriellen und der parallelen Datenübertragung besondere Eignungen für den praktischen Einsatz ab!

	Vorteile	Nachteile	Einsatz
serielle Übertragung			
parallele Übertragung			

b) Ordnen Sie die nachstehenden technischen Systeme ihren typischen Übertragungsarten zu! Kennzeichnen Sie gesondert diejenigen, für die beide Arten möglich sind!

Modem; USB; Tastatur; COM; Gerätefernsteuerung; Maus; Festplatte; LPT; Drucker; SCSI; Bussystem; RAM; CD-ROM; Prozessor; Interface; Monitor; Scanner; Nullmodem

Aufgabe 4.1.15

Ein Blick auf die Rückseite eines Rechners zeigt je nach Ausstattung eine ganze Reihe von mehr oder weniger standardisierten Anschlüssen. Die einen sind nur für ganz bestimmte Geräte ausgelegt, die anderen sind frei verfügbar für sehr unterschiedliche Geräte.

Das Foto zeigt die Rückansicht eines Computers mit den vielfältigen Anschlüssen.

Bezeichnen Sie die Anschlüsse nach ihrem jeweiligen Verwendungszweck!

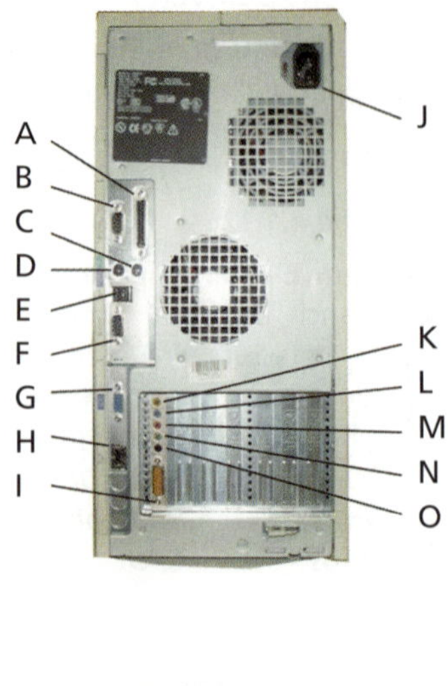

Aufgabe 4.1.16

Überall, wo Mikroprozessoren am Werke sind, werden auch Betriebssysteme benötigt.
Nennen Sie mindestens 10 moderne Maschinen und Anlagen außerhalb der PCs, die mit Mikroprozessoren ausgestattet sein können!

Aufgabe 4.1.17

In der PC-Technik herrschen bislang Betriebssysteme von Microsoft vor. Zeichnen Sie wesentliche Entwicklungsetappen der Betriebssysteme von Microsoft in einer Übersicht nach! Skizzieren Sie jeweils die entscheidenden Neuerungen!

Aufgabe 4.1.18

Betriebssysteme übernehmen im Computer unterschiedliche Aufgaben. In welchem Antwortblock sind die wichtigsten Aufgaben richtig zusammengefasst?

A	B	C	D
• Daten verwalten • Programme laden und ausführen • Zusammenspiel der Hardwarekomponenten organisieren • Netzverbindungen realisieren • Ein- und Ausgabegeräte koordinieren	• Datenfluss überwachen • Programme laden und ausführen • Zusammenspiel der Softwarekomponenten organisieren • Monitor mit Anzeigedaten versehen • Tastatur abfragen	• Daten ausführen • Programme verwalten • Zusammenspiel der Hardwarekomponenten organisieren • Netzverbindungen steuern • Richtigkeit der Ein- und Ausgabe kontrollieren	• Daten und Programme speichern • Zusammenspiel von Hardwarekomponenten organisieren • Netzverbindungen realisieren • Ein- und Ausgabe steuern • Virenüberwachung ausführen

Aufgabe 4.1.19

Die Tastatur ist nach wie vor das wichtigste Eingabegerät. Wer allerdings denkt, Tastatur ist gleich Tastatur, der irrt. Sie gibt es in vielfältigen Ausführungen für unterschiedliche Einsatzbedingungen und Bedürfnisse. Informieren Sie sich in Fachzeitschriften, Katalogen und Onlineangeboten über die Sonderformen von Tastaturen! Kennzeichnen Sie die Besonderheiten und schätzen Sie die Einsatzmöglichkeiten ein!

Aufgabe 4.1.20

Bei optomechanischen Mäusen wird die Bewegung über eine Kugel zum Rechner übertragen. Dies bringt Nachteile mit sich und erfordert Maßnahmen der Pflege.

a) Erläutern Sie das etwas genauer!

b) Warum sind optische Mäuse bezüglich Staub und Schmutz viel unempfindlicher?

Aufgabe 4.1.21

Obwohl manch ein Profi der digitalen Fotografie immer noch skeptisch bis ablehnend gegenübersteht, hat der Markt das Rennen längst entschieden. Es werden bereits mehr digitale als analoge Fotoapparate verkauft. Die Entwicklung dieser Digitaltechnik hat einen Stand erreicht, bei dem keine Qualitätsunterschiede im verbreiteten Bildformat von 18×13 mehr auszumachen sind. Wenn die Analogtechnik bereits über 150 Jahre ihrer Entwicklung weitgehend ausgereizt scheint, so übertreffen sich die Hersteller von Digitalfotoapparaten in kurzen Abständen mit Neuerungen und Verbesserungen.

a) Stellen Sie in einer Übersicht die Gemeinsamkeiten und Unterschiede der analogen und der digitalen Fotografie gegenüber!

b) Kennzeichnen Sie den erreichten Entwicklungsstand in der Digitalfotografie!

c) Wo liegen Ihrer Ansicht nach momentan die Schwachstellen der Digitalfotografie?

Aufgabe 4.1.22

Scanner gibt es in den unterschiedlichsten Preisklassen und für alle möglichen Anwendungen. Aber auch der Scanner selbst bietet verschiedene Einstellungsmöglichkeiten, um den jeweiligen Anforderungen optimal gerecht zu werden.

a) Warum ist es wichtig zu wissen, wofür die digitalisierte Vorlage zum Einsatz kommen soll?

b) Erläutern Sie an 3 ausgewählten konkreten Beispielen die notwendig zu beachtenden Zusammenhänge!

Aufgabe 4.1.23

Beim Scanner ist die Auflösung ein wichtiges Maß zu seiner Beurteilung. Allerdings ist hier zum einen die optische bzw. physikalische Auflösung und zum anderen die durch Interpolation gewonnene Auflösung zu unterscheiden.

a) Was kennzeichnet die wichtigsten Unterschiede dieser beiden Auflösungsarten?

b) Welche Auflösung ist für die Kaufentscheidung die bedeutsamere? Begründen Sie dies!

Aufgabe 4.1.24

Warum muss ein Joystick vor seiner Verwendung immer erst kalibriert werden?

Aufgabe 4.1.25

Drucker bietet der Handel in kaum überschaubarer Zahl an.

a) Warum diese Fülle, was unterscheidet sie voneinander? Formulieren Sie in Stichpunkten, was die Drucker voneinander trennen kann!

b) Mit Verzicht auf konkrete Herstellerangaben, die ebenfalls maßgebliche Bedeutung haben können, finden Sie nachstehend einige typische Druckerkonstellationen und grob skizzierte Verwendungszwecke.
Unterbreiten Sie für die angedeuteten Verwendungszwecke die jeweils bevorzugten Drucker. Begründen Sie Ihre Entscheidungen!

Druckerkonstellationen	Verwendungszwecke
A 24-Nadeldrucker mit Traktor für Endlospapier, Druckfarbe Schwarz B monochromer Laserdrucker mit 600 dpi Auflösung, eine DIN-A4-Papierkassette für 1000 Blatt C fototauglicher Tintenfarbdrucker mit getrennten Farbpatronen für jede Farbe D mehrfarbiger DIN-A0-Plotter E Farb-Laserdrucker für DIN-A4- bis DIN-A2-Blattformate F monochromer Tintendrucker mit der Zusatzfunktion, auch mehrfarbig drucken zu können	1 Quelltexte beim Programmieren 2 Bau- und Konstruktionszeichnungen 3 Fahrkarten 4 Kontoauszüge 5 Originale mit Durchschlag 6 Netzwerk mit mehreren Computern 7 Einladungen und Menükarten 8 Folien für den Overheadprojektor 9 Fotos auf Hochglanzpapier 10 Plakate

Aufgabe 4.1.26

Für Datenspeicher gibt es im Allgemeinen einen rasch wachsenden, unersättlichen Markt. Im Besonderen können Technologien unterschieden werden, die vor allem die Art der Datenablage in den Vordergrund stellen. Die speziellen Unterschiede betreffen den Einsatz, der eine Reihe von Bedingungen vorgibt.

a) Nennen Sie unterschiedliche Kriterien, nach denen sich die Vielfalt der Speicher ordnen lässt!

b) Ordnen Sie die Speicher nach Art der Datenaufzeichnung!

↗ auch S. 334 ff.

DIMM; DVD-R; Cache; ZIP-Diskette; LS 120; CD-R; SIMM; DVD-ROM; EPROM; ROM; Festplatte; MO; Diskette; CD-RW; Bandlaufwerke; Lochkarte; RAM; Wechselfestplatte; Flash-Card; DVD-RAM; WORM; CD-ROM

elektrische Speicher	magnetische Speicher	optische Speicher	andere Speicher
...	...	...	...

4.2 Prozessautomatisierung

Aufgabe 4.2.1

Technische Prozesse lassen sich in unterschiedliche Klassen einteilen. Ordnen Sie den Prozessklassen je 3 Beispiele zu!

Mess- und Prüfprozesse	Fertigungs-prozesse	Verfahrens-prozesse	Verteilungs-prozesse
...	...	...	...

Aufgabe 4.2.2

Die technischen Prozesse in automatisierten Systemen sind auf das Wirken der Sensorik, der Prozessorik und der Aktorik zurückzuführen. Dafür kommen jeweils die unterschiedlichsten Teilsysteme in Frage.
Ordnen Sie die nachstehenden Baugruppen den Komponenten eines automatisierten Systems zu!

Fotowiderstand; Software; Zähler; Heizung; Motor; Vergleicher; Thermometer; Induktionssensor; Speicher; Lampe; Potentiometer; Magnet

Sensorik	Prozessorik	Aktorik
...	...	...

Aufgabe 4.2.3

In selbsttätig ablaufenden Vorgängen der Technik unterscheidet man zwischen Steuern und Regeln.

a) Was sind die grundlegenden Unterschiede dieser beiden technischen Vorgänge?

b) Ordnen Sie die Beispiele nach der Art ihres Wirkungsablaufs in Steuern und Regeln! Fügen Sie je 2 weitere Beispiele hinzu! Begründen Sie die jeweilige Zuordnung!

   Wasserhahn; Tauchsieder; Gebläse im Rechner; Bügeleisen; Dimmerschalter für die Lampe; Elektroboiler; Klimaanlage; Außenlampe mit Dämmerungsschalter

Aufgabe 4.2.4

Bekanntlich lassen sich Signale in zwei grundlegende Arten aufteilen, in analoge und digitale Signale. Wandler bzw. Umsetzer sind technische Vorrichtungen, mit denen die Signale von der einen Form in die andere überführt werden können.

a) Sortieren Sie das Signalaufkommen in analoge und digitale Signale!

   Code der Funkuhr; TFT-Bildschirm; Tageslicht; menschliche Sprache; Gitarrenklänge; CRT-Monitor; Ausdehnung von Körpern; Festplatte; Daten im Internet; Musiknoten; Scanncode; Sonnenuhr

b) Begründen Sie die prinzipielle Notwendigkeit solcher Wandler für Multimedia-Rechner!

c) Nennen Sie mindestens 8 Baugruppen im Computer oder an den Computer anschließbare Geräte, die A/D- bzw. D/A-Umsetzer integrieren!

Aufgabe 4.2.5

Zur Herstellung des Winkels dient als Ausgangsmaterial ein rechteckiger Flachstahl. Um die Form herauszuarbeiten, sind die entsprechenden Koordinaten nach dem Muster x, y für die Eckpunkte festzulegen.

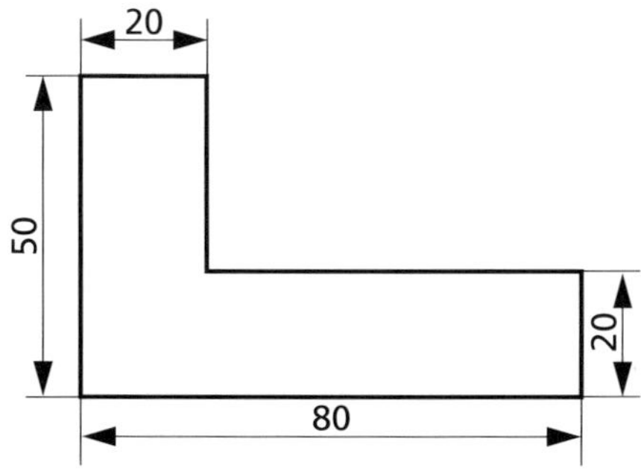

a) Geben Sie die Wegeinformationen für das Werkzeug zum Herausarbeiten des Winkels beginnend von der linken unteren Ecke als absolute Wertepaare an!

b) Geben Sie die Wegeinformationen für das Werkzeug zum Herausarbeiten des Winkels beginnend von der linken unteren Ecke als relative Wertepaare an!

Aufgabe 4.2.6

Codelineale werden zur Wegemessung eingesetzt.

	•		•		•		•		•		•		•		•
		•	•			•	•			•	•			•	•
				•	•	•	•					•	•	•	•
								•	•	•	•	•	•	•	•

Das abgebildete 4-Bit-Codelineal ist für das zentimetergenaue Messen konzipiert. Die Genauigkeit soll auf das Hundertfache heraufgesetzt werden.
Entwerfen Sie dafür ein geeignetes Codelineal!

4.3 Netzwerke

Aufgabe 4.3.1

Der Grundgedanke einer Netzverbindung ist der Datenaustausch zwischen mindestens zwei Geräten. Schon am Computer angeschlossene Geräte bilden ein kleines Netzwerk. Die einfachste Form des Datenaustauschs zwischen zwei Computern wird mit einem Nullmodem realisiert.

In der Regel sind heute mehrere bis sehr viele Computer und andere Datenendgeräte zu einem lokalen Netzwerk zusammengeschlossen. Dies bringt eine erheblich Ressourcenerweiterung mit sich und eröffnet vielfältige Kommunikationsmöglichkeiten. Die Begrenzung des Lokalen wird aufgehoben, wenn darüber hinaus auch der Zugang zum Internet realisiert wird.

a) Beschreiben Sie den Aufbau einer einfachen Nullmodemverbindung über die serielle Schnittstelle zwischen zwei Rechnern!

b) Informieren Sie sich über das bestehenden lokale Netzwerk in der Schule!

c) Wie ist in der Schule der Internetzugang gelöst?

Aufgabe 4.3.2

Das Internet ist ein inhomogenes Netz, das sich aus vielen Teilnetzen zusammensetzt. An der Datenübertragung sind sehr unterschiedliche Übertragungsarten beteiligt.
Kennzeichnen Sie wichtige Übertragungsarten!

Telefonleitungen	...
Standleitungen	...
Richtfunkübertragungen	...
Satellitenübertragungen	...
Rundfunkübertragungen	...

Aufgabe 4.3.3

Nachfolgend finden Sie 3 Begriffspakete geschnürt. Aus ihnen sollte ersichtlich werden, um was es sich dabei im Konkreten handelt. Welche technischen Einrichtungen sind jeweils gemeint?
Begründen Sie Ihre Aussage, indem Sie die Bedeutung der einzelnen Begriffe jeweils knapp erläutern und von ihnen auf die Lösung schließen!

Paket 1	Schalter; PS/2; Scancode; Puffer; AT; Interrupt; Mikroprozessor; Butterfly; Numerikblock
Paket 2	ROM; Spur; Pit; Land; MB; Polycarbonat; Frames; Bit; Musik und Daten
Paket 3	HD; Spur; Sektor; 1,44; 3,5; RAM; Magnet; Scheibe
Paket 4	Modulation; V.90; Schnittstelle; Datenpaket; AT-Befehle; 56 K; Telefon; Demodulation

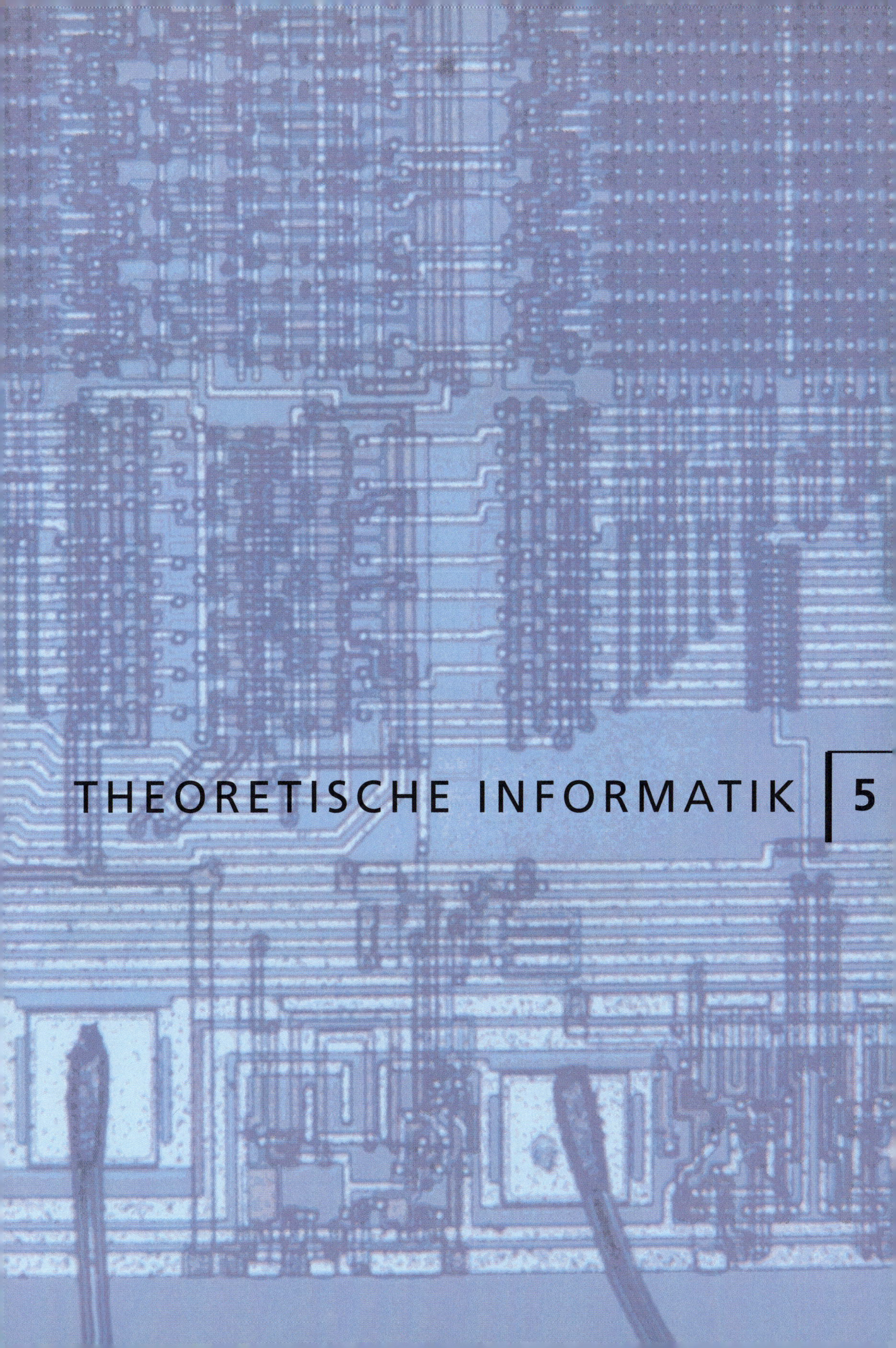

THEORETISCHE INFORMATIK | 5

5.1 Formale Sprachen und Automaten

5.1.1 Formale, natürliche und Programmiersprachen

Die **Theorie der formalen Sprachen** und die **Automatentheorie** nehmen in der theoretischen Informatik breiten Raum ein. Dabei werden die Einsichten vermittelt, die zum Verständnis von Anwendungen in verschiedenen anderen Gebieten erforderlich sind. Dies gilt beispielsweise für die Linguistik, den Compilerbau und die künstliche Intelligenz.

Linguistik: Sprachwissenschaft

Die Wortwahl **formale Sprache** unterstreicht Abgrenzung sowohl von den natürlichen als auch von den Programmiersprachen.

In formalen Sprachen spielt die **Semantik,** d. h. die Bedeutung der Sätze einer Sprache, *keine* Rolle.

In der Programmiersprache Turbo Pascal bedeutet

```
for i:= 1 to 5 do writeln('Hallo');
```

dass das Wort Hallo am Bildschirm 5-mal untereinander geschrieben wird.

Das for-to-do-Sprachelement hat die Bedeutung eines Zyklus. Die darin enthaltene Wertzuweisung folgt der Semantik von :=.

5.1.2 Syntax und Ableitungsbaum

Für die Definition der Semantik von Programmiersprachen sind verschiedene Zugänge entwickelt worden, die hier jedoch nicht betrachtet werden.
Die Theorie der formalen Sprachen befasst sich ausschließlich mit dem syntaktischen Aspekt.

Die **Syntax** einer Sprache ist die Lehre vom Satzbau. Sie umfasst sämtliche grammatikalische Regeln, deren Anwendungen zu korrekt gebauten Sätzen führen.

Auch natürliche und Programmiersprachen besitzen eine Syntax.

Für englische Sätze gilt die SPO-Regel, die die Reihenfolge Subjekt – Prädikat – Objekt vorschreibt.

Das Beispiel führt zu der Frage, wie grammatikalische oder syntaktische Regeln anzuwenden sind. Dafür gibt es grundsätzlich zwei Herangehensweisen:

1. Erzeugung (Synthese) eines Satzes
2. Erkennung (Analyse) eines Satzes

Der Satz „She loves soccer players." ist syntaktisch korrekt, denn die Analyse gemäß der SPO-Regel verläuft positiv:

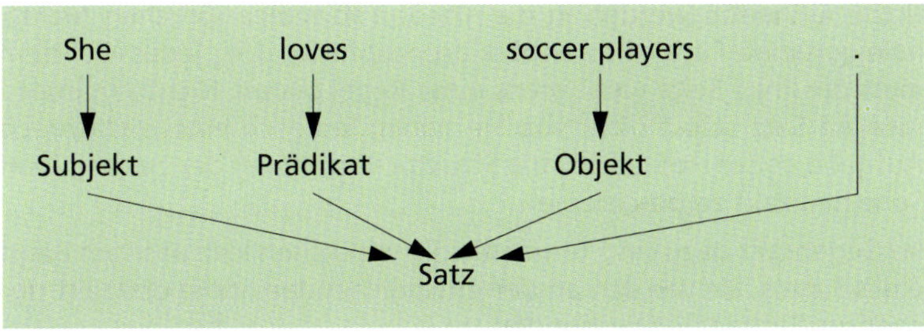

Der „Konstrukteur" dieses Satzes geht umgekehrt vor:

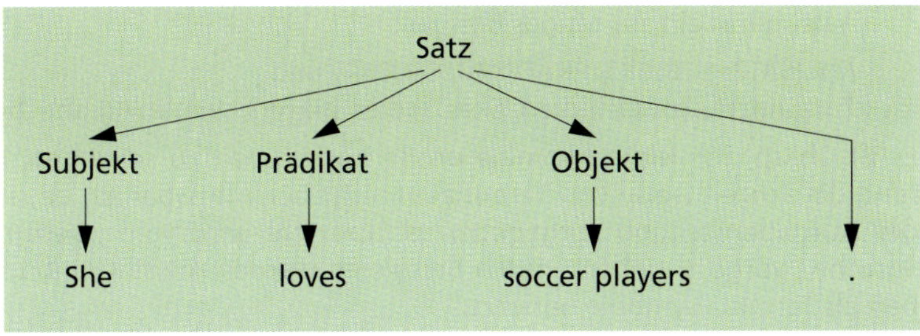

Die für die Analyse bzw. Synthese eines Satzes verwendete Darstellung heißt **Baum.** Dabei ist zu beachten, dass so genannte **Syntaxbäume** nur dann entstehen können, wenn sämtliche Regeln eine spezielle Form besitzen. Diese wird im Abschnitt 5.1.7 für kontextfreie Sprachen definiert.

Die Satzbauregel für englische Sätze lautet in Kurzform

SATZ → SUBJEKT PRÄDIKAT OBJEKT.

Lies: „Ein SATZ *ist definiert als* eine Folge aus SUBJEKT, PRÄDIKAT, OBJEKT und einem anschließenden Punkt."

Für das Zeichen → („ist definiert als") wird oft auch das Zeichen ::= benutzt. (↗ S. 163)

Diese eine Regel genügt noch nicht, denn sie gibt keine Auskunft darüber, wofür SUBJEKT, PRÄDIKAT und OBJEKT stehen. Dies legen die folgenden Regeln fest:

SUBJEKT → She
SUBJEKT → He
PRÄDIKAT → loves
PRÄDIKAT → kicked
PRÄDIKAT → likes
OBJEKT → soccer players
OBJEKT → swimming
OBJEKT → the ball

Damit können insgesamt 18 Sätze gebildet werden, wobei ein Satz wie „She kicked soccer players." daran erinnert, dass die Semantik wirklich keine Rolle spielt.

5.1.3 Formale Grammatik

Offensichtlich gelingt es immer dann (wenigstens) einen Ableitungsbaum für einen gegebenen Satz anzugeben, wenn in jeder Regel auf der linken Seite genau eine zu erklärende **syntaktische Einheit** steht. Syntaktische Einheiten werden in der Theorie formaler Sprachen **Nichtterminale** genannt. Für sie besteht Erklärungspflicht, d. h., jedes Nichtterminal muss die linke Seite wenigstens einer Regel bilden. Nichtterminale kommen im Satz selbst nicht vor. Sie haben lediglich eine *metasprachliche* Aufgabe, indem sie helfen, die Struktur von Sätzen der zu definierenden Sprache exakt zu beschreiben.

Im Gegensatz dazu sind **Terminale** die wirklichen lexikalischen Bausteine eines Satzes. Sie werden an der entsprechenden Stelle platziert und mit anderen Terminalen verbunden.

Seien *N* die Menge der Nichtterminale und *T* die Menge der Terminale, dann gilt für obiges Beispiel:

N = {SATZ, SUBJEKT, PRÄDIKAT, OBJEKT} und
T = {She, He, loves, kicked, likes, soccer_players, swimming, the_ball.}.

Es ist üblich, für Nichtterminale große Buchstaben zu schreiben, während die Schreibweise von Terminalen nicht beeinflussbar ist, da sie mit der Aufgabenstellung vorgegeben ist. Letztere wird vom „Design der Sprache" vorgeschrieben. In den Beispielen werden meist Kleinbuchstaben als Terminalsymbole benutzt.

Im letzten Beispiel spielt das Nichtterminal SATZ eine besondere Rolle. Es bildet in jedem Falle die **Wurzel des Ableitungsbaumes** und heißt deshalb **Axiom, Satz-, Spitzen-** oder **Startsymbol** s.

Eine Satzerzeugung beginnt also stets beim Spitzensymbol und endet, wenn sämtliche Nichtterminale durch Terminale ersetzt worden sind. Anstelle der Baumform gibt es noch folgende Schreibweise:

Achtung! Der Ableitungspfeil in $\alpha_i \Rightarrow \alpha_j$, sprich: α_i „geht unmittelbar über in" α_j, darf nicht verwechselt werden mit dem Definitionssymbol in den grammatikalischen Regeln, $X \rightarrow \alpha$, sprich: X „ist definiert durch" α.

$$s \Rightarrow \alpha_1 \Rightarrow \alpha_2 \Rightarrow \ldots \Rightarrow \alpha_n, \quad \text{kurz} \quad s \overset{*}{\Rightarrow} \alpha_n.$$

Die α_i werden **Satzformen** genannt. Es sind Zeichenketten, die aus beliebig vielen Nichtterminalen und beliebig vielen Terminalen – auch gemischt und in beliebiger Reihenfolge – bestehen können.

Da die **Ableitung eines Satzes** – manchmal auch Herleitung genannt – bei α_n endet, ist klar, dass α_n kein einziges Nichtterminal enthält. α_n ist ein *aus s abgeleiteter Satz*.

Der Satz „He likes swimming." ist aus s=SATZ ableitbar, denn
SATZ $\Rightarrow$ SUBJEKT PRÄDIKAT OBJEKT . $\Rightarrow$ He PRÄDIKAT OBJEKT .
$\Rightarrow$ He likes OBJEKT . $\Rightarrow$ He likes swimming.

Die vorangegangenen Betrachtungen münden nun in die Definitionen abstrakter Begriffe.

Eine **formale Grammatik** $G = (N, T, P, s)$ ist ein 4-Tupel, wobei die verwendeten Symbole die folgenden Bedeutungen besitzen:

- *N* eine endliche Menge von *N*ichtterminalen;
- *T* eine endliche Menge von *T*erminalen, mit $N \cap T = \emptyset$;
- *P* eine endliche Menge von Regeln oder *P*roduktionen der Form $\alpha \rightarrow \beta$, wobei α und β Satzformen sind und α wenigstens aus einem Nichtterminal besteht; und schließlich
- *s* das Startsymbol, mit $s \in N$.

↗ auch Definition einer formalen Grammatik im Abschnitt 3.1.4, S. 163

Der amerikanische Informatiker NOAM CHOMSKY (geb. 1928) hat formale Grammatiken erstmals ab 1956 verwendet. Um diese Leistung zu würdigen, werden formale Grammatiken (dieser Art) auch **CHOMSKY-Grammatiken** genannt.

Sei $G_1 = (N_1, T_1, P_1, s_1)$ eine formale Grammatik, mit

N_1 = {*GZAHL*, *ZIFFER*, *GZ*},

T_1 = {0, 1, 2, 3, 4, 5, 6, 7, 8, 9},

P_1 = {*GZAHL* → *GZ* | *ZAHL GZ*,
ZAHL → *ZIFFER* | *ZIFFER ZAHL*,
ZIFFER → 0 | 1 | 2 | 3 | 4 | 5 | 6 | 7 | 8 | 9,
GZ → 0 | 2 | 4 | 6 | 8}

s_1 = *GZAHL*.

Mit dieser formalen Grammatik können alle geraden Zahlen erzeugt bzw. erkannt werden.

Die beispielsweise in *ZIFFER* → 0 | 1 | 2 | 3 | 4 | 5 | 6 | 7 | 8 | 9 verwendeten senkrechten Striche gestatten eine Kurzschreibweise für die zehn Regeln *ZIFFER* → 0, *ZIFFER* → 1, … , *ZIFFER* → 9.

Die im Beispiel eingeführte Kurzschreibweise für *alternative Regeln* geht auf BACKUS zurück, wurde auch von NAUR benutzt und wird daher **Backus-Naur-Form**, kurz **BNF**, genannt. Kommen noch weitere Verkürzungen zum Einsatz, spricht man von einer **erweiterten BNF**, kurz: **EBNF**. Für die Syntaxdefinition von Programmiersprachen werden auch gern **Syntaxgraphen** benutzt.

Syntaxgraphen ↗ auch S. 164

Syntaxgraphen für obige Grammatik G_1:

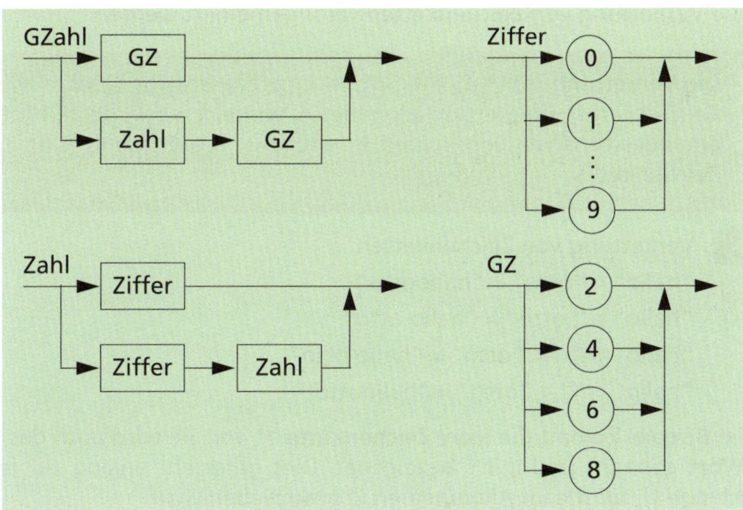

Terminale werden als Kreise bzw. Ovale, Nichtterminale werden als Rechtecke dargestellt.

5.1.4 Zeichen, Alphabet, Verkettung, Zeichenkette

Die Operation **Verkettung** legt fest, wie einzelne Zeichen zu einer Zeichenkette verbunden werden. Die Zeichen stammen aus einem Alphabet.

> Ein **Alphabet** ist eine beliebige endliche nichtleere Menge, deren Elemente **Zeichen** oder **Symbole** genannt werden.

Die folgenden Mengen

$A_1 = \{0, 1, 2, 3, 4, 5, 6, 7, 8, 9\}$, $A_2 = \{\triangle, \clubsuit, \bigcirc\}$,

$A_3 = \{\sin, \cos, \tan, \cot, int, sqrt\}$

sind Alphabete, wobei insbesondere die Elemente in A_3 als (atomare) Symbole, die nicht etwa aus mehreren Buchstabensymbolen zusammengesetzt wurden, anzusehen sind.

$B_1 = \{0, 1, 1, 2\}$ und $B_2 = \{\} = \emptyset$

sind keine Alphabete, da B_1 gegen die Mengendefinition verstößt und B_2 gegen die Alphabetdefinition, wonach die Grundmenge mindestens ein Zeichen enthalten muss.

Das Symbol für den Verkettungsoperator ist ∘, sprich: Kringel. Ähnlich, wie der Punkt für den Multiplikationsoperator in der Mathematik, wird ∘ manchmal weggelassen. Es entstehen Zeichenketten.

$1 \circ 3 =$ "13", $8 \circ 2 =$ "82", $\triangle \circ \clubsuit =$ "△♣", sqrt ∘ cot = "sqrtcot"

Die **Verkettung** ∘, oder **Konkatenation** von z_1 und z_2, kurz: $z_1 \circ z_2 = k$, ist eine *zweistellige Operation für Zeichen* aus einem Alphabet *A*, wobei $k = z_1z_2$ durch Hintereinanderschreiben von z_1 und z_2 entsteht. *k* ist eine Zeichenkette, die zum besseren Erkennen in Hochkommata eingeschlossen wird. Selbstverständlich gilt $k \notin A$.

Um ganze Sätze bilden zu können, muss die Verkettung für Zeichen auf die Verkettung von Zeichenketten verallgemeinert werden.

Die **Verkettung** ∘, mit $k_1 \circ k_2 = k$, ist eine *zweistellige Operation für Zeichenketten* über einem Alphabet *A*, wobei $k = k_1k_2$ durch Hintereinanderschreiben von k_1 und k_2 entsteht. Das Ergebnis *k* ist eine **Zeichenkette.**

Verkettung von Zeichenketten:

"hallo" ∘ "otto" = "hallootto"

"hallo" ∘ " otto" = "hallo otto"

"hallo" ∘ " " ∘ "otto" = "hallo otto"

"hallo" ∘ "" ∘ "otto" = "hallootto"

Im Beispiel kommt die **leere Zeichenkette** "" vor. Sie wird auch das **leere Wort** genannt und mit ε bezeichnet. Dies geschieht analog zur leeren Menge {}, für die im Allgemeinen Ø geschrieben wird.

Sei *k* eine Zeichenkette. Dann gilt:

1. $k \circ \varepsilon = \varepsilon \circ k = k$,
2. $\underbrace{k \circ k \circ k \circ \ldots \circ k}_{\text{n-mal}} = k^n, \quad n \geq 0$
3. $k^0 = \varepsilon$
   $k^n = k \circ k^{n-1} = k^{n-1} \circ k, \quad n > 0$

Die rekursive Definition von k^n unter 3. in obiger Definition enthält die Gleichheit $k \circ k^{n-1} = k^{n-1} \circ k$. Dies gilt natürlich nur für ein und dieselbe Zeichenkette k.

Falsch wäre $k_1 \circ k_2 = k_2 \circ k_1$, denn $\circ$ ist *nicht* kommutativ.

5.1.5 Länge einer Zeichenkette, Wort und Wortmenge

Bisher wurde noch nicht festgelegt, was unter der *Länge einer Zeichenkette* verstanden werden soll. Man meint damit die Anzahl aller Zeichen, so wird jedes Vorkommen eines bestimmten Alphabetzeichens in der betrachteten Zeichenkette extra gezählt. "abba" und "haus" haben beide die Länge 4.

Die **Länge einer Zeichenkette** $k = z_{i_1} z_{i_2} z_{i_3} \dots z_{i_p}$, kurz: $|k| = p$, ist gleich der Anzahl der Zeichen die k enthält. Es ist *nicht* gefordert, dass die vorkommenden Zeichen paarweise verschieden sind. Für $k = \varepsilon$ gilt $|k| = 0$.

Satz: Seien k_1 und k_2, mit $|k_1| = n$ und $|k_2| = m$, Zeichenketten. Dann gilt $|k_1 \circ k_2| = n + m$.

Beweis:

$$k_1 = x_1x_2 \dots x_n, \quad k_2 = y_1y_2 \dots y_m$$
$$k_1 \circ k_2 = x_1x_2 \dots x_ny_1y_2 \dots y_m$$
$$= z_1z_2 \dots z_nz_{n+1}z_{n+2} \dots z_{n+m}$$
$$|k_1k_2| = n + m$$

Zeichenketten, die über einem Alphabet A gebildet werden, nennt man **Wörter über A.**

Durch Verkettung können unendlich viele Wörter über einem gegebenen Alphabet erzeugt werden. Dies gilt auch dann, wenn das Alphabet aus nur einem einzigen Zeichen besteht.

Sei $A = \{a, b\}$ ein Alphabet. Dann gehören sämtliche Wörter
- der Länge 0, nämlich ε,
- der Länge 1, nämlich "a", "b",
- der Länge 2, nämlich "aa", "ab", "ba", "bb",
- usw.

in die Menge der Wörter über A, kurz: *Wortmenge über A.*

Offensichtlich können über A r^n verschiedene Wörter der Länge n erzeugt werden, wenn das Alphabet A genau r Elemente besitzt.

Die Menge aller Wörter über einem Alphabet heißt **Wortmenge** A^*,

mit $A^* = A^0 \cup A^1 \cup A^2 \cup \dots \cup A^i \cup \dots = \sum_{i=0}^{\infty} A^i$

A^* ist stets eine unendliche Menge. Die angegebene Zerlegung von A^* in Teilmengen A^i lässt erahnen, wie man sämtliche Wörter aus A^* längenlexikographisch anordnen kann. Auf diese Weise kann man die Elemente aus A^* durchnummerieren. Mengen, bei denen das gelingt, heißen **abzählbar unendlich.**

Die Definition verwendet A^i für die Menge aller Wörter über A, deren Länge gleich i ist. A^i bedeutet also, dass i-mal je ein beliebiges Element aus A genommen und an die jeweils aktuelle Zeichenkette angehangen wird. Das gleiche Resultat ergibt sich für $i > 0$ durch $A^{i-1} \circ A$. Es macht offenbar Sinn, die Verkettungsoperation auf Mengen anzuwenden.

Für zwei Mengen M_1 und M_2 gibt
$M_1 \circ M_2 = \{w_1w_2 \mid w_1 \in M_1 \text{ und } w_2 \in M_2\}$.

Seien M_1 = {"ab", "cd", "a"} und M_2 = {ε, "x", "xy"}, so ist
$M_1 \circ M_2$ = {"ab", "cd", "a", "abx", "cdx", "ax", "abxy", "cdxy", "axy"}.

Die Analogie zum kartesischen Produkt zweier Mengen ist offensichtlich. Ferner gelten $M \circ \emptyset = \emptyset \circ M = \emptyset$ und $M \circ \{\varepsilon\} = \{\varepsilon\} \circ M = M$ für beliebige Mengen M.

Ist eine der beiden Mengen leer, so ergibt sich die leere Menge. Enthält eine der Mengen nur das leere Wort, so ergibt sich die andere Menge.

Mit M^k wird die Verkettung $\underbrace{M \circ M \circ \ldots \circ M}_{\text{k-mal } M}$ bezeichnet.

Für die Wortmenge A^* über einem Alphabet A kann kein begrenzendes k angegeben werden, denn die erzeugbaren Wörter können beliebig lang sein. Hierfür wurde der oben schon verwendete Stern-Operator eingeführt.

KLEENE-Stern (sprich: klini-stern) nach STEPHEN COLE KLEENE (1909–1994)

Der KLEENE-**Stern** ist eine einstellige Operation für Mengen M, mit $M^* = M^0 \cup M^1 \cup M^2 \cup \ldots$

Aus der Definition ist unmittelbar erkennbar, dass

1. das leere Wort zu M^* gehört und
2. M^* eine unendliche Menge ist.

Da die Verkettung weiter oben sowohl für Zeichen als auch für Zeichenketten definiert wurde, spielt es keine Rolle, ob M ein Alphabet oder eine Menge von Wörtern ist. Auf der Basis der eingeführten Grundbegriffe kann nun der Begriff „formale Sprache" definiert werden.

5.1.6 Formale Sprache

Eine **formale Sprache** L über einem Alphabet A ist eine beliebige Teilmenge der Wortmenge A^*. Die Elemente von L heißen **Sätze** (im Compilerbau) bzw. **Wörter** (in der Theorie der formalen Sprachen).

Es ist sofort klar, dass $L_1 = \emptyset$ (leere Sprache) und $L_2 = A^*$ (Allsprache) zulässige Sprachen über A sind. Beide erweisen sich jedoch als praktisch weitgehend unbrauchbar, denn wozu braucht man eine Sprache, die keinen einzigen Satz enthält, oder eine, die hinsichtlich der Satzbildung keinerlei Regeln vorgibt?

Formale Grammatiken sorgen dafür, dass die von ihnen erzeugten Sprachen $L(G)$ im Allgemeinen gerade „zwischen" Ø und A^* liegen, d.h., $\emptyset \subseteq L(G) \subseteq A^*$.

DIE FÄLLE $L(G) = \emptyset$ und $L(G) = A^*$ sind praktisch bedeutungslos.

Die **von einer Grammatik G erzeugbare Sprache** ist $L(G) = \{w \mid s \overset{*}{\Rightarrow} w\}$, d.h., jedes Wort w, das aus dem Spitzensymbol s über beliebig viele Schritte abgeleitet werden kann, gehört zu dieser Sprache. Die Länge der Ableitung spielt keine Rolle.

Die auf S. 407 angegebene Grammatik G_1 beschreibt die Menge/Sprache der geraden Zahlen. T ergibt sich direkt aus A. Beispielsweise gehört die Zahl, genauer: das Zahlwort, "38" zu $L(G_1)$, denn $s = GZAHL \Rightarrow ZAHL\ GZ \Rightarrow ZIFFER\ GZ \Rightarrow 3GZ \Rightarrow$ "38."

Wenn es sich um Grammatiken handelt, deren Regeln auf der linken Seite aus genau einem Nichtterminal bestehen, spielt es keine Rolle, in welcher Reihenfolge die Nichtterminale in den Satzformen der Ableitung ersetzt werden. Sogar simultane Ersetzungen sind denkbar.

Üblicherweise werden **Linksableitungen** verwendet, d.h., das am weitesten links stehende Nichtterminal wird zuerst ersetzt. Trotzdem kann es vorkommen, dass mehrere (echt) verschiedene Ableitungen für ein und dasselbe Wort aus $L(G)$ existieren. Solche Grammatiken und die dazugehörigen Sprachen sind **mehrdeutig.**

Die Grammatik
$G_2 = (\{S, A, B\}, \{a, b, c\}, \{S \rightarrow aB \mid Ab, A \rightarrow ac, B \rightarrow cb\}, S)$
ist mehrdeutig, denn das Wort "acb" lässt sich auf verschiedene Weise aus S linksableiten:

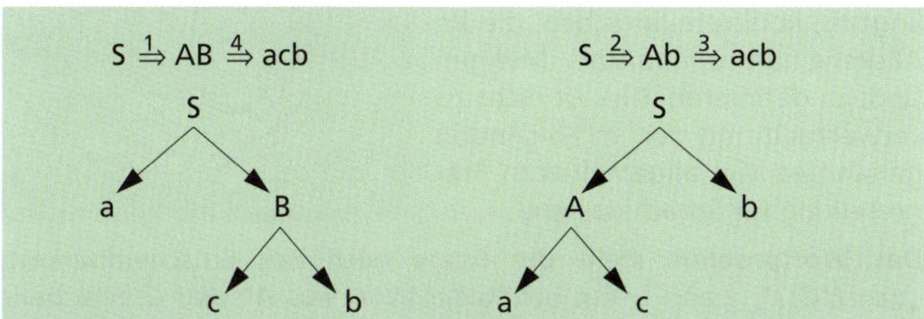

Es entstehen unterschiedliche Ableitungs- oder Syntaxbäume.

Mehrdeutige Grammatiken sind höchst unerwünscht. Sie erschweren die Prozesse, die bei der Übersetzung von Programmiersprachen stattfinden, erheblich und können zu Fehlern führen.
Leider kann weder das Aufspüren der Mehrdeutigkeit für Grammatiken noch deren Umformung in eindeutige Grammatiken, die die gleiche Sprache beschreiben, automatisch erledigt werden. Dies bleibt im Wesentlichen „Handarbeit".

5.1.7 CHOMSKY-Hierarchie

Formale Grammatiken und die damit verbundenen Sprachen werden klassifiziert. Klassifizierungsmerkmal ist die Regelgestalt.

Eine formale Grammatik $G = (N, T, P, s)$ heißt

- vom **Typ 0** oder **unbeschränkt**, wenn für jede Regel $\alpha \to \beta$ gilt: $\alpha \in (N \cup T)^*N(N \cup T)^*$ und $\beta \in (N \cup T)^*$.
- vom **Typ 1** oder **kontextsensitiv**, wenn gegenüber Typ 0 für jede Regel übereinstimmend gilt, dass die Länge von α nicht größer ist als die von β, d.h., $|\alpha| \leq |\beta|$ (Längenmonotonie). $s \to \varepsilon$ ist zulässig, wenn s auf keiner rechten Regelseite steht.
- vom **Typ 2** oder **kontextfrei**, wenn gegenüber Typ 1 für jede Regel einschränkend gilt, dass auf der linken Regelseite genau ein Nichtterminal steht, d.h., $X \to \beta$, $X \in N$. $X \to \varepsilon$ ist zulässig.
- vom **Typ 3** oder **regulär**, wenn gegenüber Typ 2 für jede Regel einschränkend $X \to \gamma$ oder $X \to \gamma Y$ gilt, wobei $\gamma \in T^*$, $X, Y \in N$.

Die von den Grammatiktypen erzeugbaren Sprachen heißen dementsprechend.

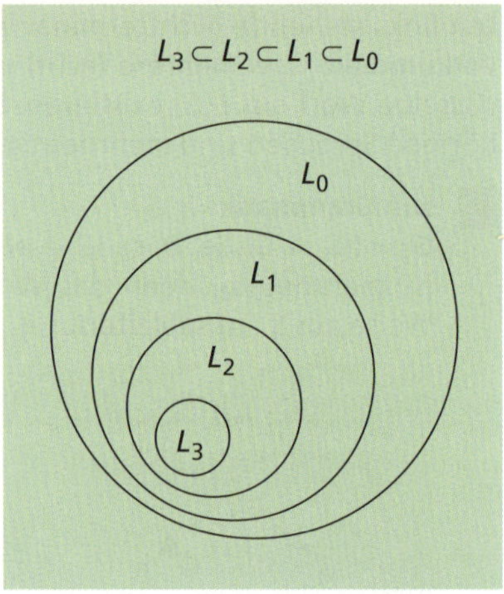

Die durch Grammatiken vom Typ i erzeugbaren Sprachklassen L_i (Menge von Sprachen des Typs i) bilden eine Hierachie, d.h., sie stehen in nebenstehend skizzierter Beziehung:

Neben den Grammatiken gibt es für jede Sprachklasse ein spezielles **Automatenmodell** und individuelle Beschreibungstechniken. Damit gelingt es, konkrete Sprachen, die im Allgemeinen *unendliche* Mengen sind, zu definieren. Dies ist nicht zu verwechseln mit der im Folgenden genannten viel allgemeineren Fragestellung für Sprachklassen:

Das Wortproblem stellt die Frage nach der Entscheidbarkeit von „$w \in L(G)$?", wenn w ein beliebiges Wort aus A^* und G eine beliebige Grammatik des betrachteten Typs sind. Eine Frage oder ein Problem heißt entscheidbar, wenn es entweder mit *ja* (wahr/true) oder mit *nein* (falsch/false) beantwortet wird. Manche Problemstellungen müssen erst in eine entsprechende Entscheidungsform gebracht werden.

Satz: Das Wortproblem ist für Typ-1- und damit auch für Typ-2- und Typ-3-Sprachen entscheidbar, jedoch nicht für Typ-0-Sprachen.

Beweis:

$w = z_1z_2z_3 \ldots z_n$ sei das zu untersuchende Wort. Ein allgemeines Prüfverfahren für „$w \in L(G)$?" arbeitet für G ohne ε-Regeln folgendermaßen:

Vom Spitzensymbol s ausgehend werden durch Anwendung *sämtlicher* passender Regeln alle möglichen Satzformen gebildet. Mit den so gebildeten Satzformen fährt man ebenso fort, bis deren Längen mit der von *w* übereinstimmen. Es gibt nur endlich viele Satzformen in $(N \cup T)^n$. Darunter befinden sich endlich viele Zeichenketten, die ausschließlich aus Terminalen bestehen. Kommt *w* darunter vor, gilt $w \in L(G)$ ansonsten gilt $w \notin L(G)$.

Das beschriebene Verfahren kann auf Typ-0-Grammatiken, wegen fehlender Längenmonotonie, im Allgemeinen nicht angewandt werden. Es ist nämlich möglich, dass das betrachtete Wort aus einer Satzform, die länger ist als *w*, ableitbar ist. Eine Begrenzung des „Suchraumes" ist daher unmöglich.

Das allgemeine Verfahren zur Entscheidung von „$w \in L(G)$?" ist sehr aufwändig und zeitraubend. Für praktische Anwendungen ist es unbrauchbar. Im Gebiet „Compilerbau" werden daher wesentlich effizientere Entscheidungsverfahren entwickelt, auf die hier nicht im Detail eingegangen werden kann.

5.1.8 Reguläre Ausdrücke

Typ-3-Sprachen können außerdem durch reguläre Ausdrücke beschrieben werden. (Auf Hochkommata wird im Folgenden verzichtet.)

Reguläre Sprachen finden beispielsweise Anwendung als

- Variablennamen (Bezeichner) in vielen Programmiersprachen: Ein **Bezeichner (identifier)** ist eine beliebige Zeichenkette über einem bestimmten Alphabet, die mit einem Buchstaben beginnen muss.
- Zahl als Folge von Ziffern, z.B. 8364, (Problem: Unterdrückung von Vornullen)

Komplexere Anwendungen regulärer Ausdrücke finden sich in Texteditoren. Dabei werden **Muster,** wie $a^*(b+c)d+$, nach denen man den Text durchsucht, vorgegeben.

Der Norton Commander unter DOS verwendet folgende Muster, um bestimmte Dateinamen zu finden: test?.doc, *.bat, [abc]*.*, [a-e]*.* [^adt]*.*

Jeder **reguläre Ausdruck** α definiert eine **reguläre Sprache** $L(\alpha)$. Man nennt sie auch **reguläre Menge.** Reguläre Ausdrücke sind wie folgend induktiv definiert:

1. $\varnothing$ ist ein regulärer Ausdruck, und es gilt $L(\varnothing) = \varnothing$.
2. $\underline{\varepsilon}$ ist ein regulärer Ausdruck und es gilt $L(\underline{\varepsilon}) = \{\varepsilon\}$.
3. Für jedes Alphabetzeichen $a \in A$, A ... Alphabet, ist $\underline{a}$ ein regulärer Ausdruck, und es gilt $L(\underline{a}) = \{a\}$.
4. Sind α und β reguläre Ausdrücke, so auch
   $(\alpha + \beta)$, und es gilt $L(\alpha \mid \beta) = L(\alpha) \cup L(\beta)$
   $(\alpha \cdot \beta)$, und es gilt $L(\alpha\beta) = L(\alpha) \circ L(\beta)$
   (α^*), und es gilt $L(\alpha^*) = L(\alpha)^*$ ← KLEENE-Stern.

Nur die nach 1. bis 4. definierten Ausdrücke sind reguläre Ausdrücke.

Beispiele für reguläre Ausdrücke

1. $\alpha := (\underline{a} + (\underline{b}\ \underline{c}))$

$$L(\alpha) = L(\underline{a}) \cup L(\underline{b}\ \underline{c})$$
$$= L(\underline{a}) \cup L(\underline{b}) \circ L(\underline{c})$$

$$= \{a\} \cup \{b\} \circ \{c\}$$
$$= \{a\} \cup \{bc\}$$
$$= \{a, bc\}$$

2. $\beta := ((\underline{a} + \underline{b})\underline{c})$

$$L(\beta) = \{ac, bc\}$$

3. $\gamma := ((\underline{a}^*)\underline{b})$

$$L(\gamma) = \{b, ab, a^2b, a^3b, \dots\}$$

Um die Ausdrücke lesbar zu halten, wird folgende Klammersparregel eingeführt: Im Ausdruck (α op_1 β) op_2 γ dürfen die runden Klammern nicht entfallen, wenn die Priorität von op_2 größer ist als die von op_1. Die Reihenfolge der Operatoren mit aufsteigender Priorität lautet: +, · , *. Dies erinnert an das Zahlenrechnen mit + (Addition), · (Multiplikation) und ^{n} (Potenzieren), aber nicht alle Eigenschaften sind übertragbar.

Es kann gezeigt werden, dass die mit regulären Ausdrücken beschreibbare Menge von Sprachen gleich der Menge der Sprachklasse ist, die mit Typ-3-Grammatiken definiert werden.

5.1.9 Endliche Automaten

Endliche Automaten, kurz: EA, sind eine alternative und äquivalente Beschreibungstechnik für reguläre Sprachen. Obwohl der Begriff an eine reale Maschine denken lässt, handelt es sich um ein ideelles Objekt, das ein bestimmtes Berechnungsmodell darstellt.

Ein **endlicher Automat (EA)** ist ein Quintupel $M = (Q, \Sigma, \delta, q_0, E)$, mit

Q … endliche Menge der Zustände;

Σ … Eingabealphabet, $Q \cap \Sigma = \emptyset$;

δ … Überführungsfunktion (totale Funktion!), $Q \times \Sigma \to Q$;

q_0 … Startzustand, $q_0 \in Q$; und

E … endliche Menge der Endzustände.

Ein EA besteht aus einem Band, welches wiederum aus aufeinanderfolgenden Feldern besteht. Das zu analysierende Eingabewort wird zeichenweise auf das Band geschrieben, wodurch eine endliche zusammenhängende Folge von Bandfeldern gefüllt wird.

Ein zum Automaten gehörender Lesekopf steht auf dem Feld, das das erste Zeichen des Eingabewortes enthält.

Jeder EA beginnt seine Arbeit im Anfangszustand q_0. In jedem Schritt oder Arbeitstakt erfolgt ein Zustandswechsel und der Lesekopf des Automaten wird um genau ein Feld (auf dem Band) nach rechts bewegt. Die Überführungsfunktion δ gibt an, welchen Folgezustand der Automat am Ende eines jeden Arbeitstakts einnimmt. Da δ eine *totale* Funktion ist, muss $\delta(q_i, a)$ für alle $q_i \in Q$ und $a \in \Sigma$ existieren. Eine zugehörige Tabelle ist also stets vollständig ausgefüllt.

δ	a_0	a_1	…	a_n
q_0	…	q_r	…	
q_1	…			
⋮	⋮		…	
q_m	…			

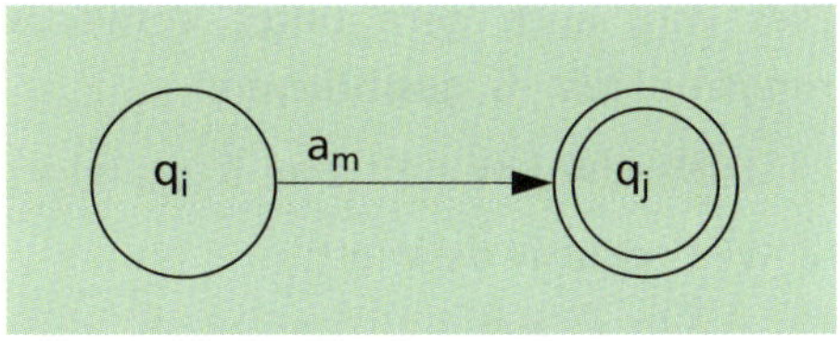

Für δ gibt es eine sehr anschauliche grafische Darstellung. Falls q_j – wie im Beispiel – ein Endzustand ist, wird dies durch doppelte Umrandung (zwei konzentrische Kreise) hervorgehoben.

Das **Akzeptanzverhalten** des Automaten lässt sich so beschreiben: Ein EA stoppt, wenn das Eingabewort vollständig abgetastet wurde und verharrt in einem Zustand q_k. Falls q_k ein Endzustand ist, wird das Eingabewort von diesem EA akzeptiert, ansonsten wird es abgewiesen.

$a^*b + ab^*$

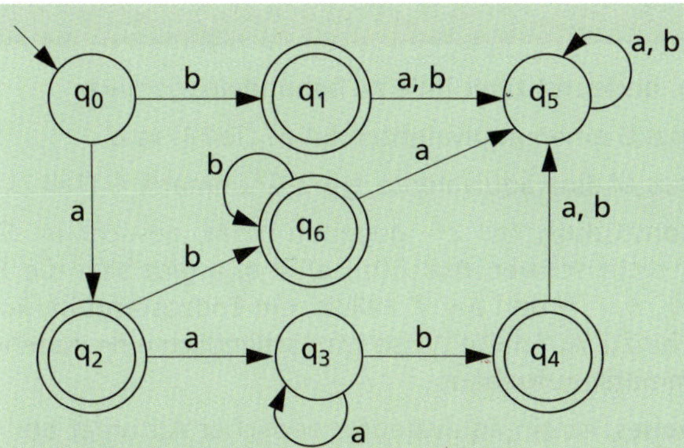

δ	a	b
q_0	q_2	q_1
q_1	q_5	q_5
q_2	q_3	q_6
q_3	q_3	q_4
q_4	q_5	q_5
q_5	q_5	q_5
q_6	q_5	q_6

Die vollständige Definition des EA ist
$M_1 = (\{q_0, q_1, q_2, q_3, q_4, q_5, q_6\}, \{a, b\}, \delta, q_0, \{q_1, q_2, q_4, q_6\})$.

Der Zustand q_5 wirkt wie eine Falle: Wird dieser Zustand vom Automaten erst einmal eingenommen, gibt es keinen Weg mehr hinaus. Da er selbst kein Endzustand ist, endet die Analyse mit negativem Resultat.

Die Analyse eines Eingabewortes, wie etwa "aaaab", kann durch eine **Folge von Konfigurationen** $[q_{i_1}, r_{k_1}] \vdash [q_{i_2}, r_{k_2}] \vdash [q_{i_3}, r_{k_3}]$ … protokolliert werden. Eine Konfiguration entspricht einem „Schnappschuss", einer Momentaufnahme der Arbeit des Automaten, und umfasst den aktuellen Zustand q_i zusammen mit dem aktuellen Restwort r_k.

Zustand	Restwort
q_0	aaaab
q_2	aaab
q_3	aab
q_3	ab
q_3	b
q_4	ε

$\vdash$ heißt „führt zu".

Die Abarbeitung endet in q_4. Da q_4 ein Endzustand ist, wird das Wort "aaaab" vom Automaten akzeptiert und gehört somit zu der Sprache die der Automat beschreibt. Allgemein gilt für die **von einem EA *M* akzeptierte (erkannte, beschriebene, definierte) Sprache** *L(M)*:

$$L(M) = \{w \mid w \in \Sigma^* \text{ und } [q_0, w] \vdash^* [q_e, \varepsilon] \text{ und } q_e \in E\}.$$

Das Symbol $\vdash^*$ bedeutet „die Konfigurationsfolge beliebiger Länge".

Dies wird auch gern unter Verwendung der *erweiterten Überführungsfunktion* $\hat{\delta}$ geschrieben:

$$L(M) = \{w \mid w \in \Sigma^* \text{ und } \hat{\delta}(q_0, w) = q_e \text{ und } q_e \in E\}.$$

$\hat{\delta}$ wird rekursiv definiert:

$$\hat{\delta}(q, \varepsilon) = q$$
$$\hat{\delta}(q, aw) = \hat{\delta}(\delta(q, a), w)$$

5.1.10 Nichtdeterministische endliche Automaten

Weiter oben wurde behauptet, dass CHOMSKY-Typ-3-Grammatiken und EA äquivalente Beschreibungsmittel für reguläre Sprachen sind.

> *Satz:* Zu jeder Typ-3-Grammatik *G* gibt es einen äquivalenten EA *M* und umgekehrt.

Dies zu beweisen, bedeutet zwei Teile zu behandeln, nämlich

1. Konstruiere aus *G* einen äquivalenten EA *M* (Teil 1) und
2. Konstruiere aus *M* eine äquivalente Typ-3-Grammatik *G* (Teil 2).

Der Beweis ist konstruktiv. Teil 2 – gegeben ist *M*, gesucht ist *G*, mit $L(G) = L(M)$ – ist nicht schwer. Aus $\delta(q_i, a) = q_j$ ergibt sich die Regel $q_i \to aq_j$, wobei $q_i, q_j \in N$ und $a \in T$. Falls q_j ein Endzustand ist, kommt *zusätzlich* $q_i \to a$ hinzu. Auf diese Weise wird schließlich eine zugehörige äquivalente Grammatik aufgebaut.

In Teil 1 des Beweises, ist ein äquivalenter endlicher Automat aus einer gegebenen regulären Grammatik zu konstruieren. Dies ist problematisch, wie folgender Auszug aus irgendeiner regulären Grammatik zeigt.

$$q_2 \to aq_1 \mid aq_3 \mid \ldots$$

Aufgrund der Definition eines EA, wäre 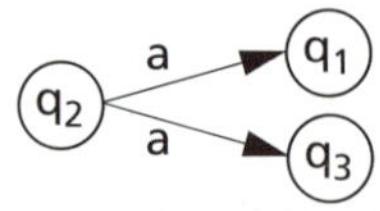 unzulässig.

Wie können mehrere Regeln für q_2 mit einem einzigen Argument-Wert-Paar in der Überführungsfunktion ausgedrückt werden?

Ein kleiner Trick ist erforderlich: Alle möglichen Folgezustände werden zu einer Menge zusammengefasst. Dann ist obige Darstellung durchaus berechtigt, denn der Funktionswert ist in diesem Beispiel $\delta(q_2, a) = \{q_1, q_3\}$.

δ	…	a	…
⋮	⋮	⋮	⋮
q_2	…	$\{q_1, q_3\}$	…
⋮	⋮	⋮	⋮

Im Tabellenkörper stehen also Mengen, genauer: Teilmengen von *Q*. Die Menge aller dieser Teilmengen von *Q* ist die Potenzmenge *P*(*Q*) von *Q*. Sie besitzt $2^{|Q|}$ Elemente, denn *Q* ist endlich.

Diese Modifikation des endlichen Automaten erfordert eine begriffliche Unterscheidung von der Basisform, die nachträglich **deterministischer endlicher Automat,** kurz: EA oder **DEA,** genannt wird. Der in diesem Abschnitt entwickelte Automat heißt **nichtdeterministischer endlicher Automat,** kurz: **NEA.**

Ein **nichtdeterministischer endlicher Automat (NEA)** wird durch ein Quintupel $M = (Q, \Sigma, \delta, q_0, E)$ definiert, wobei bis auf δ die Bedeutungen der Symbole aus der Definition des (D)EA übernommen werden. Die Überführungsfunktion eines NEA ist wie folgt definiert:

$\delta : Q \times \Sigma \rightarrow P(Q)$

Da $\emptyset \in P(Q)$ für jede beliebige Menge Q gilt, kann es auch $\delta(z, a) = \emptyset$ geben. Dies wird als verbotener Übergang interpretiert. Der damit verbundene Crash bedeutet Misserfolg des betrachteten Automaten bei dessen Analysetätigkeit.

Wie arbeitet ein NEA?
Falls es in einem Zustand, wie oben in q_2, mit ein und demselben Zeichen a des Eingabealphabets Σ mehr als einen Folgezustand gibt, z.B. q_1, q_3, so wird der Automat entsprechend oft kopiert (geklont). Jeder, der so entstandenen „ununterscheidbaren Zwillingsautomaten" wird in je einem der beiden Folgezustände mit dem aktuellen Band gestartet. Die Arbeit der Zwillingsautomaten erfolgt zeitlich parallel. Sobald einer von ihnen einen Erfolg signalisiert, wird die Arbeit der anderen eingestellt. Das Eingabewort gilt als akzeptiert. Anderenfalls müssen sie solange arbeiten, bis schließlich jeder von ihnen stoppt und einen Misserfolg gemeldet hat. Erst dann kann man sagen, dass das Eingabewort nicht zu der durch den Automaten festgelegten Sprache gehört.

Formal ausgedrückt bedeutet das:

$$L(M) = \{w \in \Sigma^* \mid \hat{\delta}(q_0, w) \cap E \neq \emptyset\}$$

Unter Verwendung von NEA können reguläre Sprachen im Allgemeinen kompakter definiert werden als mit DEA. Zum direkten Vergleich mit dem weiter oben angegebenen DEA wird im nächsten Beispiel ein NEA für $\underline{a}^*\underline{b} + \underline{a}\,\underline{b}^*$ definiert.

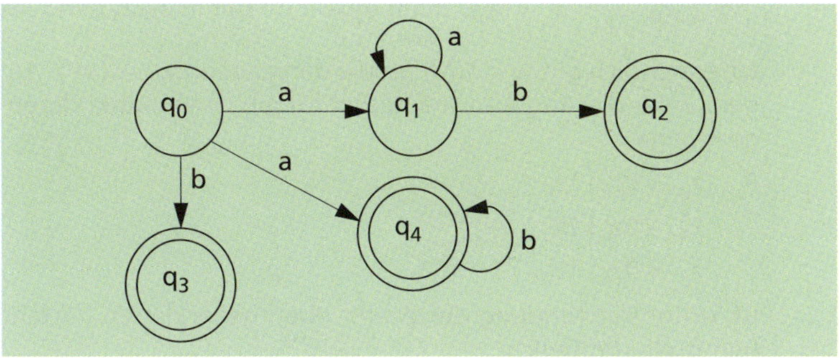

Anstelle zu zeigen, dass es zu jeder regulären Grammatik einen äquivalenten DEA gibt, entstand ein NEA, der zur Beschreibung von Sprachen offenbar gute Dienste leistet, die eigentliche Beweisaufgabe ist damit jedoch nicht löst. Es bleibt zu zeigen, dass zu jedem NEA ein äquivalenter DEA konstruiert werden kann. Dies bedeutet dann außerdem, dass die Leistungsfähigkeit von DEA und NEA bei der Beschreibung regulärer Sprachen übereinstimmt.

Die Beweisidee liegt darin, den oben angewandten Trick rückgängig zu machen, indem jeder Menge aus $P(Q)$ ein Zustand z_i zugeordnet wird. Dann kann die Überführungsfunktion δ' des gesuchten DEA aus δ des betrachteten NEA $M = (Q, \Sigma, \delta, z_0, E)$ nach der Vorschrift

$$\delta'(z, a) = \bigcup_{q \in z} \delta(q, a)$$

konstruiert werden.

Die anderen Bestandteile des DEA $M' = (Q', \Sigma', \delta', z'_0, E')$ ergeben sich aus

$$Q' = P(Q)$$

$$z'_0 = z_0$$

$$E' = \{z \in Q' \mid z \subseteq Q \text{ und } z \cap E \neq \emptyset\}.$$

Konstruktion eines äquivalenten DEA aus einem NEA

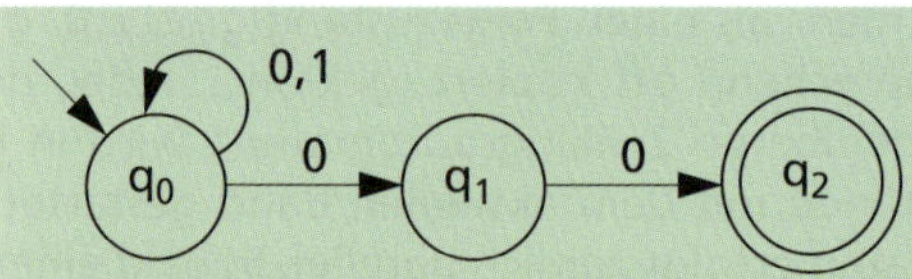

δ in Tabellenform:

δ	0	1
q_0	$\{q_0, q_1\}$	$\{q_0\}$
q_1	$\{q_2\}$	$\emptyset$
q_2	$\emptyset$	$\emptyset$

$$P(Q) = \{\underbrace{\{q_0\}}_{z_0}, \underbrace{\{q_1\}}_{z_1}, \underbrace{\{q_2\}}_{z_2}, \underbrace{\{q_0, q_1\}}_{z_3}, \underbrace{\{q_0, q_2\}}_{z_4}, \underbrace{\{q_1, q_2\}}_{z_5}, \underbrace{\{q_0, q_1, q_2\}}_{z_6}, \underbrace{\emptyset}_{z_7}\}$$

z.B. $\delta'(z_3, 0) = \delta'(\{q_0, q_1\}, 0) = \delta(q_0, 0) \cup \delta(q_1, 0)$
$= \{q_0, q_1\} \cup \{q_2\} = \{q_0, q_1, q_2\}$
$= z_6$

Das Ergebnis lautet:

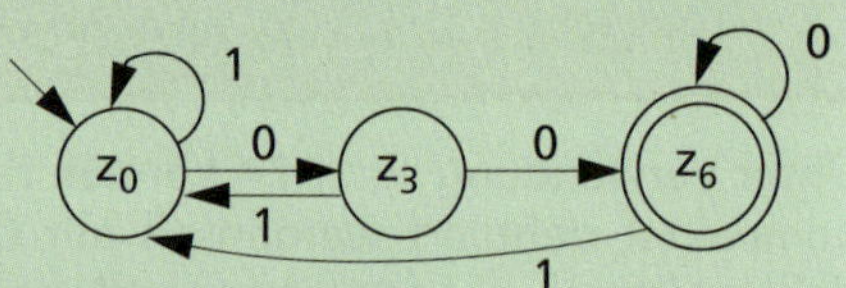

δ'	0	1
z_0	z_3	z_0
z_3	z_6	z_0
z_6	z_6	z_0

$Q' = \{z_0, z_1, z_2, z_3, z_4, z_5, z_6, z_7\}$
$z' = z_0$, denn q_0 ist der Anfangszustand von M.
$E' = \{z_6\}$, denn q_2 kommt nur in z_2, z_4 und z_6 vor.

Offensichtlich gilt $w \in L(M)$ genau dann, wenn $w \in L(M')$. Außerdem wäre die Angabe einer zugehörigen Grammatik, deren Regelmenge

$$P = \{z_0 \to 0z_3 \mid 1z_0$$
$$z_3 \to 0z_6 \mid 1z_0$$
$$z_6 \to 0z_6 \mid 1z_0\}$$

ist, unter Verwendung des weiter oben behandelten Verfahrens unmittelbar möglich.

DEA: deterministischer endlicher Automat
NEA: nichtdeterministischer endlicher Automat

Zusammenfassung:
Reguläre Ausdrücke, Typ-3-Grammatiken, DEA und NEA sind äquivalente Beschreibungsmittel regulärer Sprachen.

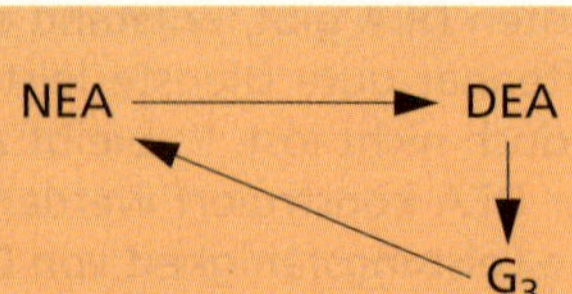

5.1.11 Kellerautomaten und kontextfreie Sprachen

Endliche Automaten sind nur sehr begrenzt geeignet, formale Sprachen zu beschreiben. Sie definieren lediglich reguläre Sprachen. Um kontextfreie Sprachen beschreiben zu können, muss dieser Automatentyp erweitert werden. Welche Minimal-Erweiterungen nötig sind, sollen die folgenden Beispiele auszuloten helfen.

Beispiel 1:

Die Sprache der Palindrome über $\{a, b\}$. Palindrome sind Wörter, die mit ihrem jeweiligen Umkehrwort übereinstimmen, etwa *abba* und *bbabb*.

Beispiel 2:

Die Sprache $L = \{a^n b^n \mid n \geq 1\}$. Sie wird von der Grammatik G, mit $G = (\{S\}, \{a, b\}, \{S \to ab \mid aSb\}, S)$ beschrieben.

Beispiel 3:

Die Sprache der korrekt geklammerten arithmetischen Ausdrücke über dem Alphabet $\{a, (,), +, *\}$.

Zur Analyse von Wörtern in den Beispielsprachen wird ein Zusatzspeicher benötigt, der zum „Merken" des jeweils ersten Teils des Wortes (Beispiel 1) bzw. der eingelesenen *a*'s (Beispiel 2) bzw. des Anfangsstückes eines Klammerausdrucks (Beispiel 3) dient. Ein einfaches „Mitzählen" der eingelesenen Zeichen – etwa in Beispiel 1 – würde nicht ausreichen, denn auch deren Reihenfolge muss beachtet werden.

Die Beispiele lassen erkennen, dass die beschriebene „Merkfunktion" am besten durch einen *Stapel- oder Kellerspeicher (engl.: stack)* wahrgenommen wird. Die Arbeitsweise eines Stapels folgt der anschaulichen Vorstellung, wonach neue Elemente immer oben auf den Stapel gelegt (Operation „push") und angeforderte Elemente stets von oben her entnommen (Operation „pop") werden. Das aktuell oberste Stapelement wird „top of stack" genannt. Zu beachten ist, dass pop das top of stack vom Stapel entfernt. Es wird also nicht nur eine Wertkopie benutzt, sondern das Element selbst, so dass der Stapel schrumpft. Ein „Vorziehen" eines mitten auf dem Stapel liegenden Elements ist verboten.

Ein **nichtdeterministischer Kellerautomat** ist definiert durch ein 7-Tupel

$M = (Z, \Sigma, \Gamma, \delta, z_0, k_0, E)$, mit

Z ... endliche Menge der Zustände;

Σ ... Eingabealphabet;

Γ ... Kelleralphabet;

δ ... partielle Überführungsfunktion: $Z \times (\Sigma \cup \{\varepsilon\}) \times \Gamma \to P(Z \times \Gamma^*)$;

z_0 ... Anfangszustand, $z_0 \in Z$;

k_0 ... Kellervorbelegungszeichen, $k_0 \in \Gamma$;

E ... Menge der Endzustände.

Arbeitsweise:
In jedem Arbeitstakt liest der Automat das top of stack *A verbrauchend* vom Stapel. Der aktuelle Zustand z_i, das aktuelle Zeichen a auf dem Eingabeband und A bilden jeweils ein Argument (z_i, a, A) der Überführungsfunktion δ.

Falls δ für das spezielle Tripel (z_i, a, A) definiert ist, bestimmt der Funktionswert $\delta(z_i, a, A) = (z_j, s_1 s_2 s_3 \dots s_r)$ den Folgezustand z_j und das auf den Stapel zu schreibende Kellerwort $s_1 s_2 s_3 \dots s_r$, wobei die Speicherung mit s_r, s_{r-1} beginnt, so dass schließlich s_1 das neue top of stack ist. Das zu speichernde Kellerwort darf leer sein.

Wegen $Z \times (\Sigma \cup \{\varepsilon\}) \times \Gamma$ sind für δ Argumente der Gestalt (z_i, ε, A) erlaubt. Dieser Spezialfall (ε an zweiter Stelle) bedeutet einen *spontanen Übergang*, also ein Arbeitstakt, bei dem der Lesekopf auf dem aktuellen Feld des Eingabebandes verharrt und dessen Inhalt unbeachtet lässt.

Anderenfalls, d.h., wenn $a \neq \varepsilon$, wird a gelesen und der Kopf rückt am Ende dieses Arbeitstaktes um genau ein Feld nach rechts.

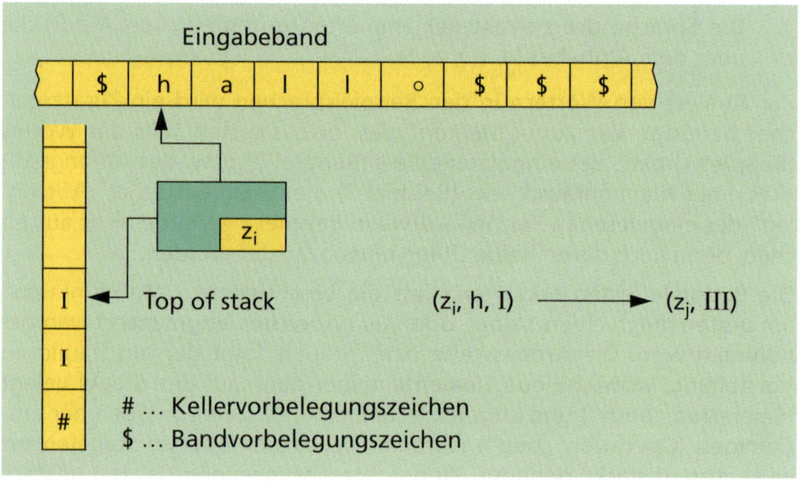

Akzeptanzverhalten:
Der Automat stoppt erfolgreich, wenn das Eingabewort vollständig abgetastet (gescannt) wurde *und* der dann aktuelle Zustand ein Endzustand ist. Der Kellerinhalt spielt *keine* Rolle. In diesem Falle wird gesagt, dass der Automat das Eingabewort akzeptiert hat.

Die Menge aller Wörter, die von einem speziellen Kellerautomaten *M* akzeptiert werden, ist die **von *M* akzeptierte Sprache** $L(M)$.

$$L(M) = \{w \mid w \in \Sigma^* \text{ und } \hat{\delta}(z_0, w, k_0) = z_e \text{ und } z_e \in E\}$$

Die Definition der erweiterten Überführungsfunktion erfolgt sinngemäß wie bei endlichen Automaten. $L(M)$ kann auch unter Verwendung der Konfigurationenfolge definiert werden.

Siehe auch S. 414, S. 415.

$$L(M) = \{w \mid w \in \Sigma^* \text{ und } [z_o, w, k_o] \vdash^* [z_e, \varepsilon, \alpha] \text{ und } z_e \in E, \alpha \in \Gamma^*\}$$

Bei der Definition des Konfigurationenübergangs kann man sich ebenfalls an der für endliche Automaten orientieren.

Eine undefinierte Stelle der Überführungsfunktion führt zum erfolglosen Abbruch (crash) der Arbeit des Automaten. Es gibt also zwei Möglichkeiten für $w \notin L(M)$, nämlich crash und $z_e \notin E$ nach vollständigem Lesen des Eingabewortes. In allen Fällen stoppt der Automat.

Nichtdeterminismus bei abstrakten Automaten wurde bereits für NEA erläutert. Dies gilt sinngemäß für nichtdeterministische Kellerautomaten.

Der folgende nichtdeterministische Kellerautomat beschreibt die im Beispiel 2 auf S. 419 vorgestellte Sprache $L(M) = \{a^n b^n \mid n \in N\}$.

Der nichtdeterministische Kellerautomat M_2 ist wie folgt definiert.

$$M_2 = (\{z_0, z_1, z_2\}, \{a, b\}, \{\#, a\}, \delta, z_0, \#, \{z_2\})$$

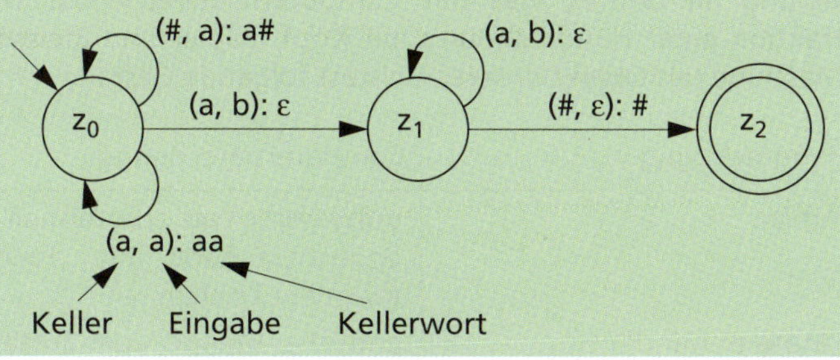

Leider kann δ nicht als Tabelle dargestellt werden, so wie dies bei endlichen Automaten möglich war. Eine dritte Dimension wäre nötig, was die Übersichtlichkeit auf Papier negativ beeinträchtigen würde. Insofern ist die grafische Darstellung von δ klar zu bevorzugen.

M_2 akzeptiert beispielsweise das Wort *aabb*. Die folgende Tabelle zeigt die schrittweise Abarbeitung. Jede Zeile in der Tabelle charakterisiert eine *Konfiguration*. Die Folge der Konfigurationen beginnt stets mit $[z_0, w, \#]$ und endet bei Akzeptanz von w mit $[z_e, \varepsilon, \alpha]$, wobei $z_e \in E$ gilt und α irgendein Wort auf dem Keller ist.

Der nichtdeterministische Kellerautomat im obigen Beispiel arbeitet quasi deterministisch. Die dort angegebene Überführungsfunktion δ gibt für jedes top-of-stack-Eingabezeichen-Paar genau ein Folgezustand-Kellerwort-Paar an. Es kann also nicht vorkommen, dass eine getroffene Übergangsentscheidung rückgängig gemacht und korrigiert werden muss.

Zustand	Eingabe-(rest)wort	*top* ↓ Keller
z_0	*aabb*	#
z_0	*abb*	*a*#
z_0	*bb*	*aa*#
z_1	*b*	*a*#
z_1	ε	#
z_2	ε	#

Man kann zeigen, dass die Klasse der kontextfreien Sprachen durch nichtdeterministische Kellerautomaten vollständig erfasst wird.

Deterministische Kellerautomaten verfügen nicht über die „Reichweite" nichtdeterministischer Kellerautomaten. Sie definieren die so genannten **deterministischen kontextfreien Sprachen**, die eine echte Teilmenge der kontextfreien Sprachen bilden. Sie sind für die Praxis (Programmiersprachen, Compilerbau) die bedeutsamste Klasse und beinahe so mächtig wie kontextfreie Sprachen.

5.1.12 Turingmaschine

Auch Kellerautomaten haben Grenzen. Sie sind nicht in der Lage, Typ-1- und Typ-0-Sprachen zu definieren.

$L_1 = \{a^n b^n c^n \mid n \geq 1\}$.
Obwohl $L_2 = \{a^n b^n \mid n \geq 1\}$ – wie oben vorgeführt – von einem Kellerautomat akzeptiert werden kann, ist dies für L_1 nicht möglich, denn der „Merker" *n* steht beim Einlesen der *c*'s nicht mehr zur Verfügung.

Das später nach ALAN TURING (1912–1954) benannte abstrakte Maschinenmodell beschreibt Typ-0-Sprachen. Das von TURING entwickelte Automatenmodell entstand als Ergebnis der Suche nach einer abstrakten Beschreibung all dessen, was mit Computern berechenbar ist. Durch Abstraktion einer Handrechnung mit Kopf, Papier und Bleistift erhielt die Maschine (als Objekt unseres Geistes) folgende Gestalt:

Handrechnung	Computerberechnung
Papier	unbeschränktes (potentiell unendliches) Band mit „Fächern" für je ein Zeichen
„State of Mind"	endliche Menge von Zuständen eines abstrakten Automaten
Löschen und Ersetzen eines Zeichens auf Papier	Lese-Schreib-Kopf (wie bei Kassettenrecorder; Audio, Video)

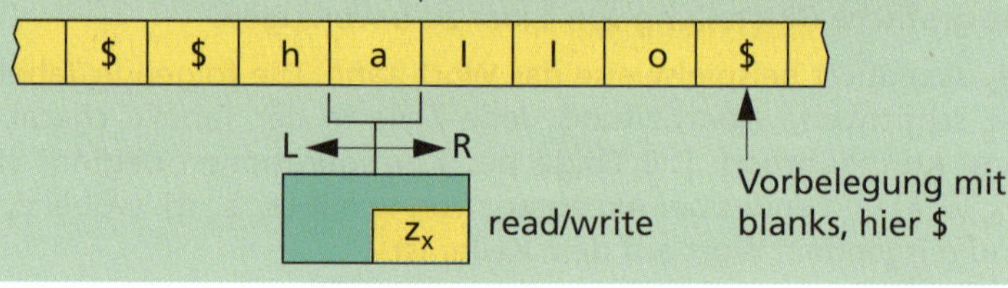

Eine Turingmaschine besitzt ein potentiell unendliches Band, dessen Felder ein bestimmtes Vorbelegungszeichen $\hbar$ enthalten.

In jedem Takt liest die Maschine den Inhalt des aktuellen Feldes, überschreibt den alten Feldinhalt durch ein in der Überführungsfunktion δ festgelegtes Zeichen aus dem Bandalphabet Γ und bewegt den Kopf entweder um genau ein Feld nach links (*L*) oder nach rechts (*R*). Anschließend nimmt der Automat einen neuen Zustand ein.

Eine deterministische/nichtdeterministische **Turingmaschine** (DTM bzw. NTM) ist definiert durch ein 7-Tupel $M = (Z, \Sigma, \Gamma, \delta, z_0, \hbar, E)$ mit

Z ... endliche Menge von Zuständen;
Σ ... Eingabealphabet;
Γ ... Bandalphabet, wobei $\Sigma \subseteq \Gamma \setminus \{\hbar\}$ erlaubt ist;
δ ... partielle Funktion, mit DTM: $Z \times \Gamma \to Z \times \Gamma \times \{L, R\}$ bzw.
NTM: $Z \times \Gamma \to P(Z \times \Gamma \times \{L, R\})$;
z_0 ... Anfangszustand, mit $z_0 \in Z$;
$\hbar$ ... Bandvorbelegungszeichen, wobei $\hbar \notin \Sigma$, aber $\hbar \in \Gamma$ ist erlaubt;
E ... endliche Menge von Endzuständen, $E \subseteq Z$.

Die Überführungsfunktion δ lässt sich – wie bei deterministischen/nichtdeterministischen endlichen Automaten – sowohl in Tabellenform als auch grafisch notieren.

Ebenso wie deterministische endliche Automaten und nichtdeterministische endliche Automaten sind deterministische und nichtdeterministische Turingmaschinen bezüglich ihrer Beschreibungskraft gleichberechtigt.

Es kann gezeigt werden, dass die Menge der von Turingmaschinen akzeptierten Sprachen genau die Menge der Typ-0-Sprachen ist.

Dabei gilt für die von M akzeptierte Sprache $L(M)$ wiederum

$$L(M) = \{w \mid w \in \Sigma^* \text{ und } \hat{\delta}(z_0, w) = z_e \text{ und } z_e \in E\}.$$

Achtung, dies bedeutet nicht, dass das Wortproblem für Typ-0-Sprachen lösbar sei. Es ist vielmehr so, dass eine Turingmaschine für eine beliebige Typ-0-Sprache die folgenden drei „Verhaltensformen" zeigen kann:

1. Die Turingmaschine stoppt in einem Endzustand. Dann gilt $w \in L(M)$.
2. Die Turingmaschine stoppt in einem Nichtendzustand oder infolge eines crash, d.h., δ ist an dieser Stelle nicht definiert. Dann gilt $w \notin L(M)$.
3. Die Turingmaschine stoppt nicht.
   Dies ist der Fall bei unendlichem Links- bzw. Rechtslauf und bei unendlichen Zustandsschleifen (Endloszyklus). Dann ist die Frage „Gilt (entweder) $w \in L(M)$ oder $w \notin L(M)$?" nicht entscheidbar.

Für die Klasse der Typ-1-Sprachen (und sogar noch etwas mehr, nämlich die Klasse der rekursiven Sprachen), die in der Menge der Typ-0-Sprachen enthalten sind, gilt, dass sie durch stets haltende Turingmaschine akzeptiert werden. Das heißt, es kann nur entweder Fall 1 oder 2 auftreten.

↗ S. 412

Das Wortproblem ist für Typ-1-Sprachen lösbar. Der zugehörige Automatentyp wird *linear beschränkt* genannt. Die einzige Einschränkung von **linear beschränkten Automaten** gegenüber Turingmaschinen besteht darin, dass ein linear beschränkter Automat den Bandbereich, auf dem zu Beginn der Bearbeitung das Eingabewort stand, nicht verlassen darf.

Die von deterministischen und nichtdeterministischen Turingmaschinen akzeptierten Sprachen werden *rekursiv aufzählbar* genannt.

rekursiv aufzählbar: engl. – recursive enumerable

Stets haltende Turingmachinen beschreiben die Klasse der **rekursiven Sprachen.** Sie bilden eine echte Teilmenge der Typ-0- und enthalten die Typ-1-Sprachen.

$L = \{a^n b^n c^n \mid n \geq 1\}$ (↗ S. 422)

Die Lösungsidee besteht darin, in je einer Aktion genau ein *a* und genau ein *b* zu „löschen", indem es durch genau ein *c* bzw. *d* ersetzt wird. Danach werden die *c*'s über die „*d*-Grenze" paarweise gestrichen.
Am Beispielwort *aaabbbccc* wird das Verfahren demonstriert und die zugehörige Überführungsfunktion angewendet bzw. entwickelt.

$\underbrace{a}_{z_0}aabbbccc \quad (z_0, a) \to (z_1, c, R)$	$ccd\underbrace{d}_{z_4}ddccc \quad (z_4, d) \to (z_4, d, R)$
$c\underbrace{a}_{z_1}abbbccc \quad (z_1, a) \to (z_1, a, R)$	$\vdots$
$caa\underbrace{b}_{z_1}bbccc \quad (z_1, b) \to (z_2, d, L)$	$ccdddd\underbrace{c}_{z_4}cc \quad (z_4, c) \to (z_5, d, L)$
$ca\underbrace{a}_{z_2}dbbccc \quad (z_2, a) \to (z_2, a, L)$	$ccddd\underbrace{d}_{z_5}dcc \quad (z_5, d) \to (z_5, d, L)$
$\underbrace{c}_{z_2}aadbbccc \quad (z_2, c) \to (z_0, c, R)$	$\vdots$
$c\underbrace{a}_{z_0}adbbccc \quad (z_0, a) \to (z_1, c, R)$	$c\underbrace{c}_{z_5}dddddcc \quad (z_5, c) \to (z_4, d, R)$
$cc\underbrace{a}_{z_1}dbbccc \quad (z_1, a) \to (z_1, a, R)$	$cd\underbrace{d}_{z_4}ddddcc \quad (z_4, d) \to (z_4, d, R)$
$cca\underbrace{d}_{z_1}bbccc \quad (z_1, d) \to (z_1, d, R)$	$\vdots$
$ccad\underbrace{b}_{z_1}bccc \quad (z_1, b) \to (z_2, d, L)$	$\underbrace{\$}_{z_5}dddddddd\$ \quad (z_5, \$) \to (z_6, \$, R)$
$cca\underbrace{d}_{z_2}dbccc \quad (z_2, d) \to (z_0, d, L)$	$\$\underbrace{d}_{z_6}ddddddd\$ \quad (z_6, d) \to (z_6, d, R)$
$cc\underbrace{a}_{z_0}ddbccc \quad (z_0, a) \to (z_1, c, R)$	$\vdots$
$ccc\underbrace{d}_{z_0}ddccc \quad (z_0, d) \to (z_3, d, L)$	$\$dddddddd\underbrace{d}_{z_7} \quad (z_6, \$) \to (z_7, \$, L)$
$cc\underbrace{c}_{z_3}dddccc \quad (z_3, c) \to (z_4, d, R)$	z_7 ist ein Endzustand

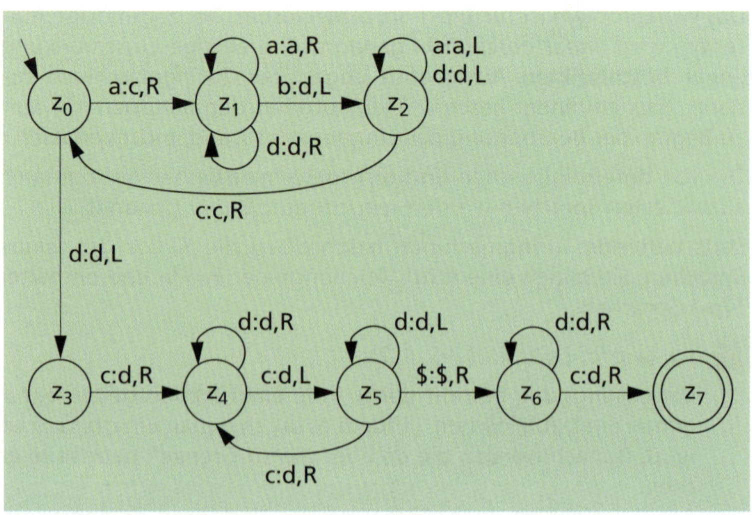

Neben der Verwendung von Turingmaschinen als Akzeptor für Typ-0-Sprachen spielt das Maschinenmodell (in der Berechenbarkeitstheorie)

eine wichtige Rolle bei der Abstraktion der Berechnung von Funktionen. Die Unterschiede einer „Turingmaschine als Funktionsberechner" gegenüber einer „Turingmaschine als Akzeptor" bestehen darin, dass der am Ende einer erfolgreichen Anwendung einer Turingmaschine auf ein Eingabewort vorhandene Bandinhalt als Ausgabe oder Resultatwert interpretiert wird. Dazu ist es sinnvoll zu verabreden, dass der Lese-Schreib-Kopf am Ende einer Berechnung auf dem ersten Zeichen des Bandwortes steht. Handelt es sich um eine mehrstellige Funktion, so sind die einzelnen Argumente durch genau ein Bandvorbelegungszeichen voneinander zu trennen. Analoges gilt für den Funktionswert vektorwertiger Funktionen.

↗ Abschnitt 5.2, S. 426 ff.

Die Nachfolgerfunktion ist für natürliche Zahlen wie folgt definiert.

$$f(n) = \begin{cases} n + 1, \text{wenn } n \geq 0 \\ n.d., \text{ sonst} \end{cases}$$

Für $f(3) = 4$ kann man sich das so vorstellen.

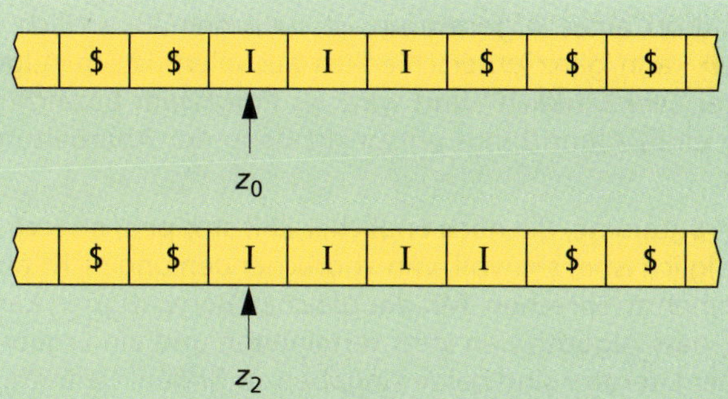

Eine vollständige Definition der Nachfolger-TM M_{Nf} lautet
$M_{Nf} = (\{z_0, z_1, z_2\}, \{I\}, \{I, \$\}, \delta, \$, \{z_2\})$,
mit

δ	*I*	$
z_0	(z_0, I, R)	(z_1, I, L)
z_1	(z_1, I, L)	$(z_2, \$, R)$

Turingmaschinen, die für bestimmte Eingaben nicht stoppen, oder durch einen crash enden, berechnen partielle Funktionen.

5.2 Berechenbarkeitstheorie

5.2.1 Vager Algorithmusbegriff und Berechenbarkeit

Die mächtigsten heute bekannten Werkzeuge zur Lösung von Problemen, die mit formalen Methoden beschrieben werden können, sind *Algorithmen*.

Die Menge aller Formeln ist eine echte Teilmenge der Menge der Algorithmen.

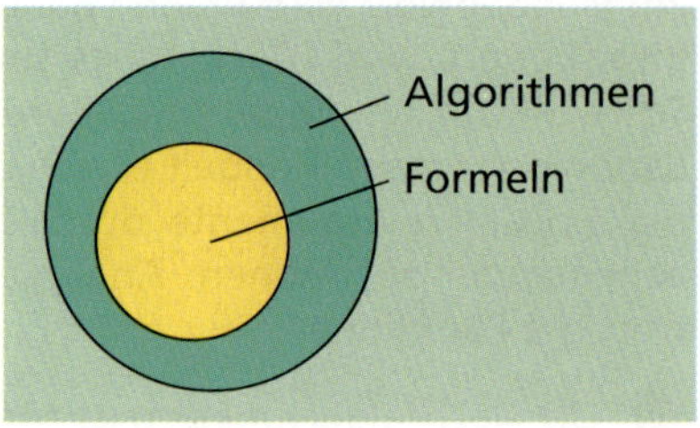

Darunter werden üblicherweise Verfahren verstanden, die – ähnlich wie Kochrezepte oder (gute) Gebrauchsanweisungen – ohne kreatives Zutun des Ausführenden umgesetzt werden können. Es wird also gefordert, dass **Algorithmen** exakt und in gewisser Hinsicht allgemeingültig sind.

Die Notation eines Algorithmus ist naturgemäß endlich. Dieses Aufschreiben kann ganz unterschiedlich ausfallen, ist im Allgemeinen für Computer „verständlich" und wird als **Programm** bezeichnet. Die Ausführung eines Algorithmus entspricht dann der Abarbeitung eines Programms.

Es gibt Programme, die nach endlicher Zeit stoppen, andere machen dies nicht. Folglich ist es sinnvoll, von abbrechenden und nicht-abbrechenden Algorithmen zu sprechen. Mit der gleichen Berechtigung kann gefordert werden, dass Algorithmen stets **terminieren** und ein Ergebnis produzieren. In der Literatur sind beide Angaben zu finden. Geläufig ist folgende Formulierung:

↗ auch S. 28

Ein **Algorithmus** ist ein schrittweise ablaufendes Umformungsverfahren von Eingaben in Ausgabewerte, wobei für jeden Schritt die jeweils folgende Anweisung (ohne Nachdenken zu müssen) eindeutig bestimmt ist.

Sind dann Verfahren, die eine Folgeanweisung aus einer vorgegebenen Palette zufällig bzw. nach einer bestimmten Vorschrift ermitteln oder zur Ausführungszeit erzeugen, keine Algorithmen?

Diese wenigen Überlegungen machen bereits deutlich, dass es notwendig ist, den Algorithmusbegriff mathematisch exakt zu fassen, so wie dies weiter oben für den Sprachbegriff durch formale Grammatiken und abstrakte Automaten geschah. Schließlich besteht das Ziel darin, die Menge aller mit Algorithmen lösbarer Probleme angeben zu können. Der *Berechenbarkeitsbegriff* kann unmittelbar aus dem Algorithmusbegriff gewonnen werden.

Eine Funktion f, mit $f: X \to Y$, wobei $y = f(x)$, für $x \in X$ und $y \in Y$, falls $f(x)$ existiert, ist **berechenbar,** wenn es einen Algorithmus A_f gibt, der die Abbildung f realisiert.

Die Quadratfunktion für natürliche Zahlen ist berechenbar, denn es gibt einen Algorithmus, der für eine eingegebene natürliche Zahl n ihr Quadrat, nämlich $n \cdot n$ berechnet.

Die natürlichzahlige Quadratwurzelfunktion q, mit

$$q(n) = \begin{cases} \sqrt{n}, & \text{wenn } n \geq 0 \\ n.d., & \text{sonst} \end{cases}$$

ist berechenbar, denn es kann beispielsweise ein PASCAL-Programm dafür angegeben werden.

```
function q (n: integer): integer;
var resultat: real;
      ganzzahlresultat: integer;
begin
    resultat := sqrt(n);
    ganzzahlresultat := floor(resultat);
    if resultat = ganzzahlresultat
    then q := ganzzahlresultat
    else while true do;
end;
```

Falls das Ergebnis von $\sqrt{n}$ keine ganze Zahl liefert, wird ein Endloszyklus ausgeführt. In diesem Fall gibt das Programm kein Resultat zurück, denn es hält nicht an. Der Algorithmus berechnet also die oben definierte partielle Funktion q.
Die Programmzeile `else q := "n.d."` wäre grundsätzlich falsch und würde – vom falschen Datentyp abgesehen – eine ganz andere und totale Funktion berechnen.

Auch die überall undefinierte Funktion u, mit $u : x \rightarrow n.d.$, ist berechenbar.

```
function u (x: integer): integer;
begin
  while true do u := 0
end;
```

5.2.2 Algorithmische Unlösbarkeit

Ein wie auf S. 28 oder S. 426 gegebener Algorithmusbegriff ist vage und für die Beschreibung der Menge der berechenbaren Funktionen unbrauchbar. Die entscheidende Frage wird sein, ob es überhaupt Probleme gibt, die mit algorithmischen Mitteln unlösbar sind.

Was ist ein Problem? Welchen Zusammenhang gibt es zwischen Problemen und Algorithmen?

Fragestellungen, wie

- Ist 332748721 eine Primzahl?
- Ist 1437573143 eine Primzahl?
- Ist 8343 eine Primzahl?

haben eine gemeinsame Struktur, nämlich

„Ist die natürliche Zahl x eine Primzahl?"

Letzteres nennt man ein *Problem* und die obigen Fragen sind *Instanzen dieses Problems*.

In diesem Beispiel handelt es sich um ein Entscheidungsproblem, das mit folgender Funktion beschrieben werden kann.

$$f : x \rightarrow \{wahr, falsch\}$$

Es ist offensichtlich, wie man zu einem Problem die zugehörige Funktion findet. Die allgemeinsten Funktionen, die hier betrachtet werden, sind n-stellige Wortfunktionen, also Funktionen der Art

$$\underbrace{A^* \times A^* \times \ldots \times A^* \rightarrow A^*}_{\text{n-mal}}.$$

Darüberhinaus ist es möglich, ein gegebenes Problem so umzuformulieren, dass es ein Entscheidungsproblem darstellt.

Noch in den 30er Jahren des 20. Jahrhunderts stellte der in Königsberg (1886–1893) und Göttingen (1930) als Mathematikerprofessor tätige DAVID HILBERT (1862–1943) eine Liste von 10 (komplizierten) Problemen vor, von deren Lösbarkeit er überzeugt war. Tatsächlich gelang dies auch für einige. Im Allgemeinen ist HILBERTS Vermutung, wonach jedes mathematisch formulierte Problem (irgendwann) lösbar sei, falsch.

Um es gleich vorwegzunehmen: Es gibt in der Tat algorithmisch unlösbare Probleme. Dies ist insofern überraschend, weil der intuitive Eindruck, alles sei (mehr oder weniger leicht) lösbar, wenn nur die Beschreibung des Problems mathematisch exakt erfolgt, nicht abwegig erscheint.

KURT GÖDEL (1906–1978) schockierte 1931 die Logiker und Philosophen mit einer bis dahin völlig unerwarteten Erkenntnis, die in folgendem Satz wiedergegeben wird.

Gödelscher Unvollständigkeitssatz: In jedem widerspruchsfreien Axiomensystem gibt es Sätze, die nicht mit den Mitteln dieses Systems bewiesen werden können.

Dabei handelt es sich nicht etwa um Probleme, deren Lösungsfindung einen solchen Aufwand verursacht, dass sie mit vorhandenen Ressourcen (Zeit und Speicher) nicht geleistet werden können. Ein Beispiel wäre das Schachspiel: Es ist klar, wie man sämtliche Partien systematisch erzeugen kann. Dennoch gibt es keinen Computer der zu deren Speicherung fähig wäre. Solche Probleme sind hier *nicht* gemeint. Die aufwandsmäßigen Lösungsbarrieren werden im Abschnitt über effiziente Algorithmen und Komplexität thematisiert.

↗ Abschnitt 5.3, S. 443 ff.

Wenn es algorithmisch unlösbare Probleme gibt, könnte dies darauf zurückzuführen sein, dass die Anzahl der Algorithmen geringer ist als die Anzahl der mathematisch exakt definierten Probleme. Deshalb wird im Folgenden die Mächtigkeit dieser beiden Mengen untersucht.

Wie oben schon ausgeführt, lassen sich Algorithmen als Programme notieren. Dabei handelt es sich um einen Text endlicher Länge. Mit der hier gebotenen Abstraktion sind dies Wörter über einem gegebenen Alphabet A. Aus dem Wissensgebiet der formalen Sprachen ist bekannt, dass es *abzählbar unendlich viele* Wörter über A gibt. In der zugehörigen Wortmenge A^* gibt es also genauso viele Elemente wie es natürliche Zahlen gibt.

↗ S. 410 f.

Da man für jeden Algorithmus sogar mehrere Programme, die sich möglicherweise nur durch einen Kommentar oder einige Leerzeichen bzw. Zeilenwechsel unterscheiden, angeben kann, gibt es mit Sicherheit höchstens *abzählbar viele* Algorithmen.

Wie viele Probleme gibt es? Es gibt genauso viele Probleme wie Funktionen. Die Frage ist also, ob es für jede Funktion einen Algorithmus gibt, der diese Funktion berechnet.

Da es abzählbar unendlich viele Algorithmen gibt, soll zunächst angenommen werden, dass es auch abzählbar unendlich viele Funktionen

$$f_1, f_2, \ldots f_n : A^* \times \ldots \times A^* \to A^*$$

gibt, wobei A ein Alphabet bezeichnet. Einschränkend werden nur die einstelligen Wortfunktionen $f_i : A^* \to A^*$ betrachtet.

Die folgende Tabelle zeigt die Liste dieser Funktionen f_i zusammen mit den zugehörigen Funktionswerten.

	w_0	w_1	w_2	w_3	…
f_0	$f_0(w_0)$	$f_0(w_1)$	$f_0(w_2)$	$f_0(w_3)$	…
f_1	$f_1(w_0)$	$f_1(w_1)$	$f_1(w_2)$	$f_1(w_3)$	…
f_2	$f_2(w_0)$	$f_2(w_1)$	$f_2(w_2)$	$f_2(w_3)$	…
f_3	$f_3(w_0)$	$f_3(w_1)$	$f_3(w_2)$	$f_3(w_3)$	…
f_4	$f_4(w_0)$	$f_4(w_1)$	$f_4(w_2)$	$f_4(w_3)$	…
⋮	⋮	⋮	⋮	⋮	

Die Möglichkeit, die Funktionen durchnummerieren zu können, geht von der Annahme aus, dass es (höchstens) abzählbar unendlich viele solche Funktionen gibt.

Wenn es gelingen sollte, nachzuweisen, dass eine einzige Funktion nicht in dieser Liste enthalten ist, dann wäre die Annahme falsch!

In der Tat gibt es (mindestens) eine solche Funktion, nämlich g, mit

$$g(w_i) = f_i(w_i) \circ x, \text{ wobei } x \in A \text{ und } w_i \in A^*.$$

Mit dieser Definition von g ist gesichert, dass g in dieser Liste nicht vorkommt, denn g stimmt mit keiner Funktion f_i überein. Dafür reicht es ja aus, wenn g und f_i an einer einzigen Stelle verschiedene Funktionswerte haben. In obiger Definition werden gerade die Hauptdiagonalelemente verfälscht, um diesen „kleinen Unterschied" zu garantieren.

Wenn g in $f_0, f_1, f_2, \ldots$ nicht vorkommt, bedeutet das, einen Widerspruch zur Annahme. Richtig ist, dass die Menge aller (ein- und erst recht n-stelligen) Wortfunktionen überabzählbar unendlich viele Elemente besitzt. Diese Mächtigkeit entspricht der von reellen Zahlen, nicht jedoch von natürlichen. Fazit:

Die Menge der Algorithmen reicht nicht aus, um jede (definierbare) Funktion berechnen zu können. Es gibt nichtberechenbare Funktionen bzw. absolut unlösbare Probleme.

Die pessimistische Fassung dieser Tatsache lautet: Es gibt viel mehr absolut unlösbare als prinzipiell lösbare Probleme.

Das im Beweis angewandte **cantorsche Diagonalisierungsverfahren 2. Art** ist die für die Theorie der Berechenbarkeit wichtigste Beweistechnik.

nach GEORG CANTOR (1845–1918)

5.2.3 Algorithmisch unlösbare Probleme

Das cantorsche Diagonalisierungsverfahren ist ein Existenzbeweis. Man zeigt damit beispielsweise, dass (mindestens) ein absolut unlösbares Problem existiert. Ein Hinweis auf die Beschaffenheit eines solchen Problems wird jedoch nicht gegeben.

Wie sieht ein konkretes algorithmisch unlösbares Problem aus? Das wohl bekannteste Beispiel ist das *Halteproblem*:

Halteproblem: Gesucht ist ein Algorithmus H, der die Eingaben P und w erwartet, der nach endlich vielen Schritten stoppt und entweder die Ausgabe „ja" oder „nein" liefert.

Ja soll ausgegeben werden, wenn H für ein beliebiges Programm P angesetzt auf ein beliebiges (passendes) Eingabewort w nach endlich vielen Schritten stoppt.

Nein soll ausgegeben werden, wenn *H* für ein beliebiges Programm *P* angesetzt auf ein beliebiges (passendes) Eingabewort *w* nach endlich vielen Schritten nicht stoppt.

Die folgende Skizze illustriert *H* und folgt dabei strikt der Definition.

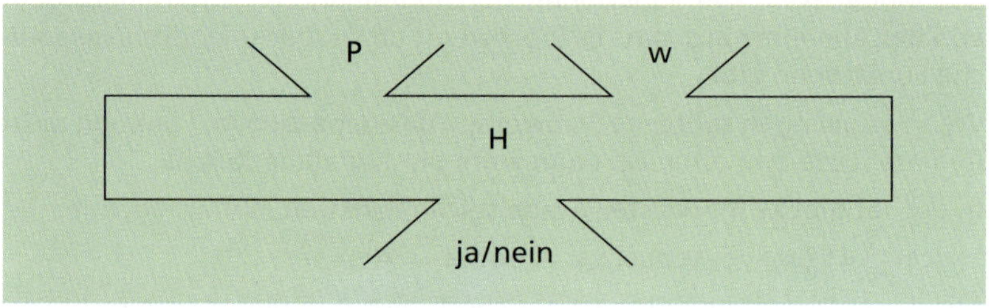

Um beweisen zu können, dass *H* nicht existiert, ist das Modell der **universellen Turingmaschine** erforderlich.

Eine universelle Turingmaschine wird – wie jede Turingmaschine – mit einem oder mehreren durch das Vorbelegungszeichen untereinander getrennte Wörter über dem Eingabealphabet initialisiert. Als erstes Wort nimmt eine universelle Turingmaschine die Codierung einer Turingmaschine, die eine bestimmte Funktion berechnet. Das folgende Wort ist das Argument, auf das diese Funktion angewandt wird. Bei mehrstelligen Funktionen folgen mehrere Eingabewörter.

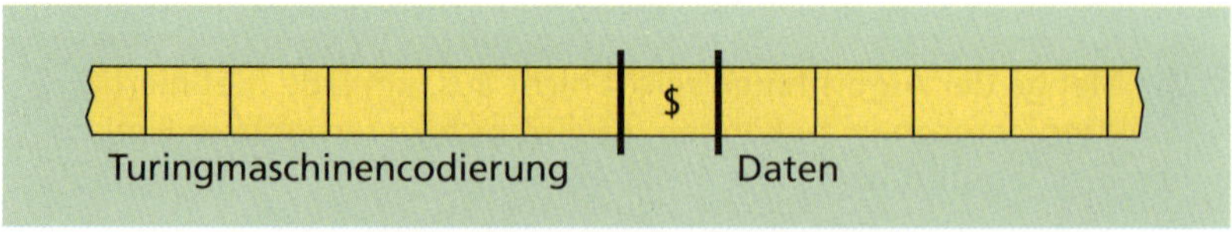

Die universelle Turingmaschine arbeitet wie ein Turingmaschinen-Interpreter: Sie entnimmt dem ersten Wort die erforderlichen Angaben, insbesondere die Überführungsfunktion, und erzeugt ein Verhalten, das der Anwendung von Turingmaschinen auf die Eingabe(n) entspricht. Es ist offensichtlich, dass sich diese Abstraktion in Gestalt eines Programm-Interpreters in der praktischen Informatik prinzipiell wiederfindet. Dies entspricht dem Arbeitsprinzip moderner Rechner. Auch **JOHN VON NEUMANN** stellte fest, dass die Unterscheidung von Daten und Programmen künstlich ist. Sie können in einem gemeinsamen Speicherbereich untergebracht werden, die Unterscheidung erfolgt durch verschiedenartige Interpretation.

Zurück zum Beweis: Es ist sofort klar, dass *H'* existiert, wenn es *H* gibt, denn *H'* ist ein Spezialfall von *H*. *H'* unterscheidet sich von *H* lediglich darin, dass er (neben *P*) das spezielle Wort $w = \varepsilon$, also das leere Wort, als zweite Eingabe nimmt.

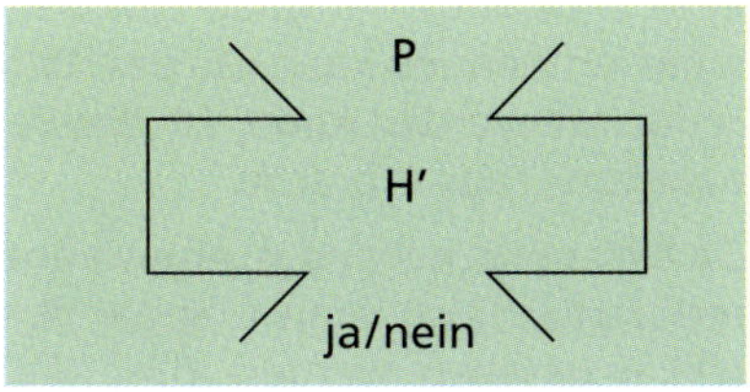

Dies lässt sich auch folgendermaßen notieren:

$$H'(P)= \begin{cases} \text{ja,} & \text{wenn } P(\varepsilon) = r \text{ stoppt.} \\ \text{nein,} & \text{sonst, d.h. wenn } P(\varepsilon) \text{ nicht stoppt.} \end{cases}$$

Da *P* beliebig wählbar ist, kann auch ein sehr „merkwürdiges" Programm *C* verwendet werden. Falls *H'* existiert, muss es auch *C* geben, denn *C* entsteht wie folgt aus *H'* und der als berechenbar nachweisbaren Fallauswahl.

$$C(w)= \begin{cases} \text{stoppt nicht,} & \text{wenn H'(C) = ja.} \\ w, & \text{sonst, d.h. H'(C) = nein.} \end{cases}$$

Welche Ausgabe liefert *H'(C)*?

1. Fall: *H'(C) = ja*

d.h. laut Definition von *H'*, dass die Berechnung von *C* angewandt auf ε mit dem Ergebnis *r stoppt.*

Nach Definition von *C* gilt hingegen *C stoppt nicht,* wenn *H'(C) = ja.*

2. Fall: *H'(C) = nein*

d.h., laut Definition von *H'* bedeutet das: Die Berechnung von *C* angewandt auf ε *stoppt nicht.* Laut Definition von *C* gilt aber $C(\varepsilon) = \varepsilon$ und **C** *stoppt.*

In beiden Fällen ergibt sich ein Widerspruch, denn kein Programm kann gleichzeitig stoppen und nicht stoppen. Ein Widerspruch in einem indirekten Beweis bedeutet, dass die Negation der Annahme korrekt ist: Einen wie oben definierten Algorithmus *H* kann es also nicht geben. Das Halteproblem ist nicht lösbar.

Für die Praxis bedeutet das etwa, dass es kein *universelles Testwerkzeug* für Endloszyklen in einem *beliebigen*, zu untersuchenden Programm, gibt und niemals geben wird. Dies betrifft den allgemeinen Fall. Für *spezielle* Programme oder Algorithmenklassen sind Techniken der **Programmverifikation** bekannt, mit deren Hilfe diese und weitere Prüfungen vorgenommen werden können.

Das Halteproblem wird nun seinerseits benutzt, um die Unlösbarkeit anderer Probleme nachzuweisen. Durch die *Reduktion* eines unlösbaren Problems auf ein zu untersuchendes, ergibt sich eine ganz andere Beweisstrategie. Zur Reduktion von P_{alt} auf P_{neu} ist es notwendig, eine totale und berechenbare Funktion *f* anzugeben, mit

$$x \in P_{alt} \Rightarrow f(x) \in P_{neu}.$$

Das **Äquivalenzproblem für Programme** ist (allgemein) algorithmisch unlösbar. Es besteht in der Entscheidung, ob zwei beliebige, vorgegebene Programme die gleiche Funktion berechnen. Ein solches Entscheidungsprogramm könnte in der Praxis gut verwendet werden, damit man sich bei zwei gleichermaßen korrekten programmtechnischen Lösungen für eine bestimmte Aufgabe von der mit den schlechteren Laufzeiteigenschaften trennen kann. Da das Halteproblem auf das Äquivalenzproblem reduziert werden kann, ist der Beweis der Unentscheidbarkeit der genannten Frage erbracht.

Da sich umgekehrt das Äquivalenzproblem nicht auf das Halteproblem reduzieren lässt, kann es sogar als noch „unlösbarer" als das Halteproblem angesehen werden, d.h., die genannten Probleme unterscheiden sich im Grad der Unlösbarkeit.

5.2.4 Entscheidbarkeit und Semientscheidbarkeit

Probleme können grundsätzlich als **Entscheidungsprobleme** (um)formuliert werden.

„Wie viele Primzahlen kleiner als 20 gibt es?" lautet als Entscheidungsproblem „Gibt es *k* Primzahlen kleiner als 20?". Dabei handelt es sich um ein einstelliges Prädikat, das für $k = 8$ *wahr* und sonst, d.h. für $k \neq 8$, den Wert *falsch* zurückgibt.

Infolgedessen kann die Diskussion der Berechenbarkeit von Funktionen auf die **Entscheidbarkeit** von Prädikaten zurückgeführt werden.

Prädikate sind spezielle Funktionen, deren Wertebereich genau die beiden Werte *wahr* und *falsch* enthält.

Die Unlösbarkeit des Halteproblems (↗ S. 433) kann folglich ebensogut als Unentscheidbarkeit des Halteproblems (in Entscheidungsform) bezeichnet werden. Praktisch bedeutet es für ein Problem nicht entscheidbar zu sein, dass es eben nicht für jeden Eingabewert entweder *wahr* oder *falsch* zurückgibt und danach stoppt.

Auch das **Halteproblem** ist semi-entscheidbar. Ein entsprechender Semi-Entscheidungsalgorithmus *SE* arbeitet so: Das zu untersuchende Programm *P* wird auf Eingabe *w* angesetzt. Stoppt es mit *P*(*w*) gibt *SE* den Wert *wahr* zurück, andernfalls läuft es endlos weiter.

Bei einer Reihe von Problemen besteht aber „wenigstens" die Möglichkeit der „halben" Entscheidbarkeit. Sie werden **semi-entscheidbar** genannt. Für den Fall, dass ein Eingabewort *w* das der Aufgabe entsprechende Prädikat erfüllt, stoppt die Berechnung mit Rückgabewert *wahr*. Anderenfalls kommt sie nie zum Ende und damit auch nicht zur Rückgabe von *falsch*.

Eine Verallgemeinerung der Beurteilung von Entscheidungsproblemen führt auf den *Satz von* RICE:

Satz von RICE:
Es ist unmöglich, für eine beliebige Turingmaschine, die als Codierung, also in Gestalt eines Wortes, vorliegt, algorithmisch festzustellen, welche Funktion sie berechnet. Es ist nicht einmal möglich zu bestimmen, ob diese Funktion so elementare Eigenschaften hat wie etwa zur Klasse der konstanten Funktionen zu gehören.

Mit einem kleinen Augenzwinkern wird die Aussage dieses Satzes auch als „Berufsgarantie" für Informatiker und Informatikerinnen bezeichnet. Schließlich ist es unmöglich, Softwareentwicklung durch Ausfilterung gewünschter Programme aus der potentiell unendlichen Menge aller Programme zu betreiben. Allerdings machen sich auch hier Techniken breit, die für spezielle Software(klassen) automatisierte Konstruktionsmittel teilweise unter Rückgriff auf vorhandene Moduln bereitstellen.

Das **Halteproblem** wird naturgemäß als Entscheidungsproblem angegeben. Es kann umformuliert werden zu:

> Die Sprache H ist die Menge aller Wörter $\langle P\rangle\$w$, für die gilt, dass P angesetzt auf w stoppt.
> Hierbei ist $\langle P\rangle$ eine Turingmaschinencodierung von P.

Es kann gezeigt werden, dass H eine *(rekursiv) aufzählbare* Menge ist. Allgemein gilt folgender Satz:

> Eine Menge M ist rekursiv aufzählbar genau dann, wenn M semi-entscheidbar ist.

Beweis (1. Teil): „Wenn M rekursiv aufzählbar ist, dann ist M semi-entscheidbar."

Der Beweis ist konstruktiv, d.h., aus einer gegebenen Aufzählprozedur für $h : N \to M$ für die Wörter aus M relativ zu einer Grundmenge A^* ist eine Prozedur zur Berechnung der „halben charakteristischen Funktion" $\chi' : A^* \to A^*$, mit

$$\chi'_A(w) = \begin{cases} \textit{wahr}, \text{ wenn } w \in M \\ \textit{n.d.}, \text{ sonst} \end{cases}$$

zu konstruieren.

Ein Algorithmus für χ' arbeitet so: Zur Eingabe von w berechnet er $h(0)$, $h(1)$, $h(2)$, ... solange bis entweder ein i, mit $h(i) = w$, gefunden wird, oder die Berechnung läuft endlos weiter.

Beweis (2. Teil): „Wenn M semi-entscheidbar ist, dann ist M rekursiv aufzählbar."

Das Problem dieses Beweises ist die Semi-Entscheidbarkeit. Dies bedeutet, dass es einen Algorithmus X gibt, der für jedes Wort aus A^* entweder mit Rückgabewert *wahr* stoppt (nämlich wenn $w \in M$) oder endlos weiterarbeitet. Aus X soll ein Algorithmus F konstruiert werden, der eine *totale* und surjektive Funktion $f : N \to M$ berechnet.

Da A^* eine durch Algorithmus Y aufzählbare Menge ist, kann der gesuchte Algorithmus F für f, der die Eingabe n erwartet, folgendermaßen arbeiten. (F erwartet die Eingabe n und produziert $f(n)$.)

1. Initialisiere die Liste der Berechnungsaufgaben (LdBA) als leere Liste.
2. Setze $k = 0$.
3. Setze $i = 0$.

Eine **Funktion** f ist eine eindeutige Zuordnung von Elementen einer Menge A zu Elementen einer Menge B.

Gibt es Elemente in A, für die f nicht definiert ist, dann heißt f **partiell,** wenn $D_f \subseteq A$, andernfalls **total,** d. h. $D_f = A$.

Haben zwei verschiedene Elemente von A immer zwei verschiedene Bilder, dann heißt f **injektiv (linkseindeutig).** Kommt jedes Element von B als Bild vor, so heißt f **surjektiv (rechtstotal).** Ist eine Funktion f sowohl injektiv als auch surjektiv, so heißt sie **bijektiv (eineindeutig).**

4. Berechne $w_i = Y(i)$.
5. Hänge die Berechnung $X(w_i)$ an LdBA (hinten) an.
6. Nimm die erste Berechnungsaufgabe aus LdBA und gib ihr eine Sekunde Rechenzeit.
   Falls diese Zeit nicht ausreicht, um die aktuelle Rechnung zu beenden, so hänge den Berechnungs*rest* an LdBA, erhöhe den Wer- von *i* um 1 und gehe zu 4.
7. Wenn $k = n$, gib das zur gerade abgeschlossenen Rechnung $X(w)$ verwendete Wort *w* aus. Ansonsten erhöhe den Wert von *k* um 1 und gehe zu 4.

Da die Ausführung der Berechnungsaufgaben ineinandergreift, so wie dies beim Zusammenfügen der Einzelteile bei älteren (oder aktuellen und dann sehr teuren) Möbelstücken in Form der Schwalbenschwanzverbindung der Fall ist, wird diese Technik *dove-tailing* genannt. Aus der Sicht moderner Betriebssysteme ist sie unter dem time sharing einzuordnen: Gib dem Prozess eine Zeitscheibe – wenn fertig, dann Ausgabe – sonst (wieder) hinten anstellen.

Der Algorithmus *F* stoppt für jedes Argument *n* und gibt als Resultat ein Wort aus *M* aus. *F* berechnet eine totale und sogar bijektive Funktion *f*, mit obiger Definition.

Die Liste der Berechnungsaufgaben hat zu jedem Zeitpunkt eine endliche Länge.

Die feste Vorgabe der für eine Berechnungsaufgabe zur Verfügung stehenden Zeit *t* von einer Sekunde hat auf die genannten Eigenschaften von *f* keinen Einfluss, solange $t > 0$ gewählt wird. Andererseits ist es durchaus möglich, dass durch einen anderen Wert für *t* eine andere (totale, bijektive und berechenbare) Funktion $f: N \to M$ entsteht.

Das angegebene (konstruktive) Beweisverfahren kann implementiert werden, wenn Sprachelemente für Berechnungen mit Zeitbeschränkung bereitstehen bzw. bereitgestellt werden können. Wichtig ist, dass die Restaufgabe mit dem erforderlichen Kontext als Datenstruktur gespeichert werden kann.

Ein weiteres klassisches unentscheidbares Problem ist das *postsche Korrespondenzproblem.* Es lässt sich wie folgt formulieren:

Das Korrespondenzproblem wurde 1946 von dem Mathematiker E. L. POST (1897–1954) angegeben und bewiesen.

Postsches Korrespondenzproblem:
Gegeben ist eine endliche Liste von Wortpaaren $((x_1, y_1), (x_2, y_2), \ldots, (x_k, y_k))$, wobei die nichtleeren Wörter x_i und y_i über einem bestimmten Alphabet gebildet werden. Gesucht ist eine mindestens ein Element umfassende Indexliste $i_1, i_2, \ldots, i_n$, wobei $i_j \in \{1, 2, \ldots, k\}$, so dass $x_{i_1} x_{i_2} \ldots x_{i_n} = y_{i_1} y_{i_2} \ldots y_{i_n}$ gilt.

((*aa*, *a*), (*ba*, *ab*), (*aab*, *aaab*)) sei gegeben. Eine Lösung ist (1, 2, 2, 3), denn $x_1x_2x_2x_3 = aababaaab = y_1y_2y_2y_3$.

Von der Semi-Entscheidbarkeit bzw. Aufzählbarkeit des postschen Korrespondenzproblems kann man sich sehr leicht überzeugen: Es brauchen ja nur immer längere Indexlisten systematisch erzeugt zu werden. Das Verfahren stoppt entweder mit der dabei verwendeten Indexliste als Lösung oder es hält niemals an.

Der Beweis der Unentscheidbarkeit benutzt die oben skizzierte Reduktionstechnik und ist relativ aufwändig, so dass er hier nicht zitiert wird.

In der Tat gibt es sogar unentscheidbare Probleme, die nicht semi-entscheidbar sind.

5.2.5 TURING-Berechenbarkeit und CHURCHsche These

Vielfältige Versuche, den Berechenbarkeits- und Algorithmusbegriff zu präzisieren, haben zu unterschiedlichen Ergebnissen geführt: Turingmaschinen, Registermaschine, MARKOV-Ketten sind einige Beispiele, die in diverse Lehrbücher aufgenommen wurden.
Mangels Internet gab es keine Koordination oder permanente gegenseitige Information über die Ansätze, die sich rein äußerlich teilweise sehr stark unterscheiden. Erst im Nachhinein stelle sich heraus, dass die so verschiedenen Beiträge im Kern gleichwertig – **semantisch äquivalent** – sind.

Unter Verwendung der Turingmaschine kann der Berechenbarkeitsbegriff wie folgt angegeben werden.

> Eine Funktion $f: A^* \to A^*$ heißt **turingberechenbar**, wenn es eine Turingmaschine gibt, so dass für alle $w_1, w_2 \in A^*$ gilt: $f(w_1) = w_2$ genau dann, wenn $[z_0, w_1] \vdash^* [z_e, w_2]$, wobei A ein Alphabet ist und $z_e \in E$ gilt.

Das Verständnis dieser Definition wird durch folgende Bemerkungen unterstützt.

1. Zur Entscheidung, dass eine bestimmte Funktion f turingberechenbar ist, braucht nicht etwa eine zugehörige Turingmaschine angegeben zu werden. Der Nachweis der Existenz einer zugehörigen Maschine reicht vollkommen aus.

   Ist die Funktion $k : N \to \{0, 1\}$, mit

   $$k(n) = \begin{cases} 1, \text{ wenn } ulam \text{ stets den Wert 1 liefert.} \\ 0, \text{ sonst} \end{cases}$$

   turingberechenbar? Es handelt sich praktisch um eine konstante Funktion, die jedes Argument n entweder auf den Wert 1 oder 0 abbildet. Die zur Definition von k verwendete Funktion *ulam* ist für natürlichzahlige Argumente größer als 0 wie folgt definiert:

   $$ulam(n) = \begin{cases} 1, & \text{falls } n = 1 \\ ulam\left(\frac{n}{2}\right), & \text{falls } n \text{ gerade} \\ ulam(3n + 1), & \text{falls } n \text{ ungerade} \end{cases}$$

   Bis heute ist nicht bekannt, ob *ulam* für jede positive ganze Zahl den Wert 1 liefert. Die Tatsache, dass diese für sehr große Zahlen auf leistungsstarken Computern nachgewiesen wurde, ist kein allgemeingültiger Beweis. Ähnlich wie beim Beweis des (kleinen) Satzes von FERMAT, wonach die Gleichungen $x^n + y^n = z^n$ für $n > 2$ keine natürlichzahligen Lösungstripel (x, y, z) besitzen, kann es Jahrzehnte dauern, bis ein Beweis vorgelegt werden kann.

   Setzt man die Entscheidbarkeit des 0-stelligen Prädikats „*ulam* liefert für jedes beliebige Argument den Wert 1" voraus, so ist dessen Wert entweder *wahr* oder *falsch*. Das ist sicher! Unklar ist derzeit nur, welcher der beiden Werte herauskommt.

   Da eine Prozedur für k außerdem lediglich berechenbare algorithmische Bausteine verwendet, ist k berechenbar.

STANISLAW M. ULAM (1909–1984), ein gebürtiger Pole, emigrierte mit seinem Bruder Adam in die USA. Er hat eine Vielzahl hochanerkannter mathematischer Aufsätze und Bücher verfasst. Während sener Tätigkeit in Los Alamos (New Mexico) lieferte er Beiträge zur Entwicklung der Atombombe.

2. Die angegebene Definition schließt die Berechnung partieller Funktionen ein. Falls nämlich $f(w)$ für ein Wort $w \in A$ undefiniert ist, bedeutet das einen Endloszyklus für die Turingmaschine.
3. Es werden nur einstellige Wortfunktionen betrachtet. Dies ist keine Einschränkung der Allgemeinheit! Die Betrachtung kann sogar auf einstellige zahlentheoretische Funktionen h, mit $h : N \rightarrow N$, zurückgeführt werden. Die Begründung gab KURT GÖDEL (1906–1978), indem er zeigte, dass jedem Wort eine natürliche Zahl so zugeordnet werden kann, dass stellvertretend für alle Operationen mit Wörtern Operationen mit natürlichen Zahlen durchgeführt werden können. Die Operationen werden dabei ebenso durch natürliche Zahlen codiert, wie dies mit den Argumenten geschieht. Anschließend erfolgt die Rücktransformation der Ergebniszahl in das zugehörige Wort.

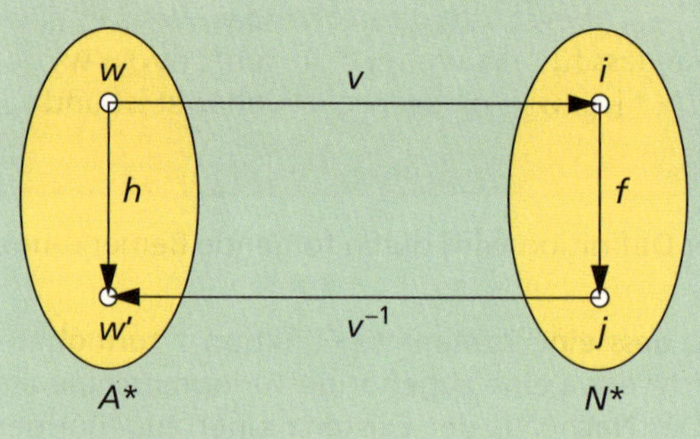

$w' = h(w)$
$w' = v^{-1}(f(v(w)))$

w' kann auf zwei Wegen berechnet werden.

v muss bestimmte Eigenschaften besitzen.

Es handelt sich also um ein Verschlüsselungsverfahren, wobei eine injektive Funktion $v : A^* \rightarrow N$ verwendet wird, die folgende Eigenschaften besitzt:

- $w_1 \neq w_2 \Rightarrow v(w_1) \neq v(w_2)$ für $w_1, w_2 \in A^*$
- $v(w)$ ist in endlich vielen Schritten berechenbar.
- Für jede natürliche Zahl n ist in endlich vielen Schritten feststellbar, ob n die **Gödelnummer** eines Wortes w aus A^* ist oder nicht, d.h., ob es ein Wort $w \in A^*$ gibt, mit $v(w) = n$.
- Falls n die Gödelnummer von w ist, d.h. $n = v(w)$, so kann w in endlich vielen Schritten ermittelt werden.

v wird eine **Gödelisierung** (1935) der Wörter aus A^* genannt. Gängige Gödelisierungen sind die Primzahlverschlüsselung und b-adische Verschlüsselungen. Gödelisierungen sind auch geeignet, um Wörter aus einer (abzählbar unendlichen) Sprache (Menge) zu ordnen.

KURT GÖDEL (1906–1978) wurde in Brno geboren und hat in Wien gearbeitet. Die Judenverfolgungen ließen ihn nach Princeton auswandern, wo er auch begraben ist. Sein wichtigster Beitrag zu Mathematik und Informatik ist sein Unvollständigkeitssatz (↗ S. 428).

Diese folgende Aussage entspricht der Formulierung der Existenz unlösbarer Probleme in der Sprechweise der *Gödelisierung.*

Satz: Bei einer beliebig festgelegten Gödelisierung ist es im Allgemeinen unmöglich (in endlicher Zeit) festzustellen, ob eine bestimmte natürliche Zahl n Gödelnummer einer Codierung einer Turingmaschine ist oder nicht.

Beweis:
Anstelle von „Turingmaschinen" und „Turingmaschinencodierungen", verwendet der Beweis (beliebig komplexe) „Algorithmen" und „Programme", z. B. in der Sprache PASCAL. Weshalb (PASCAL-)Programme synonym zu Turingmaschinencodierungen verwenbar sind, wird weiter unten begründet.
Darüberhinaus beschränkt sich die Argumentation auf die Betrachtung einstelliger zahlentheoretischer Funktionen. Die Berechtigung dafür ist durch die Gödelisierung gegeben.

- Wähle als Alphabet *A alle* Zeichen, die in Programmen einer frei wählbaren Programmiersprache, etwa PASCAL, vorkommen dürfen.
- Die Wortmenge A^* kann durch eine Funktion $h : N \to A^*$ aufgezählt werden. Unter den Wörtern aus A^* gibt es natürlich viele, die keine (korrekten) (PASCAL-)Programme darstellen. Die Menge *P* der (PASCAL-)Programme ist eine echte Teilmenge von A^*. *v* sei eine Gödelisierung der Wörter aus A^*.
- Annahme: Es gibt ein (PASCAL-)Programm *E*, das die folgende totale Funktion $e : N \to \{wahr, falsch\}$ berechnet:

  $$e(n) = \begin{cases} \textit{wahr}, & \text{wenn } n \textit{ Gödel}\text{nummer von } P_n \text{ ist} \\ \textit{falsch}, & \text{sonst} \end{cases}$$

  Der Satz auf S. 436 sagt aus, dass es für e keinen Algorithmus und folglich kein (PASCAL-)Programm gibt.
  Da nur einstellige zahlentheoretische Funktionen betrachtet werden, wird *e* zu *d* leicht modifiziert.

  $$d(n) = \begin{cases} P_n(n), & \text{wenn } n \text{ Gödelnummer von } P_n \text{ ist.} \\ 0, & \text{sonst} \end{cases}$$

  Es ist klar, dass ein (PASCAL-)Programm *D* für *d* existiert, wenn es *E* gibt.
- Wenn *D* existiert, so muss es ein Programm *G* für $g : N \to N$, mit

  $$g(n) = \begin{cases} d(n) + 1, & \text{wenn } d(n) \neq 0 \\ 0, & \text{sonst} \end{cases}$$

  geben, denn *G* kann unter Rückgriff auf *D* (Unterprogrammaufruf) und ausschließlicher Hinzunahme berechenbarer Konstrukte (if-then-else) hergestellt werden.
- n_g sei die zugehörige Gödelnummer für *G*.
- Was ergibt $g(n_g)$? Aus obigen Definitionen kann

  $$\mathbf{g(n_g)} = d(n_g) + 1 = \mathbf{g(n_g) + 1}$$

  abgelesen werden. Das Ergebnis stellt einen Widerspruch zur Gleichheitsforderung dar.
- Die Annahme der Entscheidbarkeit des einstelligen Prädikats „Ist *n* Gödelnummer eines Programms für *A*?" ist falsch.

Sämtliche Versuche, die Begriffe Algorithmus und Berechenbarkeit zu präzisieren, stimmen trotz unterschiedlicher äußerer Gestalt in der Aussage überein. Dies führt zu der Vermutung, dass damit tatsächlich genau die Problemklasse beschrieben wird, die auch intuitiv als lösbar betrachtet wird. Genau dies ist die Aussage der **churchschen These.**

Die These, dass jede im intuitiven Sinne berechenbare Funktion turingberechenbar ist, formulierte der amerikanische Logiker ALONZO CHURCH (1903–1995) im Jahre 1936.

Warum ist dies eine These und nicht etwas ein Satz im mathematischen Sinne?

Um die Übereinstimmung von TURING-Berechenbarkeit und Intuitiver Berechenbarkeit nachzuweisen, wäre es nötig, den Begriff der intuitiven Berechenbarkeit zu formalisieren. Genau dies ist aus bekannten Gründen – siehe obige Diskussion – nicht möglich. Es bleibt also eine These, von deren Gültigkeit die Informatiker überzeugt sind.

5.2.6 Hierarchie von Sprachen

Einige der in den vorangehenden Abschnitten entwickelten Erkenntnisse über Klassen von Sprachen (Wortmengen) lassen sich durch folgende **Hierarchie** übersichtlich darstellen.

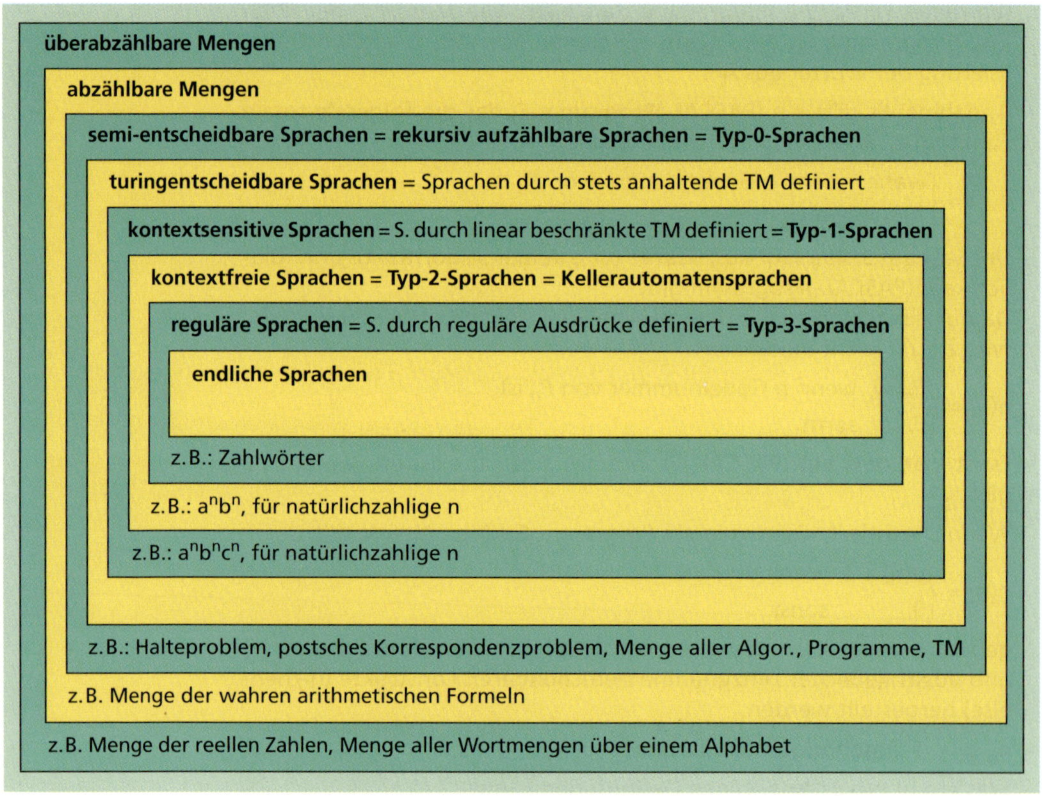

5.2.7 Primitiv-rekursive Funktionen

Turingmaschinen können nur sehr einfache Operationen verarbeiten. Laut Definition sind dies elementare Kopfbewegungen, Lesen und Schreiben genau eines Zeichens auf ein Feld und Zustandswechsel.

Komplexe Steuerstrukturen, wie sie in vielen höheren Programmiersprachen vorkommen, etwa

- `if-then-else`,
- `while-do` oder
- `repeat-until`,
- `for-to/downto`

erfordern sehr aufwändige Turingmaschinen. Diese werden häufig aus einfacheren Turingmaschinen zusammengesetzt, was **Kopplung von Turingmaschinen** genannt wird.

Schließlich gelingt es für sämtliche Programmkonstruktionen diese Turingmaschinencodierung vorzunehmen. Damit ist der Beweis erbracht, dass Programme in einer beliebigen Sprache ebenso wie Turingmaschinencodierungen verwendbar sind.

Was bleibt ist die Frage, ob alle üblicherweise angebotenen Sprachelemente wirklich notwendig sind. Anders ausgedrückt heißt das: Welche Kontrollstrukturen sind unbedingt erforderlich, um *alle* turingberechenbaren Funktionen implementieren zu können?

Die **Theorie der rekursiven Funktionen** gibt darauf eine Antwort. Sie stellt einen weiteren alternativen Ansatz zur Präzisierung des Berechebarkeitsbegriffes dar, indem für die Menge der berechenbaren Funktionen ein Aufbauschema angegeben wird.

Die Menge der **primitiv-rekursiven Funktionen** P umfasst

- die **Nachfolgerfunktion** $S : N \to N$, mit $S(n) = n + 1$.
- die **Nullfunktion** $C_0^r : N^r \to N$, mit $C_0^r(n_1, n_2, \dots, n_r) = 0$, wobei $r \in N$.
  (Der spezielle Fall $r = 0$ lässt sich als Konstante interpretieren.)
- alle **Projektionsfunktionen** $U_i^r : N^r \to N$, mit $U_i^r(n_1, n_2, \dots, n_r) = n_i$, wobei $i, r \in N$ und $1 \le i$.
- alle *Funktionen, die durch Substitution von Funktionen aus P erzeugbar sind.*
  Sind $f : N^r \to N$ und $g_1, g_2, \dots, g_r : N^m \to N$ in P enthalten, so ist auch die Funktion $h : N^m \to N$, mit
  $$\begin{aligned} h(n_1, n_2, \dots, n_m) = f(&g_1(n_1, n_2, \dots, n_m)),\\ &g_2(n_1, n_2, \dots, n_m)),\\ &g_3(n_1, n_2, \dots, n_m)),\\ &\vdots\\ &g_r(n_1, n_2, \dots, n_m)), \end{aligned}$$
  in P. Man sagt, h entsteht durch **Substitution** von $g_1, g_2, \dots, g_r$ in f.
- alle *Funktionen, die durch Rekursion von Funktionen aus P erzeugbar sind.* Sind $f : N^r \to N$ und $g : N^{r+2} \to N$ in P, so ist auch $h : N^{r+1} \to N$ in P, wobei
  $$h(0, n_1, n_2, \dots, n_r) = f(n_1, n_2, \dots, n_r)$$
  $$h(S(n), n_1, n_2, \dots, n_r) = g(n, h(n, n_1, n_2, \dots, n_r), n_1, n_2, \dots, n_r)$$
  Man sagt, h entsteht durch **(primitive) Rekursion** aus f und g.
- keine weiteren als die angegebenen Funktionen.

Eine Funktion $f : N^n \to N$ wird **primitiv-rekursive Funktion** genannt, wenn f in P enthalten ist.

Die Potenzfunktion für natürliche Zahlen ist primitiv rekursiv.

$$
\begin{aligned}
pot(0, a) &= S(C_0^1\,(a)) \\
&= 1 \\
pot(S(x), a) &= g(x, pot(x, a), a) \\
&= mult(U_2^3\,(x, pot(x, a), a), U_3^3\,(x, pot(x, a), a)) \\
&= mult(pot(x, a), a)
\end{aligned}
$$

Aus obiger Definition primitiv-rekursiver Funktionen, insbesondere aufgrund der Rekursion als Konstruktionsmittel, folgt, dass die Zahl der zu durchlaufenen Zyklen zum Zeitpunkt des Aufrufes bestimmbar ist. Funktionen aus *P* sind also mit Zählschleifen implementierbar.

Es ist sehr schwer eine Funktion finden, die nicht primitiv-rekursiv ist. *Alle in der Schule behandelten Funktionen sind primitiv-rekursiv.* Lange Zeit glaubte man, dass es nur solche Funktionen gäbe. Klar ist auch, dass jede primitiv-rekursive Funktion total (und berechenbar) ist. Insofern war es sensationell, als die Frage nach der Existenz (wenigstens) einer totalen und berechenbaren Funktion, die nicht primitiv rekursiv ist, mit „Ja" beantwortet wurde. Diese Frage war übrigens schon 1926 von DAVID HILBERT gestellt worden.

ACKERMANN war ein Schüler HILBERTS. Von 1927–1961 war er im Schuldienst tätig, ab 1953 auch als Honorarprofessor in Münster.

Die entscheidenden Beiträge lieferten F.W. ACKERMANN (1896–1962) und R. PETER.

Die total berechenbare, nicht primitiv-rekursive Funktion, die später **Ackermann-Peter-Funktion** genannt wurde, ist wie folgt definiert.

$$
\begin{aligned}
AP(0, m) &= S(m) \\
AP(n, 0) &= AP(n-1, 1) \\
AP(n, m) &= AP(n-1, AP(n, m-1))
\end{aligned}
$$

In dieser rekursiven Definition kommen die Nachfolgerfunktion *S und* die Vorgängerfunktion vor. Diese sind primitiv-rekursiv.

Die Funktion *AP* ergibt sich als Verallgemeinerung der **rekursiven Definition der Grundrechenarten.**

Operation	n	Definition
Addition	1	$add(0, b) = 0 + b = b$ $add(m, b) = m + b = ((m-1) + b) + 1 = S(add(m-1, b))$
Multiplikation	2	$mult(0, b) = 0 \cdot b = 0$ $mult(m, b) = m \cdot b = add(mult(m-1, b), b)$
Potenzieren	3	$pot(0, b) = b^0 = 1$ $pot(m, b) = b^m = b^{m-1} \cdot b = mult(pot(m-1, b), b)$
Superpotenz	4	$super(0, b) = 1$ $super(m, b) = pot(super(m-1, b), b)$

Die „Superpotenz" ist eine neu kreierte Operation, die sich aus der Verallgemeinerung der Grundrechenoperationen für $n \geq 1$ ergibt. $n = 0$ kennzeichnet die einstellige Nachfolgerfunktion *S*. Allgemein gilt für $n \geq 4$:

$$
\begin{aligned}
op_n(0, b) &= K \\
op_n(m, b) &= op_{n-1}(op_n(m-1, b), b)
\end{aligned}
$$

Für K kann irgendein Wert definiert werden, z.B.: $op_n(0, b) = op_{n-1}(1, b)$.
Das ergibt insgesamt

$$op_n(0, b) = op_{n-1}(1, b)$$
$$op_n(m, b) = op_{n-1}(op_n(m-1, b), b)$$

wobei ganz offensichtlich b bei jedem Auftreten unverändert bleibt. Zur Konstruktion der *AP* wird dieses „mitgeschleppte" b weggelassen. Außerdem wird n, die Nummer der Operation, als erstes Argument aufgenommen. Dies führt zu

$$op(n, 0) = op(n-1, 1)$$
$$op(n, m) = op(n-1, op(n, m-1))$$

Wenn $op(0, m) = S(m)$ als erste Zeile in diesem Definitionsschema zur Aufnahme der (einstelligen) Nachfolgerfunktion ergänzt wird, braucht nur noch *op* in *AP* umbenannt zu werden und die obige Definition liegt vor.

Der Beweis, dass *AP* keine primitiv-rekursive Funktion ist, kann in der Literatur nachgeschlagen werden. Die Beweisidee besteht darin zu zeigen, dass *AP* viel schneller wächst als jede primitiv-rekursive Funktion.
Eine lohnenswerte Aufgabe besteht darin, die nebenstehende Tabelle für $AP(n, m)$ soweit zu vervollständigen, wie es die konkrete Rechnerleistung ermöglicht.

$AP(n, m)$	**m**						
n	0	1	2	3	4	5	6
0	1	2	3				
1	2	3	4				
2	3	5	7				
3	5	13	29				
4							

Für die Klasse der total berechenbaren Funktionen ist bis heute kein Aufbauschema, ähnlich den primitiv-rekursiven Funktionen, bekannt.

5.2.8 μ-rekursive Funktionen

Turingberechenbare Funktionen sind partielle Funktionen. Da primitiv-rekursive Funktionen total sind, muss das Schema der primitiven Rekursion erweitert werden. Natürlich wird versucht, so wenig wie möglich daran zu verändern.

Es hat sich gezeigt, dass nur ein kleiner Zusatz ausreicht, um die Klasse P zur Klasse R der so genannten *μ-rekursiven Funktionen* auszubauen.

Die **Klasse R der μ-rekursiven Funktionen** ist die kleinste Menge von Funktionen, die die Basisfunktionen (S, C_0^r und U_i^r – s. Klasse P) enthält und unter Substitution, (primitiver) Rekursion und Anwendung des *(unbeschränkten) μ-Operators* abgeschlossen ist.

Sei $f : N^{r+1} \to N$, mit $r \geq 0$, eine partielle Funktion.
Dann ist $g : N^r \to N$, mit

$$g(n_1, n_2, \ldots, n_r) = \begin{cases} \text{das kleinste } n \in N, \text{ mit } f(n, n_1, n_2, \ldots, n_r) = 0 \\ \quad \text{wenn (1) so ein } n \text{ überhaupt existiert und} \\ \quad\quad \text{(2) } f(m, n_1, n_2, \ldots, n_r) \text{ für alle } m \leq n \text{ def.} \\ \text{undefiniert, sonst} \end{cases}$$

die durch Anwendung des (unbeschränkten) μ-Operators entstandene Funktion.

Es lässt sich zeigen, dass *R* genau die Klasse der Funktionen ist, die durch Zyklen mit Anfangsbedingung (`while-do`) oder Abbruchtest (`repeat-until`) implementiert werden können. Gleiches kann natürlich unter Verwendung bedingter Sprünge (`if-then goto`) ausgedrückt werden. Die in höheren imperativen Programmiersprachen im Allgemeinen eingebaute Redundanz dient zur Erhöhung der Formulierungsfähigkeit und verbessert die Adaptivität der Sprache. Formal würde eine dieser Steuerstrukturen ausreichen.

Bedauerlicherweise können keine überzeugenden Beispiele für μ-rekursive Funktionen angegeben werden. Klar, sofern es sich um eine partielle berechenbare Funktion handelt, ist es eine μ-rekursive.

Die Funktion $k : N \to N$, mit

$$k(i) = \begin{cases} \sqrt{i}, \text{ wenn } \sqrt{i} \in N \\ \text{undefiniert, sonst} \end{cases}$$

ist μ-rekursiv.

Beispielsweise ist $k(12)$ nicht definiert, hingegen ist $k(9) = 3$.
Die Anwendung des μ-Operators ist in folgender Definition von k erkennbar:

$$k(i) = \begin{cases} \text{das kleinste } n \in N, \text{ mit } |i - n^2| = 0, & \text{wenn ... s. Def. ...} \\ \text{undefiniert,} & \text{sonst} \end{cases}$$

In der Tat ist schon zum Zeitpunkt des Aufrufs feststellbar, wie viele Zyklen

1. Setze $n := 0$.
2. Solange $|i - n^2| \neq 0$, erhöhe den Wert von n um 1.

höchstens durchlaufen werden müssen, nämlich $[\sqrt{i}\,]$. Es wäre also möglich, für eine entsprechende totale Funktion eine Laufanweisung zu formulieren. Beispielsweise gelingt das für $q : N \to N$, mit $q(n) = [\sqrt{i}\,]$. Dies entspricht der Anwendung des *beschränkten* μ-Operators, dessen Verwendung zur Konstruktion μ-rekursiver Funktionen *nicht* zulässig ist.

y = f(x) = int x = [x] ist die **Ganzzahlfunktion.** f(x) ist die größte ganze Zahl, die x nicht übersteigt.

Das folgende Diagramm zeigt zusammenfassend die **Hierarchie** der behandelten **Funktionsklassen.**

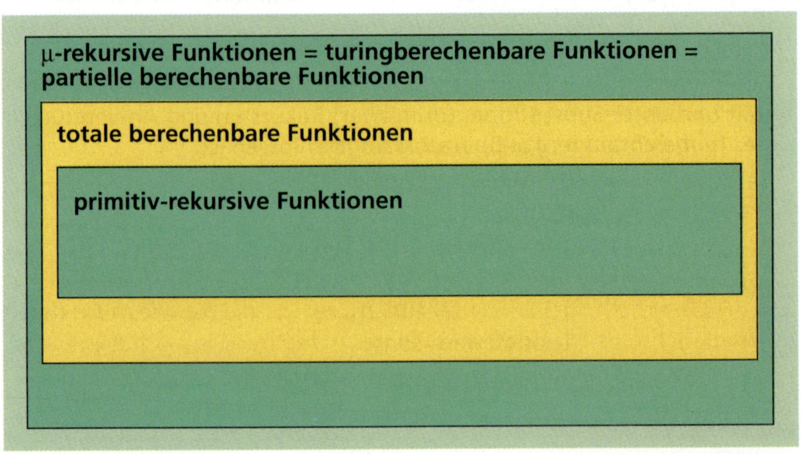

5.3 Effiziente Algorithmen und Komplexität

5.3.1 Praktische Unlösbarkeit

Das wohl wichtigste, allgemeinbildende Ergebnis der Berechenbarkeitstheorie ist die Erkenntnis, dass es mathematisch exakt definierbare Probleme gibt, die algorithmisch absolut unlösbar sind.

Aus der Theorie der formalen Sprachen ist bekannt, dass das Wortproblem für CHOMSKY-Typ-0-Sprachen nicht allgemein gelöst werden kann, da die fehlende Längenmonotonie den Suchraum nicht beschränkt. Insgesamt gibt es wesentlich mehr algorithmisch unlösbare als lösbare Probleme. Dies sagt nichts über die Relevanz eines Problems oder einer Problemklasse aus Anwendersicht aus. Für die Klasse der prinzipiell lösbaren Probleme stellt sich die Frage nach deren Schwierigkeitsgrad.

- Wie ist der Bereich des „algorithmisch prinzipiell Lösbaren" strukturiert?
- Gibt es unterscheidbare Schwierigkeitsstufen, die sich dann vielleicht in bestimmten Algorithmenklassen wiederfinden?
- Was bedeutet „schwierig", „schwer" oder „schwerer als"?
- Inwiefern können überhaupt objektive Aussagen zum Aufwand einer Berechnung gemacht werden, wenn doch die Computer infolge unterschiedlichster Hard- und Software ohnehin ganz verschieden schnell arbeiten?

Diese und ähnliche Fragen gehören zum Gegenstand der **Komplexitätstheorie** und **Algorithmik.**

Vor einiger Zeit hat ein spektakuläres Schachmatch zwischen einem menschlichen Spieler (KASPAROW) und einem Computerprogramm (Rechner: deep blue) stattgefunden. Es hat viele Jahre gebraucht, bis ein Schachprogramm (auf Parallelrechnerbasis), das von den weltbesten Spielern ernst genommen wird, vorgelegt werden konnte.

Schon vor der Zeit der Computer bewegte die Menschen die Idee eines maschinellen Gegners. Sie lösten dieses Problem, indem sie einen menschlichen Schachspezialisten in eine Kiste sperrten: Die erste „Computerstimme" wurde geboren.

Warum ist es eigentlich so schwer, ein gutes Schachprogramm zu schreiben? Es ist doch ganz klar, wie es arbeiten muss:

Erzeuge zu jedem Zug des Gegners *sämtliche* nach den Spielregeln mögliche Gegen(halb)züge. Danach erzeuge *alle* zulässigen Antwort(halb)-züge des Gegners und so weiter.

Auf diese Weise ergibt sich der Baum der Schachspiele (mit einer virtuellen Wurzel, von der 20 mögliche erste Halbzüge von Weiß abgehen).

Auch wenn es nicht in jeder Stellung 20 Fortsetzungsmöglichkeiten gibt, kann kein Computer dieser Welt genügend Speicherplatz aufbringen und verwalten, um den gesamten Baum zu speichern.

Unter der Annahme, dass es in jeder Stellung nur genau 5 Fortsetzungsmöglichkeiten für den am Zug befindlichen Spieler gibt, ein Spiel im Mittel nach 60 Zügen (120 Halbzüge) endet und zur Speicherung eines Knotens (innere- und Endknoten = Blätter) lediglich ein Byte gebraucht wird, würde der gesamte Baum einen Speicher von

$$5^0 + 5^1 + 5^2 + \ldots + 5^{120} = 5 \cdot \frac{5^{121} - 1}{5 - 1} \approx 9{,}404 \cdot 10^{84} \text{ in Byte}$$

beanspruchen.

Der gigantische Lösungsaufwand (Speicher und Rechenzeit), verhindert deren praktische Realisierung. Obwohl algorithmisch vollständig beschreibbar, wird die Lösung auch in den nächsten Jahren wohl niemand zu Gesicht bekommen. Somit bleibt das Schachspiel ein kreatives Spiel, das menschlichen Geist erfordert, nämlich zum (fehlerbehafteten) Spielen ebenso wie zum Ersinnen besserer Programme, auch wenn es ohne Computerunterstützung im professionellen Bereich schon längst nicht mehr auskommt.

Die am Beispiel des Schachspiels betrachtete Klasse von Problemen lässt sich wie folgt beschreiben:

Problemklasse Strategiespiele: Ein zugehöriger intuitiver Algorithmus löst das Problem prinzipiell durch Erzeugung und Bewertung *aller* Möglichkeiten bzw. Kandidaten. Aufgrund der damit verbundenen kombinatorischen Explosion ist die praktische Berechnung der Lösung mit einem solchen Algorithmus unmöglich.

Im Falle des Schachspiels besteht eine natürliche Begrenzung auf 64 Felder, zweimal 16 Figuren usw. Die Dimension des Spielbaums liegt damit fest. Insofern kann man grundsätzlich nicht ausschießen, dass es irgendwann einmal gelingt, den kompletten Baum zu verwalten.

Ackermann-Peter-Funktion ↗ S. 440

Im Gegensatz dazu gibt es aber eine Reihe von (algorithmisch prinzipiell) lösbaren Problemen, die von einer oder mehreren Variablen abhängen, wie das beispielsweise bei der **Ackermann-Peter-Funktion** der Fall ist. Ganz gleich welchem Supercomputer die Berechnung von $AP(x, y)$ gelang, $AP(x, y + 1)$ bzw. $AP(x + 1, y)$, $y \neq 1$, schafft er nicht mehr. Das heißt, es lässt sich immer eine Eingabe finden, für die das gegebene Problem praktisch unlösbar ist, egal wie schnell und speicherfähig das verfügbare Berechnungswerkzeug ist.

Die einzige Chance einer praktischen Lösung besteht in der Suche nach einem (hinsichtlich des Aufwands) besseren Algorithmus. Dies ist bisher trotz größter Anstrengungen leider nur in ganz wenigen Fällen gelungen, nicht für die Ackermann-Peter-Funktion und auch nicht für sehr viele aus Anwendersicht relevante (Optimierungs)Probleme. Fazit:

Neben den absoluten Grenzen der (prinzipiellen) Berechenbarkeit gibt es objektive **Grenzen der praktischen Berechenbarkeit.**

5.3.2 Intuitive Programmanalyse und Wahl der Problemgröße

Lässt sich von einem Programm feststellen, wie es sich zur Laufzeit für alle möglichen Eingaben praktisch verhält?

Aus der Berechenbarkeitstheorie ist bekannt, dass es kein allgemeingültiges Verfahren dafür geben kann.

Die erste Idee besteht in einem empirischen Vorgehen. Hierzu wird die Arbeitszeit, die zur Erzeugung bestimmter Resultate erforderlich ist, (z.B. mit einer Stoppuhr) gemessen.

Empirische Untersuchungen des Laufzeitverhaltens von Programmen sind in der Praxis in Form so genannter **Benchmark-Tests** wohlbekannt. Dabei wird ein Satz von Testaufgaben vorgegeben, von dem feststeht, dass er besonders zeitaufwändig ist. Die Fibonaccizahlen erfüllen diese Forderung vorzüglich. Das Ziel besteht im Allgemeinen darin, verschiedene Programme untereinander zu vergleichen, etwa um festzustellen, welcher von zwei Kandidaten der bessere (schnellere) Algorithmus für eine bestimmte Anwendungsklasse ist.

benchmark (engl.): Nivellierungszeichen

Fibonaccizahlen sind Zahlen, die dadurch gebildet werden, dass man jeweils zwei aufeinanderfolgende natürliche Zahlen addiert und damit das nächste Glied der Folge erhält. Beispiel: 1, 1, 2, 3, 5, 8, 13, 21, 34, 55, ...

Die globale Analyse eines Programms kann im Allgemeinen zu keinen zuverlässigen Rückschlüssen führen. Ein bezüglich des Zeitverbrauches verbesserungsbedürftiges Programm ist gewöhnlich nicht durchgehend schlecht. Oft sind es einzelne Bestandteile, bestimmte Schleifen oder Prozeduren, die im Gegensatz zu anderen Programmteilen besonders aufwändige Berechnungen hervorrufen.
Es gilt die Faustregel: „Ca. 90% der Rechenzeit wird von ca. 10% des Programmcodes verbraucht." Hieraus folgt, dass schon kleinere Verbesserungen an den „richtigen" Stellen das Laufzeitverhalten eines Programms spürbar positiv beeinflussen können.

Mit einigen Zeitmessungen für Berechnungen mit diversen Werten ist es also nicht getan. Aussagekräftig ist der *funktionale Zusammenhang zwischen der Problemgröße und dem zugehörigen Zeitaufwand*. Dies kann eine Formulierung der folgenden Art sein:

„Wenn man n ver-x-facht, so ver-y-facht sich der Zeitaufwand $T(n)$."

Gesucht ist also eine **Aufwandsfunktion** T, mit $y = T(n)$. Beispielsweise liefert $T(n) = c \cdot n + e$, mit c, e = *konst*, einen linearen Zeitaufwand. Darin sind die konkreten Werte der Konstanten c und e von untergeordnetem Interesse.

Von entscheidender Bedeutung für eine Aussage zum Laufzeitverhalten eines Algorithmus ist die Wahl der Problemgröße n. Es reicht vorerst aus, der Intuition zu folgen, wie es die folgenden Beispiele erkennen lassen.

Wahl der Problemgröße n (intuitiv):

Problem	n
Suchen in einer Datenbank	die Anzahl der darin enthaltenen Datensätze
Sortieren einer Liste	die Anzahl der zu sortierenden Elemente
Algorithmen, die mit Feldern arbeiten	Dimension dieser Felder
Lösen von Gleichungssystemen mit mehreren Unbekannten	die Anzahl der Unbekannten

Im Konkreten ist allerdings Vorsicht geboten, denn eine oberflächliche Wahl der Problemgröße kann die Aufwandsbetrachtung bis zur Unbrauchbarkeit verfälschen.

Ungeeignete Wahl einer Problemgröße *n:*

Der Zeitaufwand zum Addieren zweier *n*-stelliger Zahlen wird in Abhängigkeit von der Stelligkeit *n* ausgedrückt. Gleiches wäre für die Multiplikation unzutreffend, denn die Elementaroperation „Addition zweier einstelliger Zahlen" ist weniger aufwändig als die „Multiplikation zweier einstelliger Zahlen".

5.3.3 Probleminstanzen und Analyseformen

Gegeben sei ein Problem der Größe *n*. Gesucht ist der Aufwand zur Lösung dieses Problems. Kann überhaupt von *dem* Aufwand einer Problemlösung gesprochen werden? Ist es nicht beispielsweise für ein Sortierprogramm von Vorteil, wenn die zu sortierenden Listenelemente schon vorsortiert sind, so dass eigentlich nichts mehr zu tun ist?

In der Tat kann der Lösungsaufwand eines Problems von den konkreten Eingaben (Argumenten, aktuellen Parametern) abhängig sein. So gibt es Sortieralgorithmen, die von einer Vorsortierung profitieren, andere nicht. Zur Aufwandsanalyse wäre es eigentlich notwendig, *alle Instanzen* eines Problems zu betrachten. Ebensogut könnten die besonders guten bzw. besonders schlechten Instanzen betrachtet werden, um eine Aussage über den geringsten bzw. größten Aufwand zu erhalten. Dies führt zu den folgenden Analyseformen:

- **Worst-Case-Analyse:** Die im schlechtesten Fall (für die ungünstigste oder aufwändigste Instanz) erforderliche Laufzeit wird herangezogen. Dies entspricht auch dem Maximum aller möglichen Laufzeiten.
- **Average-Case-Analyse:** Die im mittleren Fall (Durchschnitt, arithmetisches Mittel, Erwartungswert) erforderliche Laufzeit wird ermittelt.
- **Best-Case-Analyse:** Die im günstigsten Fall (für die aufwandsgünstigste Instanz) erforderliche Laufzeit wird ermittelt.

Der Aufwand im average case kann auch durch Zeitmessung für sehr viele zufällig gewählte Instanzen ganz brauchbar ermittelt werden. Die rechnerische Analyse setzt Wahrscheinlichkeitsbetrachtungen ein. Leider sind gerade manche mit mathematischen Mitteln geführten Average-Case-Untersuchungen sehr komplex, wenn sie nicht zu grob ausfallen sollen.

Wie können verschiedene Aufwände miteinander verglichen werden?

Ein Programm *A* habe einen Zeitaufwand von $y = T_A(n) = 2n^2$ im worst case. Ein zweites Programm *B* zur Lösung des gleichen Problems habe – ebenfalls im worst case – einen Zeitaufwand von $y = T_B(n) = 100\ n$. Welches ist (im worst case) besser?

Programm *B* ist besser als *A*, denn aus den gegebenen Funktionen kann man unmittelbar ablesen:

- Wenn *n* verdoppelt wird, vervierfacht (T_A) bzw. verdoppelt (T_B) sich der Zeitaufwand.
- Wenn *n* verzehnfacht wird, verhundertfacht (T_A) bzw. verzehnfacht (T_B) sich der Zeitaufwand.

Ein rascher Überblick ergibt sich, wenn die beiden Aufwandsverläufe grafisch über n dargestellt werden. Das spezielle $\overline{n}$, ab welchem B wirklich besser ist als A, kann leicht abgelesen werden. Die Beurteilung der Aufwände hängt also auch vom Einsatzfall des Programms ab. Im Allgemeinen ist das Verhalten für große n von Interesse. Für $n < \overline{n}$ ist in obigem Beispiel A besser als B.

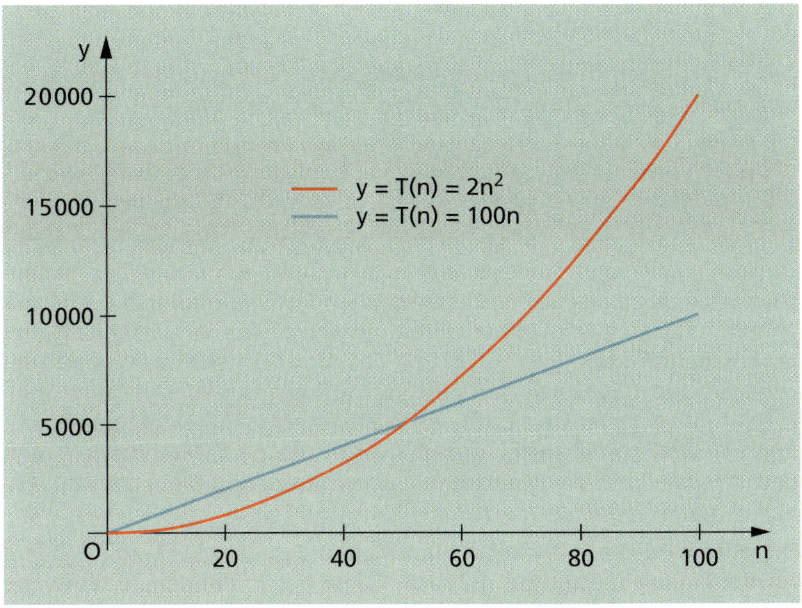

$\overline{n}$ kann natürlich auch rechnerisch festgestellt werden. Dies führt nicht selten auf eine nichtlineare Gleichung, die im Allgemeinen iterativ zu lösen ist.

Bestimmung der Schnittstelle $\overline{n}$ der beiden Kurven:

$$\begin{aligned} T_A(\overline{n}) &= T_B(\overline{n}) \\ 2\overline{n}^2 &= 100\overline{n} \\ \overline{n}(\overline{n} - 50) &= 0 \\ \overline{n} &= 50 \end{aligned}$$

Offensichtlich ist quadratischer Aufwand schlechter als linearer, allerdings erst ab einer Problemgröße $n > 50$.

Aufwand der Multiplikation zweier gleichlanger natürlicher Zahlen:

Die beiden Zahlen sind $z_1 = a_1a_2 \ldots a_n$ und $z_2 = b_1b_2 \ldots b_n$.

Das allgemein bekannte schriftliche Multiplikationsverfahren arbeitet mit quadratischem Aufwand:

$$\begin{aligned} z_1 \cdot z_2 &= b_1 \cdot z_1 + b_2 \cdot z_1 + \ldots + b_n \cdot z_1 \\ &= b_1 \cdot (a_1a_2 \ldots a_n) + b_2 \cdot (a_1a_2 \ldots a_n) + \ldots + b_n \cdot (a_1a_2 \ldots a_n) \end{aligned}$$

Es ergeben sich n Additionen und $n \cdot n$ Multiplikationen des kleinen Einmaleins.

Für den Zeitaufwand gilt $T_{mult}(n) = c \cdot n^2 + d \cdot n$.

Quadratischer Aufwand ist nicht zufriedenstellend. In der Literatur finden sich alternative Multiplikationsalgorithmen. Bis heute kann nicht ausgeschlossen werden, dass es einen Multiplikationsalgorithmus gibt, der mit linearem Aufwand, d.h. $T(n) \sim n$, auskommt. Gefunden wurde er bisher allerdings nicht.

5.3.4 Effizienzbegriff

Der Effizienzbegriff wird häufig als Modewort benutzt oder mit Effektivität gleichgesetzt. Das ist für die Informatik unbrauchbar.

Ein Algorithmus heißt **effizient,** wenn er ein vorgegebenes Problem mit möglichst geringem Ressourcenverbrauch (Zeit, Speicher) löst.

Zwischen Zeit- und Speicherverbrauch besteht ein enger Zusammenhang, der dem zwischen unterschiedlichen Energieformen in der Physik ähnelt. Letzteres folgt einem Erhaltungssatz. Aus der Erfahrung des praktischen Programmierens ist die Faustformel bekannt, wonach Rechenzeit durch Speicher „erkauft" werden kann und umgekehrt. Speicherintensive Datenstrukturen erlauben meist sehr elegante Berechnungsstrukturen. Ein nicht gründlich durchdachtes Datenmodell kann programmtechnischen Zusatzaufwand erfordern und somit die Laufzeiteigenschaften verschlechtern.

Dennoch wird der Zeiteffizienz – auch aus praktischer Sicht – die größere Aufmerksamkeit entgegen gebracht. Diese beschreibt den **Zeitaufwand** zur Lösung eines Problems in Abhängigkeit von der Problemgröße n. Dadurch ist es möglich, von den speziellen Eigenschaften der konkreten Rechenanlage, auf der das betrachtete Programm läuft, zu abstrahieren. Diese Abstraktion wird vertieft, indem nicht etwa die Zeitdifferenzen oder die Anzahl der Elementaroperationen in Programmen, sondern die Takte einer abstrakten Turingmaschine zur Analyse herangezogen werden.

Wenn im Folgenden nur von **Aufwand** gesprochen wird, ist immer der Zeitaufwand gemeint.

Verfahren, deren Zeitverhalten als Polynom in n ausgedrückt werden kann, haben **polynomialen Aufwand** und r ist der Grad des Polynoms

$T(n) = a_r n^r + a_{r-1} n^{r-1} + \ldots + a_1 n^1 + a_0$, mit $r \in N$, $a_r, \ldots, a_0 \in R$, $a_r \neq 0$.

Wenn $r = 1$, spricht man von **linearem Aufwand.** $r = 2$ bzw. $r = 3$ bedeuten **quadratischer** bzw. **kubischer Aufwand.**

Ein Verfahren besitzt **exponetiellen Aufwand,** wenn die folgende funktionale Beziehung gilt:

$T(n) = c \cdot z^n$, wobei $z, c \in R$, $c \neq 0$, $z > 1$

Der folgende Vergleich einiger Funktionsgraphen macht deutlich, dass exponentieller Aufwand praktisch unbrauchbar ist.

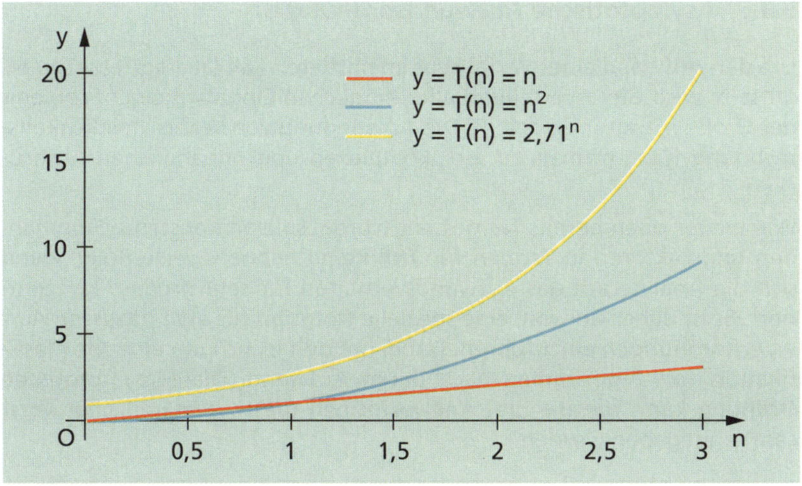

Noch deutlicher gibt dies die folgende Tabelle wieder. Dabei wird angenommen, dass ein zur Berechnung verwendeter realer Computer 10^9 Operationen je Sekunde ausführt.

	Rechenzeit für n in Sekunden					
T(n)	**n=10**	**n=100**	**n=1000**	**n=10000**	**n=100000**	**n=1000000**
1	10^{-9}	10^{-9}	10^{-9}	10^{-9}	10^{-9}	10^{-9}
n	10^{-8}	10^{-7}	10^{-6}	10^{-5}	10^{-4}	10^{-3}
n^2	10^{-7}	10^{-5}	10^{-3}	0,1	10	1000
2^n	$1{,}024 \cdot 10^{-6}$	$1{,}268 \cdot 10^{21} \approx 10^{13}$ Jahre				

Häufig werden auch Logarithmen zur Basis 2, e oder 10 verwendet, um den Aufwand von Algorithmen zu charakterisieren.

e = 2,718281828... (eulersche Zahl, Basis der natürlichen Logarithmen)

Die folgende Abbildung zeigt entsprechende Funktionsgraphen zum Vergleich.

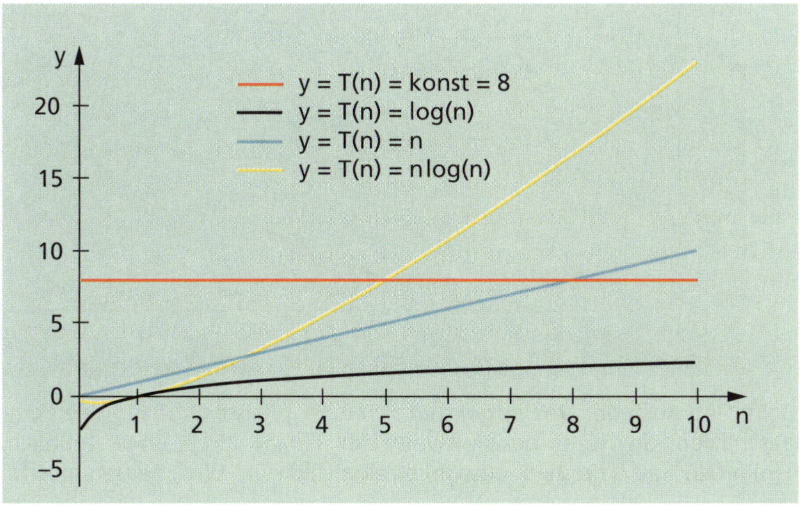

5.3.5 Asymptotische Aufwandsordnung

Um den Aufwand eines Verfahrens im mittleren Fall (average case) zu ermitteln, wird Gleichverteilung aller möglichen Eingaben eines Problems der Größe *n* zugrunde gelegt. Die Anwendung von Wahrscheinlichkeitsrechnung führt oftmals zu sehr komplexen und unhandlichen Ausdrücken.

Wie weiter oben bereits festgestellt wurde, spielen konstante Summanden und Faktoren in Termen für $T(n)$ keine nennenswerte Rolle, wenn sich die Analyse auf das Aufwandsverhalten für *sehr große n* konzentriert. Es ist daher sinnvoll, eine spezielle Notation für *asymptotische Aufwandsordnungen* einzuführen. Dabei handelt es sich um eine Art Klassifikation von Algorithmen nach deren Aufwand. Diese asymptotische Ordnung kann für alle drei Analyseformen (best-, average- und worst case) angegeben werden.

Analyseformen ↗ S. 446

Die **asymptotische Ordnung** $O(f)$, sprich: „groß-O von *f*", einer Funktion $f : N \to R_0^+$ ist die Menge aller Funktionen $t : N \to R_0^+$, die nach oben durch ein positives reelles Vielfaches von *f* beschränkt werden, wenn *n* hinreichend groß ist.

$$O(f) = \{t \mid t : N \to R_0^+ \text{ und } \exists c \in R^+ \exists n_0 \in N \forall n \geq n_0 \, (t(n) \leq c \cdot f(n))\}$$

$\exists$ sprich: „es existiert ein ..."

$\forall$ sprich: „für alle ..."

$T(n) = 2n^2 - 6x + 7 = O(n^2)$, denn ab $n_0 \approx 1{,}2$ gilt für alle $n \in N$ die Relation $2n^2 - 6x + 7 \leq cn^2$, wobei *c* beispielsweise den Wert 2 haben kann.

Die folgende Abbildung stellt den Sachverhalt grafisch dar.

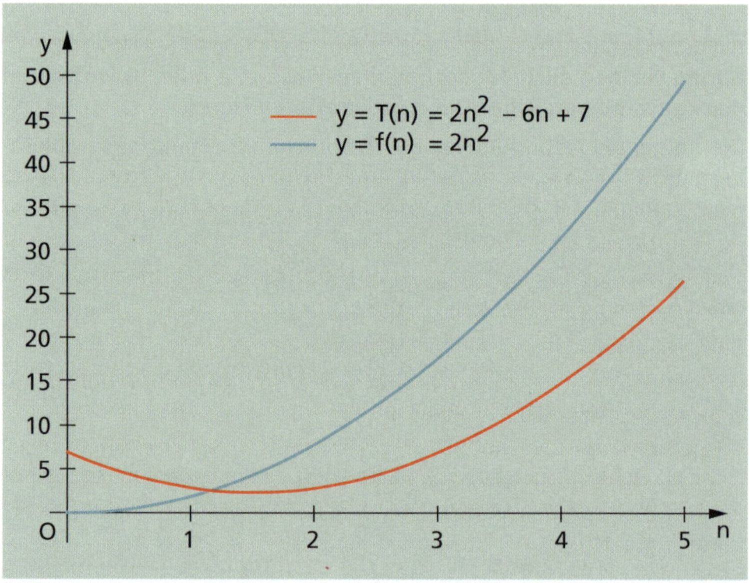

Beim Gebrauch der *O*-Notation hat sich eine gewisse Großzügigkeit eingeschliffen. So ist es beispielsweise für $T(n) = 2n^2 - 6n + 7$ üblich, $T(n) = O(n^2)$ zu schreiben, obwohl es eigentlich $T \in O(n^2)$ heißen müsste.

Die nun eben etablierte Gleichheitsschreibweise birgt die Gefahr der Symmetrie, wie bei 3 = 2 + 1, wo die Gleichheit sowohl von links nach rechts als auch von rechts nach links gelesen werden darf. Dies gilt hier nicht!

$T(n) = 2n^2 + 7 = O(n^2) = O(n^3) \neq O(n)$

Es gibt weitere asymptotische Ordnungen, Ω und Θ, die hier jedoch nicht weiter betrachtet werden.

5.3.6 Lösung von Rekursionsgleichungen

Rekursionsgleichungen oder **rekurrente Gleichungen** ergeben sich ganz natürlich bei der Effizienzanalyse *rekursiver* Algorithmen. Rekursive Algorithmen entstehen ihrerseits bei der Anwendung bestimmter Entwurfsmethoden, die in Folgeabschnitten vorgestellt werden. Dies betrifft insbesondere Teile-und-herrsche-Verfahren.

All das ist sinnvoll, um nicht bei jeder Problemlösung ganz von vorne zu beginnen. Es ist besser, eine Palette von Standardstrategien bereitzuhalten. Aus der rekursiven Gestalt von Algorithmen können die zugehörigen Rekursionsgleichungen direkt abgelesen werden.

Fibonaccizahlen:

```
function fib(n: word): word;
begin
  if n<=1
  then fib:=1
  else fib:=fib(n-1)+fib(n-2)
end;
```

Offensichtlich gilt

$$T(n) = \begin{cases} 1, & \text{wenn } n \leq 1 \\ T(n-1) + T(n-2), & \textit{sonst} \end{cases}$$

Ebenso kann der Aufwand mit $T(0) = T(1) = 0$ angegeben werden oder $T(n)$, für $n \geq 2$, wird um einen konstanten Summanden, z.B. 1, für die Summenbildung ergänzt.

Das eigentliche Problem liegt in der Lösung von Rekursionsgleichungen. Gesucht ist eine Aussage der Form

$T(n) = O(f(n))$.

Als erstes Werkzeug zur Lösung solcher Gleichungen sind **Computeralgebrasysteme,** kurz: **CAS,** zu nennen.
CAS sind neben der numerischen Rechenfähigkeit (mit Maschinenzahlen) prinzipiell in der Lage, Gleichungen *symbolisch* zu lösen. Hierzu ist die entsprechende Abschnitt im Handbuch des zur Verfügung stehenden CAS zu studieren.
Es ist nicht auszuschließen, dass das betreffende CAS überhaupt keine oder nur syntaktisch sehr eingeschränkte Rekursionsgleichungen lösen kann. Dies ist darauf zurückzuführen, dass die Lösungsmethode (Z-Transformation) kompliziert und nur für bestimmte Spezialformen solcher Gleichungen implementiert ist.

Bekannte Beispiele für CAS sind *Axiom, Maple, Mathematica, MathCad, MuPAD, Derive, Cabri* u.a.

Das folgende Protokoll entstand aus der Arbeit mit *Maple*.

```
>lsg1:=rsolve({T(0)=1,T(1)=1,T(n)=T(n-1)+T(n-2)},T(n));
```

$$lsg1 := \frac{2}{5}\,\frac{\sqrt{5}\left(\frac{2}{\sqrt{5}-1}\right)^n}{\sqrt{5}-1} + \frac{2}{5}\,\frac{\sqrt{5}\left(-\frac{2}{\sqrt{5}+1}\right)^n}{\sqrt{5}+1}$$

```
> simplify(lsg1);
```

$$\frac{\frac{2}{5}\sqrt{5}2^n\left((\sqrt{5}-1)^{(-n)} + \sqrt{5}(\sqrt{5}-1)^{(-n)} + \sqrt{5}(\sqrt{5}+1)^{(-n)}(-1)^n - (\sqrt{5}+1)^{(-n)}(-1)^n\right)}{((\sqrt{5}-1)(\sqrt{5}+1))}$$

```
> evalf(lsg1);
```

$$.7236067976\ 1.618033988^n + .2763932023\ (-.6180339886)^n$$

Das Ergebnis lautet $T(n) = O\,(c^n)$.

```
>lsg2:=rsolve({T(0)=0,T(1)=0,T(n)=T(n-1)+T(n-2)+1},T(n));
```

$$lsg2 := -1 + \frac{2}{5}\,\frac{\sqrt{5}\left(\frac{2}{\sqrt{5}-1}\right)^n}{\sqrt{5}-1} + \frac{2}{5}\,\frac{\sqrt{5}\left(-\frac{2}{\sqrt{5}+1}\right)^n}{\sqrt{5}+1}$$

```
> simplify(lsg2);
```

$$\frac{\frac{2}{5}\left(-10 + \sqrt{5}\left(\frac{1}{2}\sqrt{5}-\frac{1}{2}\right)^{(-n)} + 5\left(\frac{1}{2}\sqrt{5}-\frac{1}{2}\right)^{(-n)} + 5\left(-\frac{1}{2}\sqrt{5}-\frac{1}{2}\right)^{(-n)} - \sqrt{5}\left(-\frac{1}{2}\sqrt{5}-\frac{1}{2}\right)^{(-n)}\right)}{((\sqrt{5}-1)(\sqrt{5}+1))}$$

```
> evalf(lsg2);
```

$$-1. + .7236067976\ 1.618033988^n + .2763932023\ (-.6180339886)^n$$

Erwartungsgemäß ergibt sich das Ergebnis $T(n) = O(c^n)$. Die obige Prozedur `fib` arbeitet also mit exponentiellem Aufwand.

Eine zweite Technik zum Lösen von Rekursionsgleichungen ist das *Raten und Einsetzen*. In englischsprachiger Literatur wird es *intelligent guesswork* – geschicktes Raten – genannt. Dahinter steht eine sehr einfache Idee:

Raten und Einsetzen:
Anhand einer Wertetafel für T wird versucht, eine explizite Bildungsvorschrift für $T(n)$ herauszufinden bzw. zu vermuten.

Es ist sofort einzusehen, dass diese Methode nicht immer erfolgreich ist, aber das ist die mit CAS auch nicht.

Sei $T(n) = \begin{cases} 1, & \text{wenn } n = 1 \\ 3T(\frac{1}{2}) + n, & \text{sonst} \end{cases}$

n	$T(n)$
1	1
2	$5 \;= 3\cdot 1 + 2$
4	$19 \;= 3^2\cdot 1 + 3\cdot 2 + 2^2$
8	$65 \;= 3^3\cdot 1 + 3^2\cdot 2 + 3\cdot 2^2 + 2^3$
16	$211 = 3^4\cdot 1 + 3^3\cdot 2 + 3^2\cdot 2^2 + 3\cdot 2^3 + 2^4$
32	665

Aus der Wertetafel kann durch Verallgemeinerung eine Bildungsvorschrift vermutet werden:

$$T(2^k) = 3^k \cdot 2^0 + 3^{k-1} \cdot 2 + \ldots + 3^0 \cdot 2^k$$

$$= \sum_{i=0}^{k} 3^{k-i} 2^i$$

$$= 3^k \sum_{i=0}^{k} (\tfrac{2}{3})^i$$

$$= \frac{3^k\left(1-\left(\frac{2}{3}\right)^{k+1}\right)}{1-\frac{2}{3}}$$

$$T(2^k) = 3^{k+1} - 2^{k+1}$$

Um bei allen erforderlichen Divisionen durch 2 als Ergebnis eine natürliche Zahl zu erhalten, wurde mit Zweierpotenzen $n = 2^k$ gearbeitet. Da das Ziel der Analyse in einer Aussage über die asymptotische Ordnung, besteht, ist diese Vereinfachung durchaus gerechtfertigt. In der Rechnung muss k durch $log_2 n$ substituiert werden, damit ein Ausdruck in n entsteht. Das Ergebnis ist:

$$T(n) = 3n^{log_2 3} - 2n$$

Unter Verwendung der Gleichheit $3^{log_2 n} = n^{log_2 3}$ ergibt sich schließlich

$$T(n) = O(n^{log_2 3})$$

Selbstverständlich besteht grundsätzlich eine Beweisnotwendigkeit für die Allgemeingültigkeit des gefundenen Ausdrucks für alle natürlichen Zahlen. Dies geschieht mit dem Verfahren der *vollständigen Induktion*:

Vollständige Induktion:

Eine Aussage S über alle natürliche Zahlen $n \geq n_0$ ist wahr,

1. wenn S für $n = n_0$ gilt *und*
2. wenn aus der Richtigkeit von S für n_i die Richtigkeit von S für n_{i+1} (für beliebiges i) folgt.

Der Beweis für obiges Beispiel wird hier nicht vorgeführt. Anstelle dessen wird am Beispiel des Algorithmus zur Erzeugung der n-ten Fibonacci-zahl eine Methode illustriert, die **konstruktive Induktion** genannt wird. Die Idee besteht darin, neben dem Beweis der Allgemeingültigkeit des Ausdrucks für $T(n)$ eventuelle Konstanten gewissermaßen als Nebenprodukte zu ermitteln.

Für das Beispiel gilt der Ansatz

$$T(n) = O(c^n) \leq a \cdot c^n.$$

Im Induktionsanfang wird gezeigt, dass sich ein $a > 0$ finden lässt, so dass

$$T(0) = 1 \leq a \cdot c^0 \text{ und}$$

$$T(1) = 1 \leq a \cdot c^1$$

gelten. Mit $c > 1$ erfüllt $a = 1$ beide Ungleichungen.

Der Induktionsschritt geht von der Gültigkeit von

$$T(n-1) \leq a \cdot c^{n-1} \text{ und } T(n-2) \leq a \cdot c^{n-2}, \ n \geq 2,$$

aus. Es wird gezeigt, dass dann

$$T(n) \leq a \cdot c^n$$

gilt:

$$\begin{aligned} T(n) &= T(n-1) + T(n-2) \\ &\leq a \cdot c^{n-1} + a \cdot c^{n-2} \\ &\leq a \cdot c^n \cdot \frac{c+1}{c^2} \end{aligned}$$

Damit der Ausdruck $a \cdot c^n \cdot \frac{c+1}{c^2}$ mit dem Ansatz $T(n-1) \leq a \cdot c^{n-1}$ übereinstimmt, muss $\frac{c+1}{c^2} = 1$ gelten. Die positive Lösung dieser Gleichung ergibt $c = \left(\frac{\sqrt{5}+1}{2}\right)^n \approx 1{,}618$. Damit ist klar, dass gilt

$$T(n) = O\left(\left(\frac{\sqrt{5}+1}{2}\right)^n\right)$$

Neben diesen Techniken zur Lösung von Rekursionsgleichungen gibt es weitere, die hier nicht detailliert behandelt werden können. Beispiele sind:

- Die **Iterationsmethode,** auch **telescoping** genannt, expandiert die rekursive Vorschrift durch Selbstanwendung solange, bis die Anfangsbedingung erreicht ist. Dann steht der gesuchte Ausdruck praktisch da.
- Die **Master Methode** funktioniert wie ein Kochrezept: Erprobt und aufgeschrieben, zur Nachnutzung empfohlen. Drei Arten von Mustern der Gestalt $T(n) = aT(\frac{n}{b}) + f(n)$, für Konstanten $a \geq 1$ und $b > 1$ werden angeboten. Wenn eines davon passt, ist die Bestimmung von $T(n)$ durch Anwendung des Rezepts (Master Theorem) quasi erledigt. Passt keines, so ist die Methode zur Lösung der speziellen Gleichung unbrauchbar.

Ein Universalmittel zur Lösung von Rekursionsgleichungen gibt es nicht.

5.3.7 Vollständige Lösungssuche

Die systematische Darstellung aller Lösungskandidaten erfolgt üblicherweise in Gestalt eines Baumes. Wie bereits festgestellt, ist der vollständige Aufbau oder die vollständige Durchmusterung eines solchen Baumes ab einem bestimmten Wert der Problemgröße viel zu aufwändig. Die Verfahren

zu diesen Suchverfahren ↗ auch S. 184

- **Tiefe-zuerst** (depth first) bzw.
- **Breite-zuerst** (breadth first)

sind die Basismethoden einer systematischen Lösungssuche. Die Suche bleibt auf einen Teil des Baumes beschränkt, wenn bei einem bevorzugten Vorstoß in die Tiefe, also zu einem Blatt hin, das Ergebnis gefunden wird. Dies hängt natürlich von der Aufgabenstellung ab. Bei Optimierungsproblemen, die nach dem globalen Minimum bzw. Maximum fragen, gibt es oftmals keine Möglichkeit festzustellen, ob das betrachtete Blatt ein *globales* Optimum darstellt.

Tiefe-zuerst-Verfahren sind insbesondere für solche Aufgaben geeignet, bei denen die zuerst gefundene Lösung interessiert und nicht etwa alle Lösungen gesucht werden. Dazu zählen die so genannten Existenzprobleme der Art „Gibt es ein/eine …, so dass die Bedingung … erfüllt wird?".

8-Damen-Problem:

Gibt es (wenigstens) eine Möglichkeit, 8 Damen (Königinnen) so auf einem Schachfeld aufzustellen, dass sie sich gegenseitig nicht schlagen können?

Dieser Aufgabentyp liegt bei Optimierungsproblemen im Allgemeinen nicht vor.

Rucksackproblem(e):

Aus einer nichtleeren Menge von n Gegenständen mit den Gewichten $g_1, g_2, \dots, g_n$ sind genau die auszuwählen, die von einem Rucksack mit einer (Gewichts-)Kapazität K aufgenommen werden können. Die Kapazität K darf keinesfalls überschritten werden. Dabei soll der Gesamtwert der mitgenommenen Gegenstände möglichst groß sein. Die Gegenstandswerte sind $w_1, w_2, \dots, w_n$.
Dürfen die Gegenstände nicht geteilt und bruchstückhaft mitgenommen werden, spricht man vom *0/1-Rucksackproblem*, anderenfalls vom *Bruchstück-Rucksackproblem*.
Eine Abschwächung des Problems (nicht des Aufwands) ergibt sich durch zahlenmäßiges Gleichsetzen von g_i und w_i. Dies ist als **Teilmengen-Summen-Problem,** engl. *subset-sum problem*, bekannt.

Praktisch relevante Sachkontexte lassen sich leicht finden. Beispielsweise kann man die g_i als Massen unterschiedlicher Frachtgüter (in Kisten gleicher Abmessung) deuten, die per LKW mit (beschränkter) Ladekapazität K befördert werden sollen. Das Fahrzeug darf weder überlastet noch soll Transportkapazität verschenkt werden. Also müssen die für den Transport infrage kommenden Güter geschickt ausgewählt werden.

Ohne die Gewichtsbeschränkung einfließen zu lassen, müssten sämtliche 2^n Möglichkeiten zur Auswahl von Gegenständen beurteilt werden. Es entsteht ein **Binärbaum (Entscheidungsbaum),** dessen jeweils linker Ast „mit-Gegenstand-i" und dessen jeweils rechter Ast „ohne-Gegenstand-i" bedeuten. Dies lässt einen Aufwand in $O(2^n)$ erwarten.

Wird die mit K gegebene Gewichtsbeschränkung einbezogen, kann die Verfolgung bzw. der (dynamische) Aufbau einiger Teile des Baumes entfallen, da die Hinzunahme bestimmter Gegenstände verboten ist. Am exponentiellen Aufwand ändert sich jedoch nichts.

Es ist daher naheliegend, den Baumdurchlauf durch Techniken der Vorausschau **(greedy)** bzw. der Beschneidung **(branch and bound)** zu verkürzen.

5.3.8 Teile und Herrsche (divide and conquer)

Die Idee dieser Verfahren besteht darin, das gestellte Problem so zu zerlegen, dass Probleme gleichen Typs aber geringeren Grades entstehen. Nach Lösung der Teilprobleme werden deren Resultate zur Gesamtlösung zusammengesetzt. Dies ist ein typischer Einsatzfall für rekursive

Prozeduren, und es ist für ein effizientes Verhalten sogar notwendig, dass die Teilprobleme rekursiv gelöst werden.

Typische Beispiele für **Teile-und-Herrsche-Verfahren** sind:

Binäres Suchen findet in einer aufsteigend/fallend geordneten Liste $a_1, a_2, \dots, a_n$ statt. Ist das (in etwa) mittlere Element a_m der Liste größer als das gesuchte Element x, wird die Suche in Teilliste $a_1, a_2, \dots, a_m$ fortgesetzt, ansonsten in $a_{m+1}, a_{m+2}, \dots, a_n$. Im günstigsten Fall gilt $x = a_m$, so dass der Aufwand in $O(1)$ liegt. Ungünstigstenfalls liegt er in $O(n)$. Im average case gilt

$T(1) = 1$ und $T(n) = T(\frac{n}{2}) + 2$,

was auf $T(n) = O(log\ n)$ hinausläuft. Das ist besser als das sequenzielle Suchen, das mit linearem Aufwand arbeitet.

Quicksort: Eine Liste wird sortiert, indem zwei kürzere Teillisten gebildet werden. Teilliste 1 enthält alle Elemente, die bezüglich der zur Sortierung verwendeten Ordnungsrelation kleiner oder gleich einem aus der Liste frei wählbaren Trennelement (Pivot) *t* sind. In Teilliste 2 werden die restlichen Elemente, die also größer als *t* sind, aufgenommen. *t* selbst kommt in keiner der beiden Teillisten vor.

Die sortierte Gesamtliste ergibt sich aus der Liste, die aus der sortierten Teilliste 1, *t* und der sortierten Teilliste 2 – in dieser Reihenfolge – entsteht (Operation: append). Die Sortierung der in jedem Falle kürzeren Listen erfolgt mit der zu definierenden Quicksort-Prozedur in je einem rekursiven Aufruf.

Für den Aufwand dieses Verfahrens gilt:

best case:	$O(n\ log\ n)$
average case:	$O(n\ log\ n)$
worst case:	$O(n^2)$

Mergesort: „Merge" heißt so viel wie „zusammenführen" (oft als „mischen" oder „vermischen" übersetzt) und bedeutet für dieses Sortierverfahren, dass zwei bereits sortierte Teillisten durch ein Tor geschleust werden. Nach dem Tor gibt es nur noch eine Liste, die dadurch entsteht, dass die jeweils ersten Elemente der beiden Teillisten miteinander verglichen werden. Das bezüglich der verwendeten Ordnungsrelation kleinere Element wird aus der betreffenden Teilliste entfernt und durch das Tor in die Resultatliste geschoben.

Im Unterschied zu Quicksort werden die beiden Teillisten einfach durch (in-etwa-)Halbierung der Ausgangsliste gebildet, ohne irgendeinen Vergleich hinzuzunehmen.

Für den Aufwand dieses Verfahrens im mittleren Fall gilt offensichtlich

$$T(n) = \begin{cases} 0, & \text{wenn } n = 1 \\ 2\,T(\frac{n}{2}) + n, & \text{sonst} \end{cases}$$

Die Lösung dieser Rekursionsgleichung ergibt $T(n) = O\ (n\ log\ n)$.

Während *Quicksort* ein typisches *internes* Sortierverfahren ist, das also für den Sortiervorgang keinen zusätzlichen externen Speicher einsetzt, wird *Mergesort* für *externes* Sortieren bevorzugt.

Bei der Suche nach besseren Algorithmen zur Multiplikation großer ganzer Zahlen, $O(n^{1,59})$, und zur schnellen Matrixmultiplikation $O(n^{2,81})$ (von STRASSEN), das derzeit Beste ist $O(n^{2,376})$, sind Fortschritte erreicht worden, die allerdings in ersten Linie theoretischen Wert besitzen.

5.3.9 Verzweigen und Begrenzen

Rundreiseproblem (Traveling salesman problem):

Gegeben ist eine Menge von Städten und die Entfernungen zwischen ihnen. Gesucht ist die kürzeste Rundreise, die jede Stadt (außer die Start-und-Ziel-Stadt) genau einmal besucht und in der Start-und-Ziel-Stadt endet.

Ein naiver Algorithmus zur Lösung dieses Problems besteht darin, alle möglichen Städtefolgen (Permutationen) zu erzeugen, den jeweils zugehörigen Gesamtweg zu berechnen und das Minimum herauszufiltern.

Die Idee von **Verzweigen und Beschränken,** engl.: **branch and bound,** besteht darin, Teile des Baumes, die garantiert nicht zur Lösung (Optimum) führen können, abzuschneiden. Zu diesem Zweck wird nach jedem Expansionsschritt (branch) eine Schranke (bound) für jeden Knoten des Baumes berechnet. Der Knoten mit dem kleinsten Schrankenwert wird als nächster expandiert. Die anderen Kandidaten werden in einer *Prioritätswarteschlange* für eventuelle Folgeversuche aufbewahrt. Der vielversprechendste Kandidat steht in einer solchen Schlange an erster Stelle. Dabei handelt es sich um eine Art *Backtracking.* Es wird allerdings nicht zu einem bereits untersuchten Knoten zurückgegangen, sondern zu einem anderen Kandidaten (Knoten) auf einem früheren Niveau.

Backtracking (Rückziehungsverfahren): Eine Teillösung eines Problems wird systematisch zu einer Gesamtlösung ausgebaut. Ist in einem gewissen Stadium ein Ausbau der vorliegenden Teillösung nicht mehr möglich (Sackgasse), werden die letzten Schritte rückgängig gemacht. und es wird ein anderer Weg gegangen. Ein Beispiel findet man auch auf S. 178.

Der Erfolg des Verfahrens hängt von der Wahl der *Schrankenfunktion* ab. Ist deren Anwendung zu aufwändig, wird das durch Begrenzen Eingesparte an dieser Stelle verbraucht.
Umgekehrt bewirken allzu grobe Schrankenfunktionen kaum einen Begrenzungseffekt.

Manchmal ist es besser, eine *Schätzfunktion* zur Berechnung der Schranke einzusetzen. Sie kann zwar nicht mehr garantieren, dass das Optimum auf dem beschriebenen Wege gefunden wird. Im Allgemeinen wird jedoch sehr effizient ein Ergebnis ermittelt, dass dem Optimum sehr nahe ist.

5.3.10 Dynamisches Programmieren

Die Bezeichnung „Programmieren" ist hier ziemlich irreführend. Mit dem Programmieren im eigentlichen Sinne hat **dynamisches Programmieren** nur wenig zu tun. Der Begriff „dynamisches Optimieren" wäre zutreffender.

Zum Top-down- und Bottom-up-Vorgehen ↗ auch S. 219.

Im Gegensatz zu dem Top-down-Vorgehen bei Teile-und-Herrsche verwendet dynamisches Programmieren einen **Bottom-up-Ansatz.** d.h., es wird erwartet, dass die optimale Gesamtlösung aus optimalen Teillösungen aufgebaut werden kann. Nicht jedes Problem erfüllt diese *Optimalitätsbedingung*. Außerdem kann es passieren, dass die Anzahl der Teilprobleme unakzeptabel hoch ist.

„Von unten her" werden *alle* Teillösungen ermittelt und in eine Tabelle eingetragen. Die Berechnung zeitlich nachfolgender Tabelleneinträge greift dann auf bereits vorhandene zurück. Dadurch werden Mehrfachberechnungen, wie sie bei rekursiven Definitionen gelegentlich vorkommen, vermieden.

Zur Berechnung der 6. Fibonaccizahl werden die 5. und die 4. Fibonaccizahl benötigt. Die anzuwendende Formel ist

$fib(n) = fib(n - 1) + fib(n - 2)$.

Die Berechnung der 5. Fibonaccizahl erfordert dann ihrerseits die (rekursive) Berechnung der 4. und 3.

An diesem kleinen Beispiel wird schon deutlich, dass sehr aufwändige Berechnungen mehrfach ausgeführt werden müssen. Hier wird unter anderem die 4. Fibonaccizahl zweimal berechnet. Eine Baumdarstellung für *fib*(6) würde die Teilrechnungen eindrucksvoll illustrieren.

Würde jedes Ergebnis der Anwendung einer (rekursiven) Prozedur in einer Tabelle (oder auch einer anderen passenden Datenstruktur) gespeichert, dann könnte *vor* Ausführung einer Berechnung nachgesehen werden, ob der gesuchte Wert schon existiert und der Aufwand für dessen Auffindung wäre wesentlich geringer als eine Neuberechnung. Dieses naheliegende Vorgehen wird **memoizing** oder substantivisch *memoization* genannt. Dabei kann nicht in jedem Falle garantiert werden, dass ein gerade benötigter Wert schon in der Tabelle steht. Da jeder erforderliche Wert genau einmal berechnet werden muss, spielt es grundsätzlich keine Rolle, wann das geschieht. Unnötige Tabellenfelder bleiben leer.

Traditionell wird die Reihenfolge, in der die Tabellenfelder gefüllt werden, durch eine iterative Vorschrift bestimmt. Da eine Tabelle ein zweidimensionales Objekt ist, können beispielsweise zwei verschachtelte Laufanweisungen (Zeilenindex, Spaltenindex) dafür sorgen, dass die Tabelle zeilenweise ausgefüllt wird. Dieses tabellenbezogene Vorgehen hat den Nachteil, dass die vorliegende *rekursive* Lösungsvorschrift aufgegeben werden müsste. Das ist unerwünscht. Rekursive Prozeduren zusammen mit memoizing sind daher ein vielversprechender Ansatz zur effizienten Lösungsfindung.

0/1-Rucksackproblem ↗ S. 455

Lösung des 0/1-Rucksackproblems:

Die eingangs formulierte Optimalitätsbedingung gilt: Gegenstand *i* wird in den optimal gepackten Rucksack ohne *i* gesteckt. Dies garantiert den optimalen Rucksack mit *i*. Anders gesagt, die noch zur Auswahl stehenden Gegenstände werden in einen bis dahin optimal gefüllten Rucksack gesteckt und der dann ermittelte Gesamtwert *wert*(*i*, *g*) wird in die Tabelle geschrieben.
Der rekursive Ansatz lautet:

$$wert(i, g) = \begin{cases} 0, & i = 0 \\ wert(i-1, g), & i > 0,\ g - g_i < 0 \\ max(wert(i-1, g), \\ \quad wert(i-1, g-g_i) + w_i), & sonst \end{cases}$$

wert(i, g) bezeichnet den optimalen Gesamtwert des Rucksacks mit einer Restgewichtskapazität $g \leq K$. Hierfür wurden Gegenstände aus $\{1, 2, \ldots, i\}$, mit $i \leq n$, ausgewählt.

wert(i, g) = *wert(i* – 1, *g)* beschreibt, dass der *i*-te Gegenstand nicht in den Rucksack gepackt wird, weil er zur Überschreitung der Kapazität führen würde. Damit steht für eine Auswahl der restlichen Gegenstände 1, 2, …, $i - 1$ noch ein Gewicht von insgesamt *g* zur Verfügung. Es gibt natürlichen keinen Wertzuwachs, wenn Gegenstand *i* nicht eingepackt wird.

Wird Gegenstand *i* aufgenommen, so kann nur noch ein Gewicht von $g - g_i$ durch die noch auszuwählenden Gegenstände ausgeschöpft werden. Der Gesamtwert steigt in diesem Fall um w_i. Dieser Wert kann durchaus geringer sein, als wenn man auf die Mitnahme des *i*-ten Gegenstandes verzichtet und dafür andere einpackt. Dies wird in der Formel durch die Bestimmung des Maximums ausgedrückt.

Für folgende konkrete Aufgabe, mit $n = 10$, $K = 120$ und

i	1	2	3	4	5	6	7	8	9	10
g_i w_i	10 18	11 20	12 17	13 19	14 25	15 21	16 27	17 23	18 25	19 24

ergibt sich ein optimal gepackter Rucksack mit einem Gesamtwert von 183. Zur Berechnung *ohne* memoizing benötigte die verwendete Implementation 2024 rekursive Aufrufe, *mit* memoizing waren es nur 560.

Dynamisches Programmieren durch iteratives Ausfüllen der Tabelle führt offensichtlich zu einem Aufwand in $O(n \cdot K) \cdot O(1) = O(nK)$ zur Berechnung der gesamten Tabelle mit *n* Zeilen und *K* Spalten.

Dies sieht wie ein linearer Aufwand aus, der durch empirische Untersuchungen keinesfalls bestätigt wird. In Wirklichkeit gehört das 0/1-Rucksackproblemen zu den (aufwandsmäßig) schwersten Problemen überhaupt. Es scheint sogar ziemlich sicher zu sein, dass die Suche nach einem exakten Lösungsverfahren, das mit Polynomzeit arbeitet, aussichtslos ist.

Eine genauere Überlegung ergibt, dass „vernünftige" Werte für *K* (im Allgemeinen nicht polynomial) von *n* abhängen:
Für eine große Anzahl von Gegenständen, wird naturgemäß ein größeres *K* verwendet. Anstelle *K* als Konstante anzusehen, führt die Betrachtung der Bit-Darstellung von *K* zu einer Problemgröße, die dann offensichtlich im Exponenten steht. Hier ist also die Verwendung der so genannten *Bit-Komplexität*, auf die schon eingangs bei der Unter-scheidung von Elementaroperationen beim Addieren im Gegensatz zum Multiplizieren hingewiesen wurde, dringend erforderlich.

Die Binärdarstellung von K hat eine Länge von $log_2(K) \approx m$, so dass $K \approx 2^m$ gilt. Unter Verwendung der Bit-Komplexität liegt der Aufwand des Verfahrens folglich in $O(n \cdot 2^m)$, was wiederum exponentiellen Aufwand bedeutet.

Dynamisches Programmieren löst das 0/1-Rucksackproblem mit einem Aufwand, der als *pseudo-polynomial* bezeichnet wird. In der Tat gibt es nicht sehr viele solche Algorithmen.

5.3.11 Gefräßige Strategie (greedy)

greedy (engl.): gierig

Die Idee dieses Verfahrens besteht darin, in jedem Schritt den besten „Happen" zu nehmen und die optimale Lösung völlig ohne aufwändiges Backtracking zu erzeugen. **Greedy-Algorithmen** sind einfach zu implementieren und vergleichsweise sehr effizient.

Dem steht der Nachteil gegenüber, dass nicht jedes Problem mit greedy exakt gelöst werden kann. Die Klasse der greedy-lösbaren Probleme lässt sich algebraisch beschreiben, was hier jedoch nicht ausgeführt wird. Besitzt ein Optimierungsproblem die geforderte Eigenschaft nicht, so wird mit einem entsprechenden greedy-Algorithmus im Allgemeinen eine sehr gute Näherung für das Optimum ermittelt.

0/1-Rucksackproblem
↗ S. 455 und S. 458

Das 0/1-Rucksackproblem kann mit greedy nicht exakt gelöst werden, das Bruchteil-Rucksackproblem hingegen schon.

Die Sortierung der Kandidatenliste gewährleistet, dass der „beste Gegenstand" ganz vorn steht. Sortiert wird nach dem „spezifischen Wert", dem Quotienten $\frac{w_i}{g_i}$ aus Wert und Gewicht jedes einzelnen Gegenstandes.

Die so sortierten Gegenstände werden solange in den Rucksack gesteckt, bis der nächstfolgende die Kapazitätsgrenze überschreiten würde. Dann wird der erste gerade noch passende Gegenstand aus der Liste verwendet, falls das möglich ist, usw. Beim Bruchteilrucksack wird gerade der Teil des aktuellen Kandidaten genommen, dessen Gewicht die Restkapazität ausschöpft.

Es kann gezeigt werden, dass im Falle des Bruchteilrucksacks die Verwendung mehrerer Gegenstände mit geringerem spezifischen Wert anstelle eines schon früher eingepackten Gegenstandes zu keinem besseren Gesamtwert führt.

Für obige Instanz des 0/1-Rucksack-Problems führt der beschriebene Greedy-Algorithmus zur Mitnahme aller Gegenstände außer Nr. 8 und 10. Dies ergibt ein Gesamtgewicht von 172. Die exakte Lösung 183 wird nicht ganz erreicht.

5.3.12 P-Probleme und NP-Probleme

Problemen sieht man im Allgemeinen nicht an, ob sie aufwandsmäßig leicht oder schwer lösbar sind. Es ist sogar so, dass ganz ähnliche Probleme, deren Formulierung nur geringfügige Abweichungen aufweisen, fundamental unterschiedliche Aufwände zur Lösung beanspruchen. Die folgende Tabelle nennt zwei Beispiele, die auch ohne tiefere Kenntnis der Graphentheorie prinzipiell verständlich sein sollten.

leicht, d.h. in $O(n^k)$, $k \geq 1$	schwer, d.h. in $O(k^n)$, $k > 1$
Finde den *kürzesten* Weg von Knoten A nach B in einem gegebenen gewichteten Graphen.	Finde den *längsten* Weg von Knoten A nach B in einem gegebenen gewichteten Graphen.
Existiert ein Weg von A nach B mit einem Gewicht G, mit $G \leq K$?	Existiert ein Weg von A nach B mit einem Gewicht G, mit $G \geq K$?

Die Klasse der leichten Probleme heißen P-Probleme. Der Namen erinnert an die Tatsache, dass der Aufwand (als Anzahl der Arbeitstakte einer deterministischen Turingmaschine zur Erzeugung eines Resultatwortes auf dem Band) zur Lösung eines Problems verschiedener Problemgrößen n (Eingabewortlängen) durch ein Polynom in n nach oben beschränkt werden kann.

P ist die Klasse aller Probleme, die mithilfe deterministischer Algorithmen in polynomialer Zeit gelöst werden können.

Mithilfe von Diagonalisierungstechniken und Zeithierarchiesätzen kann nachgewiesen werden, dass es (berechenbare) Probleme gibt, die nicht in P liegen. Außerdem gibt es eine Reihe von Problemen, für die gezeigt wurde, dass zu ihrer Lösung ein exponentieller Mindestaufwand erforderlich ist. Hinzu kommen Tausende von praktisch relevanten Problemen, von denen man nicht weiß – aber ganz stark vermutet – dass zu deren Lösung kein Polynomzeitalgorithmus existiert.

Die größte Leistung der Komplexitätstheorie besteht darin, die meisten dieser Probleme in einer **Menge der „allerschwersten" Probleme** zusammengefasst zu haben. Sie besitzen die folgende Eigenschaft:

> Wenn man für ein *einziges* Problem aus dieser Menge tausender Probleme eine Lösung in P findet, kann man auch *alle* anderen Probleme aus dieser Menge mit einem Polynomzeitalgorithmus lösen. (Es kommt sogar hinzu, dass man alle erforderlichen Lösungsalgorithmen aus dem einen gefundenen strikt ableiten kann, ohne dafür neu nachdenken zu müssen.)

Die Tatsache, dass es trotz enormer Anstrengungen bis heute niemandem gelungen ist, ein solches Problem zu lösen, stützt die Vermutung, dass es keine effizienten Lösungen für alle diese Probleme gibt.

Wie wurde diese Problemklasse definiert?

Ein wichtiger erster Schritt ist die Hinzunahme des Nichtdeterminismus als theoretisches Konzept. Bekanntlich gestatten nichtdeterministische endliche Automaten eine Sprache wesentlich kompakter zu definieren

↗ S. 416

als deterministische Pendants. Ansonsten haben sie die gleiche Beschreibungsmächtigkeit. Bei Turingmaschinen (nicht bei Kellerautomaten) ist das ebenso. Damit ist von vornherein klar, dass die Rechenfähigkeit beim Übergang zu Nichtdeterminismus nicht erweitert wird. Der Nichtdeterminismus ist (lediglich) ein imaginäres Werkzeug zur Gewinnung von Strukturaussagen.

Die Rechenzeit einer nichtdeterministischen Turingmaschine ist die Anzahl der Arbeitstakte die zur Lösung eines Entscheidungsproblem (Akzeptanz eines Eingabewortes) *auf dem kürzesten Wege* erforderlich sind. Außerdem hat man die Vorstellung, dass eine Worst-case-Schranke für die Rechenzeit bekannt ist, so dass lange Rechnungen im Falle nicht akzeptierter Eingaben mit Ausgabe von 0 abgebrochen werden können.

Die Klasse der **NP**-Probleme ist die Menge aller Probleme, die nichtdeterministisch in Polynomzeit gelöst werden können.

Sowohl bei P als auch bei NP sind exakte Lösungsalgorithmen, nicht Näherungsverfahren, gemeint.

Aufgrund der Eigenschaften von Turingmaschinen ist klar, dass nichtberechenbare Probleme nicht in NP liegen. Es gibt aber auch berechenbare Probleme, die vermutlich nicht in NP vorkommen. So ist z. B. nicht bekannt, ob jedes deterministisch in exponentieller Zeit lösbare Problem in NP liegt. Diese Betrachtung wird hier jedoch nicht vertieft.

Deterministischen Turingmaschinen können bekanntlich nichtdeterministische Turingmaschinen simulieren. Dann lässt sich das Verhalten einer nichtdeterministischen Turingmaschine, die ein Problem aus NP in Polynomzeit nichtdeterministisch entscheidet, wie folgt beschreiben: In einem ersten Schritt *errät* die Maschine einen Lösungskandidaten, etwa in Gestalt einer 0-1-Folge. Danach folgt ein Verifikationsschritt, der deterministisch arbeitet und den Lösungskandidaten *überprüft*. Beide Schritten erfordern Polynomzeit.

Natürlich liegt jedes Problem aus P auch in NP. Auf der Basis der oben genannten Vorstellung von der Arbeitsweise der nichtdeterministischen Turingmaschinen ist dies einfach nachweisbar. Man braucht ja nur einen Lösungskandidaten in Polynomzeit deterministisch zu verifizieren. Der nichtdeterministische erste Schritt entfällt bzw. wird durch die deterministische Berechnung der Lösung ersetzt.

Bis heute ist es niemandem gelungen, zu zeigen, dass es ein Problem gibt, das nachgewiesenerweise zu NP aber nicht zu P gehört. Es ist also noch offen, ob

$$P = NP \text{ oder } P \subset NP$$

gilt, obwohl niemand daran glaubt, dass P = NP zutrifft.

Die schwersten Probleme in obigem Sinne werden **NP-vollständig** genannt. Unter Verwendung einer Reduktionstechnik kann ein betrachtetes Problem als NP-vollständig nachgewiesen werden, ohne eine ausführliche Betrachtung mithilfe von nichtdeterministischen Turingmaschinen anstellen zu müssen. Beispielsweise ist das Rundreiseproblem NP-vollständig.

Wenn „neue" Probleme durch Bezug zu bekannten NP-vollständigen Problemen charakterisiert werden, kommt dem ersten nicht durch Reduktion beweisbaren Problem eine besondere Rolle zu. Die wurde von S. A. COOK (1971) gefunden. Er wies (mit Turingmaschinen) nach, dass das Erfüllbarkeitsproblem der Aussagenlogik NP-vollständig ist. Das Problem besteht in der Entscheidung, ob eine gegebene aussagenlogische Formel durch Belegung der darin enthaltenen Variablen mit *wahr* bzw. *falsch* erfüllbar ist.

Der **Satz von COOK** gilt als eine der herausragendsten Leistungen der theoretischen Informatik.

STEPHEN COOK wurde in Buffalo (New York) geboren, arbeitete als Professor in Berkeley und Toronto und hat neben der Theorie der NP-Vollständigkeit über 50 Beiträge zur Komplexitätstheorie verfasst.

5.3.13 Effiziente Näherungsalgorithmen

Wenn es keine effizienten Programme zur Lösung mancher praktisch relevanter Probleme gibt, entsteht die Frage nach Näherungsalgorithmen, über deren Güte möglichst klare Vorstellungen bestehen sollten.

Neben den bereits oben behandelten Verfahren wie

- branch and bound mit Schätzfunktion für die Schranke und
- greedy für „nicht-greedy-fähige" Probleme

gibt es eine Reihe weiterer approximativer Algorithmen.

Eine Gruppe solcher Algorithmen arbeitet mit Heuristiken, also mit strategischen Vorschlägen, die zu einer effizienten Suche von Näherungslösungen maßgeblich beitragen sollen.

Dabei gibt es Verfahren, die mit der Lösung des Problems von Null an beginnen, so wie dies bei allen oben beschriebenen Algorithmen der Fall ist. Es gibt aber auch Verfahren, die zur Verbesserung einer bereits vorhandenen, gegebenenfalls mit einem anderen Algorithmus erzeugten, Lösung angewandt werden.

Hier werden nur die Namen einiger bekannter Verfahren genannt.

- zufällige Suche
- Threshold Accepting
- Simulated Annealing
- Sintflut-Algorithmus
- genetische Algorithmen
- neuronale Netze

Eine weitere Klasse von Verfahren sind **stochastische Algorithmen.** Sie werden auch probabilistisch (von propability = Wahrscheinlichkeit) genannt. Sie arbeiten mit Zufallszahlen.

Höhere Programmiersprachen verfügen über Sprachelemente für Zufallszahlen, wie beispielsweise `randomize` und `random`. Da die Berechnung einer „Zufallszahl" deterministisch – und gar nicht zufällig – erfolgt, spricht man lieber von **Pseudozufallszahlen.**

Im Wesentlichen werden die folgenden 4 Klassen stochastischer Algorithmen unterschieden:

1. numerische stochastische Algorithmen

2. Sherwood-Algorithmen
3. Las-Vegas-Algorithmen
4. Monte-Carlo-Algorithmen

Stochastische Algorithmen sind grundsätzlich **nichtdeterministische Algorithmen,** in denen ein Zufallselement die Steuerung beeinflusst. Programme benutzen dafür Pseudozufallszahlen.

Während **Sherwood-Algorithmen** immer das richtige Ergebnis ausgeben und folglich in die Klasse der **determinierten Algorithmen** gehören, sind **Monte-Carlo-Algorithmen nichtdeterminierte Algorithmen.** Sie irren sich gelegentlich, d.h. die angegebene Lösung ist mit einer vorgegebenen Wahrscheinlichkeit falsch.

Las-Vegas-Algorithmen geben entweder ein richtiges Ergebnis zurück oder finden keines. Insofern können sie im Allgemeinen nicht in die Gruppe der determinierten Verfahren eingeordnet werden.

Numerische stochastische Algorithmen produzieren eine Näherungslösung mit wählbarer Genauigkeit. Sie stellen eine Art nichtdeterminierter Simulation dar.

Aufgaben

5.1 Formale Sprachen und Automaten

Aufgabe 5.1.1

a) Wiederholen Sie die Begriffe „Syntax“ und „Semantik“ von Wörtern bzw. Sätzen!

b) Bestimmen Sie die Semantik des folgenden Satzes der deutschen Sprache!

„Der Apfel fällt nicht weit vom Stamm.“

Ist dieser Satz syntaktisch korrekt? Begründen Sie Ihre Entscheidung!

c) Notieren Sie einen „Satz“ (Programm) in PASCAL mit der Bedeutung:

Addiere zu A die Zahl 2 *solange, bis* A größer ist als 20. Beginne mit A = 3.

d) Worin besteht der Unterschied zwischen den Begriffen „Zahl“ und „Zahlwort“?

Aufgabe 5.1.2

Das Alphabet $A_{\text{römisch}}$, über dem sämtliche römische Zahlwörter gebildet werden, ist $A_{\text{römisch}} = \{I, V, X, L, C, D, M\}$.

a) Tragen Sie alle Regeln zur Erzeugung römischer Zahlen über $A_{\text{römisch}}$ zusammen und geben Sie diese verbal an!

b) Nennen Sie zwei Zahlwörter, die nur Zeichen aus $A_{\text{römisch}}$ enthalten, aber gegen wenigstens eine dieser Regeln verstoßen!

Aufgabe 5.1.3

Gegeben sei die formale Grammatik $G = (N, T, P, s)$, mit

N = {Telefonnummer, Vorwahl, Teilnehmernummer, Ziffer},

T = {0, 1, 2, 3, 4, 5, 6, 7, 8, 9, –},

P = {Telefonnummer → Vorwahl – Teilnehmernummer,
Vorwahl → 0 Ziffer Ziffer Ziffer Ziffer,
Teilnehmernummer → Ziffer Ziffer Ziffer Ziffer Ziffer
| Ziffer Ziffer Ziffer Ziffer Ziffer Ziffer
| Ziffer Ziffer Ziffer Ziffer Ziffer Ziffer Ziffer
Ziffer → 0 | 1 | 2 | 3 | 4 | 5 | 6 | 7 | 8 | 9 },

s = Telefonnummer.

a) Geben Sie zwei Telefonnummern an, die sich aus dem Spitzensymbol ableiten lassen!

b) Notieren Sie die Ableitung für die Nummer 03124–160815 in der Form „Telefonnummer ⇒ ... ⇒ 03124–160815“!

c) Geben Sie für die Ableitung von 03124–160815 einen Ableitungsbaum an!

d) Wie viele syntaktisch korrekte Telefonnummern werden mit der oben angegebenen Grammatik definiert?

Aufgabe 5.1.4

Geben Sie den jeweiligen Ergebnistyp (entweder „Zeichen" oder „Wort") an!

a) Zeichen ∘ Zeichen → ....

b) Wort ∘ Zeichen → ....

c) Zeichen ∘ Wort → ....

d) Wort ∘ Wort → ....

Kommutativität:
$w_1 \circ w_2 = w_2 \circ w_1$
Assoziativität:
$(w_1 \circ w_2) \circ w_3 = w_1 \circ (w_2 \circ w_3)$

Aufgabe 5.1.5

Stellen Sie fest, ob die Verkettungsoperation für Zeichenketten kommutativ bzw. assoziativ ist und beweisen Sie gegebenenfalls das Vorliegen dieser Eigenschaften!

Aufgabe 5.1.6

a) Wie viele Zeichenketten können durch Verkettung von Elementen aus der Menge *M* = {"heute", "ball", "!", "werfen", "_"} gebildet werden?

b) Geben Sie eine Zeichenkette an, die nicht durch Verkettung von Wörtern aus *M* erzeugbar ist!

Aufgabe 5.1.7

Gegeben sei das Alphabet *A* = {□, ◯, △}.

a) Wie viele verschiedene Wörter der Länge vier können über *A* gebildet werden? Geben Sie drei davon an!

b) Wie viele verschiedene Wörter, deren Länge nicht größer als vier ist, gibt es über *A*?

Aufgabe 5.1.8

Ermitteln Sie die Anzahl der Elemente der Menge
$A^0 \cup A^1 \cup A^2 \cup ... \cup A^n$,
wenn das Alphabet *A* genau *m* Elemente besitzt!

Aufgabe 5.1.9

a) Wie viele Elemente besitzt die Wortmenge *A**, wenn das zugehörige Alphabet *A* genau 6 Zeichen enthält?

b) Wie viele Sprachen gibt es in *A**?

Nutzen Sie Ihre Erfahrungen im Programmieren mit PASCAL und denken Sie daran, dass die IF-THEN-ELSE-Anweisung im THEN-Teil und im ELSE-Teil beliebig verschachtelt werden kann.

Aufgabe 5.1.10

Stellen Sie fest, ob $G_{dangling} = (N, T, P, s)$ mit
N = {A, B, V},
T = {if, then, else, a, b},
P = {V → if b then A else A | if b then A, A → a | V} und
s = V
eindeutig ist! Begründen Sie Ihre Entscheidung!

Aufgabe 5.1.11

Warum können für die Ableitungen von Wörtern kontextsensitiver Sprachen – definiert durch Chomsky-Typ-1-Grammatiken – keine Ableitungsbäume angegeben werden?

Aufgabe 5.1.12

Geben Sie für die Sprache der Palindrome

$L_{\text{Pali}} = \{w \mid w \in \{a, b\}^* \text{ und } w = umkehr(w)\}$

eine kontextfreie Grammatik G_{Pali} an!

Bedenken Sie, dass Wörter mit der in der Definition angegebenen Eigenschaft symmetrisch sind. Die Symmetrieachse kann *durch* ein Zeichen oder *zwischen zwei* Zeichen verlaufen. Im ersten Fall ist $|w|$ ungerade und im zweiten gerade.

Aufgabe 5.1.13

Geben Sie eine kontextfreie Grammatik $G_{\text{arith}} = (N, T, P, s)$ zur Definition der Sprache der korrekt geklammerten arithmetischen Ausdrücke an, wobei $T = \{a, (,), +, \cdot\}$ ist!

Aufgabe 5.1.14

Warum gelingt es nicht, für $L = \{w \mid w = a^n b^n c^n, n \geq 1\}$ eine kontextfreie Grammatik anzugeben?

Aufgabe 5.1.15

Welche Eigenschaft von Chomsky-Typ-0-Grammatiken verhindert die Lösbarkeit des Wortproblems?

Aufgabe 5.1.16

Geben Sie für folgende Sprachen je einen regulären Ausdruck an!

a) Sprache der Uhrzeiten der Form `XY:VW`, mit den üblichen Werten für `X`, `Y`, `V` und `W`.
b) Sprache der Geldbeträge der Form `XYZ,VW` Euro. Bedenken Sie, dass `X` und `Y` entfallen, also nicht null sind, wenn es sich um einstellige Euro-Beträge handelt.
c) Sprache der E-Mail-Adressen der vereinfachten Form `name@x.y.de`, wobei angenommen wird, dass `name`, `x` und `y` Wörter über einem Alphabet ohne Sonderzeichen sind.

Aufgabe 5.1.17

Geben Sie für die Sprache der Uhrzeiten aus Aufgabe 5.1.16 a) einen deterministischen endlichen Automaten an!

Aufgabe 5.1.18

Geben Sie für die Sprache der Euro-Geldbeträge aus Aufgabe 5.1.16 b) einen nichtdeterministischen endlichen Automaten an!

Aufgabe 5.1.19

Definieren Sie einen nichtdeterministischen Kellerautomaten, der genau die Sprache der Palindrome aus Aufgabe 5.1.12 akzeptiert!

Aufgabe 5.1.20

Könnte die Sprache der Palindrome über {a, b} mit durch ! markierter Wortmitte durch einen deterministischen Kellerautomaten akzeptiert werden?
Beispielsweise gehören die Wörter a!a ab!ba und bba!abb zu dieser Sprache.

Begründen Sie Ihre Antwort und illustrieren Sie – wenn notwendig – die Arbeitsweise des Automaten an einem Beispiel!

Aufgabe 5.1.21

Protokollieren Sie die Arbeit der im Folgenden definierten Turingmaschine $S = (Z, \Sigma, \Gamma, \delta, z_0, \hbar, E)$, wenn sie auf die Bandinschrift ...III... angesetzt wird!

Es gelten $Z = \{z_r, z_l, z_e\}$, $\Sigma = \{I\}$, $\Gamma = \{I, \$\}$, $z_0 = z_r$, $\hbar = \$$ und $E = \{z_e\}$.

δ ist definiert durch $\delta(z_r, I) = (z_r, I, R)$, $\delta(z_r, \$) = (z_l, I, L)$, $\delta(z_l, I) = (z_l, I, L)$, $\delta(z_l, \$) = (z_e, \$, R)$.

Verwenden Sie zur Protokollierung die angedeutete Tabelle!

Takt	Zustand	Bandsituation
1	z_r	$\ldots\$\underline{I}II\$\ldots$
2	z_r	$\ldots\$I\underline{I}I\$\ldots$
3	z_r	...
4	z_r	
5	z_l	
6	...	
7		
8		
...		

Aufgabe 5.1.22

Gesucht ist eine Turingmaschine, die angesetzt auf eine Bandinschrift der Form ...IIIIIIIIIII$... den Bandinhalt ...$IIIIIIIIIII$... hinterlässt und den Kopf wie zu Beginn der Abarbeitung auf das erste I (von links gesehen) stellt.

Eine solche Maschine könnte als „a+b"-Berechner interpretiert werden. Im Beispiel wurde $7 + 4 = 11$ dargestellt.

Konstruieren Sie eine solche Turingmaschine und geben Sie deren vollständige Definition an!

5.2 Berechenbarkeitstheorie

Aufgabe 5.2.1

Erläutern Sie, was ein Algorithmus ist!

Aufgabe 5.2.2

Stellen Sie fest, welche der folgenden Aussagen richtig sind und welche nicht! Kann man in jedem Fall eine Entscheidung treffen? Begründen Sie!

a) Für jede mathematische Formel gibt es ein PASCAL-Programm zu deren Berechnung.

b) Für jede mathematische Formel gibt es genau ein PASCAL-Programm zu deren Berechnung.

c) Jeder Algorithmus kann durch eine Formel f der Gestalt $y = f(x_1, \ldots, x_n)$ beschrieben werden.

d) Definition: Ein Dorfbarbier ist der Mann im Dorf, der alle männlichen Dorfbewohner rasiert, die sich nicht selbst rasieren.
Zu beurteilende Aussage: Der Dorfbarbier rasiert sich nicht selbst.

e) P sei ein Programm, das wahr ausgibt, wenn $x^2 + \frac{1}{x} - 7$ für eine beliebige ganzzahlige Eingabe ein ganzzahliges Ergebnis ausgibt. Es gibt tausende PASCAL-Programme für P.

f) Es gibt überabzählbar unendlich viele algorithmisch unlösbare Probleme.

Aufgabe 5.2.3

Machen Sie sich vollständig klar, weshalb die Diagonalverfälschung beim cantorschen Diagonalisierungsverfahren zwingend notwendig ist! Eine Veränderung von Werten einer Zeile oder Spalte würde also nicht ausreichen.

Aufgabe 5.2.4

Gegeben sei das Alphabet $A = \{a, b\}$. Sei v eine Gödelisierung für $w \in A^*$ wie folgt:

$v(w) = p_1^{z_1} \cdot p_2^{z_2} \cdot \ldots \cdot p_n^{z_n}$, mit Primzahlen p_i,

wobei im Beispiel $z_i \in \{1, 2\}$ gilt, wegen $a \to 1$ und $b \to 2$.

a) Bestimmen Sie $v(\text{"abba"}) = 2^1 \cdot 3^2 \cdot 5^2 \cdot 7^1$!

b) Stellen Sie fest, ob 12600 und 381150 unter v Gödelnummern sind! Falls dies der Fall ist, geben Sie die zugehörigen Wörter an! Beschreiben Sie das dabei angewandte Verfahren ausführlich!

Aufgabe 5.2.5

Weisen Sie nach, dass die Multiplikation zweier natürlicher Zahlen eine primitiv-rekursiven Funktion ist!

5.3 Effiziente Algorithmen und Komplexität

Aufgabe 5.3.1

Stellen Sie rechnerisch fest, ab welchem $\overline{n}$ das Verfahren mit dem polynomialen Aufwand

a) $y = f(n) = n$,

b) $y = n \log_2 n$ (wird als polynomial betrachtet) bzw.

c) $y = f(n) = n^2$

gegenüber $y = f(n) = 2^n$ vorzuziehen ist!

Skizzieren Sie außerdem die Graphen der vier Funktionen in ein und dasselbe Koordinatensystem!

Aufgabe 5.3.2

a) Schreiben Sie ein Programm zur Berechnung der n-ten Fibonacci-Zahl auf der Basis der rekursiven Definition dieser Zahlenfolge!

↗ S. 458

b) Bauen Sie anschließend die Technik des *memoizing* in das Programm ein!

c) Vergleichen Sie die Aufwände in beiden Fällen! Bestimmen Sie diese empirisch (Zeitmessung bzw. Anzahl von Elementaroperationen) und versuchen Sie danach, den Aufwand mit theoretischen Mitteln zu bestimmen!

Aufgabe 5.3.3

Welchen praktischen Gewinn brächte $P = NP$?

Aufgabe 5.3.4

Wenden Sie die *greedy-Methode* auf das 0/1-Rucksackproblem an und bestimmen Sie die Güte der dadurch erzielten Näherung für eine Reihe von Beispielen!

Vergleichen Sie dabei die exakten Werte mit den Näherungswerten und bestimmen Sie den größten prozentualen Fehler.

Aufgabe 5.3.5

Verwenden Sie ein Routenplanungsprogramm aus dem Internet, um den kürzesten Weg zu einem Ihrer Urlaubsziele zu bestimmen!

Warum findet das Programm in so erstaunlich kurzer Zeit eine Lösung, wo doch die Routenplanung zu den NP-Problemen gehört?

ANHANG A

Sachregister

Personenregister

Bildquellenverzeichnis

Archiv für Kunst und Geschichte GmbH Berlin: 82/1; Katrin Bahro, Berlin: 305/1, 308/1; Corel Photos: 16/1; Deutsches Museum München: 40/1, 40/2, 41/1; Anett Engelmann, Berlin: 14/2, 132/2, 155/1; Lutz Engelmann, Berlin: 14/1, 39/2, 45/1, 45/2, 48/1, 54/1, 57/1, 114/1; Honda R & D Japan: 187/1; Hans-Joachim Laabs, Nudow: 367/1, 377/1, 381/1; Günter Liesenberg, Berlin: 44/1, 48/2, 53/1, 54/2, 57/3, 273/1; PhotoDisc, Inc.: 15/1, 50/1, 50/2, 50/3, 52/1, 52/2, 55/1, 57/2, 88/1, 187/1, 214/1, 215/1, 216/1